高等学校土木建筑专业应用型本科系列“十二五”规划教材

土建工程设计制图

（第2版）

主　编　于习法　赵冰华

副主编　窦春涛　汪智洋　刘　慧
　　　　罗辉辉　顾玉萍　徐玉国

东南大学出版社
·南京·

内 容 提 要

本书主要内容有：制图技术，画法几何（即投影理论，包括正投影、轴测投影、透视投影、标高投影），投影制图（组合体的投影、工程形体的图示方法），专业制图（建筑、结构、给排水、道路和桥涵工程图），AutoCAD，Photoshop，SketchUp 等。

本书编写力求做到条理性强，既简明扼要又突出重点，有理论基础，更强调应用。

本书可作为高等院校土木、建筑类各专业制图、设计课程的通用教材，也可作为电大、职大、函大、自学考试及各类培训班的教学用书。

图书在版编目（CIP）数据

土建工程设计制图 / 于习法，赵冰华主编. — 2 版.
— 南京 ：东南大学出版社，2018.1（2022.7 重印）
ISBN 978-7-5641-7587-0

Ⅰ.①土… Ⅱ.①于… ②赵… Ⅲ.①土木工程—建筑制图—高等学校—教材 Ⅳ.①TU204

中国版本图书馆 CIP 数据核字（2017）第 322580 号

土建工程设计制图（第 2 版）

出版发行：东南大学出版社
社　　址：南京市四牌楼 2 号　邮编：210096
出 版 人：江建中
责任编辑：史建农　戴坚敏
网　　址：http://www.seupress.com
电子邮箱：press@seupress.com
经　　销：全国各地新华书店
印　　刷：苏州市古得堡数码印刷有限公司
开　　本：787mm×1092mm　1/16
印　　张：31
字　　数：801 千字
版　　次：2018 年 1 月第 2 版
印　　次：2022 年 7 月第 3 次印刷
书　　号：ISBN 978-7-5641-7587-0
印　　数：3501～4000 册
定　　价：69.00 元

高等学校土木建筑专业应用型本科系列规划教材编审委员会

再版前言

进入20世纪80年代以后，国际高教界逐渐形成了一股新的潮流，那就是普遍重视实践教学、强化应用型人才培养。国内的诸多高校近年也纷纷在教育教学改革的探索中注重实践环境的强化，因为人们已越来越清醒地认识到，实践教学是培养学生实践能力和创新能力的重要环节，也是提高学生社会职业素养和就业竞争力的重要途径。应用型本科教育对于满足中国经济社会发展，对高层次应用型人才需要以及推进中国高等教育大众化进程起到了积极的促进作用。

2014年3月，中国教育部改革方向已经明确：全国普通本科高等院校1200所学校中，将有600多所逐步向应用技术型大学转变，转型的大学本科院校正好占高校总数的50%。

2015年，教育部又出台了《教育部关于本科高校向应用型转变的指导意见》，充分说明了国家对应用型本科办学的重视。

“应用型本科”是对新型的本科教育和新层次的高职教育相结合的教育模式的探索，它的培养目标既不像研究型本科那样培养的是学术型、科研型的精英人才，也不能如同高职高专那样培养的是操作型、岗位型人才，而应实事求是地将其定位在具有专业知识、高素质的应用型人才上，即在学习和掌握基础理论与专业知识的同时，将重点放在对学生动手能力的培养上，培养出一批具有专业知识和自身技能的、符合市场经济需要的、高素质的应用型人才。这样的人才需要厚基础、强能力、宽知识、重素质；既要沉得下去，又能浮得上来；既能做知识型蓝领，更能做技能型白领。

反映在工程制图这门课程中的要求就是，不需要深奥、坚实的理论基础，但是又要有一定的系统知识，特别是要有较强的对工程图样的识读与表达能力，尤其是要掌握适应现代社会发展的计算机图形(二维和三维)的表达能力。随着计算机应用技术的迅猛发展，采用先进的计算机成图和处理图像的技术已成为现代工程设计的主要技术手段。创新与创造也以形象表达为最佳手段。

为了更好地适应形势的发展，满足高等学校对应用型人才的培养模式、培养目标、教学内容和课程体系等的要求，同时适应软件的更新情况，我们在《土建工程设计制图》(含习题集)教材第一版的基础上进行了重新修订。

本书从制图的基本知识到土建工程施工图二维、三维直至效果图的手工和计算机绘制，真正涵盖了工程设计制图的全部内容。具体包括：传统的土建工程制图、计算机绘图(AutoCAD)、三维建模(SketchUp)和图像处理(Photoshop)等。

图样被称为工程界的语言。“土建工程制图”是大土木类专业的一门必修的技术基础课，它研究解决空间几何问题以及按照国家有关标准绘制和阅读土木建筑工程图样的方法和能力。该部分内容是按照国家教委1995年批准印发的《画法几何及土木建筑制图课程教学基本要求》和有关土建制图方面的最新国家标准(GB/T 50103—2010、GB/T 50104—2010 和 GB/T 50001—2010 等)编写的,重点是培养学生的形象思维即空间想象能力,目的是培养学生快速阅读和绘制工程图样的能力,为后续课程打下坚实的图形基础。

计算机绘图技术是现代工程技术人员必备的技能之一。AutoCAD 软件作为最普及的绘图软件,以简便、灵活、精确、高效的特点和绝对的主导地位,受到使用者的广泛欢迎。本书是以较新版本的 AutoCAD 2016 为基础,针对土木建筑类专业计算机绘图教学的特点和工程的实际需要编写的,侧重实战,目的是让学生快速掌握计算机绘制工程图样的基本技能。

制作立体效果图是设计人员(包括建筑设计和室内设计等)必须掌握的基本技能,也是对普通工程技术人员提出的新的挑战,而且也将成为趋势。在众多的建筑三维软件中,SketchUp 建筑草图设计软件是一套令人耳目一新的设计软件,它能带给建筑师边构思边表现的创作体验,打破了传统设计方式的束缚,可快速形成建筑草图,创作建筑方案。它的出现,是建筑设计领域的一次大革命。因此,SketchUp 被称为最优秀建筑草图设计软件。本书是以 SketchUp 15.0 为蓝本,结合工程实例编写的,希望为设计人员包括普通工程技术人员充分发挥空间想象能力、遨游三维空间插上翅膀。

制作一幅精美的图片,越来越受到年轻人的喜爱和追捧。在众多图形图像处理软件中,Photoshop 是一款资格较老且生命力旺盛的软件。“PS”已经成为了一个流行语,它提供的几乎是无限的创作空间,用户可以尽情地发挥想象力,充分显示自己的艺术才能,创作出令人赞叹的图像作品。本书以 PS CS6 为蓝本,采用由浅入深、循序渐进的方法,通过大量实用的操作指导和有代表性的实例,让读者直观、快速地了解和掌握 Photoshop 的主要功能和基本技能,同时修改了第一版存在的问题。

通过上述介绍可以知道,它们本来属于 4 个不同的课程内容。但是传统的各个教材(4 本书),为了强调各自学科的系统性和完整性,往往理论性、叙述性的内容太多,而这些对于实际应用者来说没什么大的用处。本教材从实用性出发,将各个学科实用性的东西有机地结合起来,使学习者能够以最少的时间,掌握较多的实用性的知识并解决实际问题。总的特点是:在强调实用性的同时,具有一定的前瞻性。具体来说有如下主要特点:

土建制图部分:

(1) 合理调整章节的安排。如点、线、面的投影作为理论基础,主要就是为了后面的立体服务的,在实际工程中很少以点、线、面的问题出现,所以就直接把它纳入到投影的基本知识部分,不再单独设章节;“截交线和相贯线”就是为了解决基本立体表面相交问题的,就把它纳入到基本体的章节。这样从“投影的基本知识—基本体—组合体”的体系更加合理,结构更加紧凑,而且明确以形象思维为主线。

(2) 对于虽然解题的思维方法很好,但是工程上并不实用的“投影变换”等内容不再保留;对于“截交线和相贯线”等内容,在方法上实现了从传统的以逻辑思维为主到以形象思维为主的转变;同时对于实用性强且有一定难度的组合体、剖视图和断面图的识读得到了加强,增加了读图方法和技巧的训练,进一步强化了形象思维的培养。

(3) 专业图部分以一套完整的连体别墅的施工图为蓝本,结合国家最新的相关制图标准和行业规范,详细阐述了专业施工图绘制的内容和表达方法。所用图纸为实际工程项目,是编者对设计院的图纸经过进一步的细化和加工,使得图中的文字、线型及各种专业符合等都高度遵守了最新的国家相关制图标准和行业规范。对读者而言,起到了标准示范作用。

AutoCAD 部分:

(4) 该部分开门见山,开篇即直奔主题,介绍 AutoCAD 的主要功能、主要界面等。接着把 AutoCAD 的基本输入方法、文件管理和辅助绘图工具等作为基本操作先行介绍,为正式绘图做好准备工作。

对于常用的绘图工具条和编辑工具条采用归类的方法分别介绍,便于学生理解和掌握。比如:正多边形和矩形都属于多边形;圆、圆弧、椭圆、椭圆弧等都属于规则曲线;普通复制、镜像、偏移、阵列等都具有复制的功能,只是方法、性质和结果不同;移动、旋转、缩放等属于改变图形的位置和大小;拉伸、修剪、倒角等属于改变图形的形状;等等。这样对于初学者就可以根据自己的目的需要,迅速找到相应的工具,避免无从下手。

例题都是经过认真思考设计的,充分考虑各种相近命令的综合应用,以尽量少的篇幅介绍主要的、常用的知识,使学生花较少的时间就能掌握 AutoCAD 的基本知识,并解决实际问题。

SketchUp 部分:

(5) 本章将向读者介绍详实而全面的 SketchUp 15.0 的各种功能,并将特例引入讲解中,让读者能通过实例操作加强对软件的熟悉,对功能命令的理解。同时,增加软件在专业学习中的运用及实例讲解,使读者学以致用。本章配图均以三维视图为主,使学习更直观、讲解更便捷、理解更深刻。

Photoshop 部分:

(6) PS 部分围绕制作效果图常用的重点基础知识点采用循序渐进、化繁为简的图文表达方法,将软件入门、选区、工具和图层等基础知识的内容在结合一些实用性较强的效果图制作实例中自然地予以引出、介绍,并强调知识的连贯性和延续性。既浅显易懂,让初学者一目了然,又目标明确,通过实例,巧妙地将 PS 的基础知识与专业特点结合起来。对于每一个具体的实例,采用先分解再汇总的方法由表及里、层层深入,即开始深入细致地对每一个步骤详细讲解,最后进行技术分析和理论总结。比如室内效果图后期处理时如何表现材质和灯光,室外效果图后期处理如何表现水面和玻璃等等,从操作步骤、技巧到提炼出经验性和规律性的东西一气呵成。

(7) 本教材聘请富有教学经验的老师制作了高水平的课件,实现了教材的立体化,同时提供全套教学挂图并配备了习题答案(电子版),在方便了教师教学的同时,更加为学生的自学带来了便利。考虑到印刷成本,图片未按彩色印刷,请读者与随书附带的课件结合学习。

本书收编的工程图样种类齐全,适合建筑学、室内设计、土木工程、园林技术、结构、给排水、道路桥梁等专业的工科学生和工程设计人员学习或参考之用。同时,本教材也是大土木工程方面适应面最广的制图教材之一。

本教材由扬州大学于习法、南京工程学院赵冰华老师联合主编。副主编有：扬州大学窦春涛，重庆大学汪智洋，扬州大学广陵学院刘慧、罗辉辉，扬州江海学院顾玉萍，江苏省华宇装饰集团有限公司徐玉国等。

配套课件由扬州大学孙怀林、孙霞、窦春涛老师联合制作完成，习题集答案由于习法老师完成。

感谢东南大学董国庆、南京应天职业技术学院章国美、金陵科技学院郑钢和淮海工学院张振东等老师为本书做的一些基础工作。

限于编者的学识，书中难免有不当甚至错误之处，请读者、同行不吝指正，待下一次再版时进一步修改完善。

本教材得到扬州大学广陵学院教材出版基金资助。

编者

2017 年 10 月于广陵

目 录

1 制图基本知识

一幢建筑(或其他工程)从无到有主要经历两个重要的过程:设计过程和施工工程。在设计阶段,设计人员按业主(建设单位)提供的有关资料(包括项目所在地的水文、地质、气象等资料及项目的目的与要求等)进行设计创作,并把最终方案以图样(不是文字或其他)的形式提交给业主;在施工阶段,施工人员按业主确定的方案(图样),如实地加以实现、完成。

这样,从设计到施工完成,建设单位(业主)、设计单位(设计人员)和施工单位(施工人员)之间交流的主要资料便是图样,因此,图样被称为“工程界的语言”。既然是通用的语言,就必须遵守一定的“文法”,这个“文法”便是国家制图标准,简称国标,用代号 GB/T 或 GB 表示。

本章主要介绍有关建筑制图方面的最新国家标准(GB/T 50103—2010、GB/T 50104—2010 和 GB/T 50001—2010 等)中的有关内容及其他一些制图的基本知识。

1.1 制图基本规定

1.1.1 图纸

1) 图纸幅面

图纸幅面是指图纸的大小规格,从 A_0～A_4,其尺寸如表 1-1 所示。

表 1-1 幅面及图框尺寸(mm)

尺寸代号	幅面代号				
	A_0	A_1	A_2	A_3	A_4
$b\times l$	841×1189	594×841	420×594	297×420	210×297
c	10			5	
a	25				

表中字母 l 和 b 分别为图纸的长和宽,c 为图框线(控制绘图边界的线)与图纸边缘的距离,a 为装订边的图框线与图纸边缘的距离。

图纸的样式可分为横式和立式,图纸以短边作为垂直边称为横式,又根据标题栏的位置不同,分两种形式,如图 1-1 所示;以短边作为水平边称为立式,也分为两种形式,如图 1-2 所示。一般 A_0～A_3 图纸宜横式使用,必要时也可立式使用;A_4 图纸宜立式使用。

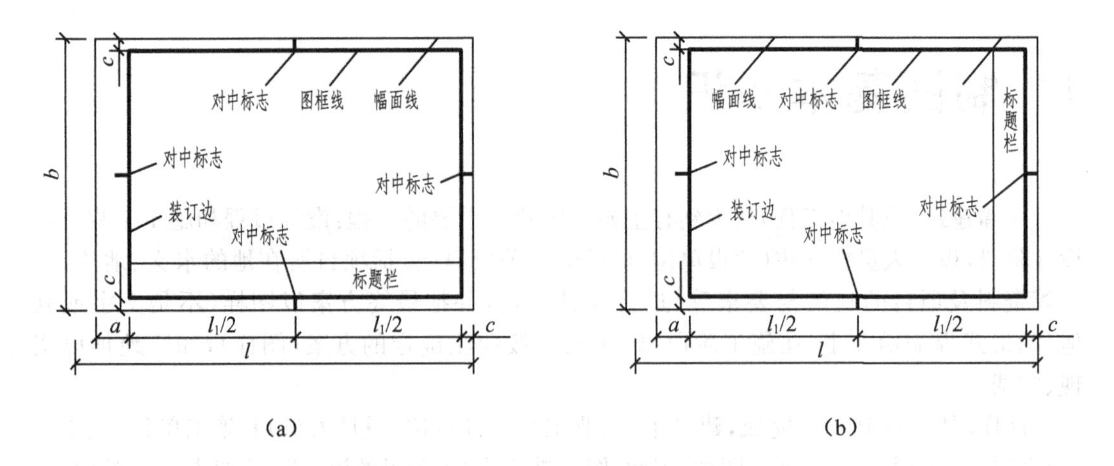

图 1-1　$A_0 \sim A_3$ 横式图幅

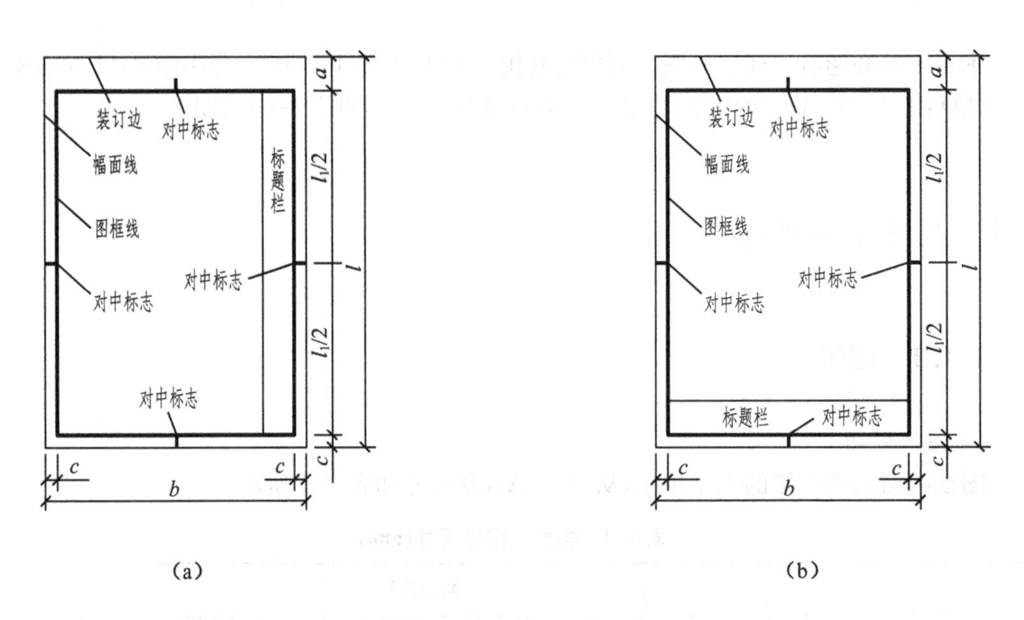

图 1-2　$A_0 \sim A_4$ 立式图幅

2）标题栏

标题栏的内容如表 1-2 所示。

表 1-2　标题栏的内容

设计单位名称区	注册师签章区	项目经理签章区	修改记录区	工程名称区	图号区	签字区	会签栏

一般各设计院都根据自己的习惯有各种不同的样式。学习期间做作业常用的标题栏，无论是横式还是立式，一般都放置在图纸的右下角，内容如图 1-3 所示。

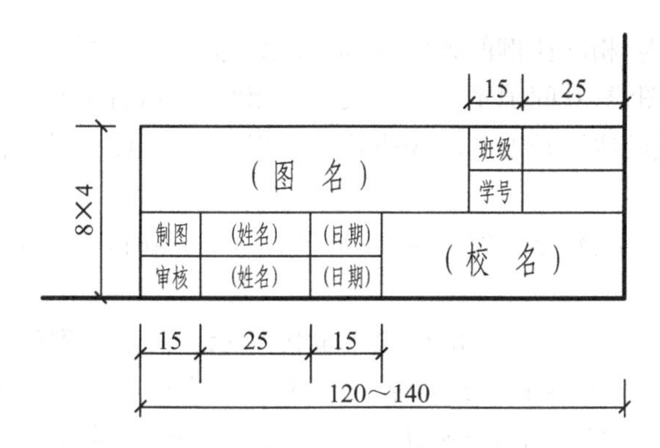

图 1-3　制图作业标题栏格式

1.1.2　图线

制图标准规定，工程建设制图应选用表 1-3 中所示的图线。

每个图样应先根据形体的复杂程度和比例的大小，确定基本线宽 b 的大小(即粗线宽度)。b 值可以从相应的线宽系列 0.13、0.18、0.25、0.35、0.5、0.7、1.0、1.4、2.0 mm 中选取，常用的 b 值为 0.35～1.0 mm。

表 1-3　图线

名称		线型	线宽	一般用途
实线	粗		b	主要可见轮廓线
	中粗		$0.7b$	可见轮廓线
	中		$0.5b$	可见轮廓线、尺寸线、变更云线
	细		$0.25b$	图例填充线、家具线
虚线	粗		b	见各有关专业制图标准
	中粗		$0.7b$	不可见轮廓线
	中		$0.5b$	不可见轮廓线、图例线
	细		$0.25b$	图例填充线、家具线
单点长画线	粗		b	见各有关专业制图标准
	中		$0.5b$	见各有关专业制图标准
	细		$0.25b$	中心线、对称线、轴线等
双点长画线	粗		b	见各有关专业制图标准
	中		$0.5b$	见各有关专业制图标准
	细		$0.25b$	假想轮廓线、成型前原始轮廓线
折断线			$0.25b$	断开界线
波浪线			$0.25b$	断开界线

注：对于非专业图样，尺寸线仍然用细实线绘制。

绘制图样时，图线要求做到：全局清晰整齐、均匀一致、粗细分明、交接正确。其基本规定有：

(1) 同一张图纸内,相同比例的各图样,应采用相同的线宽组。

(2) 相互平行的图线,其间隙不宜小于其中的粗线宽度,且不宜小于 0.7 mm。

(3) 虚线、点画线的线段长度和间隔应均匀。虚线、点画线与其他图线交接时的画法见图 1-4 所示。

(4) 图线不得与文字、数字或符号重叠、混淆,不可避免时,应首先保证文字等的清晰。

图线综合举例:

常用的各种图线画法如图 1-5 的建筑平面图所示。被剖切到的墙体轮廓用粗实线绘制;未剖切到的台阶、窗台用中粗实线绘制;看不见的轮廓线用中粗虚线表示;定位轴线用细点画线绘制;折断线用作图形的省略画法,采用中实线绘制;尺寸标注时,尺寸线和尺寸界线采用中实线(适用于专业图样),45°的起止符号采用中粗实线绘制;断面材料图例(图案填充线)用 45°的细实线绘制。

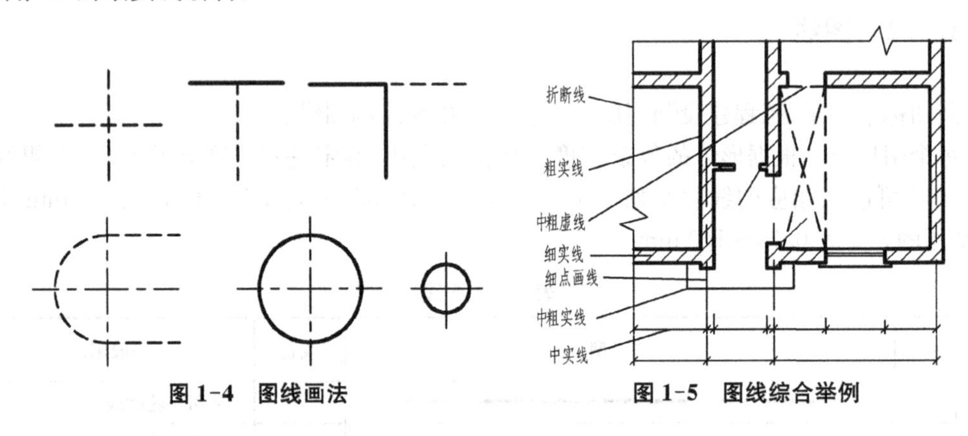

图 1-4　图线画法　　图 1-5　图线综合举例

1.1.3　文字

工程图中的字体包括汉字、字母、数字和符号等。国标规定工程图中的字体应做到:字体工整、笔画清楚、间隔均匀、排列整齐。

字体高度(h)代表字体的号数,简称字号。国标规定常用的字号系列是:1.8、2.5、3.5、5、7、10、14、20 号。

1) 汉字

国标规定工程图中的汉字采用长仿宋体,字高与字宽的比例大约为 1∶0.7。

书写长仿宋体字的要领是:横平竖直,注意起落,结构均匀,填满方格。如图 1-6 所示。

10号 土木工程专业制图课程

7号　土木工程专业制图课程字体工整

5号　土木工程专业制图课程字体工整笔画清楚

3.5号　土木工程专业制图课程横平竖直注意起落结构均匀填满方格

图 1-6　长仿宋体示例

仿宋体字的基本笔画写法见表 1-4 所示。

表 1-4 仿宋体字的基本笔画写法

名称	勾			竖	横
运笔法	竖勾	 右曲勾	 横折勾		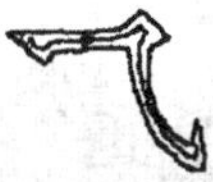  平横 
	平勾	 竖弯勾	 竖折勾		斜横 
	左曲勾	 包勾	 折勾 		
字例	圩 子 代 龙 男 瓦 也 污			十 上	丁 七 主 毛

名称	点	撇	捺	挑	折
运笔法	尖点	 平撇	 平捺	 平挑	 左折 
	垂点				 右折 
	撇点	 斜撇	 斜捺	 斜挑	 斜折 
	上挑点				 双折 
字例	方 沉 火	千 月 八 人	延 又	功 刁	凹 如 口 延

2）字母和数字

字母和数字可写成斜体或直体，其中斜体字字头向右倾斜，与水平线基准线成 75°角。拉丁字母、罗马数字与阿拉伯数字的写法如图 1-7 所示（《技术制图——字体》GB/T 14691）。考虑到手写习惯，基本运笔方法可参考图 1-8。

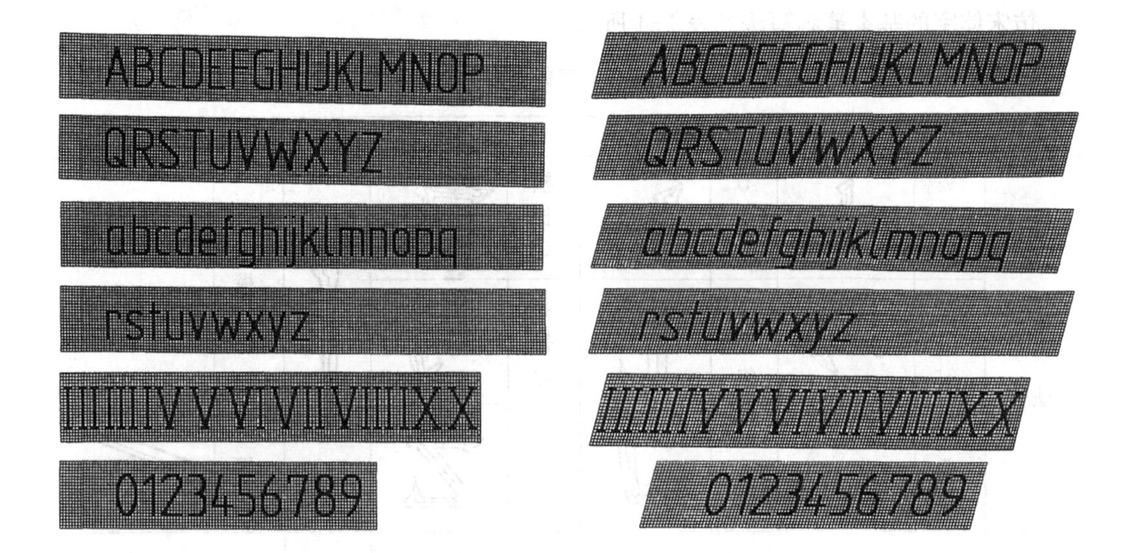

图 1-7　拉丁字母、罗马数字与阿拉伯数字示例

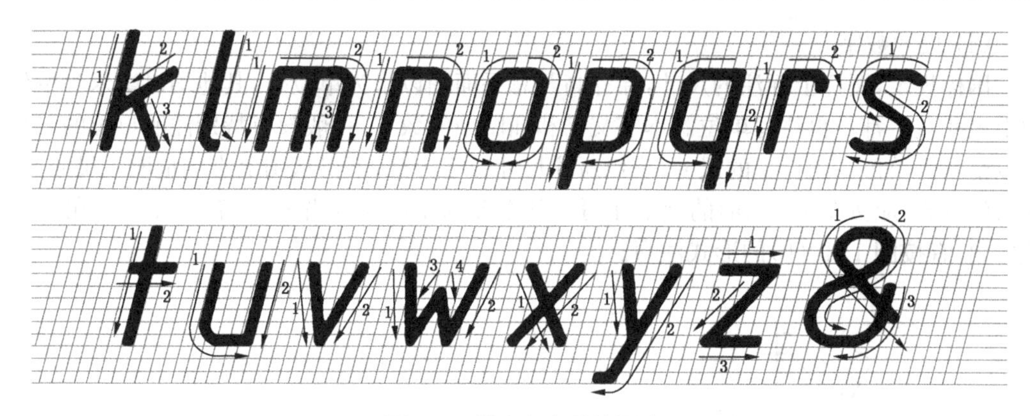

图 1-8　数字和字母的写法

1.1.4　尺寸注法

工程图样中除了画出工程形体的形状外，还必须标注尺寸以确定其大小。

1) 尺寸组成

图样上的尺寸由尺寸界线、尺寸线、尺寸起止符号和尺寸数字四部分组成(如图 1-9(a)所示)。

(1) 尺寸界线

尺寸界线应用细实线绘制(专业图样用中实线绘制)，一般应与被注长度垂直，其一端应离开图样的轮廓线不小于 2 mm，另一端宜超出尺寸线 2～3 mm，如图 1-9(a)所示。必要时可利用轮廓线作为尺寸界线(如图 1-9 中的尺寸 240 和 3070)。

(2) 尺寸线

尺寸线线型同尺寸界线，并应与被注长度平行，但不宜超出尺寸界线之外。图样上任何图线都不得用作尺寸线。

(3) 尺寸起止符号

尺寸起止符号一般用中粗斜短线绘制，其倾斜方向应与尺寸界线成顺时针 45°角，长度宜为 2～3 mm。半径、直径、角度及弧长的尺寸起止符号，宜用箭头表示，如图 1-9(b)所示。

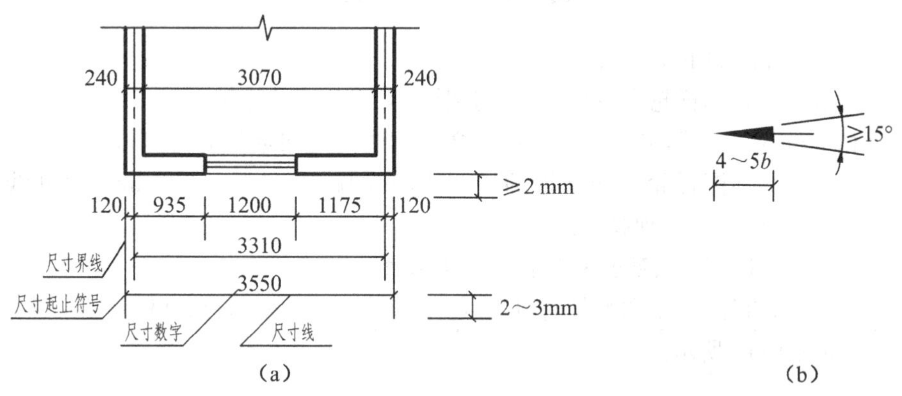

图 1-9　尺寸的组成

(4) 尺寸数字

国标规定，图样上标注的尺寸，除标高及总平面图以米为单位外，其他均以毫米为单位，图上尺寸数字都不再注写单位。本书文字和插图中的数字，一般没有特别注明单位的，也一律以毫米为单位。图样上的尺寸，应以所注尺寸数字为准，不得从图上直接量取。尺寸数字字头的方向，应按图 1-10(a)的规定注写。基本要求是向左或者向上，若尺寸数字在 30°斜线区内，宜按图 1-10(b)的形式注写。

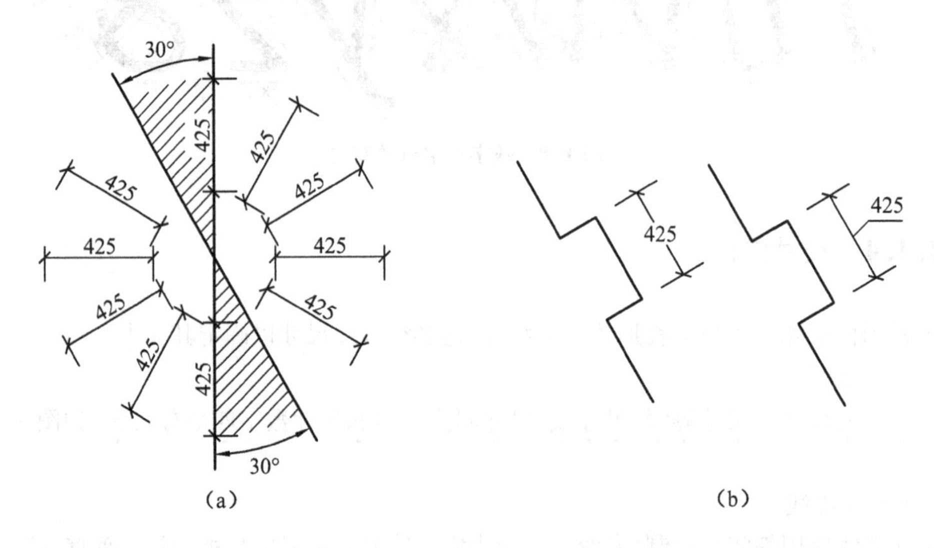

图 1-10　尺寸数字的注写方向

尺寸数字一般应依据其方向注写在靠近尺寸线的上方中部。如没有足够的注写位置，最外边的尺寸数字可注写在尺寸界线的外侧，中间相邻的尺寸数字可错开注写(图 1-11)。

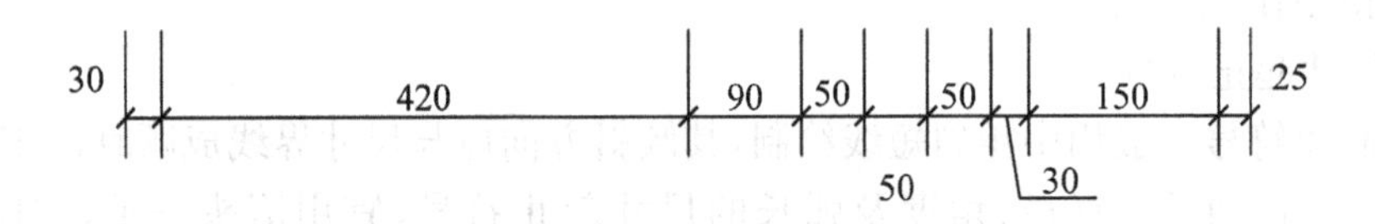

图 1-11　尺寸数字的注写位置

(5) 尺寸标注的主要事项

尺寸宜标注在图样轮廓以外，不宜与图线、文字及符号等相交。

互相平行的尺寸线，应从被注写的图样轮廓线由近向远整齐排列，注意小尺寸在里面，大尺寸在外面。离图样轮廓线最近的尺寸线，其间距不宜小于 10 mm。尺寸线之间的间距，宜为 7～10 mm，并应保持一致。

2) 半径、直径、角度、弧长和弦长的尺寸注法

标注半径、直径、角度和弧长时，尺寸起止符号用箭头表示，角度标注的尺寸数字一律水平书写，如图 1-12 所示。

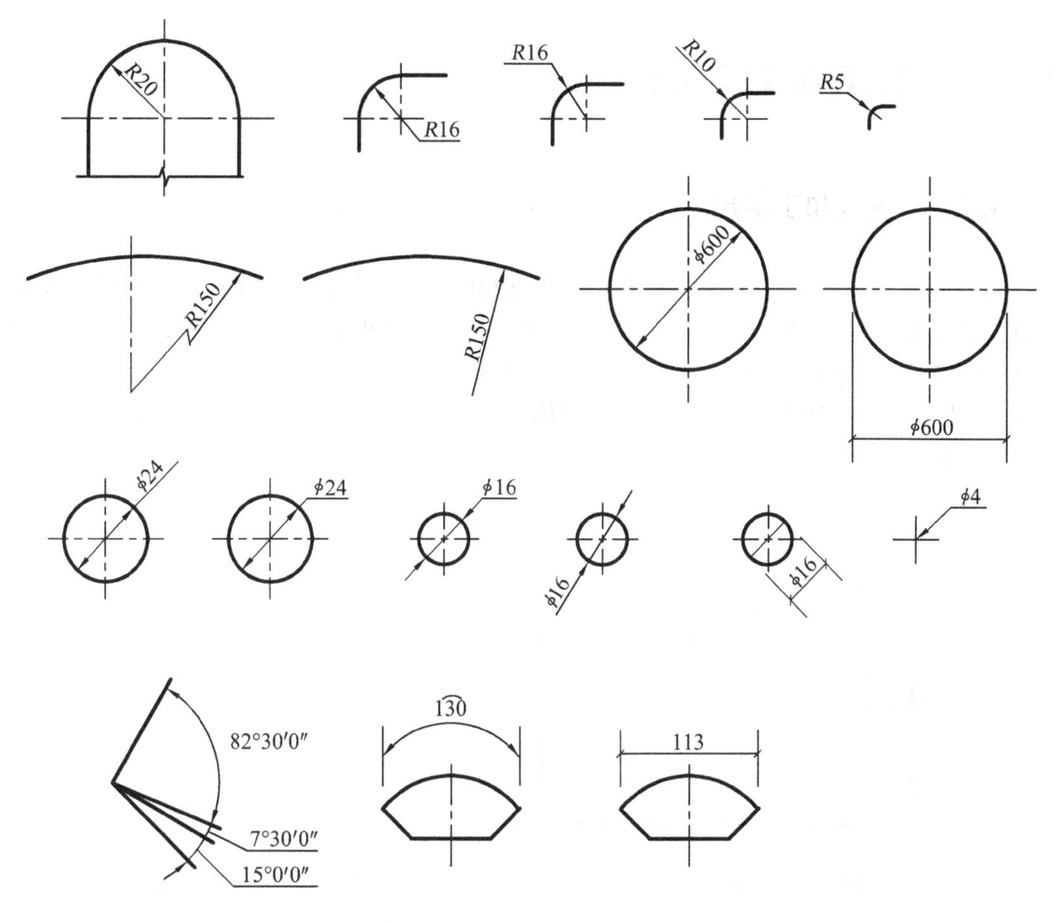

图 1-12　半径、直径、角度、弧长和弦长的尺寸注法

1.1.5　比例

图样的比例是指图形中与实物相对应的线性尺寸之比。工程图样中的常用比例为 1∶1、2、5×10^n（$n=0,1,2,3,\cdots$），见表 1-5 所示。

表 1-5　绘图所用比例

常用比例	1∶1、1∶2、1∶5、1∶10、1∶20、1∶50、1∶100、1∶150、1∶200、1∶500、1∶1000、1∶2000、1∶5000…

如果一张图纸上各个图样的比例相同，则比例可集中标注。否则，比例宜注写在图名的右侧，字高宜比图名的字高小 1 号或 2 号，如图 1-13 所示。

平面图 1:100　　⑥ 1:20

图 1-13　比例的注写

1.2 绘图工具和仪器的使用

1.2.1 图板和丁字尺

图板用于固定图纸,其大小一般与图纸规格相配套,使用时将图纸的四个角用胶带固定在图板合适的位置,如图 1-14 所示。丁字尺主要用来和图板配合绘制水平线,或者与三角尺配合绘制竖直线以及 30°、45°、60°等斜线。丁字尺由尺头和尺身两部分组成,使用时尺头需与图板的工作边靠紧,上下滑动,利用尺身带刻度一侧绘制一系列的水平线,如图 1-15所示。

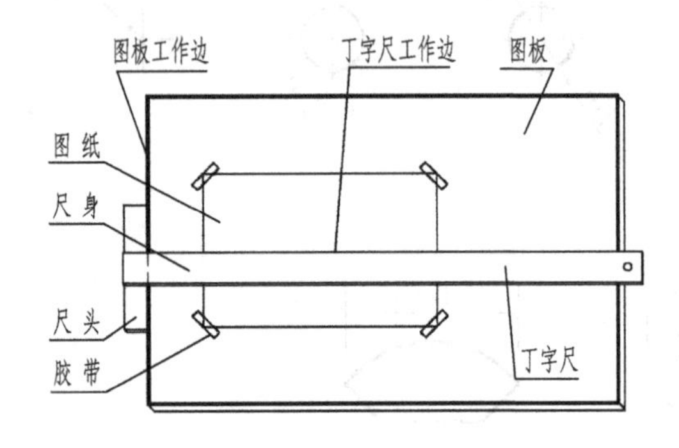

图 1-14 图板与丁字尺

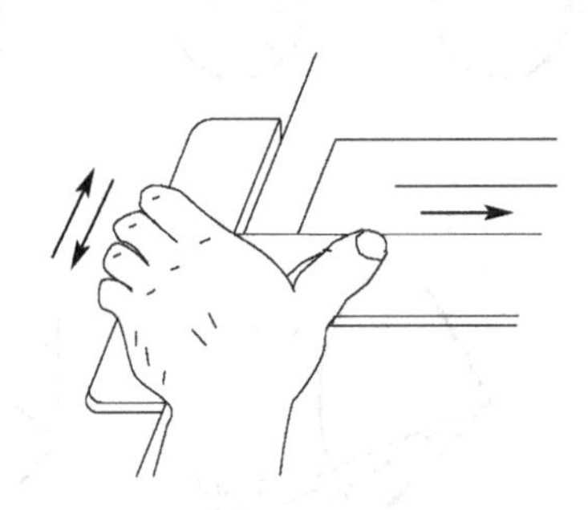

图 1-15 用丁字尺画水平线

1.2.2 三角尺

一副三角尺由两块组成,一块是 30°、60°角,一块是 45°角,与丁字尺配合可以绘制竖直线以及 30°、45°、60°等 15°角整数倍的斜线。两个三角尺组合还可以画任意方向的平行线和垂直线。如图 1-16 和图 1-17 所示。

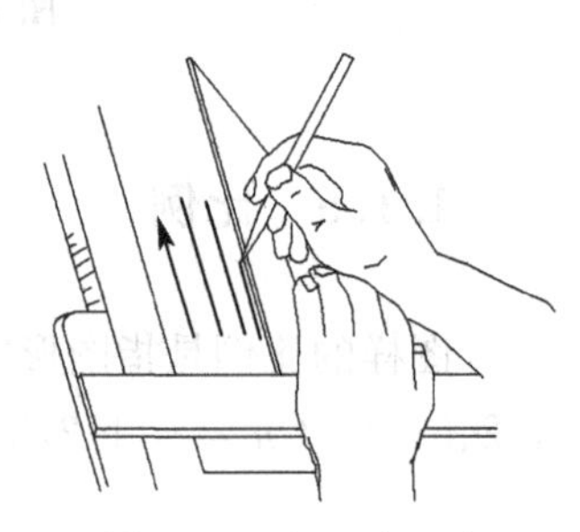

图 1-16 用丁字尺和三角尺画竖直线

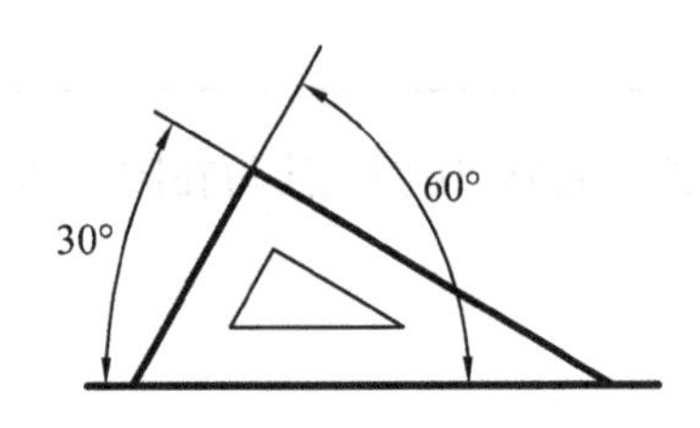

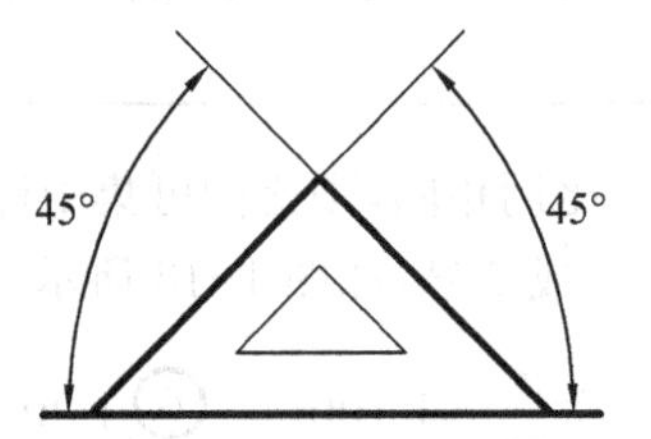

15°
75°

图 1-17 三角尺的用法

1.2.3 铅笔

绘图使用的铅笔型号分为3种，一种是画底稿时使用的笔芯较硬的铅笔，如H、2H等，画出的线颜色较淡，易擦除；一种是加深描粗图线时使用的笔芯较软的铅笔，如B、2B等，画出的线颜色较深(黑)；另一种介于软、硬之间的为HB，常用于写字。

打底稿的铅笔笔芯应削成锥形(如图1-18(a)上)，并在画线过程中不断旋转，以保持图线均匀；加深描粗的铅笔笔芯宜削成扁平状，宽度与加深的线宽一致(如图1-18(a)下)。

画线时铅笔的姿势如图1-18(b)所示，正面看与图纸成60°～70°角，侧面看与图纸垂直。

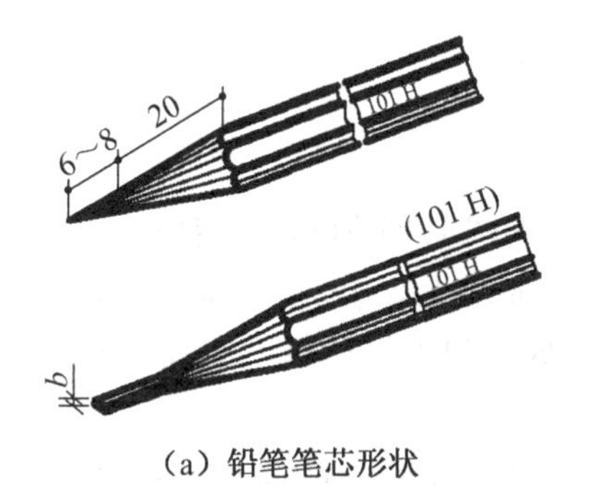

(a) 铅笔笔芯形状

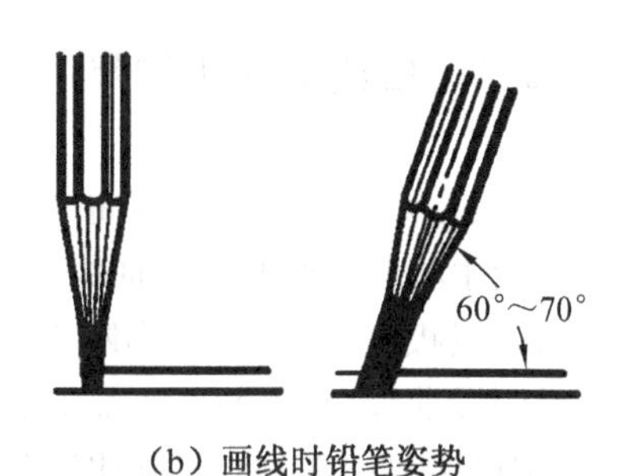

(b) 画线时铅笔姿势

图1-18 铅笔用法

1.2.4 圆规和分规

圆规主要用来绘制圆或圆弧。圆规的脚一般有针尖、铅芯、鸭嘴等，可替换使用。画圆时，使用铅芯脚和带有针肩的针尖脚，铅芯应磨削成65°左右的斜面(如图1-19(a))，将针尖固定在圆心上，使铅芯脚与针尖长度对齐，按顺时针方向，并稍向前进方向倾斜，一次旋转完成(如图1-19(b))。画较大圆时，则应使圆规的两脚都与纸面垂直，如图1-19(c)所示。

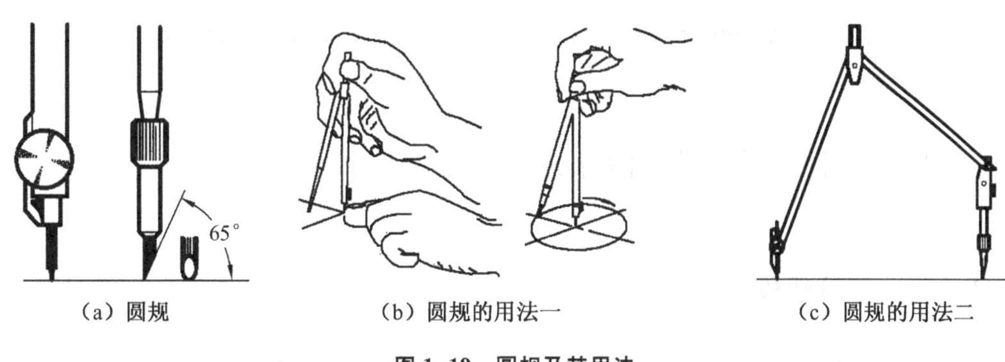

(a) 圆规　(b) 圆规的用法一　(c) 圆规的用法二

图1-19 圆规及其用法

圆规的两个脚都是针尖时便是分规，主要用于截取长度或等分线段(如图1-20)。

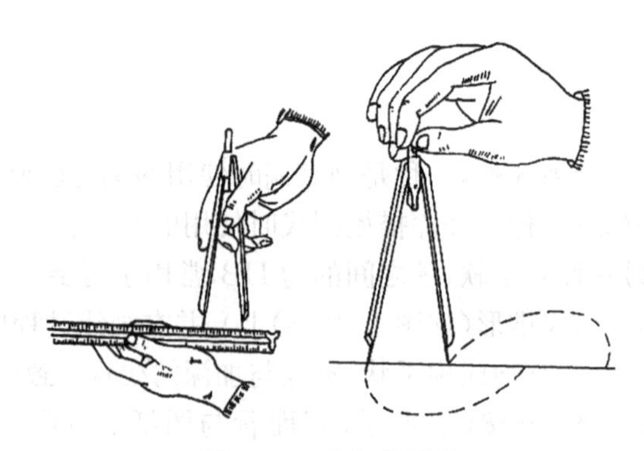

图 1-20　分规的用法

1.2.5　曲线板和比例尺

曲线板主要用于绘制非圆曲线。曲线板的使用方法如图 1-21 所示，先定出曲线上的若干点，并徒手将各点轻轻连成曲线，然后找出曲线板上与曲线上 3～4 个点曲度大概一致的一段，沿曲线板将曲线描深，不断重复直至曲线绘制完成。为了保证每段曲线间的光滑过渡，前后两段曲线应至少有 1～2 个点的重合。

比例尺主要用来量取不同比例时的长度，一般为三棱柱状，如图 1-22 所示，共有 6 种不同比例的刻度。画图时可按所需比例，用比例尺上相应的刻度直接量取距离，不需再做换算。

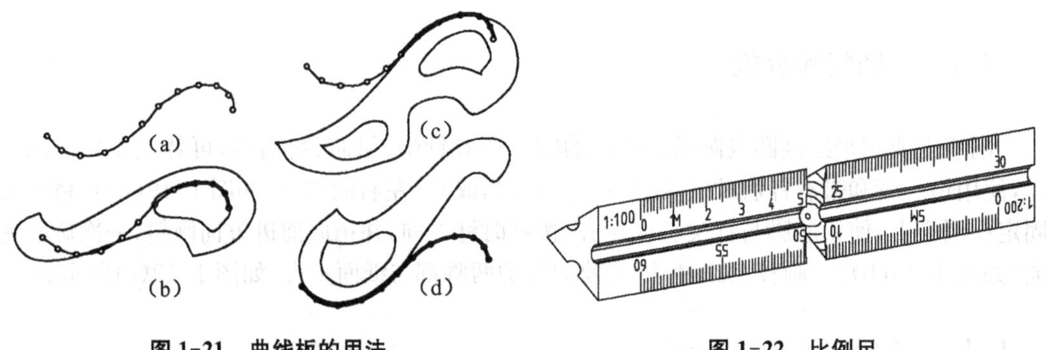

图 1-21　曲线板的用法

图 1-22　比例尺

1.3　几何图形的尺规作图方法

1.3.1　等分线段

如图 1-23 所示，将已知线段 AB 五等分。先过某一端点 A 作任意直线 AC，并在 AC 上任作 5 个等分线段 1、2、3、4、5，连接 $B5$，然后过 AC 上的 1、2、3、4 四个等分点作 $B5$ 的平行线，交于 AB 上 4 个等分点，即为所求。

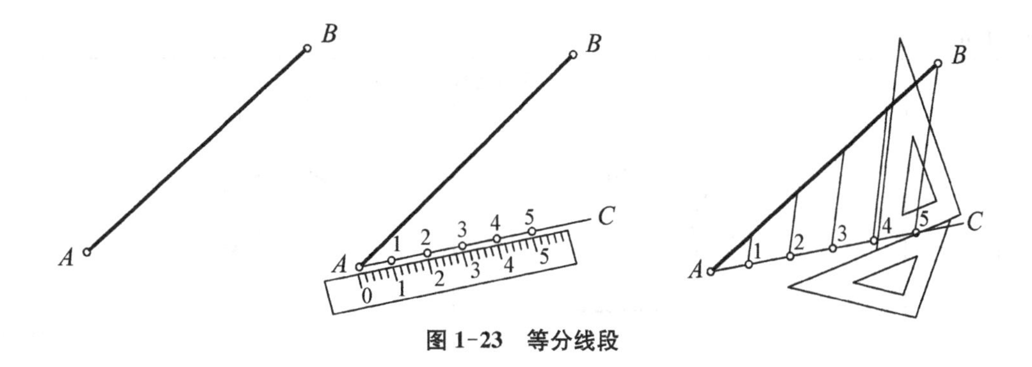

图 1-23 等分线段

1.3.2 正多边形的画法

这里以正七边形为例，介绍圆内接任意正多边形的通用近似画法。如图 1-24 所示。

(1) 先将圆的竖向直径 AB 七等分，得等分点 1、2、3、4、5、6。

(2) 以点 A 为圆心，AB 为半径画弧，交水平直径延长线于 E、F 两点。

(3) 将 E、F 点与 AB 上的偶数点(2、4、6)相连并延长，与圆周相交于Ⅰ、Ⅱ、Ⅲ、Ⅳ、Ⅴ、Ⅵ点。

(4) 顺次连接 A、Ⅰ、Ⅱ、Ⅲ、Ⅳ、Ⅴ、Ⅵ各点，即可作出正七边形。

注：如果正多边形为偶数边，那么上述第(3)步就改为连接奇数点。

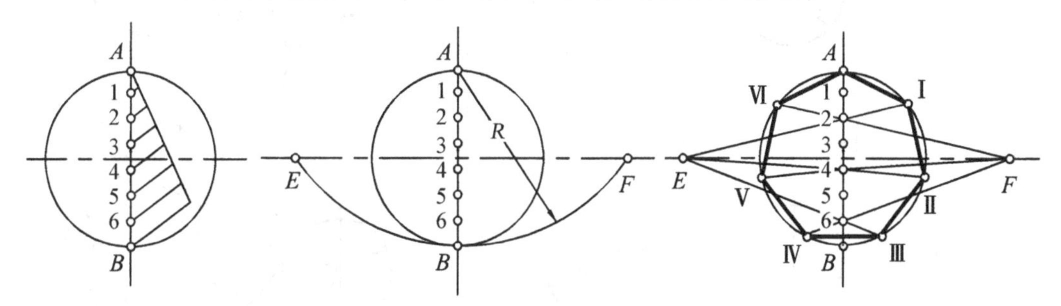

图 1-24 圆内接正七边形的画法

1.3.3 圆弧连接

用圆弧连接已知图形的关键是求出连接圆弧圆心和连接点的位置。各种圆弧连接的作图步骤见表 1-6 所示。

表 1-6 圆弧连接的作图方法

	圆弧连接作图方法	
	已知条件	作图步骤
连接两直线	R, L_1, L_2	L_1, a, R, T_1, O, b, R, R, T_2, L_2

续表 1-6

	圆弧连接作图方法	
	已知条件	作图步骤
连接一直线和一圆弧	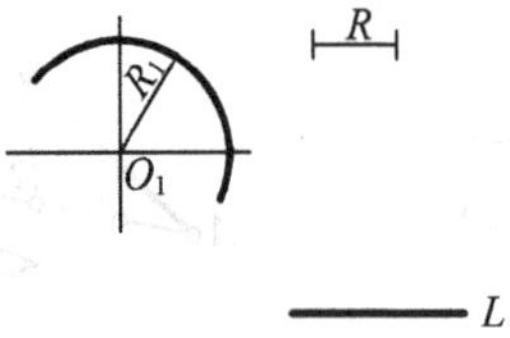 R_1 O_1 R L	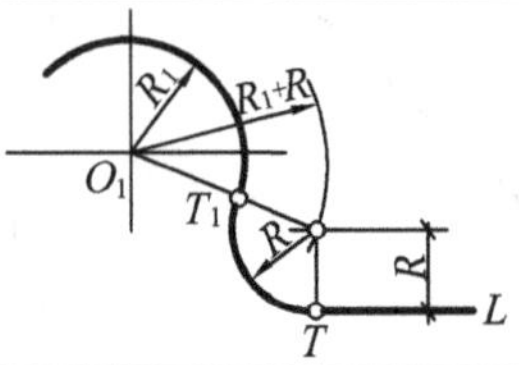 R_1 R_1+R O_1 T_1 R R L T
外切两圆弧	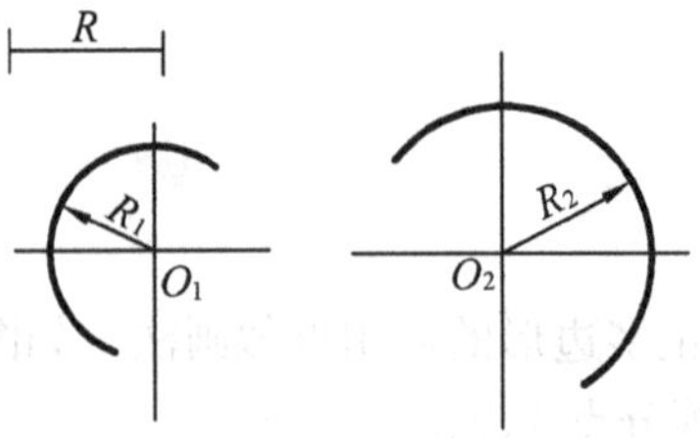 R R_1 O_1 R_2 O_2	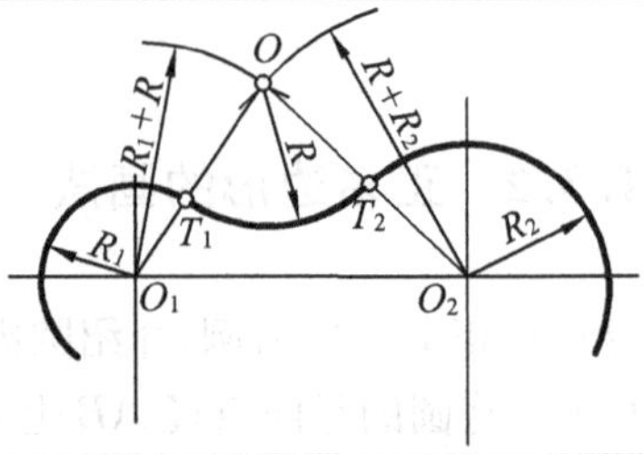 O R_1+R $R+R_2$ R T_1 T_2 R_1 O_1 R_2 O_2
内切两圆弧	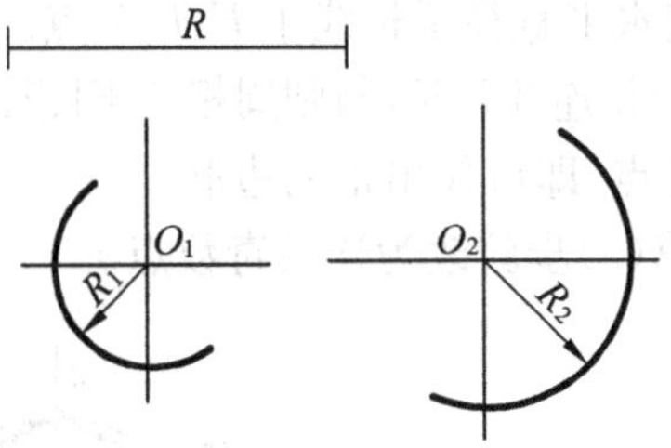 R O_1 R_1 O_2 R_2	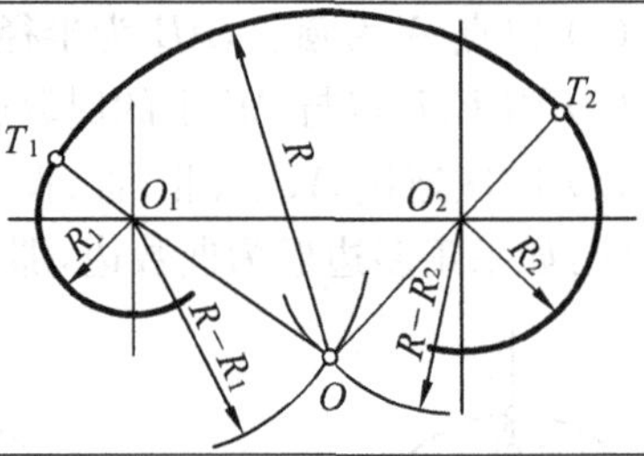 T_1 R T_2 O_1 O_2 R_1 R_2 $R-R_1$ $R-R_2$ O
内切一圆弧，外切另一圆弧	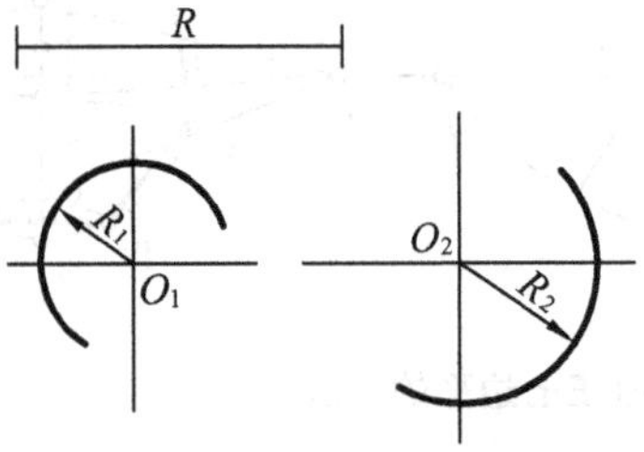 R R_1 O_1 O_2 R_2	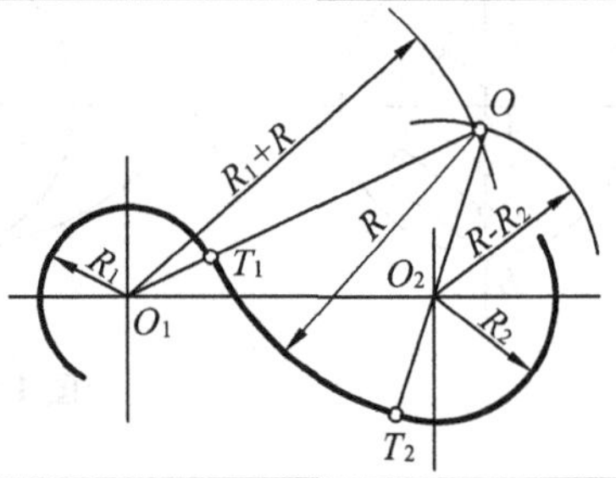 O R_1+R R $R-R_2$ R_1 T_1 O_1 O_2 R_2 T_2

1.3.4　平面图形的画法

1）平面图形的尺寸分析

平面图形中的尺寸是确定其大小和形状的必要要素，按其作用可分为定形尺寸和定位尺寸两种。

(1) 定形尺寸

确定平面图形中线段的长度、圆的直径或半径，以及角度大小等的尺寸称为**定形尺寸**。如图 1-25(a)中，48、10 是确定线段长度的尺寸，$R13$、$\phi12$、$R8$ 等是确定圆弧半径大小的尺寸，都是定形尺寸。

(2) 定位尺寸

确定平面图形中各部分之间相对位置的尺寸称为**定位尺寸**。定位尺寸应以尺寸基准作为标注尺寸的起点。平面图形中应有长度和宽度两个方向的尺寸基准。通常以图形的对称线、中心线或较长的直轮廓线作为尺寸基准。如图 1-25(a)中，长度方向以左边 ϕ12 圆的竖向中心线为基准，宽度方向以线段 48 为基准，而 4、40 和 18 即为相应圆圆心的定位尺寸。

2）平面图形的线段分析

平面图形是由若干条线段(直线段或曲线段)连接而成的，作图时，需要先对图形进行分析，确定线段绘制的先后顺序。

平面图形中的线段按给出尺寸的情况可分为：

(1) 已知线段。尺寸齐全，根据基准线位置和定形尺寸就能直接画出的线段。如图 1-25(a)中，圆弧 $R13$、圆 ϕ12 以及线段 48、线段 10 和线段 L_1 都是已知线段。

(2) 中间线段。尺寸不齐全，只知道一个定位尺寸，另一个定位尺寸必须借助于已知线段的连接条件确定的线段。如图 1-25(a)中，圆弧 $R26$ 和 $R8$ 即为中间线段。

(3) 连接线段。缺少定位尺寸，需要依靠与其两端相邻线段的连接条件才能确定的线段。如图 1-25(a)中，圆弧 $R7$ 和线段 L_2 即为连接线段。

3）平面图形的绘图步骤

(1) 准备工作

准备工作包括绘图工具和仪器的准备(如削好铅笔、固定图纸等)、选定图幅和比例、进行图样分析、了解绘图要求等。

(2) 画底稿

① 在图纸合适的位置画两个方向的基准线，如图 1-25(b)。

② 画已知线段，如图 1-25(c)。

③ 画中间线段，如图 1-25(d)。

④ 画连接线段，如图 1-25(e)。

(3) 加深描粗图线

对上述底稿进行检查、复核，确认无误后加深描粗图线，顺序同画底稿。另外，对于整体图样，应该按照自上而下、从左到右依次画出同一线型、同一线宽的各图线。当图形中有曲线时，应先画曲线后画直线，以便其连接处平整光滑。加深描粗后的成果应该是图面上的图线深度一致而线型和线宽有别，如图 1-25(f)。

(4) 注写文字及符号

一般在图形绘制好后才书写各种文字和符号，包括文字说明、尺寸数字等，如图 1-25(f)。

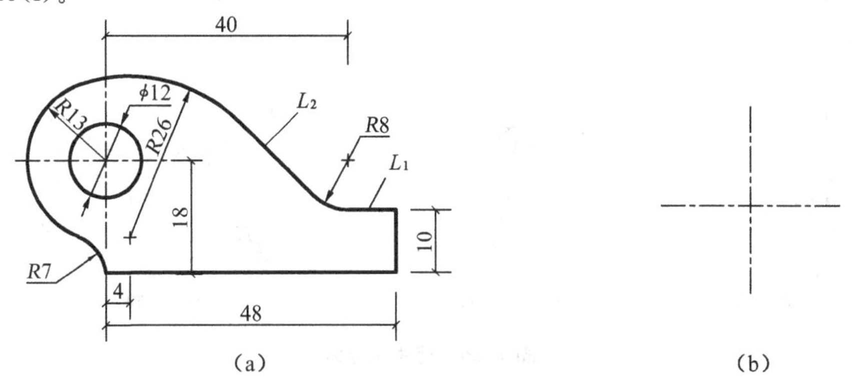

(a)　　　　　　　　(b)

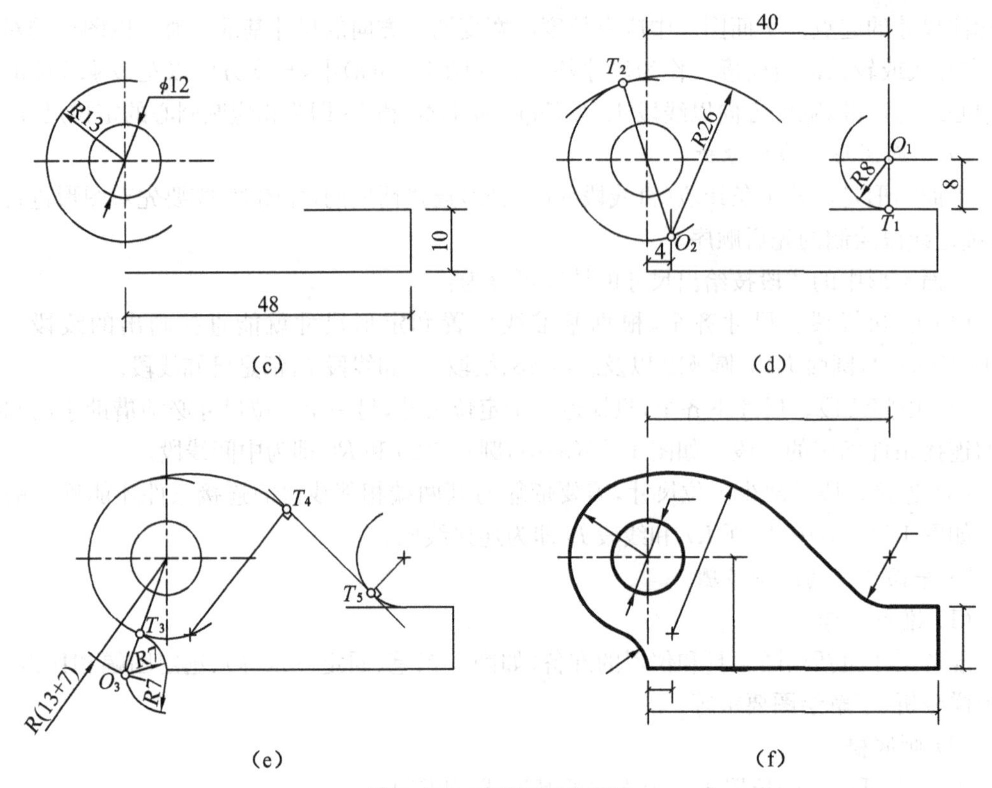

图 1-25　平面图形的画法

1.4　徒手作图的方法

1.4.1 直线的画法

画直线时,水平线应自左向右画出,笔杆放平些(如图 1-26(a));铅垂线自上而下画出,笔杆要立直些(如图 1-26(b))。画斜线时从斜上方开始,向斜下方画出(如图 1-26(c));也可将纸转动,按水平线画出。直线绘制时的技巧是目测终点,小指压住纸面,手腕随线移动,一次完成。

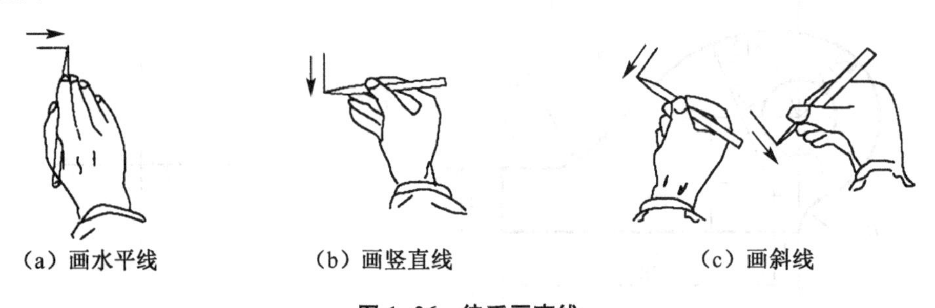

图 1-26　徒手画直线

1.4.2 角度的画法

徒手画角度时，可采用图 1-27 所示的画法：先画出相互垂直的两条直线，以其交点为圆心、以适当长度为半径，勾画出 1/4 圆周。如果要画 45°角，可将该 1/4 圆周估分为两等份，如图 1-27(c)；如将 1/4 圆周三等分，则每份为 30°，可得到 30°和 60°角，如图 1-27(d)。

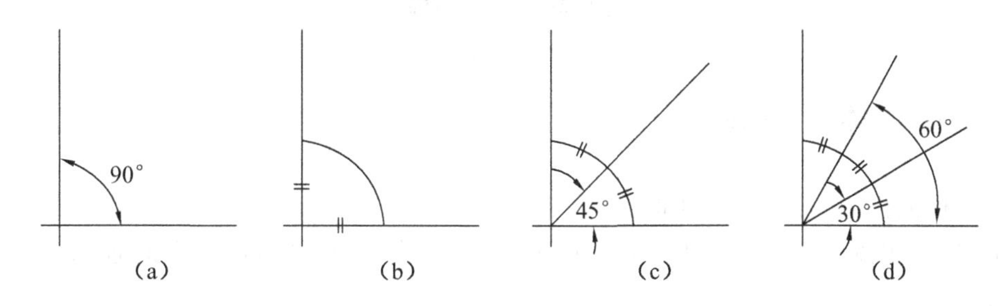

图 1-27 徒手画角度

1.4.3 圆的画法

画小圆时，一般只画出垂直相交的中心线，并在其上按半径定出 4 个点，然后勾画成圆，如图 1-28(a)。画较大圆时，可加画 2 条 45°斜线，并按半径在其上再定 4 个点，一共 8 个点连成一个圆，如图 1-28(b)。画更大的圆时，可先画出圆的外切正方形，找到 4 个对角线的三分之二分点，连同正方形的中点，将 8 个点连接成圆，如图 1-28(c)。

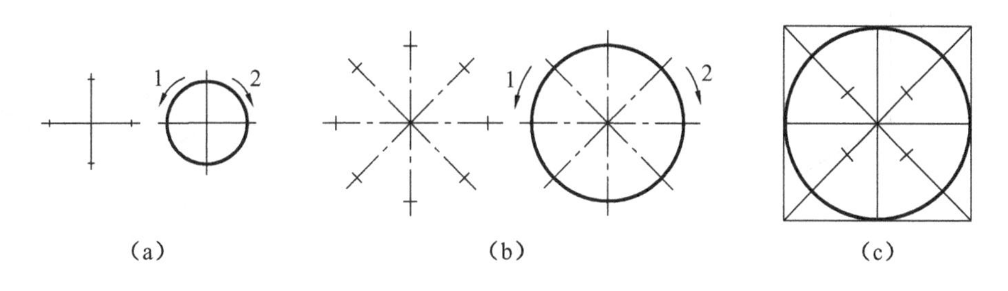

图 1-28 徒手画圆

1.4.4 椭圆的画法

画椭圆的方法与画圆大致相同。画小椭圆时，一般只画出垂直相交的中心线，并在其上按长短轴定出 4 个点，然后勾画成椭圆，如图 1-29(a)。画大椭圆时，可先根据长短轴画出椭圆的外切矩形，找到 4 个对角线的三分之二分点，连同矩形的中点，将 8 个点连接成椭圆，如图 1-29(b)。

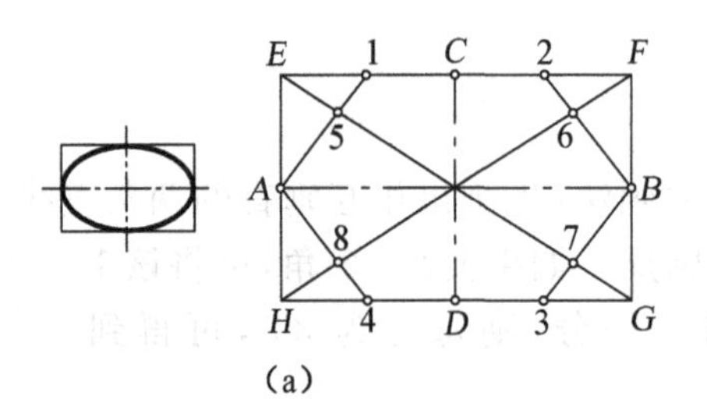

(a)

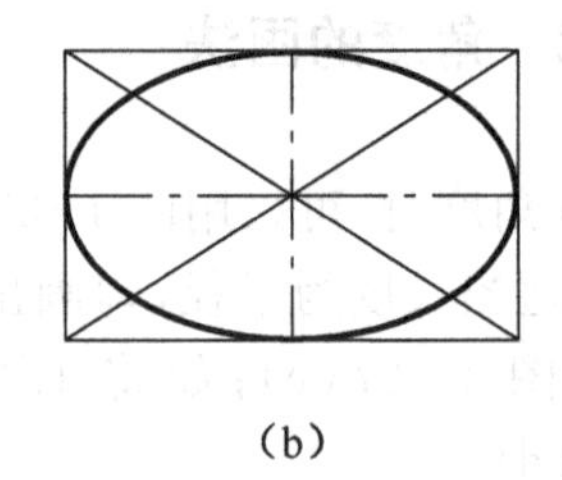
(b)

图 1-29 徒手画椭圆

1.4.5 立体草图的画法

画立体草图时应注意以下 3 点：

(1) 先定物体的长宽高方向，使高度方向竖直，长度方向和宽度方向各与水平线倾斜 30°。

(2) 物体上相互平行的直线，在立体草图上也应相互平行。

(3) 画不平行于长宽高的斜线时，只能先定出它的两个端点，然后连线。

如图 1-30(f)所示的模型，可以看成一个长方体被切去一个角。画草图时，可先确定长宽高的方向(图 1-30(a))，估计其大小，定出底面矩形(图 1-30(b))；由底面矩形 4 个角点沿竖向定出 4 条棱线的高度，再连接上底面，得出完整的长方体(图 1-30(c))；然后根据切角大小，先在上底面沿两条底边定出斜线的两个端点后连接(图 1-30(d))，再由两个端点沿竖向画线定出下底面斜线两个端点后连接(图 1-30(e))；最后擦除多余的线条并加深图线即可。

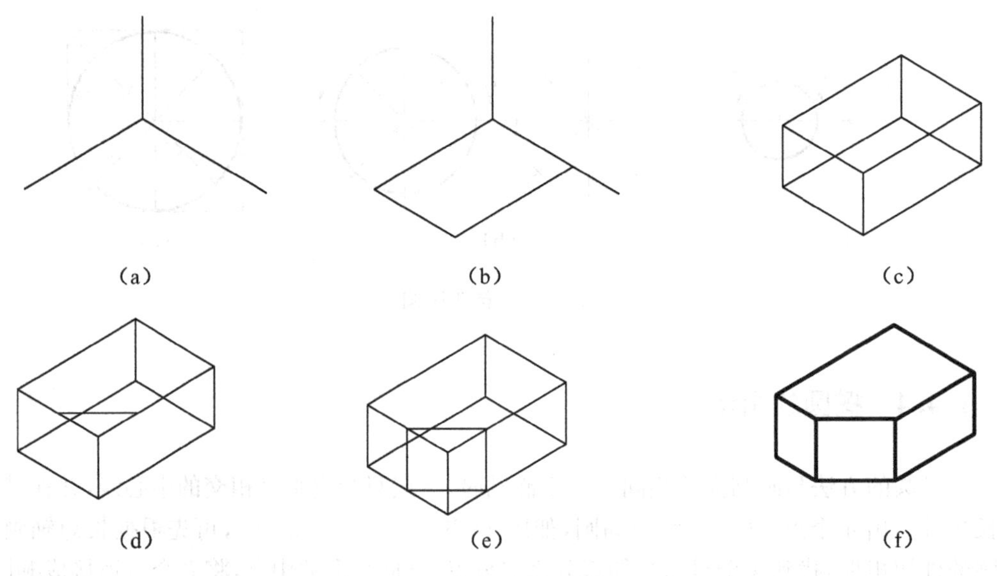

图 1-30 徒手画立体草图

2 投影的基本知识

投影是工程制图的基本概念，工程上所用的各种图样都是用投影的方法绘制的，根据对象及目的的不同，采用不同的投影方法：中心投影法和平行投影法。要学好工程制图，就必须了解和掌握投影法的基本原理及按这些原理所形成的各种图样的绘制和阅读方法。

2.1 投影的形成和分类

2.1.1 投影的形成

生活中，我们随处可见影子这个自然现象。在光线(阳光或者灯光)的照射下，物体会在地面、墙面或者其他表面投射影子，而且随着光线方向的不同，影子也会发生变化，如图 2-1(a)所示。

人们对自然界的这一物理现象加以科学的抽象和概括，假设光线能够穿透物体，将物体的轮廓线投射在某个面上的影子绘制成“线框图”，把这样形成的线框图称为投影图，简称投影。如图 2-1(b)所示。

研究物体与投影之间的关系就是投影法。下面介绍有关投影法的几个基本概念，如图 2-2所示。

投影中心：光源 S 抽象为一点，称为投影中心。

投影线：从光源 S 射出的任意一条直线，称为投影线或投射线。

投影面：投影所在的平面，称为投影面。

投影：通过物体上任意一点的光线与投影面的交点，称为该点在投影面上的投影。

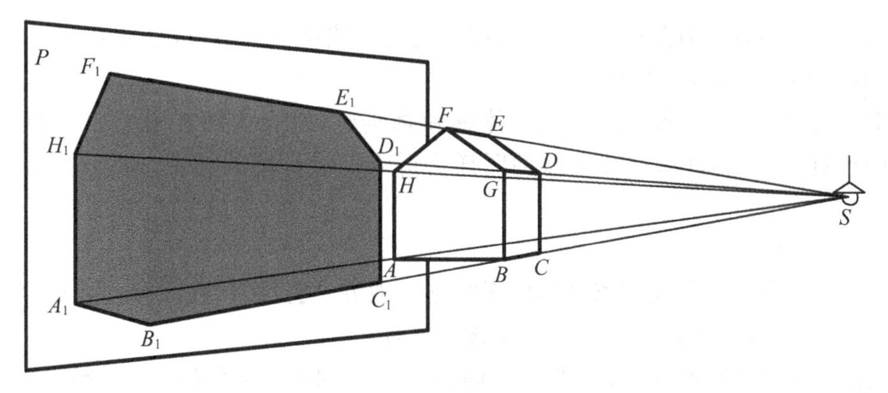

(a)

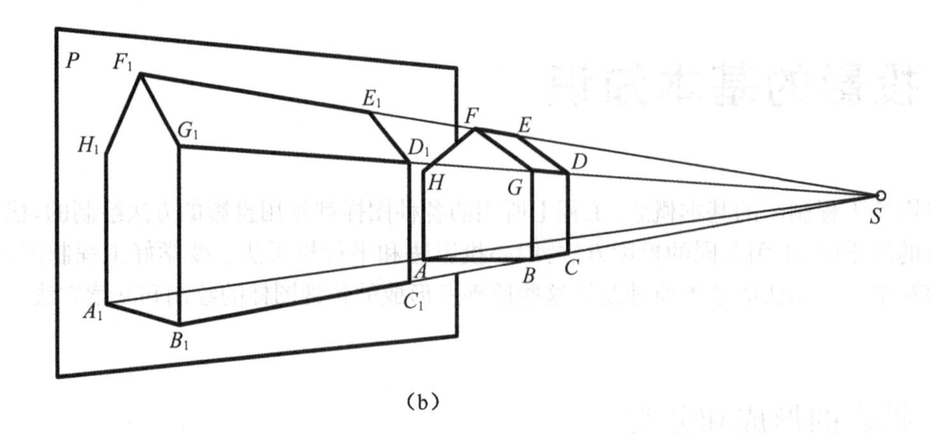

(b)

图 2-1 影子与投影

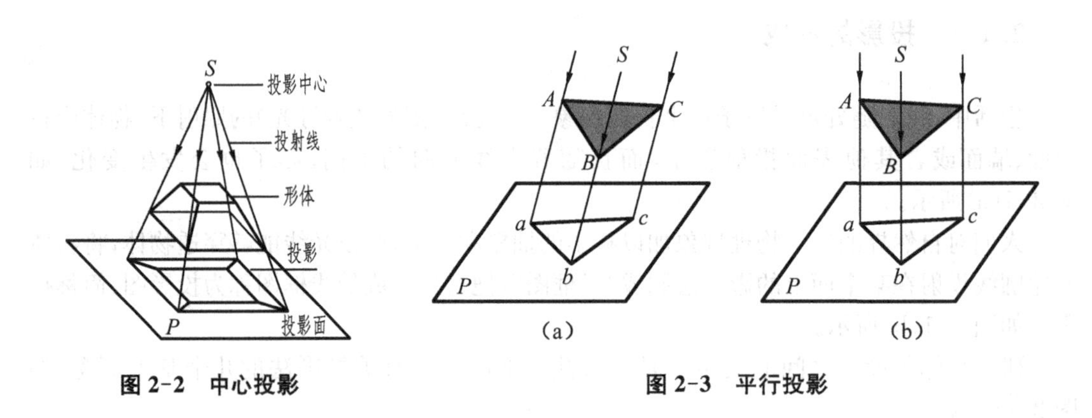

图 2-2 中心投影

图 2-3 平行投影

2.1.2 投影的分类

根据投影线之间的相互关系，可分为中心投影和平行投影。

1）中心投影

假设投影中心 S 在有限的范围之内，所有的投影线都交于一点，这种方法所产生的投影，称为中心投影。如图 2-2 所示。

用中心投影法绘制的投影图具有立体感和真实感，符合人的视觉感官，因此在建筑(或装修)设计的初始阶段，往往用这种图样告诉人们设计师的意图，便于尽早调整设计方案。

2）平行投影

假设将投影中心 S 移动到离投影面无穷远的地方，则投影线在无穷远处相交，可视为平行，由此产生的投影，称为平行投影。如图 2-3 所示。

根据投影线和投影面的相对位置的不同，平行投影又可分为斜投影和正投影。

投影线与投影面倾斜时的投影，称为斜投影，如图 2-3(a)所示。

投影线与投影面垂直时的投影，称为正投影，如图 2-3(b)所示。

2.2 工程中常用的几种投影图

根据对象、作用和表达目的的不同，工程上常用的图样有：多面正投影图、轴测投影图、透视投影图和标高投影图。

(1) 多面正投影图，就是用平行正投影法将物体向多个方向投影，以反映物体不同方向的形状和大小。这是工程中应用最为广泛的一种图样，本书在以后没有特别申明的情况下，所说投影就是这种正投影。

优点：能准确地反映物体的形状和大小，度量性好，作图简便。

缺点：立体感差，不易看懂，如图 2-4 所示。

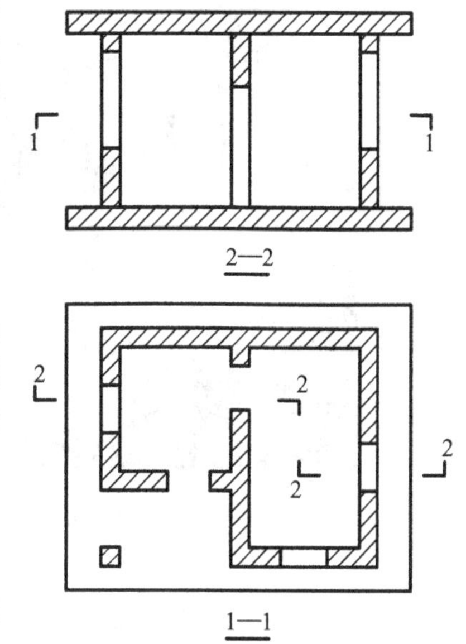

图 2-4 多面正投影图

(2) 轴测投影图，是物体在一个投影面上的平行投影图，简称轴测图。该种投影图具有较强的立体感，工程设计中常作为一种辅助图样，帮助正投影图形象地表达物体的形状，如图 2-5 所示。本书将在第 5 章中介绍。

优点：图的立体感强，容易看懂。

缺点：投影变形，度量性差，且作图比较麻烦。

(3) 透视投影图，是物体在一个投影面上的中心投影图，简称透视图。如图 2-1(b)所示。这种图直观感最好，符合人们的视觉效果，常配以材质、色彩和配景，以表达建筑(或装修)设计的效果，所以也称为效果图，如图 2-6 所示。本书在第 8 章将介绍透视图的原理和画法，第 14、15 章将分别介绍用计算机实现这样的效果图及效果图的艺术处理。

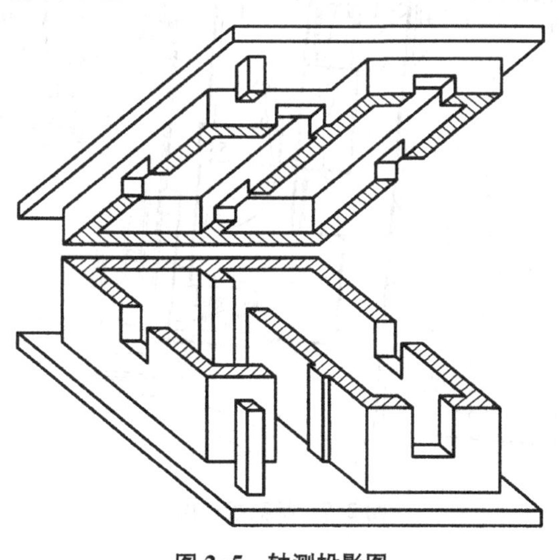

图 2-5 轴测投影图

(4) 标高投影图，这是一种加注了高程的水平投影图，一般与地形图结合以表达建筑物与地面的关系，如图 2-7 所示。本书将在第 7 章中介绍。

图 2-6 建筑效果图(添加材质和色彩的透视图)

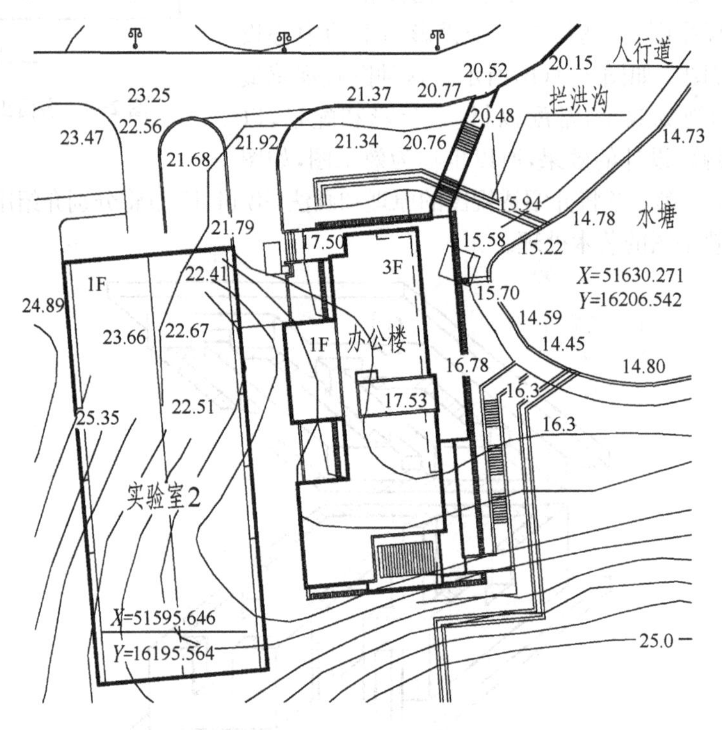

图 2-7 标高投影图

2.3 正投影的特性与基本原理

2.3.1 正投影的特性

1）真实性

当直线或平面平行于投影面时，其正投影反映实长或者实形。如图 2-8 所示，直线 AB 和三角形 CDE 平行于投影面 H，它们在 H 面上的投影分别反映实长（$ab = AB$）和实形（$\triangle cde \cong \triangle CDE$）。这种性质称为**真实性**。

2）积聚性

当直线或平面垂直于投影面时，其正投影积聚为一点或者一条直线，如图 2-9 所示。这种性质称为**积聚性**。

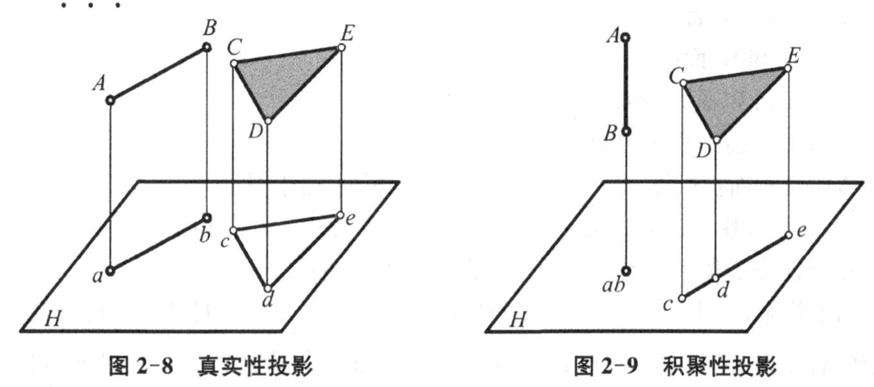

图 2-8　真实性投影　　图 2-9　积聚性投影

3）类似性

当直线或平面倾斜于投影面时，直线的正投影仍然是直线，但小于实长；平面的投影小于实形，但是形状相像(不存在相似比)，如图 2-10 所示。这种性质称为**类似性**。

4）平行性

当空间两直线相互平行时，它们在同一平面上的投影仍然平行。而且它们投影的长度之比等于空间两直线的长度之比。如图 2-11 所示，$AB \parallel CD$，$ab \parallel cd$，且 $AB : CD = ab : cd$。这种性质称为**平行性**。

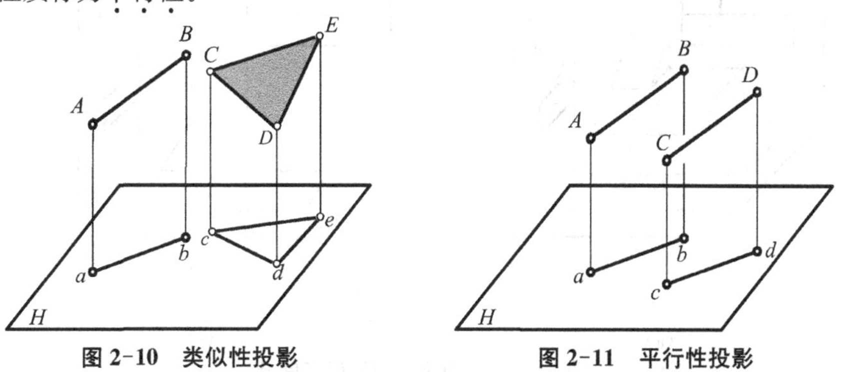

图 2-10　类似性投影　　图 2-11　平行性投影

2.3.2 正投影图的原理

任何物体都具有三维方向的尺度,如何在平面图纸上真实地表达出物体的长、宽、高的尺寸和形状,以及如何根据平面图纸想象、还原出物体的空间形状,是工程制图要解决的主要问题。

一般情况下,要用 3 个不同方向的投影图才能将物体的空间形状表达清楚,为此常设 3 个投影面构成一个三面投影体系。

1) 三面投影体系的建立

如图 2-12(a)所示,设立 3 个互相垂直的平面作为投影面,组成一个三面投影体系:

水平投影面用 H 标记,简称水平面或H面。

正立投影面用 V 标记,简称正立面或V面。

侧立投影面用 W 标记,简称侧立面或W面。

3 个投影面的交线,称为投影轴。它们分别用 OX、OY、OZ 表示。

OX 轴:V 面和 H 面的交线,代表物体的长度方向。

OY 轴:H 面和 W 面的交线,代表物体的宽度方向。

OZ 轴:V 面和 W 面的交线,代表物体的高度方向。

3 个投影轴的交点,称为原点。

将物体放入三面投影体系,并置于观察者与投影面之间,然后将物体分别向 3 个投影面作投影,得到 3 个投影图。它们分别把物体的长、宽、高 3 个方向和左右、前后、上下 6 个方位的形状和位置关系表达了出来。其形成方式如下所述:

从上向下投影,在 H 面上得到水平投影图,简称水平投影或H投影,也称俯视图。

从前向后投影,在 V 面上得到正面投影图,简称正面投影或V投影,也称正视图。

从左向右投影,在 W 面上得到侧面投影图,简称侧面投影或W投影,也称侧视图。

2) 三面投影图的展开

在实际应用中,是在一个平面上表达 3 个方向的投影图,因此,需要将三面投影体系展开:假设V面不动,H 面绕着 OX 轴向下旋转 90°,W 面绕着 OZ 轴向后旋转 90°,如图 2-12(b)所示。

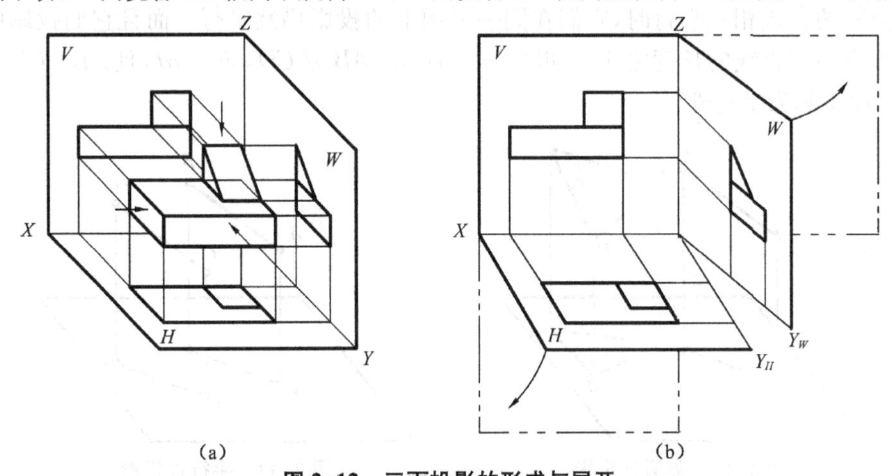

图 2-12 三面投影的形成与展开

展开后，H 面投影在 V 面投影的正下方，W 面投影在 V 面投影的正右方，如图 2-13(a)所示。

注意：OY 轴旋转后出现了两个位置：随 H 面旋转到 OY_H 位置；随 W 面旋转到 OY_W 位置。

实际绘图时，为使作图简便和图面清晰，一般不画表示投影面的边框线，也不注写 V、H、W 字样，对于立体的投影，一般也不画投影轴。这种不画投影面的边框线和投影轴的图样，称为"无轴投影"。如图 2-13(b)所示。

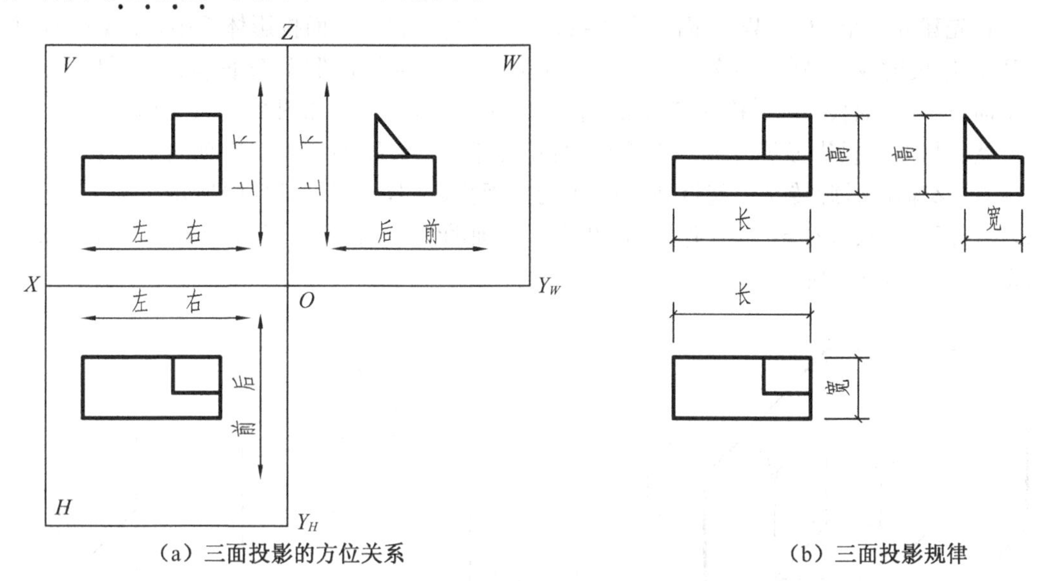

(a) 三面投影的方位关系　　(b) 三面投影规律

图 2-13　三面投影的方位关系和投影规律

3) 三面投影图的投影规律

从图 2-13 可以看出：V 面投影和 H 面投影都反映了物体的长度；V 面投影和 W 面投影都反映了物体的高度；W 面投影和 H 面投影都反映了物体的宽度。因此，三面投影图之间存在下述投影关系：

V 面投影与 H 面投影——长对正。

V 面投影与 W 面投影——高平齐。

W 面投影和 H 面投影——宽相等。

"长对正"、"高平齐"、"宽相等"的投影关系是三面投影图之间的重要特性，也是以后绘图和读图时必须遵守的最基本的投影规律——简称"三等规律"。

绘制三面投影图时应注意：为符合"三等规律"，投影图之间的作图联系线用细实线绘制，物体的可见轮廓线最后要画为粗实线，不可见的轮廓线用虚线表示(虚线和实线重合时只画实线)。

2.4　点、直线、平面的投影

任何空间形体都是由点、线、面等几何元素所构成的，研究点、线、面的投影规律是掌握空间形体投影规律的基础。

2.4.1 点的投影

1）点的三面投影及其特性

（1）点的三面投影

首先建立一个 H、V、W 三面投影体系，将空间点 A 置于三面投影体系中，过 A 点向 H、V、W 面作投射线，分别得到交点 a、a'、a''。a 称为点 A 的水平投影（H 面投影），a' 称为点 A 的正面投影（V 面投影），a'' 称为点 A 的侧面投影（W 面投影）。如图 2-14(a)所示。

然后将 3 个投影面展开到一个平面内：V 面不动，将 H 面绕着 OX 轴向下旋转 90°，W 面绕着 OZ 轴向后旋转 90°，就得到了点 A 的三面投影图，如图 2-14(b)所示。为了简化作图，投影面边框线往往不画，并作 45°斜线为作图辅助线，用来保证 H 面和 W 面投影的对应关系，如图 2-14(c)所示。

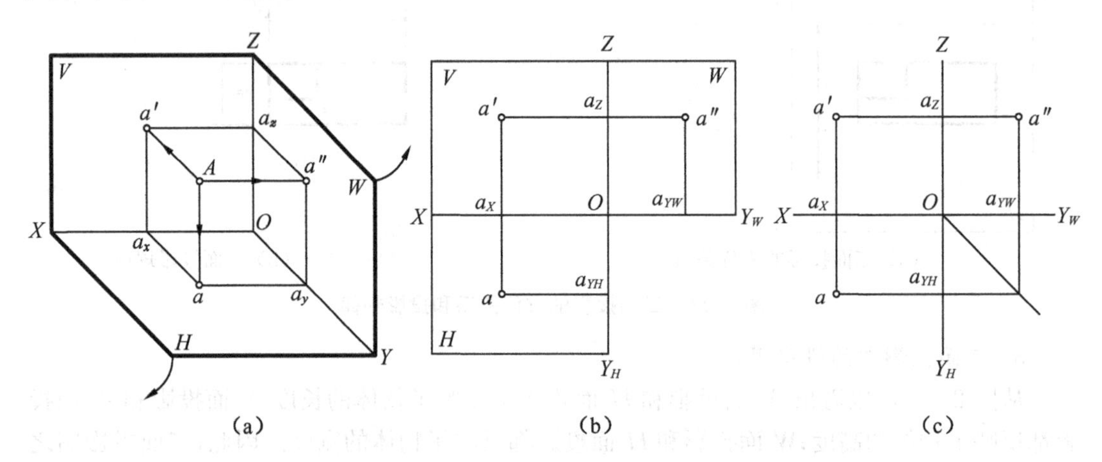

图 2-14 点的三面投影

（2）点的三面投影的投影特性

在图 2-14(a)中，投射线 Aa、Aa' 形成一个矩形平面 $Aa a_x a'$，该平面与 H 面、V 面互相垂直且交 OX 轴于 a_x。可以证明，$a'a_x \perp OX$，$aa_x \perp OX$，则展开后 $a'a \perp OX$，如图 2-14(b)所示。同时，因为平面 Aaa_xa' 是一个矩形，则有 $Aa = a'a_x$，$Aa' = aa_x$。

同理可得：$a'a'' \perp OZ$；$aa_{YH} \perp OY_H$，$a''a_{YW} \perp OY_W$……

综上所述，可得出点的三面投影的投影规律：

① 点的投影连线垂直于相关的投影轴。即：

点 A 的 H 面投影与 V 面投影连线垂直于投影轴 X 轴——$aa' \perp OX$。

点 A 的 V 面投影与 W 面投影连线垂直于投影轴 Z 轴——$a'a'' \perp OZ$。

点 A 的 H 面投影与 W 面投影有：$aa_{YH} \perp OY_H$，$a''a_{YW} \perp OY_W$。

② 点的投影到投影轴的距离，等于空间点到相关的投影面的距离。即：

$Aa = a'a_x = a''a_{yW}$，等于空间点 A 到 H 投影面的距离。

$Aa' = aa_x = a''a_z$，等于空间点 A 到 V 投影面的距离。

$Aa'' = a'a_z = aa_{yH}$，等于空间点 A 到 W 投影面的距离。

显然，点的两面投影即可唯一确定点的空间位置。由点的任意两面投影，运用上述投影特性，便可求出点的第三个投影。

【例 2-1】 已知 A、B 点的两面投影，求作其第三面投影，如图 2-15(a)所示。

【解】 根据点的投影规律，由点的两面投影可以求出点的第三个投影。具体作法如图 2-15(b)所示：

过 a 作水平线与 45°辅助线相交，再由交点向上作铅垂线，与过 a' 向右所作的水平线相交的交点即为 a''。

同理，过 b'' 作铅垂线与 45°辅助线相交，再由交点向左作水平线，与过 b' 向下所作的铅垂线相交于 b。

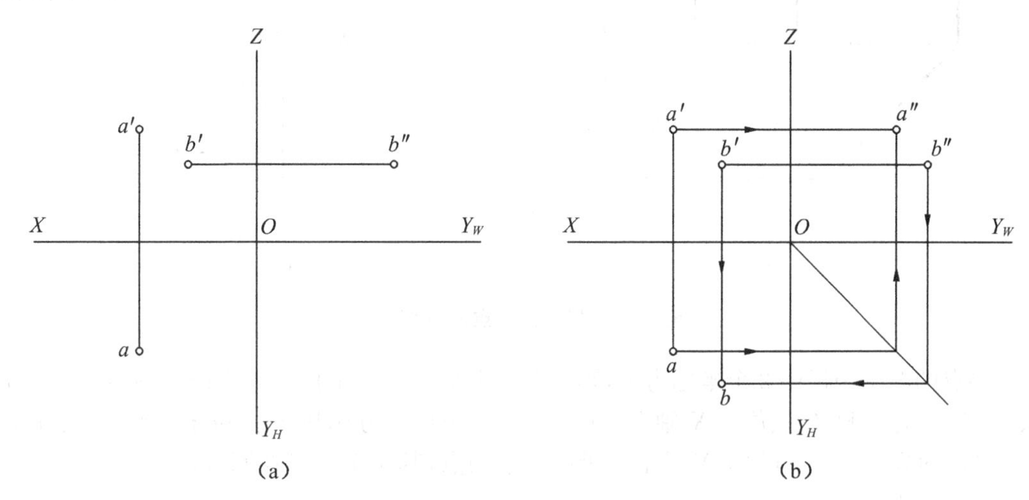

图 2-15　求作点的第三个投影

2) 两点的相对位置

(1) 点的坐标

点的空间位置可以用直角坐标来确定。空间点 A 的坐标可表示为 $A(x,y,z)$，x 坐标表示 A 点到 W 面的距离 $x = Aa''$，y 坐标表示 A 点到 V 面的距离 $y = Aa'$，z 坐标表示 A 点到 H 面的距离 $z = Aa$。如图 2-16 所示。

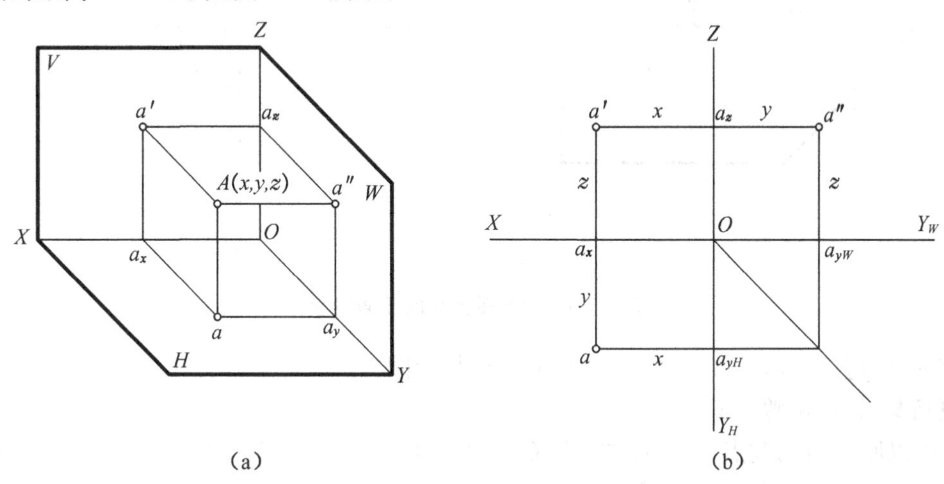

图 2-16　空间点的坐标

当点的 3 个坐标中有一个坐标为零，则该点位于某一投影面上。如图 2-17 所示，点 A 的 z 坐标为零，则 A 点位于 H 面上；点 B 的 y 坐标为零，则点 B 位于 V 面上；点 C 的 x 坐标为零，则 C 点位于 W 面上。投影面上的点，其一个投影与自身重合，另两个投影在相应的投影轴上。

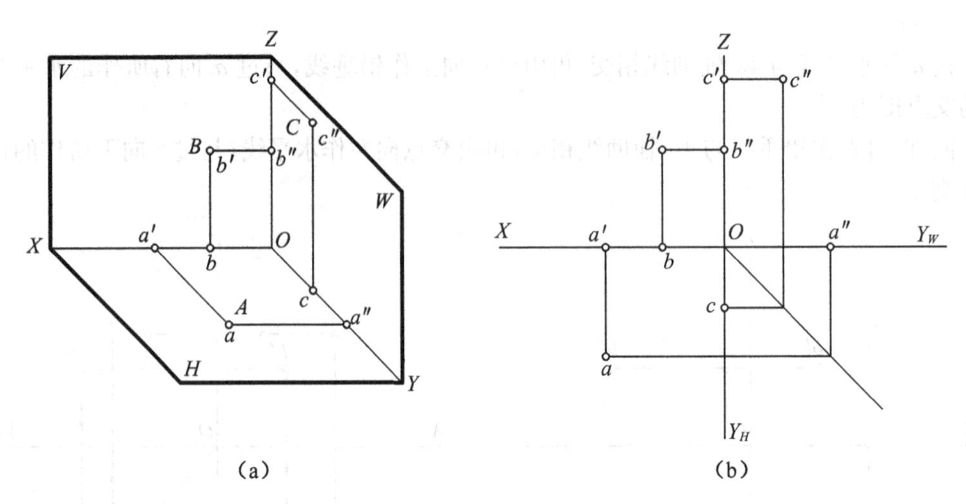

图 2-17　投影面上点的三面投影

当点的 3 个坐标中 2 个坐标为零，则该点位于某一投影轴上。如图 2-18 所示，点 D 的 y、z 坐标均为 0，则 D 点位于 X 轴上；点 E 的 x、y 坐标均为 0，则 E 点位于 Z 轴上；点 F 的 x、z 坐标均为 0，则 F 点位于 Y 轴上。投影轴上的点，其 1 个投影在原点，另 2 个投影在相应的投影轴上。

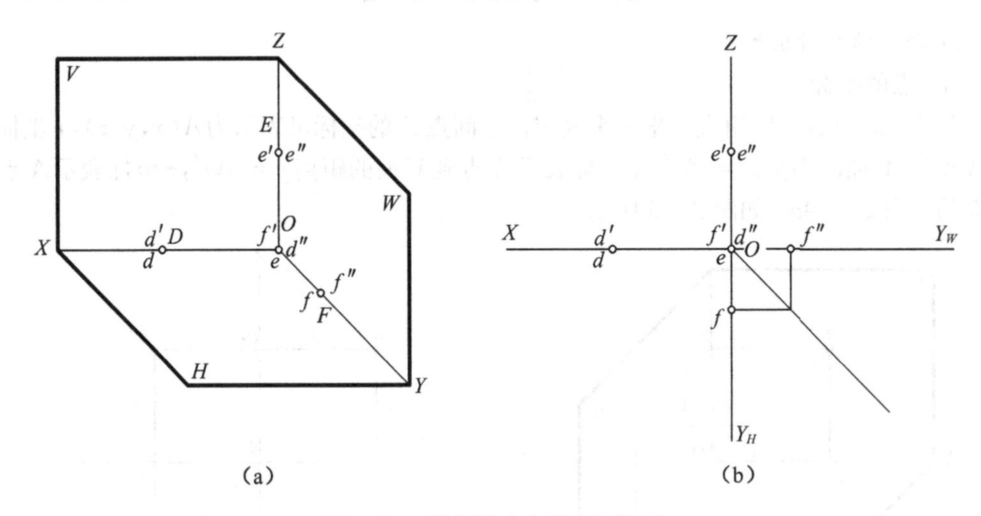

图 2-18　投影轴上点的三面投影

【例 2-2】　已知点 $A(20,8,14)$，作其三面投影图。

【解】　作图步骤如下：

① 以原点 O 为起点，在坐标轴 OX、OY_H、OZ 上分别截取长度 20 mm、8 mm、14 mm，得到点 a_x、a_{yH}、a_z，如图 2-19(a)所示。

② 过点 a_x、a_z 分别作坐标轴 OX、OZ 的垂线，两垂线的交点为 a'；过点 a_{yH} 作水平线，左边与 $a'a_x$ 的交点为 a，右边与 45°辅助线相交，过交点向上引垂线，该垂线与 $a'a_z$ 的交点为 a″，如图 2-19(b)所示。

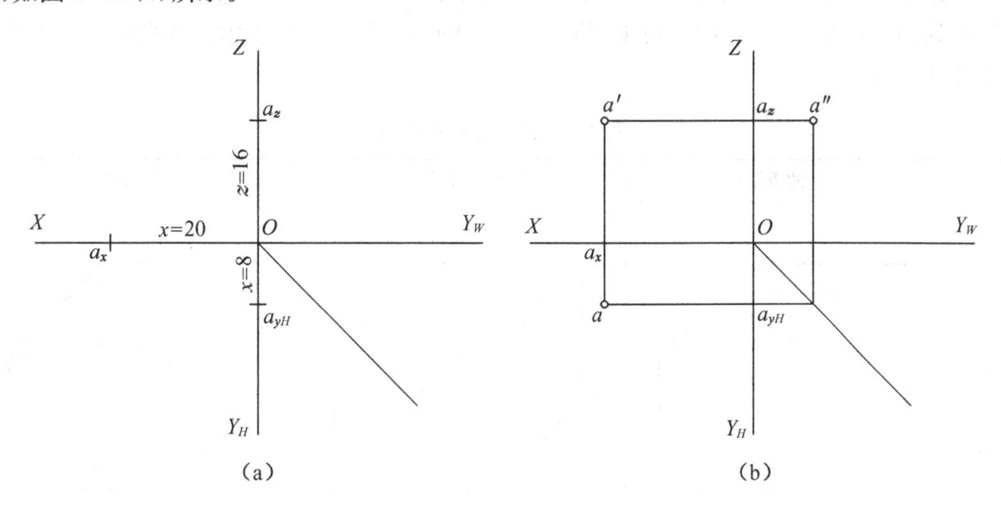

图 2-19 已知点的坐标求作点的三面投影

(2) 两点的相对位置

两点的相对位置可以用点的坐标值的大小来判定。x 坐标反映两点的左右关系，大者在左边，小者在右边；y 坐标反映两点的前后关系，大者在前边，小者在后边；z 坐标反映两点的上下关系，大者在上边，小者在下边。一般以 x、y、z 坐标的顺序来判定两点的相对位置关系。

【例 2-3】 如图 2-20(a)所示，已知 A、B 两点的三面投影图，判断两点的相对位置关系，并画出两点的直观图。

【解】 由图 2-20(a)可知，B 点的 x 坐标大于 A 点，y 坐标小于 A 点，z 坐标大于 A 点，因此 A、B 两点的相对位置为 B 点在 A 点的左边、后边和上边，称为 B 点在 A 点的左后上方。按各坐标作出其直观图，如图 2-20(b)所示。

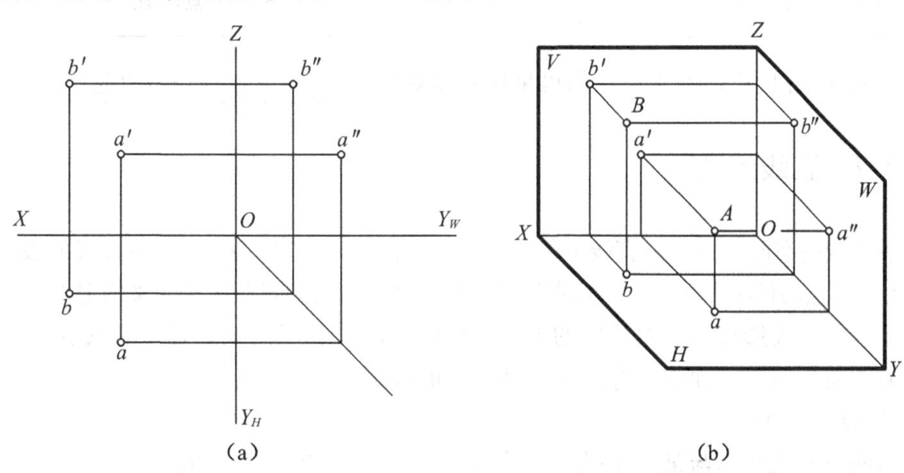

图 2-20 两点的相对位置关系

(3) 重影点及其可见性

如果空间两点的某两个坐标相同，两点位于某一投影面的同一投射线上，则两个点在这个投影面上的投影重合，这两点称为该投影面的重影点。对于重影点需判别其可见性，投射线先遇到的点可见，后遇到的不可见，将不可见点的投影加上括号表示。各投影面的重影点如表 2-1 所示。

表 2-1　投影面的重影点

	H 面的重影点	V 面的重影点	W 面的重影点
直观图			
投影图			
投影特征	A、B 两点的水平投影重合为一点，投射线自上而下，先遇到 B 点后遇到 A 点，因此，b 点可见，a 点不可见	C、D 两点的正面投影重合为一点，投射线从前往后，先遇到 C 点后遇到 D 点，因此 c' 点可见，d' 点不可见	E、F 两点的侧面投影重合为一点，投射线从左往右，先遇到 E 点后遇到 F 点，因此 e'' 点可见，f'' 点不可见

综上所述，各投影面的重影点的可见性判断规律为：上遮下，左遮右，前遮后。

2.4.2　直线的投影

一条直线的空间位置可由直线上的两点的空间位置来确定。因此，一条直线的投影，也可由直线上的两点的投影来确定。一般情况下，用线段的两个端点的投影连线来确定直线的投影。

根据直线对投影面的相对位置的不同，可将直线分成 3 种：投影面垂直线、投影面平行线和一般位置直线。下面依次介绍每一种直线的投影特性。

1) 投影面垂直线

投影面垂直线是指与某一个投影面垂直的直线（必然平行于其他两个投影面），它又可以分为 3 种：铅垂线——垂直于 H 面而平行于 V、W 面；正垂线——垂直于 V 面而平行于

H、W 面；侧垂线——垂直于 W 面而平行于 V、H 面。

投影特性：投影面垂直线在所垂直的投影面上的投影积聚成一个点(积聚性)，另两个投影平行于相关的投影轴，且反映实长(真实性)。如表 2-2 所示。

表 2-2 投影面平行线

	铅垂线	正垂线	侧垂线
定义	垂直于 H 面的直线	垂直于 V 面的直线	垂直于 W 面的直线
直观图	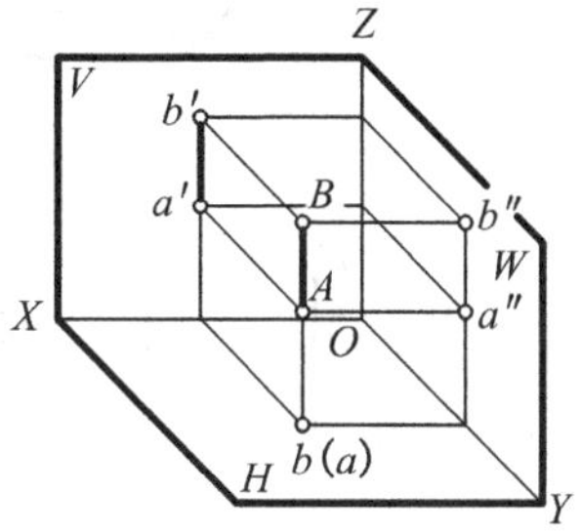	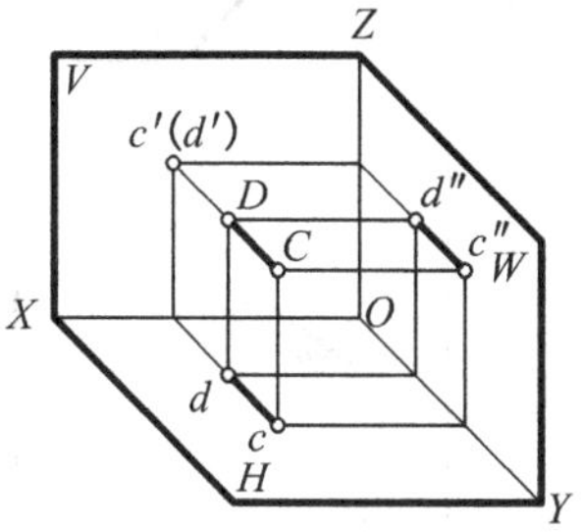	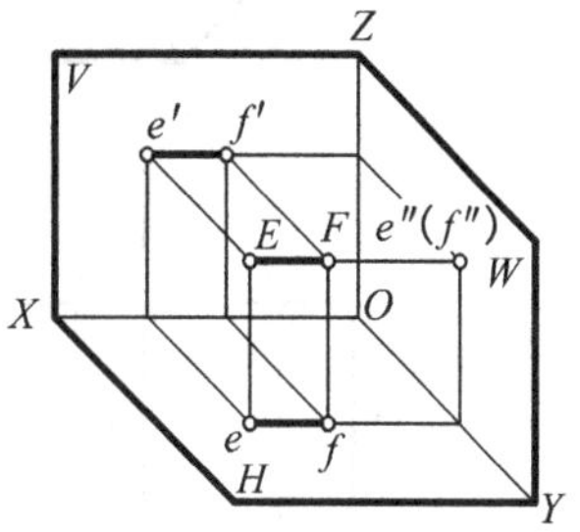
投影图	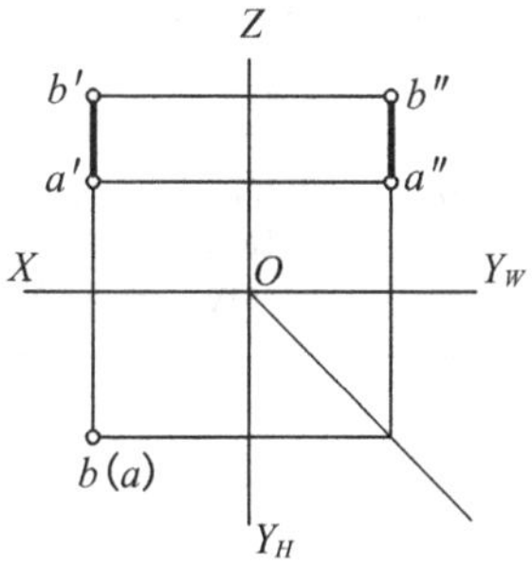	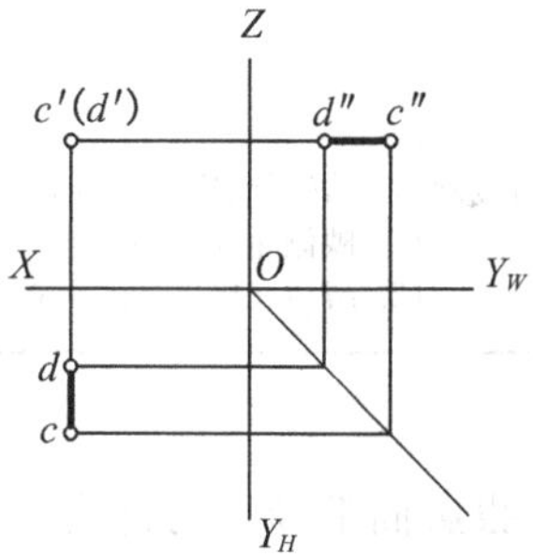	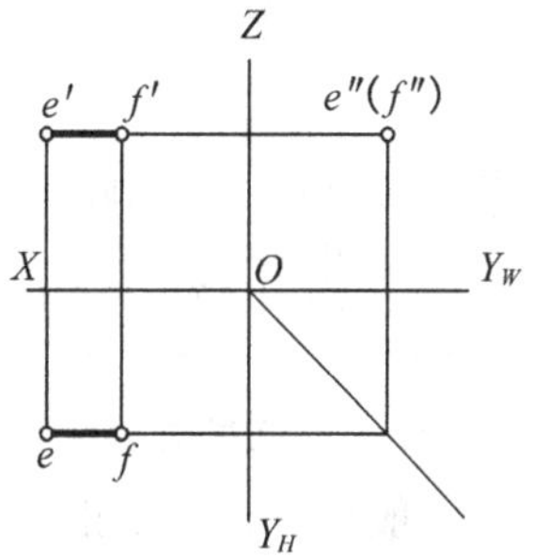
投影特性	1. A、B 的水平投影 a、b 积聚为一点 $b(a)$ 2. $a'b' \parallel a''b'' \parallel OZ$，且反映实长，即 $a'b' = a''b'' = AB$	1. C、D 正面投影 c、d 积聚为一点 $c'(d')$ 2. $cd \parallel OY_H$，$c''d \parallel OY_W$，且反映实长，即 $cd = c''d'' = CD$	1. E、F 的侧面投影 e、f 积聚为一点 $e''(f'')$ 2. $ef \parallel e'f \parallel OX$，且 ef、$e'f'$ 反映实长，即 $ef = e'f = EF$

2) 投影面平行线

投影面平行线是指与某一个投影面平行而倾斜于另外两个投影面的直线，它又可以分为 3 种：水平线——平行于 H 面而倾斜于 V、W 面；正平线——平行于 V 面而倾斜于 H、W 面；侧平线——平行于 W 面而倾斜于 V、H 面。

投影特性：投影面平行线，在所平行的投影面上的投影反映实长，且该投影与相应投影轴的夹角反映直线与另两个投影面的倾角(直线对 H、V、W 面的倾角分别用字母 α、β、γ 表示)；另外两个投影垂直于相关的投影轴。如表 2-3 所示。

表 2-3 投影面平行线

	水平线	正平线	侧平线
定义	平行于 H 面，且与 V、W 面倾斜的直线	平行于 V 面，且与 H、W 面倾斜的直线	平行于 W 面，且与 V、H 面倾斜的直线

续表 2-3

	水平线	正平线	侧平线
直观图			
投影图			
投影特性	1. ab 反映实长，即 $ab=AB$，且反映倾角 β、γ 的真实大小 2. $a'b' \perp OZ$，$a''b'' \perp OZ$	1. $c'd'$ 反映实长，即 $c'd'=CD$，且反映倾角 α、γ 的真实大小 2. $cd \perp OY_H$，$c''d'' \perp OY_W$	1. $e''f''$ 反映实长，即 $e''f''=EF$，且反映倾角 α、β 的真实大小 2. $ef \perp OX$，$e'f' \perp OX$

3) 一般位置直线

一般位置直线是指与 3 个投影面都倾斜的直线。

如图 2-21(a)所示，一般位置直线与 H 面、V 面、W 面的倾角分别为 α、β、γ，它们既不等于 0°也不等于 90°。由 2-21(b)可知，一般位置直线的三面投影 ab、$a'b'$、$a''b''$ 均为斜线，投影长度均小于直线实长；投影与投影轴的夹角不能反映直线对投影面倾角的真实大小。但是可以通过作图求出其实长和倾角实形，此方法通常称为**直角三角形法**。

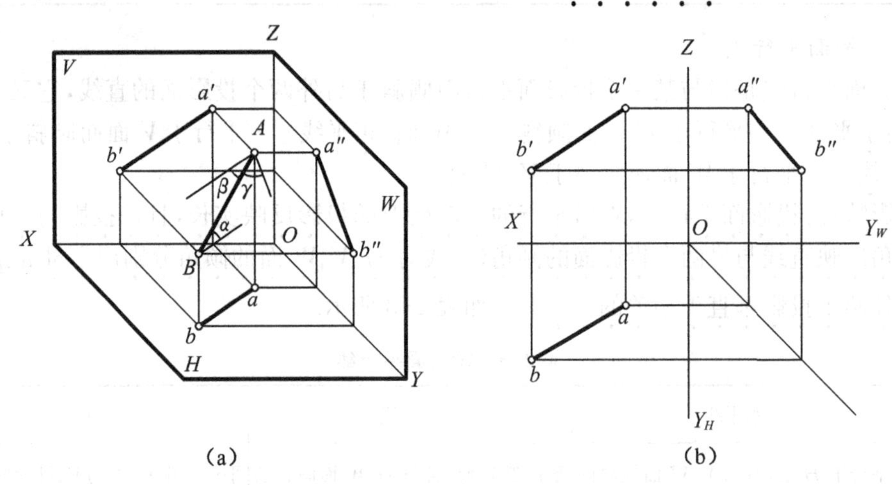

图 2-21　一般位置直线的三面投影

如图 2-22(a)所示，由 $A_1B \parallel ab$，可得$\triangle AA_1B$为直角三角形。其中，AB为斜边，其长度即直线的实长；A_1B为一条直角边，$A_1B = ab$，$\angle ABA_1 = \alpha$；AA_1为另一条直角边，其长度为A、B两点z坐标的差值Δz。为了求出直线AB的实长和倾角α，只要能作出$\mathrm{Rt}\triangle AA_1B$即可。

如图 2-22(b)所示，ab、$a'b'$分别为AB的H面、V面投影。在H面投影上，以ab为一直角边，过a作其垂线，并截取$aa_1 = \Delta z$，aa_1为另一直角边，连接ba_1，得到$\mathrm{Rt}\triangle aa_1b$。显见，$\mathrm{Rt}\triangle aa_1$b 全等于$\mathrm{Rt}\triangle AA_1B$，因此$ba_1$为直线$AB$的实长，$\angle aba_1$为直线与$H$面的倾角$\alpha$。

同理可求β角，由$AB_1 \parallel a'b'$可得$\triangle AB_1B$为直角三角形。其中，AB为斜边，其长度即直线的实长；AB_1为一条直角边，$AB_1 = a'b'$，$\angle BAB_1 = \beta$；BB_1为另一条直角边，其长度为A、B两点y坐标的差值Δy。如图 2-22(c)所示，以$a'b'$为一直角边，过b'作其垂线，并截取$b'b_1 = \Delta y$，$b'b_1$为另一直角边，连接$a'b_1$，得到$\mathrm{Rt}\triangle a'b_1b'$。显见，$\mathrm{Rt}\triangle a'b_1b'$全等于$\mathrm{Rt}\triangle AB_1B$，因此$a'b_1$为直线$AB$的实长，$\angle b_1a'b'$为直线与$V$面的倾角$\beta$。

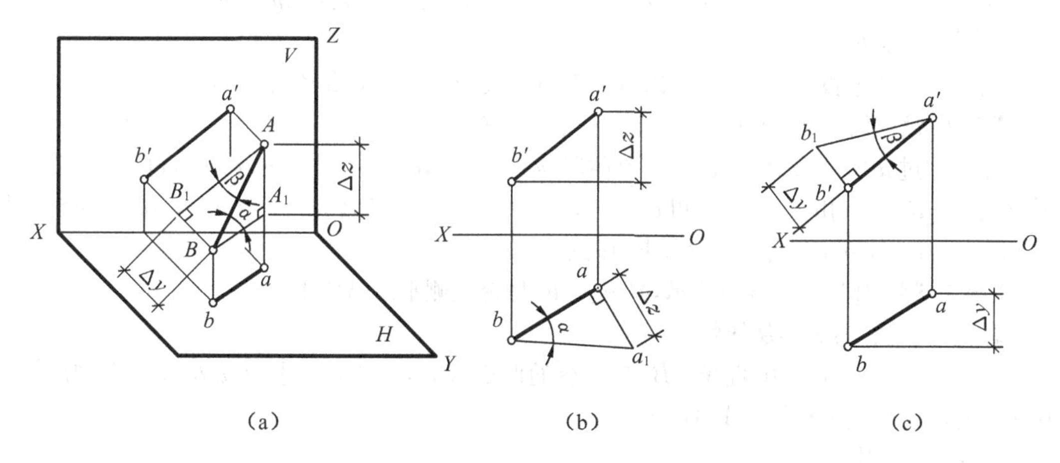

图 2-22 求直线的实长及倾角

至于倾角γ，只要作出W投影，就可以用同样的方法作出其直角三角形，请读者自己完成。需要注意的是各直角边的含义和倾角γ的位置。

根据上述作图的分析，可以总结出构成直角三角形法的4个要素：

(1) 三角形的一个直角边为一投影长。

(2) 三角形的另一个直角边为线段的“第三坐标差”：H面上为Δz、V面上为Δy、W面上为Δx。

(3) 三角形的斜边是线段的实长。

(4) 斜边与投影长的夹角为对应的倾角实形。

4) 直线上的点

直线是点的结合，所以直线上点的投影有如下特性：

(1) 从属性：点K在直线AB上，则点K的三面投影在直线AB的各同面投影上，并符合点的投影规律。反之，若点K的三面投影在直线AB的各同面投影上，并符合点的投影规律，则点C在直线AB上，如图 2-23 所示。

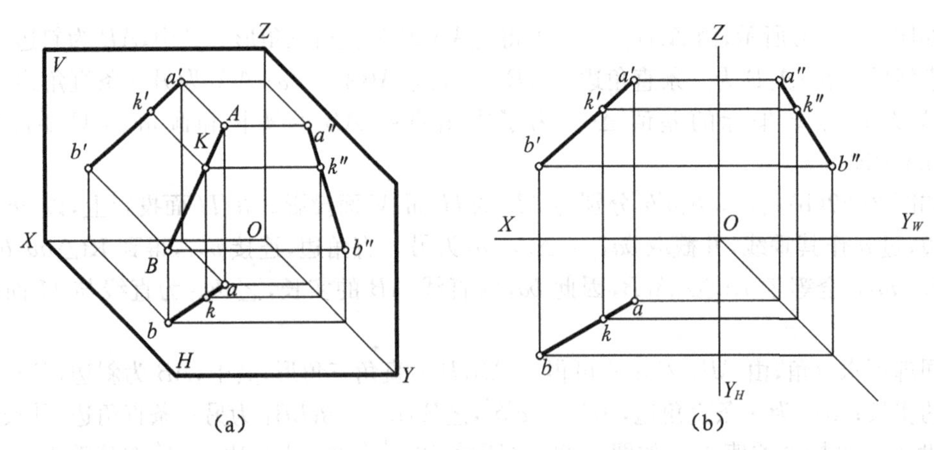

图 2-23 直线上点的投影规律

(2) 定比性：点 K 在直线 AB 上，则有：

$AK : KB = ak : kb = a'k' : k'b' = a''k'' : k''b''$。反之，若点 $ak : kb = a'k' : k'b' = a''k'' : k''b''$，则点 K 在直线 AB 上。

利用上述两个投影特性，可求出直线上点的投影或判断点是否在直线上。

【例 2-4】 如图 2-24 所示，已知 AB 上一点 C 的 V 面投影 c'，求 H 面投影 C。

【解】 过 a 作一条射线，在射线上截取 $ac_1 = a'c'$，$c_1b_1 = c'b'$，连接 bb_1，过 c_1 作 bb_1 的平行线，交 ab 于 c。由 $cc_1 // bb_1$，可得 $ac : ac_1 = cb : c_1b_1$，又因为 $ac_1 = a'c'$，$c_1b_1 = c'b'$，则 $ac : a'c' = cb : c'b'$，因此 c 即为所求。作图见图 2-24。

【例 2-5】 如图 2-25(a)所示，判断点 K 是否在侧平线 AB 上。

【解】 方法一：利用从属性

如图 2-25(b)所示，由直线 AB 和 K 点的两面投影，补出侧面投影 $a''b''$、k''。因为 k'' 不在 $a''b''$ 上，所以 K 点不在直线 AB 上。

方法二：利用定比性

如图 2-25(c)所示，过 a' 作一条射线，在射线上截取 $ak_1 = ak$，$k_1b_1 = kb$，分别连接 $b'b_1$ 与 $k'k_1$。由图可知 $k'k_1$ 不平行于 $b'b_1$，所以 K 点不在直线 AB 上。

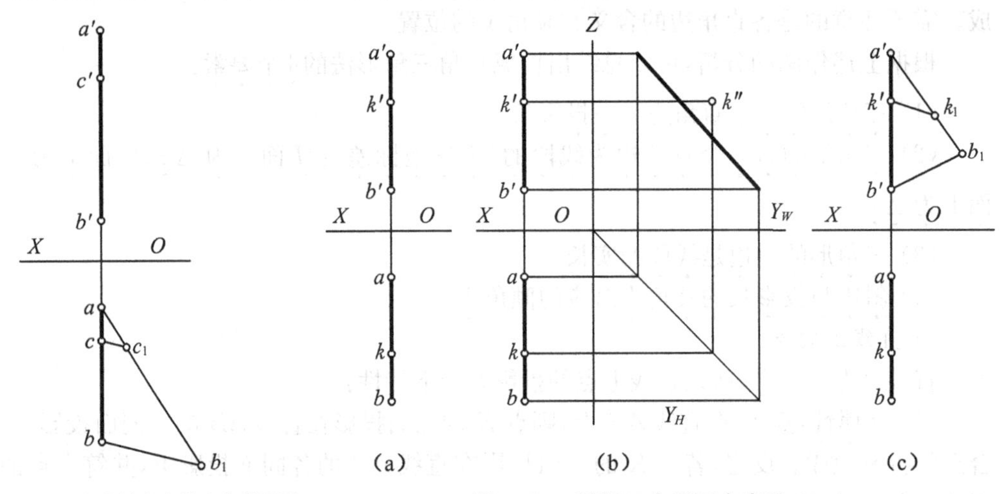

图 2-24 利用定比性求直线上点的投影

图 2-25 判断 K 点是否在直线 AB 上

5）两直线的相对位置

空间两直线的相对位置有 3 种情况：平行、相交和交叉。在相交和交叉中又有垂直相交和垂直交叉的特殊情况。

(1) 两直线平行

若两直线在空间相互平行，则它们的同面投影除了积聚和重影外仍然相互平行。如图 2-26所示，直线 AB 和直线 CD 为一般位置直线，且 $AB//CD$，则 $ab//cd$、$a'b'//c'd'$、$a''b''//c''d''$。

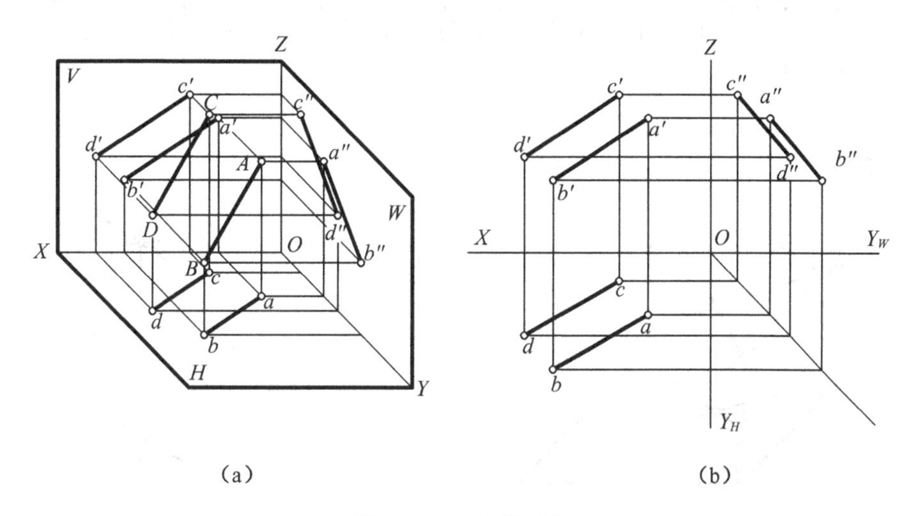

图 2-26 两直线平行

注意：若两直线是某一投影面的平行线，则必须是两直线在该投影面上的投影相互平行，两直线在空间才相互平行，不能仅根据其他两个投影而直接判别。

【例 2-6】 如图 2-27(a)、(c)所示，已知两侧平线 AB 和 CD、EF 和 GH 的 V、H 投影都是平行的，判断空间 AB 和 CD、EF 和 GH 是否平行。

【解】 方法一 作第三投影，如图 2-27(b)、2-27(d)所示。可以看出，AB 和 CD 是平行的，而 EF 和 GH 是不平行的。

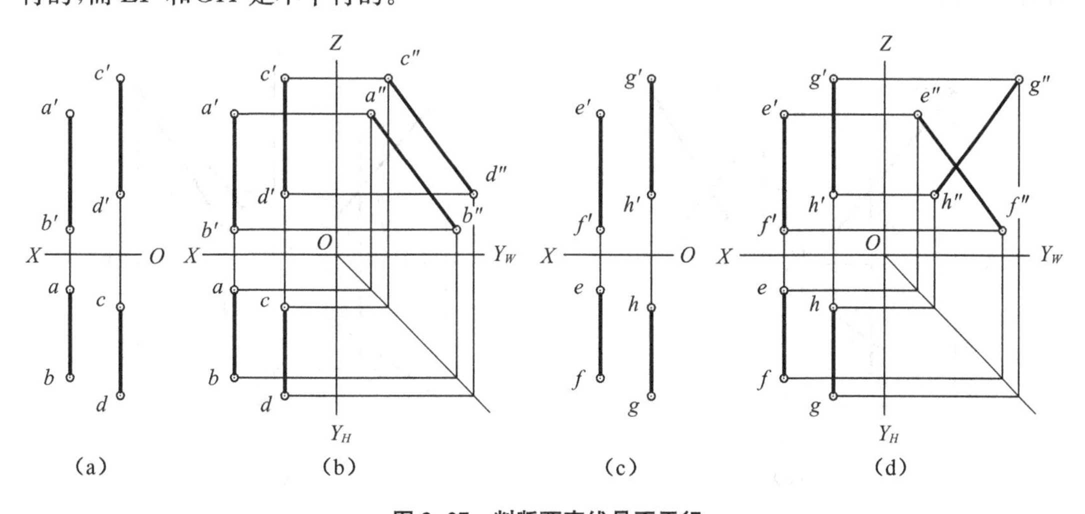

图 2-27 判断两直线是否平行

方法二　指向判别

仔细分析可以发现，AB 和 CD 的 V、H 投影字母顺序是一致的，而且长度也是相等的，说明 AB 和 CD 的指向是完全一致的，当然是平行的；而 EF 和 GH 的 V、H 投影字母顺序是相反的，说明它们的指向是不一致的，所以空间也是不平行的。

若两直线是某一投影面的垂直线，则两直线必在空间相互平行。

(2) 两直线相交

两直线在空间相交，则它们的同面投影仍然相交，且交点满足投影规律。如图 2-28 所示，直线 AB 和直线 CD 相交于点 K，则有 ab 与 cd 相交于 k，$a'b'$ 与 $c'd'$ 相交于 k'，且 $kk' \perp OX$，满足点的投影规律。

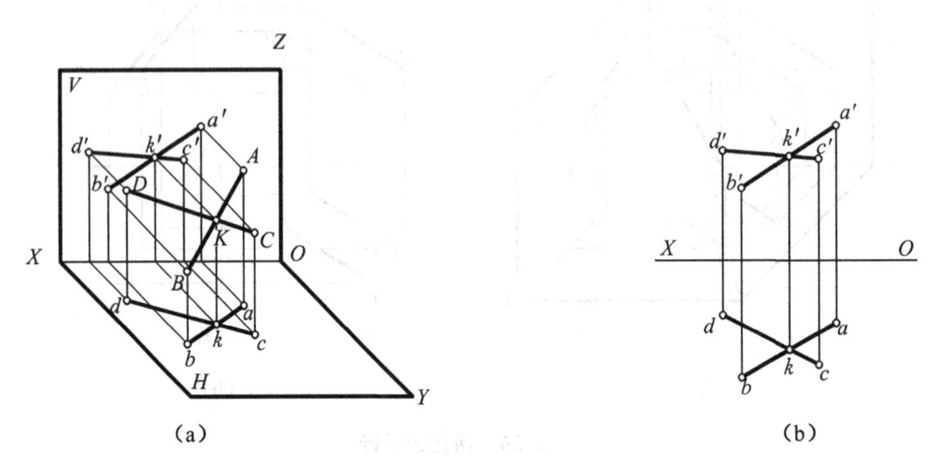

图 2-28　两直线相交

注意：若两直线中有某一投影面的平行线时，那么在不反映实长的两个投影面上的投影可能是相交的，但是不能据此评定两直线在空间也是相交的。如图 2-29 所示，AB 与 EF 都是侧平线，它们在 H 面和 V 面的投影中分别与 CD 和 GH 相交，但是从 W 面投影可知 EF 和 GH 是不相交的。当然，也可不作 W 面投影，而根据定比性判断它们是否相交，请读者自己分析。

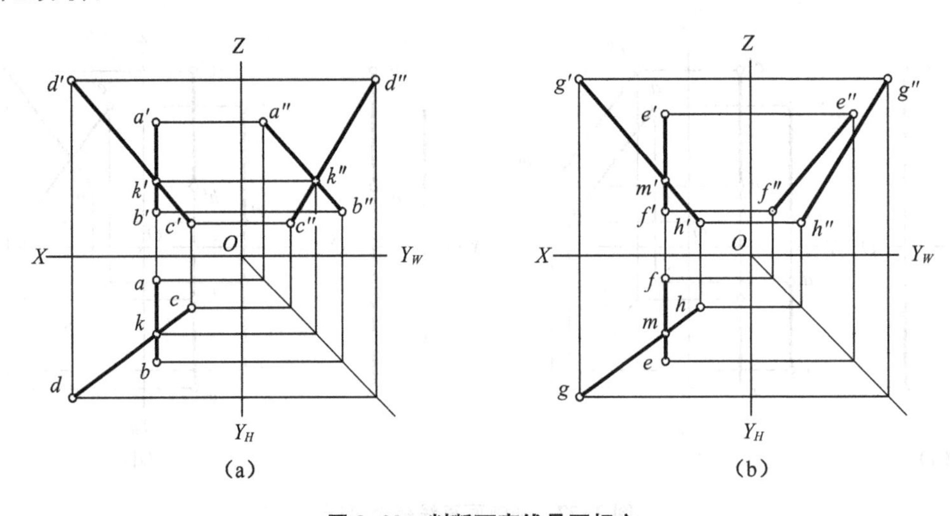

图 2-29　判断两直线是否相交

(3) 两直线交叉

两直线在空间既不平行也不相交,则称两直线交叉,又称作异面直线。两直线交叉,其同面投影可能有平行的,但三面投影不可能都平行;其同面投影也可能都是相交的,但交点不满足点的投影规律,如图 2-30 所示。

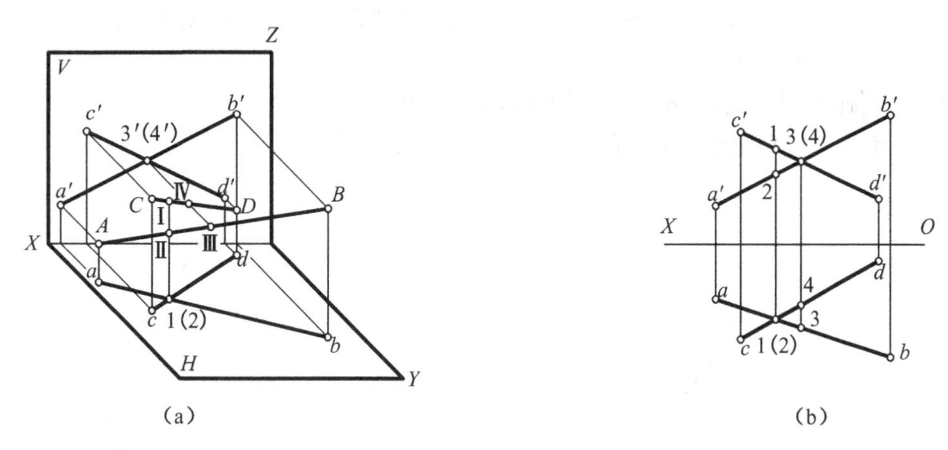

图 2-30 两直线交叉

两直线交叉,其同面投影的交点为该投影面重影点的投影,可根据其他投影判别其可见性。如Ⅰ、Ⅱ点为 H 面的重影点,通过 V 面投影可知Ⅰ点在上,Ⅱ点在下,因此 1 点可见,2 点不可见;Ⅲ、Ⅳ点为 V 面的重影点,通过 H 面投影可知Ⅲ点在前,Ⅳ点在后,因此 3 点可见,4 点不可见。

(4) 两直线垂直

若两直线所成夹角为直角,则称两直线垂直,可分为相交垂直和交叉垂直两种情况。垂直两直线的投影特性:若空间两直线垂直,且有一条线平行于某一投影面,那么在该投影面上的投影仍然反映直角。该特性称为"直角投影定理"。

如图 2-31 所示,已知 $AB \perp BC$,$AB \parallel H$。直角投影定理证明如下:

① 由 $AB \parallel H$,$Bb \perp H$,则 $AB \perp Bb$。

② 由 $AB \perp BC$,$AB \perp Bb$,可得 $AB \perp$ 平面 $BCcb$。

③ 由 $AB \parallel H$,则 $AB \parallel ab$。

④ 由 $AB \parallel ab$,$AB \perp$ 平面 $BCcb$,可得 $ab \perp$ 平面 $BCcb$,则 $ab \perp bc$。

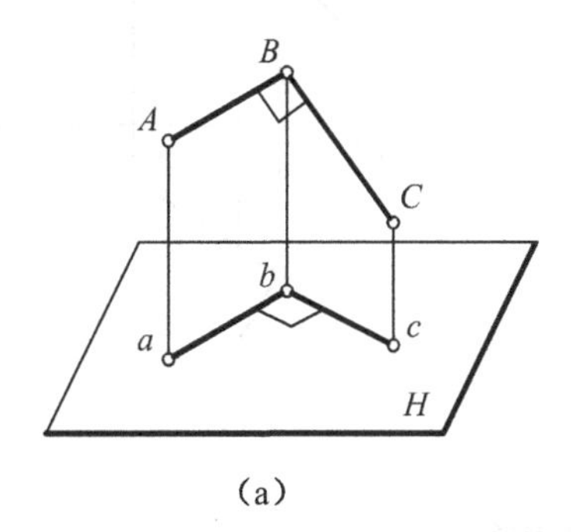

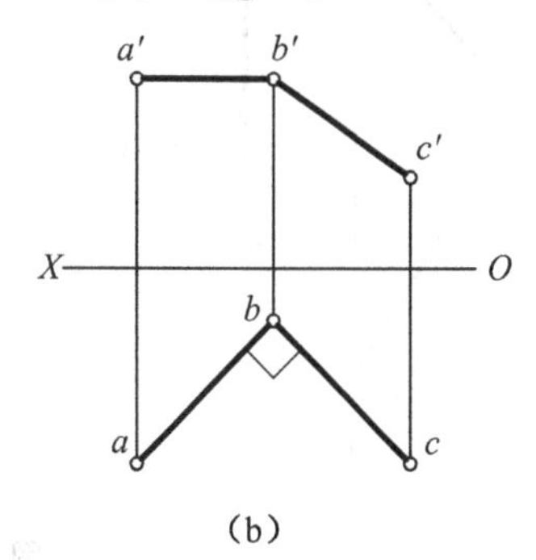

图 2-31 直角投影定理

根据证明可知，直角定理的逆定理也是成立的：若相交两直线的同面投影反映直角，且有一条直线平行于该投影面，则两直线必垂直。

【例 2-7】 如图 2-32(a)所示，已知直线 AB 和点 C 的两面投影，求 C 点到 AB 的距离。

【解】 过 C 点作 $CD \perp AB$，D 点为垂足，则 CD 的实长即为所求距离。由于 AB 为正平线，根据直角投影定理可知 AB 和 CD 的 V 面投影反映垂直关系。作图如下：

① 过 c' 作 $a'b'$ 的垂线，交 $a'b'$ 于 d'。

② 过 d' 作投影连线交 ab 于 d，则求得 $CD \perp AB$。

③ 采用直角三角形法求 CD 的实长。如图 2-32(b)所示。

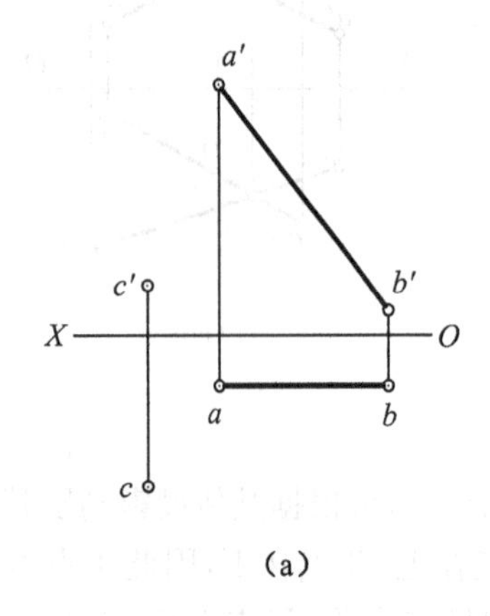

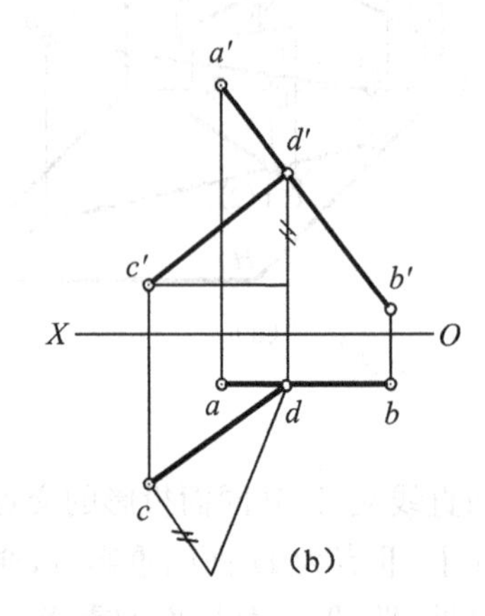

图 2-32　求点到直线的距离

【例 2-8】 求交叉直线 AB 和 CD 的距离 MN 实长及其投影，如图 2-33(a)所示。

【解】 两直线的距离即垂直距离，AB 和 CD 的距离 MN 即为 AB 和 CD 的公垂线。由于 AB 为铅垂线，则 MN 为水平线。根据直角投影定理，MN 和 CD 的 H 面投影反映直角，MN 的实长为所求距离。

① 过 $ab(m)$ 作 cd 的垂线，交 cd 于 n，mn 即为 MN 的实长，如图 2-33(b)所示。

② 过 n 作投影连线交 $c'd'$ 于 n'，过 n' 作水平线，交 $a'b'$ 于 m'，如图 2-33(b)所示。

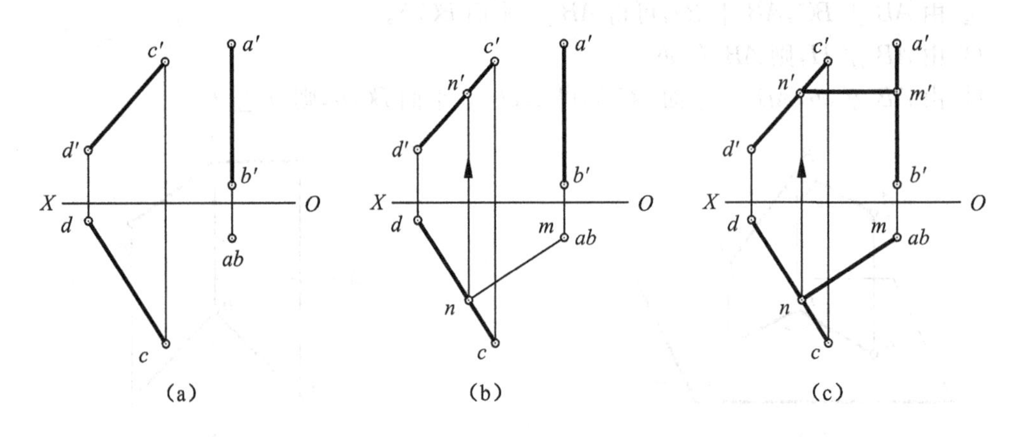

图 2-33　求交叉直线的公垂线

2.4.3　平面的投影

1）平面的表示方法

平面的表示方法有两种，一种是用几何元素表示平面，另一种是用迹线表示平面。

(1) 几何元素表示法

① 不在同一直线上的三点，如图 2-34(a)所示。

② 一直线和直线外一点，如图 2-34(b)所示。

③ 相交两直线，如图 2-34(c)所示。

④ 平行两直线，如图 2-34(d)所示。

⑤ 任意平面图形，如三角形、四边形、圆形等，如图 2-34(e)所示。

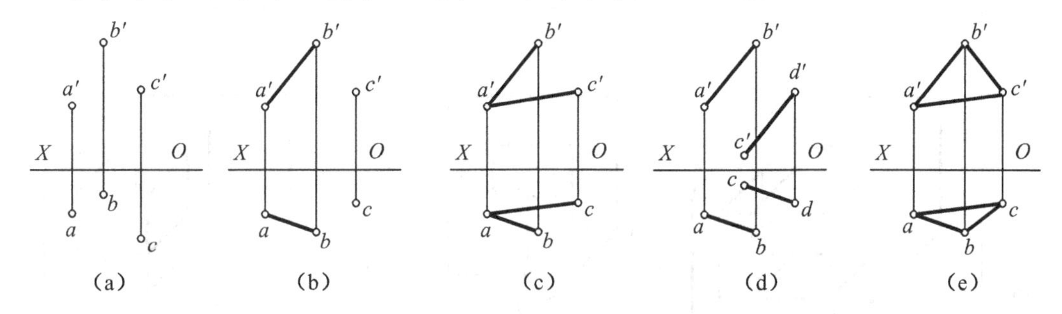

图 2-34　用几何元素表示平面

(2) 迹线表示法

如图 2-35(a)所示，平面 P 与 H、V、W 三个投影面相交，平面 P 与 H 面的交线称为水平迹线，用 P_H表示；平面 P 与 V 面的交线称为正面迹线，用 P_V表示；平面 P 与 W 面的交线称为侧面迹线，用 P_W表示。显然，3 条迹线中任意两条可以唯一确定平面 P 的空间位置。

迹线表示法常用于特殊位置平面，如图 2-35(b)、(c)所示，而且往往只用有积聚性投影的迹线表示，其他迹线可以省略。

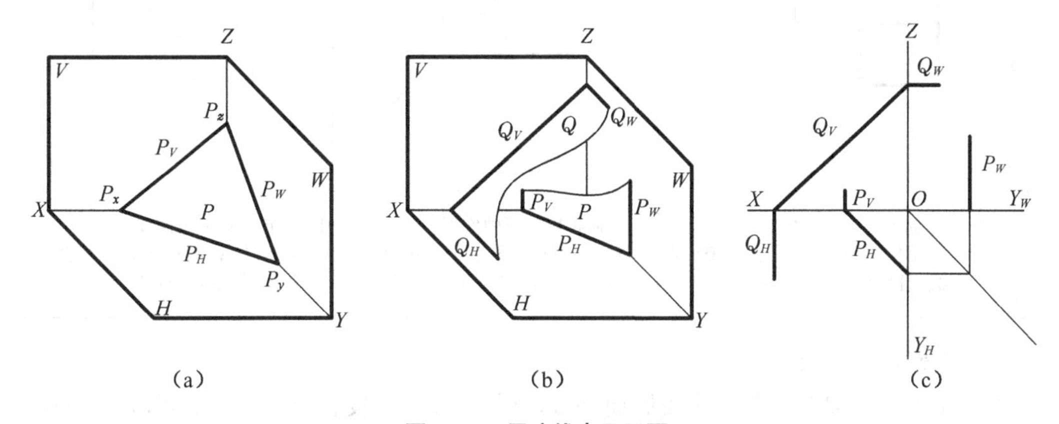

图 2-35　用迹线表示平面

2）各种位置平面的投影特性

根据平面对投影面的相对位置的不同，可将平面分成 3 种：投影面平行面、投影面垂直面和一般位置平面。下面依次介绍每一种平面的投影特性。

（1）投影面平行面

投影面平行面是指与某一个投影面平行的平面，它又可以分为3种：水平面——平行于H面而垂直于V、W面；正平面——平行于V面而垂直于H、W面；侧平面——平行于W面而垂直于H、V面。

投影特性：投影面平行面，在所平行的投影面上的投影反映实形；它的另外两个投影积聚成直线，且垂直于相关的投影轴。如表2-4所示。

表2-4　投影面平行面的投影特性

	水平面	正平面	侧平面
定义	平行于H面的平面	平行于V面的平面	平行于W面的平面
直观图	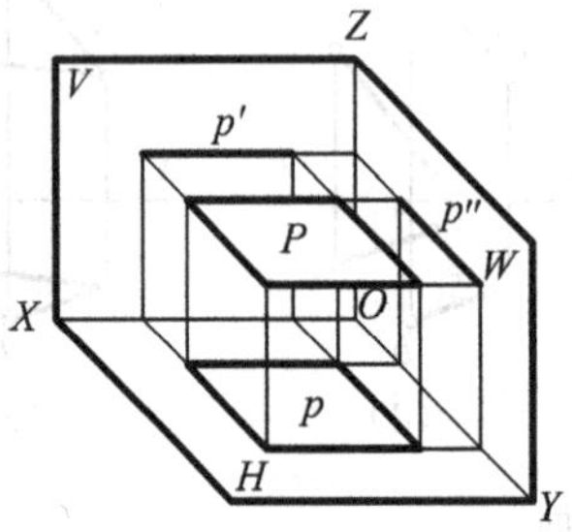 Z, V, p′, P, p″, W, X, O, p, H, Y	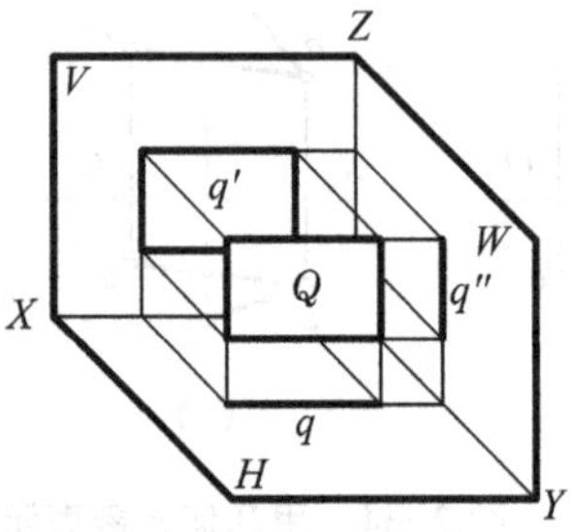 Z, V, q′, W, Q, q″, X, q, H, Y	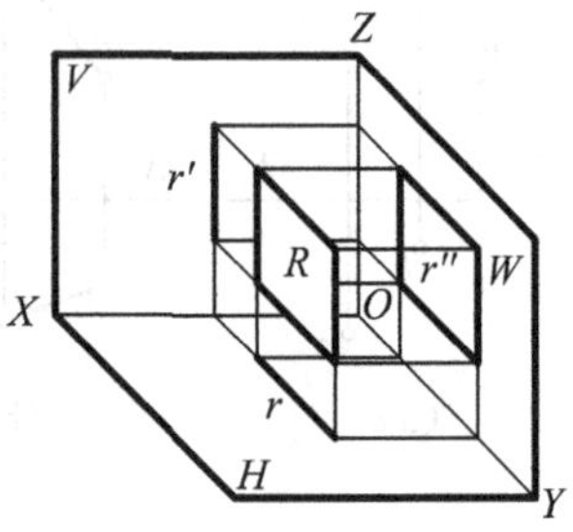 Z, V, r′, R, r″, W, X, O, r, H, Y
投影图	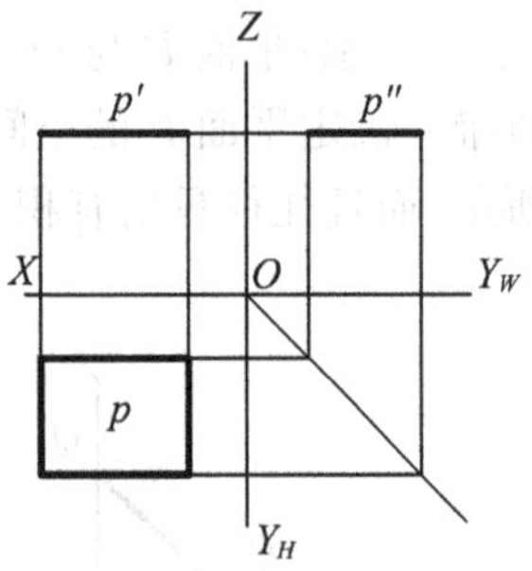 Z, p′, p″, X, O, Y_W, p, Y_H	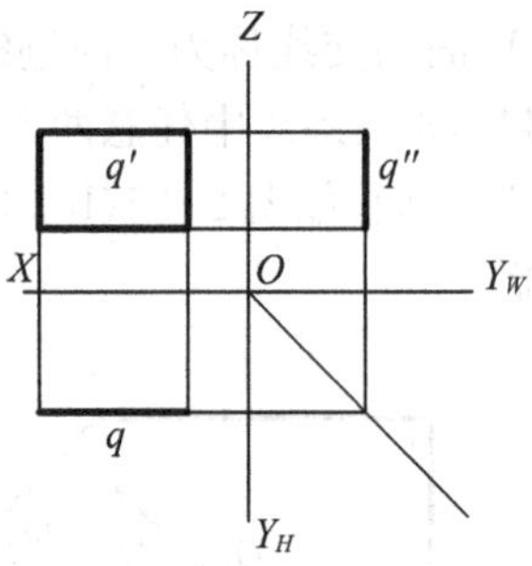 Z, q′, q″, X, O, Y_W, q, Y_H	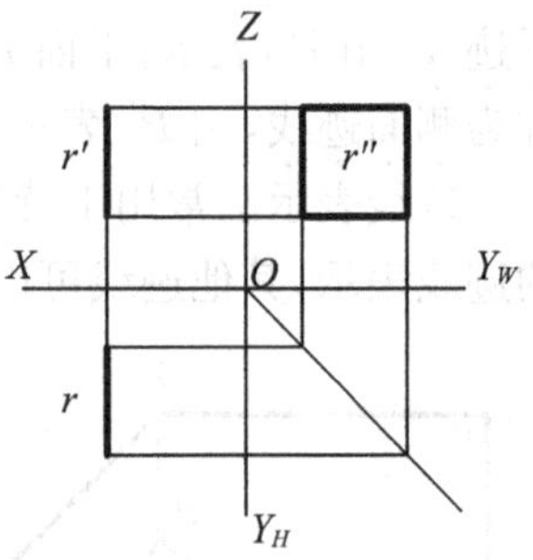 Z, r′, r″, X, O, Y_W, r, Y_H
投影特征	1. H面投影p反映实形 2. V面和W面投影p'、p''积聚成直线，且均垂直于OZ轴	1. V面投影q'反映实形 2. H面和W面投影q、q''积聚成直线，且分别垂直于OY_H、OY_W轴	1. W面投影r''反映实形 2. H面和V面投影r、r'积聚成直线，且均垂直于OX轴

（2）投影面垂直面

投影面垂直面是指与某一个投影面垂直，且与另外两个投影面倾斜的平面，它又可以分为3种：铅垂面——垂直于H面而倾斜于V、W面；正垂面——垂直于V面而倾斜于H、W面；侧垂面——垂直于W面而倾斜于H、V面。

投影特性：在所垂直的投影面上的投影积聚成一条直线，该直线与相应投影轴的夹角反映了平面与投影面的倾角；另两个投影与空间平面具有类似性。如表 2-5 所示。

表 2-5　投影面垂直面的投影特性

	铅垂面	正垂面	侧垂面
定义	垂直于 H 面，且与 V、W 面倾斜的平面	垂直于 V 面，且与 H、W 面倾斜的平面	垂直于 W 面，且与 H、V 面倾斜的平面
直观图			
投影图			
投影特征	1. H 面投影 p 积聚成直线，且反映倾角 β、γ 的真实大小 2. V 面和 W 面投影 p'、p'' 与平面 P 具有类似性	1. V 面投影 q' 积聚成直线，且反映倾角 α、γ 的真实大小 2. H 面和 W 面投影 q、q'' 与平面 Q 具有类似性	1. W 面投影 r'' 积聚成直线，且反映倾角 α、β 的真实大小 2. H 面和 V 面投影 r、r' 与平面 R 具有类似性

（3）一般位置平面

一般位置平面是指与 3 个投影面都倾斜的平面，如图 2-36 所示。3 个投影都不反映空间平面的实形，且投影均不具有积聚性，投影也不反映平面对投影面的倾角的大小，三面投影都具有类似性。

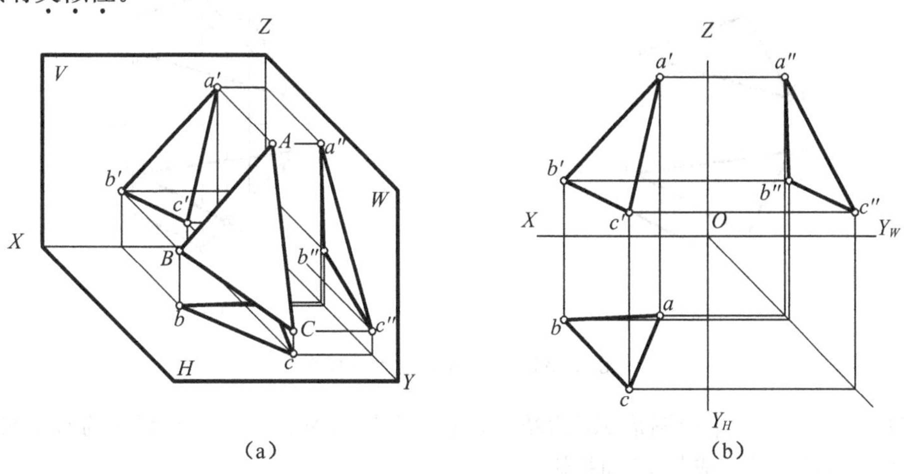

图 2-36　一般位置平面的投影

3）平面上的点和直线

（1）若点在平面内的一条直线上，则点在该平面上。如图 2-37(a)所示，点 M、N 分别在直线 AC 和 AB 上，则点 M、N 在平面 ABC 上。根据这一投影特性可知，若要在平面上作点，必须确定平面上的点所在的直线。

（2）若直线在平面上，则：

① 必通过平面上的两个点。如图 2-37(a)所示，直线 MN 通过平面上的两个点 M 和 N，所以直线 MN 在平面上。

② 过一个点并平行于面上的一条直线。如图 2-37(b)所示，直线 ME 过平面上的一点 M，且平行于平面上的直线 AB，所以直线 MN 在平面 ABC 上。

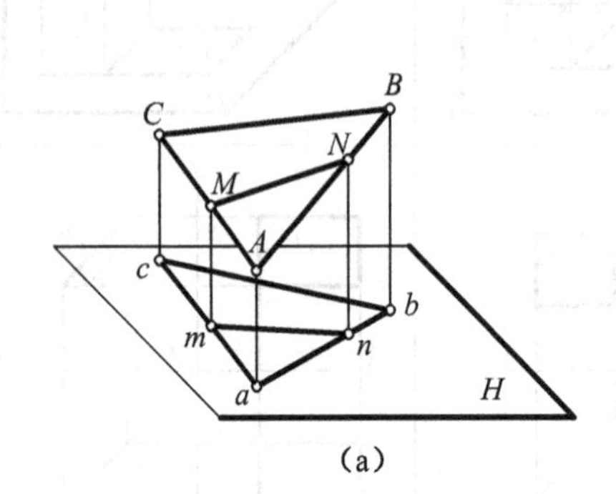

(a)

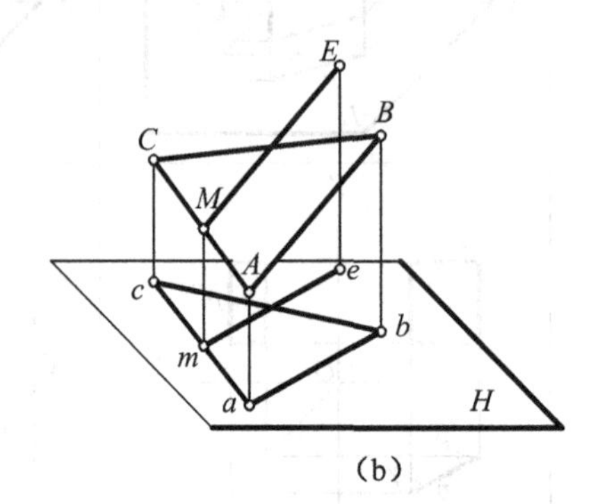

(b)

图 2-37　平面上的点和直线

【例 2-9】 已知平面 ABC 的两面投影及直线 EF 的水平投影 ef，如图 2-38(a)所示。直线 EF 在平面 ABC 上，求作 EF 的 V 面投影。

【解】 因为直线 EF 在平面 ABC 上，且 $EF // BC$（$ef // bc$），因此：

① 连接 a、e 得直线 ae，与 bc 相交于点 1。过点 1 向上引投影连线与 $b'c'$ 相交于点 $1'$，连接 $a'1'$；过点 e 向上引投影连线，与直线 $a'1'$ 的交点即为 E 点的 V 面投影 e'。

② 过 e' 作 $e'f' // b'c'$。如图 2-38(b)所示。

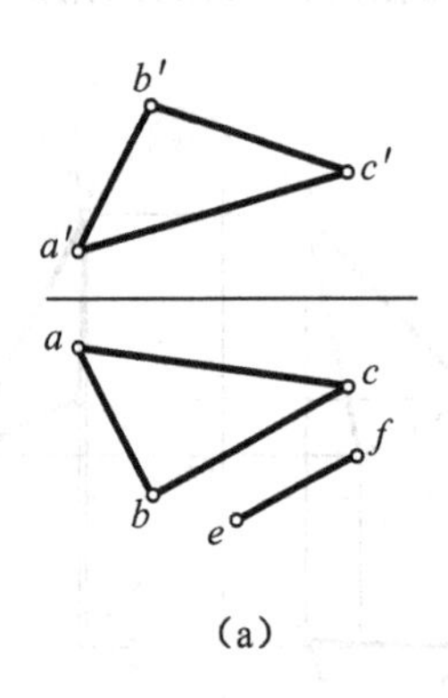

(a)

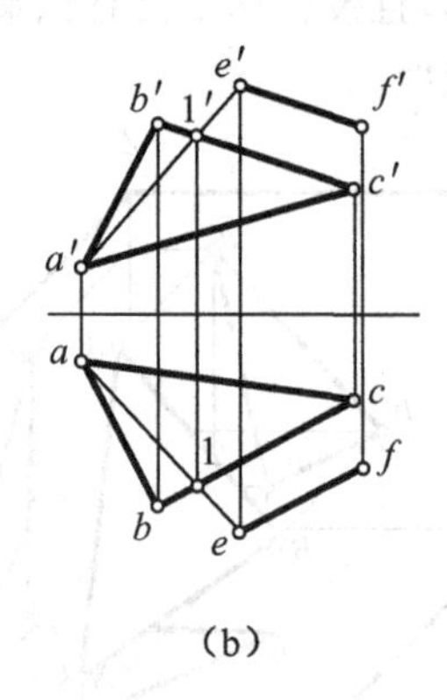

(b)

图 2-38　求作平面上点的投影

【例 2-10】 已知平面图形 $ABCDEFG$ 的 V 面投影及直线 AB 和 CD 的水平投影，如图 2-39(a)所示。试完成其 H 面投影。

【解】 该平面图形对 V、H 面都倾斜，所以其 H 投影与 V 面投影应该是"类似图形"，因此，按如下方法作图：

① 连接 $d'f'$，知道平面图形的外轮廓是平行四边形，则其 H 投影也应该是平行四边形，分别过 a、c 作 bc 和 ab 的平行线，得四边形 $abcg$。

② 按"长对正"在 cg 边上直接确定 d 和 f。

③ 延长 $e'f'$交 $a'b'$于 1′，同理作出 1。

④ 连接 $1f$，从而确定 e。

⑤ 连接 c、d、e、f、g、a，并加粗图形，完成全图。如图 2-39(b)所示。

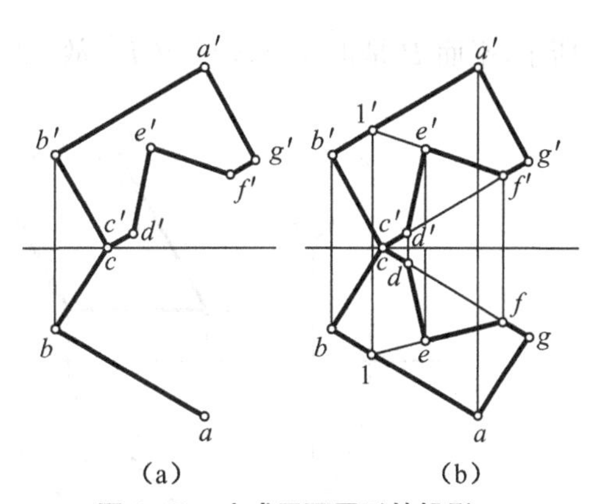

图 2-39　完成平面图形的投影

2.4.4　直线与平面、平面与平面的相对位置

直线与平面、平面与平面的相对位置可分为平行、相交和垂直 3 种情况。

1）平行问题

(1) 直线和平面平行

若平面外一直线平行于平面内任一直线，则该直线和平面互相平行。如图 2-40 所示，直线 AB 和平面 P 内的直线 CD 平行，则直线 AB∥平面 P。

【例 2-11】 如图 2-41(a)所示，已知△ABC 和 M 点，作过 M 点的水平线MN ∥△ABC。

【解】 因所作 MN 为水平线且要求与△ABC 平行，故 MN 必平行于△ABC 内的水平线。作图如下：

① 在△ABC 内任作水平线 AD，其在 H 和 V 上的投影为 ad 和 $a'd'$。

② 作 MN ∥ AD，即 mn ∥ ad，$m'n'$ ∥ $a'd'$，如图 2-41(b)所示。

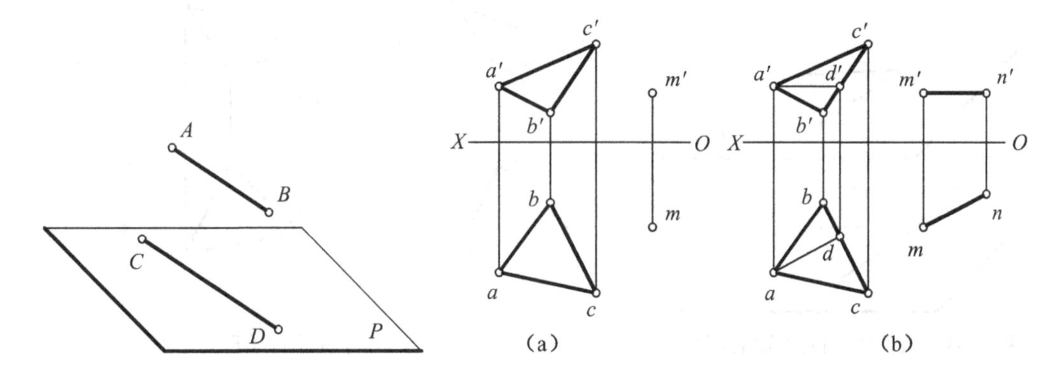

图 2-40　直线和平面平行　　图 2-41　过点作水平线平行于已知平面

【例 2-12】 如图 2-42 所示，判断直线 MN 与平面 $ABCD$ 是否平行。

【解】 在平面 $ABCD$ 内任作一直线 EF，使 $e'f'$∥$m'n'$；作出 ef，因 ef 不平行于 mn，所以直线 MN 不平行于平面 $ABCD$。

当平面的某一投影具有积聚性时，则该投影可反映平面和直线的平行关系。如图 2-43

所示，平面 P 是正垂面，$a'b' /\!/ P'$。故 $AB /\!/ P$。

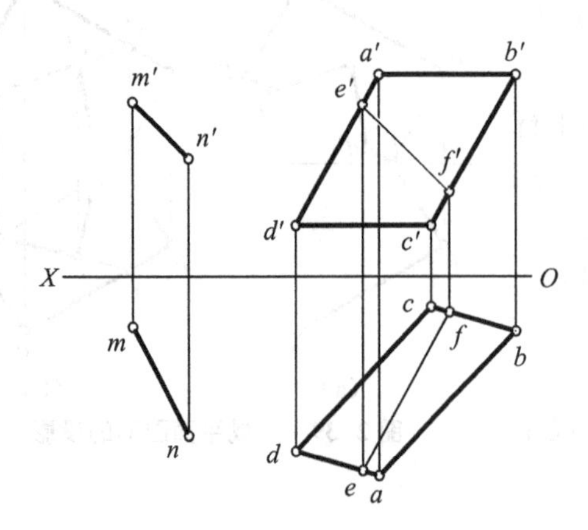

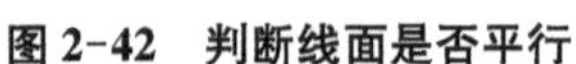
图 2-42　判断线面是否平行

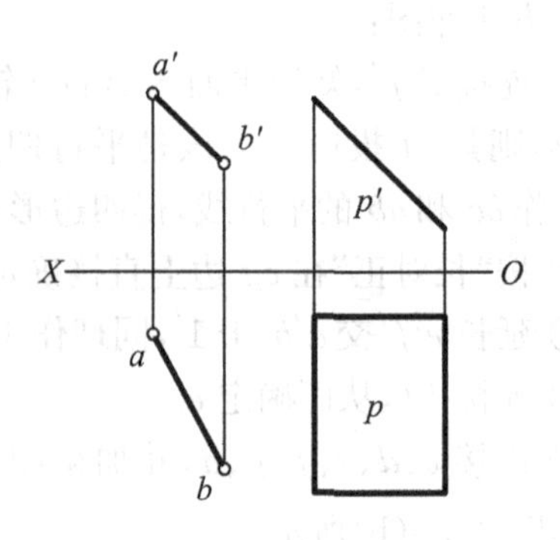

图 2-43　直线与正垂面平行

(2) 平面和平面平行

若两平面内分别有一对相交直线对应平行，则两平面互相平行。如图 2-44 所示，平面 P 内的两条相交直线 AB 和 BC 分别平行于平面 Q 内的两条相交直线 DE 和 EF，则平面 $P /\!/$ 平面 Q。

【例 2-13】 如图 2-45(a)所示，已知$\triangle ABC$ 和 M 点，过 M 点作平面平行于$\triangle ABC$。

【解】 若过 M 点作两条相交直线分别与$\triangle ABC$ 平面内的两条相交直线平行，则由这两条相交直线所确定的平面必平行于$\triangle ABC$。作图如下：

① 作 $ME /\!/ AB$，即 $me /\!/ ab$，$m'e' /\!/ a'b'$。

② 作 $MF /\!/ AC$，即 $mf /\!/ ac$，$m'f' /\!/ a'c'$。故平面($ME \times MF$) $/\!/ \triangle ABC$。如图 2-45(b)所示。

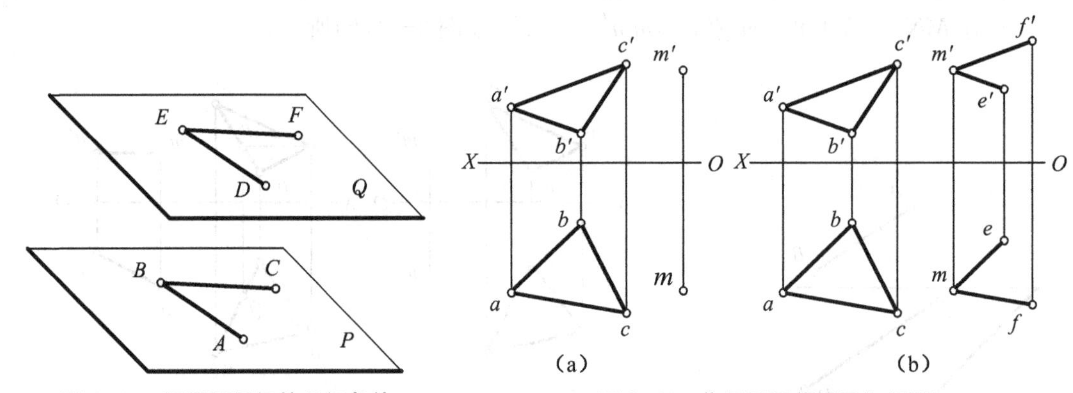

图 2-44　两平面平行的几何条件　　图 2-45　作平面平行于已知平面

【例 2-14】 如图 2-46 所示，判断$\triangle ABC$ 和平面 $DEFG$ 是否平行。

【解】 欲判断两平面是否平行，只要看在一平面内能否作出一对相交直线平行于另一个平面内的两条相交直线。作图如下：

① 在平面 $DEFG$ 内作 EM 和 EN，使 $e'm' /\!/ a'c'$，$e'n' /\!/ a'b'$。

② 作 em 和 en，因为 $em /\!/ ac$，$en /\!/ ab$，故平面 $DEFG /\!/ \triangle ABC$。

当两平面均垂直于某投影面时，它们有积聚性的投影可直接反映平行关系。如图 2-47 所示，两铅垂面 P 和 Q 的 H 面投影 $p /\!/ q$，则 $P /\!/ Q$。

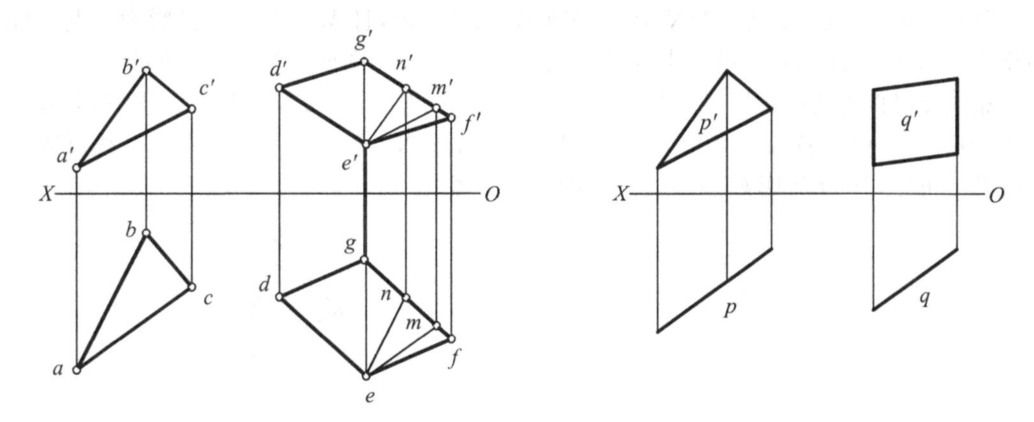

图 2-46 判断两平面是否平行　　图 2-47 两铅垂面平行

2）相交问题

相交的问题就是共有的问题，直线和平面的交点是直线和平面的共有点；平面和平面的交线是两平面的共有线。求相交的问题要充分利用积聚性。

在投影图中，通常假设平面是不透明的，当直线和平面以及平面和平面相交而发生互相遮挡，应根据“上遮下、前遮后、左遮右”的原理判断两者的可见性，并用实线表示可见部分，虚线表示不可见部分。

(1) 一般位置直线和特殊位置平面相交

若平面处于特殊位置，其某一投影具有积聚性，则直线与平面的交点可利用直线与平面的积聚性投影相交而直接求得。

【例 2-15】 如图 2-48(a)所示，一般位置直线 AB 与铅垂面 P 相交，求作交点 K。

【解】 由于交点 K 既在 AB 上，又在平面 P 内，且平面 P 在 H 上投影为一直线，故该直线与 AB 的交点 K 即为所求。作图如下：

① 确定直线 AB 与平面 P 在 H 上的交点 k。

② 过 k 点作 ox 轴的垂线，与 $a'b'$ 交于 k'。

③ 根据 H 面投影判断，KA 段在平面 P 之前，其 V 面可见，$a'k'$ 投影为实线；KB 段在 P 面之后，$k'b'$ 有部分被遮挡不可见，投影为虚线，如图 2-48(b)所示。

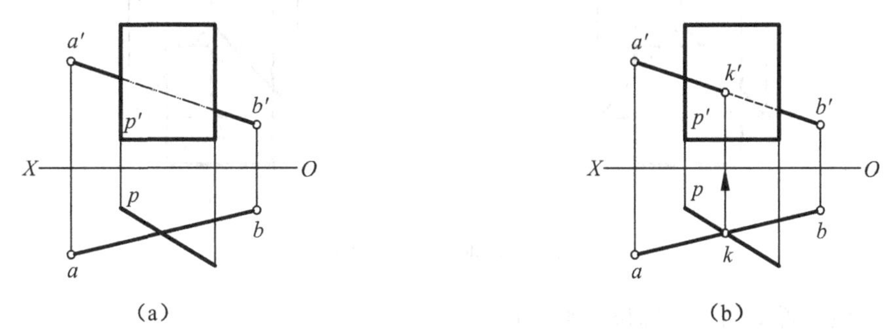

图 2-48 作一般位置直线与铅垂面的交点

(2) 投影面垂直线和一般位置平面相交

【例 2-16】 如图 2-49(a)所示，正垂线 MN 与一般位置平面△ABC 相交，求作交点 K。

【解】 由于交点 K 既在 MN 上，又在平面△ABC 内，且 MN 在 V 上投影为一点，故该点即为 MN 与平面△ABC 的交点 K 在 V 上的投影 k'。作图如图 2-49(b)所示。

根据交叉两直线的重影点判断可见性：mn 和 ac 的交点 1(2)，是 MN 上Ⅰ点和 AC 上Ⅱ点的重影点，由 V 面投影可知，Ⅰ点在Ⅱ点之上，故 NK 段可见，nk 投影为实线；KM 段有部分不可见，其 H 投影 km 在△abc 内的部分为虚线。

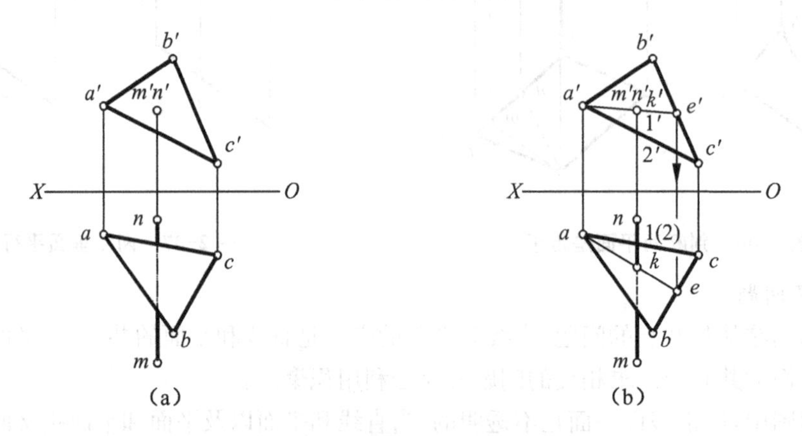

图 2-49 作正垂线与一般位置平面的交点

(3) 两特殊位置平面相交

两平面相交，且均垂直于某一投影面，其交线必垂直于该投影面。则两平面的交线可利用平面的积聚性投影求得。

【例 2-17】 如图 2-50(a)所示，水平面 Q 与正垂面 P 相交，求作交线 KL。

【解】 由于水平面 $Q \perp V$，正垂面 $P \perp V$，则交线 $KL \perp V$，故在 V 上投影积聚成一点，即为水平面 Q 和正垂面 P 在 V 上的投影之交点 $k'l'$。其 H 投影 $kl \perp OX$。

根据平面的积聚性投影判断，交线左侧水平面 Q 在上为可见，右侧正垂面 P 在上为可见。即在 H 上，kl 左侧水平面 Q 投影画实线，kl 右侧正垂面 P 投影画实线。

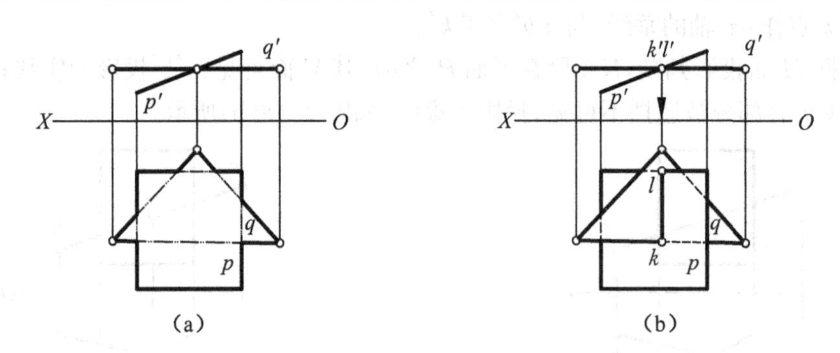

图 2-50 作水平面与正垂面的交线

(4) 一般位置平面与特殊位置平面相交

【例 2-18】 如图 2-51(a)所示，求作一般位置平面△ABC 与铅垂面 Q 的交线 KM。

【解】 由于铅垂面 $Q \perp H$，故交线 KL 在 H 上的投影 kl 与 Q 重合。k' 和 l' 分别在 $a'b'$ 和 $a'c'$ 上。根据 H 面投影判断，$\triangle ABC$ 的 akl 部分在平面 Q 之前，所以，$a'k'l'$ 是可见的，画实线，另一部分不可见，画虚线，如图 2-51(b)所示。

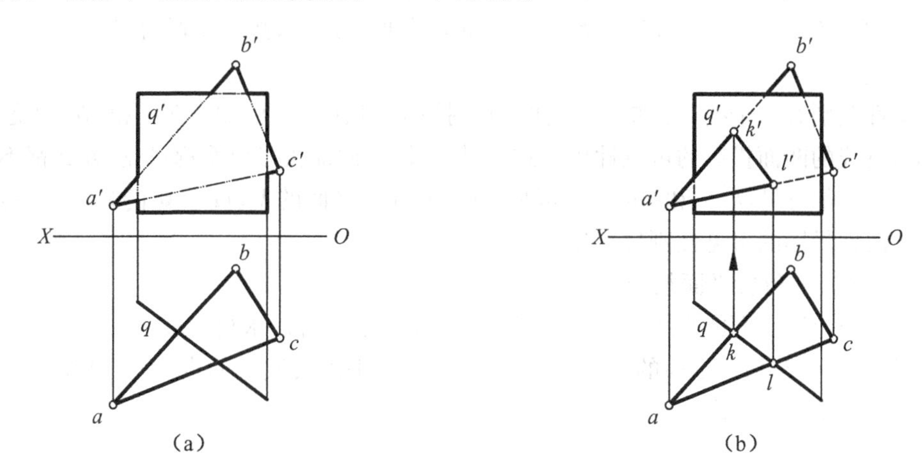

图 2-51 作铅垂面与一般位置平面的交线

(5) 一般位置直线和一般位置平面相交

若直线和平面均处于一般位置，则两者的投影均无积聚性，所以，交点的投影无法直接从投影图中得到，可采用辅助平面法求作，把问题转换为上述情况。其作图步骤如下：

① 包含一般位置直线作一辅助平面，通常作投影面的垂直面。

② 作辅助平面和一般位置平面的交线。

③ 求作此交线和一般位置直线的交点。

【例 2-19】 如图 2-52(a)所示，一般位置直线 MN 和一般位置平面 $\triangle ABC$ 相交，求作交点 K，并判别可见性。

【解】 根据上述分析，作图如下：

① 包含 MN 作辅助铅垂面 Q，其 H 投影 Q_H 与 mn 重合，如图 2-52(b)所示。

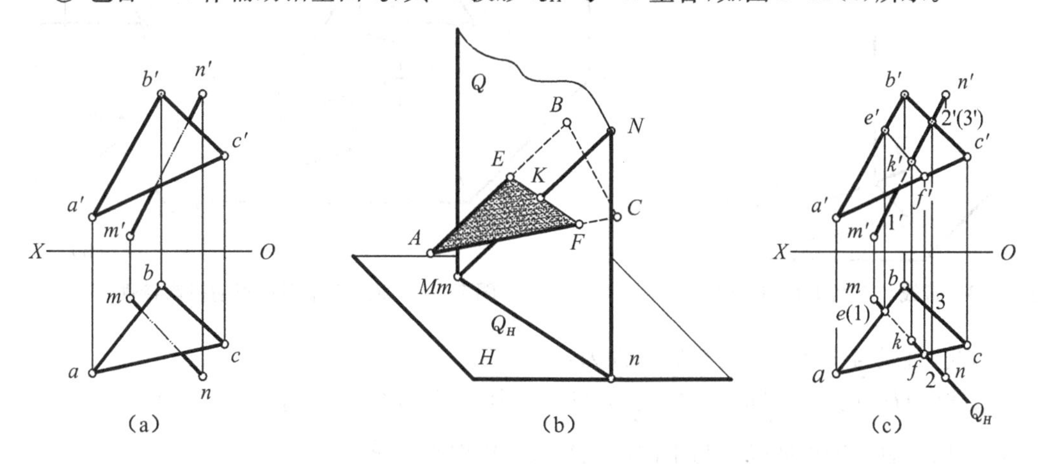

图 2-52 作一般位置直线与一般位置平面的交点

② 确定 Q_H 和 $\triangle ABC$ 的交线 ef，即为 Q 平面与 $\triangle ABC$ 的交线 EF 的 H 投影。

③ 作出 $e'f'$，与直线 $m'n'$ 相交于 k'。即为所求交点 K 的 V 面投影。

④ 根据各投影面上的重影点判断可见性。在 H 投影中，ab 和 mn 的交点 $e(1)$，由 V 面投影可知，E 点在Ⅰ点之上，故 $k1$ 段不可见，应画虚线，另一段 $k'n'$ 则画实线。在 V 投影中，$b'c'$ 和 $m'n'$ 的交点 $2'(3')$，由 H 面投影可知，Ⅱ点在Ⅲ点之前，故 $k'2'$ 段可见，应画实线，另一段画虚线。

可见性判别有一个技巧：如果平面的两面投影的顺序一致（如 $a'b'c'$ 和 abc 都是顺时针），那么直线的两面投影的可见性也一致，即同一段的两面投影要么都可见，要么都不可见（如 $k'n'$ 和 kn 都可见，$k'm'$ 和 km 都不可见）；同理，如果平面的 V、H 投影的顺序不一致，那么直线的两面投影的可见性刚好相反。请读者自己验证。

（6）两个一般位置平面相交

两个一般位置平面的交线可采用直线与平面求交点的方法求得。取一平面内的任意两条直线，作出它们与另一平面的交点，则交点一定是两平面交线上的点，连接两交点得两平面的交线。这里不作要求。

3）垂直问题

（1）直线与平面垂直

若直线垂直于平面内的两相交直线，则该直线与平面垂直。反之，若直线与平面垂直，则该直线垂直于平面内的所有直线。如图 2-53 所示，直线 MN 垂直于平面 P 内的相交直线 AB 和 CD，则直线 $MN \perp$ 平面 P。反之，若直线 MN 垂直于平面 P，则直线 MN 垂直于平面 P 内的任意直线，即 $MN \perp EF$，$MN \perp KL$。

由上可知，直线与平面垂直的问题可转化为两直线垂直的问题。

如图 2-54 所示，直线 $MN \perp$ 平面 P，必垂直于平面 P 内的水平线 AB 和正平线 AC。由直角定理可知，在投影图中，$mn \perp ab$，$m'n' \perp a'c'$。

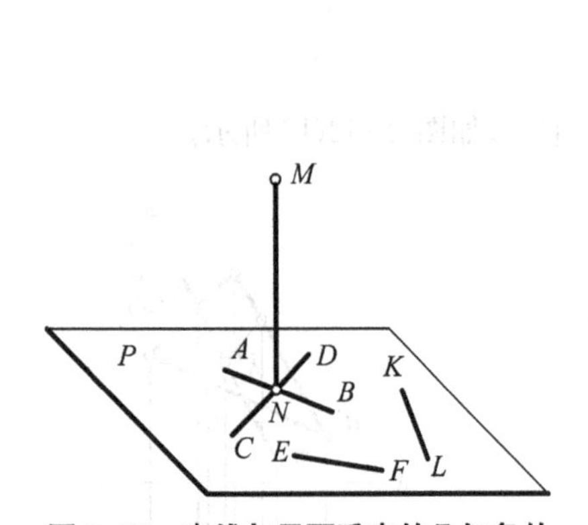

图 2-53　直线与平面垂直的几何条件

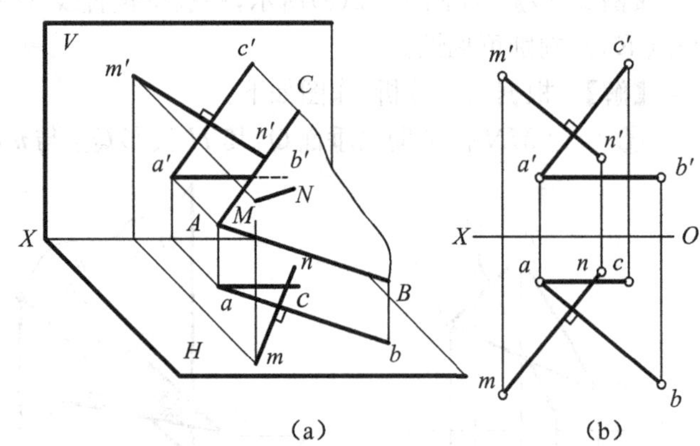

图 2-54　直线与平面垂直的投影特性

因此，直线与平面垂直的投影特性为：

直线的 H 面投影与平面内水平线的 H 面投影垂直；直线的 V 面投影与平面内正平线的 V 面投影垂直；直线的 W 面投影与平面内侧平线的 W 面投影垂直。

【例 2-20】 如图 2-55(a)所示，已知 $ABCD$ 为矩形，试完成其投影。

【解】 矩形的邻边相互垂直，所以空间 AB 和 BC 是垂直的。由于 AB 是一般位置直线，所以不能直接利用直角投影定理作出 BC 的 H 投影。但是 BC 肯定位于过 B 点且与 AB 垂直的平面内，因此，可以这样作图：

① 过 B 点作一对相交直线 BⅠ×BⅡ分别垂直于 AB。其中：BⅠ为正平线，$b'1' \perp a'b'$；BⅡ为水平线，$b2 \perp ab$。则 BC 一定位于 BⅠ×BⅡ所确定的平面上。在此平面上作辅助线ⅠC($1'c'$)交 BⅡ于点 E(e、e')，如图 2-55(b)所示。

② C 在ⅠE 的延长线上，所以延伸 $1e$ 交 cc' 的投影连线于 c，再根据平行四边形的投影特性作出 d，并加粗轮廓线。如图 2-55(c)所示。

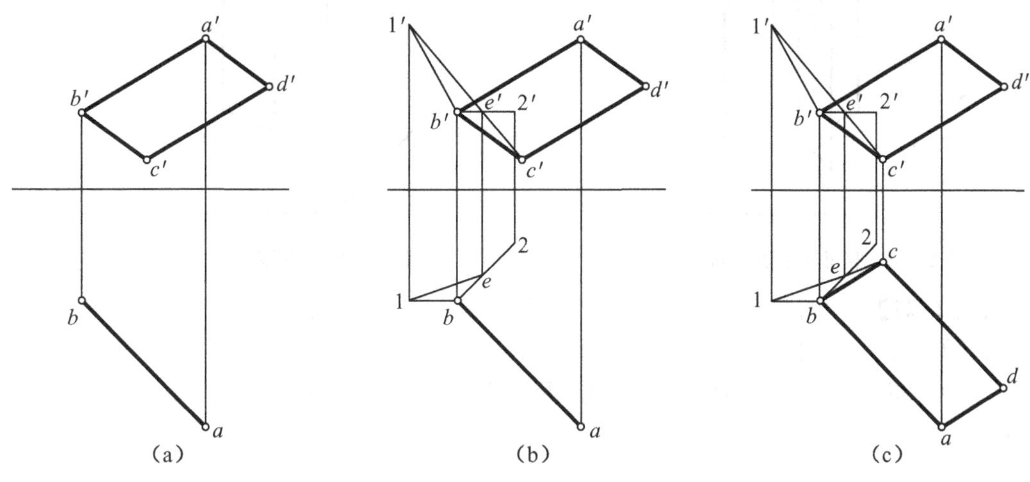

图 2-55　完成矩形的投影

【例 2-21】　如图 2-56(a)所示，求点 A 到直线 BC 的距离 L。

【解】　所说距离当然是垂直距离，即过 A 点向 BC 所作垂线的长度。由于 BC 是一般位置直线，所以这样的垂线不能直接作出。在空间过 A 点作直线与 BC 垂直可以有无数条，它们组成一个平面，但是垂直相交的只有一条，即 A 点和 BC 与垂面交点的连线，因此按如下思路作图：

① 过 A 点作一对相交直线 AⅠ×AⅡ分别垂直于 BC。其中：AⅠ为水平线，$a1 \perp bc$；AⅡ为正平线，$a'2' \perp b'c'$，如图 2-56(b)所示。

② 包含直线 BC($b'c'$)作辅助面 P_V，求 P_V 与所作垂面的交线ⅠⅡ($1'2'$、12)，继而求出直线 BC 与所作垂面的交点 D(d、d')，如图 2-56(c)所示。

③ 连接 ad、$a'd'$ 即为距离的两面投影，再用直角三角形法求其实长 L，如图 2-56(d)所示。

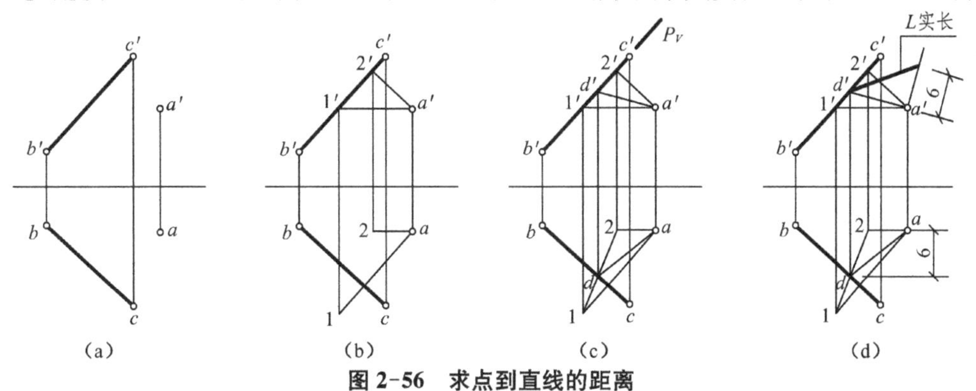

图 2-56　求点到直线的距离

4）平面与平面垂直

若直线垂直于平面，则包含此直线的所有平面均和该平面垂直。反之，若两平面互相垂直，过其中一平面内任一点作另一平面的垂线，则垂线必在该平面内。如图 2-57 所示，直线 MN 垂直于平面 P，则过直线 MN 的平面 Q 和 R 均垂直于平面 P。反之，若平面 $Q\perp$ 平面 P，过平面 Q 内的 M 点作 $MN\perp$ 平面 P，则直线 MN 在平面 Q 内，如图 2-58 所示。

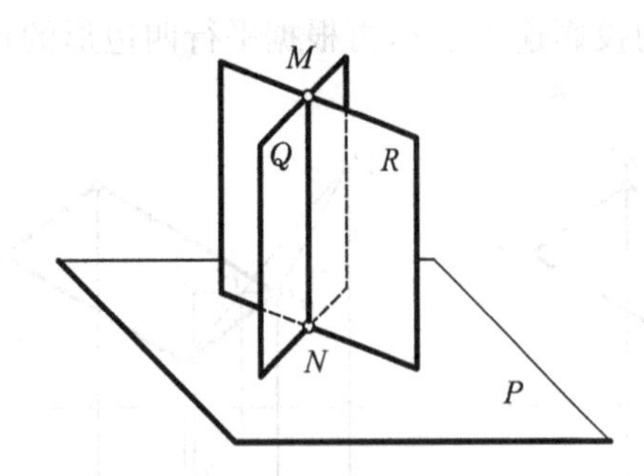

图 2-57 平面与平面垂直的几何条件

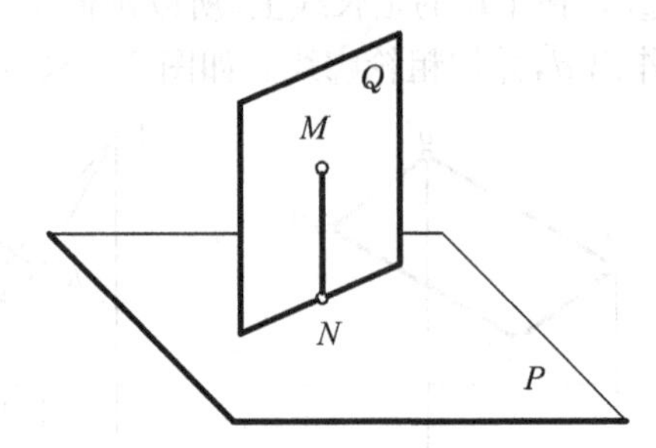

图 2-58 判断两平面是否垂直

【例 2-22】 如图 2-59(a)所示，过直线 MN 求作一平面垂直于△ABC。

【解】 因为 AB 和 AC 分别是△ABC 内的水平线和正平线，所以，作直线 $ml\perp ab$，$m'l'\perp a'c'$，则 $ML\perp$△ABC。所以，由直线 MN、ML 确定的平面垂直于△ABC，如图 2-59(b)所示。

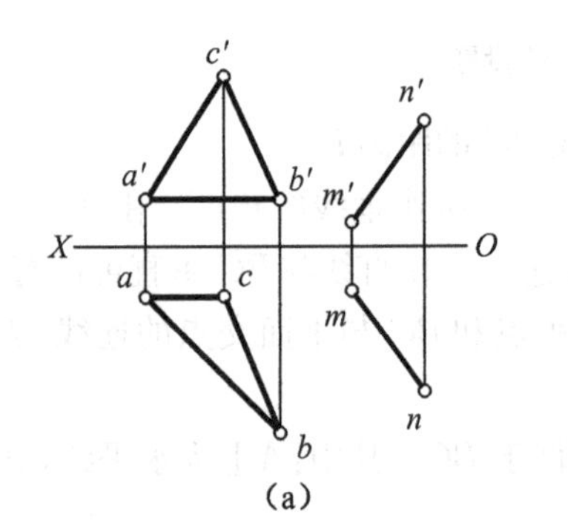

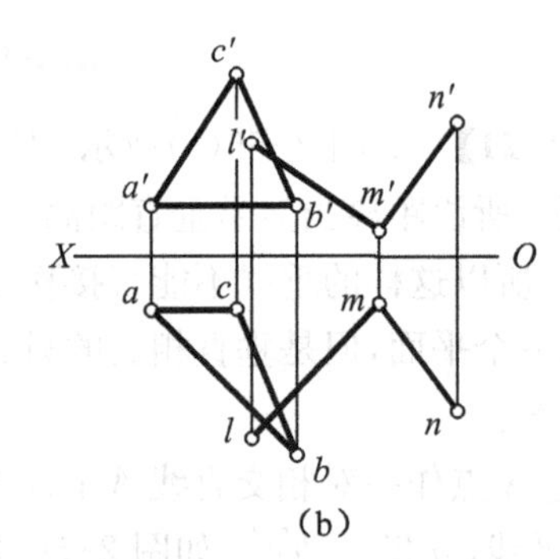

图 2-59 作已知平面的垂直面

3 基本体的投影

所谓基本体，就是简单的几何形体，包括棱柱、棱锥、棱台等平面立体和常见的圆柱、圆锥、圆球和圆环等回转体以及常见的工程曲面。这里主要研究这些基本体的投影特点及其表面上取点、线的问题，还有平面和立体相交的问题。

3.1 平面立体的投影

平面立体也称多面体，它的表面都是由平面围成的，常见的简单的平面体有棱柱、棱锥和棱台，它们的投影各有特点，分述如下。

3.1.1 棱柱体

棱柱体的特点是有一组相互平行的棱线和两个平行的底面。当底面与棱线垂直时称为直棱柱，底面各边相等的直棱柱称为正棱柱。工程上常见的棱柱为直棱柱或正棱柱，且往往处于特殊位置，即棱线垂直于投影面。

图 3-1(a)所示为一棱线垂直于 H 面的正五棱柱，按点、线、面的投影规律，作出其三面投影如图 3-1(b)所示。五棱柱的上、下底为水平面，所以其 H 投影重合为反映实形的正五边形，五边形的各边分别是五棱柱各个侧面的积聚投影，5 个顶点则是各棱线的积聚投影；V 面投影的外框为矩形，矩形的上、下两条边分别是五棱柱上、下底面的积聚投影，3 条可见的铅直线分别是左、前、右棱线的实长投影，构成的两个可见矩形则是左前、右前两个侧面的类似形投影，两条虚线是后方不可见棱线的投影；W 面投影的外框也是矩形，上、下两条边同样是五棱柱上、下底面的积聚投影，3 条可见的铅直线分别是左后、左前和后棱线的实长投影，构成的两个矩形则分别是左后、左前侧面的类似形投影。

从图 3-1(b)可以看出：两个投影的外框是矩形，另一个投影反映形状特征。对于其他处于特殊位置的直棱柱同样有这样的投影特点，所以可概括为“矩、矩为柱”。

【例 3-1】 如图 3-2(a)所示，已知五棱柱表面上的一个点 A 和一条线 BC 的一个投影，求作它们的其他两面投影。

【解】 在平面立体表面上取点、线，实际上就是在各侧表面——平面上取点、线，与单纯地在平面上取点、线稍有区别的是有可见性判别的问题。

分析和作图如图 3-2(b)所示。

① 作 A 点的投影

从 a' 的位置和可见性可以判别，A 点位于五棱柱的右前方侧表面上，先利用积聚性作出其 H 投影 a，然后再作出其 W 投影 (a'')，不可见。

② 作直线 BC 的投影

由 $b''c''$的位置及可见性可以判别，直线 BC 位于五棱柱的左后方侧表面上，先利用积聚性作出其 H 投影 bc，然后再作出其 V 投影$(b')(c')$，不可见，画为虚线。

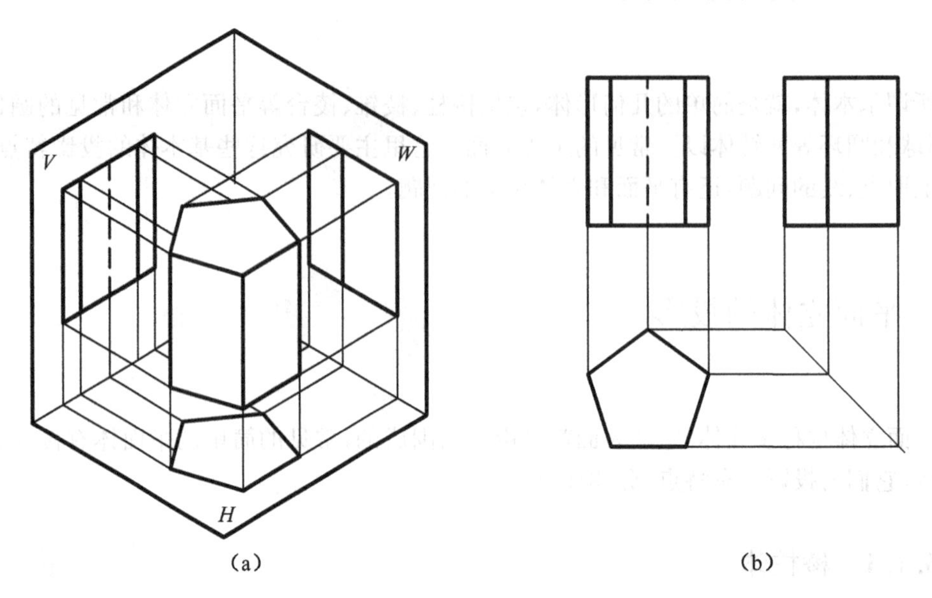

图 3-1　正五棱柱的投影

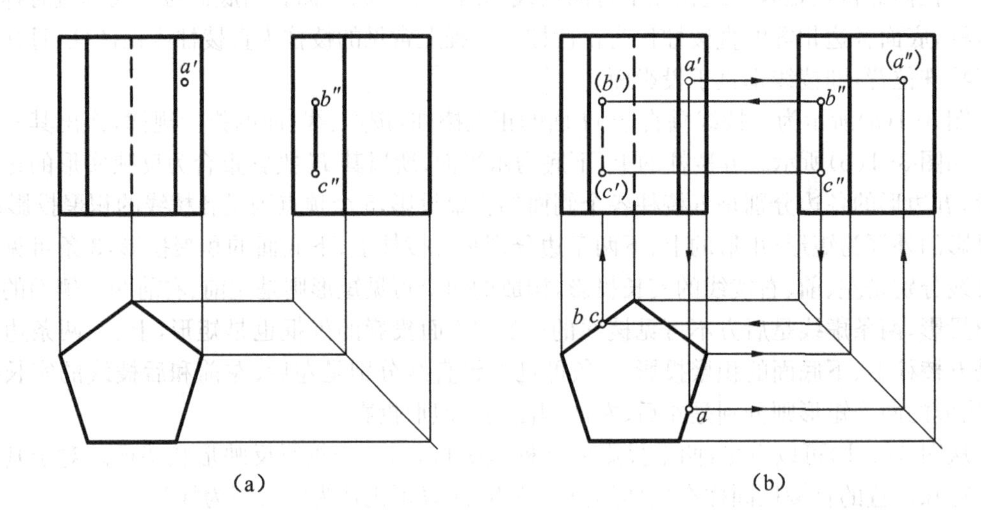

图 3-2　棱柱体表面上的点和线

3.1.2　棱锥体

棱锥体的特点是有一个底面，其他各侧面的交线相交于一个顶点。

图 3-3(a)所示是一个三棱锥，三棱锥的底面平行于 H 面，其他 3 个侧面均为一般位置平面，其投影如图 3-3(b)所示。底面的 H 投影反映实形，V、W 投影积聚为水平线，3 个侧

面的三面投影均为类似图形。注意棱线 SC 的侧面投影不可见,所以表示为虚线。

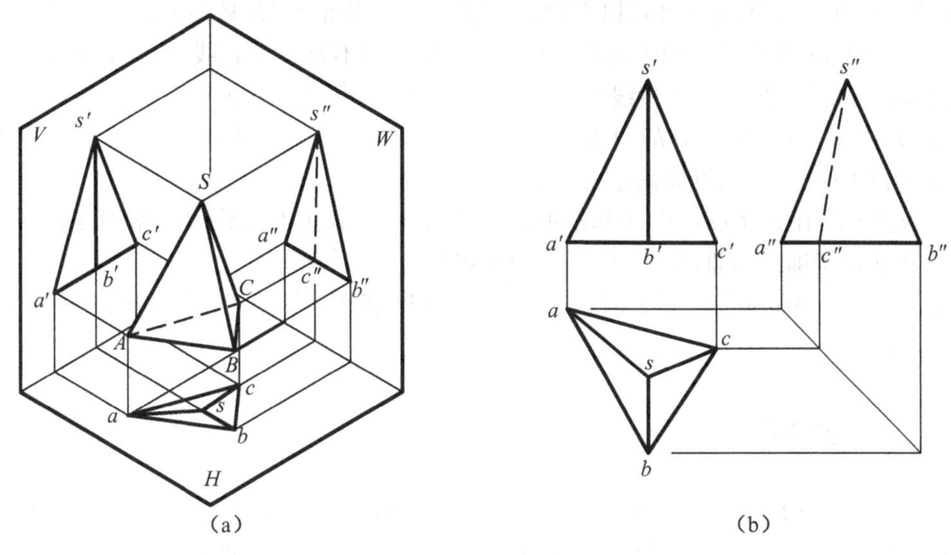

(a) (b)

图 3-3 三棱锥的投影

对于底面投影有积聚性的锥体,其三面投影中至少有两个投影的外框是三角形,所以其投影特点可概括为"三、三为锥"。

【例 3-2】 如图 3-4(a)所示,已知三棱锥表面上的一个点 E 和一线段 MN 的一个投影,求作它们的其他两面投影。

【解】 分析和作图如图 3-4(b)所示。

① 作 E 点的投影

由(e')的位置及其不可见性可以知道,E 点位于三棱锥的 SAC 棱面。过 E 点在 SAC 棱面作辅助线 SⅠ($s'1'$),交底边 AC 于Ⅰ点($1'$),再作出 SⅠ的 H 投影 $s1$,因为 E 点在 SⅠ上,从而得到 e 在 $s1$ 上,最后根据 e 和(e')作出(e''),不可见。

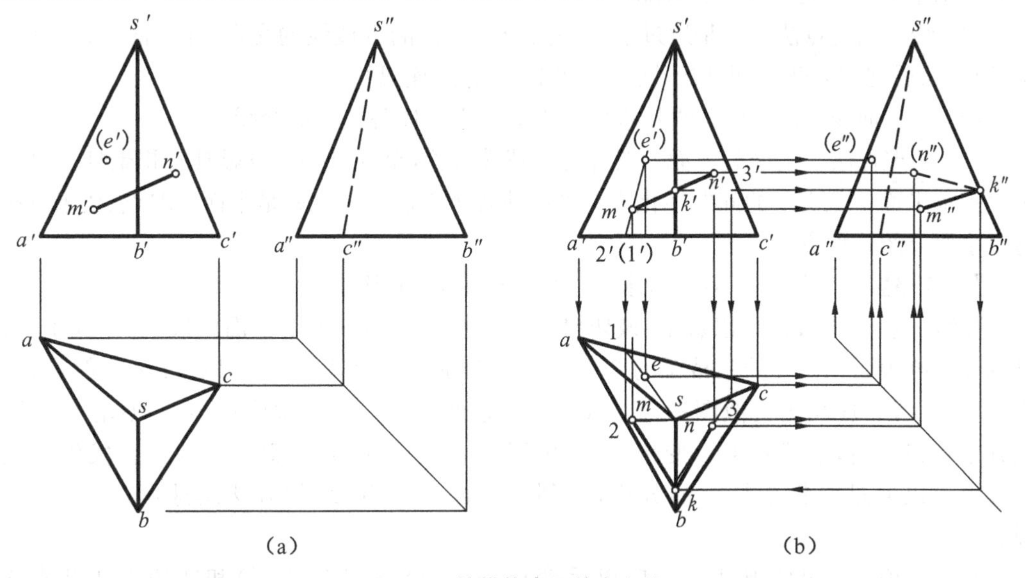

(a) (b)

图 3-4 棱锥体表面的点和线

② 作线段 MN 的投影

根据 $m'n'$ 的位置和可见性可以判别，M 点位于三棱锥的 SAB 棱面上，N 点位于三棱锥的 SBC 棱面上，MN 横跨了两个棱面，所以 MN 在空间不是一个直线段，而是多了一个转折点的折线段，转折点 K 位于棱线 SB 上。先由 k' 作出 k''，从而确定 k。

过 M 点(m')在 $SAB(s'a'b')$ 上作辅助线 SⅡ($s'2'$)，交底边 $AB(a'b')$ 于Ⅱ($2'$)，再作出辅助线 SⅡ的 H 投影 $s2$，继而确定 m 和 m''。

过 N 点(n')在 $SBC(s'b'c')$ 上作辅助线 NⅢ($n'3'$)∥底边 $BC(b'c')$，交棱线 $BC(b'c')$ 于Ⅲ($3'$)，再作出辅助线 NⅢ的 H 投影 $n3$，继而确定 n 和(n'')。

连接 mk、kn 和 $m''k''$、$k''(n'')$，因为棱面 SBC 的 W 投影($s''b''c''$)不可见，所以 $k''(n'')$ 不可见，画为虚线。

3.1.3 棱台体

棱台的特点是有两个平行且相似的底面，对应顶点的连线延长后交于一点。实际上就是将棱锥平切去一个头，所以其投影特点可概括为“梯、梯为台”(图略)。

3.2 平面立体截交线

平面与立体相交，就是假想用平面去截切立体，此平面称为截平面，所得表面交线称为“截交线”。一般来说，截交线是闭合的图形。

平面体的表面都是由平面组成的，所以平面体的截交线一般是闭合的平面多边形，多边形的各边就是截平面与平面体各个表面的交线，各个顶点就是截平面与平面体各个棱线的交点。求平面体截交线的方法有如下几种：

(1) 线—面交点法。就是通过求截平面与平面体的各棱线的交点，即平面多边形的各个顶点，然后把相邻两点(即位于同一棱面上的两点)连成线。

(2) 面—面交线法。就是直接求作截平面与平面体各棱面的交线。

(3) 积聚性法。由于截平面一般都处于特殊位置，至少有一个投影具有积聚性，这样就可以把求平面体截交线的问题转化为在平面体各个表面——也就是平面上取点、线来解决。这里主要介绍这种方法。

【例 3-3】 如图 3-5(a)所示，求带切口三棱锥的 H、W 投影。

【解】 从 V 面投影可以看出，该切口由一个水平面和一个正垂面构成，它涉及了三棱锥的 3 个侧表面。完整的三棱锥的 3 个侧表面分别为：△SAB 和△SBC 都是一般位置平面，其三面投影应均为类似图形；△SAC 为侧垂面，其 V、H 投影应该为类似图形。它们被开了切口以后，形状发生了变化，但是位置没有变化，因此投影的特性不会发生变化。这样就可以通过对投影特性的分析，再利用平面上取点、线的方法迅速解决其余两面投影。

具体来说，△SAB 被开了切口以后变成一个△SⅣⅤ($s'4'5'$)和四边形ⅠⅡ或 AB

($1'2'b'a'$),其 H、W 投影应该是与其相类似的图形 $s45$ 和 $s''4''5''$ 及 $12ab$ 和 $1''2''a''b''$;△SBC 被开了切口以后变成一个六边形 SⅣⅢⅡBC($s'4'3'2'b'c'$),其 H、W 投影应该是与其相类似的图形 $s432bc$ 和 $s''4''3''2''b''c''$;△SAC 被开了切口以后变成一个六边形 SⅤⅥⅠAC,其 H 投影应该是与其相类似的图形 $s561ac$,W 投影积聚为一直线。最后再分析由两个截平面相交而产生的交线ⅢⅥ及其投影的可见性并处理轮廓线。

具体的作图过程如图 3-5(b)的箭头所示。

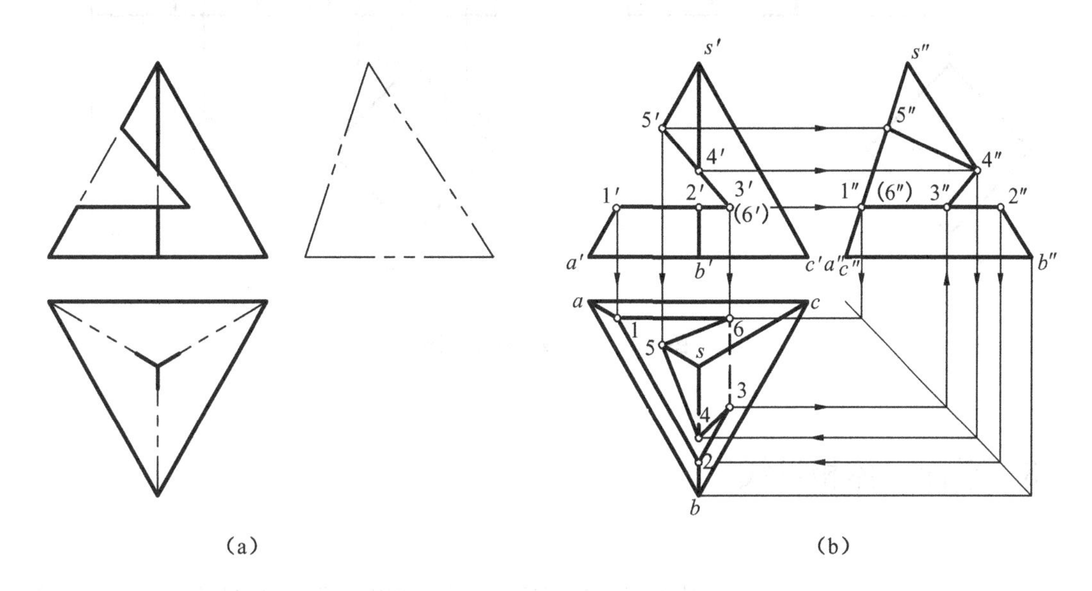

图 3-5 切口三棱锥的投影

这里一定要注意:在作图之前,必须对立体各个表面的空间位置和被截平面截切前后的形状变化及其投影应该有什么样的特点进行分析,初学时还要学会对各个顶点进行编号,这样就可以明晰作图的思路,并对作图结果有一个准确的形状(类似图形)意识,最后即使不检验作图的过程也能一目了然的判断作图结果的正确与否。

【例 3-4】 补全如图 3-6(a)所示形体的 V、H 投影。

【解】 首先进行形体分析:根据投影特点,可以知道这是一个四棱柱,在其中前方被从左到右开通了一个切口,切口由两个侧垂面和一个正平面构成。开了切口以后,形体的左右依然是对称的。作图结果如图 3-6(b)所示。

投影分析:四棱柱的 4 个侧表面都是铅垂面,所以其 V、W 投影应为类似图形。从 W 投影可以看出,左前方侧表面由矩形 ABB_1A_1 变成了四边形 ABⅠⅡ($a''b''1''2''$)和ⅤⅥB_1A_1($5''6''b''_1a''_1$),其 V 面投影应该是与其相类似的图形($a'b'1'2'$)和($5'6'b'_1a'_1$);左后方侧表面由矩形 ADD_1A_1 变成了八边形 AⅡⅢⅣⅤA_1D_1D($a''2''3''4''5''a''_1d''_1d''$),其 V 面投影应该是与其相类似的图形($a'2'3'4'5'a'_1d'_1d'$);由于形体是左右对称的,相应的作出其右前方和右后方的投影;最后再分析由 3 个截平面产生的两条交线——侧垂线,并判别可见性和处理轮廓线。

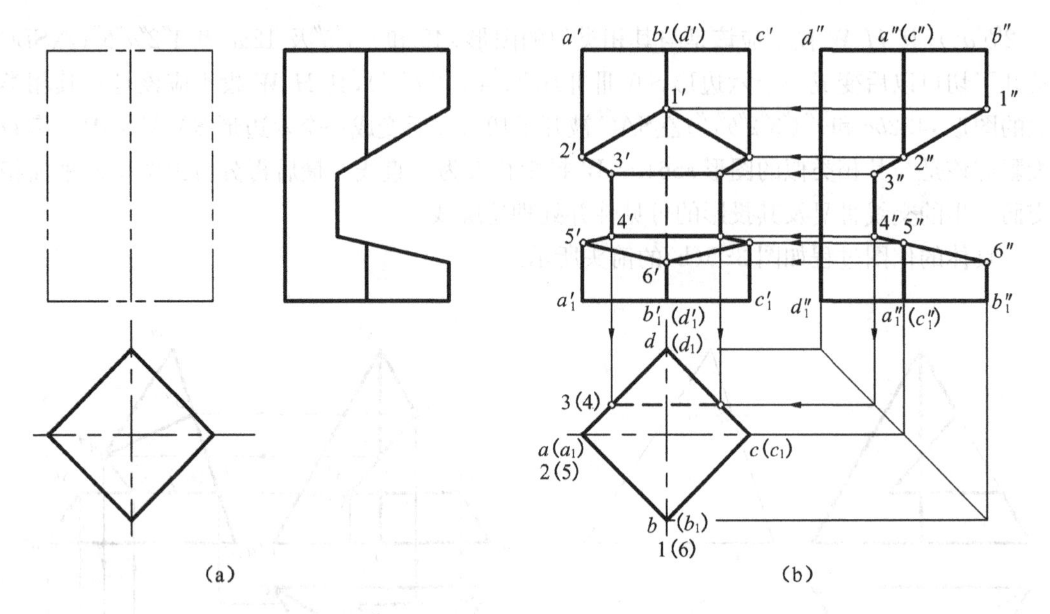

图 3-6 补全四棱柱的投影

3.3 平面立体相贯线

两个立体相交又称为两个立体相贯，其表面交线称为“相贯线”。相贯线一般是闭合的空间图形，而且为两个立体表面所共有。当一个立体全部穿过另一个立体时，称为全贯，相贯线有两组，如图 3-7(a)所示；当两个立体都只有部分参与相交时，称为互贯，相贯线只有一组，如图 3-7(b)所示。

两个平面立体的相贯线一般情况下为空间多边形(折线)，特殊情况下是平面多边形。实际上也就是一个立体的各个表面与另一个立体表面的截交线的组合。因此，求相贯线的问题完全可以转化为求截交线的问题，方法同求截交线一样。这里仍然重点介绍积聚性法。

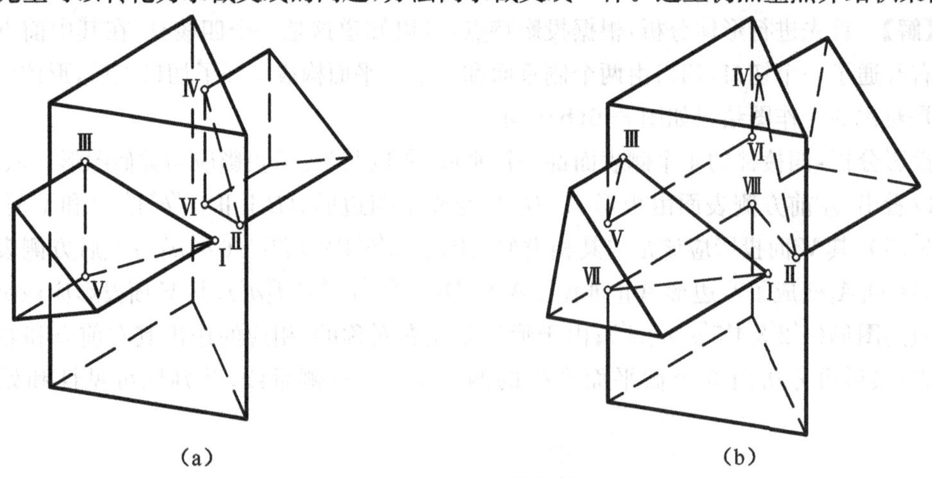

图 3-7 两个立体相交

【例 3-5】 求作图 3-8(a)所示两立体的相贯线。

【解】 形体分析：这是两个棱线分别垂直于 H、W 的三棱柱产生相贯，横向的三棱柱完全穿过直立的三棱柱，所以是全贯。相贯线分左、右两组：左边的一组实际上就是由直立的三棱柱的两个侧面 DE 和 DF 分别与横向三棱柱的截交线组成；右边的一组就是直立的三棱柱的右侧面 EF 与横向三棱柱的截交线。

投影分析：由于两个三棱柱的 H、W 面投影分别具有积聚性，所以只需要求相贯线的 V 面投影。因为直立三棱柱的 3 个侧面都是铅垂面，所以其 V 面投影和 W 面投影应为类似图形。它们被横向的三棱柱相贯以后，从 W 面投影看表面发生了如下变化：左后侧面 DF 多了Ⅰ-Ⅱ-Ⅲ($1''$-$2''$-$3''$)3 个转折点，对应的图形由矩形变成了七边形；左前侧面 DE 多了Ⅲ-Ⅳ-Ⅴ-Ⅰ($3''$-$4''$-$5''$-$1''$)4 个转折点，对应的图形由矩形变成了八边形；右前侧面 EF 的外框没有变，里面多了一个三角形Ⅵ-Ⅶ-Ⅷ($6''$-$7''$-$8''$)。

作图过程如图 3-8(b)所示。

① 作出各个转折点对应的 V 面投影。

② 依次连接各点成相贯线。这里注意连点的顺序必须和 W 面投影一致，遵循：同一平面上的两个点可以连，如Ⅰ-Ⅱ、Ⅱ-Ⅲ等；同一棱线上的两个点不能连，如Ⅰ-Ⅲ、Ⅱ-Ⅶ、Ⅳ-Ⅷ等。同时，注意各个侧面类似图形的分析，用形象思维确保作图的正确性。

③ 判别可见性。Ⅰ-Ⅱ、Ⅱ-Ⅲ是直立三棱柱后侧面上的线段，所以其 V 面投影 $1''$-$2''$-$3''$不可见；Ⅴ-Ⅰ和Ⅵ-Ⅶ是横向三棱柱后侧面上的线段，所以其 V 面投影 $5''$-$1''$和 $6''$-$7''$不可见。这里就发现一个可见性的判别原则是：只有两个面的投影都可见时，其交线的投影才可见，只要有一个面的投影是不可见的，那么其交线的投影亦不可见。

④ 处理轮廓线。参与相交的各棱线需连接到相应的转折点，并且按可见性画为实线和虚线，同一棱线上的两个转折点之间已和另一立体融为一体，没有线。没有参与相交的棱线也应按其可见性处理为实线或虚线，如 F 棱线没有参加相贯，其被横向三棱柱遮挡住的部分应画为虚线，未被遮挡住的部分应画为实线。

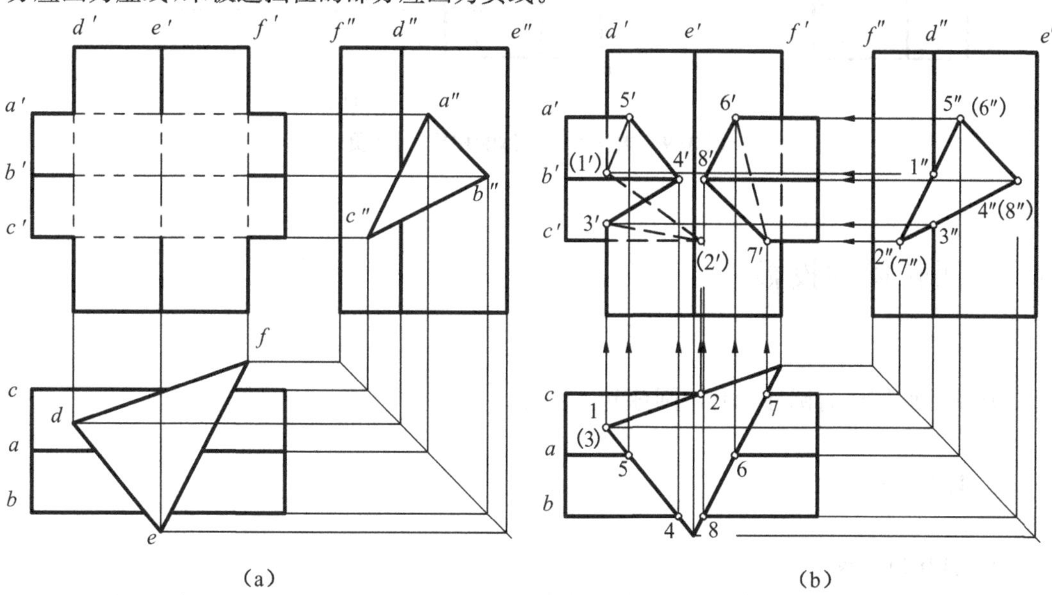

图 3-8 求作两个立体的相贯线(全贯)

【例 3-6】 求作图 3-9(a)所示两立体的相贯线。

【解】 形体分析：这是一个棱线垂直于 V 面的三棱柱和一个三棱锥相贯，三棱柱只有两个侧面参与相交，所以是互贯，相贯线只有一组，实际上就是三棱柱的两个侧面 LM 和 MN 与三棱锥相交的截交线，所以此题和图 3-5 类似，所不同的是图 3-5 是空体（切口）相交，这里是实体相交。

投影分析与作图：由于三棱柱的 V 面投影具有积聚性，所以相贯线为已知：Ⅰ-Ⅱ-Ⅲ-Ⅳ-Ⅴ-Ⅵ(1″-2″-3″-4″-5″-6″)。又根据相贯线是共有的原则，它也在三棱锥表面上，这样就把求相贯线的问题转化为在三棱锥表面——平面上取点、线来解决，分析同例 3-3，这里不重复讲述（读者可对三棱锥进行编号后自己分析）。所不同的是这里的三棱柱是实体，因此：在其下底面 MN 上的线段Ⅰ-Ⅱ、Ⅱ-Ⅲ和Ⅰ-Ⅵ的 H 投影 1-2、2-3 和 1-6 是不可见的；在其右侧面 LM 上的线段Ⅲ-Ⅳ、Ⅳ-Ⅴ和Ⅴ-Ⅵ的 W 投影 3″-4″、4″-5″和 5″-6″是不可见的；另外，两个实体相贯的部分被认为是融为一体的，所以Ⅲ和Ⅵ之间是不能连线的。最后处理轮廓线，原则同上例。结果如图 3-9(b)所示。

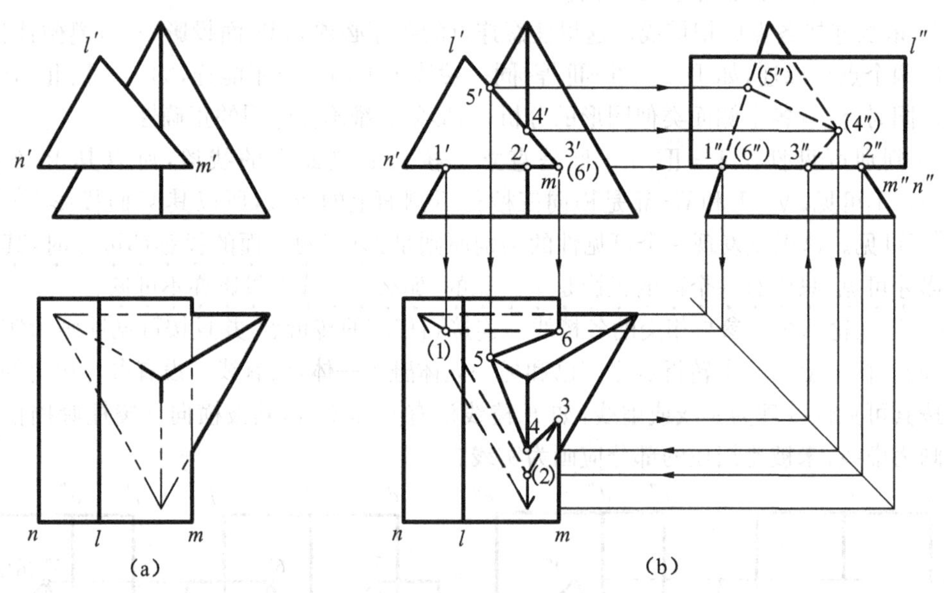

图 3-9 求作两个立体的相贯线(互贯)

3.4 回转体的投影

常见的回转体有圆柱、圆锥、圆球和圆环等。

3.4.1 圆柱

1) 圆柱的形成

如图 3-10(a)所示，一矩形平面绕着其中的一条边为轴线旋转一周，便形成了一个圆柱体。按此方式形成的圆柱体是一个包含上、下底的实心圆柱，侧面称为圆柱面，是由与轴线平行的一边旋转而形成的，该边旋转到某一具体位置时称为圆柱面的素线，圆柱面上的素线相互平行。

2）圆柱的投影

图 3-10(a)所示为一轴线垂直于 H 面的铅直圆柱，其三面投影如图 3-10(b)所示：H 投影为圆柱的上、下底圆的实形投影，圆周则是整个圆柱面的积聚投影；V、W 投影均为矩形，矩形的上、下两条边分别是圆柱上、下底圆的积聚投影，另外两条边则分别是最左、最右素线（AA_1、BB_1）和最前、最后素线（CC_1、DD_1）的投影（$a'a_1'$、$b'b_1'$和 $c''c_1''$、$d''d_1''$）。注意，这样的轮廓线在圆柱表面实际上是不存在的，仅仅是由于投影而产生的，所以也称为投影轮廓线，它们客观上也形成了前、后半柱和左、右半柱的分界线。对应的其他投影只表示了其位置（$a''a_1''$、$b''b_1''$和 $c'c_1'$、$d'd_1'$），而没有线的存在。

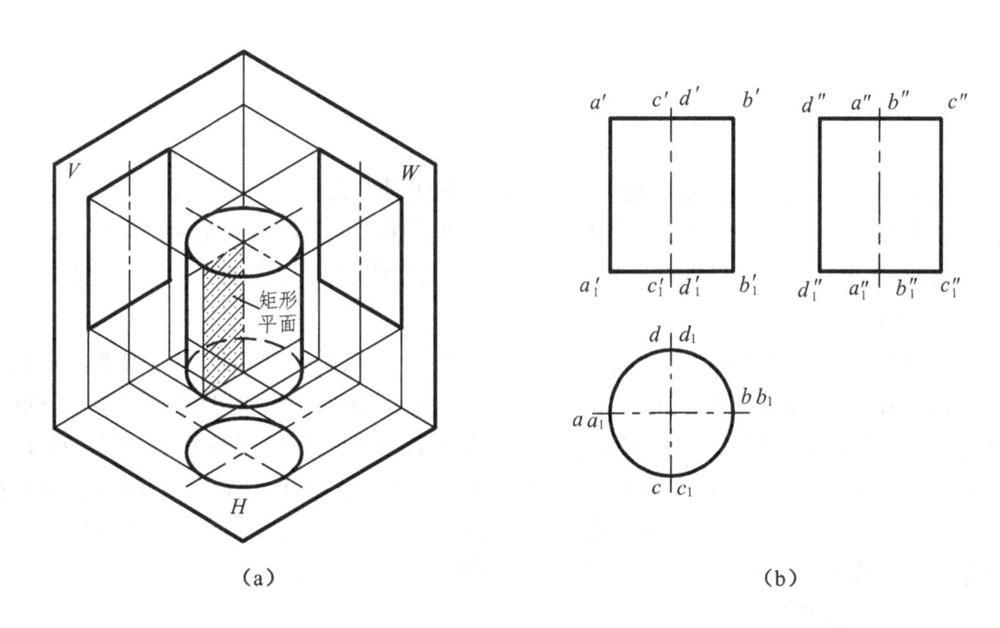

图 3-10 圆柱的形成及投影

3）圆柱面上的点

由于圆柱的一个投影具有积聚性，所以在圆柱表面取点可以用积聚性法解决。

【例 3-7】 求作图 3-11(a)所示圆柱上的点 E 和 F 的其他两面投影。

【解】 分析与作图步骤如图 3-11(b)所示。

① 由(e')的位置及其不可见性，可知 E 位于左后方的圆柱面上，其 H 投影 e 在左后半圆周上，再根据投影规律由(e')和 e 作出 e''，可见。

② 由 f' 的位置及其可见性，可知 F 位于右前方的圆柱面上，其 H 投影 f 在右前方的圆周上，再根据投影规律由 f' 和 f 作出(f'')，不可见。

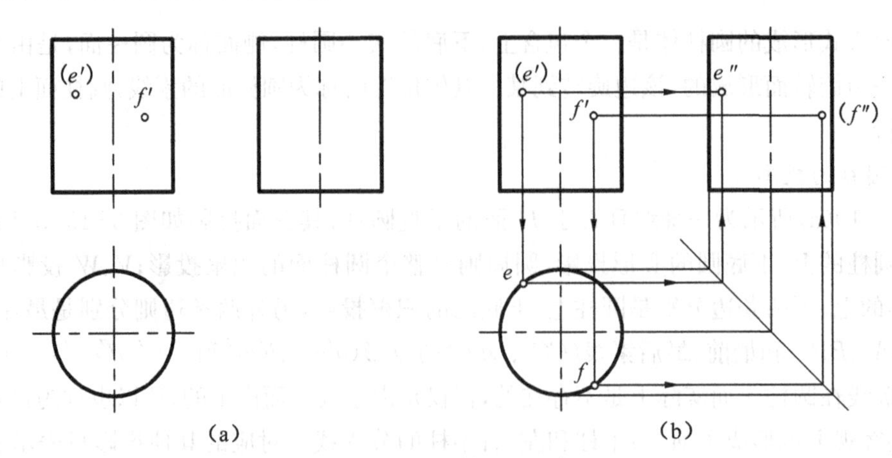

图 3-11　圆柱面上取点

3.4.2　圆锥

1）圆锥的形成

如图 3-12(a)所示，一直角三角形绕其一直角边为轴线旋转一周便形成了一个圆锥体。按此方式形成的圆锥是一个包含底圆的实心圆锥，侧面称为圆锥面，它是由三角形的斜边旋转而形成的，该边旋转到某一具体位置时称为圆锥面的素线，锥面上所有的素线相交于锥顶。

2）圆锥的投影

图 3-12(b)为一轴线垂直于 H 面的直立圆锥的三面投影：其 H 投影为圆锥的下底圆的实形投影，同时也是所有锥面的投影；V、W 投影均为三角形，三角形的底边是圆锥下底圆的积聚投影，另外两条边则分别是最左、最右素线(SA、SB)和最前、最后素线(SC、SD)的投影($s'a'$、$s'b'$和$s''c''$、$s''d''$)。同样，这样的轮廓线在圆锥表面实际上也是不存在的，仅仅是由于投影而产生的投影轮廓线，它们客观上也形成了前、后半锥和左、右半锥的分界线。对应的其他投影只表示了其位置($s''a''$、$s''b''$和$s'c'$、$s'd'$)，同样没有线的存在。

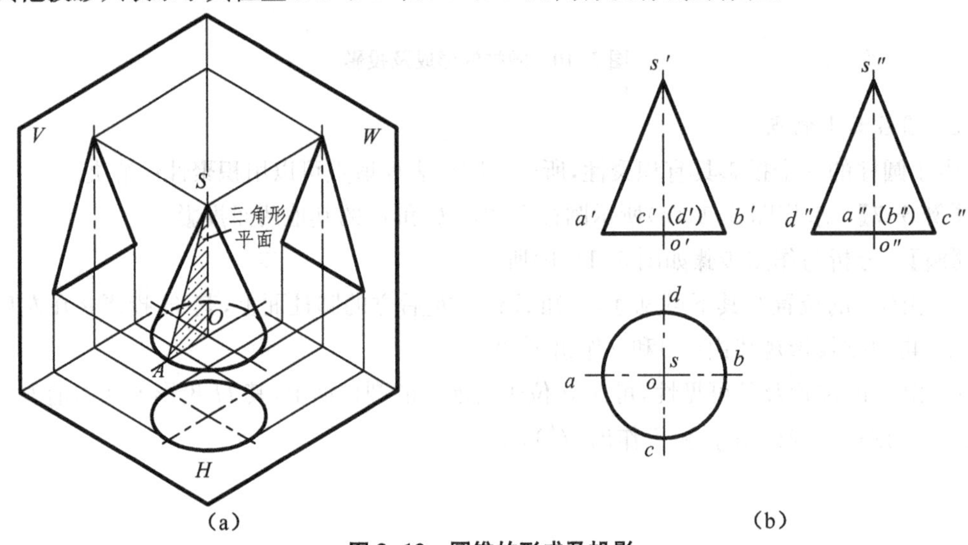

图 3-12　圆锥的形成及投影

3）圆锥面上的点

由于圆锥面的三面投影均无积聚性，所以在圆锥面上取点一般需用辅助线来作图，常用的方法有素线法和纬圆法。如图 3-13(a)所示。

【例 3-8】 已知圆锥上 M 的点 V 面投影，求作其他两面投影。

【解】 素线法作图步骤如图 3-13(b)所示。

① 由 m'可知，点 M 在左前方锥面上，过 m'作 $s'n'$，再作 sn 和 $s''n''$。

② 根据 m'在 $s'n'$上，则分别在 sn 和 $s''n''$作出 m 和 m''，均可见。

纬圆法作图步骤如图 3-13(c)所示：

① 过 m'作水平线与最左、最右投影轮廓线相交，从而确定纬圆的直径。

② 在 H 投影中作出该纬圆的实形，由 m'作出 m，继而作出 m''，均可见。

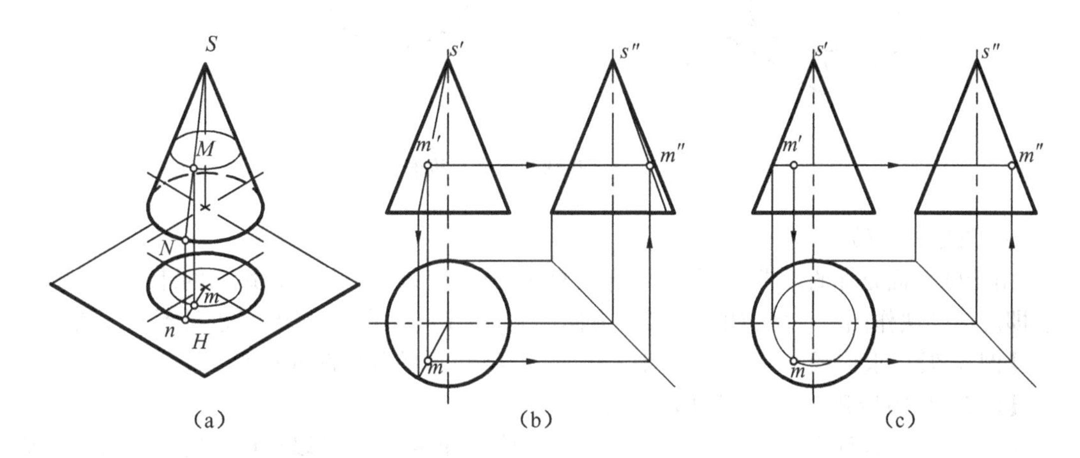

图 3-13 圆锥面上取点

一般来说，用素线法和纬圆法都可以。但当纬圆的半径较小，圆规不便作图时，可选用素线法；而当点的投影靠近轴线，使得所作素线和轴线的夹角较小时，为提高作图的精度，可选用纬圆法。

3.4.3 圆球

1）圆球的形成

如图 3-14(a)所示，一半圆（或圆）绕其直径旋转一周便形成了一个圆球。按此方式形成的圆球当然也是实心的圆球，整个外表面便是球面。

2）圆球的投影

从任何方向观察球面，其效果是一样的，即其三面投影均为直径大小相等的圆，如图 3-14(b)所示。同样，球面是光滑的曲面，其上不存在任何轮廓线，其三面投影的大圆 b'、a 和 c''则分别是前、后半球（V 面）和上、下半球（H 面）及左、右半球（W 面）理论上的分界线的投影。它们对应的其他面的投影也是不存在的，图中只表明了它们的理论位置。

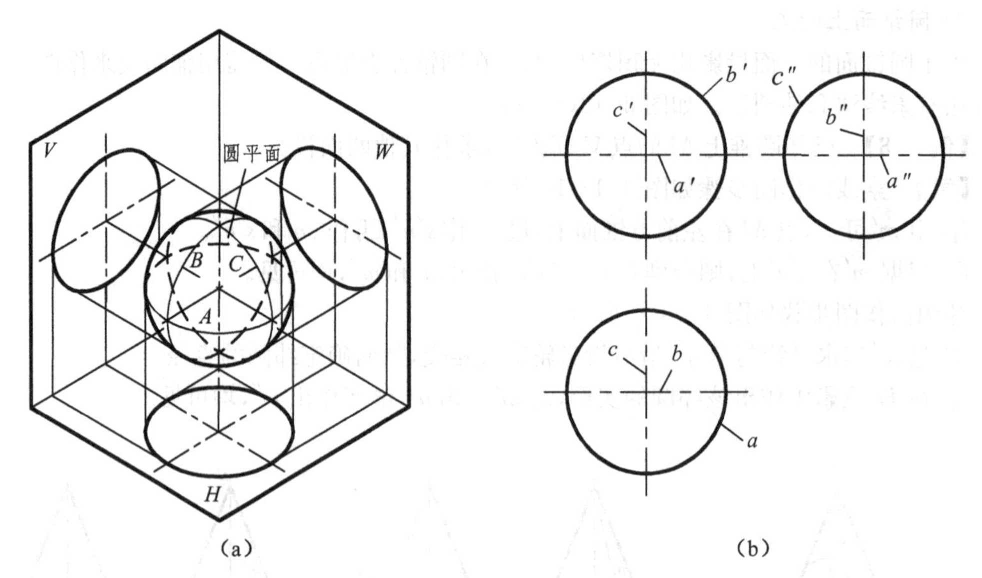

(a) (b)

图 3-14 圆球的形成及投影

3) 圆球面上的点

由于圆球面是非直纹曲面,其上不存在直线,所以应该用平行于投影面的纬圆作为辅助线,即用纬圆法作图。注意:如果纬圆的方向不同,对于同一点,它的半径也是不一样的。

【例 3-9】 求作图 3-15(a)所示圆球上的点 D 和 E 的其他两面投影。

【解】 作图步骤如图 3-15(b)所示。

① 由 d'可知,D 点位于正平大圆,即前后半球的分界线上,可以直接作出 d 和(d'')。又因 D 点位于球的右上方,所以 d 可见,而(d'')不可见。

② 由(e)的位置及可见性可知,E 点位于球的左前下方。先过点(e)作水平纬圆,再作出该水平纬圆的 V 面投影——水平线,其长度就是该圆的直径,继而作出 e'和 e'',均可见。

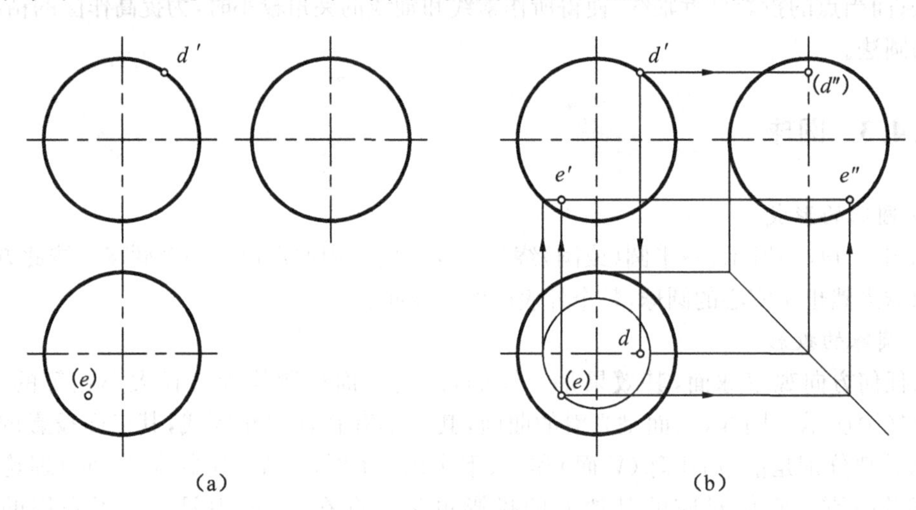

(a) (b)

图 3-15 圆球面上取点

说明:虽然从理论上讲可以作任意方向的纬圆,但为避免初学者画任意方向的直线,容易和素线法混淆，所以建议遇到已知点就画一个纬圆，这样就可以明确该纬圆的性质。当然，如果已知点离球心太近，不便于画圆时，可以考虑作投影面的平行线。

3.4.4　圆环

1）圆环的形成

如图 3-16(a)所示，一圆平面绕着与其共面的圆外一直线为轴线旋转一周，便形成了一个圆环面。靠近轴线的半圆 CBD 旋转形成内环面，远离轴线的半圆 DAC 旋转形成外环面。圆周上离轴线最远的点 A 的旋转轨迹称为赤道圆，离轴线最近的点 B 的旋转轨迹称为颈圆。

2）圆环的投影

图 3-16(a)所示为一轴线垂直于 H 面的圆环，其三面投影如图 3-16(b)所示：H 投影为两个同心圆，分别是赤道圆和颈圆的投影；V、W 面投影为两个大小相等的“鼓形”，鼓的上下两个底面分别是圆平面上最高、最低两个点的运动轨迹圆的积聚投影，V 面投影的左、右两个圆是前、后半环的分界线的投影，W 面投影前、后两个圆则是左、右半环的分界线的投影。

对于 H 面投影，上半环面可见，下半环面不可见；对于 V 面投影，只有前半环的外环面可见，其余均不可见；对于 W 面投影，只有左半环的外环面可见，其余均不可见。

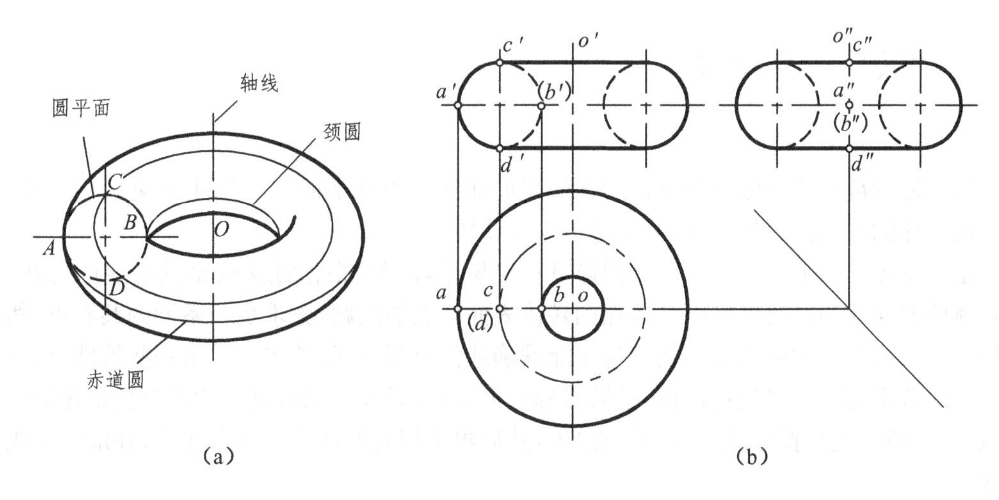

图 3-16　圆环的形成及投影

3）圆环面上的点

和球面一样，环面也是非直纹曲，只能用纬圆法来作图。

【例 3-10】 求作图 3-17(a)所示圆环上的点 E 和 F 的其他两面投影。

【解】 作图步骤如图 3-17(b)所示。

① 由(e)的位置及其不可见性，可知点 E 位于左后下方的内半环。先过(e)作水平纬圆，再作该纬圆的 V 面投影——水平线，长度等于水平纬圆的直径，继而作出(e')，不可见。

② 由 f' 的位置及其可及性，可知点 F 位于右前上方的外半环。先过 f' 作水平线，交于环的外轮廓线，即得水平纬圆的直径，按其直径作水平纬圆的 H 投影，继而作出 f，可见。

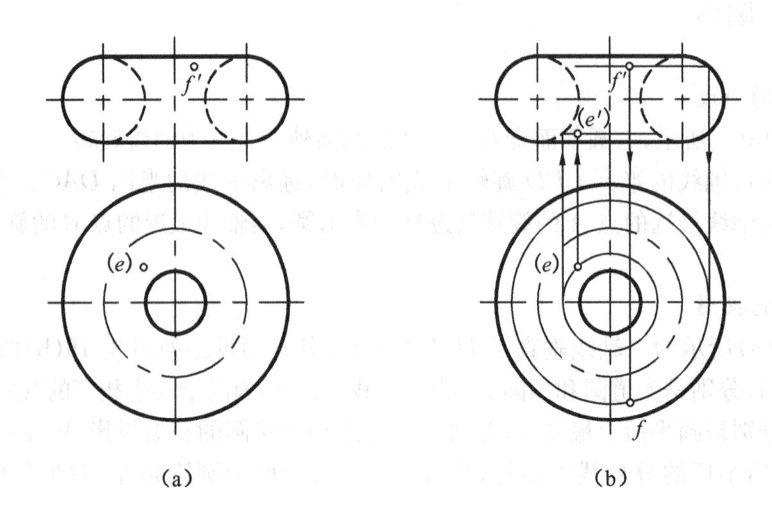

图 3-17　环面上取点

3.5　回转体的截交线

回转体的截交线一般情况下是闭合的平面曲线。当截平面与直纹曲面交于直素线，或者与回转体的平面部分相交时，截交线可为直线段。

由于常见的截平面至少有一个投影具有积聚性，因此，根据截交线是共有线的特性，求回转体的截交线问题就可以归结为在回转体表面取点的问题：先求出一系列的共有点，然后再顺次连接成光滑的曲线或直线。为了能准确地作出截交线，首先要求出一些特殊点，如控制截交线范围的最左、最右、最前、最后、最高、最低点，以及控制可见性的各个投影轮廓线上的点（也是截交线和投影轮廓线的切点）等，然后再根据需要作出一些中间点，并最终连成截交线。

回转体截交线投影的可见性与平面体截交线类似，当截交线位于回转体表面的可见部分时，这段截交线的投影是可见的，否则是不可见的。但若回转体被截断后，截交线成了投影轮廓线，那么该段截交线也是可见的（虽然它可能处于回转体的不可见部分，见图 3-19 的 H、W 面投影）。

3.5.1　圆柱的截交线

根据截平面与圆柱轴线的相对位置的不同，截交线的形状有 3 种情况，如表 3-1 所示。

表 3-1 圆柱的截交线

截平面位置	平行于轴线	垂直于轴线	倾斜于轴线
截交线形状	矩形(或平行两直线)	圆	椭圆
立体图	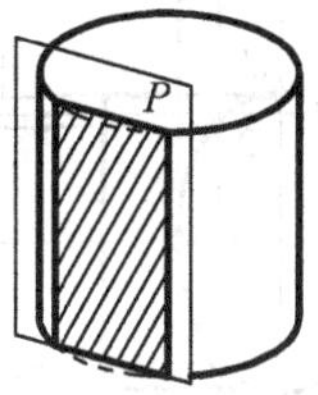 P	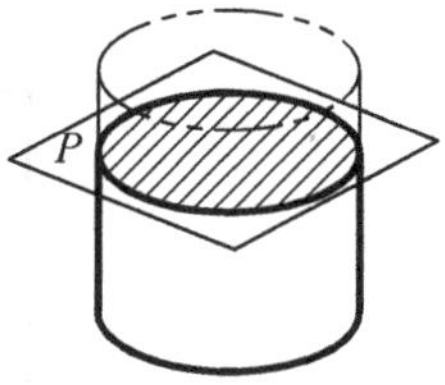 P	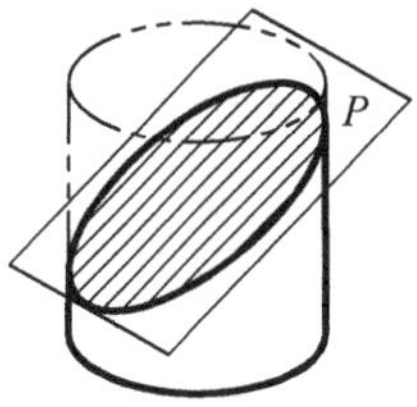 P
投影图	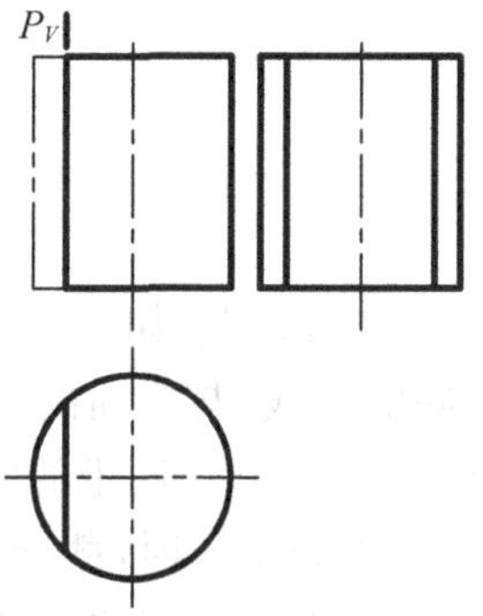 P_V	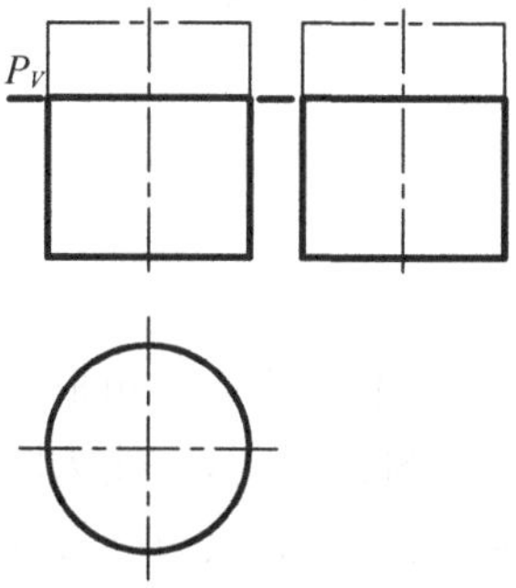 P_V	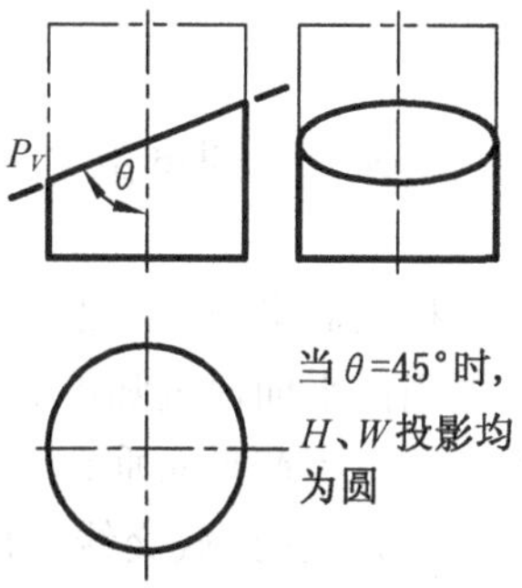 P_V θ 当 θ=45°时，H、W投影均为圆

当截平面与圆柱轴线平行时，截交线为矩形(与侧表面的交线为平行两直线)；当截平面与圆柱轴线垂直时，截交线为圆；当截平面与圆柱轴线倾斜时，截交线为椭圆，特殊情况下投影为圆(夹角为 45°)。

【例 3-11】 求作图 3-18(a)所示带切口圆柱的其他两面投影。

【解】 该圆柱切口是由一个侧平面、一个水平面和一个正垂面一起切割圆柱而形成的。侧平面与圆柱轴线垂直，切得的截交线为侧平圆弧，其 W 投影在圆周上，H 投影积聚为一直线；水平面与圆柱轴线平行，切得的截交线为矩形，其 W 投影积聚为一不可见的直线(因为在切口的底部)，H 投影反映实形；正垂面与圆柱轴线倾斜，切得的截交线为椭圆弧，其 W 和 H 投影为类似图形(分别为圆弧与椭圆弧)。

作图步骤如图 3-18(b)所示。

① 侧平圆弧的 H 投影积聚为一直线，可直接作出，其宽即为直径。

② 矩形截交线的宽由 W 投影所积聚的虚线确定，从而确定其 H 的实形投影。

③ 椭圆弧的投影则通过确定一系列的点，再由这些点连接成光滑的曲线。首先是特殊点：最左点 A 和 E，也是最低点；最前点 B；最后点 D；最右点也是最高点 C。因为 B 和 C 及 C 和 D 之间的距离较大，所以分别插入一般点Ⅰ和Ⅱ。作图顺序如图中箭头所示。

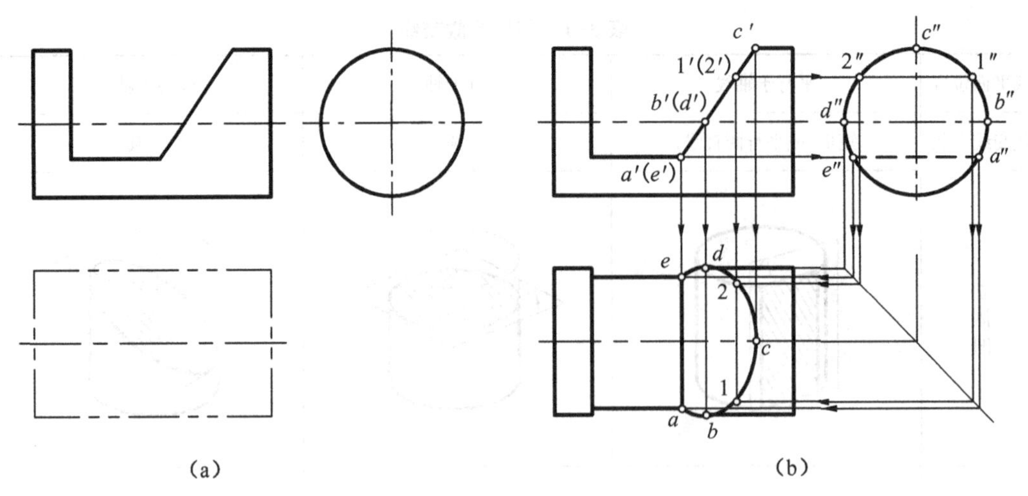

图 3-18　求作切口圆柱的投影

3.5.2　圆锥的截交线

根据截平面与圆锥的相对位置的不同，截交线的形状有 5 种情况，如表 3-2 所示。

当截平面通过圆锥的锥顶时，截交线为三角形（含锥底的交线，与锥面的交线为两条相交直线）；当截平面垂直于圆锥的轴线时，截交线为圆；当截平面倾斜于圆锥的轴线且与所有素线都相交时，截交线为椭圆；当截平面只与圆锥面的一条素线平行时，截交线为“抛物弓形”（含锥底的交线，与锥面的交线为抛物线）；当截平面与圆锥的轴线（或两条素线）平行时，截交线为“双曲弓形”（含锥底的交线，与锥面的交线为双曲线）。

表 3-2　圆锥的截交线

截平面位置	通过圆锥顶点	垂直于轴线 $\alpha=90°$	倾斜于轴线 $\alpha>\theta$	平行于一条素线 $\alpha=\theta$	平行于两条素线 $0°\leqslant\alpha<\theta$
截交线形状	三角形（或相交两直线）	圆	椭　圆	抛物弓形（或抛物线）	双曲弓形（或双曲线）
立体图	P	P	P	P	P
投影图	P_V	θ α P_V	θ α P_V	P_V θ α	P_V

【例 3-12】 求作图 3-19(a)所示截头圆锥的其他两面投影。

【解】 这是一个圆锥被一个与圆锥轴线倾斜的正垂面、一个过锥顶的正垂面和一个与圆锥轴线垂直的水平面所截。过锥顶的正垂面所截的截交线是直线，水平面所截的截交线为水平圆弧，它们分别可以用素线法和纬圆法很快确定。与圆锥轴线倾斜的正垂面所截的截交线为椭圆弧，其作图较为繁琐，首先要求出一系列的特殊点，然后再增加一般点，最后再连接成光滑的曲线，其作图步骤如图 3-19(b)所示。

① 确定最左、最低点Ⅰ；最右、最高点Ⅳ和Ⅴ；最前、最后投影轮廓线上的点Ⅲ和Ⅵ。

② 椭圆弧上顶最前、最后点Ⅱ和Ⅶ按如下方法确定：延长正垂面与圆锥的最右轮廓线相交于Ⅷ，则正平线Ⅰ-Ⅷ即为椭圆的长轴，过长轴的中点作水平纬圆，则该纬圆的直径即为短轴的长，短轴为正垂线，水平投影反映实长，短轴的两个端点即是最前、最后点Ⅱ和Ⅶ。

③ 用纬圆法在点Ⅰ、Ⅱ和Ⅰ、Ⅶ之间分别增加一般点 A 和 B。

④ 最后依次连接各个点成光滑的曲线，并处理轮廓线。

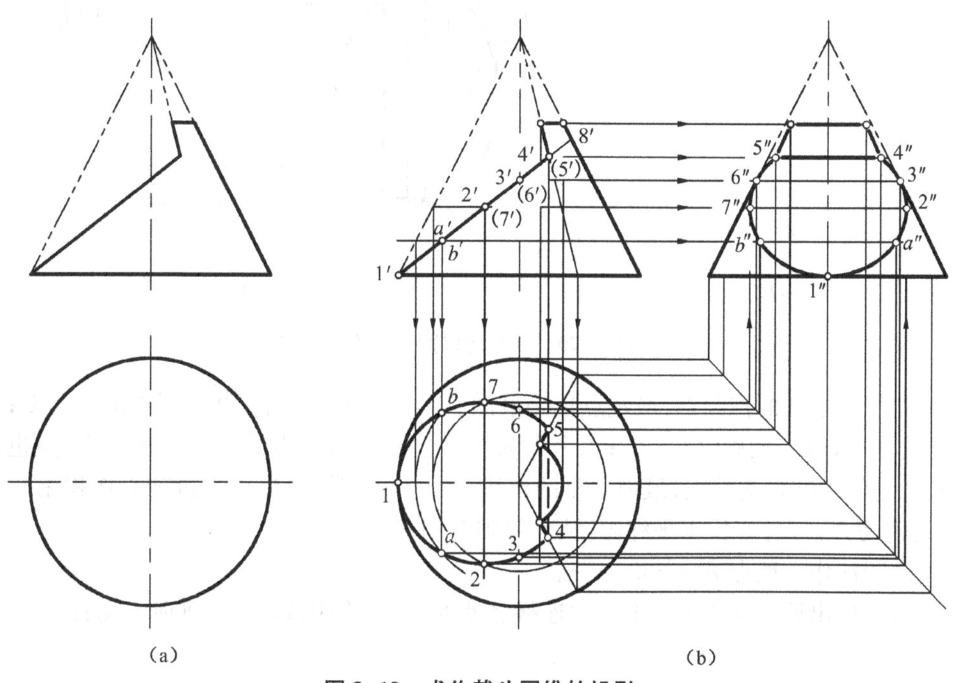

图 3-19 求作截头圆锥的投影

3.5.3 圆球的截交线

无论截平面与球面的相对位置如何，它与球面的截交线总是圆。截平面越靠近球心，截得的圆越大，其最大直径就是球的直径，其时截平面通过圆心。

当截平面与投影面平行时，截交线圆在该面上的投影反映实形，否则其投影为椭圆(特殊情况下积聚成直线)。

【例 3-13】 求作图 3-20(a)所示带切口圆球的其他两面投影。

【解】 这是由一个侧平面和一个正垂面切去了球的右上方所形成的。侧平面切得的截交线为侧平圆弧，其 W 投影反映实形，H 投影积聚成直线，作图比较简单。正垂面切得的截交线为正垂圆弧，其 V 投影积聚成直线，H、W 投影均为椭圆弧，其作图较为繁琐，如图 3-20(b)所示。

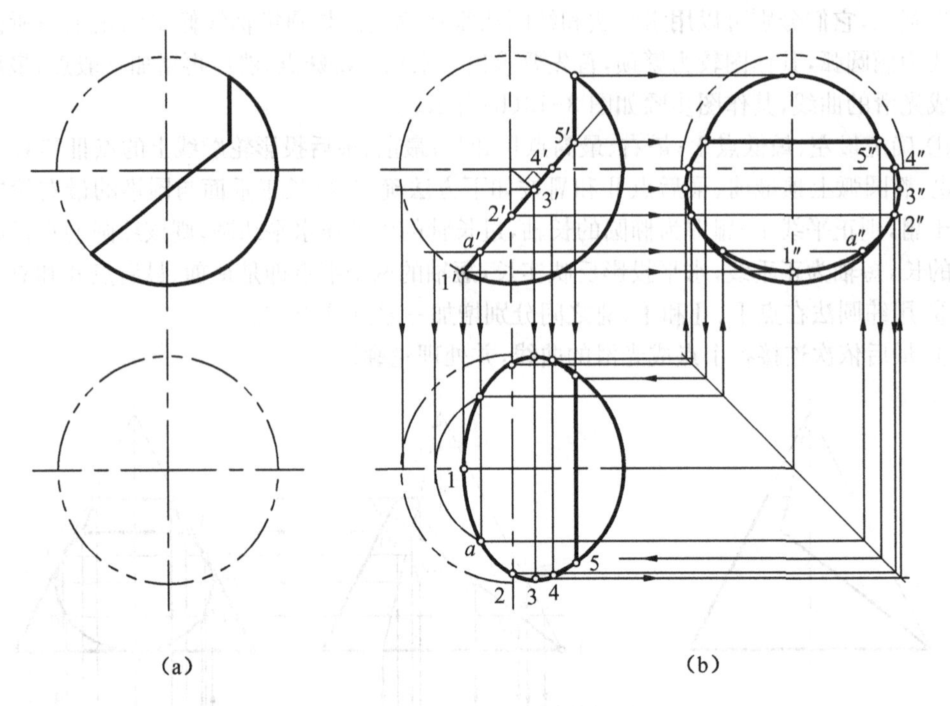

图 3-20　求作切口圆球的投影

① 先作一系列的控制点：最左点也是最低点Ⅰ在正平大圆上，由 1′而确定 1 和 1″；侧平大圆上的点Ⅱ，由 2′而确定 2″和 2；水平大圆上的点Ⅳ，由 4′直接确定 4 和 4″；最右点也是最高点Ⅴ就是侧平圆弧的端点；最前点Ⅲ的作法和图 3-19 类似，也可以过球心作积聚线的垂线，垂足就是 3′，再过 3′作水平纬圆，从而得到 3 和 3″。

② 纬圆法作一般点 $A(a'-a-a'')$。

③ 对称作出后一半的点，并依次连接各点成光滑的曲线，最后判别可见性和处理轮廓线。

说明：虽然这里的正垂圆弧落在了球的左下方和右方，但是由于球的左上方被切掉而不存在了，所以其 H、W 投影均是可见的。

3.6　回转体的相贯线

3.6.1　平面立体与回转体的相贯线

平面立体与回转体的相贯线，一般是由一些平面曲线或者平面曲线和直线组成的闭合的空间曲线。实际上就是由平面立体的各表面与回转体表面的截交线的组合。同样有“全贯”和“互贯”之分。

随着平面立体和回转体对投影面的相对位置不同，分两种情况讨论。

1) 回转体的投影具有积聚性

根据相贯线是共有线的特点，当回转体的投影具有积聚时，求相贯线的问题就转化为在平面立体表面取点、线来解决。

【例 3-14】 求作图 3-21(a)所示两立体的相贯线。

【解】 这是一个四棱锥和圆柱相贯，它们的轴线都垂直于 H 面，圆柱的 H 投影积聚为圆。根据相贯线是共有线的性质，组成该圆的四段弧也分别在四棱锥的 4 个表面上，知道其 H 投影，用平面上取点、线的方法求作其 V、W 投影。图形是左右、前后对称的，仅介绍前侧面的作图，如图 3-21(b)所示。

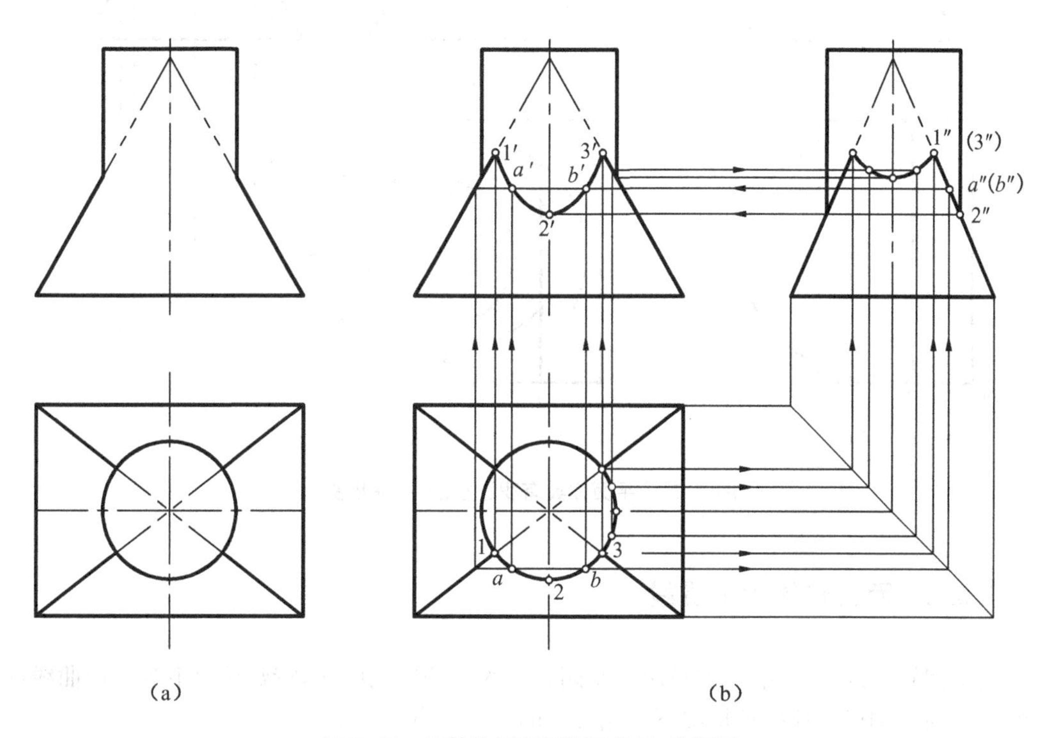

图 3-21 回转体具有积聚性的平-曲相贯

① 作控制点：由 H 投影可知，最左点Ⅰ(1)、最右点Ⅲ(3)分别在左右棱线上，离锥顶最近，所以也是最高点；最前点Ⅱ(2)离锥顶最远，所以也是最低点。它们可以直接作出。

② 用辅助线法增加一般点 A、B(a、$b-a'$、$b'-a''$、b'')。

③ 依次连接各点成光滑的曲线，并处理轮廓线。

2) 平面体的投影具有积聚性

当平面体的投影具有积聚时，求相贯线的问题就转化为在曲面立体表面取点、线来解决。

【例 3-15】 求作图 3-22(a)所示两立体的相贯线。

【解】 这是一个三棱柱和圆锥互贯的问题。三棱柱的 V 投影具有积聚性，所以根据相贯线是共有线的性质，问题可转化为在圆锥面上取点、线来解决。这里的相贯线实际上就是三棱柱的右侧面LM和下底面MN分别和圆锥的截交线：下底面MN截得的截交线为水平圆弧，其H投影反映实形，V、W投影积聚为水平直线；右侧面LM截得的截交线为椭圆弧，V投影积聚为直线，H、W投影仍然是椭圆弧。

作图过程如图 3-22(b)所示。其中椭圆弧的画法可参照图 3-19。读者自己可以对各个点进行编号。

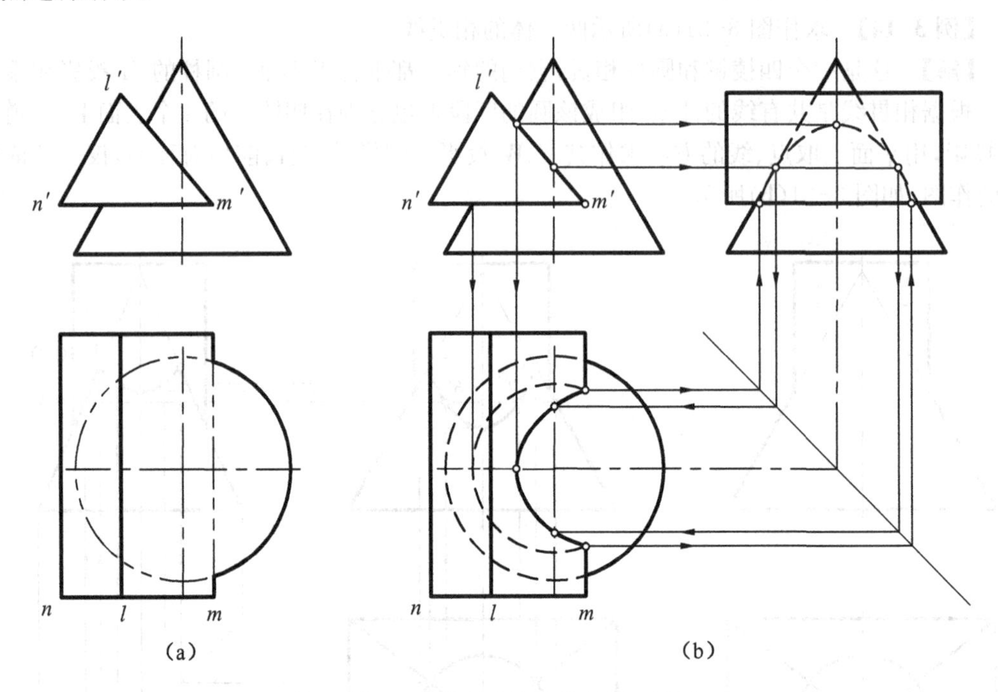

图 3-22　平面体具有积聚性的平-曲相贯

3.6.2　两回转体的相贯线

两个回转体的相贯线，一般情况下是闭合且光滑的空间曲线，特殊情况下为平面曲线或直线。下面分别讨论这两种情况下的相贯线的投影特点及求法。

1) 一般情况

这里所说的一般情况是指两个回转体的直径大小及轴线之间的相对位置不符合特定的情况。当然，工程上常见的两个回转体相贯中一般至少有一个是圆柱，而且圆柱的投影具有积聚性，因此求两个回转体的相贯线问题就可以转化为在另一个回转体表面取点、线来解决。

【例 3-16】 求作图 3-23(a)所示两立体的相贯线。

【解】 这是两个轴线分别垂直于H、W的铅垂圆柱和侧垂圆柱相贯的问题。铅垂圆柱的H投影积聚为圆，侧垂圆柱的W投影积聚为圆，所以只需要求作相贯线的V投影。因为侧垂圆柱完全穿过铅垂圆柱，因此属于全贯，相贯线分左、右两支。

作图过程如图 3-23(b)所示。

这里的特殊点和一般点，也请读者自己分析标注。

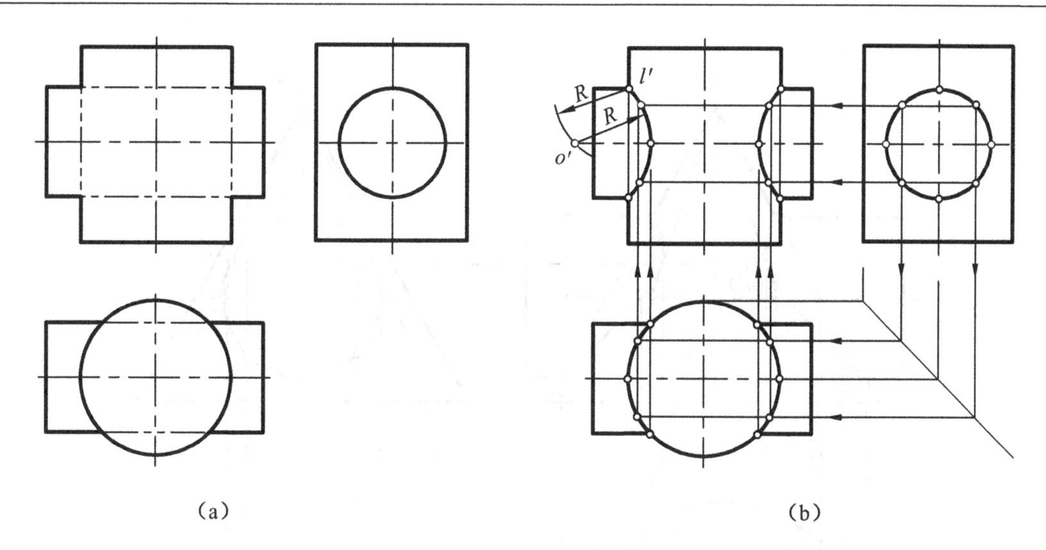

(a) (b)

图 3-23 两个圆柱的相贯线

注意，对于轴线正交的两个圆柱相贯，其相贯线还可以用圆弧代替，其画法如下：

① 在 V 投影上，先以两个圆柱的轮廓线的交点 $1'$ 为圆心，大圆柱的半径 R 为半径作圆弧，交小圆柱的轴线于 O' 点。

② 再以 O' 点为圆心，大圆柱的半径 R 为半径作圆弧，即得所求相贯线。

【例 3-17】 求作图 3-24(a)所示两立体的相贯线。

【解】 这是一个侧垂圆柱和铅垂圆锥全贯的问题。侧垂圆柱全部横穿铅垂圆锥，所以相贯线分左右对称的两支。因为两个立体的轴线是相交的，所以每支相贯线的前后也是对称的。由于侧垂圆柱的 W 投影具有积聚性，因此，根据相贯线是共有线的性质，此问题就转化为在圆锥表面取点、线来解决 V、H 投影。作图过程如图 3-24(b)所示。

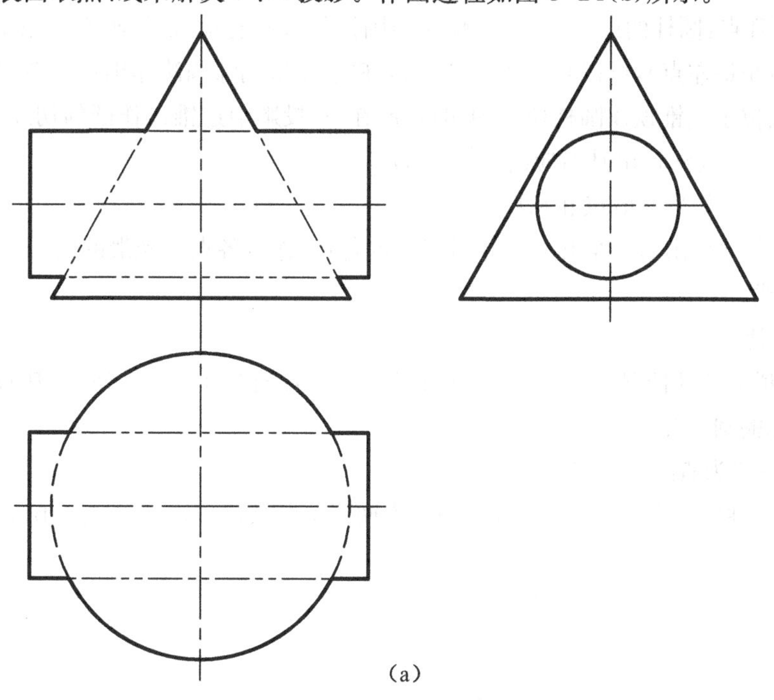

(a)

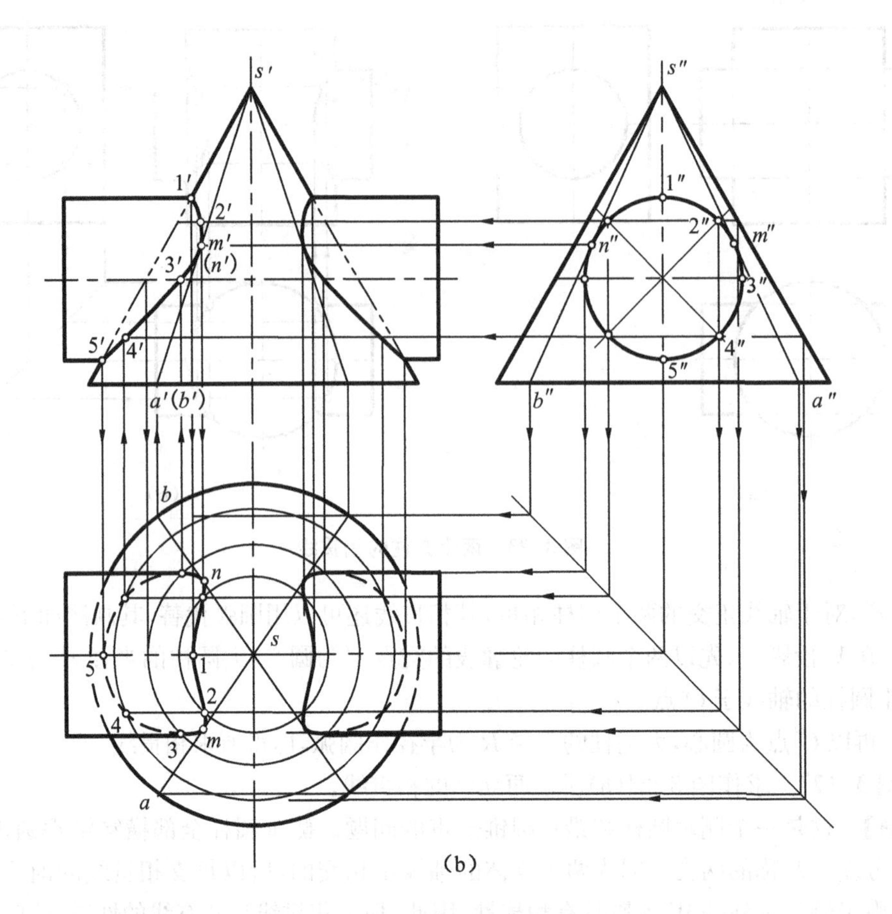

(b)

图 3-24　圆柱和圆锥的相贯线

① 作特殊点：圆柱的最高、最低轮廓线与圆锥的最左轮廓线分别交于最高点Ⅰ和最低点Ⅴ(同时也是最左点)，可以直接作出其投影；最前点Ⅲ用纬圆法作出；左、右两支相贯线的最右、最左点位于过锥顶作圆柱切线的切点处，在 W 投影中过锥顶作圆的切线 $s'a'$、$s'b'$，切点为 m''、n''，用素线法作出其对应的 m'、n'和 m、n。

② 用纬圆法作出一般点Ⅱ和Ⅳ。

③ 按对称性作出后一半和右侧相贯线上的各点，连接各点成光滑的曲线并判别可见性和处理轮廓线。

2）特殊情况

这里所说的特殊情况，是指两个回转体的大小或者轴线处于特殊情况，其时的相贯线又有直线、圆和椭圆等几种。

(1) 相贯线为直线的情况

当两个圆柱轴线平行(如图 3-25(a))或者两个圆锥共锥顶(如图 3-25(b))时，其相贯线为直线。

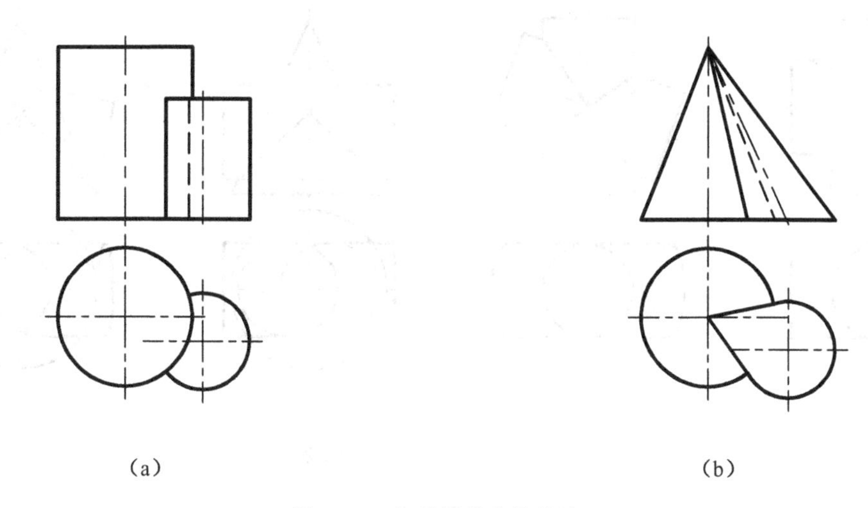

图 3-25 相贯线为直线的情况

(2) 相贯线为圆的情况

如图 3-26 所示,当两个回转体共轴线时,其相贯线为圆。

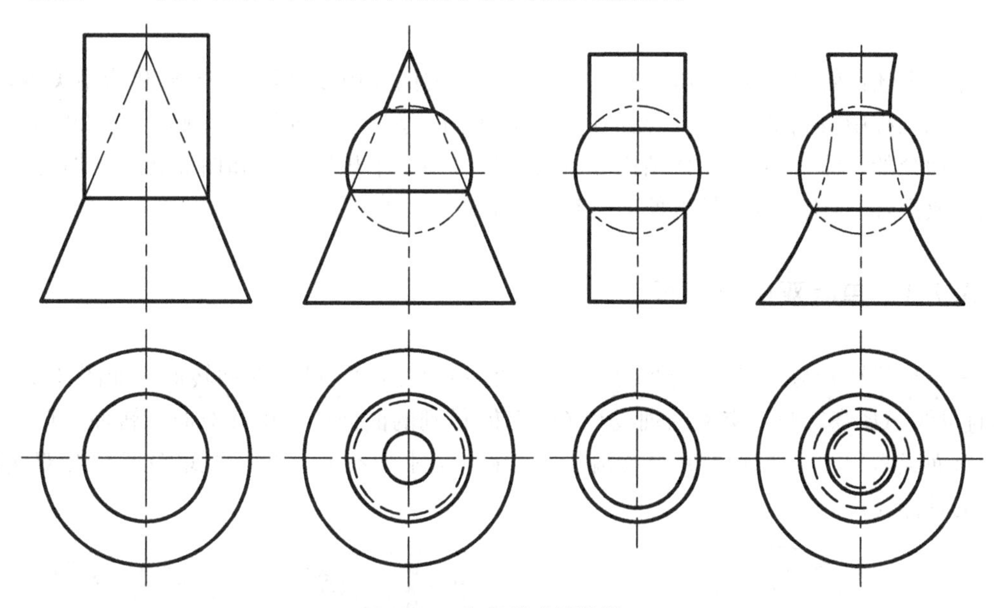

图 3-26 相贯线为圆的情况

(3)相贯线为平面曲线——椭圆的情况

如图 3-27 所示,当两个回转体共切于一个球时,其相贯线为椭圆。

当两个回转体的轴线正交时,其相贯线为两个大小相等的椭圆,如图 3-27(a)、(c);当两个回转体的轴线斜交时,其相贯线为两个大小不等的椭圆,如图 3-27(b)、(d)。由于是同一个圆柱相贯的,所以两个椭圆的短轴还是相等的。

在如图 3-27 所示的 4 个图中,由于两个回转体的轴线都是平行于 V 面的,所以相贯线的 V 投影都积聚为直线。对于 H 投影,图 3-27(a)、(b)具有积聚性,而图 3-27(c)、(d)没有积聚性,其投影一般仍是椭圆。

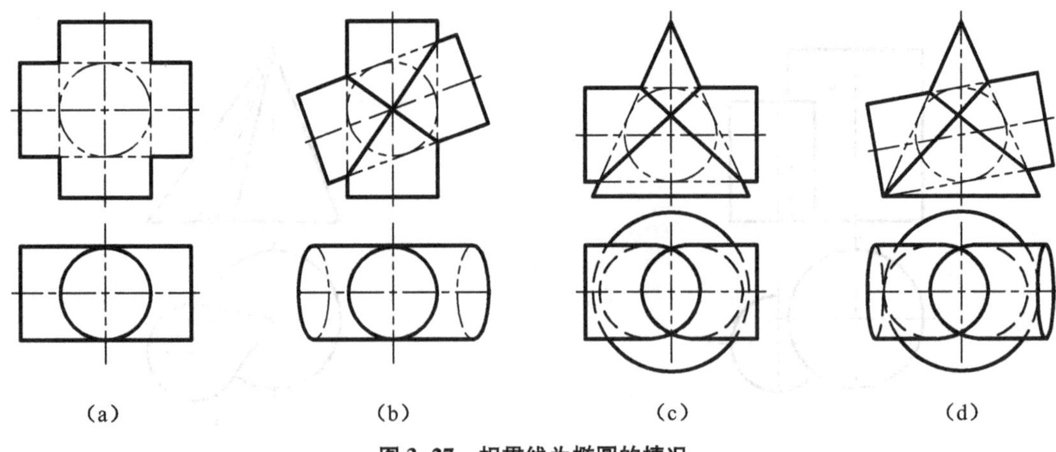

图 3-27　相贯线为椭圆的情况

3.7　工程中常见的直纹曲面

除了上述回转曲面体以外，一些规则或不规则的曲面由于其流畅、平滑和造型美观，如今在建筑工程中得到了越来越广泛的应用，如国家体育馆——鸟巢，是 2008 年第 29 届奥林匹克运动会的主体育场，其主体结构和屋面大量采用了不规则曲线和曲面元素。但是应用得比较成熟，同时施工也比较方便的还是一些有规则的直纹曲面。

3.7.1　单叶双曲回转面

一直母线绕着与之交叉的轴线旋转而形成的曲面称为单叶双曲回转面。如图 3-28 所示，直母线 AB 绕着与之交叉的轴线 O_1O_2 旋转，得到的曲面就是单叶双曲回转面。单叶双曲回转面经常用于水塔、电视塔和冷凝塔等工程中，图 3-29 所示的冷凝塔就是单叶双曲回转面的具体应用。

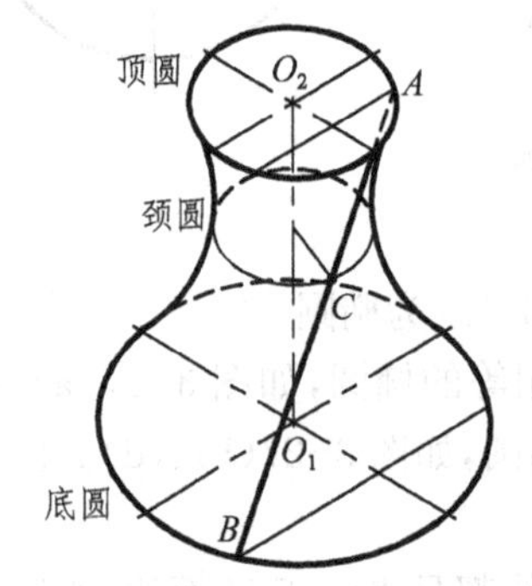

图 3-28　单叶双曲回转面的形成

图 3-29　单叶双曲回转面的应用

【例 3-18】　如图 3-30(a)所示，已知直母线 MN 绕轴线 O_1O_2 旋转，求作该单叶双曲回转面的投影。

【解】 作图步骤如下：

① 直母线旋转时，两个端点的运动轨迹是垂直于轴线而平行于 H 面的纬圆。以轴线的 H 面投影为圆心，分别以 O_1m 和 O_2n 为半径作同心圆，如图 3-30(b)所示。

② 在 H 面投影上，把两个纬圆分别从 m、n 开始，均分成相同的等份(图中为 12 等份)，mn 顺时针旋转 30°(即圆周的十二分之一)后，就得到素线 PQ 的 H 面投影 pq，由 pq 向上引投影连线，得到 V 面投影 $p'q'$，如图 3-30(c)所示。

③ 顺次作出每旋转 30°后各素线的 H 面投影和 V 面投影。在 V 面上，引平滑曲线作为包络线与各素线的 V 面投影相切，即为双曲线。在 H 面上，作各素线的包络线，即为该曲线的颈圆。如图 3-30(d)所示。

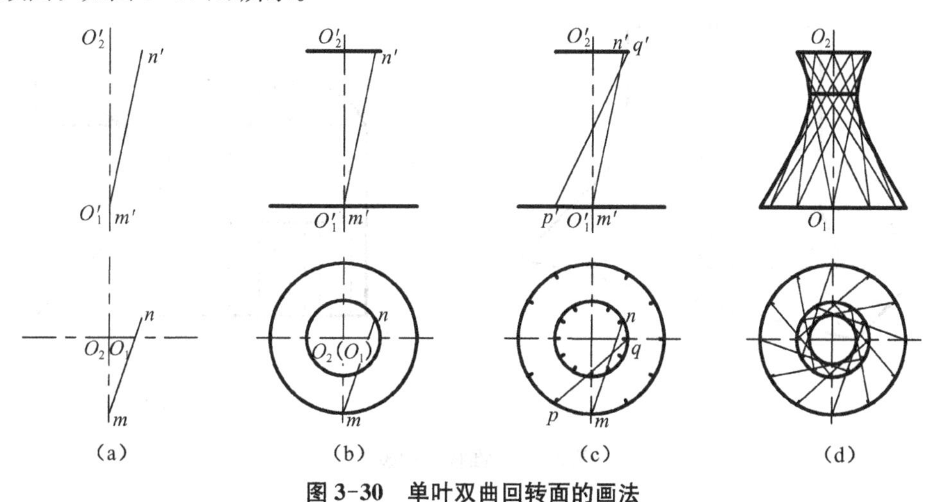

图 3-30 单叶双曲回转面的画法

3.7.2 柱状面

一直母线沿着两条曲导线且始终平行于一导平面运动所形成的曲面，称为柱状面。如图 3-31(a)所示，直母线 AC，沿着曲线 AB 和曲线 CD 移动，并始终平行于导平面 P。当导平面平行于 W 面时，该柱状面的投影如图 3-31(b)所示。

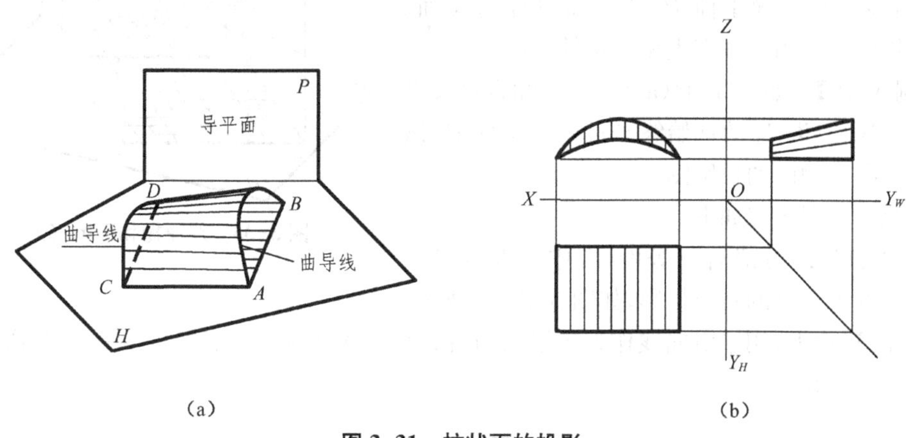

图 3-31 柱状面的投影

柱状面常用于壳体屋顶、隧道拱及钢管接头等。

3.7.3 锥状面

一直母线沿着一直导线和一曲导线且始终平行于一导平面运动所形成的曲面，称为锥状面。如图 3-32(a)所示，直母线 AC 沿着直导线 CD 和曲导线 AB 移动，且始终平行于导平面 P。当导平面平行于 W 面时，该锥状面的投影如图 3-32(b)所示。

锥状面常用于壳体屋顶及雨篷等。

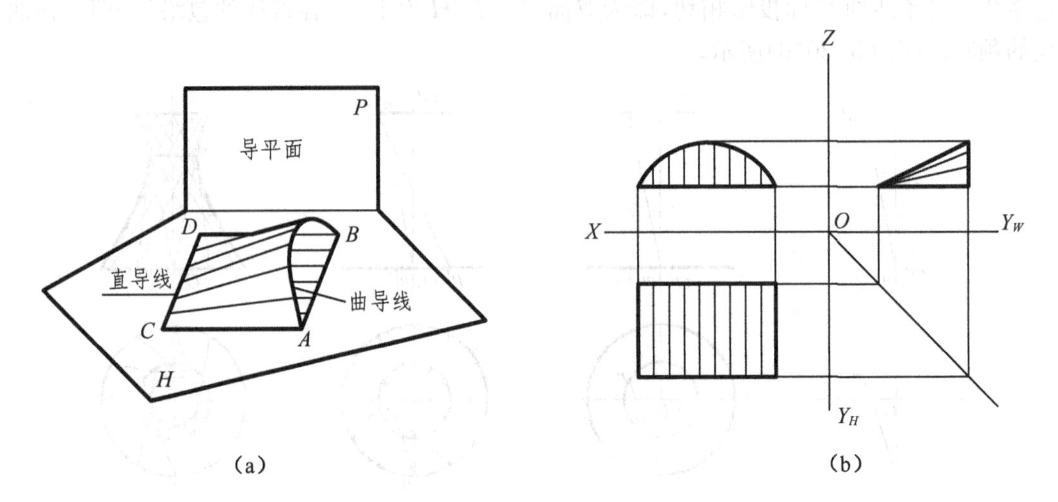

图 3-32 锥状面的投影

3.7.4 双曲抛物面

一直母线沿着两交叉直导线且始终平行于一导平面运动所形成的曲面，称为双曲抛物面。如图 3-33 所示，直母线 AC 沿着交叉直线 AB 和 CD 移动，且始终平行于导平面 P，此曲面也称马鞍面。双曲抛物面被应用于许多大型建筑的屋面。

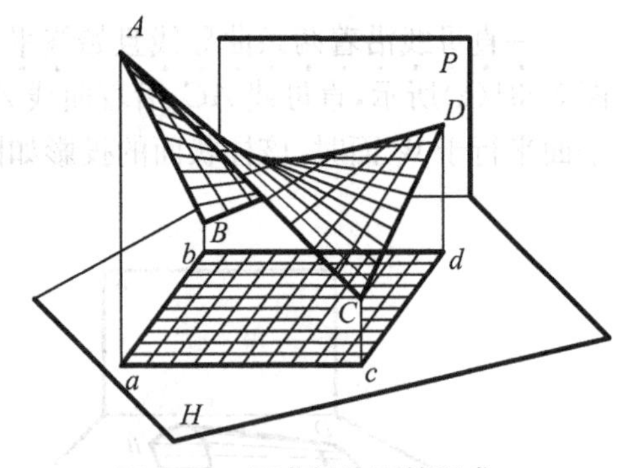

图 3-33 双曲抛物面的形成

【例 3-19】 如图 3-34(a)所示，已知直母线沿着导线 AB 和 CD 运动且始终平行于导平面 P，试作出该双曲抛物面的投影图。

【解】 作图步骤如下：

① 将直导线分成若干等份(图中为 6 等份)，分别连接各等分点的对应投影，如图 3-34(b)所示。

② 在 V 面上，用平滑曲线作为包络线与各素线的 V 面投影相切，即为一条抛物线，如图 3-34(c)所示。

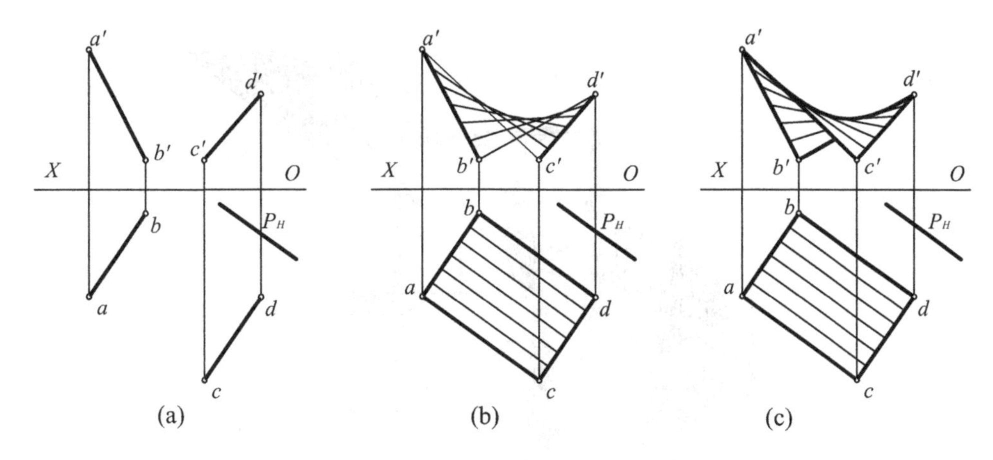

图 3-34 双曲抛物面的画法

3.7.5 平螺旋面

一直母线沿着圆柱螺旋线和圆柱轴线，且始终平行于与圆柱轴线垂直的导平面移动而形成的曲面，称为平螺旋面，如图 3-35 所示。

平螺旋面投影图的作图步骤如图 3-35(a)所示：

(1) 画出圆柱螺旋线和圆柱轴线的 H 面投影和 V 面投影。

(2) 将圆柱螺旋线 H 面投影沿着圆周分成若干等份(图中为 12 等份)，并将等分点与圆心相连，连线即为平圆柱螺旋面上素线的 H 面投影。

(3) 将圆柱螺旋线 V 面投影也分成相同等份，过各等分点作水平线与轴线相交，这些水平线即为平圆柱螺旋面上素线的 V 面投影。

图 3-35(b)所示的是平螺旋面被一个同轴小圆柱所截的情况，它在建筑工程中随处可见，比如用作图 3-36 所示的旋转楼梯等。

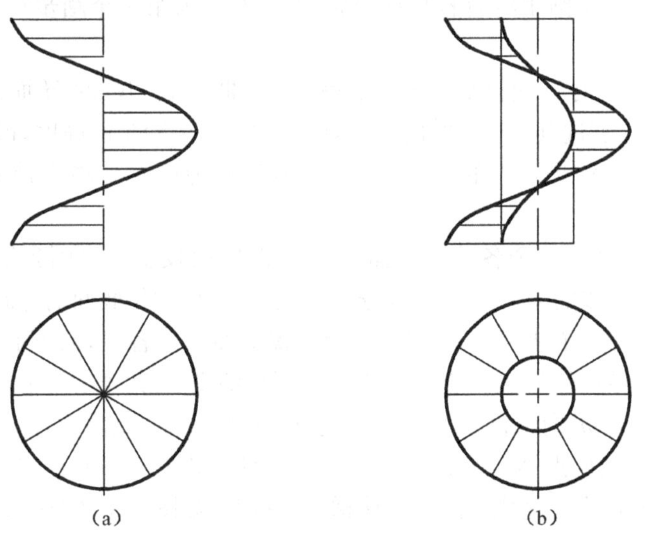

图 3-35 平螺旋面

图 3-36 平螺旋面的应用

【例 3-20】 已知螺旋楼梯所在的内外螺旋面的投影图，如图 3-37(a)所示。试作出螺旋楼梯的投影。

【解】 在螺旋楼梯的每一个踏步中，踏面为扇形，踢面为矩形，两端面为圆柱面，底面为螺旋面。设第一个踏步踏面 4 个角点分别为Ⅱ$_1$、Ⅱ$_2$、Ⅲ$_2$、Ⅲ$_1$，踢面 4 个角点分别为Ⅰ$_1$、Ⅰ$_2$、Ⅱ$_2$、Ⅱ$_1$。第二个踏步踏面 4 个角点分别为Ⅳ$_1$、Ⅳ$_2$、Ⅴ$_2$、Ⅴ$_1$，踢面 4 个角点分别为Ⅲ$_1$、Ⅲ$_2$、Ⅳ$_2$、Ⅳ$_1$。具体画法如下：

① 将内外导圆柱在 H 面的投影分为 12 等份，得到 12 个扇形踏面的水平投影。在水平投影上作出第一个、第二个踏步踏面和踢面各角点的水平投影，如图 3-37(a)所示。

② 画第一个踏步的 V 面投影。第一个踢面Ⅰ$_1$Ⅰ$_2$Ⅱ$_2$Ⅱ$_1$的 H 面投影积聚成一个水平线段$(1_1)(1_2)2_2 2_1$。分别过点 $1_1'$、点 $1_2'$向上引垂线，截取一个踏步的高度，得到点 $2_1'$、点 $2_2'$，矩形 $1_1'1_2'2_1'2_2'$为第一个踏步踢面的 V 面投影，$2_1'2_2'3_1'3_2'$为第一个踏步踏面的 V 面投影，如图 3-37(b)所示。

③ 画第二个踏步的 V 面投影。第二个踢面Ⅲ$_1$、Ⅲ$_2$、Ⅳ$_2$、Ⅳ$_1$的 H 面投影积聚成一斜线段$(3_1)(3_2)4_2 4_1$。分别过点 $3_1'$、点 $3_2'$向上引垂线，截取一个踏步的高度，得到点 $4_1'$、点 $4_2'$，矩形 $3_1'3_2'4_1'4_2'$为第二个踏步踢面的 V 面投影，$4_1'4_2'5_1'5_2'$为第二个踏步踏面的 V 面投影，如图 3-37(c)所示。

以此类推，依次画出其余各踏步踢面和踏面的 V 面投影。当画到第四至第九级踏步时，由于本身遮挡，踏步的 V 面投影大部分不可见，而可见的是底面的螺旋面。

④ 最后画楼梯底面的投影。可对应于梯级螺旋面上的各点，向下截取相同的高度，求出底板螺旋面相应各点的 V 面投影。比如，第七个踏步踢面底线的两个端点是 M_1、M_2。从它们的 V 面投影 m_1'、m_2'向下截取梯板沿竖直方向的厚度，得到点 n_1'、n_2'，即所求梯板底面上与 M_1、M_2相对应的两点 N_1、N_2的 V 面投影。同法求出其他各点后，用光滑曲线连接，即为梯板底面的 V 面投影。完成后的螺旋楼梯两面投影，如图 3-37(d)所示。

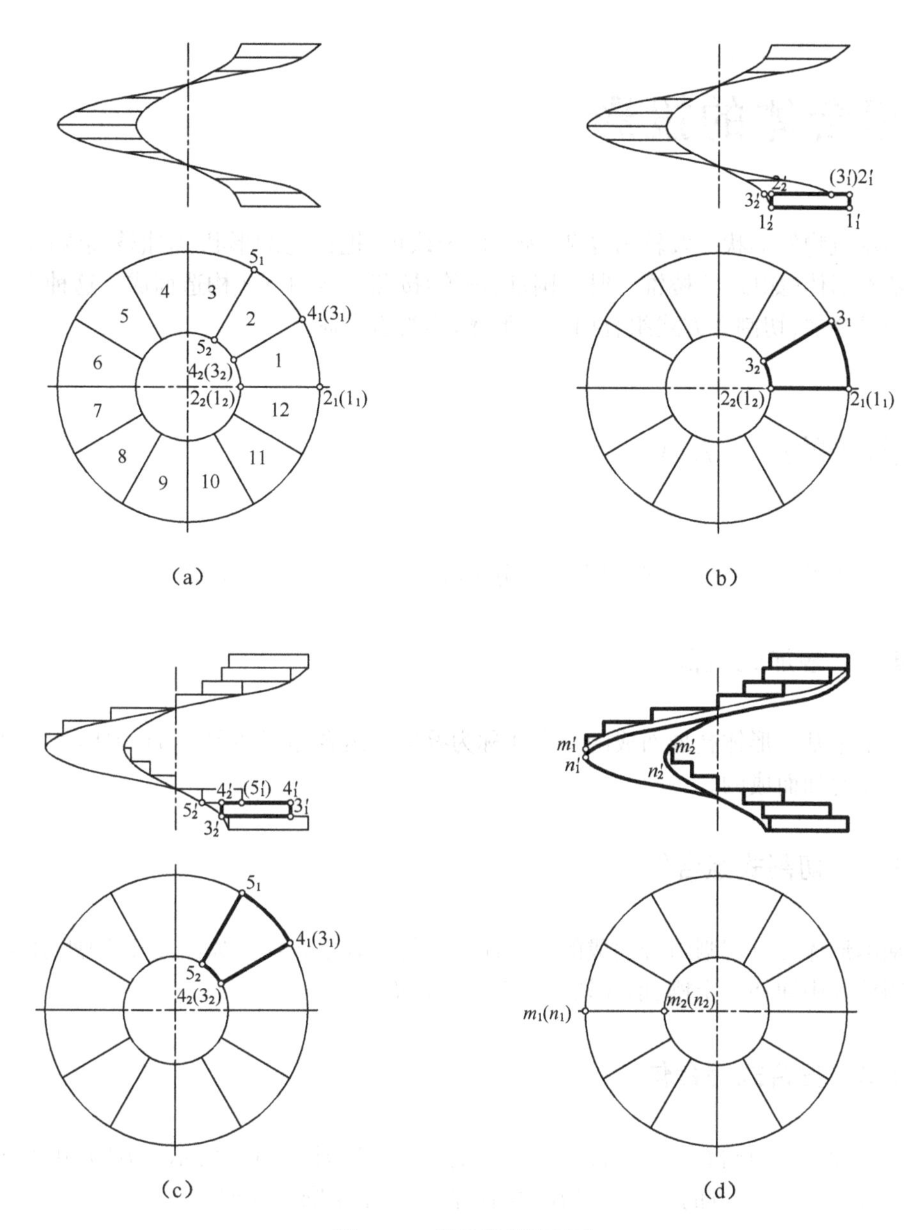

图 3-37　螺旋楼梯的画法

4 组合体的投影

工程建筑物的形状一般较为复杂，为了便于认识、把握它的形状，常把复杂物体看成是由多个基本形体(如棱柱、棱锥、圆柱、圆锥、球等)按照一定的方式构造而成。这种由多个基本形体经过叠加、切割等方式组合而成的形体，称为组合体。

4.1 形体的组合方式

根据形体组合方式的不同，组合体可分为叠加式、切割式和复合式 3 种类型。

4.1.1 叠加式组合体

由若干个基本形体叠加而成的组合体称为叠加式组合体。如图 4-1(a)所示，物体是由两个圆柱体叠加而成的。

4.1.2 切割式组合体

由基本形体经过切割组合而成的组合体称为切割式组合体。如图 4-1(b)所示，物体是由一个四棱柱中间切一个槽、前面切去一个三棱柱而成。

4.1.3 复合式组合体

既有叠加又有切割的组合体称为复合式组合体。如图 4-1(c)所示，物体是由两个四棱柱叠加而成的，其中上方的四棱柱又在中间切割了一个半圆形的槽。

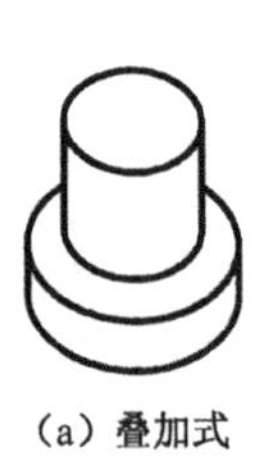

(a) 叠加式

(b) 切割式

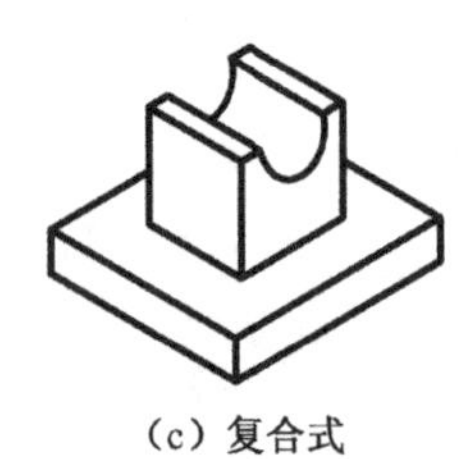

(c) 复合式

图 4-1 组合体的组成形式

在许多情况下，叠加式和切割式组合体并无严格的界限，同一组合体既可按照叠加方式分析，也可按照切割方式去理解。因此，组合体的组合方式应根据具体情况而定，以便于作图和理解为原则。

4.2 组合体视图的画法

4.2.1 形体分析

形状比较复杂的形体，可以看成是由一些基本形体通过叠加或切割而成。如图 4-2 所示的组合体，可先设想为一个大的长方体切去左上方一个较小的长方体，或者是由一块水平的底板和一块长方体竖板叠加而成的。对于底板，又可以认为是由长方体和半圆柱体组合后再挖去一个竖直的圆柱体而形成的。

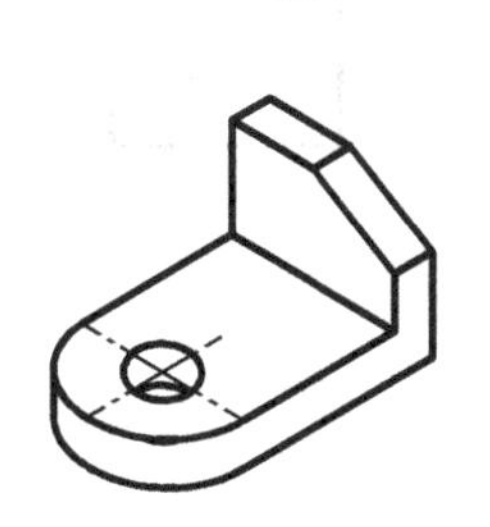

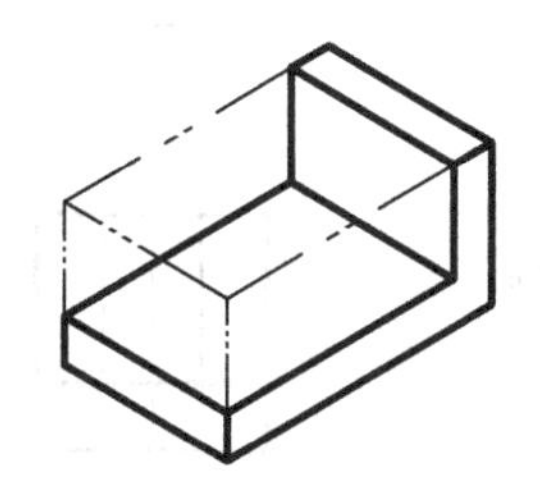

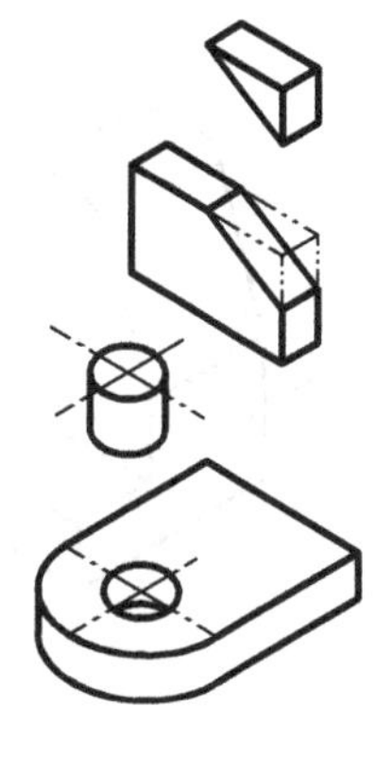

图 4-2 组合体的形体分析

图 4-3 所示的小门斗，用形体分析的方法可把它看成是由 6 个基本形体组成的：主体由长方体底板、四棱柱和横放的三棱柱组成，细部可看作是在底板上切去一个长方体，在中间四棱柱上切去一个小的四棱柱，在三棱柱上挖去一个半圆柱。

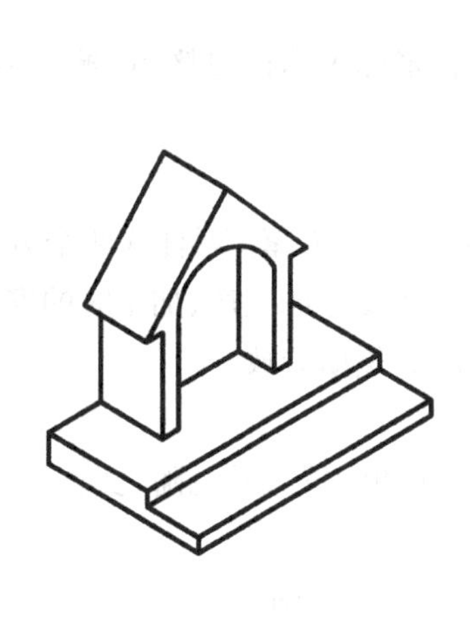

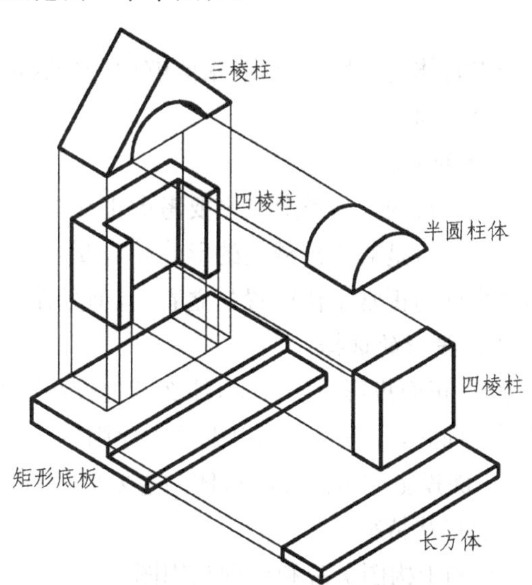

图 4-3 小门斗的形体分析

这种把整体分解成若干基本几何体的分析方法，称为形体分析法。通过对组合体进行形体分析，可把绘制较为复杂的组合体的投影转化为绘制一系列比较简单的基本形体的投影。

必须注意，组合体实际上是一个不可分割的整体，形体分析仅仅是一种假想的分析方法。不管是由何种方式组成的组合体，画它们的投影图时，都必须正确处理好各个立体表面之间的连接关系。如图 4-4 所示，可归纳为以下 4 种情况：

(1) 两形体的表面相交时，两表面投影之间应画出交线的投影。

(2) 两形体的表面共面时，两表面投影之间不应画线。

(3) 两形体的表面相切时，由于光滑过渡，两表面投影之间不应画线。

(4) 两形体的表面不共面时，两表面投影之间应该有线分开。

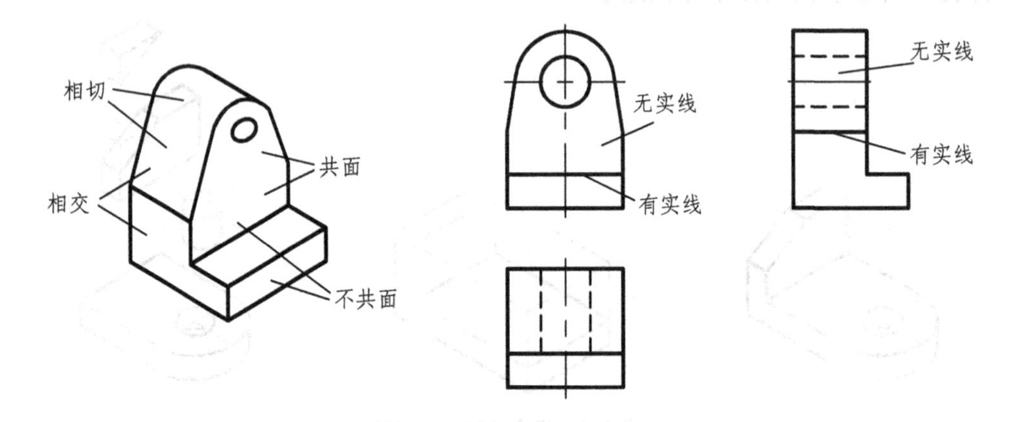

图 4-4　形体之间的表面连接关系

4.2.2　投影图选择

选择组合体的投影图时，要求能够用最少数量的投影把形体表达得完整、清晰。主要考虑以下几个方面：

1) 形体的安放位置

对于大多数的土建类形体主要考虑正常工作位置和自然平稳位置，而且这两个方面往往是一致的。但是对于机械类的形体相对要复杂一些，往往还要考虑生产、加工时的安放位置。如电线杆的正常工作位置是立着的，但是在工厂加工时必须横着放。

2) 正面投影的选择

画图时，正面投影一经确定，那么其他投影图的投影方向和配置关系也随之而定。选择正面投影方向时，一般应考虑以下几个原则：

(1) 正面投影应最能反映形体的主要形状特征或结构特征。如图 4-5 中 A 方向反映了形体的主要形状特征。

(2) 有利于构图美观和合理利用图纸。

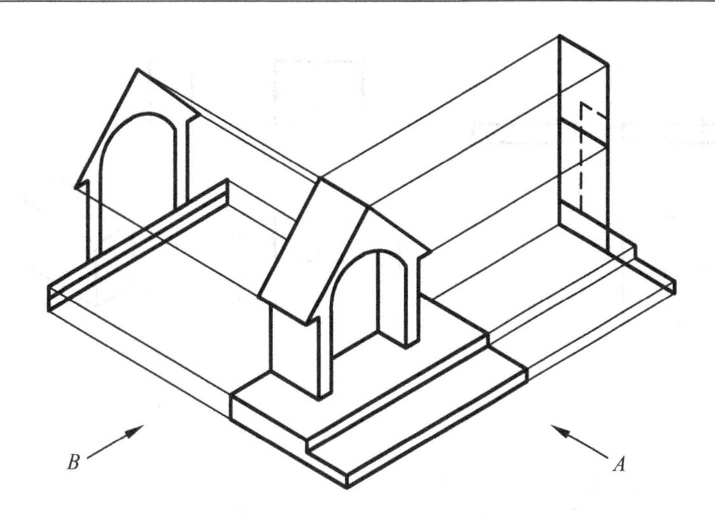

图 4-5　形体的特征面

(3) 尽量减少其他投影图中的虚线。如图 4-6 所示的形体，在图 4-6(a)中没有虚线，比图 4-6(b)更加真切地表达了形体。

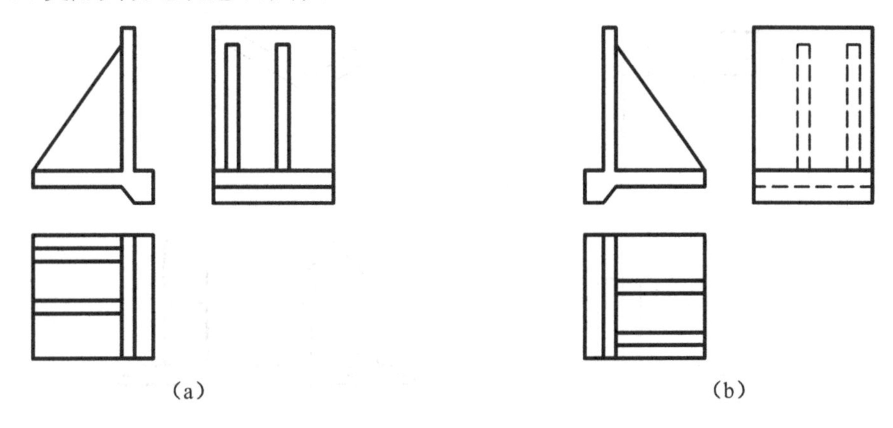

图 4-6　投影方向的选择

3) 投影数量的选择

以正面投影为基础，在能够清楚地表示形体的形状和大小的前提下，其他投影图的数量越少越好。对于一般的组合体投影来说，要画出三面投影图。对于复杂的形体，还需增加其他投影图。

【例 4-1】　画如图 4-5 所示小门斗的投影图。

【解】　① 布置图面

首先根据形体的大小和复杂程度，选择合适的绘图比例和图幅。比例和图幅确定后再考虑构图，即用中心线、对称线或基线，在图幅内定好各投影图的位置(图略)。

② 画底稿线

根据形体分析的结果，逐个画出各基本形体的三面投影，并要保证三面投影之间的投影关系。画图时，应先主后次，先外后内，先曲后直，用细线顺次画出，如图 4-7(a)、(b)、(c)、(d)所示。

③ 加深图线

底稿完成以后，经校对确认无误，再按线型规格加深图线，如图 4-7(e)所示。

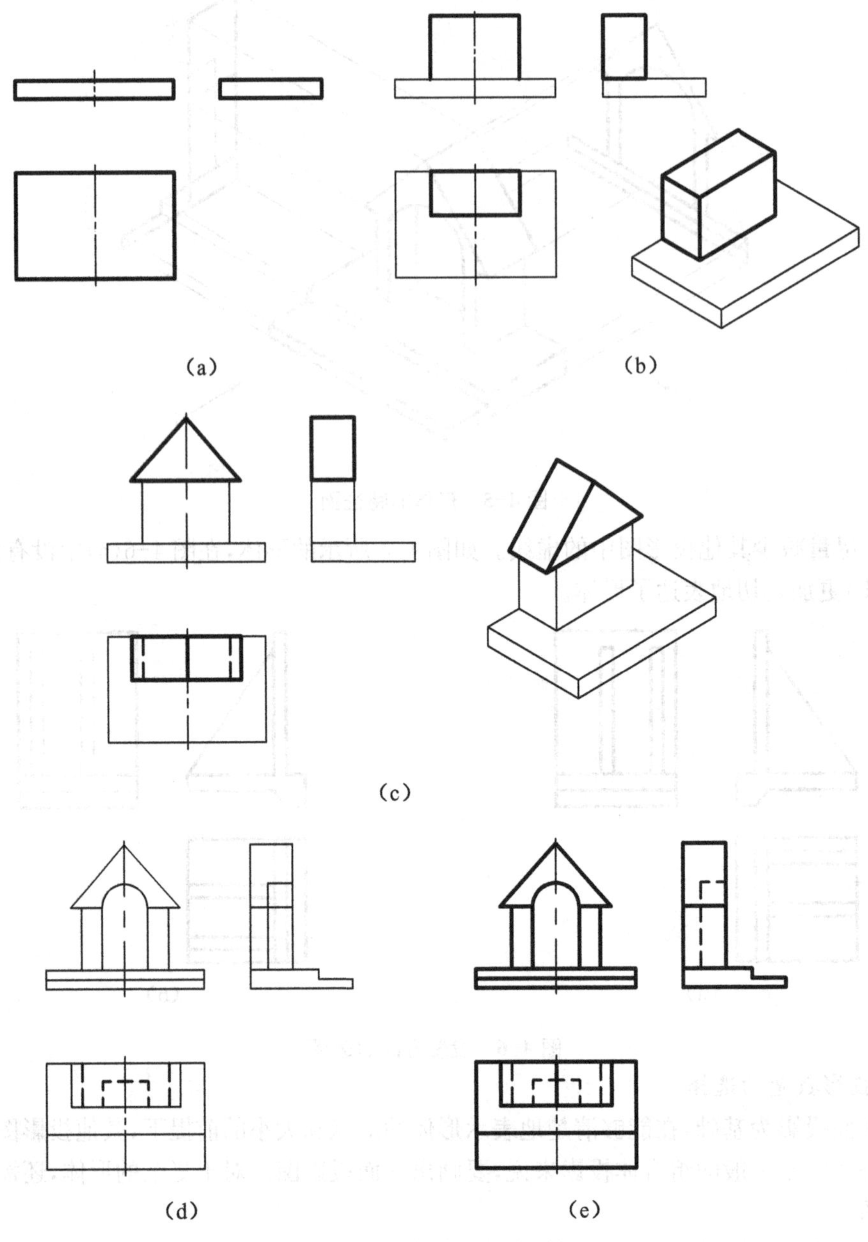

图 4-7　组合体三面投影图的画法

4.3　组合体视图的尺寸标注

4.3.1　尺寸标注的基本知识

形体的投影图只能表示形体的形状，而形体的大小和各组成部分的相对位置则由投影图上标注的尺寸来确定，因此画出形体的投影后，还必须标注尺寸。标注尺寸时应做到正确、完整、清晰、合理，同时还要遵守有关制图标准的规定。有关制图标准中规定的尺寸注法请参见本教材前面的内容。

4.3.2 基本体的尺寸注法

组合体是由基本形体组成的，所以要掌握组合体的尺寸标注，必须首先掌握基本形体的尺寸标注。任何基本形体都有长、宽、高 3 个方向的大小，所以要把反映 3 个方向大小的尺寸都标注出来。常见的基本形体的尺寸注法如图 4-8 所示。

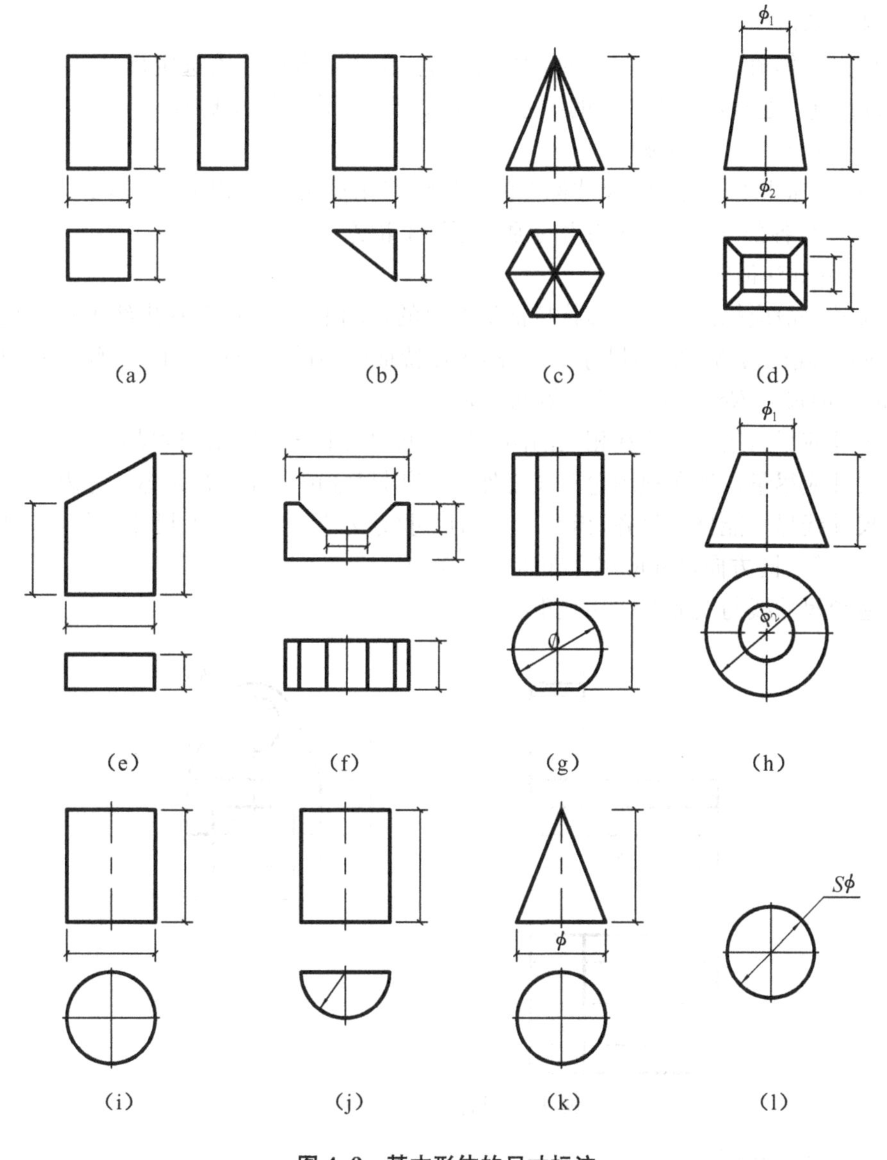

图 4-8 基本形体的尺寸标注

4.3.3 组合体的尺寸注法

在组合体的尺寸标注中，首先按其组合形式进行形体分析，并考虑如下几个问题，然后再合理标注尺寸。

1）*尺寸的种类*

组合体的尺寸分为3类：

(1) 定形尺寸。确定各基本体大小(长、宽、高)的尺寸。

(2) 定位尺寸。确定各基本体相对位置的尺寸或确定截平面位置的尺寸。

(3) 总体尺寸。确定组合体的总长、总宽、总高的尺寸。

2）*尺寸基准*

对于组合体，在标注定位尺寸时，须在长、宽、高3个方向分别选定尺寸基准，即选择尺寸标注的起点。通常选择物体上的中心线、主要端面等作为尺寸基准。

3）*组合体尺寸标注的原则*

(1) 尺寸标注正确完整。尺寸标注的正确性和完整性是标注中的基本要求。物体的尺寸标注要齐全，各部分尺寸不能互相矛盾，也不可重复。

(2) 尺寸标注清晰明了。

① 尺寸一般应标注在反映形状特征最明显的视图上，尽量避免在虚线上标注尺寸。如图4-9所示，底板通槽的定形尺寸12、4标注在特征明显的侧面投影上，上部圆柱曲面和圆柱通孔的径向尺寸$R6$、$\phi4$也标注在侧面投影上。

② 尺寸应尽量集中标注在相关的两视图之间，见图4-9中的高度尺寸。

③ 尺寸应尽量标注在视图轮廓线之外，必要时尺寸可以标注在轮廓线之内。

④ 尺寸线尽可能排列整齐，相互平行的尺寸线，小尺寸在内，大尺寸在外，且尺寸线间的距离应相等。同方向尺寸应尽量布置在一条直线上。

⑤ 避免尺寸线与其他图线相交重叠。

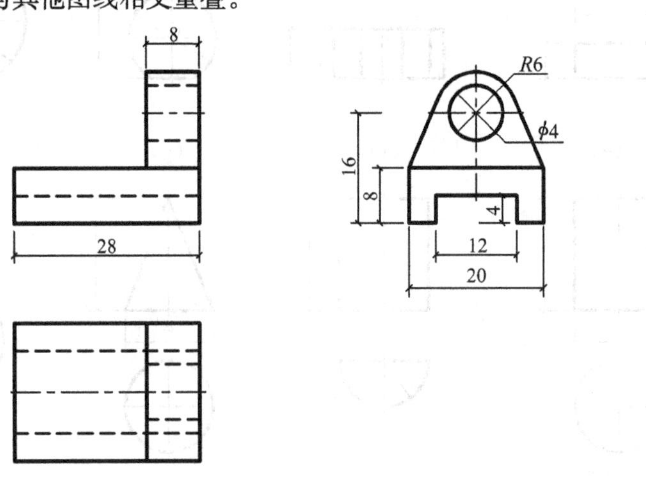

图4-9 组合体的尺寸标注

4）*尺寸分布合理*

标注尺寸除应满足上述要求外，对于工程物体的尺寸标注还应满足设计和施工的要求。

【例 4-2】 对图 4-6 所示挡土墙的投影图标注尺寸。

【解】 ① 进行形体分析。挡土墙由底板、直墙和支撑板三部分组成，分别确定每个组成部分的定形尺寸，见图 4-10(a)。

② 标注定形尺寸。将各组成部分的定形尺寸标注在挡土墙的投影图上，如图 4-10(b)。与图 4-10(a)比较，因直墙宽度尺寸⑧与底板宽度尺寸②相同，故省去尺寸⑧。

③ 标注定位尺寸。见图 4-10(c)，支撑板的左端和底板平齐，直墙又紧靠着支撑板，故左右方向不需要定位尺寸；直墙与底板前后对齐不需定位，两支撑板前后的定位尺寸为⑬和⑭；直墙和支撑板直接放在底板上，所以高度方向亦随之确定，也不需要定位尺寸。

④ 标注总体尺寸。见图 4-10(c)，总长、总宽尺寸与底板的长、宽尺寸相同，不必再标注。总高尺寸为⑮。注出总高尺寸以后，直墙的高度尺寸⑨可由尺寸⑮减去尺寸③算出，可去掉不注，这样就避免了“封闭的尺寸链”。当然，这是组合体部分尺寸标注的要求，对于土建类的专业图样，其要求不一样，具体见专业图样的有关章节。

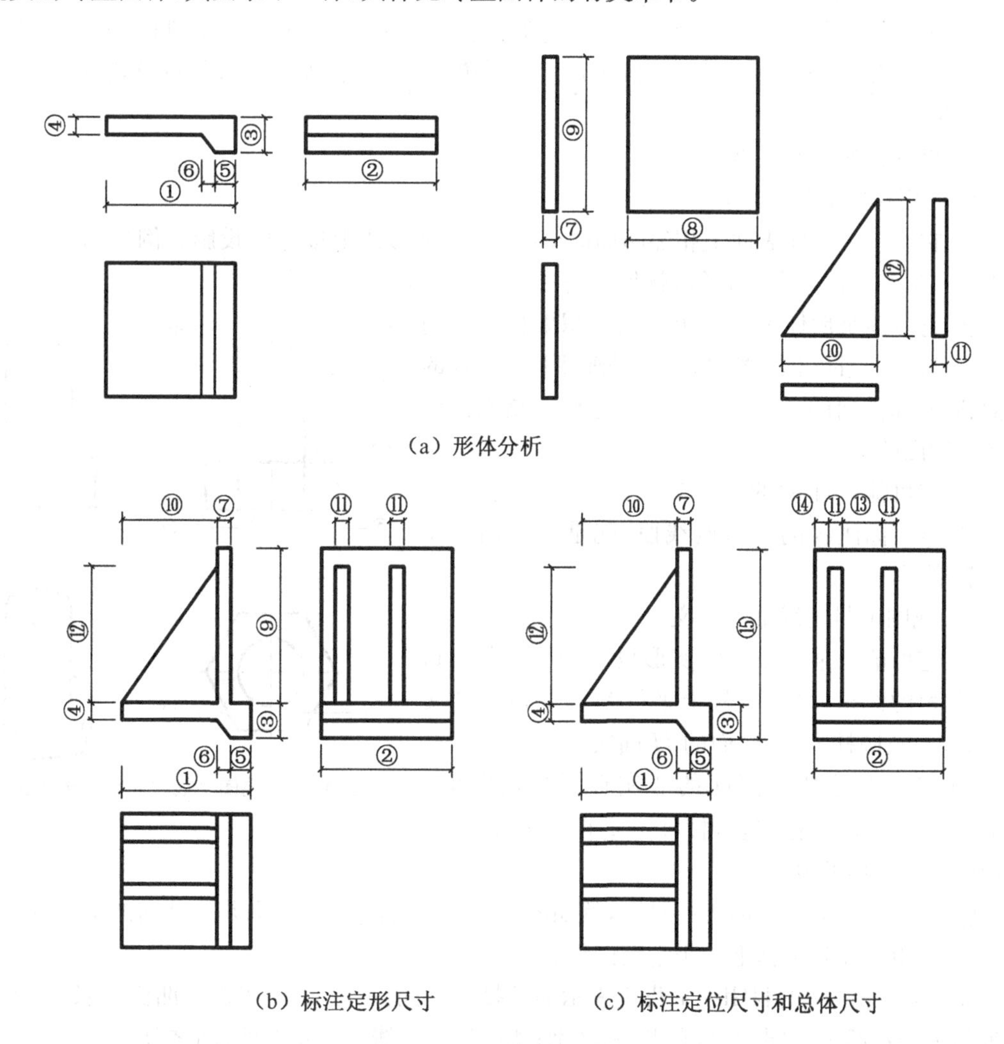

图 4-10 挡土墙的尺寸标注

4.4 组合体视图的读法

读图是对前面所学知识的综合运用。只有熟练掌握读图的基础知识，正确运用读图的基本方法，多读多练，才能具备快速准确的读图能力，从而提高空间想象能力和投影分析能力。

4.4.1 基本知识

1）基本体的投影特点

基本体按其表面性质的不同，可分为平面立体和曲面立体两大类。按体形的总体特征又可分为柱体、锥体、台体、球体、环等。它们的投影特点如第6章所述，归纳为：“矩矩为柱”、“三三为锥”、“梯梯为台”、“三圆为球”和“鼓鼓为环”。熟练掌握这些特点，将能极大地提高读组合体视图的效率。

2）视图上线段和线框的含义

(1) 视图上线段的含义

① 它可能是形体表面上相邻两面的交线，亦即是形体上棱边的投影。例如图4-11中V投影上标注①的4条竖直线，就是六棱柱上侧面交线的V投影。

② 它可能是形体上某一个侧面的积聚投影。例如图4-11上标注②的线段和圆，就是圆柱和六棱柱的顶面、底面和侧面的积聚投影。正六边形就是六棱柱的6个侧面的积聚投影。

③ 它可能是曲面的投影轮廓线。例如图4-11的V投影上标注③的左右两线段，就是圆柱面的V投影轮廓线。

(2)视图上封闭线框的含义

① 它可能是某一侧面的实形投影，例如图4-11中标注ⓐ的线框，是六棱柱上平行V面的侧面的实形投影，以及圆柱上、下底面的H面实形投影。

② 它可能是某一侧面的非实形投影，例如图4-11中标注ⓑ的线框，是六棱柱上垂直于H面但对V面倾斜的侧面的投影。

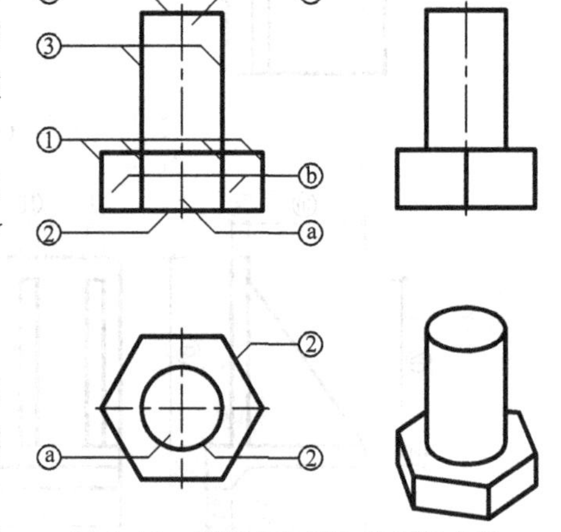

图4-11 视图上线段和线框的含义

③ 它可能是某一个曲面的投影，例如图4-11中标注ⓒ的线框，是圆柱面的V投影。

④ 它也可能是形体上一个空洞的投影。

总之，投影图中的封闭线框肯定表示面的投影，可能是平面，也可能是曲面；相邻的两个线框肯定表示两个不同的面，有平、斜之别；线框里面套线框肯定有凹、凸之分。

4.4.2 读图的基本方法

读图的基本方法常用的有形体分析法和线面分析法等。通常以形体分析法为主，当遇到组合体的结构关系不是很明确，或者局部比较复杂不便于形体分析时，用线面分析法，即形体分析看大概，线面分析看细节。

1) 形体分析法

运用形体分析法阅读组合形体投影图，首先要分析该形体是由哪些基本形体所组成，然后分别想出各个基本形体的现状，最后根据各个基本形体的相对位置关系，想出组合形体的整体现状。

【例 4-3】 想出图 4-12(a)所示形体的空间现状。

【解】 用形体分析法读图的具体步骤：

① 对投影，分部分。即根据投影关系，将投影分成若干部分。

如图 4-12(a)所示，在结构关系比较明显的正视图上，将形体分成 1′、2′、3′、4′四个部分。按照形体投影的三等关系可知：四边形 1′在水平投影图与侧面投影图中对应的是 1、1″线框；四边形 2′所对应的投影是 2 和 2″；矩形 3′所对应的投影是矩形 3 和 3″；同样可以分析出四边形 4′所对应的其他两投影与四边形 2′的其他两投影是完全相同的。

② 想现状，定位置。即根据基本形体投影的特征分析出各个部分的形状，并且确定各组成部分在整个形体中的相对位置。

根据上述各个基本体的对应投影的分析，依“矩矩为柱”的特点可知：Ⅰ为下方带缺口的长方体；Ⅱ是顶面为斜面的四棱柱；Ⅲ是一个横向放置的长方体。从各投影图中可知Ⅲ形体在最下面，Ⅰ形体在Ⅲ形体的中间上方，且Ⅲ形体从Ⅰ形体下方的方槽中通过。Ⅱ、Ⅳ形体对称地分放在Ⅰ形体的两侧，与Ⅲ形体前面、后面距离相等。如图 4-12(b)所示。

③ 综合想整体。即综合以上分析，想出整个形体的形状与结构。如图 4-12(c)所示。

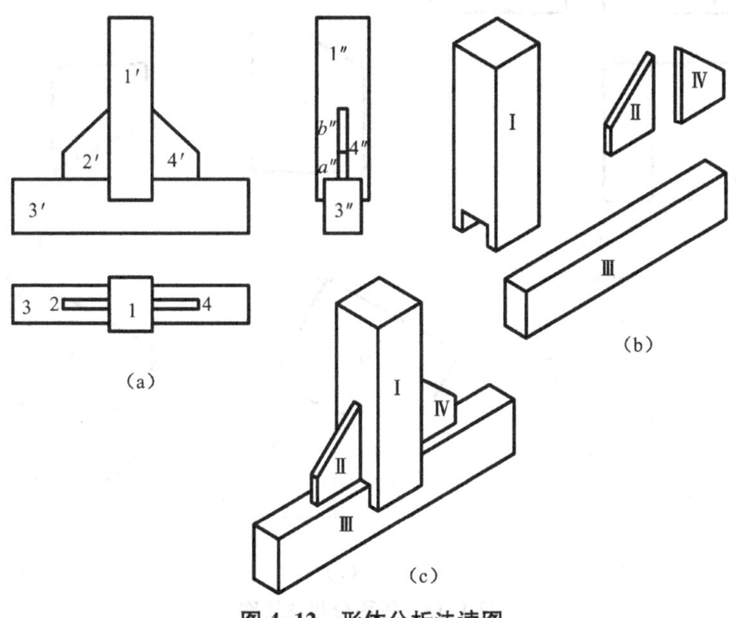

图 4-12 形体分析法读图

2）线面分析法

当组合体不宜分成几个组成部分或形体本身不规则时，可将围成立体的各个表面都分析出来，从而围合成空间整体，这就是线面分析法。简单地说，线面分析法读图就是一个面一个面地分析。

【例 4-4】 想出图 4-13(a)所示形体的空间现状。

【解】 根据三面投影，无法确定该形体的结构是由哪些基本体所组成的，故用线面分析法分析围成该立体的各个表面，从而确定形体的空间现状。步骤如下：

① 对投影，分线框。在各个投影图上对每一个封闭的线框进行编号，并在其他投影图中找出其对应的投影。对于初学者，建议首先从线框较少的视图或者边数较多的线框入手，而且只分析可见线框。因为由可见线框围成的立体表面一般也是可见的，而线框较少容易分，并且容易确定对应的投影，边数较多则说明和它相邻的面也多。如图 4-13(a)所示。

这里请注意，对投影时，“类似图形”是一个非常重要的概念。如 2′和 2″为类似图形，它所对应的第三投影是线段 2。确定投影关系时，首先寻找类似图形，如果在符合投影规律的范围内没有类似图形，那么肯定对应直线，即“无类似必积聚”。如在 H 和 W 投影中，在符合投影关系的范围内没有和 1′类似的图形，所以只能对应线段 1 和 1″。

② 想形状，立空间。根据分得的各线框及所对应的投影，想象出这些表面的形状及空间位置。建议每分析一个面，就徒手绘制其立体草图，并按编号顺序逐个分析，如图 4-13(b)、(c)、(d)、(e)所示。

③ 围合起来想整体。分析各个表面的相对位置，围合出物体的整体形状，如图 4-13(f)所示。

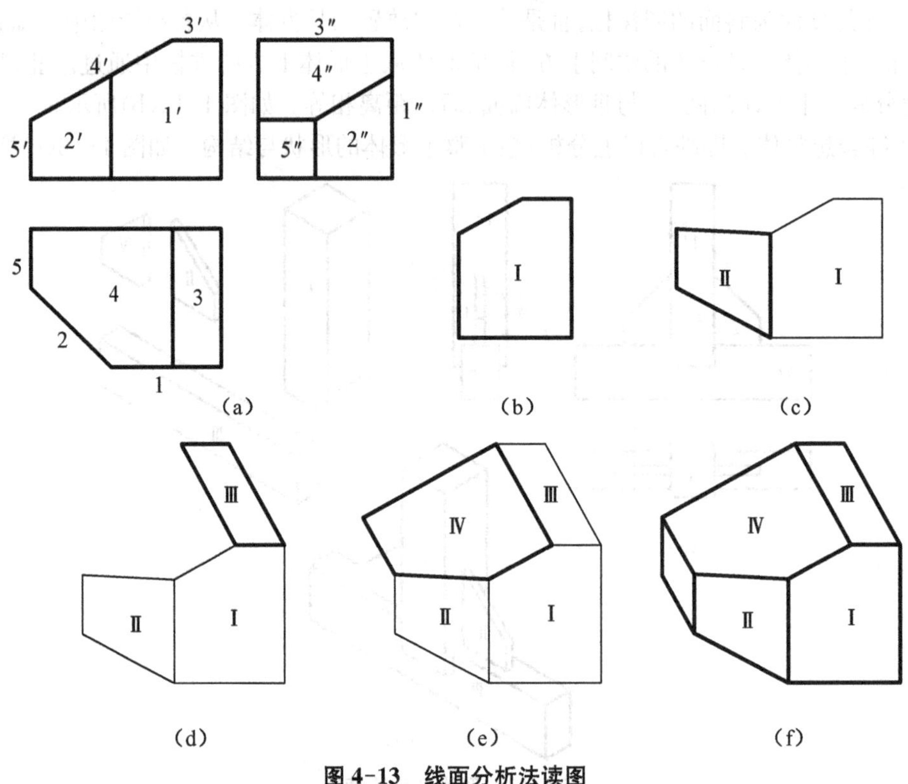

图 4-13 线面分析法读图

由此例可见,线面分析法读图是比较繁琐的。当然,具体分析时也不是一定要分析出所有的面,有时候分析了几个特征面——尤其是类似图形,整个形体也就基本确定了。

3) 切割法

形体分析法和线面分析法是读图的两个最基本的方法,由于线面分析法较难,所以一般在不便于形体分析法时,不得已才用之。而且线面分析法的对象大都不是叠加类的形体,而是切割类的形体,因而可视具体情况,采用切割的方式分析其整体形状。其基本思想是:先构建一个简单的轮廓外形(一般是柱体),然后逐步地进行切割。

图 4-13 所示的形体,如果把各个投影的外框相应的缺角补齐了便都是矩形,如图 4-14(a)所示,所以可以断定它是由一个长方体分别在其左上角和左前角各切割掉一部分而成的,可以用切割法想出其空间现状,如图 4-14(b)所示。

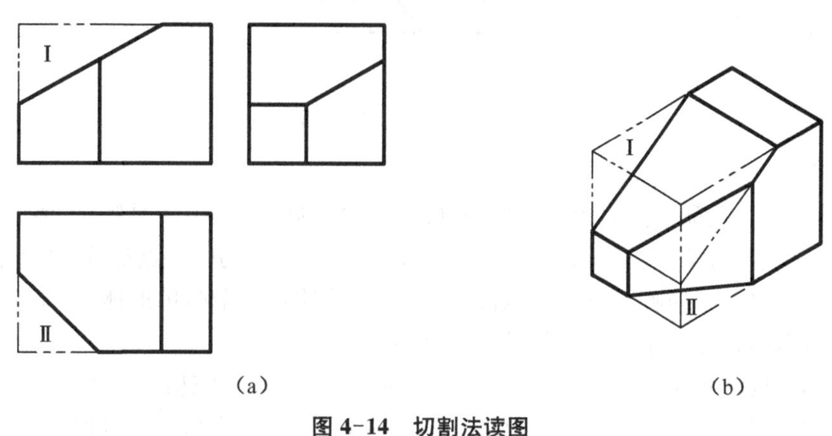

(a)　(b)

图 4-14　切割法读图

4) 斜轴测法

不管采用何种方法读图,确认读懂的方式之一是绘出其所表示的立体的轴测图。而且很多时候往往是借助于轴测图来帮助我们建立物体的空间形状。那么有什么方法可以快速建立物体的空间形状呢? 在原正投影图上快速勾画斜轴测图不失为一种较好的方法。

【例 4-5】 想出图 4-15(a)所示形体的空间现状。

【解】 显然,该图无法用形体分析法识读,如果用例 4-13 的线面分析法将很麻烦,同时该图也不具备图 4-14 那样三面投影有明显的矩形外框,一下子也较难想象是什么形体和如何切割,该如何快速勾画其轴测图。

我们知道,正投影图之所以缺乏立体感,就是因为其各个投影都只反映两个方向的坐标,第三方向的坐标被正投影给压缩了,如果在原正投影图上把被压缩了的对应点的第三坐标“拉出来”,则立刻就有了三维的感觉。方法如下:

① 建立坐标系。在某个正投影图上——一般在反映形状特征的视图上,或者是线框少,亦即积聚性多的那个视图上,确定第三坐标轴的方向——尽量不与原正投影图上的图线平行。

② 沿第三坐标轴的方向将被正投影图所压缩了的对应点的坐标“拉出来”,如图 4-15(b)。

③ 连接相关点,其最终结果如图 4-15(c)所示。

显然,这是一个简单的长方体被切割了一个角,形体本身并不复杂,但由于其位置对投影面倾斜,所以给识读带来了困难。

斜轴测法的基本思想:在某个反映形状特征的正投影图上把被正投影所压缩了的第三

方向的坐标"拉出来",从而使该图有了三维方向的尺度,即具有了立体感。

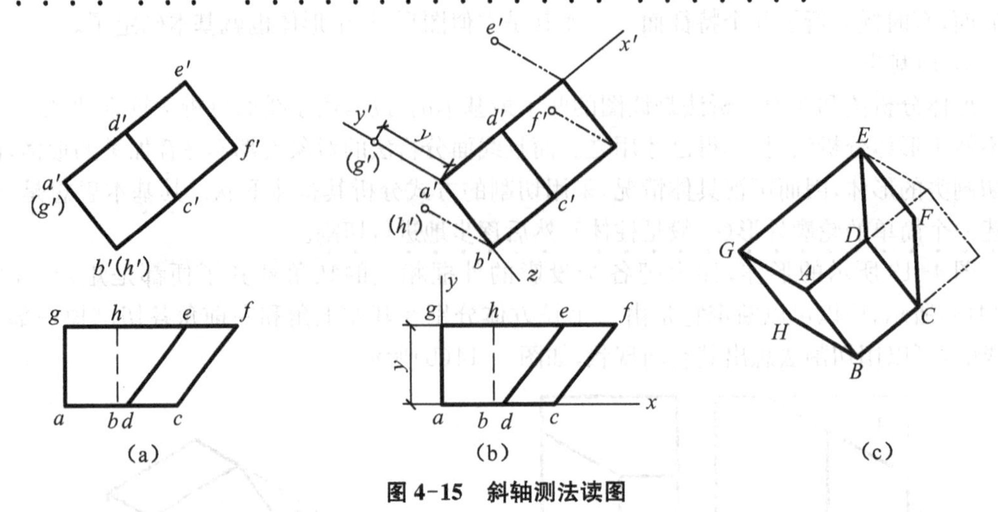

图 4-15　斜轴测法读图

5) 区域对应法

上述各种方法所研究的对象,其投影对应关系是明确的,但很多时候,形体各部分的投影对应关系并不十分明显。如图 4-16(a)所示,其 V、W 投影的很多点都符合"高平齐"的投影规律,到底哪部分对应哪部分,一时难以确定。虽然这是一个简单形体,对于空间概念强的人没什么问题,但是对于初学者却是很头疼的。

一般而言,既然投影对应关系是不明确的,那么往往其所表达的空间形体也是不唯一的,我们可以通过一个简单的方法快速建立一种答案,然后在此基础上再构建其他答案,此方法就是"区域对应法",具体如下:

(1) 把 V、W 投影分别分为左、右和前、后两个区域,如图 4-16(b)所示。

(2) 按"左对应(组合)后"、"右对应(组合)前"的规律,得到该形体的两个组成部分,如图 4-16(c)所示,它是由两个"凸"形柱体相互正交而成的。

(3) 在图 4-16(c)的基础上,可以构建其他答案,如图 4-16(d)、(e)……所示。

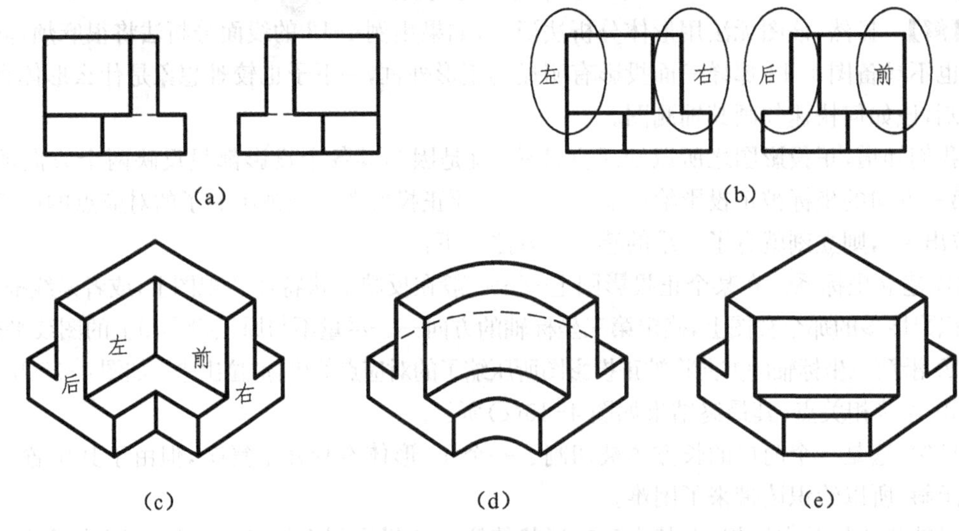

图 4-16　区域对应法读图(一)

如果所给图样分别有3个区域，那么再增加“中对应(组合)中”。如图4-17(a)所示，对应的立体如图4-17(b)、(c)、(d)、(e)……

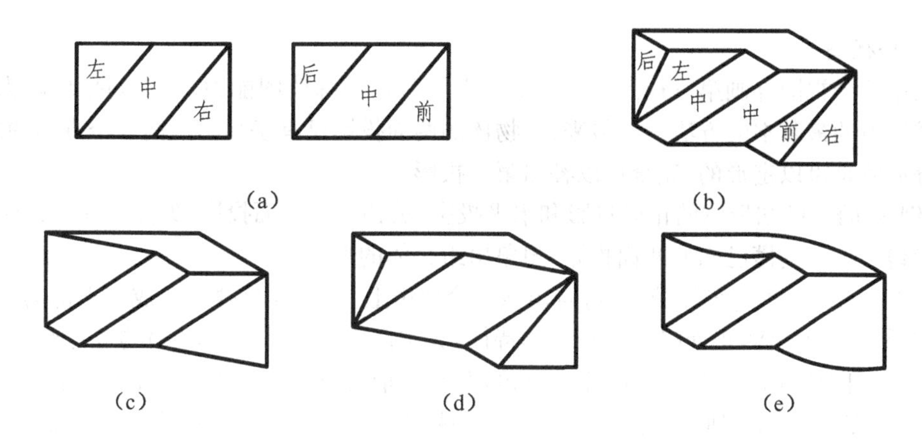

图4-17 区域对应法读图(二)

对于不同的投影图，有不同的投影对应规律，列一简表供读者参考。对于2区域和3区域对应以及虚线区域对应问题，读者可自己思考。

表4-1 区域对应法列表

视图名称	投影图	立体图	反映规律
$V-H$ 投影对应	上 下 对应组合 后 前 对应组合		上___对应(组合)___后 下___对应(组合)___前
$V-W$ 投影对应	对应组合 左 右 后 前 对应组合		左___对应(组合)___后 右___对应(组合)___前
$H-W$ 投影对应	对应组合 上 下 左 右 对应组合		左___对应(组合)___下 右___对应(组合)___上

4.4.3 读图举例

1）补视图

根据两个视图补画第三视图，俗称“知二求三”，是训练读图能力，即空间想象能力或形象思维能力的最基本的方法。一般来说，物体的两面投影已具备长、宽、高3个方向的尺度，大部分形体是可以定形的，完全可以补出第三投影。

【例4-6】 已知形体的正面投影和水平投影，试补画其侧面投影，如图4-18(a)所示。

【解】 首先读懂已知的两面投影，想象出组合体的形状。

由图4-18(a)进行形体分析，可看出该组合体由上、下两部分叠加组成。上部为一带圆弧头和圆孔洞的柱体，正面投影反映形体特征，其空间形状如图4-18(b)的双点画线所示；底板是一个四棱柱在其左前方切掉一个角，并在中前方开了一个半圆孔洞，其空间形状如图4-18(c)的双点画线所示。由此，综合上、下两部分，不难作出其侧面投影，如图4-18(d)所示。

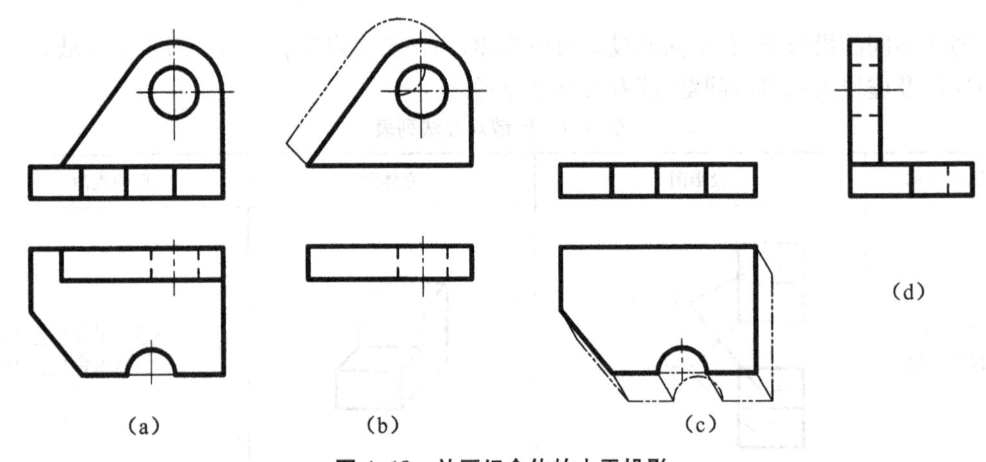

图4-18 补画组合体的水平投影

【例4-7】 补全图4-19(a)所示形体的 W 面投影。

【解】 因为所给条件的结构特征不是很明显，很难将形体明确的分为几个基本体，同时由于该形体的面很多，如果完全套用图4-13的方法将非常繁琐。

通过观察发现，如果将 V 面投影的左上角和 H 面投影的左前方补齐，V、H 面投影的外轮廓都是矩形，则其空间形体可以认为是一长方体分别在其左上角和左前方各切了一块，用切割法分析，如图4-19(b)所示。

但至此尚不能确定该形体右前上方的情况，再考虑结合线面分析法解决：V 面投影的 $1'$ 线框对应 H 面投影的一条直线（无类似图形对应），说明其空间为一正平面；H 面投影的2线框对应 V 面投影的一条直线 $2'$，说明其空间为一水平面。这就表明，该形体在图4-19(b)的基础上，又在其右前上方被正平面Ⅰ和水平面Ⅱ合围再切去一块，如图4-19(c)所示，其最终的形状如图4-19(d)所示。

根据图4-19(d)所示的立体，作出其 W 面投影，如图4-19(e)所示。这里需特别注意的是：该形体的正上角被正垂面切割以后，其 W 面投影与 H 面投影应为类似图形；而左前方被铅垂面切割以后，其 W 面投影与 V 面投影应为类似图形。

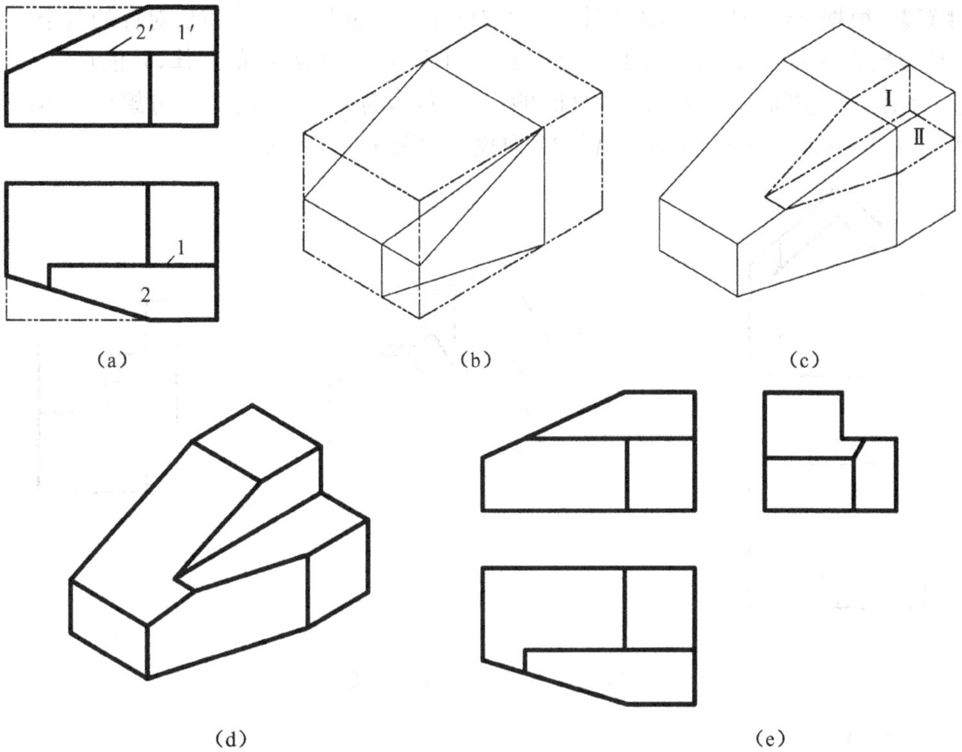

图 4-19 补画形体的 W 面投影

【例 4-8】 补全图 4-20(a)中所示形体的 H 面投影。

【解】 这是很多教材中出现的一个例题，都是用线面分析法花了很大篇幅进行分析的。通过观察可以发现：该形体的 V 面投影的外轮廓为矩形，其 W 面投影反映形状特征。那么依据“矩矩为柱”的特点，在其反映形状特征的 W 面投影上快速勾画斜轴测图，结合切割法很快可以建立其空间形状，如图 4-20(b)所示，对应的 H 面投影如图 4-20(c)所示。

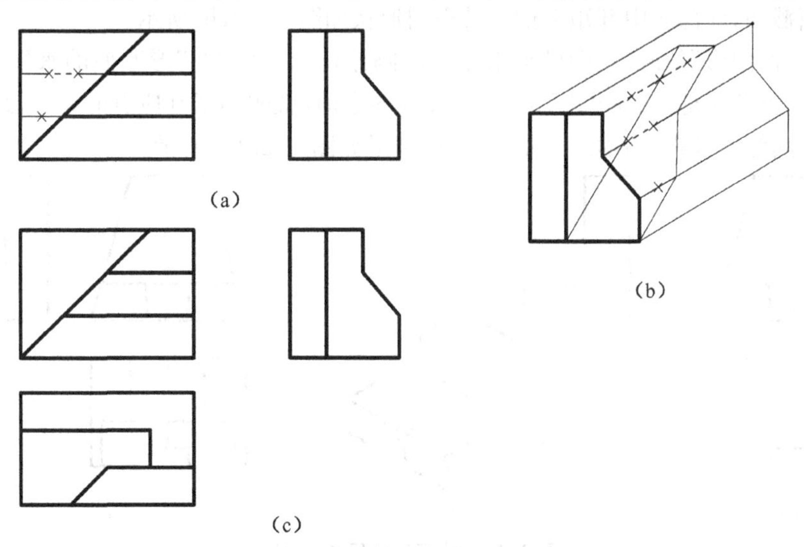

图 4-20 补画形体的 H 面投影

【例 4-9】 补全图 4-21(a)中所示形体的 W 面投影。

【解】 根据所给图样可知该形体是左右对称的，H 面投影图上前后对称的两个"乙"对应于 V 面投影图上的两条斜线，根据表 4-1"上对应后，下对应前"的规律，并依它们上下、前后的关系建立其空间位置，如图 4-21(b)的粗线所示，再结合其他信息，可想出整体的形状如图 4-21(b)的细线所示，继而补出其 W 面投影如图 4-21(c)所示。

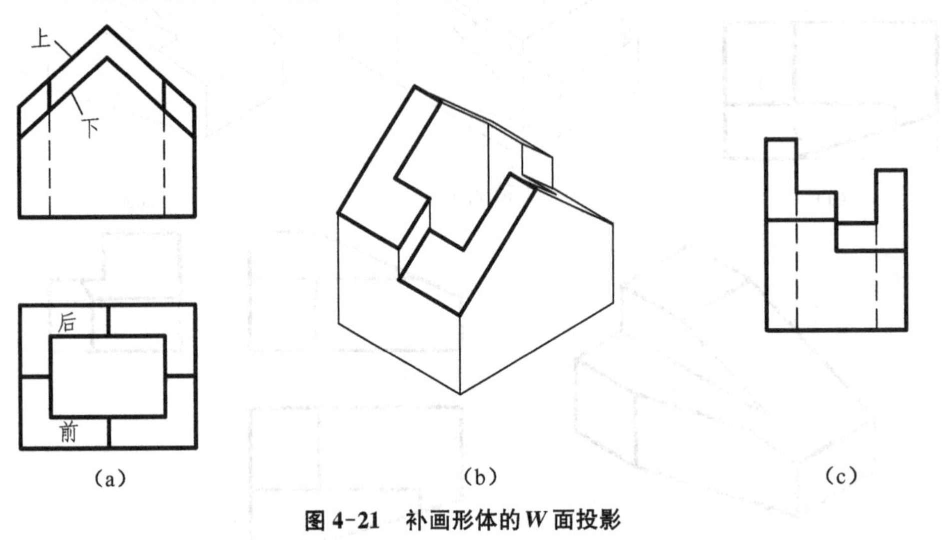

图 4-21 补画形体的 W 面投影

2) 补漏线

补漏线也是训练阅读组合体视图的一种常见形式，它是在形体的大体轮廓已经确定的前提下，要求读者想象出立体的形状，并且补全投影图中所缺的图线。

【例 4-10】 补全图 4-22(a)所示组合体中漏缺的图线。

【解】 由形体分析可知，该组合体为切割型形体。将正面投影左右缺角补齐(图中以双点画线表示)，与水平投影的外框一样都是矩形，根据"矩矩为柱"的投影特点，该形体肯定是一个柱体，其侧面投影反映形状特征，可知原体为一个"乙"形棱柱体。该棱柱被左右对称的两个正垂面截切，前部居中开矩形槽。其空间形状如图 4-22(b)所示。

利用"类似图形"的原理，即可画出左右两侧截切形成的"乙"形断面的水平投影，即 H 投影和 W 投影必须是类似的"乙"形，这样在画图之前，就明确了其应有的结果，最后补画出前部矩形槽的侧面投影，为虚线。整理加深，结果如图 4-22(c)所示。

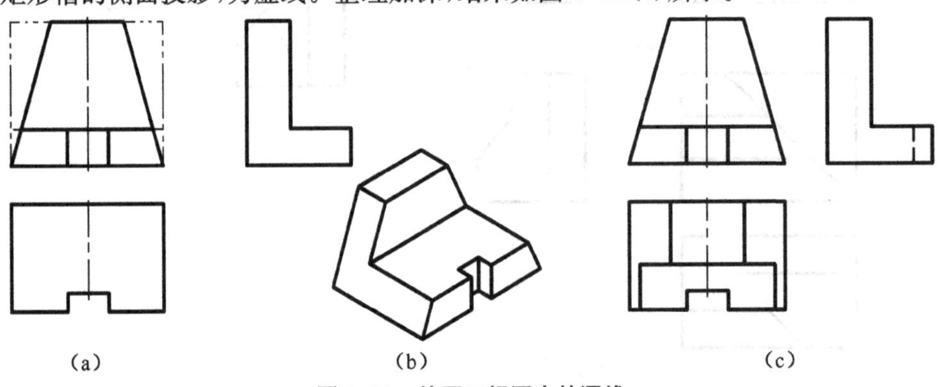

图 4-22 补画三视图中的漏线

5 轴测投影

多面正投影图具有度量性好、作图简便等特点，能够准确而完整地表达物体各个方向的形状与大小，因此在工程制图中被广泛采用。然而，多面正投影图缺乏立体感，直观性较差，读者必须具备一定的读图能力才能看懂。如图 5-1(a)所示的三面投影图缺乏立体感，不容易直接看出所示形体的空间形状，而图 5-1(b)所示的该形体的轴测投影图能够在一个平面上同时反映出形体的长、宽、高 3 个方向的尺度，立体感较强，具有非常好的直观性。因此，工程上也常用这种图样帮助正投影图形象、直观地表达工程建筑物的立体形状。

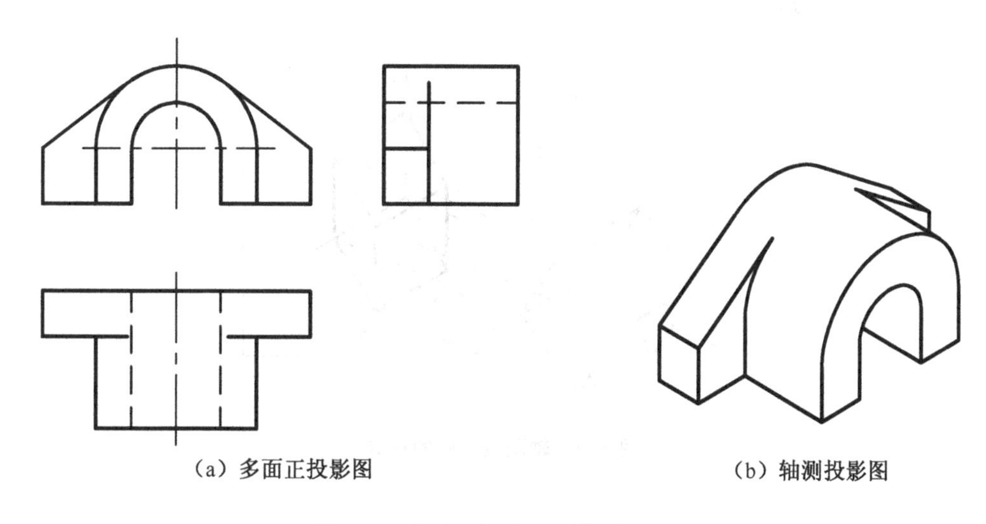

(a) 多面正投影图　　(b) 轴测投影图

图 5-1　多面正投影图与轴测投影图

5.1 轴测投影的基本知识

5.1.1 轴测投影图的形成和作用

将空间形体及确定其位置的直角坐标系按照不平行于任一坐标面的方向 S 一起平行地投射到一个平面 P 上，所得到的图形叫做轴测投影图，简称轴测图，如图 5-2 所示。其中，方向 S 称为投射方向，平面 P 称为轴测投影面。由于轴测图是在一个面上反映物体 3 个方向的形状，不可能都反映实形，其度量性较差，且作图较为繁琐，因而在工程中一般仅作为多面正投影图的辅助图样。

5.1.2 轴间角和轴向变形系数

如图 5-2 所示，空间直角坐标系投影为轴测坐标系，OX、OY、OZ 轴的轴测投影分别为 O_1X_1、O_1Y_1、O_1Z_1，称为轴测投影轴，简称轴测轴；轴测轴之间的夹角，即$\angle X_1O_1Z_1$、$\angle X_1O_1Y_1$、$\angle Y_1O_1Z_1$称为轴间角；轴测轴上的线段长度与相应直角坐标轴上的线段长度的比值称为轴向变形系数，分别用 p、q、r 表示，则：

$p=\frac{o_1x_1}{ox}$，p 称为 X 轴向变形系数；

$q=\frac{o_1y_1}{oy}$，q 称为 Y 轴向变形系数；

$r=\frac{o_1z_1}{oz}$，r 称为 Z 轴向变形系数。

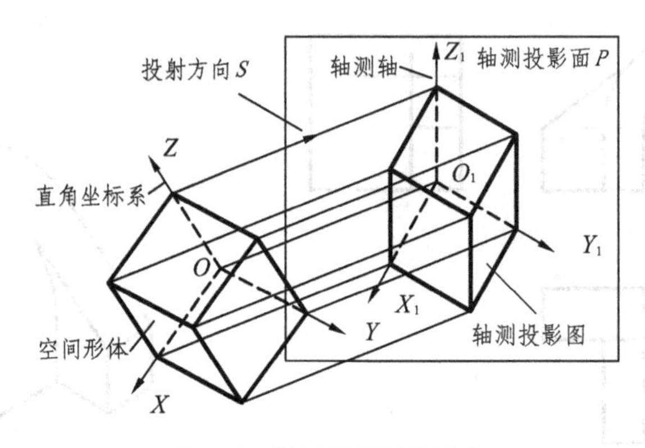

图 5-2　轴测投影图的形成

5.1.3 轴测投影图的分类

根据投射方向是否垂直于轴测投影面，轴测投影可分为两大类：当投射方向与轴测投影面垂直时，称为正轴测投影；当投射方向与轴测投影面倾斜时，称为斜轴测投影。如图 5-3(a)所示，空间形体在投影面 P 上的投影为正轴测投影，其投射方向 S_1 与投影面 P 垂直；空间形体在投影面 Q 上的投影为斜轴测投影，其投射方向 S_2 与投影面 Q 倾斜。而且随着空间形体及其坐标轴对轴测投影面的相对位置的不同，轴间角与轴向变形系数也随之变化，从而得到各种不同的轴测图。正轴测投影和斜轴测投影各有 3 种类型：

正等测：$p=q=r$；

正二测：$p=r\neq q$ 或 $p=q\neq r$、$q=r\neq p$；

正三测：$p\neq q\neq r$；

斜等测：$p=q=r$；

斜二测：$p=r\neq q$ 或 $p=q\neq r$、$q=r\neq p$；

斜三测：$p\neq q\neq r$。

工程上常用正等测和正面斜二测（$p=r\neq q$）。

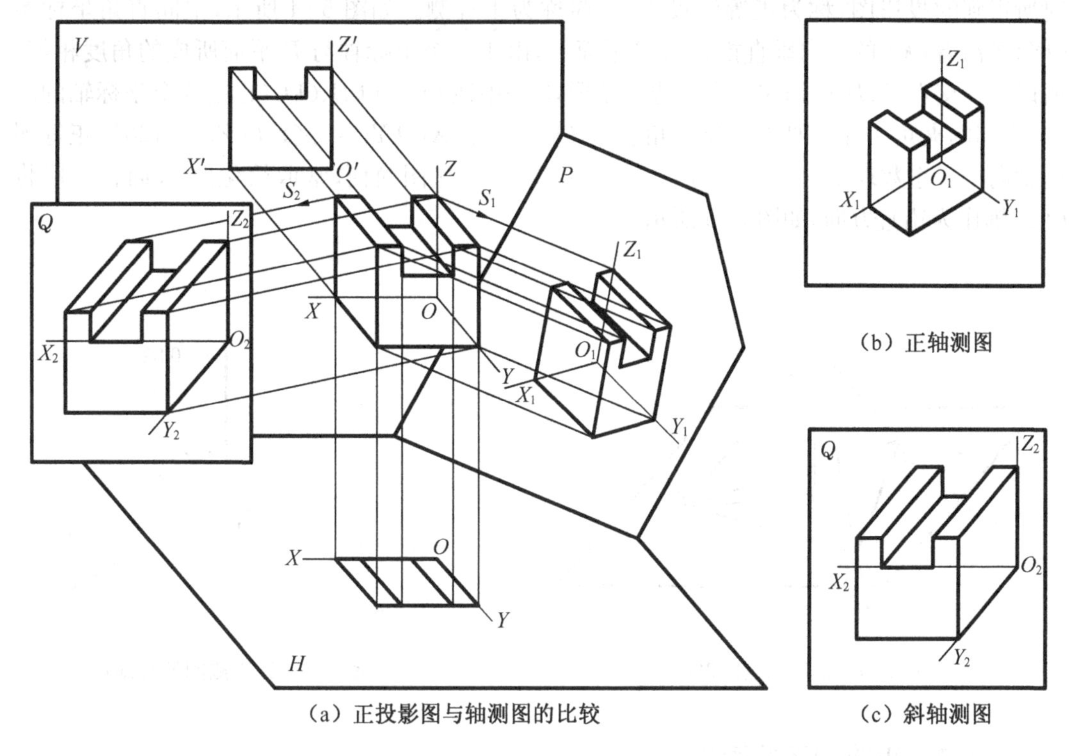

(a) 正投影图与轴测图的比较　　(b) 正轴测图　　(c) 斜轴测图

图 5-3　轴测投影图的分类

5.1.4　轴测投影的特性

由于轴测投影属于平行投影，因此具备平行投影的一些主要性质：

(1) 空间互相平行的线段，它们的轴测投影仍互相平行。因此，凡是与坐标轴平行的线段，其轴测投影与相应的轴测轴平行。

(2) 空间互相平行线段的长度之比，等于它们轴测投影的长度之比。因此，凡是与坐标轴平行的线段，它们的轴向变形系数相等。

所谓“轴测”，就是轴向测量之意。所以作轴测图只能沿着与坐标轴平行的方向量取尺寸，与坐标轴不平行的直线，其变形系数不同，不能在轴测投影中直接作出，只能按坐标作出其两端点后才能确定该直线。

5.2　正等测投影图

5.2.1　轴间角和轴向变形系数

当投射方向与轴测投影面相垂直，且空间形体的 3 个坐标轴与轴测投影面的夹角相等时所得到的投影图，称为正等测投影图，简称为正等测。如图 5-4 所示，空间直角坐标系 $OXYZ$ 沿着 OO_1 的方向垂直投影到 P 平面上，由于 3 个坐标轴与 P 平面所成的角度相等，所以 3 个交点 A、B、C 构成一个等边三角形，3 条中线 O_1A、O_1B、O_1C（也是 3 个坐标轴的方向）之间的夹角相等。即：3 个轴间角 $\angle X_1O_1Z_1 = \angle X_1O_1Y_1 = \angle Y_1O_1Z_1 = 120°$。正等测的轴向变形系数理论值为 $p = q = r = 0.82$，但为作图简便，常取简化值 1，而且一般将 O_1Z_1 轴作为铅直方向，如图 5-5 所示。

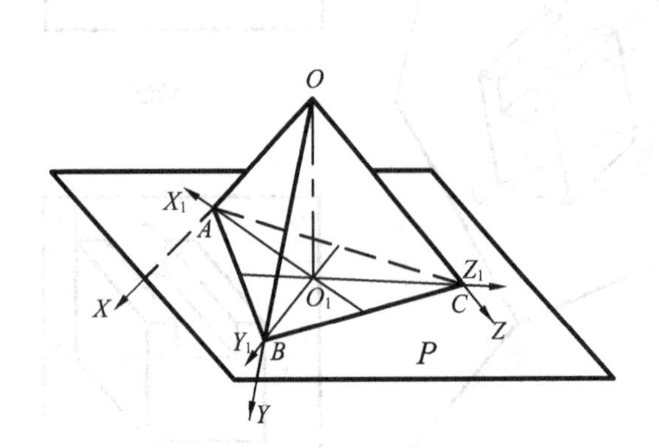

图 5-4　正等测图的形成

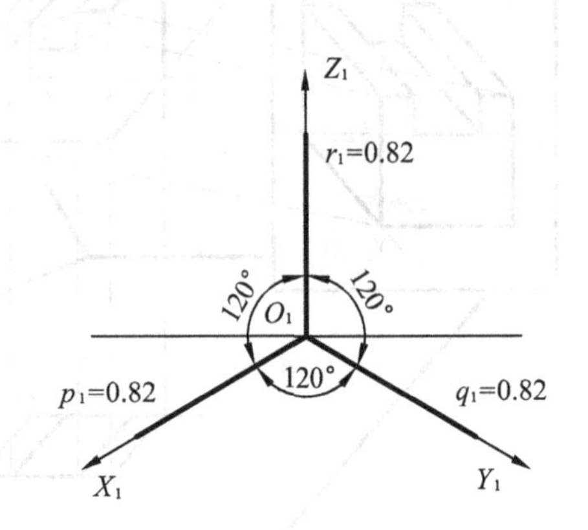

图 5-5　正等测图的轴间角

5.2.2　正等测图的画法

在绘制空间形体的轴测投影图之前，首先要认真观察形体的结构特点，然后根据其结构特点选择合适的绘制方法。主要有坐标法、叠加法和切割法等。

1）坐标法

根据物体上各顶点的坐标，确定其轴测投影，并依次连接，这种方法称为坐标法。

【例 5-1】 已知三棱台的两面投影图如图 5-6(a)所示，绘制其正等轴测投影图。

【解】 作图步骤如下：

① 建立坐标系，作轴测轴并确定轴间角和轴向变形系数（正等测轴间角均为 120°，轴向变形系数取 1），如图 5-6(a)所示。这里需注意，为使作图简便，应使坐标轴尽可能地通过形体上的点或线，如 OX 轴通过 A 点，OY 轴通过 C 点。

② 在对应轴测轴上截取 $O_1A_1 = oa$，$O_1C_1 = oc$，量取 B 点的 X、Y 坐标，从而确定 B_1 点，如图 5-6(b)所示。

③ 为方便确定三棱台的上底，可以先作出三棱台的虚拟锥顶 S_1，从而确定各个棱线的方向，以方便在各棱线上确定上底面的各个端点，如图 5-6(c)所示。

④ 将可见的各棱边和棱线加深，即完成该三棱台的正等轴测图，如图 5-6(d)所示。

在轴测图中一般不画不可见的轮廓线，最后的轴测轴也不需要画。因此，在确定坐标系时要注意坐标原点的选择：对于对称形体，坐标原点宜确定在图形的中心处，如图 5-7 所示；对于柱体，坐标原点可确定在形体的左前下角（或右前下角），从而避免画右后方（或左后方）不可见的轮廓线，如图 5-8 所示。

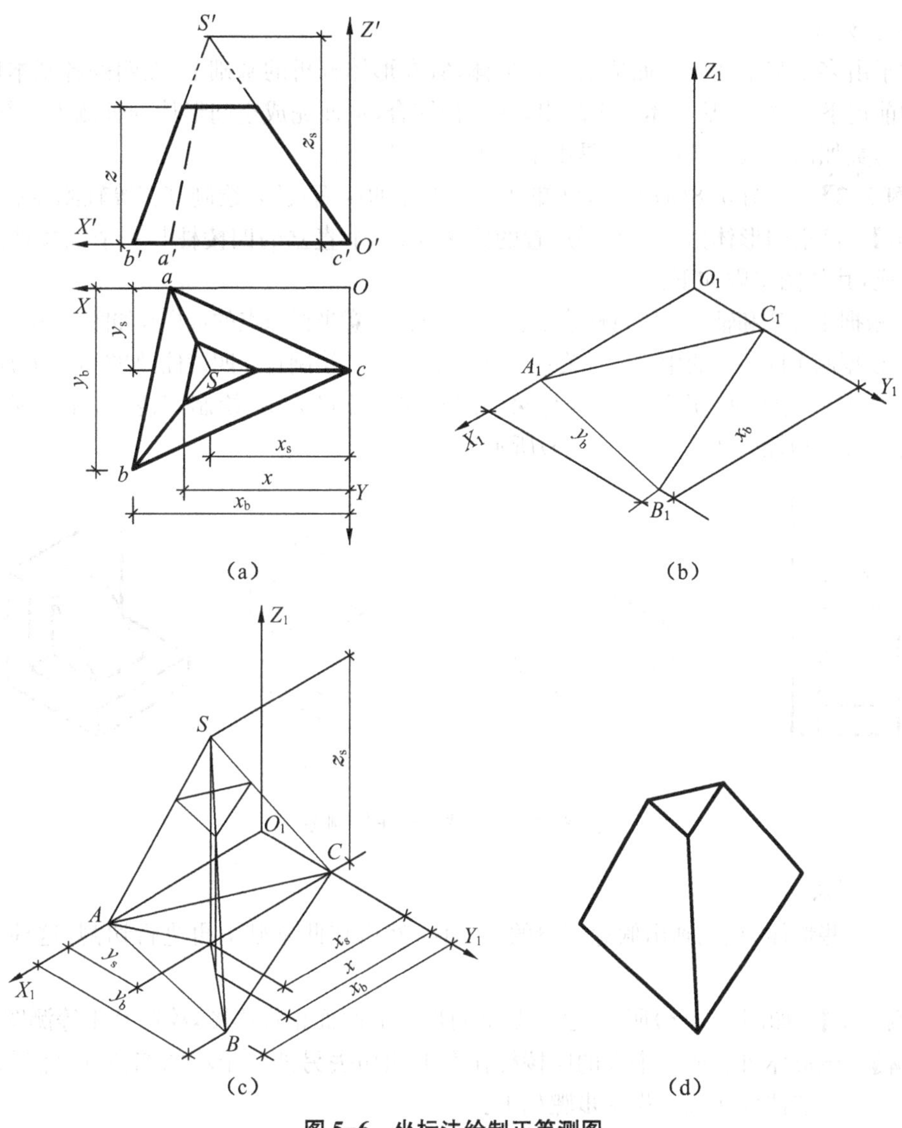

图 5-6 坐标法绘制正等测图

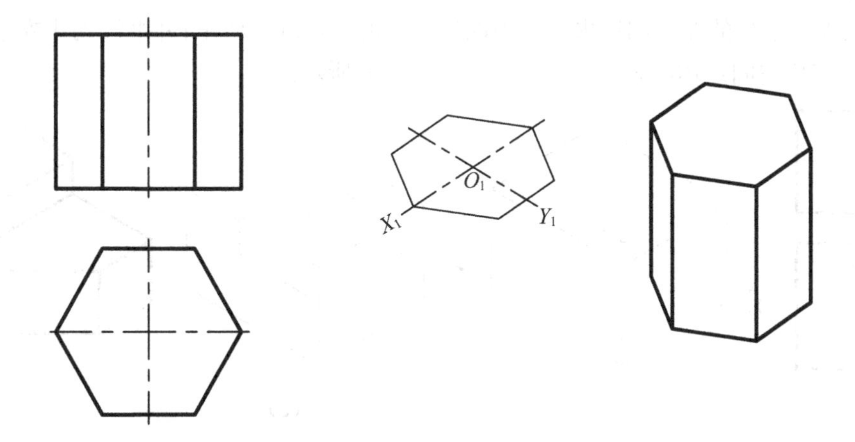

图 5-7 以图形的中点作为坐标原点

2）叠加法

对于由多个基本体叠加而成的空间形体，宜在形体分析的基础上，在明确各基本体相对位置的前提下，将各个基本体逐个画出，并进行综合，从而完成空间形体的轴测投影图，这种画法称为叠加法。画图顺序一般是由下而上、先大后小。

【例 5-2】 如图 5-8(a)所示，已知某空间形体的两面投影，绘制其正等轴测投影图。

【解】 该空间形体由一个水平放置的四棱柱、一个直立的四棱柱与一个三棱柱三部分叠加而成，其作图步骤如下：

① 根据坐标法和轴测投影特性绘制水平四棱柱(注意坐标原点的选择)，如图 5-8(b)所示。

② 根据两个四棱柱的相对位置关系，在水平四棱柱上绘制直立四棱柱，如图 5-8(c)所示。

③ 根据三棱柱的底面形状及其与两个四棱柱的位置关系，绘制三棱柱，并处理和加深轮廓线，完成轴测投影图，如图 5-8(d)所示。

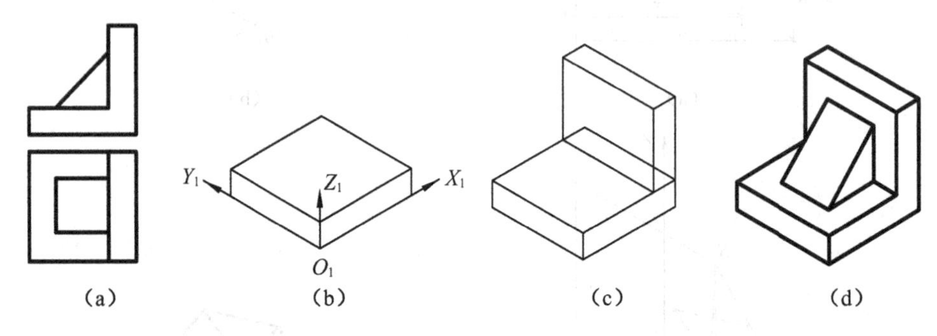

图 5-8 叠加法绘制正等测图

3）切割法

对于有些形体，宜先画出假想完整的基本体，然后在此基础上再进行切割，这种方法称为切割法。

【例 5-3】 如图 5-9(a)所示，已知某空间形体的两面正投影图，绘制其正等测图。

【解】 该形体可看成一个大的四棱柱在左上侧切去另外一个小的四棱柱，然后在左前侧再切去一个三棱柱而成。作图步骤如下：

① 绘制大四棱柱的轴测投影图，如图 5-9(b)所示。

② 在大四棱柱的左上侧切去一个小四棱柱，如图 5-9(c)所示；并继续切去左前侧的三棱柱，从而完成空间形体的轴测投影图，如图 5-9(d)所示。

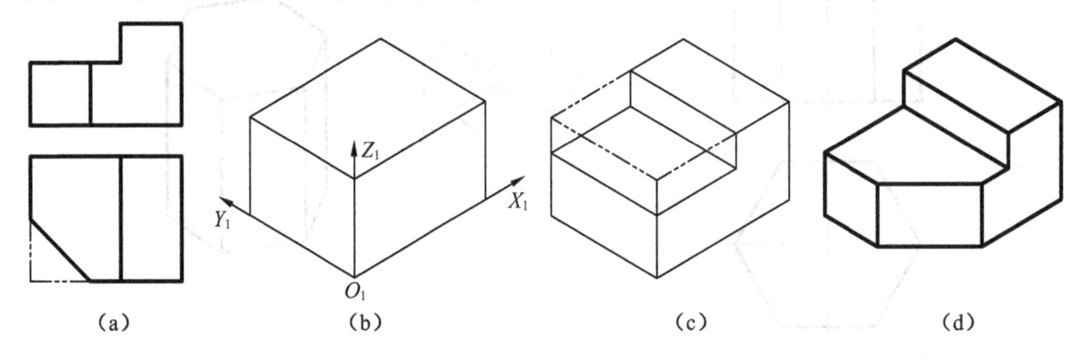

图 5-9 切割法绘制正等测图

5.2.3 平行于坐标面的圆的正等轴测投影

圆的正等测投影为椭圆。由于 3 个坐标面与轴测投影面所成的角度相等，所以直径相等的圆，在 3 个轴测坐标面上的轴测椭圆大小也相等，且每个轴测坐标面（如 $X_1O_1Y_1$ 及与之平行的面）上的椭圆的长轴垂直于第三轴测轴（O_1Z_1）。如图 5-10 所示。

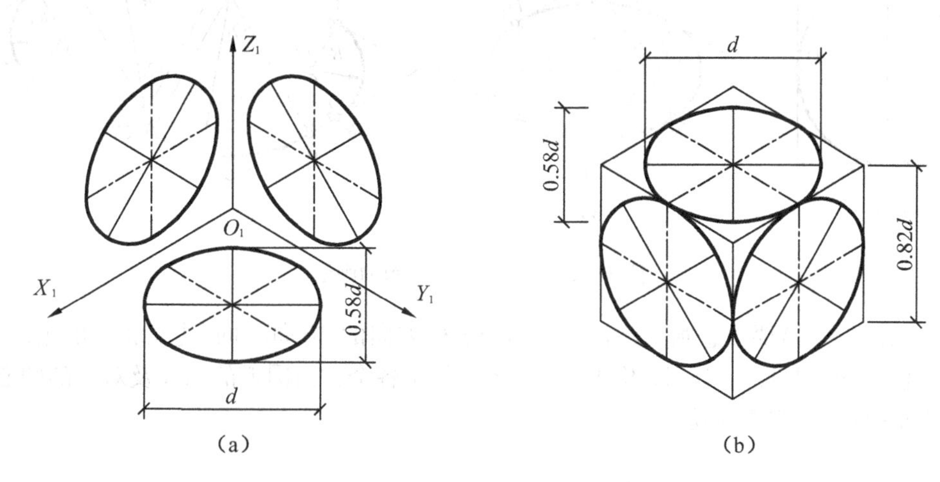

图 5-10　平行于坐标面的圆的正等测图

1）圆的正等测画法

圆的正等测图可以采用四心圆法近似画出，它是用 4 段圆弧近似的代替椭圆弧，可大大提高画图速度。作图过程如图 5-11 所示。

（1）画出圆外切正方形的轴测投影——菱形，并确定 4 个圆心，如图 5-11(b)所示：其中短对角线的两个端点 O_1、O_2 为两个圆心；O_1A_1、O_1D_1 与长对角线的交点 O_3、O_4 为另外两个圆心。

（2）分别以 O_1、O_2 为圆心，O_1A_1 为半径画弧 $\overset{\frown}{A_1D_1}$ 和 $\overset{\frown}{B_1C_1}$，以 O_3、O_4 为圆心，O_3A_1 为半径画弧 $\overset{\frown}{A_1B_1}$ 和 $\overset{\frown}{C_1D_1}$，即完成全图，如图 5-11(c)所示。

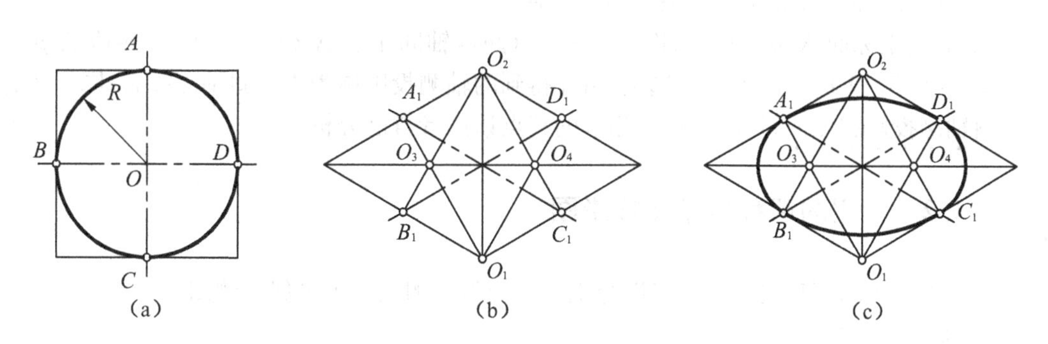

图 5-11　四心法绘制圆的正等测图

2）圆角的正等测画法

一般的圆角，正好是圆周的四分之一，因此它们的轴测图正好是近似椭圆 4 段弧中的一段。可采用圆的正等轴测投影的画法：过各圆角与连接直线的切点，作对应直线的垂线，两对应垂线的交点即为相应圆弧的圆心，半径则为圆心至切点的距离，如图 5-12 所示。

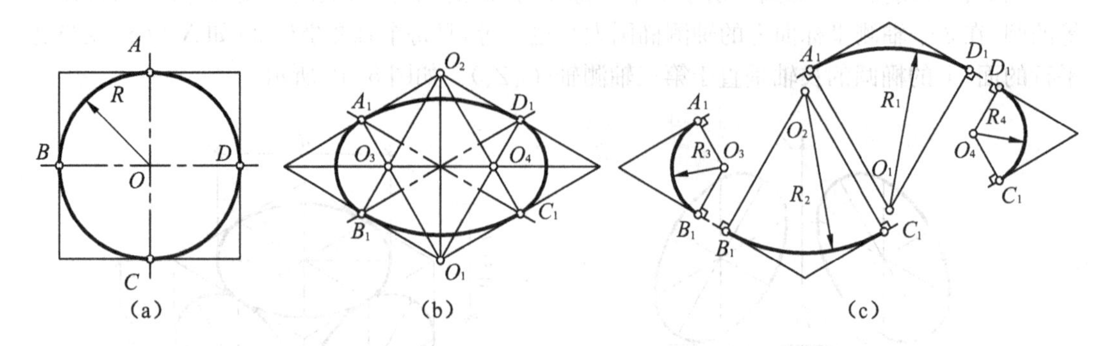

图 5-12　正等测图中圆角的画法

实际作图时，需要注意圆或圆弧是在哪个坐标方向的，方向不同，边及相应的垂线方向也随之变化（效果见图 5-15，读者可尝试在图上作出各个方向圆弧的切线及对应的圆心，以体会圆和圆弧的正等测画法）。

5.3　斜轴测投影

5.3.1　轴间角和轴向变形系数

在绘制斜轴测投影时，为了作图方便，通常使形体的某个特征面平行于轴测投影面，其轴测投影反映实形，相应的有两个轴测轴的变形系数为 1，对应的轴间角仍为直角；而另一个轴测轴可以是任意方向（通常取与水平方向成 30°、45°或 60°等的特殊角），对应的变形系数也可以取任意值，通常取 0.5，既美观又方便。

例如，当坐标面 XOZ 与轴测投影面 P 平行时，轴间角 $\angle X_1O_1Z_1 = 90°$，相应的 $p = r = 1, q = 0.5$，O_1Y_1 方向可任意选定，由此得到的轴测投影称为正面斜轴测投影；同样还有水平斜轴测投影和侧面斜轴测投影，相应的特点请读者自己分析。

5.3.2　常用的两种斜轴测投影图

工程上常用的两种斜轴测投影图分别是正面斜二测图和水平斜等测图。

1）正面斜二测图

正面斜二测就是物体的正面平行于轴测投影面，轴间角 $\angle X_1O_1Z_1 = 90°$，轴向变形系数 $p = r = 1, q = 0.5$（也可以取任意值）。其轴测轴 O_1X_1 画成水平，O_1Z_1 画成竖直，轴测轴 O_1Y_1 则与水平方向成 45°角（也可画成 30°角或 60°角）。如图 5-13 所示。

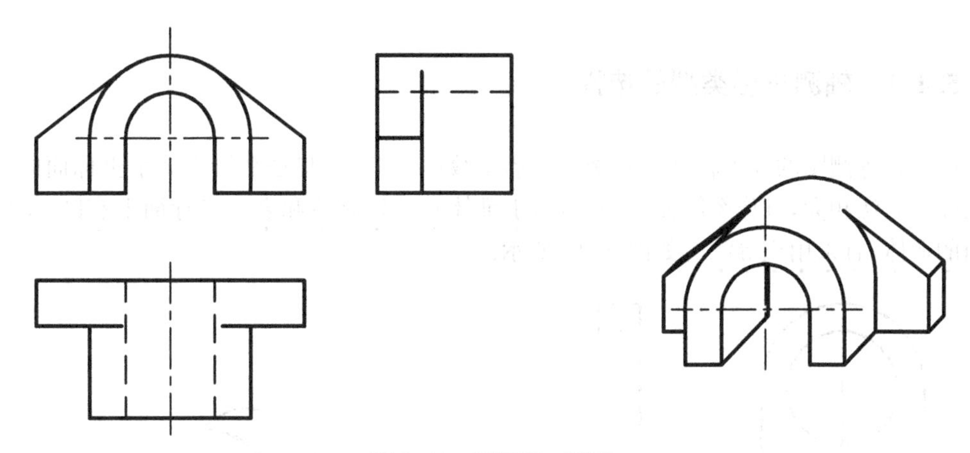

图 5-13 正面斜二测图

当轴向变形系数 $p=q=r=1$ 时，则为正面斜等测图。

2）水平斜等测图

水平斜等测图一般用于表达某个小区或建筑群的鸟瞰效果。通常将轴测轴 O_1Z_1 画成竖直，O_1X_1 与水平成 60°、45°或 30°角。轴间角 $\angle X_1O_1Y_1=90°$，$\angle X_1O_1Z_1=120°$、135° 或 150°，轴向变形系数 $p=q=r=1$。也就是将平面图旋转 30°(或者 45°和 60°)后，向上竖各部分的高度。如图 5-14(a)、(b)所示为某建筑群的平面图及其水平斜等测图。

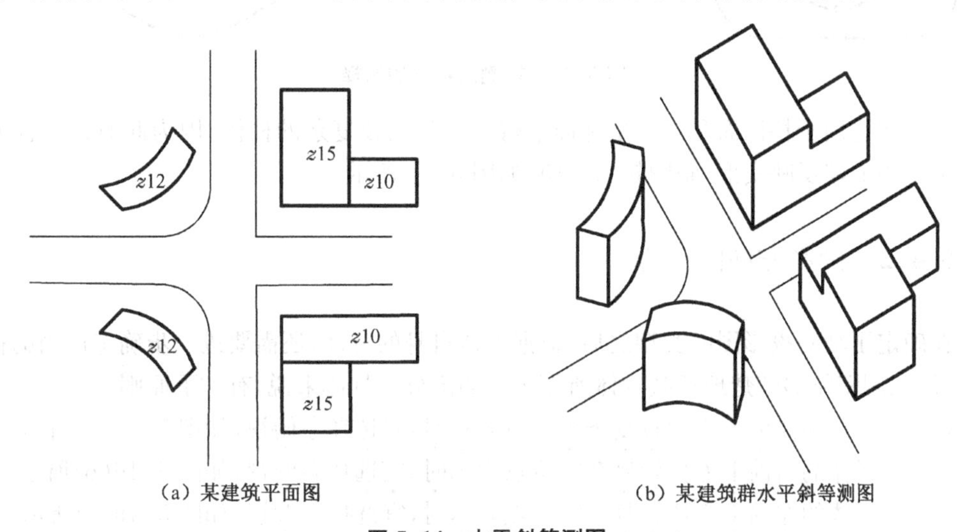

(a) 某建筑平面图　　(b) 某建筑群水平斜等测图

图 5-14 水平斜等测图

5.4 轴测投影的选择

在绘制轴测图时，首先需要解决的是选用哪种类型的轴测图来表达空间形体，轴测类型的选择直接影响到轴测图表达的效果。在轴测图类型确定之后，还需考虑投影方向，从而能够更为清晰、更为明显地表达重点部位。总之，应以立体感强和作图简便为原则。

5.4.1 轴测投影类型的选择

由于正等测图的3个轴间角和轴向变形系数均相等，尤其是平行于3个坐标面的圆的轴测投影画法相同，且作图简便。因此，对于锥体及其切割体和多个坐标面上有圆、半圆或圆角的形体，宜采用正等测。如图5-15所示。

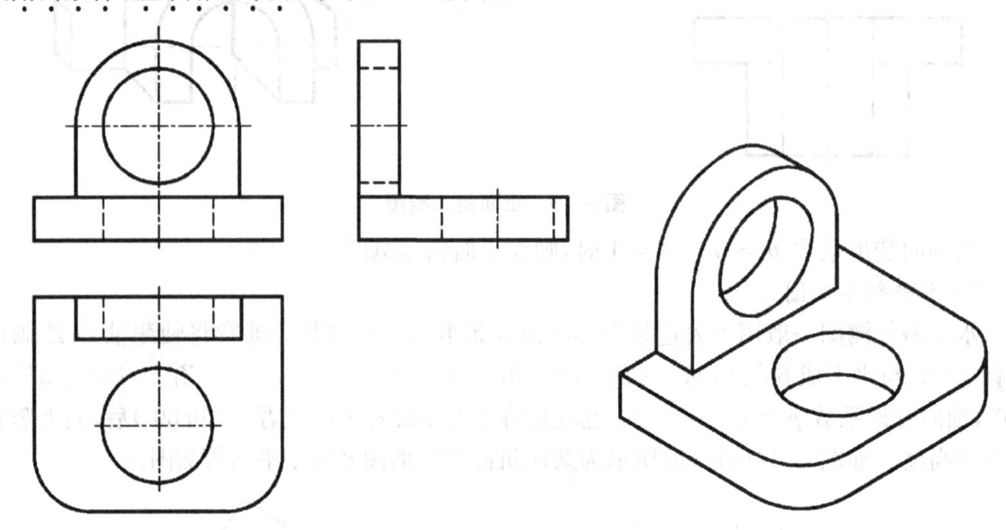

图5-15 轴测图种类的选择

斜二测适用于特征面和某一坐标面平行且形状比较复杂的柱体，因为此时该特征面在斜二测图中能够反映实形，画图较为方便，如图5-13所示。

5.4.2 投影方向的选择

在确定了轴测投影图的类型之后，根据形体自身的特征，还需要进一步确定适当的投影方向，使轴测图能够清楚地反映物体所需表达的部分。具体来说，有如下原则：

(1) 当形体的左前上方比较复杂需重点表示时，宜选择左俯视，如图5-16(a)所示。

(2) 当形体的右前上方比较复杂需重点表示时，宜选择右俯视，如图5-16(b)所示。

(3) 当形体的左前下方比较复杂需重点表示时，宜选择左仰视，如图5-16(c)所示。

(4) 当形体的右前下方比较复杂需重点表示时，宜选择右仰视，如图5-16(d)所示。

为避免画不可见的轮廓线，坐标原点和坐标轴的方向可以按方便作图而确定(即可不按右手法则，只要3个方向的绝对坐标值不变)。

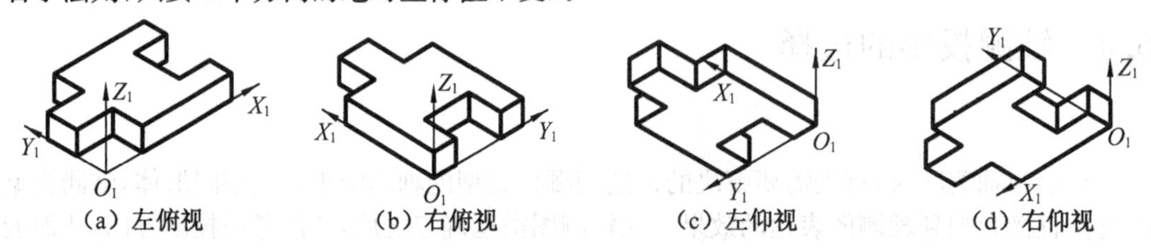

图5-16 轴测图方向的选择

6　工程形体的图示方法

当物体的形状和结构比较复杂时，用前面所讲述的三面正投影图就很难表达清楚。因此，对于复杂的工程形体往往综合采用其他表达方法，具体的有多面正投影法，镜像投影法，剖面图、断面图以及各种简化画法等。

6.1　基本视图

6.1.1　基本视图的形成

在工程制图中，对于某些比较复杂的工程形体，当画出三视图后仍不能完整和清晰地表达其形状时，可以假设在原有 V、H、W 三个投影面的基础上，再增加三个相对的投影面 V_1、H_1、W_1，形成六个基本投影面。将形体向这六个基本投影面进行投影，即是多面正投影法，得到的六个投影图，称为基本视图：正视图（V 面）、俯视图（H 面）、左视图（W 面）、后视图（V_1面）、仰视图（H_1面）和右视图（W_1面）。建筑工程上习惯称六个基本视图为：正立面图、平面图、左侧立面图、背立面图、底面图和右侧立面图。

六个基本投影面连同相应的六个基本视图展开的方法如图 6-1(a)所示。展开后视图的配置如图 6-1(b)所示，且六个基本视图之间仍然保持“三等”关系。

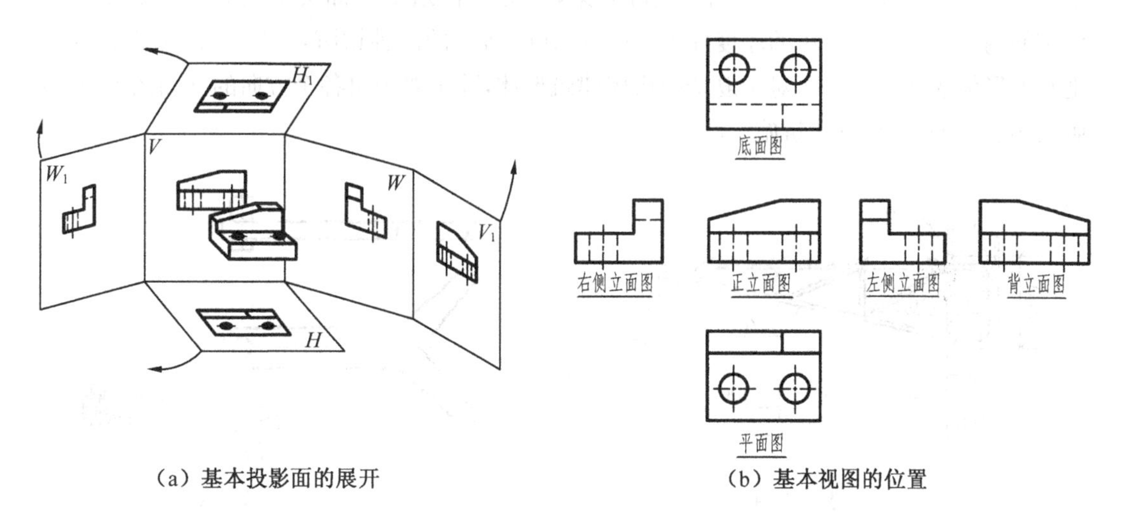

(a) 基本投影面的展开　　(b) 基本视图的位置

图 6-1　基本视图的形成

6.1.2 视图配置

图 6-1(b)所示的基本视图的位置只是理论上的配置,按这样的配置既不美观,也不便于画图和节约纸张。如这些图确实要绘制在同一张图纸上时,可按图 6-2 的顺序进行配置。每个视图一般均应标注图名,图名宜标注在视图的下方或一侧,并在图名下用粗实线绘一条横线,其长度应以图名所占长度为准。

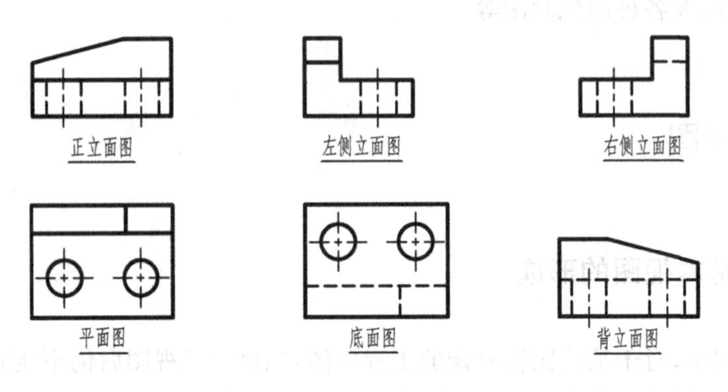

图 6-2 视图配置

6.1.3 视图数量的选择

虽然形体可以用六个基本视图来表达,但实际上要画哪几个视图应视具体情况而定。在保证表达形体完整清晰的前提下,应使视图数量最少,且应尽可能少用或不用虚线,避免不必要的细节重复。图 6-3(a)所示的晾衣架,采用一个视图,再加文字说明和标注尺寸,表明钢筋的直径和混凝土块的厚度即可。图 6-3(b)所示的门轴铁脚,采用两个视图,就可以把它的形体表达清楚。而对于复杂的房屋建筑形体,除了要画出各个方向的立面图外,还要画出多层平面图(详见建筑施工图)。

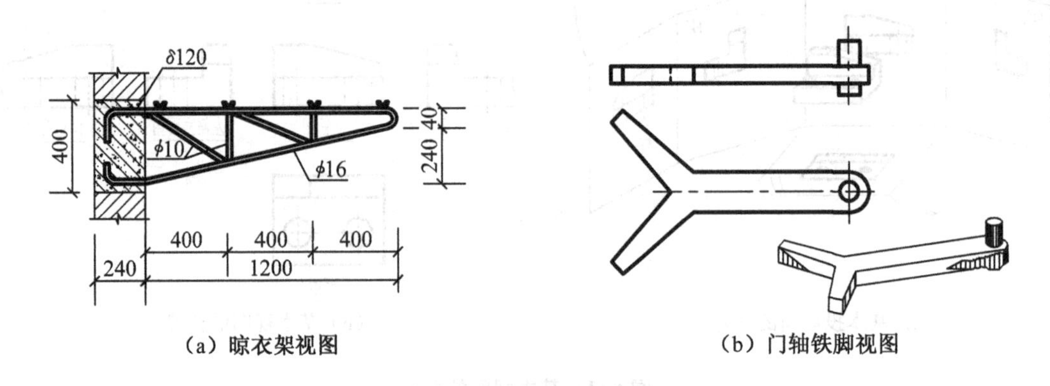

(a) 晾衣架视图　　(b) 门轴铁脚视图

图 6-3 视图数量的选择

6.2 辅助视图

6.2.1 局部视图

将形体的某一部分向基本投影面投影所得的视图(即不完整的基本视图)称为局部视图,如图 6-4(a)中的平面图即为局部视图。

局部视图的断裂边界用波浪线表示。画局部视图时,一般在局部视图的下方标出视图的名称"×向",并在相应的视图附近用箭头注上同样的字母指明投影方向。为了看图方便,局部视图一般应按投影关系配置。有时为了合理布图,也可把局部视图放在其他适当位置。

6.2.2 斜视图

形体向不平行于任何基本投影面的平面投影所得的视图,称为斜视图,如图 6-4(b)所示。

斜视图一般只表达形体倾斜部分的实形,其断裂边界以波浪线表示。画斜视图时,必须在斜视图下方标出视图的名称"×向",并在相应的视图附近用箭头注上同样的字母以指明投影方向。斜视图也可以经旋转后画正,但必须标注旋转符号:用带箭头的弧线表示,箭头方向与旋转方向一致,如图 6-4(c)所示。

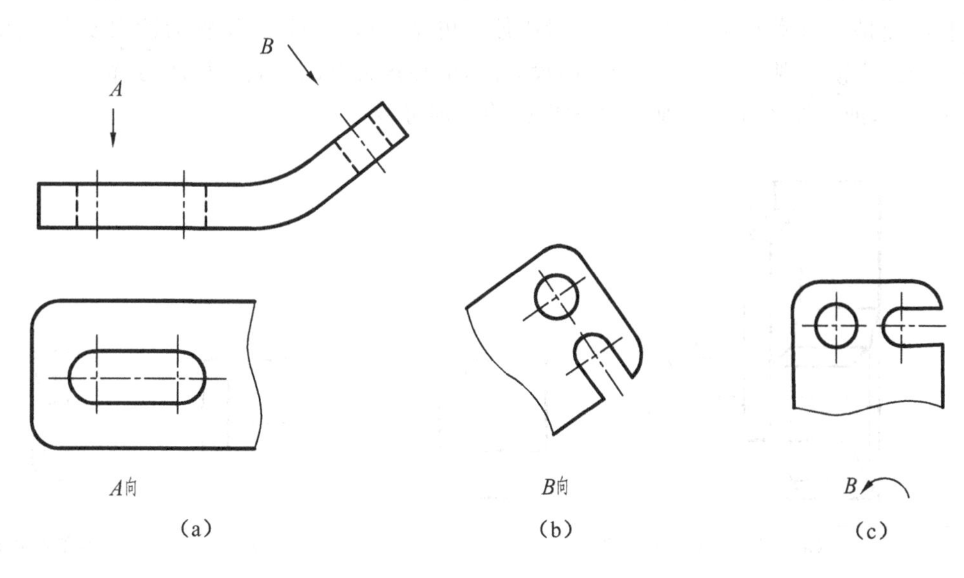

图 6-4 局部视图和斜视图

6.2.3 旋转视图

假想将形体的倾斜部分旋转到与某一选定的基本投影面平行后再向该投影面投影所得的视图，称为旋转视图，如图 6-5 所示。

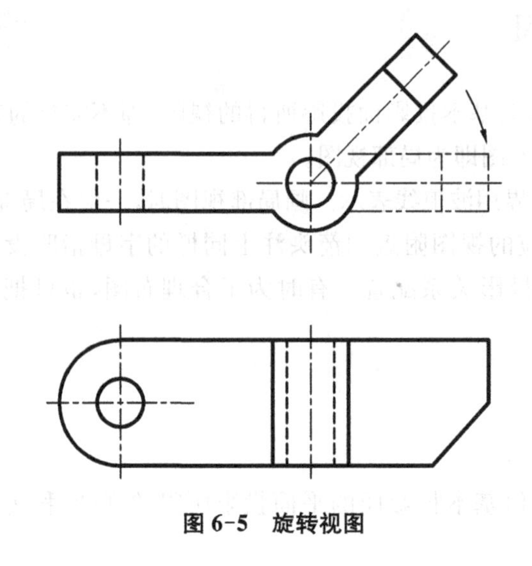

图 6-5 旋转视图

6.2.4 镜像视图

如图 6-6 所示结构和位置的形体：如直接按正投影法画出其平面图，则下面的部分均为不可见，只能用虚线画出，这样对于看图和画图都不太方便(图 6-6(a)的平面图)。如果假设该投影面是一面镜子，那么在镜中的投影便都可见。这种投影方法称为镜像投影法，所得的投影图称为镜像视图。为区别于一般投影图，应在这种图的图名之后注写“镜像”二字(如图 6-6(b))，或者按图 6-6(c)画出镜像投影的识别符号。

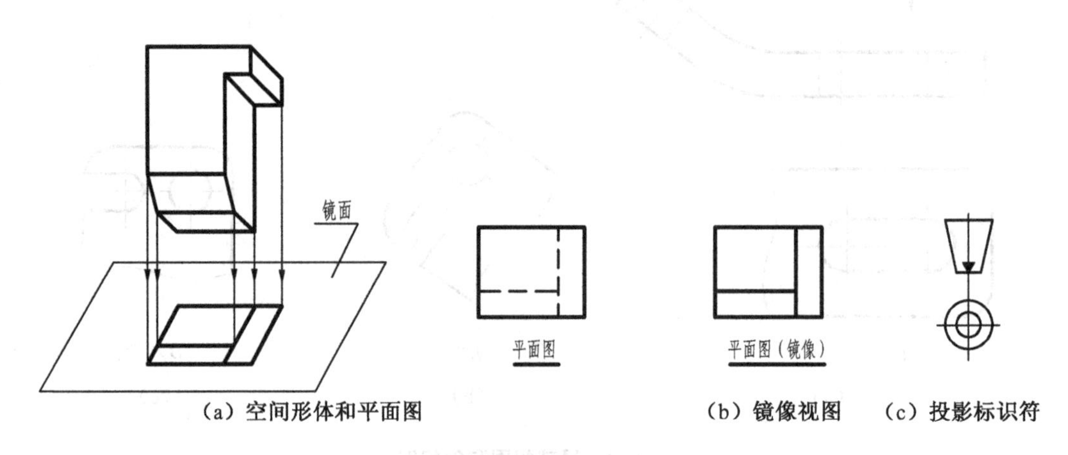

(a) 空间形体和平面图　(b) 镜像视图　(c) 投影标识符

图 6-6 镜像视图

6.3　剖面图

6.3.1　剖面图的形成

在绘制形体的视图时，形体上不可见的轮廓线需要用虚线画出。如果形体内部形状和构造比较复杂，则在视图中会出现较多的虚线，导致图面虚线、实线交错，不仅影响看图，也不便于标注尺寸，容易产生错误。如图 6-7(a)所示的钢筋混凝土双柱杯形基础的投影图，用于安装柱子的杯口在正立面图出现了虚线，使图面不清晰。

如果假想用一个通过基础前后对称面的剖切平面 P 将基础剖开，并将剖切平面 P 连同它前面的半个基础移走，只将留下来的半个基础投影到与剖切平面 P 平行的 V 投影面上，并将被剖切到的实体部分画上相应的材料图例，这样所得的投影图，称为剖面图(图 6-7(b))。此时，基础内部杯口构造被剖切开，绘图时变成可见的实线，结合平面图既表达了外形又表达了内部结构，如图 6-7(c)所示。

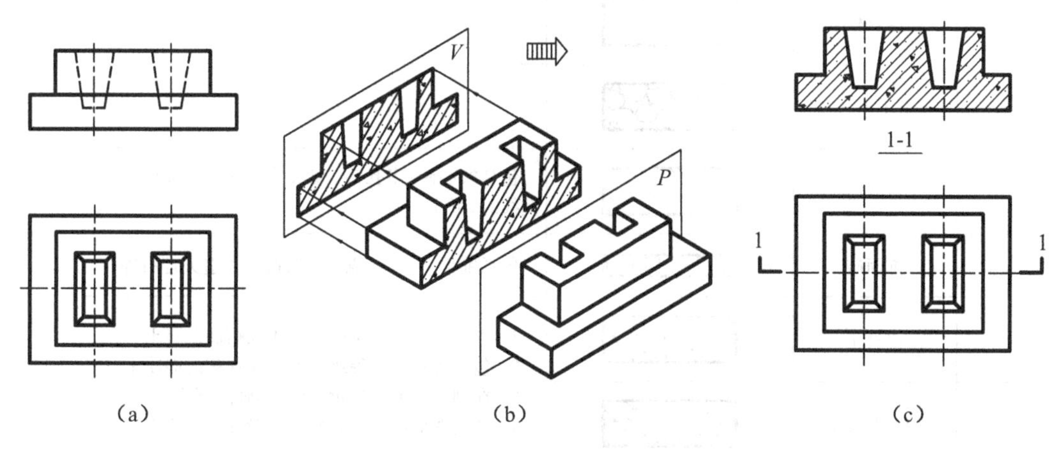

图 6-7　剖面图的形成

6.3.2　剖面图的基本画法

1) 剖面图的标注

为了读图方便，画剖面图时一般应标注剖切符号，用以表明剖切位置、投影方向、剖面名称及所用材料等。

(1) 剖切位置：用剖切位置线表示剖切平面的剖切位置(实质上就是剖切平面的积聚投影)。剖切位置线以两条粗短实线绘制，长度宜为 6～10 mm，并且不应与其他图线相接触。

(2) 投影方向：用垂直于剖切位置线的粗实线表示剖切后的投射方向，长度宜为 4～6 mm。

(3) 剖面名称：剖面名称常采用阿拉伯数字表示，与相应剖切面的编号对应。如图 6-7(b)中的剖切面 P 用 1-1 表示，如果剖切面较多时，编号按顺序由左至右、由上至下连续编排，并注写在剖视方向线的端部。剖面图的图名可注写在剖面图的下方，并应在图名下方画上一等长的粗实线，如图 6-7(c)中“1-1”。

(4) 材料图例：形体剖开之后，都有一个截面(实体部分)，即截交线围成的平面图形，称为断面。在剖面图中，规定要在断面上画出相应的材料图例，各种材料图例的画法必须遵照“国标”的有关规定，常用的建筑材料图例见表 6-1。在不指明材料时，可以用等间距、同方向的 45°细斜线来表示。

表 6-1　常用的建筑材料图例

序　号	名　称	图　例	说　明
1	自然土壤		包括各种自然土壤
2	夯实土壤		
3	砂、灰土		靠近轮廓线绘较密的点
4	石材		
5	毛石		
6	普通砖		包括实心砖、多孔砖、砌块等砌体。断面较窄不易绘出图例线时，可涂红
7	饰面砖		包括铺地砖、马赛克、陶瓷锦砖、人造大理石等
8	混凝土		1. 本图例指能承重的混凝土及钢筋混凝土 2. 包括各种强度等级、骨料、添加剂的混凝土 3. 在剖面图上画出钢筋时，不画图例线 4. 断面图形小，不易画出图例线时，可涂黑
9	钢筋混凝土		
10	木材		1. 上图为横断面，上左图为垫木、木砖或木龙骨 2. 下图为纵断面
11	金属		1. 包括各种金属 2. 图形小时可涂黑
12	塑料		包括各种软、硬塑料及有机玻璃等
13	防水材料		构造层次多或比例大时，采用上面图例

注：图例中的斜线、短斜线、交叉斜线等一律为 45°。

2) 画剖面图时的注意事项

(1) 由于剖切平面是假想的，所以只在画剖面图时，才假想将形体切去一部分。而在画其他视图时，应按完整的形体画出，如图 6-7(c)所示的平面图。

(2) 作剖面图时，一般应使剖切平面平行于基本投影面。同时，要使剖切平面通过形体上的孔、洞、槽等隐蔽形体的中心线，将形体内部尽量表现清楚。在剖面图中一般不画虚线。

(3) 根据形体的具体情况，选择合适的剖切方法。

6.3.3 剖面图的分类

1) 全剖面图

假想用一个剖切平面将物体全部剖开，然后画出形体的剖面图，这种剖面图称为全剖面图。如图 6-7(c)所示。全剖面图一般均应标注剖切位置线、投射方向线和剖切编号。

全剖面图一般适用于外形简单，内部结构用一个剖切面就可以表达清楚的物体。

2) 半剖面图

当工程形体对称且外形又比较复杂时，可以画出由半个外形图和半个剖面图拼成的图形，以同时表示形体的外形和内部构造，这种剖面图称为半剖面图。

如图 6-8 所示的锥壳基础，如果作其全剖面图，则复杂外形和相贯线不能充分的表示出来。此时，可用半剖面图代替其正立面图和左侧立面图。在半剖面图中，剖面图和视图之间，规定用形体的对称中心线(在细点画线的两端加等号"="表示)为分界线。一般情况下，当形体左右对称时，半剖面画在右半部分；当形体前后对称时，半剖面画在前半部分。半剖面图的标注与全剖面图相同。

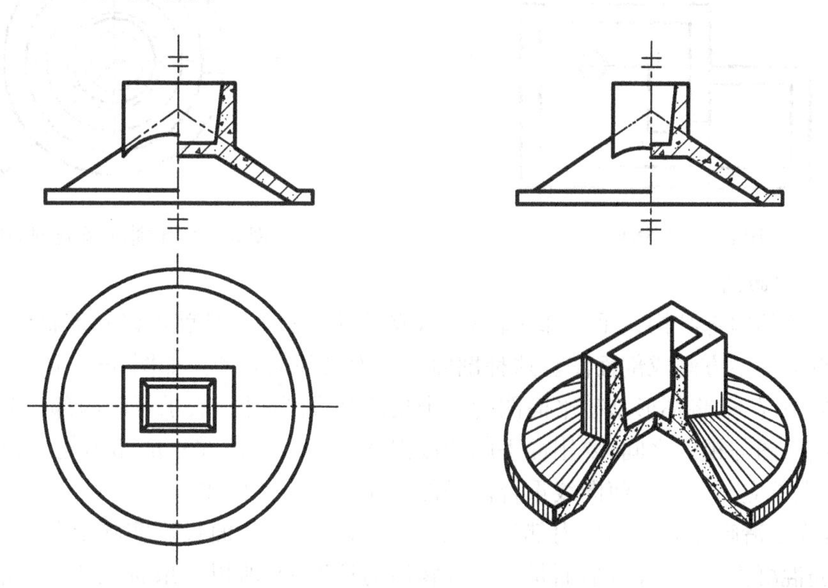

图 6-8　锥壳基础半剖面图

3）阶梯剖面图

当形体的外部形状比较简单，有两个或两个以上的内部结构的对称面相互平行时，可用两个相互平行的剖切平面将形体剖开，两个剖切面在转折的地方就像一个台阶，所以，这样所得的剖面图称为阶梯剖面图。如图 6-9 所示的形体，左前和右后均有一个圆柱孔，由于两个孔的位置不在同一个正平面内，于是采用两个相互平行的正平面分别通过两个孔洞的轴线同时将形体剖开，得到其阶梯剖面图。画阶梯剖面图时应注意，剖切平面的转折处，在剖面图上规定不画线。标注时，应在需要转折的剖切位置线的转角外侧加注与该剖视剖切符号相同的编号。

4）旋转剖面图

如图 6-10 所示的过滤池正立面图，是用两个相交的铅垂剖切平面，沿 1-1 位置将池壁内部的孔洞剖开，然后将其中倾斜于 V 面的右侧剖切面旋转到平行于 V 面后，再向 V 面投影，形成旋转剖面图。

旋转剖面适用于外部形状比较简单，内部有两个或两个以上结构的对称面相交于主体的回转轴线时的形体。

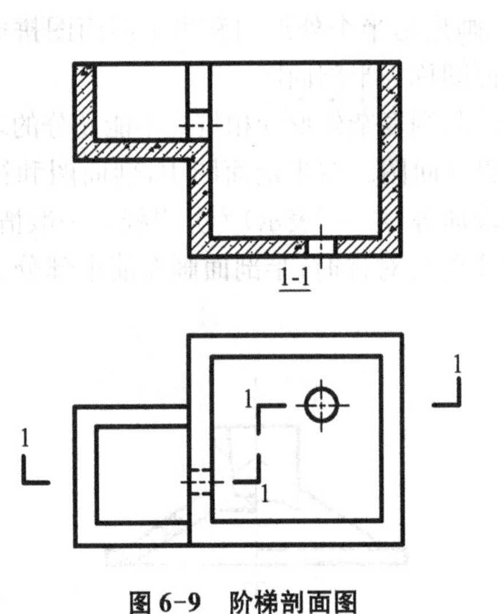

图 6-9　阶梯剖面图

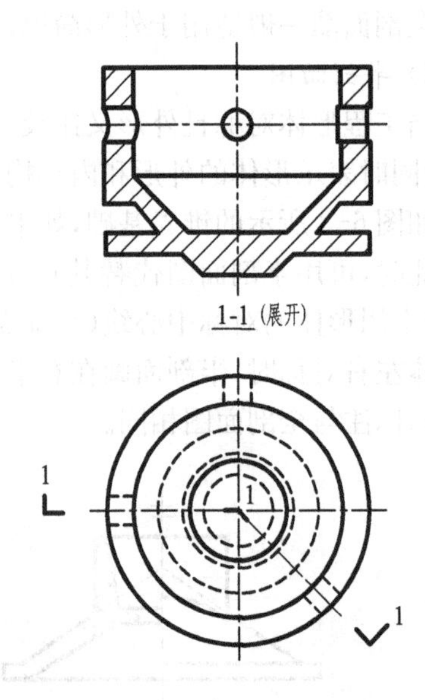

图 6-10　过滤池旋转剖面图

5）局部剖面图

如果形体的内部结构只是局部比较复杂，或者只要表达局部就可以知道整体情况，那么就可以只将局部地方画成剖面图。这种剖面图称为局部剖面图。如图 6-11 所示，在不影响外形表达的情况下，将杯形基础平面图的一个角落画成剖面图，表示基础内部钢筋的配置情况。局部剖面图与视图之间，要用徒手画的波浪线分界。波浪线不能超出轮廓线和不得通过空体处，也不应与图中任何图线重合。局部剖面图不需要标注。

注意：为了清晰地表达物体内部的钢筋，图 6-11 中的 V 面投影实际上是剖面图，但是没有画钢筋混凝土的材料图例，而是假设该物体为透明的，所以一般称之为“透明画法”，常用这种画法表达钢筋混凝土构件。

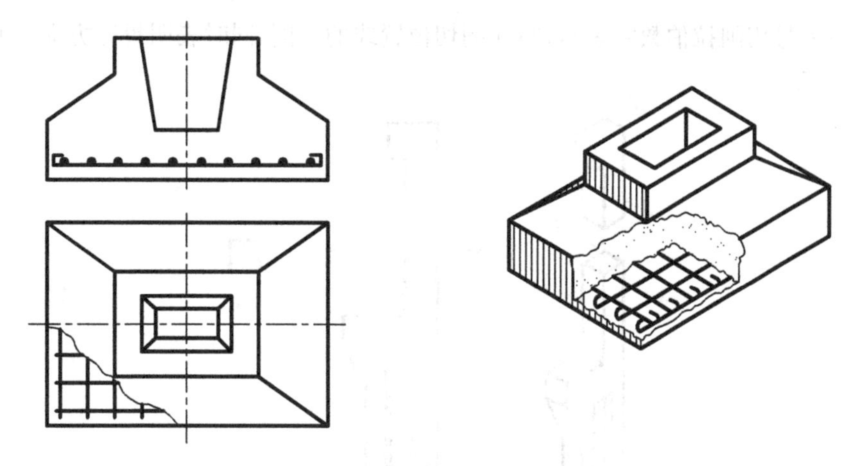

图 6-11　杯形基础局部剖面图

当结构物的构造是按层次分布时,可采用分层局部剖面图表示,称为分层表示法。这种表示方法常用于墙面、地面、屋面等处。图 6-12 便是采用分层局部剖面图来反映楼面各层所用的材料和构造的做法。画分层局部剖面图时,各层之间的分界也是采用波浪线表示,并且不需要进行标注。

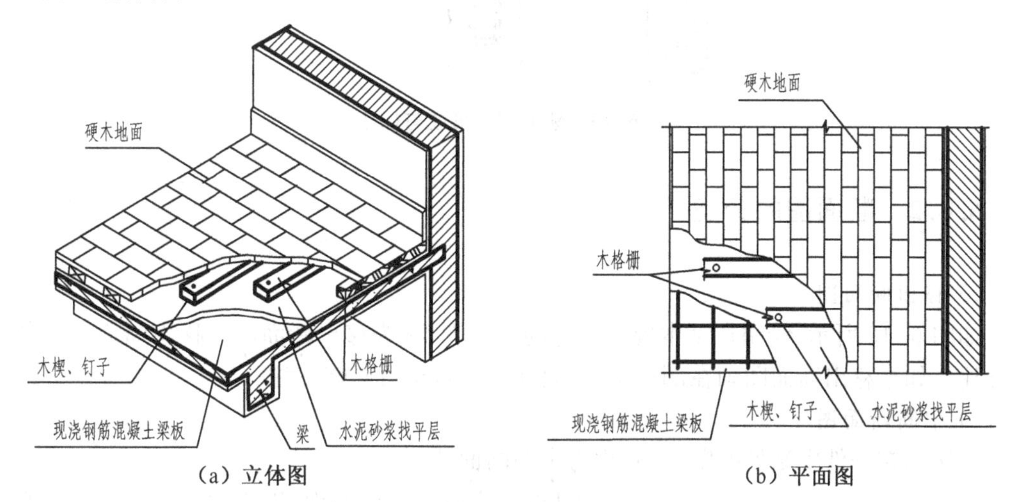

(a) 立体图　　(b) 平面图

图 6-12　分层表示法

6.4　断面图

6.4.1　断面图的形成

假想用一个平行于某一投影面的剖切面将形体剖切后,仅画出剖切到的切口图形,并且画上相应的材料图例,这样的图形称为断面图,如图 6-13 所示。

断面图的剖切符号由剖切位置线和编号组成。剖切位置线用粗实线表示,长度宜为

6～10 mm；编号用阿拉伯数字表示，写在剖切位置线的一侧，同时表明投影方向。其他标注方法同剖面图。

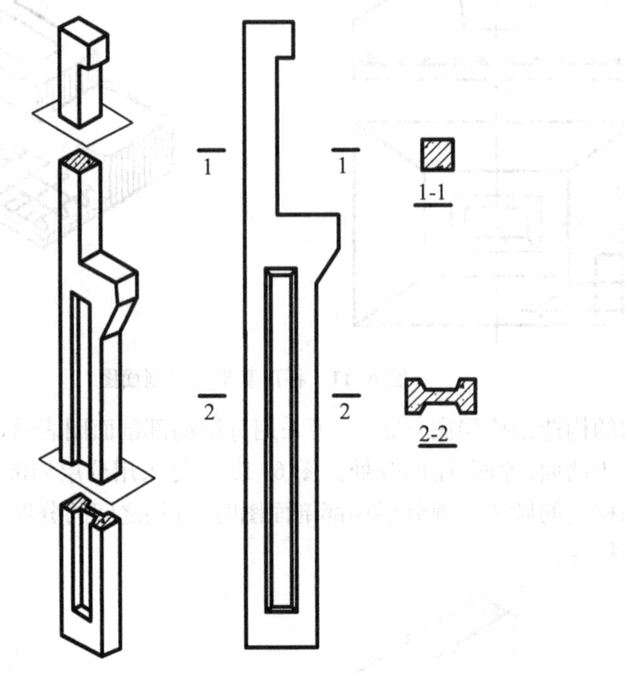

图 6-13　断面图的形成与标注

6.4.2　断面图的分类

1）移出断面图

如图 6-13 所示，绘制在基本视图之外的断面图，称为移出断面图。移出断面图一般需要标注。如果移出断面图画在剖切位置延长线处时，也可省略标注。

2）中断断面图

直接画在杆件中断处的断面图，称为中断断面图。

如图 6-14 所示，可在花篮梁中间断开的地方画出梁的断面，以表示梁的形状和材料情况。这种画法适用于表示较长而且只有单一断面形状的杆件，中断断面图不需标注。

图 6-14　花篮梁中断断面图

3）重合断面图

绘制在视图轮廓线内的断面图，称为重合断面图。如图 6-15(a)所示，可在屋顶平面图上加画断面图，用来表示屋面的结构与形式。这种断面图是假想用一个垂直于屋顶的剖切平面剖开后把断面向左旋转 90°，使它与平面图重合后得到的。断面的轮廓线应用加粗实线绘制，当视图中的轮廓线与断面图重叠时，视图中的轮廓线仍应连续画出，不可间断。重合断面图不加任何标注，只在断面图的轮廓线之内表示材料图例即可。

图 6-15(b)是用重合断面图表示墙壁立面上装饰的凹凸起伏的状况，它是用水平剖切面剖切后向下翻转 90°而得到的。

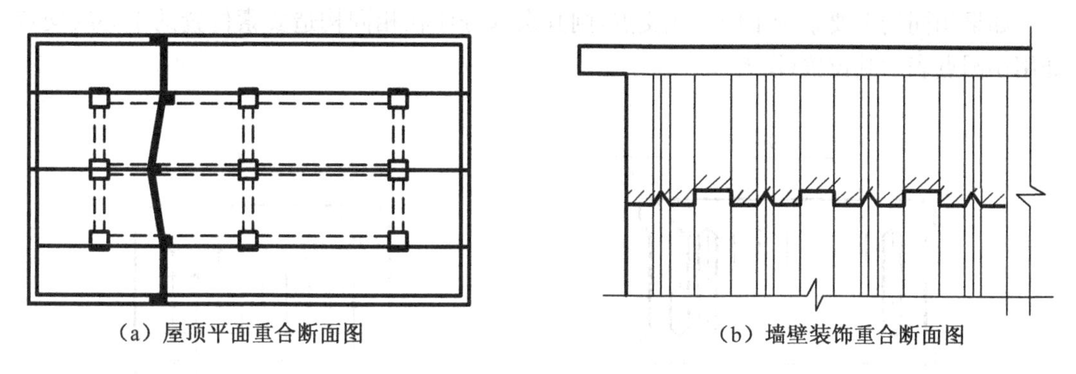

(a) 屋顶平面重合断面图　　(b) 墙壁装饰重合断面图

图 6-15　重合断面图

6.5　图样的简化画法

6.5.1　对称形体的简化画法

对称的图形可以只画一半(如图 6-16(a))，也可以只画出其四分之一(如图 6-16(b))，但要加上对称符号。

对称的图形也可以绘至稍稍超出对称线之外，然后用细实线画出的折断线或波浪线来省略表示，如图 6-16(c)所示。此种省略画法无需加上对称符号，主要适用于对称线上有不完整图形的情况。

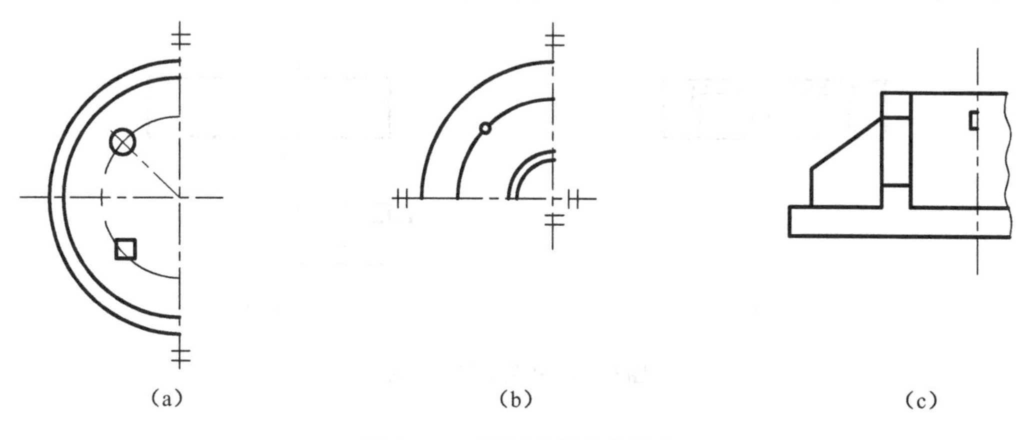

(a)　　(b)　　(c)

图 6-16　对称形体的简化画法

6.5.2 相同要素的简化画法

如果图上有多个完全相同而连续排列的构造要素，可仅在两端或适当位置画出其中一两个要素的完整形状，其余部分以中心线或中心线交点表示(图 6-17(a))。

如果相同构造要素少于中心线交点，则其余部分应在相同构造要素位置的中心线交点处用小圆点表示其位置(图 6-17(b))。

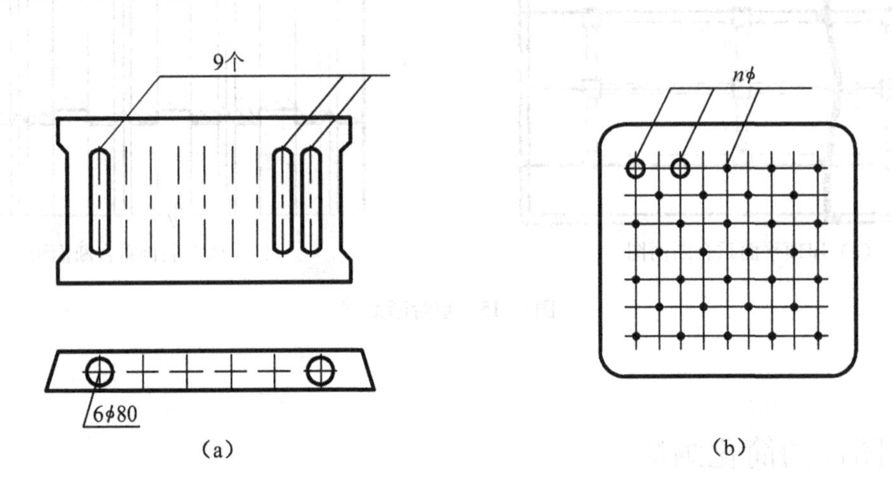

图 6-17 相同要素的简化画法

6.5.3 折断的简化画法

较长的构件，如沿长度方向的形状相同或按一定规律变化，可断开省略绘制，断开处应以折断线表示(图 6-18(a))。

一个构配件如与另一个构配件仅部分不相同，该构配件可只画不同部分，但应在两个构配件的相同部分与不同部分的分界线处分别绘制连接符号(图 6-18(b))。

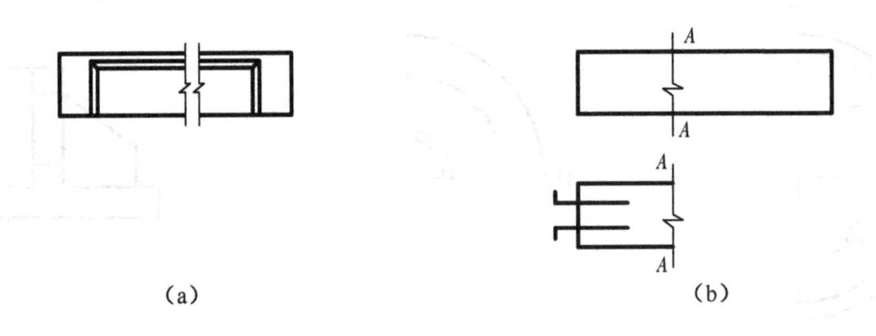

图 6-18 折断的简化画法

6.6 综合应用举例

【例 6-1】 将图 6-19(a)所示的组合体的正立面图和左侧立面图改画成适当的剖面图。

【解】 因为该组合体左右对称，可以把正立面图画成 1-1 半剖面图，其中右半部分画成剖面图，左半部分画成外形图，不可见的虚线不画出来。又因为前后不对称，可以把左侧立面图画成 2-2 全剖面图，其中看不见的小圆柱孔由于其他视图已经表示出来而不再画虚线，结果如图 6-19(b)所示。

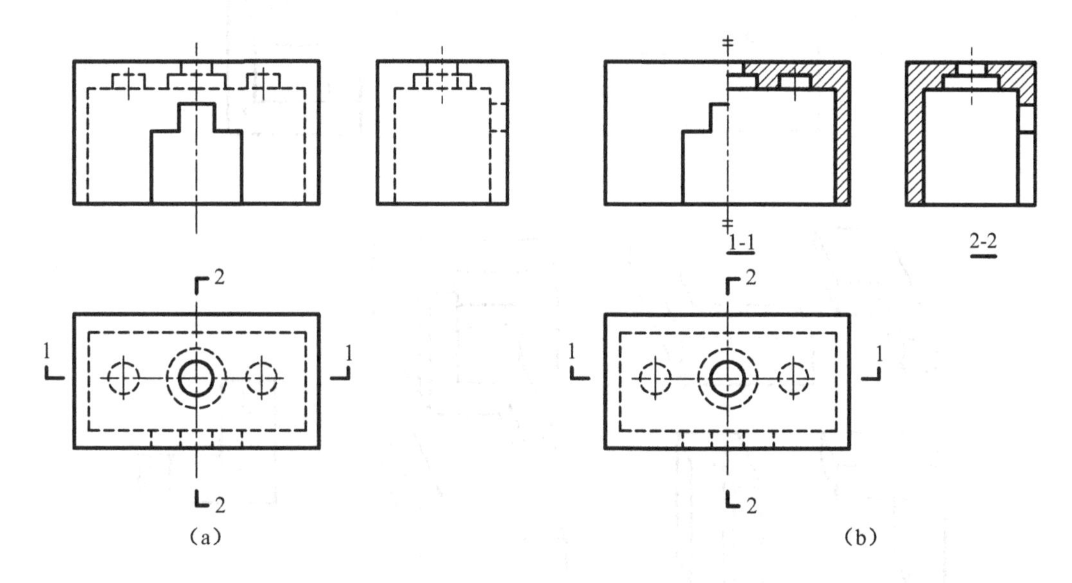

图 6-19 组合体剖面图画法

【例 6-2】 如图 6-20(a)所示，已知形体的 1-1、2-2 剖面图，求作 3-3 剖面图。

【解】 要想补画的剖面图正确，首先必须根据已知条件，想出它所表达的空间立体形状，即读懂剖面图。读剖面图的方法仍为形体分析法，但由于增加了剖面的表达手法，因此，与上一章节的组合体的读图方法有所不同。这里介绍一种剖面图的读图方法——断面对应法，步骤如下：

① 区别空体和实体。

根据已知条件，对各个剖面进行编号，找出其对应的剖切位置，那么没有剖切到的便是空体，如图 6-20(b)所示。

② 分析各剖面所对应的实体形状。

由各剖面所对应剖切位置形体的平面形状，想出各个分体所对应的空间形状，并勾画其轴测图，如图 6-20(c)所示。

③ 综合想整体。

根据各个分体所对应的相对位置，综合想出整体的形状，如图 6-20(d)所示。

④ 补画 3-3 剖视图，如图 6-20(e)所示。

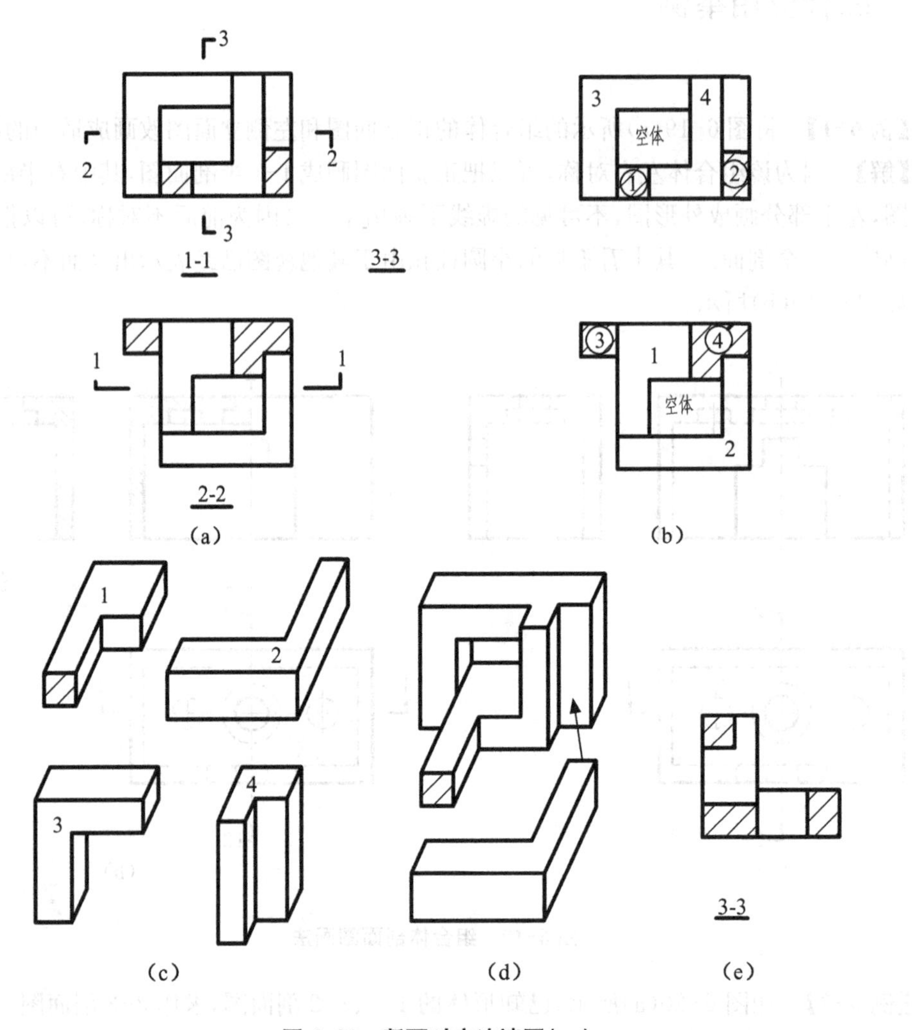

图 6-20 断面对应法读图(一)

【例 6-3】 如图 6-21(a)所示，已知形体的 1-1 和 2-2 剖面图，求作 3-3 剖面图。

【解】 根据已知条件对各个断面进行编号(编号时可综合考虑 1-1 和 2-2 剖面图，将独立的断面①、②和③单独编号，而将互相联系的④断面统一编号，如图 6-21(b)所示)，找出其对应的剖切位置，那么没有剖切到的便是空体。

分别想出各断面所对应剖切位置的剖切体的形状，并勾画其轴测图，如图 6-21(c)所示：断面①所对应的剖切体为 1；断面②所对应的剖切体为 2；断面③所对应的剖切体为 3；断面④所对应的剖切体为 4。

根据各个分体所对应的相对位置，综合想出整体的形状。补画 3-3 剖面图，如图 6-21(d)所示。

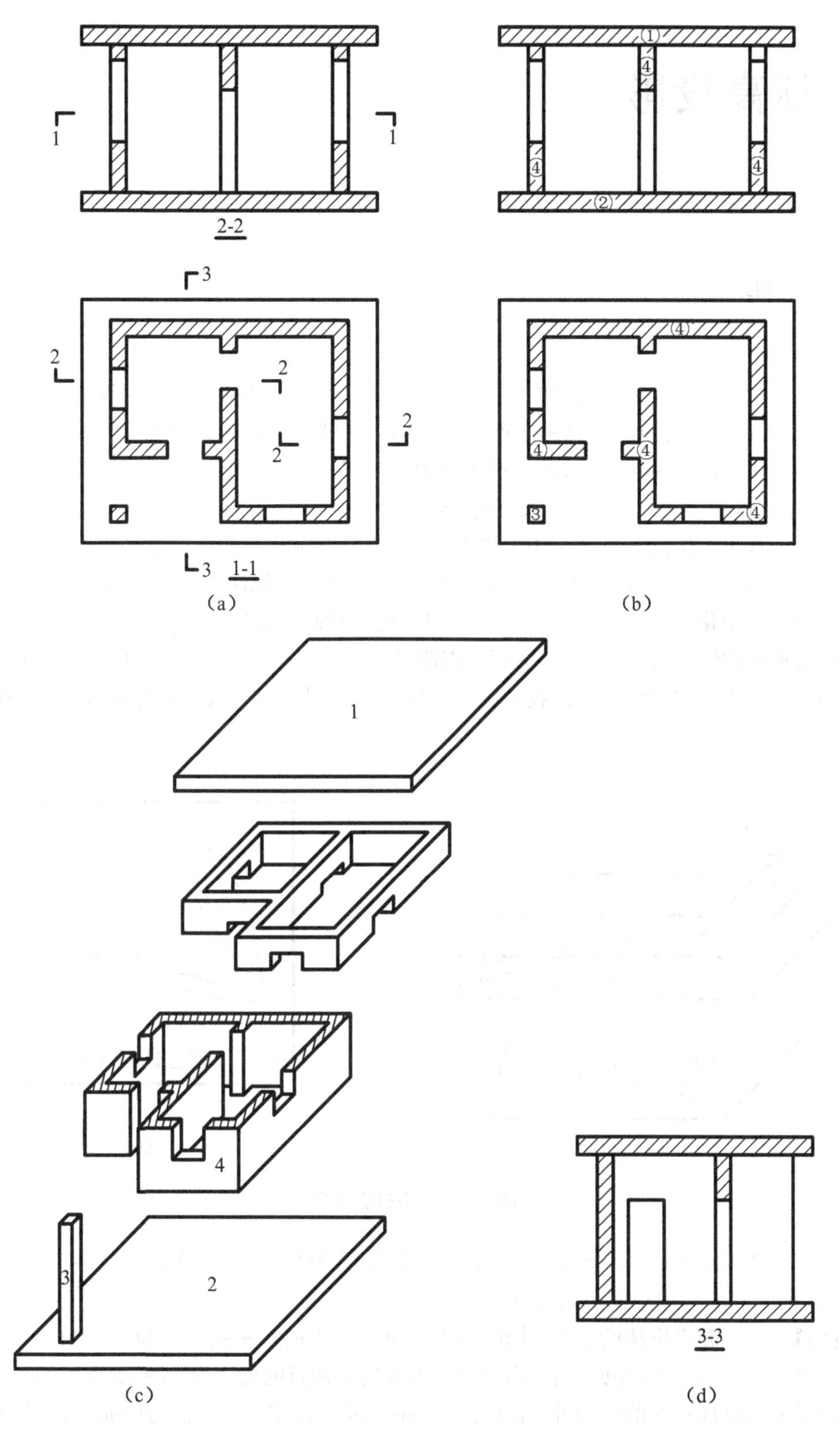

图 6-21 断面对应法读图(二)

7 标高投影

7.1 概述

前面各章均是用多面正投影图来表达空间形体的，它一般适用于表达规则的形体，而对于工程中的一些复杂曲面体，这种多面正投影的方法就不合适了。例如，起伏不平的地面就很难用多面正投影图表达清楚，而工程建筑物一般都是在地面上修建的，在设计和施工过程中，常常需要绘制表示地面起伏状况的地形图，以便在图纸上解决有关的工程问题。

工程上常采用标高投影图来表示地形面，如图 7-1 所示。即用一组平行、等距的水平面与地面截交，截得一系列的水平曲线，并在这些水平曲线上标注上相应的高程，便能清楚地表达地面起伏变化的形状，这种在水平投影上加注高程的方法称为标高投影法。这些加注了高程的水平曲线称为等高线，其上每一点距某一水平基准面 H 的高度相等。这种加注了高程的水平正投影图便称为标高投影图。在标高投影图中，必须标明比例或画出比例尺，基准面一般为水平面。

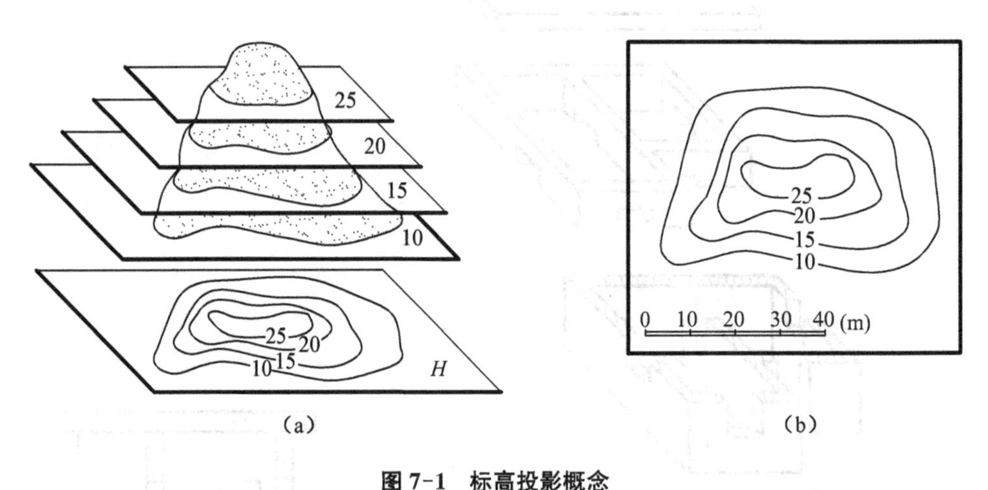

(a)　　(b)

图 7-1　标高投影概念

【例 7-1】 如图 7-2(a)所示，已知水平投影面 H 为基准面，点 A 在 H 面上方 4 m，点 B 在 H 面下方 3 m，作出空间点 A 和 B 的标高投影图。

【解】 由标高投影法的定义，作出空间 A 和 B 两点的水平投影 a 和 b，并分别在 a 和 b 的右下角标注距 H 面的高度，并注明绘图比例，即得到两点的标高投影图，如图 7-2(b)所示。

除了地形这样复杂的曲面外，在土木工程中一些平面相交或平面与曲面、曲面与曲面相交的问题也常用标高投影法表示，如填、挖方的坡脚线和开挖线等。

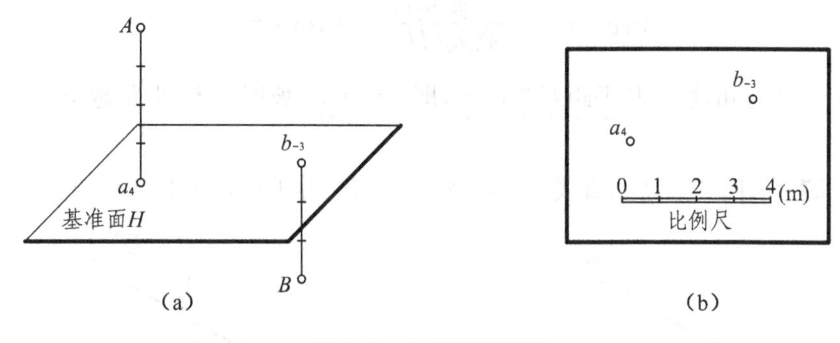

图 7-2 点的标高投影

7.2 直线的标高投影

7.2.1 直线的表示法

直线可由直线上两点或直线上一点及该直线的方向来确定，如图 7-3(a)所示。因此，直线的标高投影有以下两种表示方法：

(1) 直线的水平投影并加注其上两点的标高，如图 7-3(b)所示。

(2) 直线上一点的标高投影，并加注该直线的坡度和方向，如图 7-3(c)所示。并规定表示直线方向的箭头指向下坡。

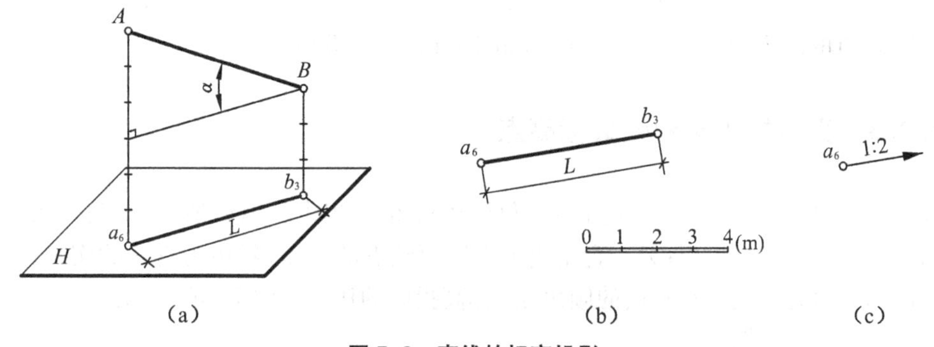

图 7-3 直线的标高投影

7.2.2 直线的坡度和平距

直线上任意两点的高差与其水平距离之比，称为该直线的坡度，用 i 表示。

$$坡度(i)=\frac{高差(H)}{水平距离(L)}=\tan\alpha$$

直线上任意两点的高差为一个单位时的水平距离，称为该直线的平距，用 l 表示。

$$平距(l) = \frac{水平距离(L)}{高差(H)} = \cot\alpha = \frac{1}{i}$$

由上面两式可知，坡度和平距互为倒数，即 $i = 1/l$。坡度越大，平距越小；反之，坡度越小，平距越大。

【例 7-2】 求图 7-4 所示直线 AB 的坡度与平距，并求出直线上点 C 的高程。

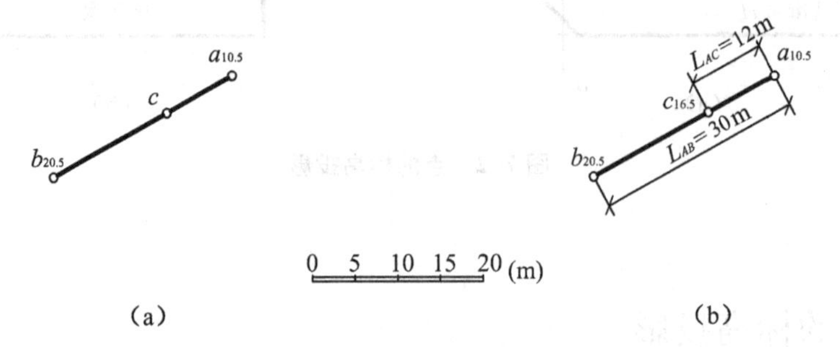

图 7-4 求直线的坡度、平距及 C 点的高程

【解】 由图可知：

$$H_{AB} = 20.5\ \text{m} - 10.5\ \text{m} = 10\ \text{m}$$

根据给定的比例尺量得： $L_{AB} = 30.0\ \text{m}$

求坡度和平距：

$$i = \frac{H_{AB}}{L_{AB}} = \frac{10.0}{30.0} = \frac{1}{3};l = \frac{1}{i} = 3$$

量取 $L_{AC} = 12.0\ \text{m}$，则 $\frac{H_{AC}}{L_{AC}} = i = \frac{1}{3};H_{AC} = L_{AC} \times i = 12.0\ \text{m} \times \frac{1}{3} = 4.0\ \text{m}$

所以 C 点的高程为： $H_C = 10.5\ \text{m} + 4\ \text{m} = 14.5\ \text{m}$

7.2.3 直线的实长和整数标高点

标高投影中，直线的实长可用直角三角形法求得。如图 7-5(a)所示，直角三角形中的一直角边为直线的标高投影；另一直角边为直线两端点的高差；斜边为直线的实长；斜边和标高投影的夹角为直线对水平面的倾角 α。标高投影的作图如图 7-5(b)所示。

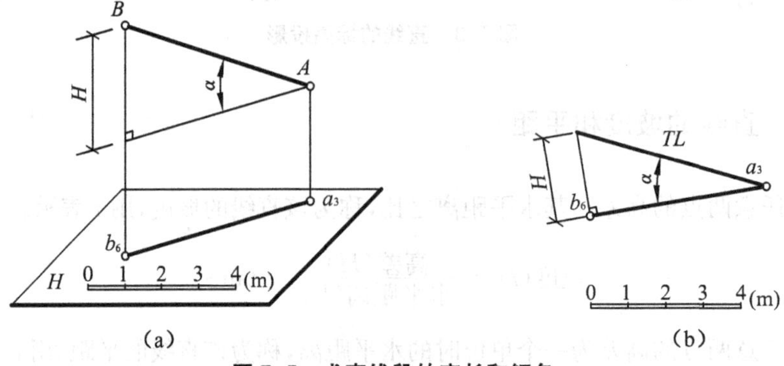

图 7-5 求直线段的实长和倾角

在实际工程中，通常直线两端点的高程不是整数，则需要求出直线上各整数标高点。

【例 7-3】 如图 7-6(a)所示，已知直线 AB 的标高投影为 $a_{2.3}b_{6.9}$，求直线上各整数标高点。

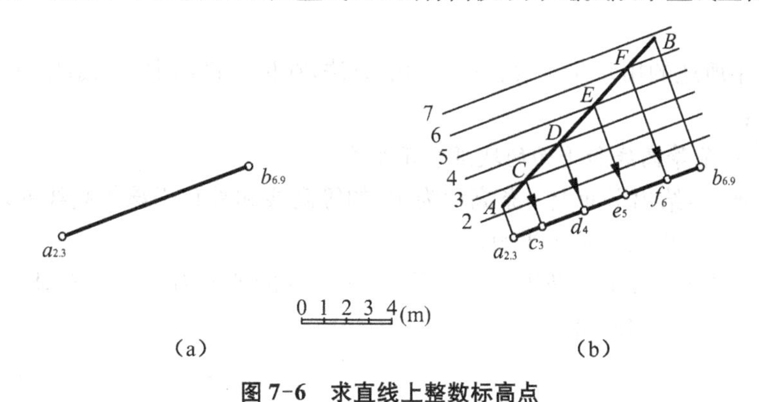

图 7-6 求直线上整数标高点

【解】 作一组平行于 $a_{2.3}b_{6.9}$ 的等高线，其间距按比例尺确定(为使图面清晰，等高线和 $a_{2.3}b_{6.9}$ 之间的距离可大一些)；分别过 $a_{2.3}$ 和 $b_{6.9}$ 点作等高线的垂线并量取 A、B 两点的高程，则直线 AB 即反映了其实长和倾角实形；直线 AB 与各等高线交于 C、D、E、F 各点，自这些点向 $a_{2.3}b_{6.9}$ 作垂线，即得 c_3、d_4、e_5、f_6 各整数高程点。如图 7-6(b)所示。

7.3 平面的标高投影

7.3.1 平面上的等高线和坡度线

平面上的等高线就是平面上的水平线，即该平面与水平面的交线。如图 7-7(a)所示，平面上各等高线彼此平行，当各等高线的高差相等时，它们的水平距离也相等。

平面上的坡度线就是平面上对水平面的最大斜度线，它的坡度代表了该平面的坡度。如图 7-7(b)所示，平面上的坡度线与等高线互相垂直，它们的标高投影也互相垂直。坡度线上应画出指向下坡的箭头。

工程中有时在坡度线的投影上加注整数高程，并画成一粗一细的双线，称为平面的**坡度比例尺**，如图 7-7(c)所示。P 平面的坡度比例尺用 P_i 表示。

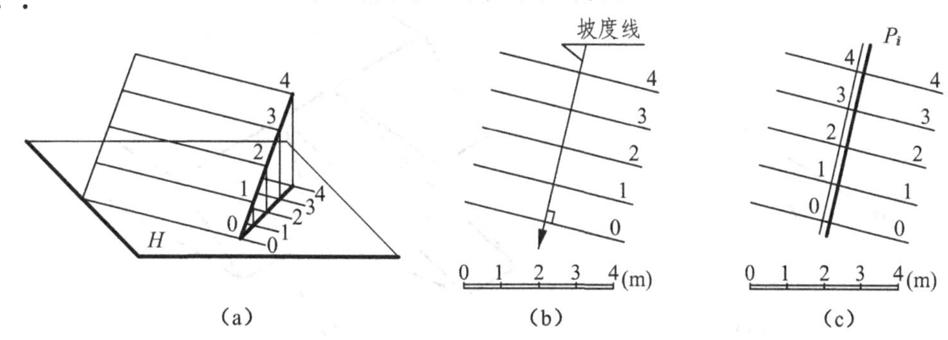

图 7-7 平面上的等高线、坡度线及平面的坡度比例尺

7.3.2 平面的表示法

在正投影中所述的用几何元素表示平面的方法，在标高投影中仍然适用，但常采用如下几种表示方法：

1) 平面上一条等高线和平面的坡度表示平面

如图 7-8 所示，给出平面上一条高程为 10 的等高线和垂直于该等高线的坡度线，并标出其坡度 $i=1:2$，即表示一个平面。

【例 7-4】 已知平面上一条等高线高程为 20，平面的坡度为 $i=1:2$，求作平面上整数高程的等高线，如图 7-9(a)所示。

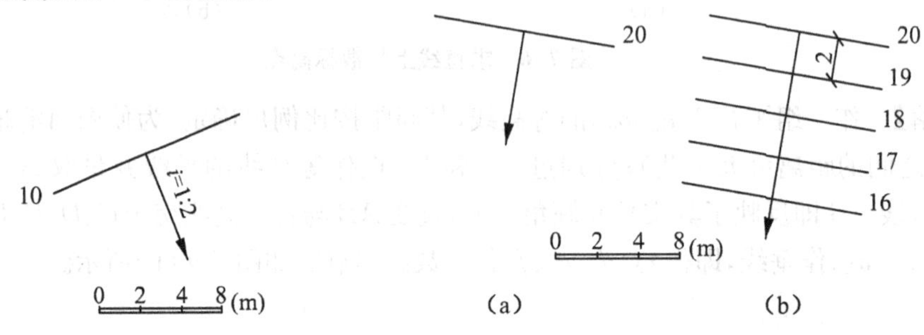

图 7-8 用等高线和坡度线表示平面

图 7-9 作平面上的等高线

【解】 作已知等高线 20 的垂线，得坡度线；根据图中所给比例尺，从坡度线与等高线 20 的交点 a 开始，连续量取平距 l：

$$l=\frac{1}{i}=1:\frac{1}{2}=2\text{ m}$$

过各分点作已知等高线的平行线，即得到高程为 19、18、17 等一系列等高线。

2) 用平面上一条倾斜直线和平面的坡度表示平面

如图 7-10(a)所示，给出平面 ABC 上一条倾斜直线 AB 的标高投影 a_2b_5，并标出平面 ABC 的坡度 $i=1:2$ 和方向，即表示平面 ABC。因平面上坡度线不垂直于该平面的倾斜直线，所以，在标高投影图中采用带箭头的虚线或弯折线表示坡度的大致方向，箭头指向下坡。图 7-10(b)为斜坡面在实际工程中的应用示例。

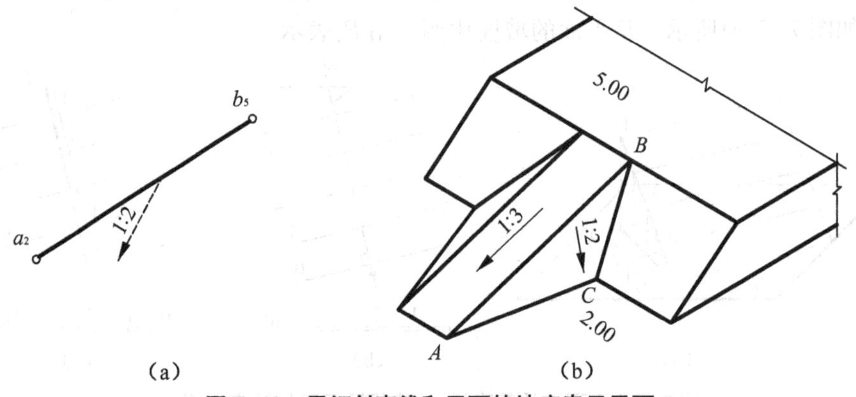

图 7-10 用倾斜直线和平面的坡度表示平面

【例 7-5】 已知平面上一条倾斜直线的标高投影 a_2b_6，平面的坡度为 $i=2:1$，求作该平面上的等高线和坡度线，如图 7-11(a)所示。

【解】 该平面高程为 2 的等高线必通过 a_2 点，它到 b_6 点的水平距离为：

$$L = H/i = 4/2 = 2(\mathrm{m})$$

以 b_6 为圆心，在平面的倾斜方向作半径为 2 m 的圆弧，并自 a_2 点作该圆弧的切线，该切线即为高程为 2 的等高线；连接 b_6 与切点得平面上的坡度线；将 a_2b_6 四等分，得到直线上高程为 3 m、4 m、5 m 的点，过各分点作直线与等高线 2 平行，即得到一系列的等高线，如图 7-11(b)所示。图 7-11(c)为其立体示意图。

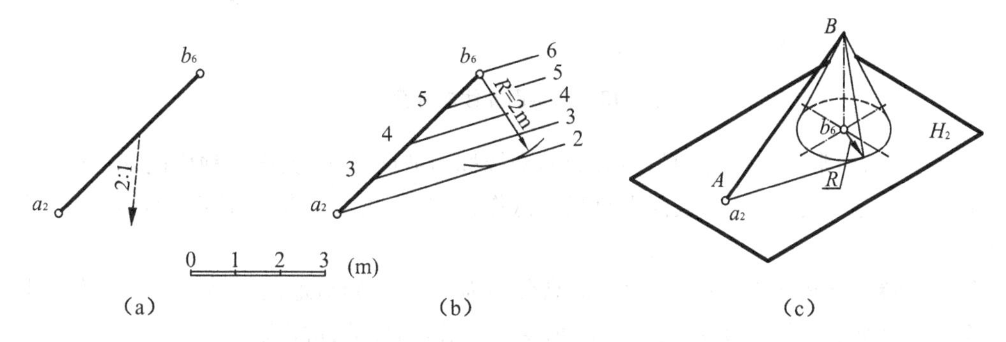

图 7-11 作平面上的等高线和坡度线

3) 用坡度比例尺表示平面

如图 7-12(a)所示，坡度比例尺的位置和方向给出，即确定了平面。过坡度比例尺上的各整数高程点作它的垂线，就得到平面上相应高程的等高线，如图 7-12(b)所示。但必须注意：在用坡度尺表示平面时，标高投影的比例尺或比例一定要给出。

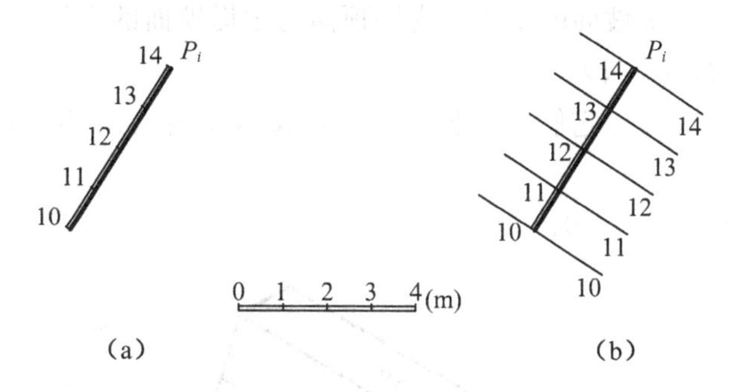

图 7-12 用坡度比例尺表示平面

7.3.3 平面与平面的交线

在标高投影中，平面与平面的交线可用两平面上两对相同高程的等高线相交后所得交点的连线表示，如图 7-13(a)所示，水平辅助面 H_{15} 和 H_{20} 与 P、Q 两平面的截交线是相同高程的等高线 15 m 和 20 m，它们分别相交于交线上的两点 A 和 B，其作图如图 7-13(b)所示。

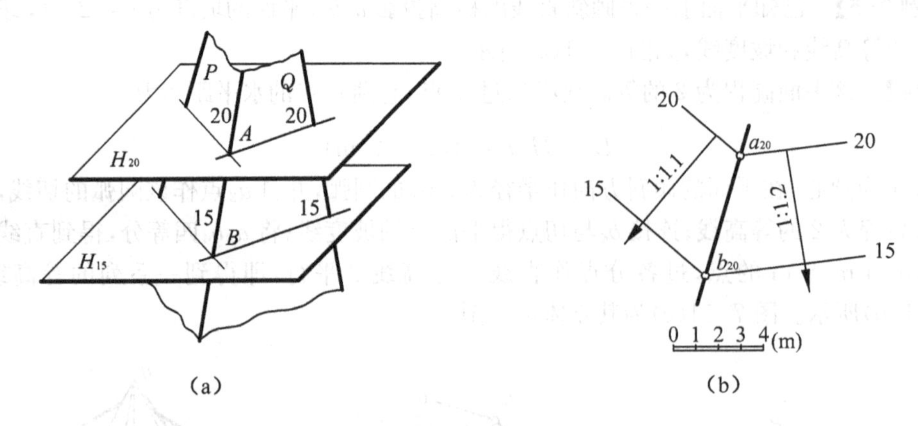

图 7-13 两平面交线的标高投影

在工程中，通常把建筑物相邻两坡面的交线称为坡面交线；坡面与地面的交线称为坡脚线（填方）或开挖线（挖方）；在坡面上自高往低作长、短相间且垂直于等高线的细实线称为示坡线。

【例 7-6】 已知两土堤相交，顶面标高分别为 6 m 和 5 m，地面标高为 3 m，各坡面坡度如图 7-14(a)所示，图 7-14(b)为其立体示意图，试作两堤的标高投影图。

【解】 作相交两堤的标高投影图，需求 4 种线：各坡面与地面的交线，即坡脚线；支堤顶面与主堤坡面的交线；两堤坡面的交线；示坡线。具体步骤如下：

① 求各坡面与地面的交线。以主堤为例，先求堤顶边缘到坡脚线的水平距离 $L = H/i = (6-3)\mathrm{m}/1 = 3\ \mathrm{m}$，则按 1∶300 的比例在两侧作顶面边缘的平行线，即得两侧坡面的坡脚线。同样方法作出支堤的坡脚线。

② 求支堤顶面与主堤坡面的交线。支堤顶面与主堤坡面的交线就是主堤坡面上高程为 5 m 的等高线中的 a_5b_5 一段。

③ 求两堤坡面的交线。它们的坡脚线交于 c_3、d_3，连接 c_3、a_5 和 d_3、b_5，即得坡面交线 c_3a_5 和 d_3b_5。

④ 作示坡线，如图 7-14(c)。

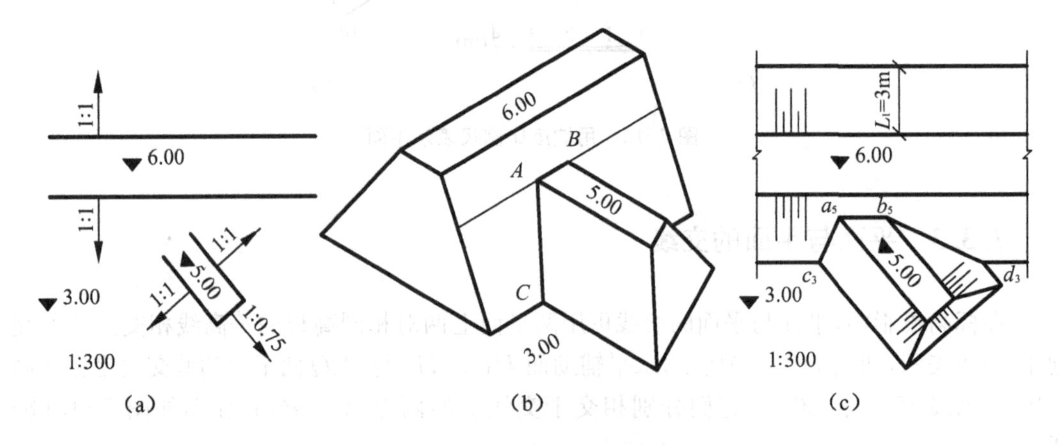

图 7-14 求两堤相交的标高投影

【例 7-7】 如图 7-15(a)所示，一斜坡引道与水平场地相交，已知地面标高为 0 m，水平场地顶面标高为 3 m，试画出它们的坡脚线和坡面交线。

【解】 作图步骤与结果如图 7-15(b)所示。

① 求坡面与地面的交线。水平场地边缘与坡脚线水平距离 $L_1 = 1.5 \times 3\ \text{m} = 4.5\ \text{m}$，斜坡道两侧坡面的坡脚线求法：分别以 a_3 和 b_3 为圆心，以 $L_2 = 1.2 \times 3\ \text{m} = 3.6\ \text{m}$ 为半径画圆弧，自 c_0 和 d_0 分别作两圆弧的切线，即为斜坡两侧的坡脚线。

② 求坡面的交线。水平场地与斜坡的坡脚线分别交于 e_0 和 f_0，连接 a_3、e_0 和 b_3、f_0，即得坡面交线 a_3e_0 和 b_3f_0。

③ 作示坡线。注意斜坡引道两侧的示坡线从引道边缘向垂直于等高线的方向画出。

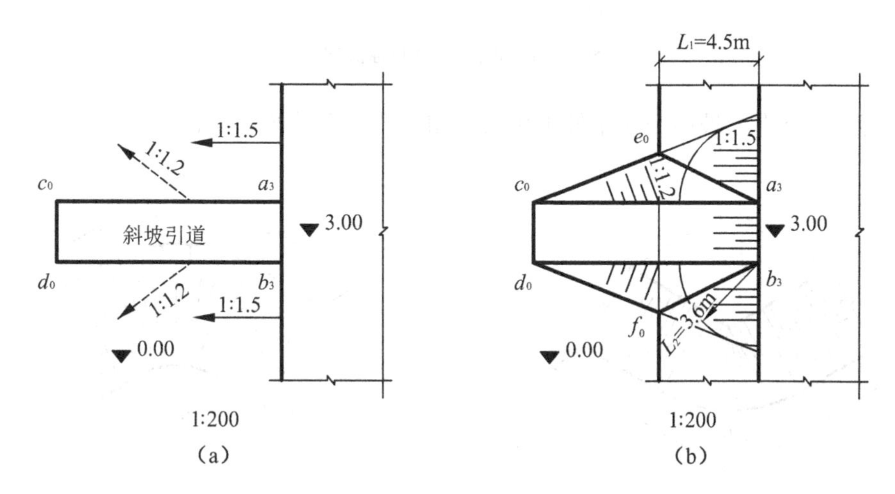

图 7-15 求斜坡与水平场地的标高投影

7.4 曲面的标高投影

在标高投影中，用一系列高差相等的水平面与曲面相截，画出这些截交线（即等高线）的投影，就可表示曲面的标高投影。这里主要介绍工程中常用的圆锥面、同坡曲面和地形面的标高投影。

7.4.1 正圆锥面

正圆锥面的等高线是同心圆，当高差相等时，等高线的水平距离相等。当圆锥面正立时，等高线的高程值越大，则距离圆心越近；当圆锥面倒立时，等高线的高程值越小，则距离圆心越近。如图 7-16 所示。

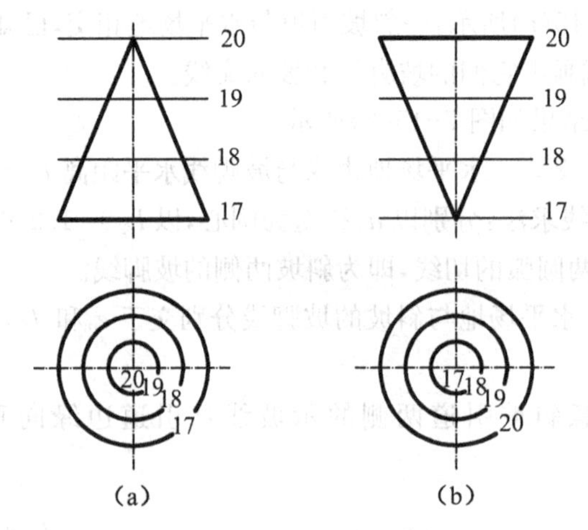

图 7-16　正圆锥面的标高投影

在工程中，常在两坡面的转角处采用坡度相同的锥面过渡，如图 7-17 所示。

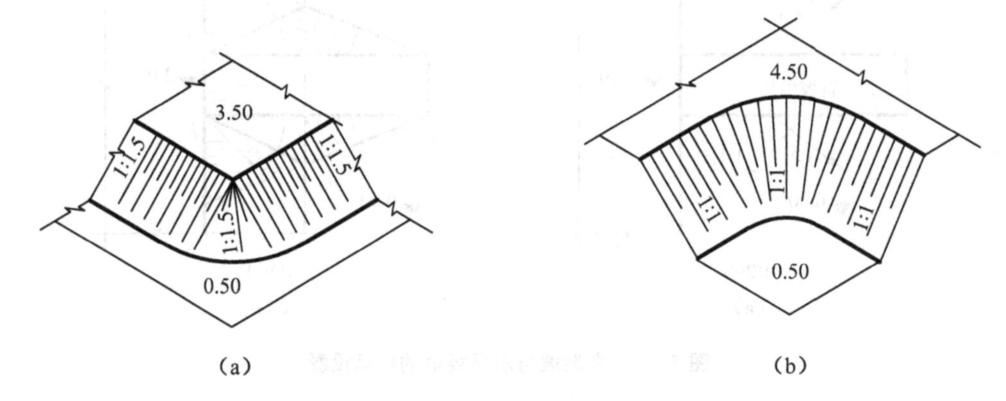

图 7-17　锥面在工程中的应用示意图

【例 7-8】　在土坝与河岸的连接处，用圆锥面护坡，河底标高为 126.0 m，土坝、河岸、圆锥台顶面标高和各坡面坡度如图 7-18(a)所示，试画出它们的标高投影图。

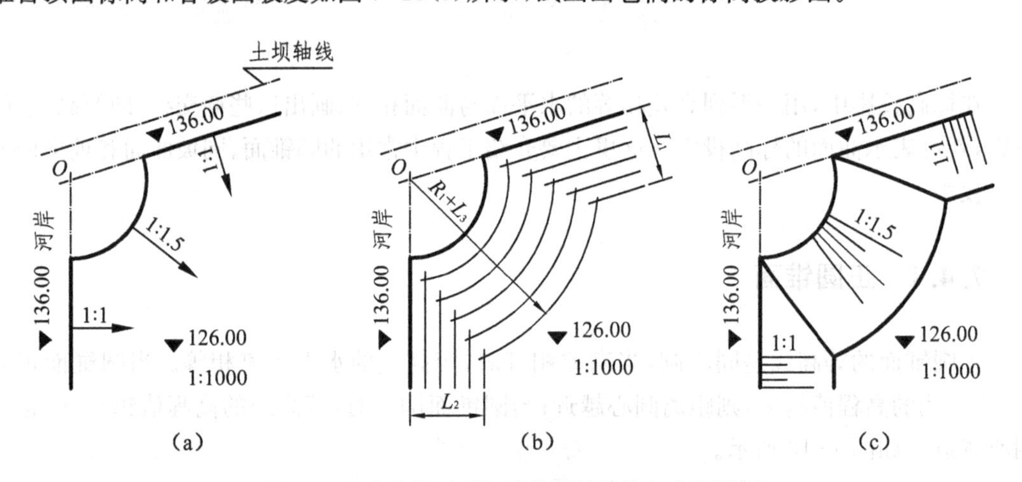

图 7-18　求土坝、河岸、圆锥面护坡的标高投影图

【解】 圆锥面的坡脚线为圆弧，两条坡面交线分别为曲线。作图步骤如下：

① 求坡脚线。土坝、河岸、锥面护坡各坡面的水平距离分别为 L_1、L_2、L_3。

$L_1 = (136 - 126)\text{m} \times 1 = 10\ \text{m}$；$L_2 = (136 - 126)\text{m} \times 1 = 10\ \text{m}$；$L_3 = (136 - 126)\text{m} \times 1.5 = 15\ \text{m}$。根据各坡面的水平距离，即可作出坡脚线。圆锥面的坡脚线是圆锥台顶圆的同心圆，所以，半径 R 为圆锥台顶圆 R_1 与水平距离 L_3 之和，即 $R = R_1 + L_3$。如图 7-18(b)所示。

② 求坡面的交线。各坡面相同高程等高线的交点为坡面交线上的点，依次光滑连接各点得交线(曲线)，同时作示坡线。注意圆锥面的示坡线必须指向或通过圆心，如图 7-18(c)所示。

7.4.2 同坡曲面

如图 7-19(a)所示，正圆锥锥轴垂直于水平面，锥顶沿着空间曲线 L 运动得到的包络曲面就是同坡曲面。在工程中，道路弯道处常用到同坡曲面。如图 7-19(b)所示，一段倾斜的弯道(高速公路出入口)，其两侧边坡是同坡曲面，同坡曲面上任何地方的坡度都相同。

根据同坡曲面的含义，其具有以下特点：

(1) 同坡曲面与运动的正圆锥处处相切。

(2) 同坡曲面与运动的正圆锥坡度相同。

(3) 同坡曲面的等高线与运动的正圆锥同高程的等高线相切。

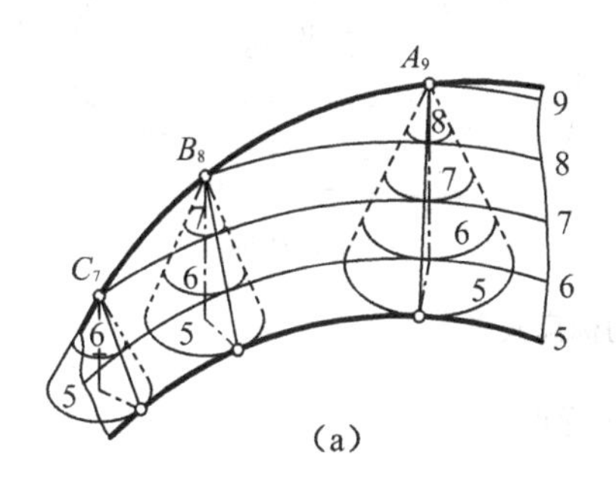

(a)

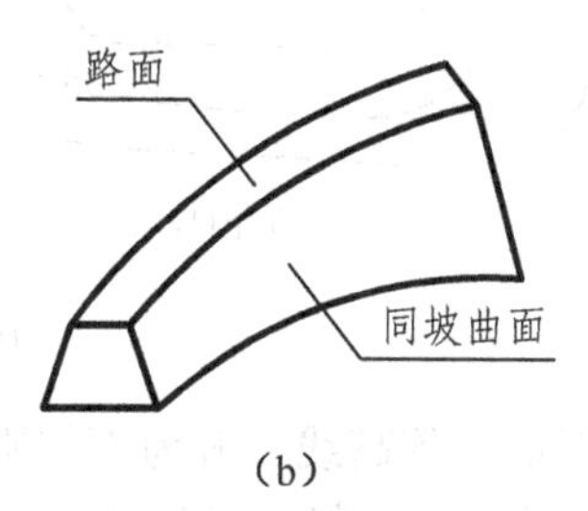

(b)

图 7-19 同坡曲面

【例 7-9】 如图 7-20(a)所示，已知平台高程为 29 m，地面标高为 25 m，将修筑一弯曲倾斜道路与平台连接，斜路位置和路面坡度已知，试画出坡脚线和坡面交线。

【解】 作图步骤如下：

① 求边坡平距 l：$l = 1/H = 1$。

② 定出弯道两侧边线上的整数高程点 26、27、28、29。

③ 以高程点 26、27、28、29 为圆心，半径为 $1l$、$2l$、$3l$、$4l$ 画同心圆弧，即为各正圆锥的等高线。

④ 作正圆锥面上相同标高等高线的公切曲线，即得边坡的等高线。

⑤ 求同坡曲面与平台边坡的交线。如图 7-20(b)所示。

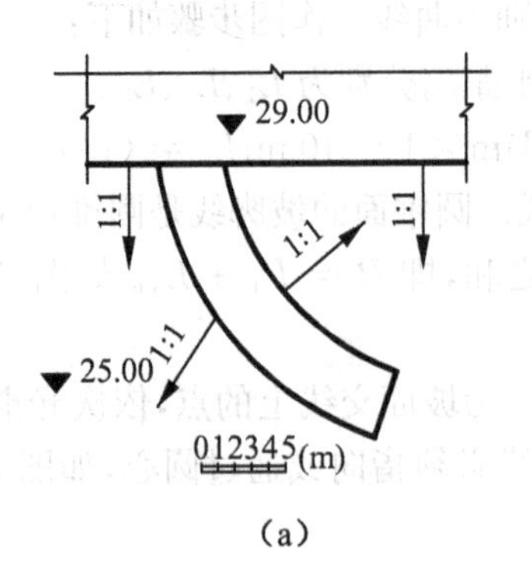

(a)

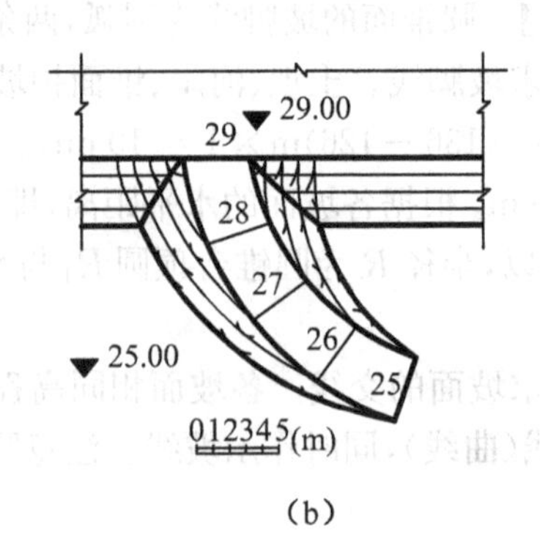

(b)

图 7-20　求平台与弯曲斜道的标高投影图

7.4.3　地形面的标高投影

地形面是不规则曲面，用一组高差相等的水平面截切地面，得到一组截交线（等高线），并注明高程，即为地形面的标高投影。如图 7-21 所示。

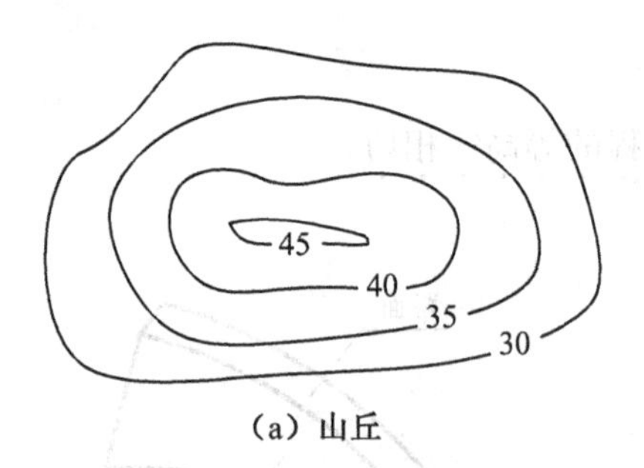

(a) 山丘

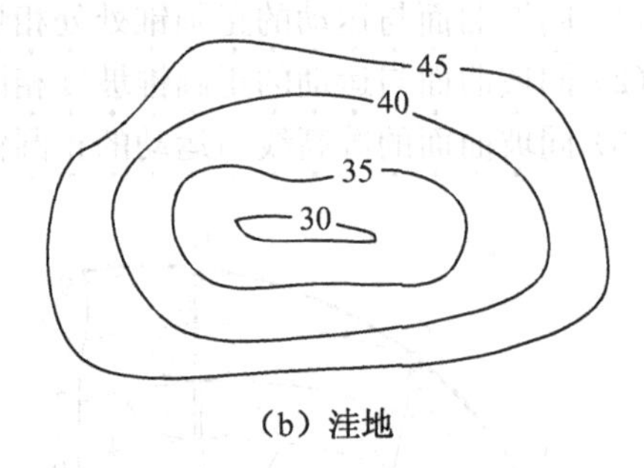

(b) 洼地

图 7-21　地形面的标高投影

地形面的等高线一般为不规则的曲线，有以下特点：

(1) 等高线一般为封闭曲线。

(2) 同一地形图内，等高线越密，则地势越陡；反之，则越平坦。

(3) 除悬崖绝壁处，等高线均不相交。

用这种方法表示地形面，能够清楚地反映地形的起伏变化和坡度等。如图 7-22 所示，右方环状等高线表示中间高，四周低，为一山头；山头的东面等高线密集，平距小，说明地势陡峭；反之，西面地势平坦，坡向是北高南低。相邻两山头之间，形状像马鞍的区域称为鞍部。

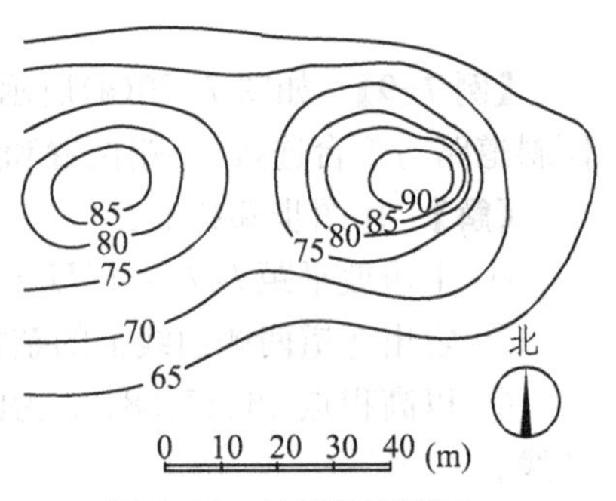

图 7-22　地形等高线图

在地形图中，等高线高程数字的字头按规定应朝上坡方向。相邻等高线之间的高差称为等高距。

在一张完整的地形等高线图中，一般每隔 4 条等高线有一条画成粗线，称其为计曲线。

7.4.4 地形断面图

用铅垂面剖切地形面，剖切平面与地形面的截交线就是地形断面，若画出相应的材料图例，则称为地形断面图。如图 7-23 所示。作图方法如下：

(1) 过 $A-A$ 作铅垂面，它与地面上各等高线的交点为 1,2,3,…，如图 7-23(a)所示。

(2) 以 $A-A$ 剖切线的水平距离为横坐标，以高程为纵坐标，按照等高距和比例尺画出一组平行线。

(3) 将图 7-23(a)中的 1,2,3,…，各点按其相应的高程绘制到图 7-23(b)的坐标系中。

(4) 光滑连接各交点，并根据地质情况画出相应的材料图例，即得到地形断面图。

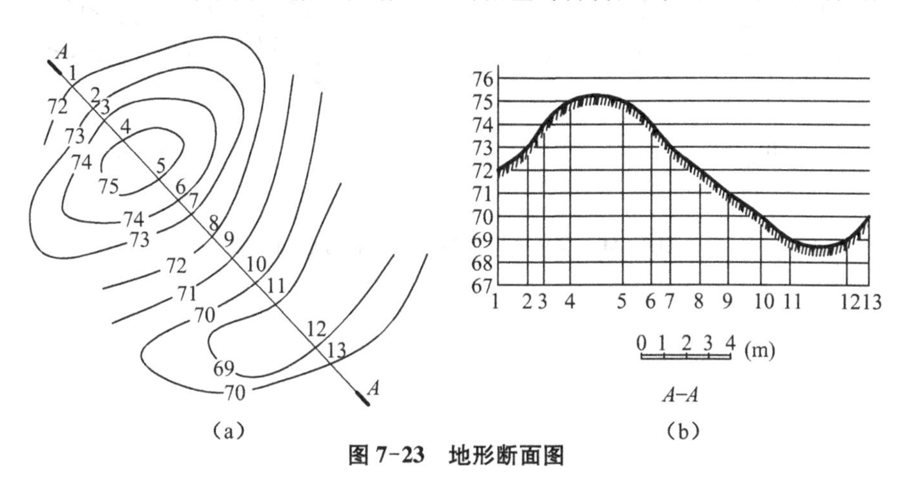

图 7-23 地形断面图

7.5 应用实例

在实际应用中，常利用标高投影求解土石方工程中的坡面交线、坡脚线和开挖线等，采用的基本方法仍然是用水平辅助平面求共有点。下面举例说明标高投影的应用。

【例 7-10】 欲修建一水平平台，平台高程为 25，填方坡度为 $i_1 = 1:1.2$，挖方坡度为 $i_2 = 1:1$，地形面的标高投影已知，求填挖方边界线和各坡面交线，如图 7-24(a)所示。

【解】 作图步骤如下：

① 确定填方和挖方的分界点。以地形面上高程 25 的等高线为界，左边为填方，右边为挖方，等高线 25 与平台边线的交点 a_{25}、b_{25} 为分界点。

② 确定填方的边界线——坡脚线。填方坡度为 $i_1 = 1:1.2$，则平距 $l_1 = 1/i_1 = 1.2$ m，可作出 a_{25}、b_{25} 两点左边平台的等高线 24,23,22,…，各等高线与地形面相同高程等高线相交，如图 7-24(b)所示，依次光滑连接各交点得填方的坡脚线。

③ 确定挖方的边界线——开挖线。挖方坡度为 $i_2 = 1:1$，则平距 $l_2 = 1/i_2 = 1$ m，可作出 a_{25}、b_{25} 两点右边平台的等高线 26,27,28,…，各等高线与地形面相同高程等高线相交，

如图 7-24(b)所示,依次光滑连接各交点得挖方边界线。

④ 确定各坡面交线。由于平台左侧的转角为直角,且填方坡度相同,所以转角两坡面的交线为 45°线,相邻坡脚线分别交坡面交线于 c 点和 d 点。

⑤ 作示坡线,完成全图,如图 7-24(b)所示。

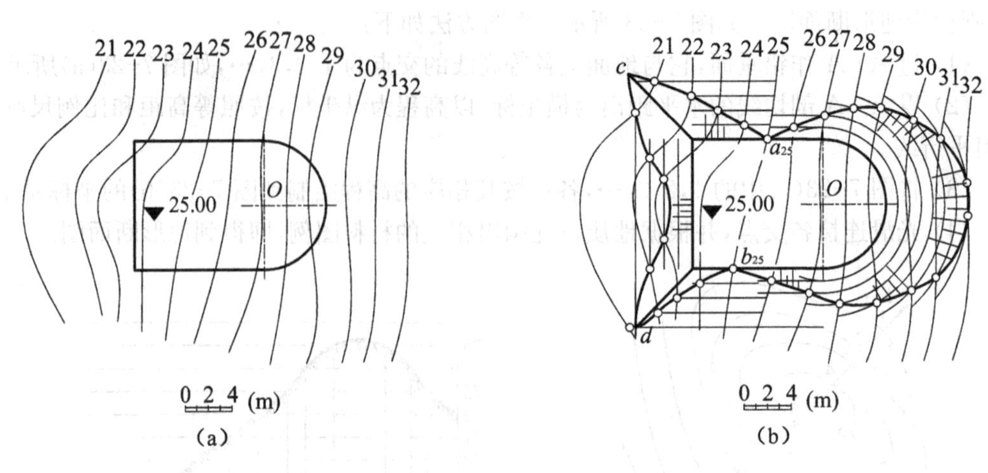

图 7-24　求平台填挖方边界线和各坡面交线

8 阴影与透视投影

8.1 阴影的基本概念与基本规律

8.1.1 概述

1）阴和影的形成

在光线的照射下，物体表面被照射到的部分，称为阳面，显得明亮；背光的部分称为阴面，显得阴暗。阳面和阴面的分界线称为阴线。对于不透明的物体，在光线的照射下会在其他物体的表面或自身的一些表面上产生影子，这个影子称为落影，落影的轮廓线称为影线，影线就是阴线的影，影子所在的面（阳面），称为承影面。阴和影合称为阴影，它们是互相对应的。阳面、阴面和落影的明暗关系就是美术中的“白、灰、黑”的关系。如图 8-1所示。

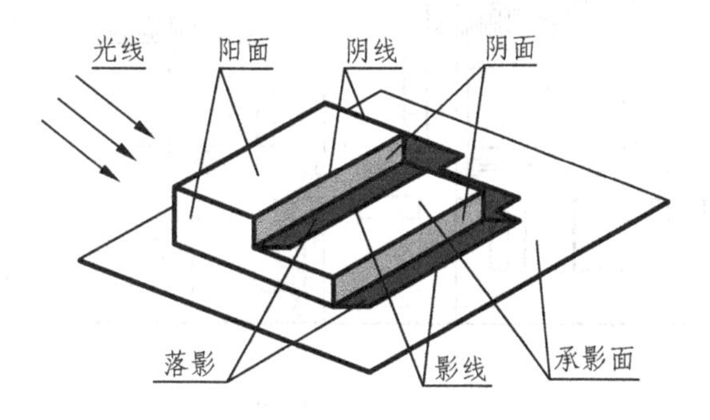

图 8-1 阴和影的形成

2）正投影图中加绘阴影的作用

在建筑图样中，如果对所描绘的建筑物加绘阴影，可以大大增强图形的立体感和真实感。如图 8-2(a)所示的图形，它只画出了建筑物正立面的投影轮廓，没有表达清楚建筑物各部分的实际形状和空间组合关系，图面显得单调、呆板。而图 8-2(b)则是在图 8-2(a)的基础上稍微加绘了一些落影，就清晰地表达出了建筑物各部分立面的凹凸关系，也使得图面显得生动、自然，增强了建筑物造型艺术的感染力。

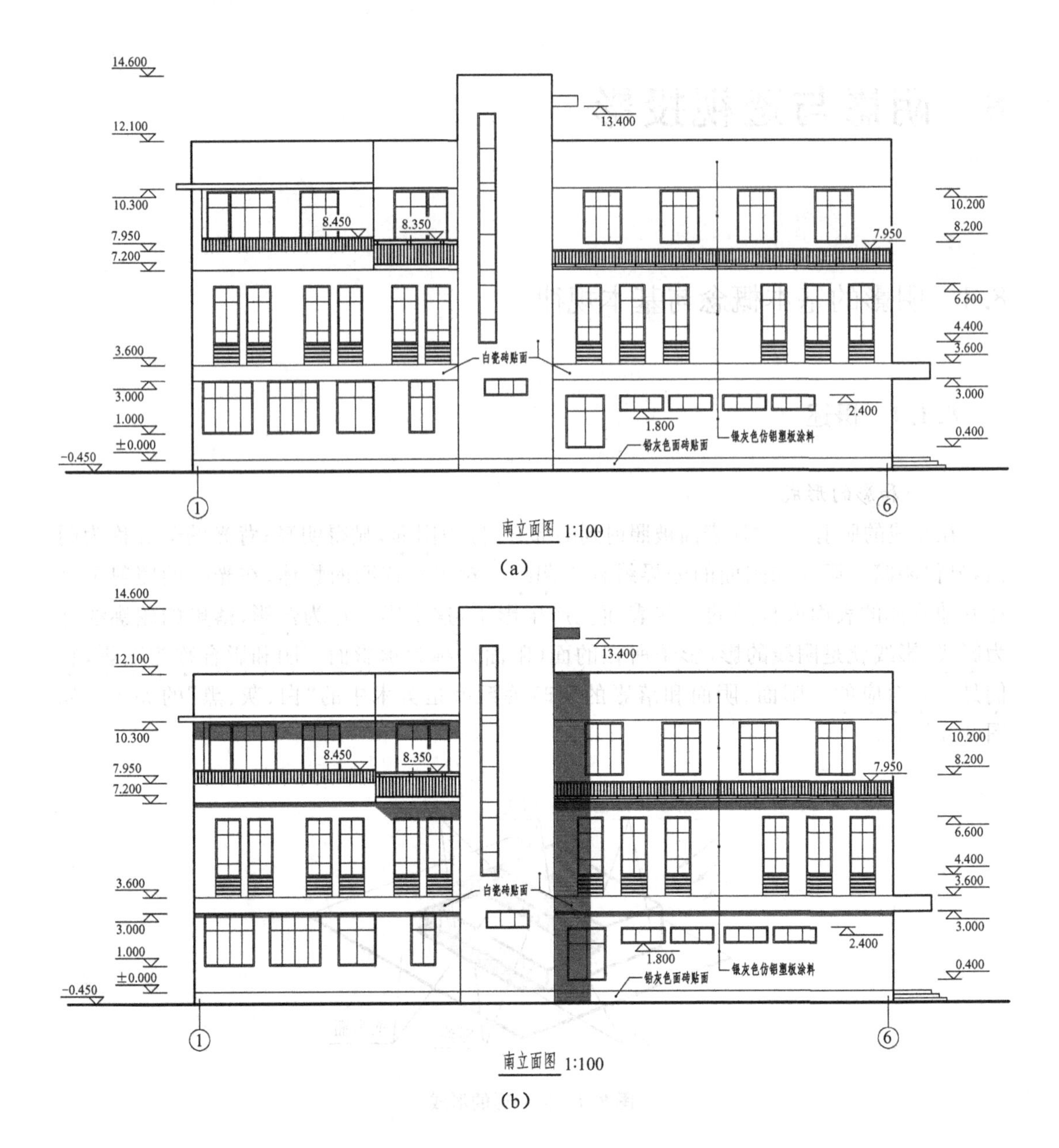

图 8-2 阴影在建筑立面图中的表现效果

3）常用光线

在正投影图中求作阴影，一般采用平行光线。光线的方向虽然可以任意确定，但为了作图和度量上的方便，习惯采用一种特定方向的平行光线——与立方体的对角线方向一致。这种光线称为**常用光线**或**习用光线**。如图 8-3 所示。

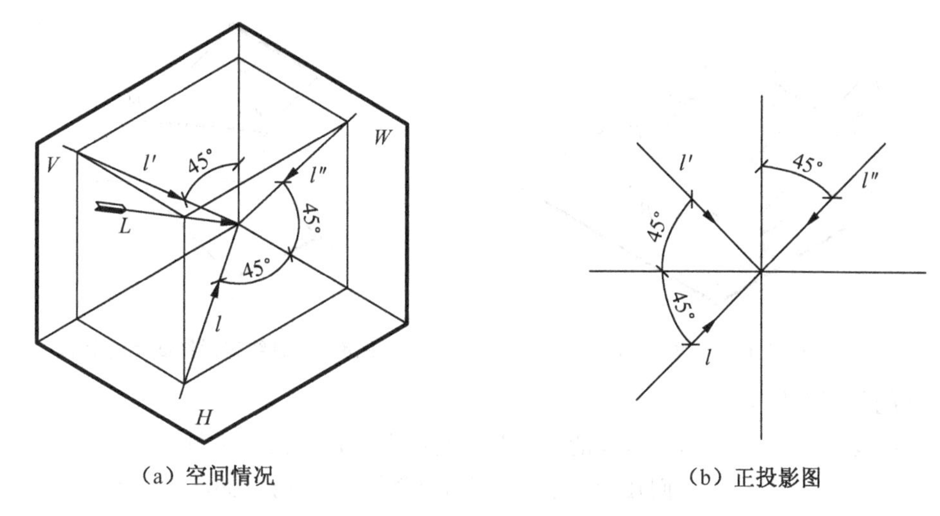

（a）空间情况　　（b）正投影图

图 8-3　常用光线

8.1.2　点和直线的落影

1）点的落影

空间一点在某个承影面的落影，实际上就是射于该点的光线延长后与承影面的交点。如图 8-4 所示的空间点 A 在光线 L 的照射下，在承影面 P 上的落影为 A_p。如点位于承影面上，则其落影与自身重合，如图中的 B 和 B_p 位于同一点。

当以投影面为承影面时，空间点在某个投影面上的落影与其同面投影间的水平距离和垂直距离都正好等于空间点对该投影面的距离。如图 8-5 所示。

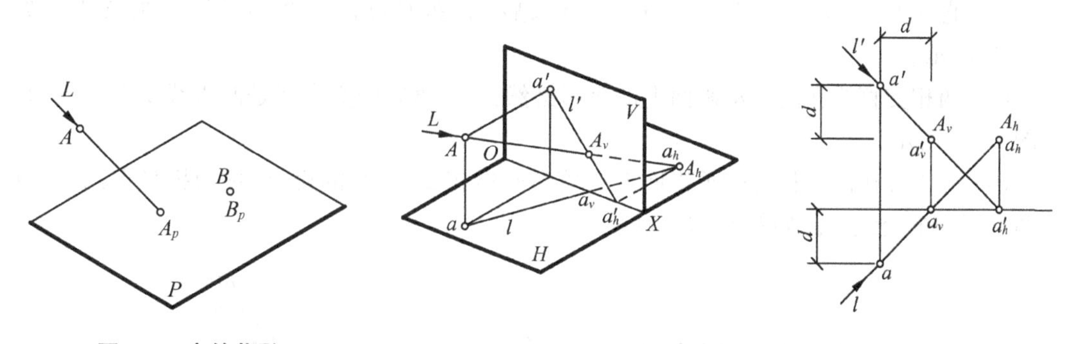

图 8-4　点的落影　　图 8-5　点在投影面上的落影

2）直线的落影

直线在某个承影面上的落影，实际上就是射于该直线上各点的光线所形成的光平面延伸后与承影面的交线。当承影面为平面时，直线在其上的落影一般仍然是直线，如图 8-6 所示的直线 AB 在 P 平面上的落影为 A_pB_p；当直线与光线平行时，其落影积聚为一点，如图 8-6中的直线 CD 平行于光线 L，其落影 C_pD_p 重合。

求作直线段在某个承影面上的落影，只要作出线段上两端点的落影并连以直线即可。如图 8-7 所示。

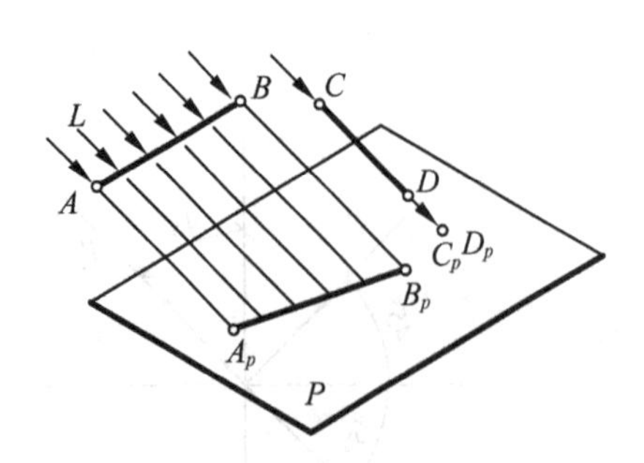

图 8-6　直线的落影

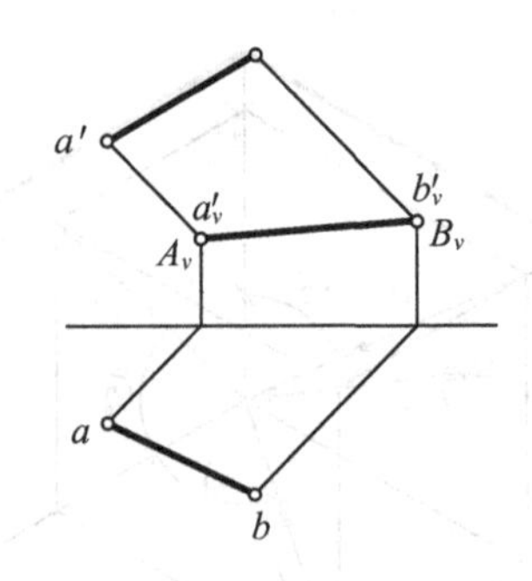

图8-7　直线在投影面上的落影

直线的落影有如下规律：

(1) 直线平行于承影面，则直线的落影与该直线平行且等长。如图 8-8所示。

(2) 两直线互相平行，它们在同一承影面上的落影仍然平行。如图 8-9所示。

(3) 一直线在相互平行的各承影面上的落影互相平行。如图 8-10所示。

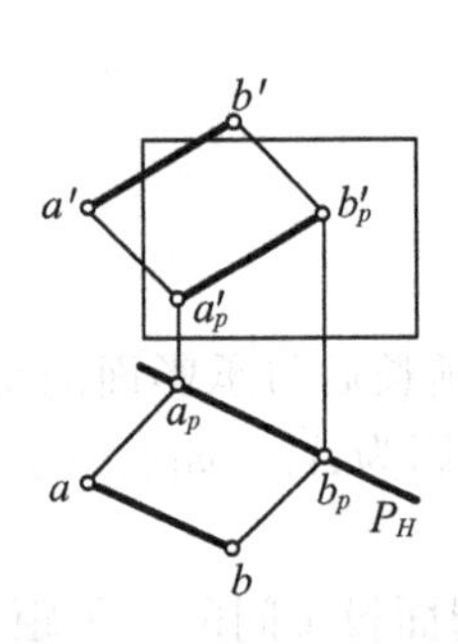

图8-8　直线在其平行面上的落影

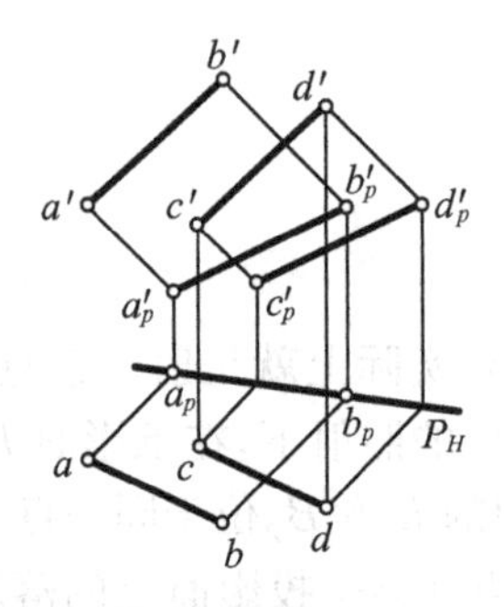

图8-9　两平行直线的落影

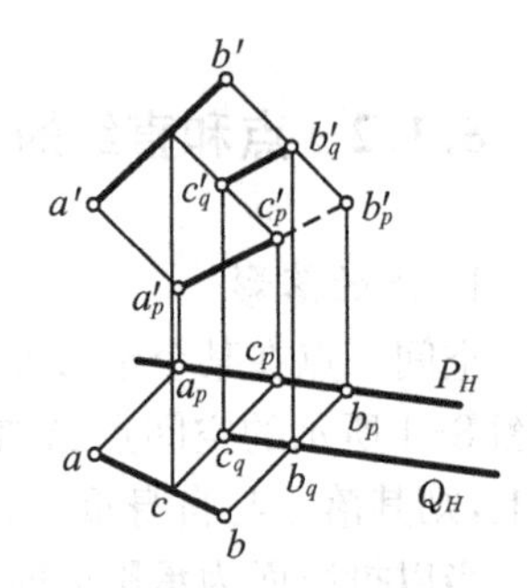

图 8-10　直线在两平行面上的落影

(4) 直线与承影面相交，其落影(或延长后)必然通过该直线与承影面的交点。如图 8-11所示。

(5) 两相交直线在同一承影面上的落影必然相交，落影的交点就是两直线交点的落影。如图 8-12 所示。

(6) 一直线在两个相交的承影面上的落影必然相交，落影的交点(称为折影点)必然位于两承影面的交线上。如图 8-13 所示。

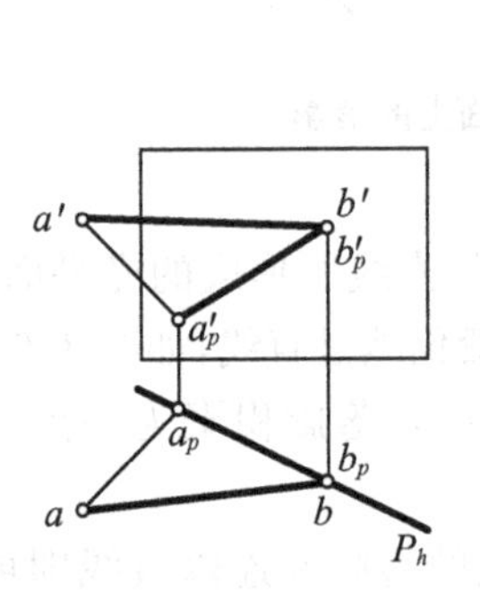

图 8-11　直线与承影面相交

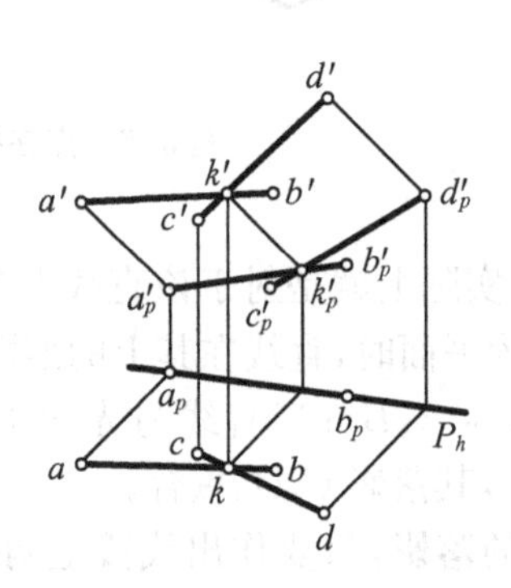

图8-12　相交两直线的落影

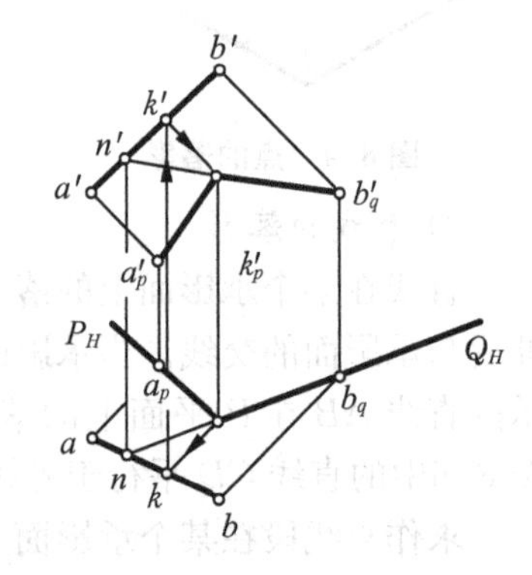

图 8-13　直线在相交两面上的落影

(7) 某投影面垂直线在任何承影面上的落影，在该投影面上的投影是与光线投影方向一致的 45°直线。如图 8-14 所示。

(8) 某投影面垂直线在另一投影面(或其平行面)上的落影，不仅与原直线的同面投影平行，且其距离等于该直线到承影面的距离。如图 8-15 所示。

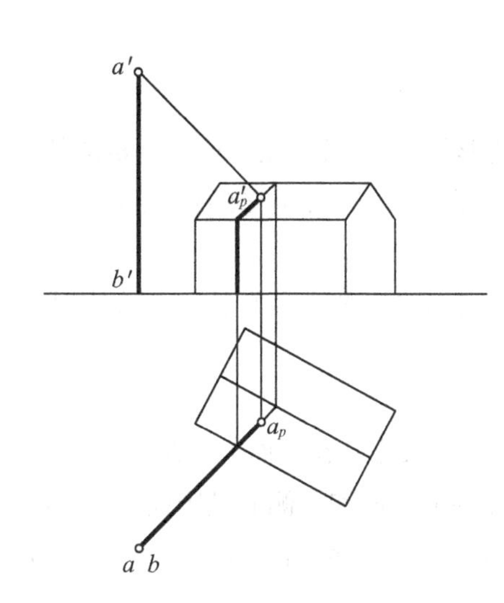

图 8-14　投影面垂直线的落影的投影

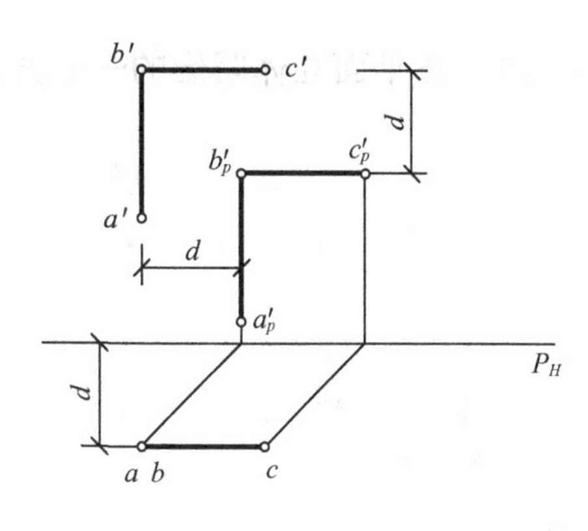

图 8-15　投影面垂直线在投影面平行面上的落影

(9) 某一投影面的垂直线落影于由另一投影面垂直面(平面或曲柱面)所组成的承影面上时，落影在第三投影面上的投影，与该承影面有积聚性的投影成对称形状。如图 8-16 和图 8-17所示。实际上就是包含投影面垂直线所作的光平面与承影面的截交线在另外两个投影面上的全等的“类似形”投影。

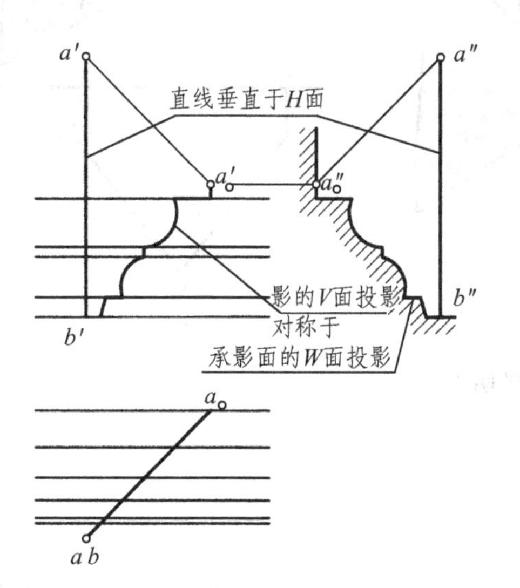

图 8-16　铅垂线在另一投影面垂直面上的落影

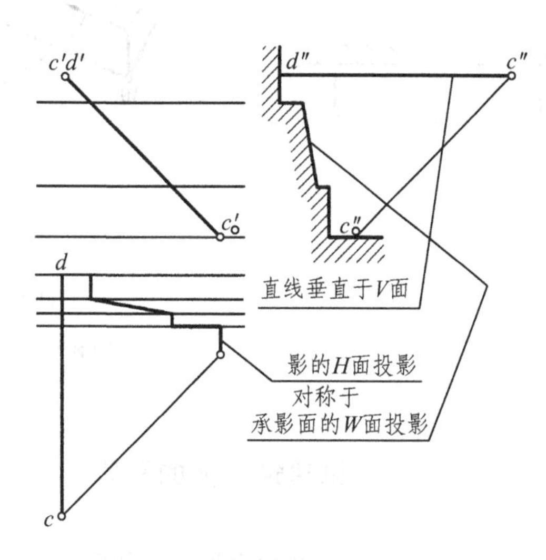

图 8-17　正垂线在另一投影面垂直面上的落影投影

8.2 平面立体的阴影

8.2.1 作平面立体阴影的一般方法

(1) 阅读立体的正投影图,将立体的各组成部分的形状、大小及其相对位置分析清楚。

(2) 判别立体表面的阴、阳面,以确定阴线——由阴面和阳面相交的凸角棱线才是阴线。

(3) 分析各段阴线将在哪个面上产生落影,并根据它们的相对位置关系,充分运用前述的落影规律和作图方法,求出落影的轮廓线——影线。

(4) 将阴面涂成浅灰色,落影涂成深灰色(或黑色)。

【例 8-1】 图 8-18(a)为一凸出于正面墙上的五棱柱,求作其在墙面上的落影。

【解】 根据常用光线的方向可以分析得出:五棱柱的上底面和左侧面是阳面,下底面和右侧面为阴面。因此,该五棱柱的阴线为Ⅵ Ⅶ Ⅷ Ⅲ Ⅳ Ⅴ——一条空间折线。如图 8-18(b)所示。其落影如图 8-18(c)所示。

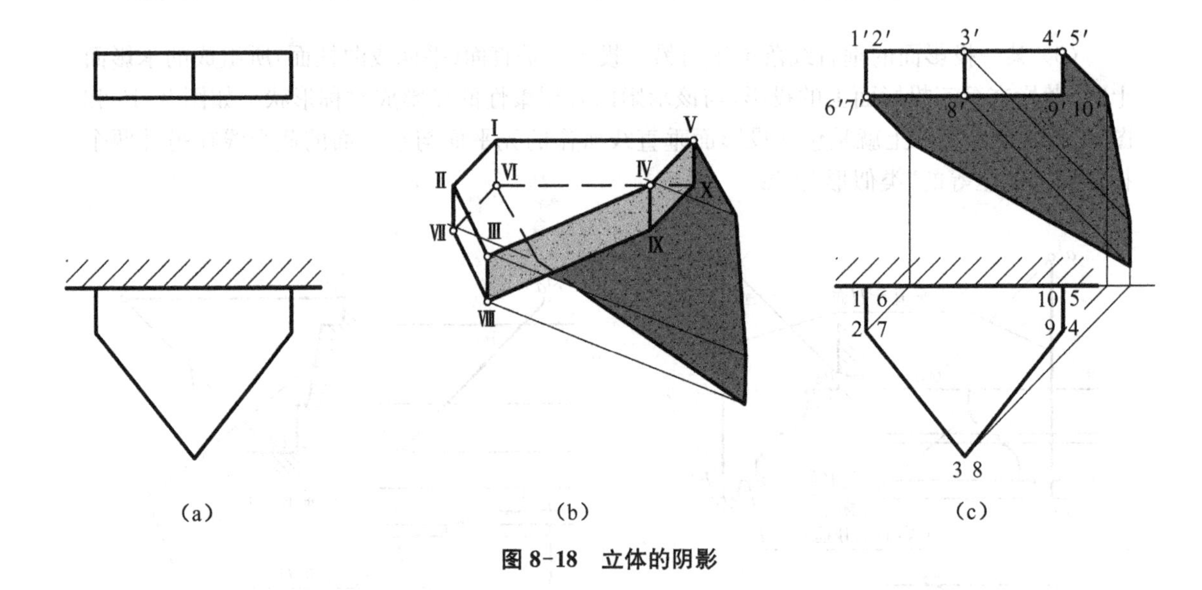

图 8-18 立体的阴影

8.2.2 常见建筑形体的阴影

图 8-19 所示为几种常见窗口的阴影。其中落影宽度 m 反映了窗面凹入墙面的深度;落影宽度 n 反映了窗台或雨棚凸出墙面的距离;落影宽度 $n+m$ 反映了雨棚或窗套凸出窗面的距离。只要知道这些距离,就可以直接在 V 面投影中加绘阴影,而不需要 H 面

投影。

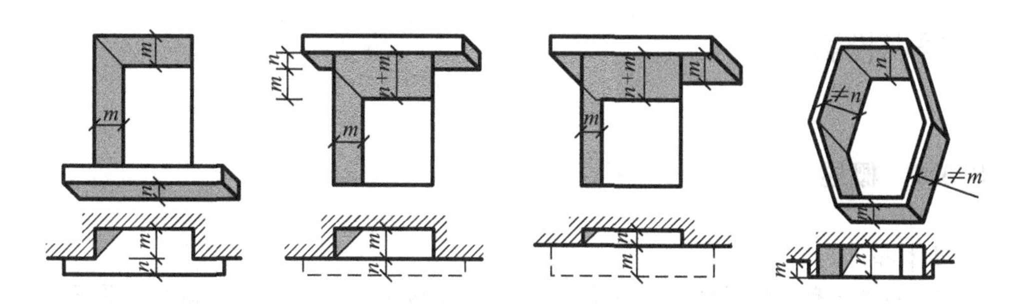

图 8-19 几种窗口的阴影

图 8-20 所示为常见的几种门洞的阴影。其中图(a)和图(b),应注意根据本章前述的直线落影规律(9)来分析雨棚阴线 BC 的落影形状(与墙面的 H 投影为对称图形),它反映了门洞的凹入情况;图(b)中还要注意雨棚左右两侧的 AB 和 DE 是相互平行的,但不垂直于 V 面,其落影不是 45°,应按直线落影规律(4)和(6)来分析;图(c)中,雨棚上正垂线 AB 的落影于墙面、壁柱面和门扇上,其 V 面投影表现为一条 45°直线;图(d)和图(b)一样,注意分析雨棚左右两侧的 AB 和 DE 的落影,利用过渡点对间的联系以简化作图。

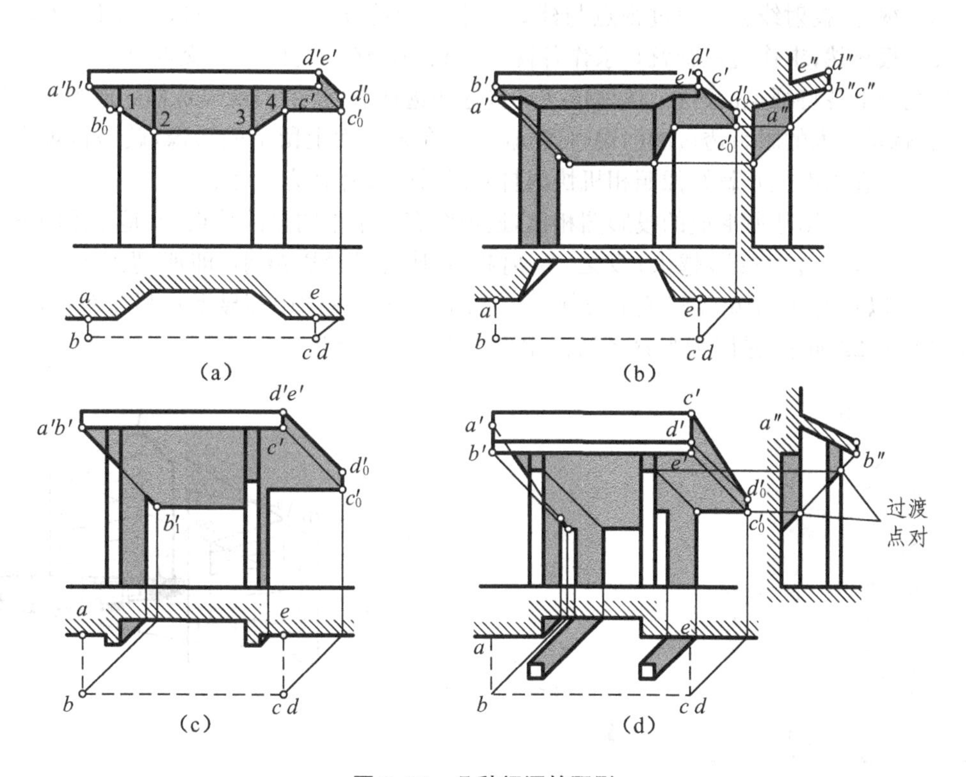

图 8-20 几种门洞的阴影

8.3 透视投影

8.3.1 概述

1）基本知识

前述各章的各种图样虽然投影方法不同，但都是按平行投影原理绘制的。平行投影当然有很多优点，但也有一个致命的缺点：直观感差。

现在一般在建筑设计的初始阶段都需要画一种从造型到色彩都非常逼真的效果图，用以研究建筑物的体型和外貌，进行各种方案的比较，最终选取最佳设计方案。图 8-21 就是一幅建筑设计效果图，它是设计师用电脑设计完成的，和照片一样，给人以身临其境的感觉，告诉人们该建筑建成以后的实际效果就是这样。

若用手工绘制这样的效果图，则是按照透视投影的方法绘制，所以也称为透视图。透视投影属于中心投影，其形成方法如图 8-22 所示。假设在人与建筑物之间设立一个透明的铅垂面 V 作为投影面，在透视投影中，该投影面称为画面；投影中心就是人的眼睛 S，在透视投影中称为视点；投射线就是通过视点与建筑物上各个特征点的连线，如 SA，SB，SC，…，称为视线。很显然，求作透视图就是求作各视线 SA、SB、SC…与画面的交点 A^0、B^0、C^0…，也就是建筑物上各特征点的透视，然后依次连接这些透视点，就得到该建筑物的透视图。所谓透视图，就是当人的眼睛透过画面观察建筑物时，在该画面上留下的影像（就是将观察到的建筑物描绘在画面上），就好像照相机快门打开以后的胶片感光一样。

与按其他投影法所形成的投影图相比，透视图有一个很明显的特点，就是形体距离观察者越近，得到的透视投影越大；反之，距离越远则透视投影越小，即所谓近大远小。从图 8-21可以看出，两个单体建筑本身都是对称的，但在透视图中却显得左侧高而右侧低，其原理如图 8-22 所示，是因为观察者站在建筑物的左前方所致。

图 8-21　建筑效果图——透视图

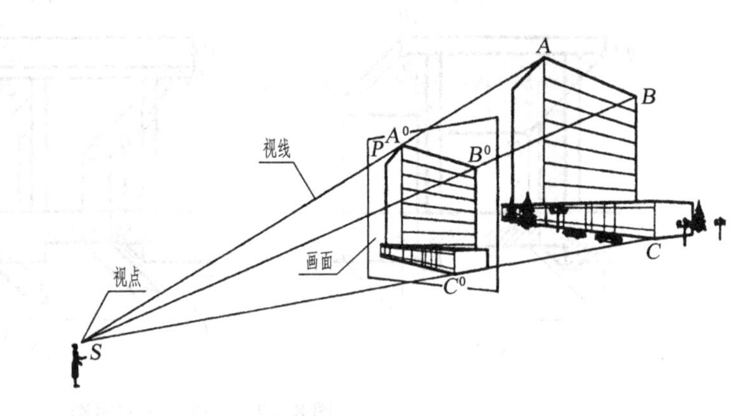

图 8-22　透视图的形成

2）常用术语

在学习透视投影时，首先要了解和懂得一些常用术语的含义，然后才能循序渐进的学习和掌握透视投影的各种画法与技巧。现结合图 8-23 介绍如下：

画面——绘制透视图的投影平面，一般以正立面 V 作为画面。

基面——建筑物所在的地面，一般以水平面 H 作为基面。

基线——画面与基面的交线 OX。

视点——观察者眼睛所在的位置，用 S 表示。

站点——观察者所站定的位置，即视点 S 在 H 面上的投影，用小写字母 s 表示。

心点——视点 S 在画面 V 上的正投影 s'。

主视线——垂直于画面 V 的视线 Ss'。

视平面——过视点 S 的水平面 Q。

视平线——视平面 Q 与画面 V 的交线 h—h。

视高——视点 S 到 H 的距离，即人眼的高度 Ss。

视距——视点 S 到画面 V 的距离 Ss'。

在图 8-23 中，空间点 A 与视点 S 的连线称为视线，视线 SA 与画面 V 的交点 A^0 就是 A 点在画面 V 上的透视。A 点在基面 H 上的正投影 a，称为 A 点的基投影(基点)。基投影的透视称为基透视，即 A 点的基透视为 a^0。

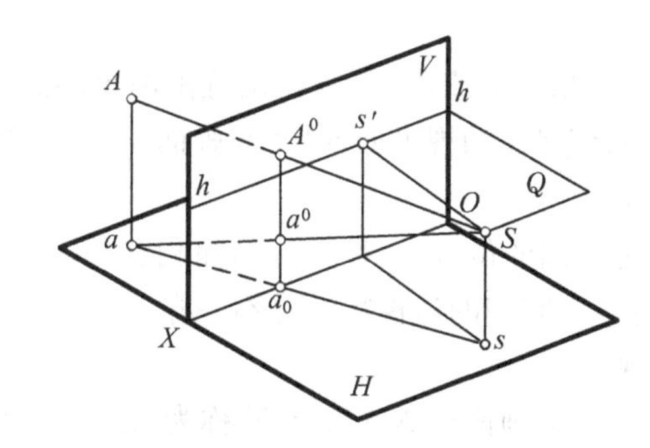

图 8-23 常用术语

8.3.2 点、直线、平面的透视

1) 点的透视

点的透视就是通过该点的视线与画面的交点。如图 8-24(a)所示，空间点 A 在画面 V 上的透视，就是自视点 S 向点 A 引的视线 SA 与画面 V 的交点 A^0。

求作点的透视，可用正投影的方法绘制。将相互垂直的画面 V 和基面 H 看成二面体系中的两个投影面，分别将视点 S 和空间点 A 正投射到画面 V 和基面 H 上，然后再将两个平面拆开摊平在同一张图纸上，依习惯 V 在上、H 在下使两个平面对齐放置，并去掉边框。具体作图步骤如图 8-24(b)所示。

(1) 在 H 面上连接 sa，sa 即为视线 SA 在 H 上的基投影。

(2) 在 V 面上分别连接 $s'a'$ 和 $s'a'_x$，它们分别是视线 SA 和 Sa 在 V 面上的正投影。

(3) 过 sa 与 ox 轴的交点 a_0 向上引铅垂线，分别交 $s'a'_x$ 和 $s'a'$ 于 a^0 和 A^0，即为空间点 A 在画面 V 上的基透视和透视。

不难看出，这实际上就是利用视线的两面正投影求作其与画面的交点（透视），所以，此方法被称为视线交点法，也称为建筑师法，这是绘制透视图的最基本的方法。

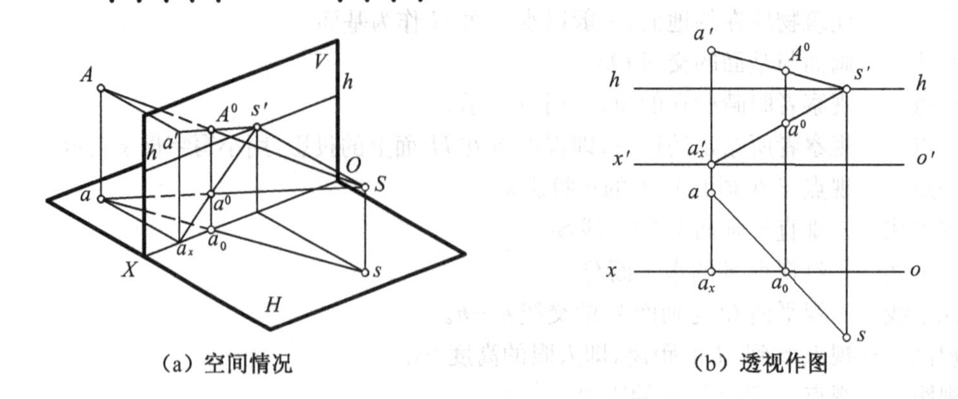

(a) 空间情况　　(b) 透视作图

图 8-24　点的透视作图

2) 直线的透视

直线的透视，一般情况下仍然是直线。当直线通过视点时，其透视为一点；当直线在画面上时，其透视即为自身。

如图 8-25 所示，AB 为一般位置直线，其透视位置由两个端点 A、B 的透视 A^0 和 B^0 确定。A^0B^0 也可以看成是过直线 AB 的视平面 SAB 与画面 V 的交线。AB 上的每一个点（如 C 点）的透视（C^0）都在 A^0B^0 上。

直线相对于画面有两种不同的位置：一种是与画面相交的，称为画面相交线；一种是与画面平行的，称为画面平行线。它们的透视特性也不一样。

(1) 画面相交线的透视特性

如图 8-26 所示，直线 AB 交画面于 N 点，点 N 称为直线 AB 的画面迹点，其透视就是它自己。自视线 S 作 SF_∞ 平行于直线 AB，交画面 V 于 F 点，点 F 称为直线 AB 的灭点，它是直线 AB 上无穷远点 F_∞ 的透视。连线 NF 称为直线 AB 的全透视或透视方向。

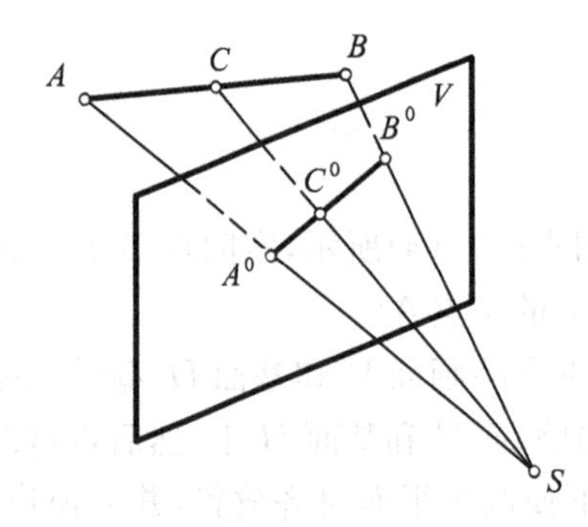

图 8-25　直线的透视

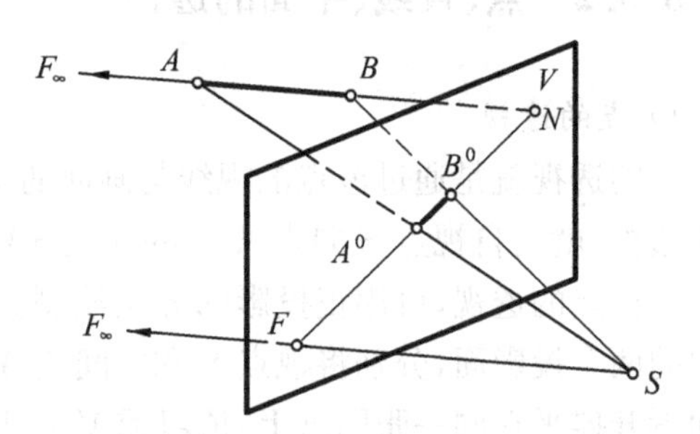

图 8-26　直线的迹点和灭点

如果画面相交线是水平线，其灭点一定在视平线上，如图 8-27 所示。当直线垂直于画面时，其灭点就是心点。

如果画面相交线相互平行，其透视必交于一点，即有一个共同的灭点 F。如图 8-28 所示，AB 和 CD 相互平行，其迹点分别为 N 和 M，其全透视分别为 NF 和 MF，F 为灭点。

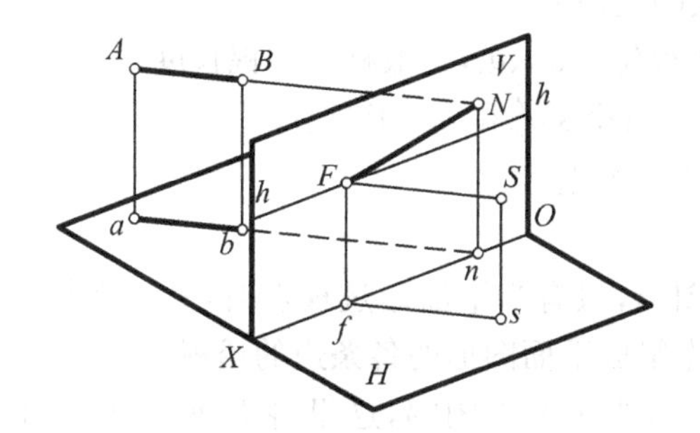

图 8-27 水平线的透视

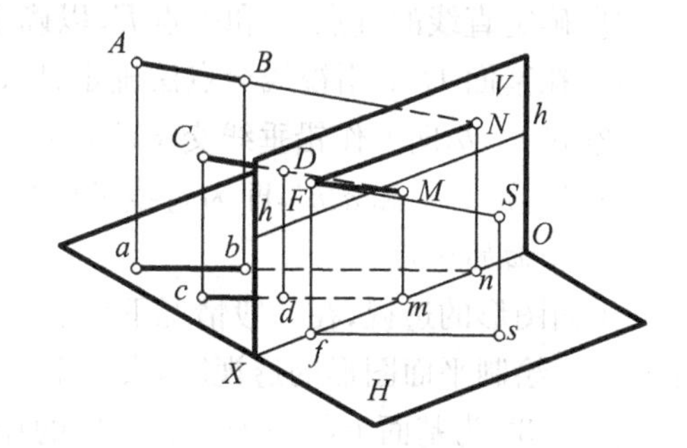

图 8-28 平行两直线透视

(2) 画面平行线的透视特性

画面平行线的透视和直线本身平行，相互平行的画面平行线，它们的透视仍然平行。

如图 8-29 所示，直线 AB 与画面 V 平行，其透视 A^0B^0 平行于直线 AB 本身。由直线的画面迹点和灭点的定义可知，直线 AB 在画面 V 上既没有迹点，也没有灭点。

如图 8-30 所示，直线 CD 为平行于画面 V 同时又垂直于基面 H 的铅垂线，其透视 C^0D^0 仍为铅垂线。

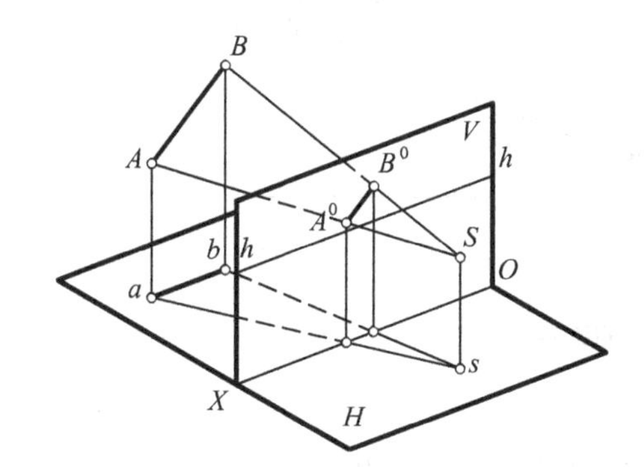

图 8-29 画面平行线的透视

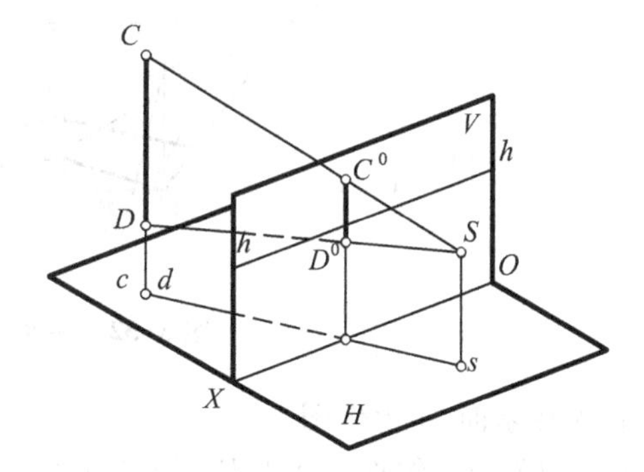

图 8-30 铅垂线的透视

【例 8-2】 求图 8-31(a)所示直线 AB 的透视和基透视。

【解】 这是一个与画面相交的一般位置直线，其透视既有迹点，也有灭点，作图步骤如图 8-21(b)所示。

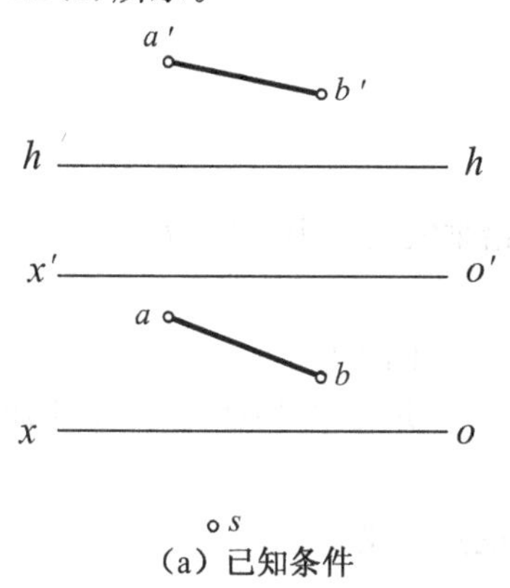

(a) 已知条件

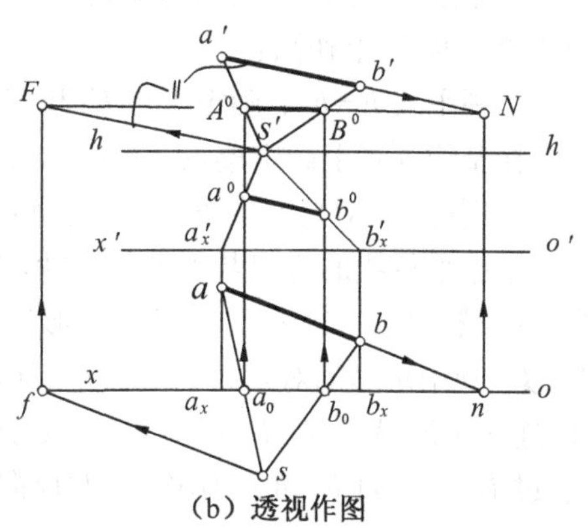

(b) 透视作图

图 8-31 直线的透视作图

① 确定直线的迹点 N 和灭点 F，以确定直线的透视方向。

② 在基面 H 上用视线交点法确定 A、B 的透视位置 a_0、b_0，一般称为透视长度。

③ 过 a_0、b_0 向上作铅垂线交 $s'a'_x$ 和 $s'a'$ 于 a^0、A^0；交 $s'b'_x$ 和 $s'b'$ 于 b^0、B^0。

④ 连接 A^0B^0 和 a^0b^0，即为直线 AB 的透视和基透视。

3) 平面的透视

平面图形的透视，在一般情况下仍然是平面图形，只有当平面通过视点时，其透视是一条直线。绘制平面图形的透视图，实际上就是求作组成平面图形的各条边的透视。

图 8-32 为基面上的一个平面图形的作图示例，为了节省图幅，这里将 H 面和 V 面重叠在了一起(主要是站点 S 离画面较远)，并使 H 面稍偏上方。其作图步骤如下。

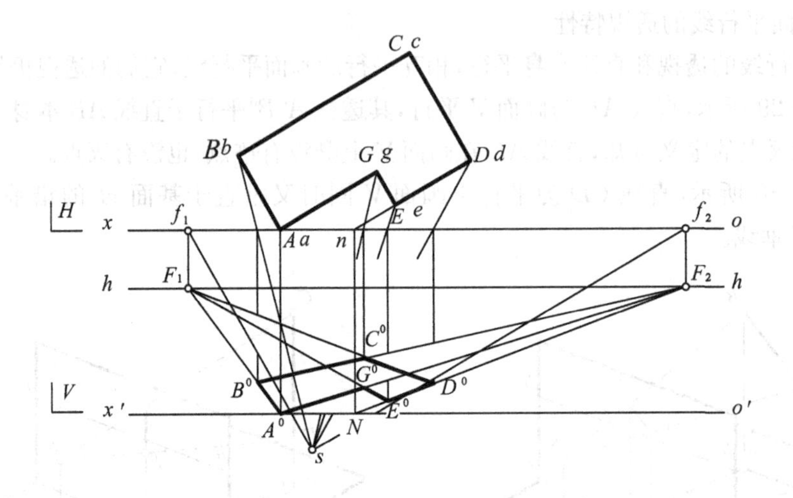

图 8-32　平面图形的透视作图

首先在基面 H 上作图：

(1) 过站点 s 作直线 AB、BC 的平行线，分别交基线 ox 于 f_1 和 f_2。

(2) 过站点 s 向平面图形的各个端点 A、B、C、D、E、G 作视线，与基线 ox 得到一系列的交点。

(3) 延长直线 DE 交基线 ox 于 n。

(4) 过基线 ox 上的一系列的交点向下作铅垂线。

其次在画面 V 上作图：

(1) 在视平线 h-h 上确定灭点 F_1 和 F_2。

(2) 在基线 $o'x'$ 上确定迹点 $A(A^0)$、N。

(3) 分别过 $A(A^0)$、N 向 F_1 和 F_2 作连线，与相应的铅垂线交于 B^0、E^0、D^0。

(4) 根据平行线的透视共灭点的特性，作出 C^0 和 G^0。

【例 8-3】 图 8-33(a)为一已知矩形的透视，试将其分为四等份。

【解】 利用矩形的对角线的交点是矩形的中点的知识解决，其结果如图 8-33(b)所示。

① 连接矩形 $A^0B^0C^0D^0$ 的对角线，交于 E^0。

② 过 E^0 分别向 F_1 和 F_2 作连线，并反向延长与矩形的边相交。

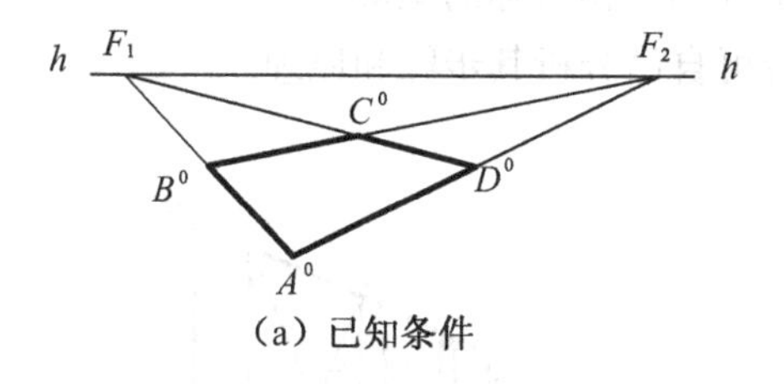

(a) 已知条件

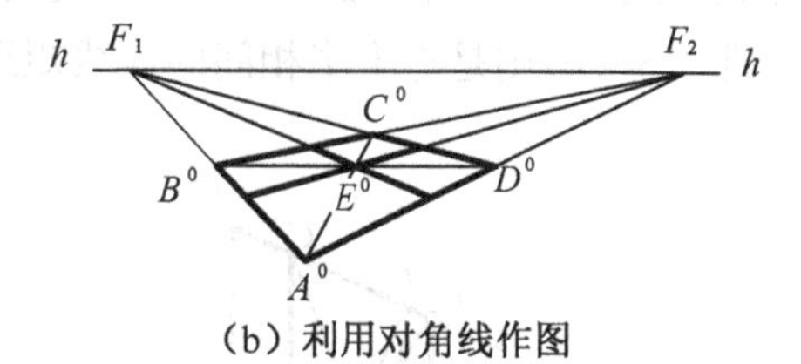

(b) 利用对角线作图

图 8-33　将透视矩形四等分

图 8-34 所示是将一个矩形沿长度方向三等分的作法：在铅垂边线 A^0B^0 上，以适当的长度自 A^0 量取 3 个等分点 1、2、3，连线 $1F$、$2F$ 与矩形 $A^0 34D^0$ 的对角线交于点 5、6，过点 5、6 作铅垂线，即将矩形沿纵向分割为全等的 3 个矩形。

图 8-35 所示是将一个矩形沿长度方向按比例分割的作法：直接将铅垂边线 A^0B^0 划分为 2∶1∶3 三个比例线段，然后过各分割点向 F 作连线，再过这些连线与对角线 B^0D^0 的交点作铅垂线，就把矩形沿纵向分割为 2∶1∶3 三块。

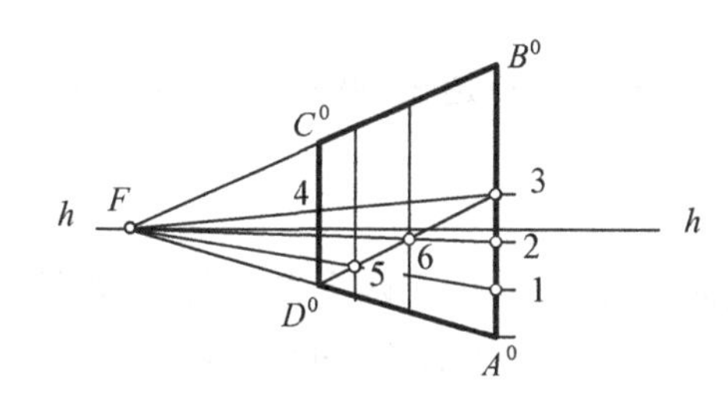

图 8-34　将透视矩形三等分

图 8-35　将透视矩形按比例分割

图 8-36 所示是作连续等大的矩形。其中图(a)是利用中线 E^0G^0 和对角线过中点的原理作出的；而图(b)则是利用连续排列的矩形的对角线相互平行，其透视共一个灭点(F^0)的原理作出的。

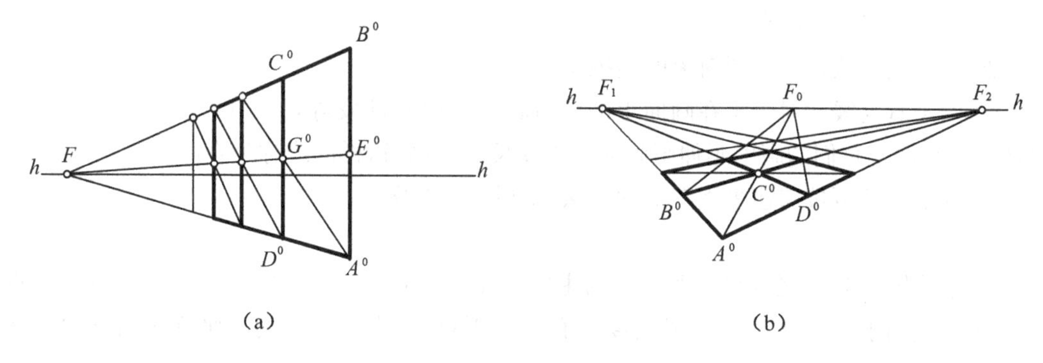

图 8-36　作连续等大的矩形

图 8-37 所示为对称图形的作图方法，主要也是利用对角线来解决的。

其中，图 8-37(a)为已知透视矩形 $A^0B^0C^0D^0$ 和 $C^0D^0E^0G^0$，求作与 $ABCD$ 相对称的矩形。作法：首先作出矩形 $C^0D^0E^0G^0$ 的对角线的交点 K^0，连线 A^0K^0 与 B^0F 交于 P^0，再过

P^0作铅垂线 P^0L^0，则矩形 $E^0G^0L^0P^0$就是与 $A^0B^0C^0D^0$相对称的矩形。

图 8-37(b)则是作宽窄相间的连线矩形，读者可自己分析其步骤和原理。

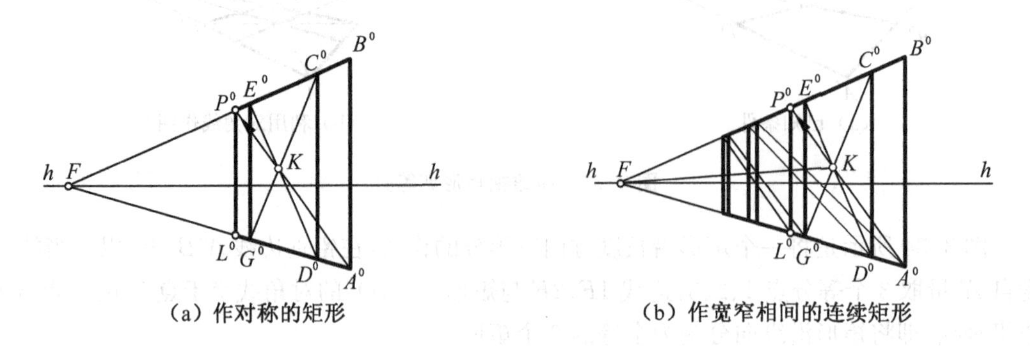

(a) 作对称的矩形　　(b) 作宽窄相间的连续矩形

图 8-37　对称图形的透视作图

8.3.3　平面立体的透视

根据立体和画面的相对位置的不同，透视图可分为一点透视、两点透视和三点透视 3 种，这里主要介绍常用的前两种透视图的画法。

1）一点透视

所谓一点透视，就是当画面和立体的主要立面平行时，立体有两个主方向（一般是长度方向和高度方向）因平行于画面而没有灭点，只有一个主方向（一般是宽度方向）有灭点——即为心点。所以一点透视也称为平行透视。

一点透视图一般比较适合近距离的表达室内效果。

【例 8-4】 如图 8-38 所示，已知某房间的平面图和剖面图，作其室内一点透视图。

【解】 这里假设画面、站点、视角和视高等影响着透视图表达效果的这几个参数是已知的，只介绍作图过程，为节省图幅，将画面放置在站点和平面图之间。具体步骤如下：

① 确定灭点——心点 s^0。

② 视线交点法作各主要对象的透视位置。

③ 确定真高线。对于不在画面上的门、窗、写字台和沙发等，为了确定其透视高度，可以从右侧墙面把它们的高度延伸至画面上以便反映真高，这样的线称为真高线。

④ 其他细部可按前述平面图形的作法，最后完成全图。

2）两点透视

所谓两点透视，就是当画面和立体的主要立面倾斜时，立体有两个主方向（一般是长度方向和宽度方向）因与画面相交成角度而有两个灭点，只有高度方向与画面平行而没有灭点，所以两点透视也称为成角透视。

两点透视图一般比较适合表达视野比较开阔的室外效果。

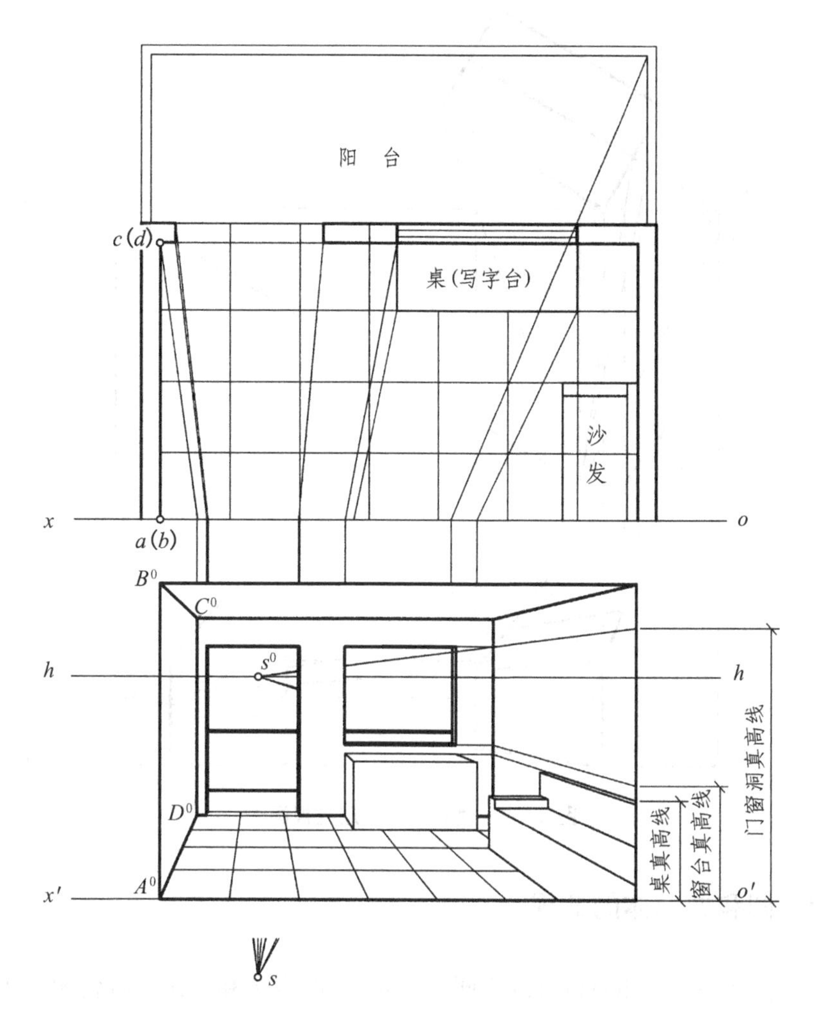

图 8-38 建筑物的一点透视画法

【例 8-5】 如图 8-39 所示，已知房屋模型的平面图和侧立面图，试作其两点透视图。

【解】 这里的画面、站点、视角和视高等也假设是已知的，只介绍其作图步骤如下：

① 确定长(X)、宽(Y)两个主方向的透视灭点 F_x和 F_y：过站点 s 分别作长、宽方向墙线的平行线，交基线 ox 于 f_x和 f_y，再过 f_x和 f_y作铅垂线交视平线 $h-h$ 于 F_x和 F_y。

② 视线交点法作各轮廓线的透视位置和方向，其中墙线 Aa 在画面上，其透视 A^0a^0 就是其本身。

③ 作屋脊线的真高线：在平面图上延长屋脊线交基线 ox 于 n，n 即为屋脊线迹点的 H 面投影，在画面上反映真高为 N，Nn^0 即为屋脊线的真高线。

④ 作斜坡屋面的投影：屋面斜线和山墙在一铅垂面上，所以它的灭点 F_L和 F_Y在一铅垂线上，根据平行线的透视共灭点的原理，作出另一条斜线的透视。

⑤ 加深透视轮廓线，完成全图。

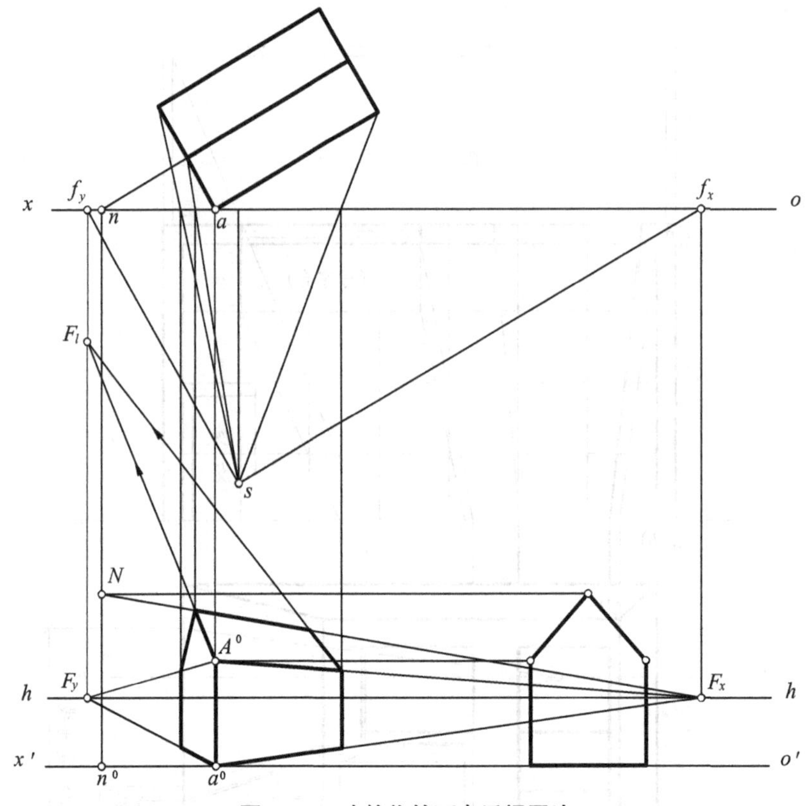

图 8-39　建筑物的两点透视画法

8.3.4　圆和曲面体的透视

根据圆平面和画面的相对位置的不同，其透视一般有圆和椭圆两种情况。当圆平面和画面相交时，其透视为椭圆。

1) 画面平行圆的透视

圆平面和画面平行时，其透视仍为圆。圆的大小依其距画面的远近不同而改变。图 8-40所示为带切口圆柱的透视，其作图步骤为：

(1) 确定前、中、后 3 个圆心 C_1、C_2、C_3的透视 C_1^0、C_2^0、C_3^0。C_1在画面上，其透视就是其本身；过 C_1作圆柱轴线的透视，再用视线交点法求作 C_2^0、C_3^0的透视位置。

(2) 确定前、中、后 3 个圆的透视半径 R_1、R_2、R_3。R_1在画面上，其透视反映实长；过C_2^0作水平线与圆柱的最左、最右透视轮廓线相交，得到 R_2；同理可得 R_3。

(3) 作前后圆的公切线，并加深轮廓线，完成全图。

2) 画面相交圆的透视

圆平面和画面相交(垂直相交或一般相交)，当它位于视点之前时，其透视为椭圆；否则，还可能是抛物线或双曲线(对此不做介绍)。

透视椭圆的画法通常采用八点法。图 8-41 所示为画面相交圆的透视画法，现以图 8-41(a)的水平圆为例(铅垂圆只要把心点 S 换为灭点 F_1)，介绍其作图步骤如下：

(1) 作圆的外切正方形 $ABDE$ 的透视 $A^0B^0D^0E^0$。

（2）作对角线以确定透视椭圆的中心 C^0 和 4 个切点 1°、2°、3°、4°。

（3）作圆周与对角线的交点 5、6、7、8 的透视 5°、6°、7°、8°：不在同一对角线上两交点的连线 67 和 58，必然平行于正方形的一组对边 AE 和 BD 并与 AB 相交于 9、8 两点；过 9°、8° 向心点 S^0 引直线，与对角线相交，就得到 5°、6°、7°、8°。

（4）光滑连接 1°、2°、3°、4°、5°、6°、7°、8° 这 8 个点并加深轮廓线，即得到相应的透视椭圆。

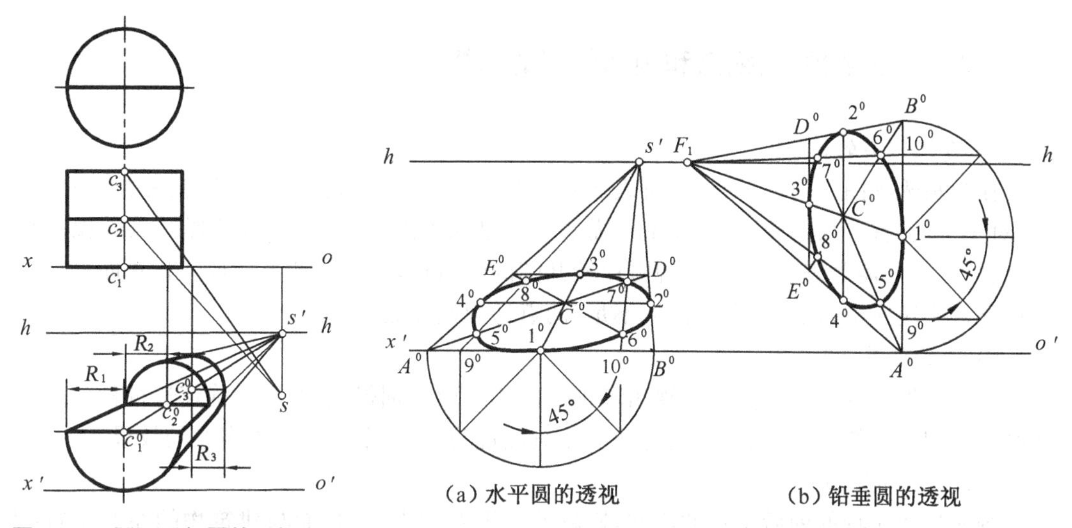

(a) 水平圆的透视　　(b) 铅垂圆的透视

图 8-40　画面平行圆的透视画法　　图 8-41　画面相交圆的透视画法

【例 8-6】 如图 8-42 所示，已知某室内的平面图和剖面图，试作其透视图。

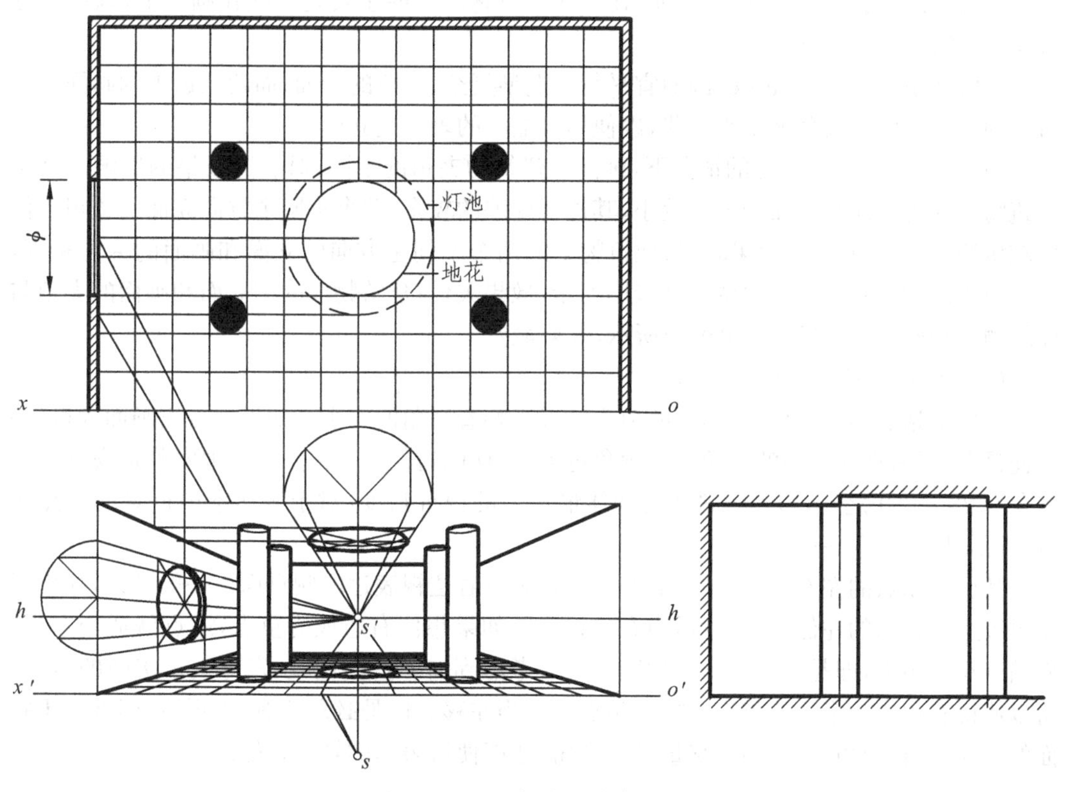

图 8-42　画面相交圆的应用实例

【解】 这是一个画面相交圆的应用实例，有铅垂圆——圆形窗，水平圆——灯池（天花）、地花及圆形柱等。主要作图步骤如下：

① 视线交点法确定室内墙面、地面和顶面的透视轮廓。

② 确定灯池、地花及圆窗等圆心的透视位置，并注意它们的真高或真长的确定。

③ 用八点法作各个圆的透视椭圆，添加细部并加深轮廓线，完成全图。

8.3.5 透视种类、视点和画面位置的选择

1) 透视种类的选择

在绘制透视图之前，必须根据所表达对象的特点和要求选择合适的透视种类。一般来说，对于狭长的街道、走廊、道路及室内需要表达纵向深度的建筑物，宜选择一点透视；而对于纵、横方向均需要表达，以显示视野比较开阔的建筑物，宜选择两点透视。相对而言，一点透视显得比较庄重，稳重有余而活力不足；两点透视则反之。

2) 画面位置、视点的选择

同样一种透视，还因为画面、视角和视高的不同而差别很大，所以在确定透视种类以后，还必须处理好建筑物、视点和画面之间的相对位置关系，以期取得令人满意的效果。

(1) 画面位置的选择

画面与建筑物的前后位置的不同，影响着透视图的大小；画面与建筑物的左右位置（夹角）的变化，影响着透视图侧重面的不同。为使表达的对象不过分失真，一般将建筑物放置在画面的后面，同时考虑作图的简便，还需使建筑物的一些主要轮廓线在画面上，以使其透视反映真实高度或长度。

一般来说，对于一点透视，画面宜平行于造型复杂、重要的墙面；而两点透视则画面与建筑物的主要立面所成角度要小一些，以便尽可能多的表达此立面。

图 8-43 为在站点不变的情况下，画面与建筑物夹角的不同，对表达效果的影响。其中建筑物 1 的主立面和画面的夹角较小，其透视反映的较多，两个不同主方向立面的透视比例比较协调，如图(a)所示，效果较好；建筑物 2 的两个不同主方向的立面和画面的夹角相等，其透视比例和实际比例不协调，如图(b)所示，效果欠佳；建筑物 3 的主立面和画面的夹角与建筑物 1 刚好相反，其透视如图(c)所示，效果最差。

(2) 站点、视角和视高的选择

首先是站点的前后位置：站点的前后位置影响着视角的大小。如果站点离画面太近，势必使最左、最右视线之间的夹角——视角过大，而使两边的透视失真。一般室外透视理想的视角在 28°和 30°之间，即人眼睛观察物体最清晰的视锥角度，对于表达室内近景的一点透视，视角可以在 45°～60°。

其次是站点的左右位置：站点的左右位置影响着透视表达的侧重面。一般来说，如果想侧重表达建筑物的左侧，站点就适当右移；同理，如果想使右边成为重点，站点就适当左移；而站点在正中央，即是左右平衡。如图 8-38，考虑到窗、写字台和沙发等偏于房间的右侧，所以使得右边成为表达的重点，这样，站点就适当左移。但是必须注意，主视线（即垂直于画面的视线）要在视角之间，而且尽量平分视角，才能使得表达的效果较好。

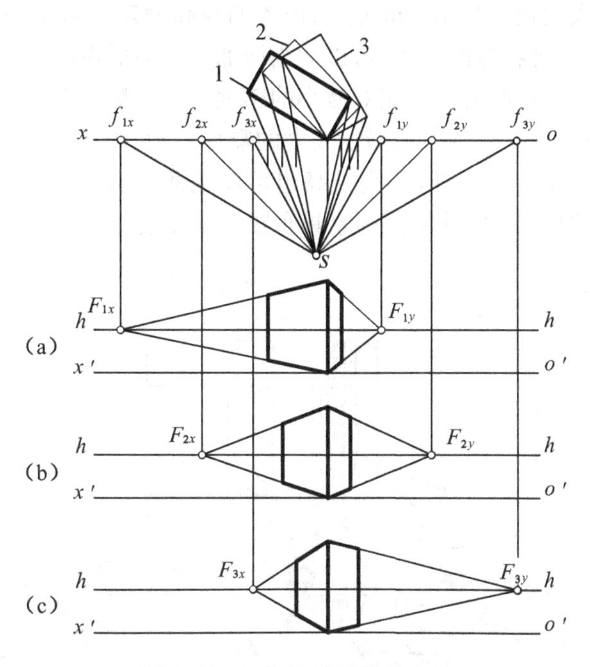

图 8-43 画面和建筑物的夹角

如图 8-44 所示，在画面和建筑物的相对位置不变时，站点 s_1 位置离画面较近，视角较大，所得的透视图如图 8-44(a)所示，变形厉害，给人以失真的感觉，透视图效果较差；站点 s_2 位置离画面距离和左右位置都比较适中，视角在 30°左右，并且主视线大致是视角的分角线，所得的透视图如图 8-44(b)所示，真实感较强，透视图效果较好；站点 s_3 位置，虽然视角大小合适，但是由于偏右了，主视线在视角之外，所得的透视图如图 8-44(c)所示，建筑物两个主立面的比例失调，透视效果也不如图 8-44(b)。

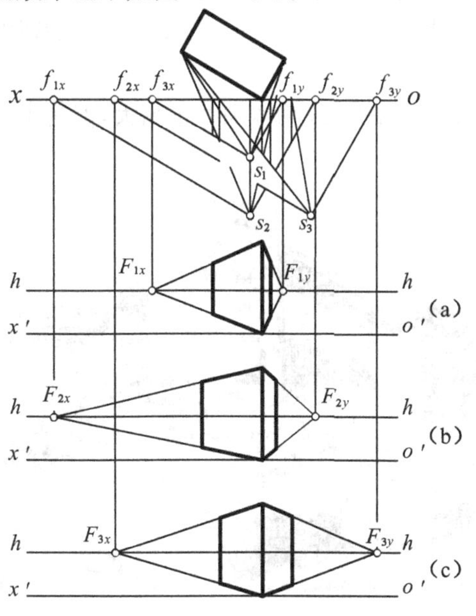

图 8-44 站点位置和视角的选择

关于视高，正常人的视高为1.7 m左右(由人的身高确定)，对于一般绘图，就选择正常值。但有时为了取得某种特殊的效果，可以适当增加或者降低视高。

增加视高，会使得表达的对象有相对矮小的感觉。当从精神上蔑视所表现的对象时，可用这种手法。比如，在杭州岳王庙里，秦桧夫妻的雕像就放在比较低矮的池子里面，游人在高处看，他们就显得矮小了。另外，提高视高也可使地面在透视图中展现得比较开阔。如图8-45所示，由于增加了视高，使室内的家具布置一览无遗。

图8-45　增加视高的效果

同样，降低视高会使得表达的对象有相对高大的感觉，一般适合表达位于高处或者在精神上给人有崇高感觉(如人民英雄纪念碑或伟人塑像等)的建筑物。同样是在杭州岳王庙里，岳飞的雕像放在高台上，增加了其英雄气概，与秦桧夫妻的雕像形成强烈的反差，这是成功的应用视高调节的范例。

如图8-46所示，位于高坡上的建筑物本来并不高大，但是由于降低了视高，便给人以比较雄伟的感觉。

图8-46　减小视高的效果

8.4 透视图中的阴影与虚像

8.4.1 透视图中的阴影

在透视图中求作阴影，不是根据正投影中的阴影来画透视，而是按选定的光线直接作阴影的透视。但前述正投影中的落影规律有些仍然可以直接运用；有些应结合透视的变形和消失规律作相应的变化；有些则不能运用。应视具体情况而定。

绘制透视阴影，一般模拟太阳光线，即平行光线。而根据它与画面的相对位置的不同又分为两种情况：一是平行于画面的平行光线，称之为画面平行光线；二是与画面相交的平行光线，称之为画面相交光线。

1) 画面平行光线下的阴影

如图 8-47 所示，平行于画面的平行光线，其透视仍然平行，并反映光线对基面的实际倾角；光线的 H 面投影平行于 OX，所以其基透视为水平方向。光线的倾角可根据需要（效果）选定。

图 8-48 为一足球门框的透视 $BCDE$ 及一悬于半空的足球 A 和基透视 a，其透视阴影的作法如下：

(1) 过 A 作光线的透视 L(45°)线。

(2) 过 a 作光线的基透视 l（水平线）和 L 交于$\overline{A}$（上划线），$\overline{A}$ 即为点 A 在地面（基面）上的落影。

(3) B、E 就在基面上，其落影就是自身。BC 和 DE 在基面上的落影就是包含 BC 和 DE 所作的光平面与基面的交线，因这样的光平面与画面平行，所以其交线（落影）也是水平线。

(4) 过 C、D 作光线 L 的平行线，分别与过 BE 所作的水平线相交于 $\overline{C}$、$\overline{D}$，即为 C、D 的落影。

(5) 连接 $B\overline{C}\overline{D}E$ 即为足球门框在地面上的落影。

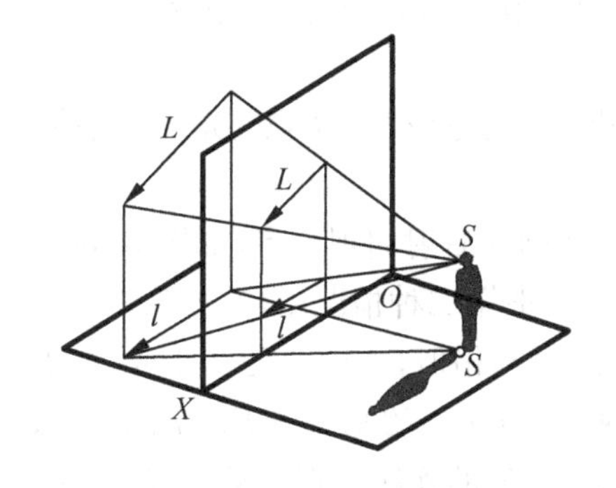

图 8-47 平行于画面的光线

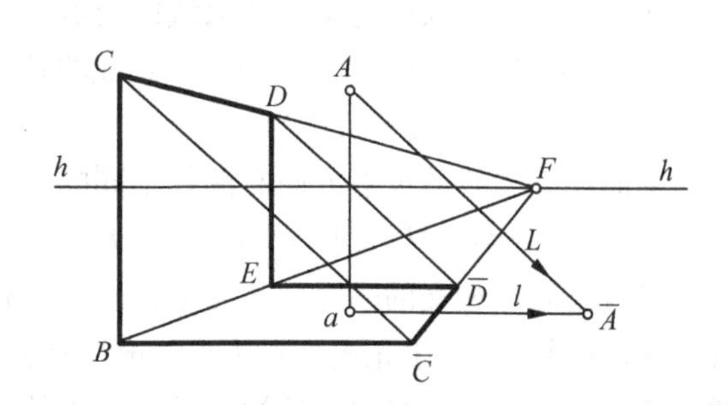

图 8-48 透视阴影的基本作图

【例 8-7】 图 8-49 所示为一门框和单坡顶房屋的阴影作图示例。

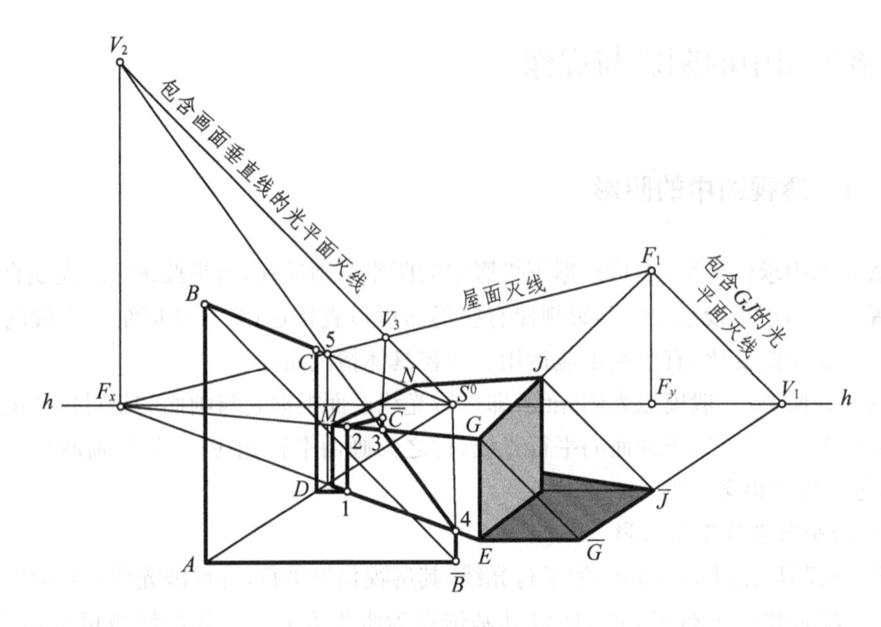

图 8-49 建筑形体的阴影

【解】 其原理分析如下：

铅垂线 AB 和 EG 的落影 $A\overline{B}$ 和 $E\overline{G}$ 均为水平线；J 的落影 $\overline{J}$ 求法相同，连线 $\overline{GJ}$ 即是一般位置直线 GJ 的落影；JN 的落影 $\overline{JN}$ 与 JN 消失于同一灭点 F_x；铅垂线 CD 在基面上的落影为水平线，在墙面上的落影仍是铅垂线，在坡屋面上的落影平行于坡屋面的灭线（落影平行于画面，所以无灭点）；BC 在基面上的落影 $\overline{B}4$ 与 BC 消失于同一灭点 S^0（空间与 BC 相互平行），在墙面上的落影 43 即为包含 BC 所作的光平面与墙面的交线，该交线必通过光平面的灭线（过 S^0 的 45°直线）和墙面的灭线（过 F_x 的铅垂线）的交点 V_2，或者通过 BC（的延长线）与墙面（的扩大面）的交点 5，在坡屋面上的落影即为 $3\overline{C}$。

通过上例分析，可得如下结论：

(1) 画面平行线在任何承影面上的落影，总是一条画面平行线，其落影一定平行于承影面的灭线。

(2) 画面相交线在任何承影面上的落影仍是一条画面相交线，其灭点为包含该画面相交线所作光平面的灭线与承影面灭线的交点。

(3) 画面平行光线和画面相交线所组成的光平面的灭线是通过该直线灭点的光线平行线。

2) 画面相交光线下的阴影

画面相交光线的投射方向有两种不同的情况：光线从画面后射向观察者，如图 8-50(a)所示；光线从观察者身后射向画面，如图 8-50(b)所示。一般第二种情况用得较多。

光线与画面相交的阴影作法与上述画面平行光线的原理相似，不同之处在于光线的透视方向，其透视会交于光线灭点 F_L，基透视则会交于视平线 hh 上的基灭点 F_l，空间一点的透视落影仍为通过该光线的透视与其基透视的交点。F_L 与 F_l 的连线垂直于视平线，即为所有铅垂光平面的灭线。

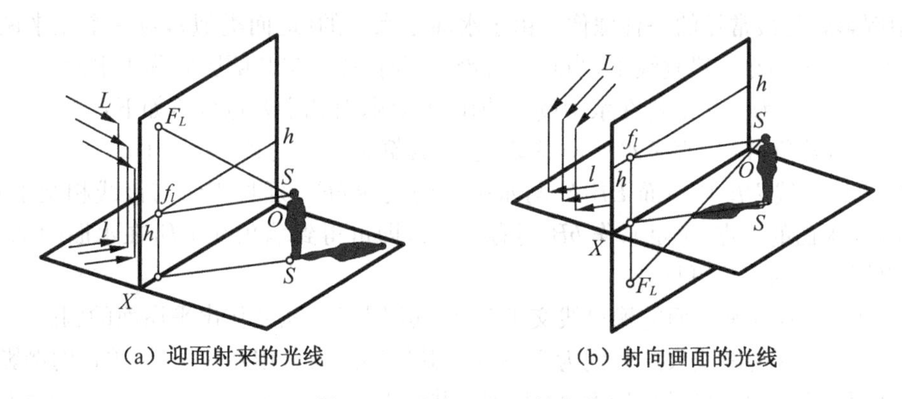

(a) 迎面射来的光线　　(b) 射向画面的光线

图 8-50　平行于画面的光线

图 8-51 所示为附有烟囱的小屋，在选定的光线下阴影的求作示例。

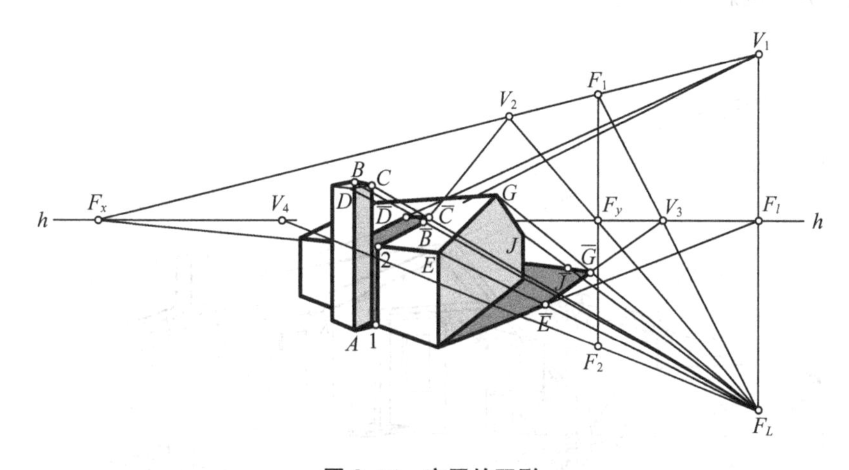

图 8-51　房屋的阴影

该例着重说明直线落影的灭点，就是通过该直线的光平面灭线和承影面灭线的交点：

(1) 包含铅垂线(如 AB)所作光平面的灭线 F_LF_l 与屋面灭线 F_xF_1 的交点 V_1，就是 AB 在屋面上的落影 $2\overline{B}$ 的灭点。

(2) 包含水平线(如 BC)所作光平面的灭线 F_yF_L 与屋面灭线 F_xF_1 的交点 V_2，就是 BC 在屋面上的落影 $\overline{BC}$ 的灭点。

(3) 包含山墙斜线 EG 所作光平面的灭线 F_1F_L 与视平线(基面的灭线)hh 的交点 V_3，就是 EG 在基面上的落影 $\overline{EG}$ 的灭点。

(4) 包含山墙斜线 GJ(空间与 EG 对称)所作光平面的灭线 F_2F_L(F_2 与 F_1 对称于视平线)与视平线 hh 的交点 V_4，就是 GJ 在基面上的落影 $\overline{GJ}$ 的灭点。

其他落影与画面平行光线的落影原理类似，不再赘述。

8.4.2　水中倒影

只要承影面具有较高的反射性(如水、玻璃、大理石等)，那么物体将会在该面上产生虚像，水中倒影就是最常见的一种虚像。由于水面是水平的（地面类似），对一个点来说，该点与其在水中的倒影在一铅垂线上，当画面为铅垂面时，该点与其倒影对称于水面。

图 8-52 所示为一建筑物在水中倒影的作图示例，对几个要点分析如下：

(1) 岸边转角 Aa 垂直于水面，a 为垂足，故其倒影 A_0a 与 Aa 对称于 a。

(2) 求墙角线 BB_1 所在面 BB_1F_x 与水平面的交线 cF_x，延长 BB_1 与该线相交于 b，则 b 即为 BB_1 与水面的交点（垂足），作 bB_0 对称于 bB，即可得到墙角线 BB_1 在水面的倒影——在河岸倒影以下的一段可见。

(3) 延长 DB 与平屋面的檐口线交于 E，作其倒影 E_0，从而作出平屋面的倒影。

(4) 双坡屋面的斜线灭点分别为 F_1 和 F_2，其倒影的灭点相互对调，即 KL 的倒影 K_0L_0 与 LM 共灭点 F_2，而 LM 的倒影 L_0M_0 与 KL 共灭点 F_1。至于 K_0L_0 的求法是通过与 E_0 类似，也是通过山墙面作出的，读者自己分析。

其他部分的倒影不再赘述。

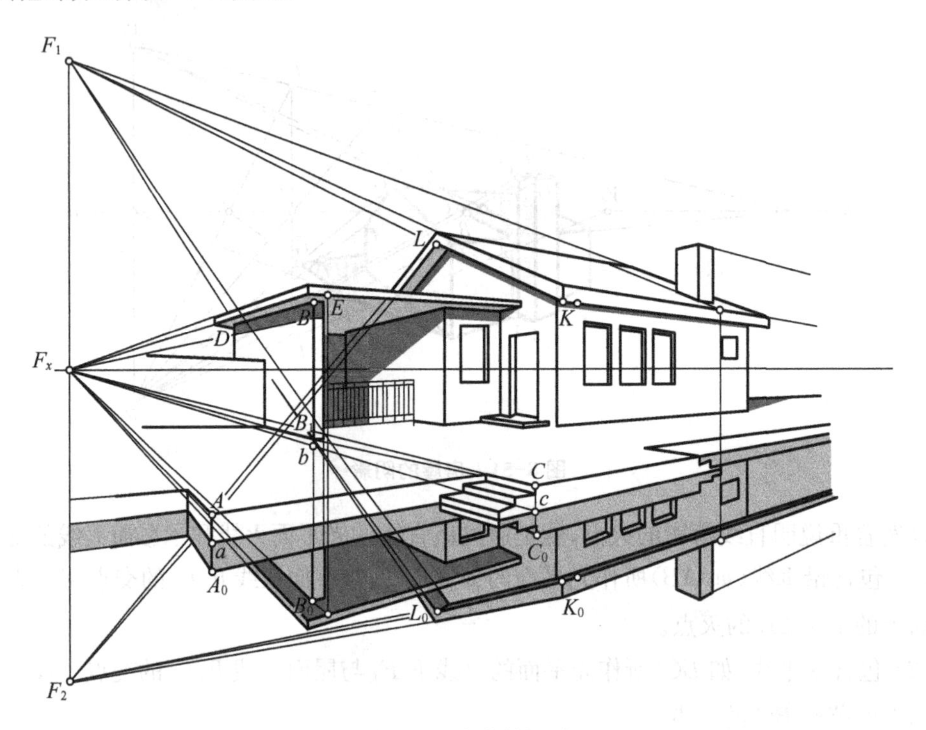

图 8-52 水中的倒影

9 建筑施工图

房屋是供人们生活、生产、工作、学习和娱乐的重要场所。房屋的建造一般需要经过设计和施工两个过程。设计人员根据用户提出的要求，按照国家房屋建筑制图统一标准，用正投影的方法，将拟建房屋的内外形状、大小，以及各部分的结构、构造、装修、设备等内容，详细而准确地绘制成的图样，称为房屋建筑图。

9.1 概述

9.1.1 房屋的组成

建筑物按使用功能的不同可以分为工业建筑和民用建筑两大类。民用建筑又可以分为公共建筑（学校、医院、会堂等）和居住建筑（住宅、宿舍等）。建筑按结构分，通常有框架结构和承重墙结构等。各种建筑物尽管在功能及构造上各有不同，但就一幢房屋而言，基本上是由屋顶、墙（或柱）、楼（地）层、楼梯、基础和门窗等部分组成。图 9-1 是一幢房屋的立体图，图中较清楚地表明了房屋各部分的名称及所在位置。

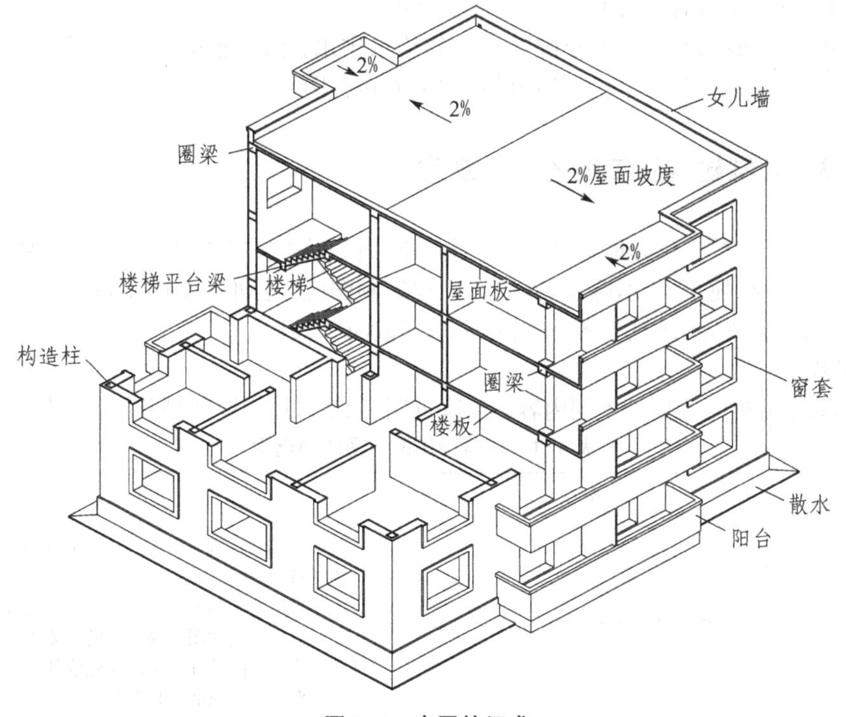

图 9-1 房屋的组成

屋顶，位于房屋最上部。其面层起维护作用，防雨雪风沙，隔热保温；其结构层起承重作用，承受屋顶重力及积雪和风荷载。墙或柱，是房屋主要的承重构件，房屋的外围起维护作用，内墙起分隔作用。楼（地）层，除了承受荷载之外还在竖直方向将建筑物分层。楼梯，是上下楼层之间垂直方向的交通设施。基础，是建筑物地面以下的部分，承受建筑物的全部荷载并将其传给地基。门窗，门是为了室内外的交通联系，窗则起通风、采光作用。

9.1.2 房屋建筑施工图的分类

房屋的设计一般分初步设计和施工图设计。初步设计是指根据有关设计原始资料提出方案。施工图设计是对设计方案进一步具体化、明确化，并绘制出正确、完整的用于指导施工的图样。房屋建筑施工图是将建筑物的平面布置、外形轮廓、尺寸大小、结构构造和材料做法等内容，按照“国标”规定，用正投影的方法，详细准确地画出的图样，又称为房屋施工图。房屋设计需要不同专业的设计人员共同合作来完成。房屋建筑施工图按其专业内容和作用的不同也分为不同的图样。

一套房屋建筑施工图一般包括：图样目录、施工总说明、建筑施工图、结构施工图和设备施工图。

建筑施工图简称建施，主要反映建筑物的整体布置、外部造型、内部布置、细部构造、内外装饰以及一些固定设备、施工要求等，是房屋施工放线、砌筑、安装门窗、室内外装修和编制施工概算及施工组织计划的主要依据。一套建筑施工图一般包括施工总说明、总平面图、建筑平面图、建筑立面图、建筑剖面图、建筑详图和门窗表等。

结构施工图简称结施，主要反映建筑物承重结构的布置、构件类型、材料、尺寸和构造做法等，是基础、柱、梁、板等承重构件以及其他受力构件施工的依据。结构施工图一般包括结构设计说明、基础图、结构平面布置图和各构件的结构详图等。

设备施工图简称设施，主要反映建筑物的给水排水、采暖通风、电气等设备的布置和施工要求等。设备施工图一般包括各种设备的平面布置图、系统图和详图等。

9.1.3 绘制建筑施工图的有关规定

建筑施工图应按正投影原理及视图、剖面、断面等基本图示方法绘制，为了保证质量、提高效率、统一要求、便于识读，除应遵守《房屋建筑制图统一标准》(GB/T 50001—2010)中的基本规定外，还应遵守《建筑制图标准》(GB/T 50104—2010)。

1) 图线

在建筑施工图中，为反映不同内容和层次分明，图线采用不同线型和线宽，具体见表 9-1。

表 9-1 建筑施工图中图线的选用

名称		线型	线宽	用途
实线	粗	————	b	1. 平、剖面图被剖切的主要建筑构造（包括构配件）的轮廓线 2. 建筑立面图或室内立面的外轮廓线 3. 建筑构造详图中被剖切的主要部分的轮廓线 4. 建筑构配件详图中的外轮廓线 5. 平、立、剖面的剖切符号

续表 9-1

名称		线型	线宽	用途
实线	中粗	━━━━━━	0.7b	1. 平、剖面图被剖切的次要建筑构造(包括构配件)的轮廓线 2. 建筑平、立、剖面图中建筑构配件的轮廓线 3. 建筑构造详图及建筑构配件详图中的一般轮廓线
	中	──────	0.5b	小于 0.7b 的图形线、尺寸线、尺寸界线、索引符号、标高符号、详图材料做法引出线、粉刷线、保温层线、地面、墙面的高差分界线等
	细	──────	0.25b	图例填充线、家具线、纹样线等
虚线	中粗	━ ━ ━ ━	0.7b	1. 建筑构造详图及建筑构配件不可见的轮廓线 2. 平面图中的起重机(吊车)轮廓线 3. 拟建、扩建建筑物轮廓线
	中	─ ─ ─ ─ ─ ─	0.5b	投影线、小于 0.5b 的不可见轮廓线
	细	- - - - - - - - - -	0.25b	图案填充线、家具线等
单点长划线	粗	━ · ━ · ━	b	起重机(吊车)轨道线
	细	—·—·—·—·—	0.25 b	中心线、对称线、定位轴线
折断线	细	──\/──	0.25b	部分省略表示时的断开界线
波浪线	细	∼∼∼	0.25b	部分省略表示时的断开界线,曲线形构间断开界线,构造层次的断开界线

注:地平线宽可用 1.4b。

2) 比例

建筑物的形体较大,所以施工图一般都用较小的比例绘制。为了反映建筑物的细部构造及具体做法,常配以较大比例的详图,并用文字加以说明。施工图中常用比例参见表 9-2 所示。

表 9-2 比例

图名	常用比例
建筑物或构筑物的平面图、立面图、剖面图	1∶50、1∶100、1∶150、1∶200、1∶300
建筑物或构筑物的局部放大图	1∶10、1∶20、1∶25、1∶30、1∶50
配件及构造详图	1∶1、1∶2、1∶5、1∶10、1∶15、1∶20、1∶25、1∶30、1∶50

3)定位轴线

在学习定位轴线的布置和画法之前,先简单介绍一下与之相关的建筑"模数"概念。所谓建筑"模数"是指房屋的跨度(进深)、柱距(开间)、层高等尺寸都必须是基本模数(1 M=100 mm)或扩大模数(3 M、6 M、15 M、30 M、60 M)的倍数,这样便于规范化、生产标准化、施工机械化。

定位轴线是用来确定建筑物主要结构及构件位置的尺寸基准线,它是施工放线的主要依据。凡承重构件如墙、柱、梁、屋架等位置都要画上定位轴线并进行编号,施工时以此作为定位的基准。施工图上,定位轴线用细点画线绘制,在线的端部画一直径为 8~10 mm 的细实线圆，圆内注写编号。在建筑平面图上定位轴线的编号，宜标注在图样的下方与左侧，横向编号应用阿拉伯数字，从左至右顺序编写；竖向编号应用大写拉丁字母，从下至上顺序编写，如图 9-2(a)所示。字母中的 I、O、Z 不得用为轴线编号，以免与数字 1、0、2 混淆。在标注非承重墙或次要承重构件时，可用在两根轴线之间的附加轴线，附加轴线的编号如图 9-2(b)、(c)所示。

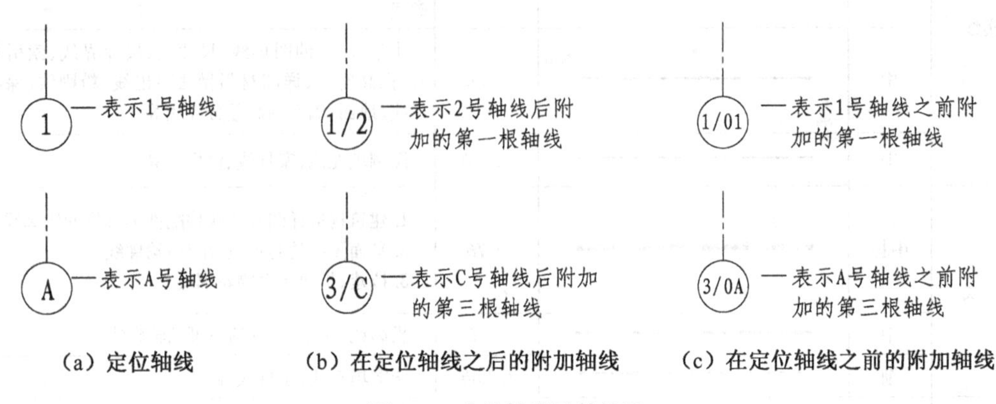

（a）定位轴线　（b）在定位轴线之后的附加轴线　（c）在定位轴线之前的附加轴线

图 9-2　定位轴线及其编号

4）*尺寸和标高注法*

建筑施工图上的尺寸可分为定形尺寸、定位尺寸和总体尺寸。定形尺寸表示各部位构造的大小；定位尺寸表示各部位构造之间的相互位置；总体尺寸应等于各分尺寸之和。尺寸除了总平面图及标高尺寸以米(m)为单位外，其余一律以毫米(mm)为单位。注写尺寸时应使长、宽尺寸与相邻的定位轴线相联系。

标高是标注建筑物高度的一种尺寸形式。标高是用以表明房屋各部分(如室内外地面、窗台、雨篷、檐口等)高度的标注方法。在图中用标高符号加注高程数字表示。标高符号用细实线绘制，符号中的三角形为等腰直角三角形，尖端所指为实际高度线。尖端可向下，也可向上。标高的尺寸单位为米，注写到小数点后 3 位(总平面图上可注写到小数点后 2 位)。涂黑的标高符号，用在总平面图及底层平面图表示室外地坪标高。标高符号及其画法见图 9-3所示。

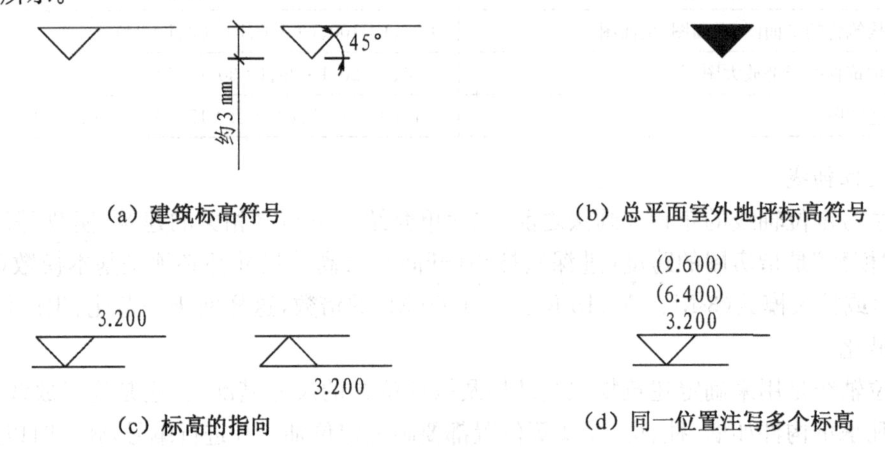

（a）建筑标高符号　（b）总平面室外地坪标高符号

（c）标高的指向　（d）同一位置注写多个标高

图 9-3　标高符号及其画法

标高有绝对标高和相对标高两种。我国是以青岛附近黄海海平面的平均高度定为绝对标高的基准零点，其他各地标高都是以它为基准测量而得的。总平面图中所标注标高为绝对标高。相对标高一般是以房屋底层室内地坪高度的绝对标高为基准零点。零点标高用±0.000表示，低于零点的标高为负数，负数标高数字前加注“－”号，如－0.060；高于零点的正数标高数字前不加“＋”号，如3.500。

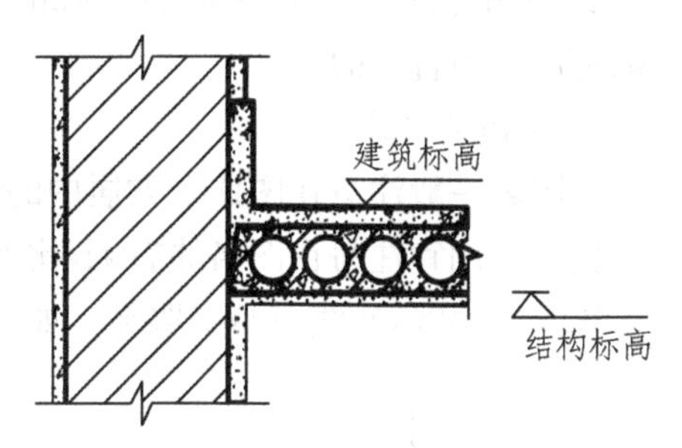

图9-4 建筑标高与结构标高

房屋的标高，还有建筑标高和结构标高的区别，如图9-4所示。建筑标高是指构件包括粉饰在内的装修完成后的标高，又称完成面标高。结构标高是指不包括构件表面的粉饰层厚度，是构件的毛面标高。

5）索引符号和详图符号

在图样中的某一局部或构件未表达清楚，而需另见详图以得到更详细的尺寸及构造做法时，为方便施工时查阅图样，应以索引符号索引。即在需要另画详图的部位编上索引符号，并在所画的详图上编上详图符号，两者必须对应，以便看图时查找相互有关的图纸。索引符号的圆和直径均以细实线绘制，圆的直径为10 mm，索引符号的引出线应指在要索引的位置上，当引出的是剖面详图时，用粗实线表示剖切位置，引出线所在的一侧应为剖视方向，圆内的编号含义如图9-5(a)所示。详图符号应以粗实线绘制直径为14 mm的圆，直径以细实线绘制，圆内的编号含义如图9-5(b)所示。

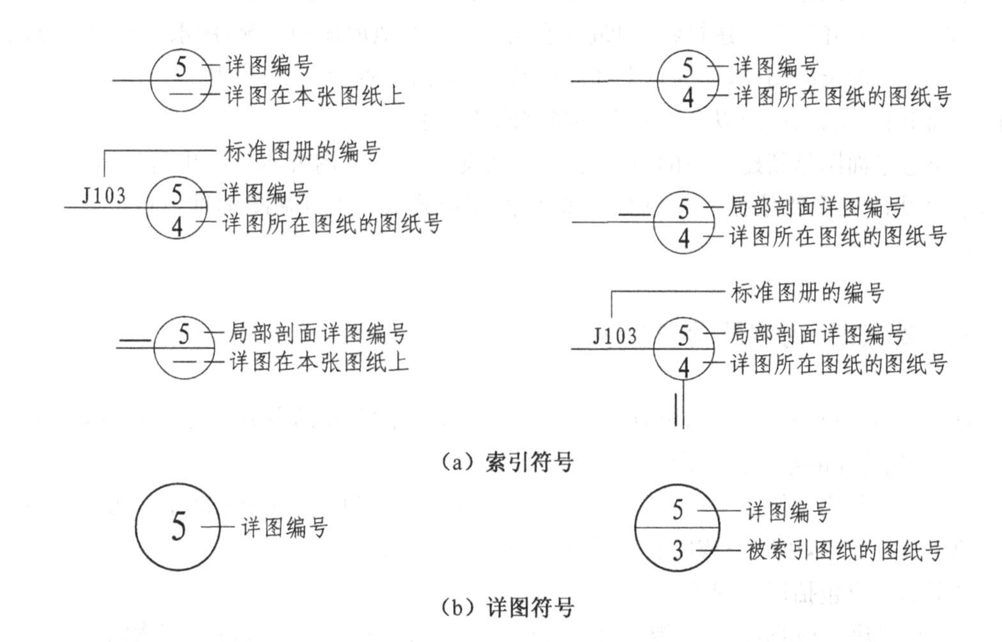

图9-5 索引符号和详图符号

6）指北针

指北针用于表示房屋的朝向，指针尖所指方向为北方。指北针的圆用细实线绘制，直径为 24 mm，指针尾部的宽度为 3 mm，如图 9-6 所示。需用较大直径绘制指北针时，指针尾部宽度宜为直径的 1/8。

7）图名与比例

图名一般注写在图样下方居中的位置。图样的比例应为图形与实物相对应的线性尺寸之比。比例宜注写在图名的右侧，比例的字高应比图名的字高小 1 号或 2 号。图名下用粗实线绘制底线，底线应与字取平。如图 9-7 所示。

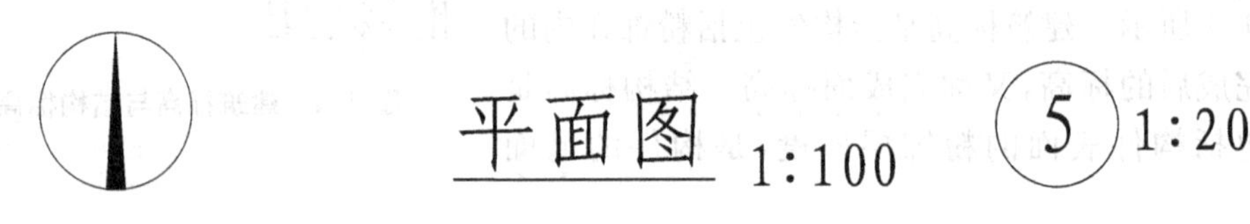

图 9-6　指北针　　　　图 9-7　图名与比例

9.2　建筑总平面图

9.2.1　建筑总平面图的作用

建筑总平面图是新建房屋在基地范围内的总体布置图。将拟建工程四周一定范围内的新建、拟建、原有和拆除的建筑物、构筑物连同其周围的地形地物状况，用水平投影的方法和相应的图例所画出的图样，即为总平面图(或称总平面布置图)。它反映新建房屋与原有建筑的平面形状、位置、朝向以及与周围环境之间的关系。

建筑总平面图是新建房屋的施工定位、土方施工以及室内外水、暖、电等管线布置和施工总平面设计的重要依据。绘制建筑总平面图应遵守《总图制图标准》(GB/T 50103—2010)。

9.2.2　图示内容及画法要求

总平面图反映一定范围内原有、新建、拟建、即将拆除的建筑及其所处周围环境、地形地貌、道路绿化情况的水平投影图。

总平面图常用比例为 1∶500、1∶1000、1∶2000。总平面图应按上北下南方向绘制，根据场地形状或布局，可向左或向右偏转，但不宜超过 45°。

总平面图应包括以下内容：

(1) 新建建筑物的名称、层数、室内外地坪标高、外形尺寸及与周围建筑物的相对位置。

(2) 新建道路、广场、绿化、场地排水方向和设备管网的布置。

(3) 原有建筑物的名称、层数以及与相邻新建建筑的相对位置。

(4) 原有道路、绿化和管网布置情况。

(5) 拟建的建筑、道路、广场、绿化的布置。

(6) 新建建筑物的周围环境、地形(如等高线、河流、池塘、土坡等)、地物(如树木、电线杆、设备管井等)。

(7) 指北针或风玫瑰图。

风玫瑰图(如图 9-8)由当地气象部门提供,粗实线表示全年主导风向频率,细虚线表示 6、7、8 三个月的风向频率,并可兼作指北针。

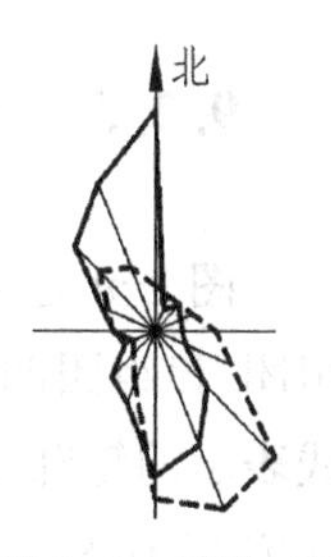

图 9-8　风玫瑰图

表 9-3　总平面图中常用的图例

名　称	图　例	备　注	名　称	图　例	备　注
新建建筑物	8	1. 需要时,可用▲表示出入口,可在图形内右上角用点或数字表示层数 2. 建筑物外形用粗实线表示	新建的道路	0.6 101.00 R9 150.00	“R9”表示道路转弯半径为 9 m,“150.00”为路面中心控制点标高,“0.6”表示 0.6% 的纵向坡度,“101.00”表示变坡点间距离
原有建筑物		用细实线表示	原有道路		
计划扩建的预留地或建筑物		用中粗虚线表示	计划扩建的道路		
拆除的建筑物		用细实线表示	常绿针叶树		
围墙及大门		仅表示围墙时不画大门	常绿阔叶乔木		
填挖边坡		1. 边坡较长时,可在一端或两端局部表示 2. 下边线为虚线时表示填方	常绿阔叶灌木		
护坡			花坛		
室内标高	51.00(±0.00)		草坪		
室外标高	▼143.00 ●143.00	室外标高也可采用等高线表示	植草砖铺地		
坐标	X105.00 Y425.00	上图表示测量坐标 下图表示建筑坐标	雨水口		
	A105.00 B425.00		消火栓井		

9.2.3 读图实例

图 9-9 是某小区的总平面图。绘图比例为 1∶500。4 幢住宅楼与综合楼组成一个建筑组团,该组团四面有路,由等高线可以看出该组团所在的地势为西北高,东南低。图中粗实线表示的轮廓是新建建筑物,右上角的小黑点(亦可用阿拉伯数字)表示建筑物的层数,其中住宅 3# 楼和 4# 楼为两幢新建建筑物,均为 4 层。图中涂黑的三角形为室外标高,它们分别标注了不同的高程。由左上角的风玫瑰图可以看出此处夏季以东南风为主,其余季节以西北风为主,该组团内房屋朝向正南。图中用细实线表示原有建筑物,东面的粗虚线表示为计划扩建的建筑物。

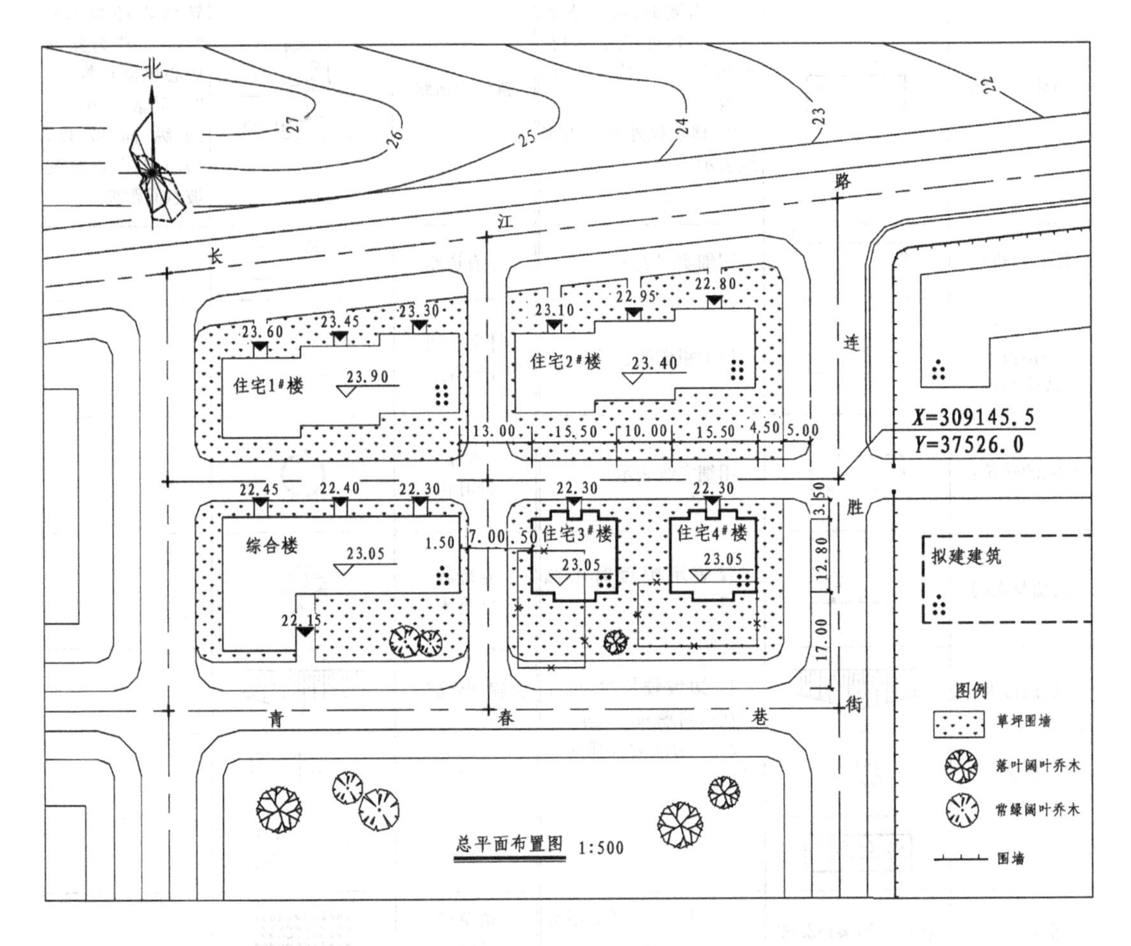

图 9-9 总平面图

图中还画出了绿化图例和地形测量坐标。从总平面图可看出这是一个地势、朝向、交通、绿化环境都比较理想的位置。

9.3 建筑平面图

9.3.1 建筑平面图的形成和作用

建筑平面图(除屋顶平面图以外)是房屋的水平剖面图,是假想用水平剖切面在门窗洞口处把整幢房屋剖开,移去上面部分后向水平面投影所得的全剖面图,一般称平面图。

建筑平面图主要表示房屋的平面形状、水平方向各部分的布置和组合关系、门窗的类型和位置、墙和柱的布置以及其他建筑构配件的位置和大小等。建筑平面图是施工放线、砌墙和安装门窗等的依据,是施工图中最基本的图样之一。

一般来说,房屋有几层就应画几个平面图,并在图的下方注明相应的图名和比例,如底层平面图、二层平面图等。但对于中间各层,如果布置完全相同,可将相同的楼层用一个平面图表示,称为标准层平面图。此外还有屋顶平面图(对于较简单的房屋可以不画),它是屋顶的水平正投影图。如房屋的平面布置左右对称时,可将两层平面画在一起,左边画出一层的一半,右边画出另一层的一半,中间用一对称符号做分界线,并在该图的下方分别注明图名。

9.3.2 建筑平面图的图示内容及画法要求

1) 比例

建筑平面图一般多采用 1∶50、1∶100、1∶200 的比例绘制。

2) 定位轴线

定位轴线的画法和编号已在本章第 1 节中详细介绍。建筑平面图中定位轴线的编号确定后,其他各种图样中的轴线编号应与之相符。

3) 图线

为了表达清晰,建筑平面图中的图线应粗细有别、层次分明。一般被剖切到的墙柱轮廓线画粗实线(b),没有剖切到的可见轮廓线如窗台、台阶、楼梯等凸出部分及被剖切到的次要建筑物的轮廓线画中粗线($0.7b$),尺寸线、尺寸界线、标高符号、索引符号、引出线等画中线($0.5b$),图例填充线、轴线等画细线($0.25b$)。如需反映高窗、通气孔、槽及起重机、地沟等不可见部位,可用虚线示之(在建筑设计中,常采用简易画法:剖切到主要轮廓线用粗线,其他用细线)。

4) 尺寸标注

建筑平面图中标柱的尺寸有 3 类:标高、外部尺寸、内部尺寸。

建筑平面图中常以底层室内主要地坪(地面面层上表面)高度为相对标高的零点(标记为±0.000),高于此处的为“正”,低于此处的为“负”,负数标高数字前加注“−”号,高于零点的正数标高数字前不加“+”号,并于设计说明中说明相对标高与绝对标高之间的关系。

建筑平面图上的外部尺寸共有3道，由外至内，第一道表示建筑总长、总宽的外形尺寸，称为外包尺寸，用以表示建筑物的占地面积；第二道为墙柱中心轴线间的尺寸，即定位轴线之间的尺寸，用以表示房间的"进深"和"开间"；第三道，主要用来表示外门、窗洞口的宽度及窗间墙的大小，并应注明与其最近的轴线间的尺寸。

此外，建筑平面图中应注明建筑构配件的定形和定位尺寸，如墙、柱、内部门窗洞口、楼梯、踏步、平台、台阶、花坛等。

5）代号及图例

常用门窗在建筑设计中以表9-4所示的图例表示，并在平面图的图例旁注明门窗代号和编号，代号"M"表示门，"C"表示窗。同一编号的门窗，其类型、构造、尺寸都相同。门窗洞口的型式、大小及凸出的窗台等都按实际投影绘出。

表9-4　建筑常用门窗图例

名　称	图　例	备　注
单扇门	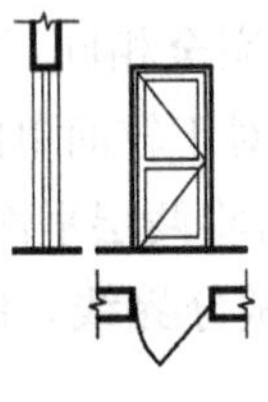	1. 立面图图例中斜线表示开启方向和位置，实线表示向外开，虚线表示向内开（以下图例同） 2. 两线相交处表示固定端（以下图例同） 3. 该图例表示向外开，右侧为固定端，左侧为开启端
双扇门	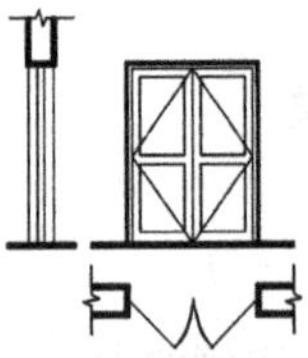	中间向外开，两侧为固定端
推拉门	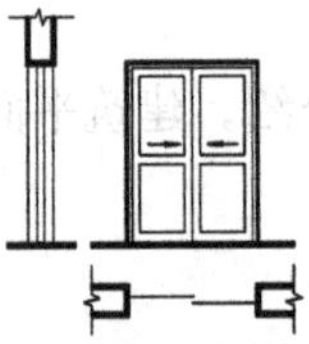	箭头指明推拉方向
单扇双面弹簧门	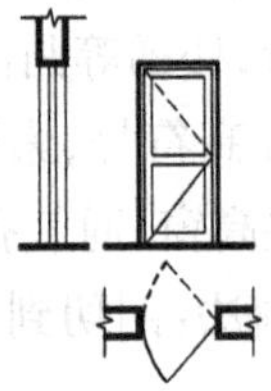	实线与虚线表示向内向外均可开启，右侧为固定端
双扇双面弹簧门	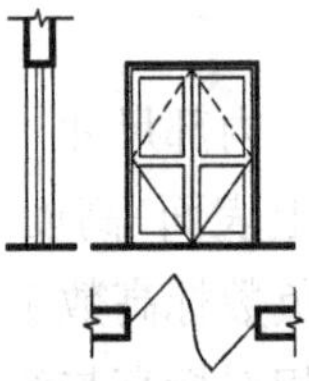	实线与虚线表示向内向外均可开启，两侧为固定端

续表 9-4

名称	图例	备注
空门洞		未装门扇
固定窗		平面图图例同双层外开平开窗，未表示
单层外开平开窗		平面图图例同双层外开平开窗，未表示 立面图图例两端为固定端，中间向外开
双层外开平开窗		实线表示向外开，虚线表示向内开，两侧为固定端
高窗		中间为固定端，上部向内开启，下部向外开启，也称中悬窗
推拉窗		箭头指明推拉方向
上推窗		箭头指明推拉方向，上部固定，下部向上推拉
百叶窗		百叶在剖面图和剖面图图例中不表示

注：该表中每个图例均为平、立剖图例，左侧为剖面图图例，右侧上方为立面图图例，右侧下方为平面图图例。

不同的建筑平面图，剖切面轮廓内的材料图例规定：若以 1∶100、1∶200 的比例绘制建筑平面图时不必画材料图例和构件的抹灰层，剖切到的砖墙用涂红表示，钢筋混凝土构件涂黑表示。在比例大于 1∶50 的平面图中，被剖切到的墙、柱等应画出材料图例，装修层也应用细实线画出。比例小于 1∶200 的平面图可不画材料图例。

6) 建筑平面图的细部内容

建筑平面图中应以中实线(或细实线)画出投影时能够看到的室外花坛、散水、台阶、阳台、雨篷及室内的楼梯、壁橱、孔洞、厨卫间的固定设施等,见图 9-10。这些构件虽小,却是建筑人性化需求的标志。

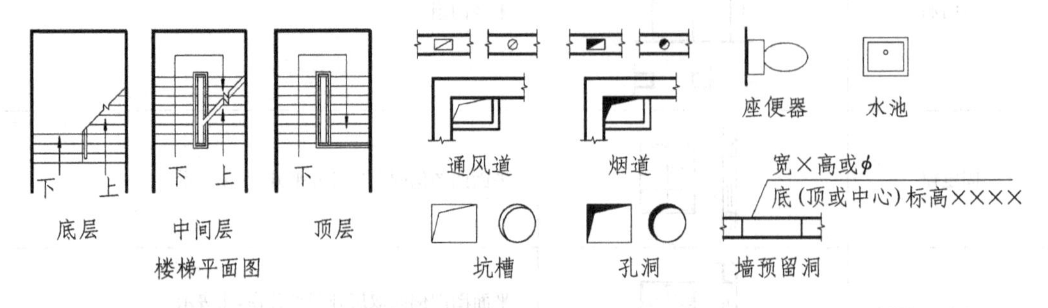

图 9-10　建筑平面图中部分常用图例

7) 投影要求

一般来说,各层平面图按投影方向能看到的部分均应画出,但通常是将重复之处省略,如散水、明沟、台阶等只在底层平面图中表示,而其他各层平面图则省略不画,雨篷也只在二层平面图中表示。必要时在平面图中还应画出卫生器具、水池、橱、隔断等。

8) 其他标注

在平面图中宜注写房间的名称或编号,在底层平面图中应画出指北针,当平面图上某一部分或某一构件另有详图表示时需用索引符号在图上表明。此外,建筑剖面图的剖切符号也应在房屋的底层平面图上标注。

9) 门窗表

为了便于订货和加工,建筑平面图中一般附有门、窗表。

10) 局部平面图和详图

在平面图中,如果某些局部平面因设备或因内部组合复杂、比例较小而表达不清楚时,可画出较大比例的局部平面图或详图。

11) 屋面平面图

屋面平面图是直接从房屋上方向下投影所得,由于内容比较简单,可以用较小的比例绘制,它主要表示屋面排水的情况(用箭头、坡度或泛水表示),以及天沟、雨水管、水箱等的位置。

9.3.3　读图实例

图 9-11 为某联排别墅 1 号楼(简称 L-1)的一层平面图,是用 1∶100 比例绘制的。该联排别墅平面的形状基本为矩形,建筑面积为 29.04 m×14.94 m。由图上指北针可知,该联排别墅坐北朝南,房屋的主入口位于房屋的南面,北侧为车库入口。该联排别墅为 4 户,左右对称布置。一层主要为功能区,它包含有车库、客厅、保姆房、卫生间等。由定位轴线、轴线间的距离以及墙柱的布置情况、各房间的名称可以看出各承重构件的位置及房间的功

能与大小。该户型有朝南的大客厅和朝北的车库、保姆房、卫生间。

该联排别墅为框架结构，钢筋混凝土柱在比例较小时用涂黑表示，柱的断面形式有 300 mm×300 mm、350 mm×350 mm、300×500 的矩形断面，还有 L 形断面，以及十字断面多种形式，剖切到的墙用粗实线双线绘制，除注明外内外墙均为 240 mm，这里的墙起维护和分隔作用，外墙用砂加气混凝土砌块砌筑，内墙用灰加气混凝土砌块砌筑。

房屋的定位轴线是以柱的中心线位置确定的，横向轴线从①～⑪，纵向轴线从Ⓐ～Ⓗ。应注意墙与轴线的位置有两种情况：一种是墙中心线与轴线重合；另一种是墙面与轴线重合。图中除了主要轴线外还有附加轴线。如(1/3)表示③号轴线后第一根附加的轴线。

因为在平面图上别墅前、后、左、右的布置不同，所以沿四周都标注了 3 道尺寸。第一道尺寸反映别墅的总长为 29040 mm，总宽为 14940 mm；第二道反映了轴间距（即房屋的开间和进深）；第三道是柱间墙、柱间门、门洞等的细部尺寸。

由于首层平面图是沿楼梯第一个梯段中门窗洞的位置，水平剖切后向下投影而得到的全剖视图，因此本图除被剖切到的墙身用粗实线绘制、门窗用图例绘制表示，其余室内外的可见部分，如厨卫间的固定设施，楼梯间、台阶、室外散水等细部的主要轮廓线以细实线绘出（习惯画法），并标注相应的尺寸。门窗应标注门窗编号，一般用汉语拼音的第一个大写字母表示，如 C 表示窗，M 表示门。

为反映该房屋的竖直方向内外部情况，在需要进行剖视表达的部分，一层平面图应注有剖视图的标注，如 1-1、2-2，表明剖视的名称、位置和投影方向等。室内外的主要地面标高也应注明，如本房屋的室外地面相对标高是 －0.450 m，室内主要地面的相对标高是±0.000 m。

沿房屋的周围设有散水、明沟，墙角设有落水管，主要是满足给排水的需要。楼梯及卫生间都另有详图表示。

图 9-12 为夹层平面图，由于该联排别墅底层车库和客厅的层高不同，因此在车库上方设置了夹层，布置有娱乐区、餐厅和厨房。注意Ⓒ轴线南侧为一层客厅上方，与北侧娱乐区之间有栏杆隔开。车库卷帘门上方设置雨棚，表示在夹层平面图中。

图 9-13 为二层平面图，与一层平面图相比，少了指北针与室外散水等附属设施；不同之处是楼梯的画法，楼梯有上、下两个梯段，各有细实线与箭头指明其前行方向与级数，二层平面图中既表示出通往上一楼层的上行楼梯的局部梯段，也表示出通往下一楼层的下行楼梯的局部梯段。上行部分因剖切的原因有 30°的折断线。房间布置也有很大的变化，主要分布有卧室和起居室，每户南面 2 个主卧室，北面 1 个次卧室，中间为起居室。另外，每户南北侧各布置了一个阳台或者露台，卫生间 1 个，通往阳台或露台的房间设置了推拉门（阳台和露台的区别主要在于有无永久性顶盖，有顶盖的称为阳台，无顶盖的称为露台）。注意沿Ⓖ轴线阳台有一段为轻质墙体且上有开洞。

图 9-14 是别墅的三层平面图。与二层平面图相比，顶层的楼梯表示方法与一层、二层不同，不再有上行的梯段，细实线与箭头是单一方向的，没有折断线。房间布置也有很大的变化，主要分布有主卧室、书房、卫生间各一个及南北侧各一个露台。

图 9-15 是别墅的屋顶平面图。主要表示了屋顶、屋面、屋面的坡度、排水的方向及其檐口和屋顶的标高，另外还表示了老虎窗、装饰性烟囱以及太阳能热水器的位置。

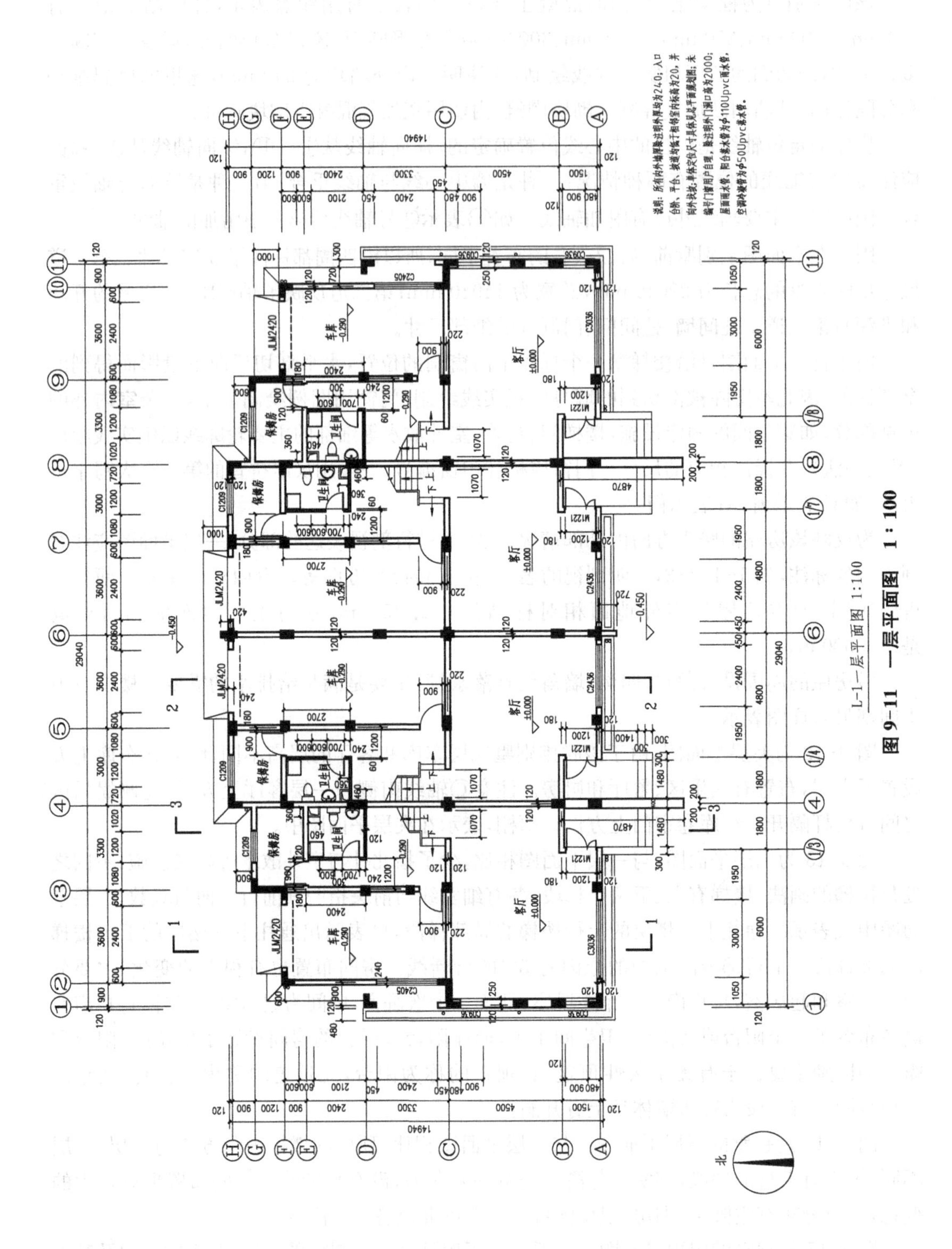

图 9-11　一层平面图　1：100

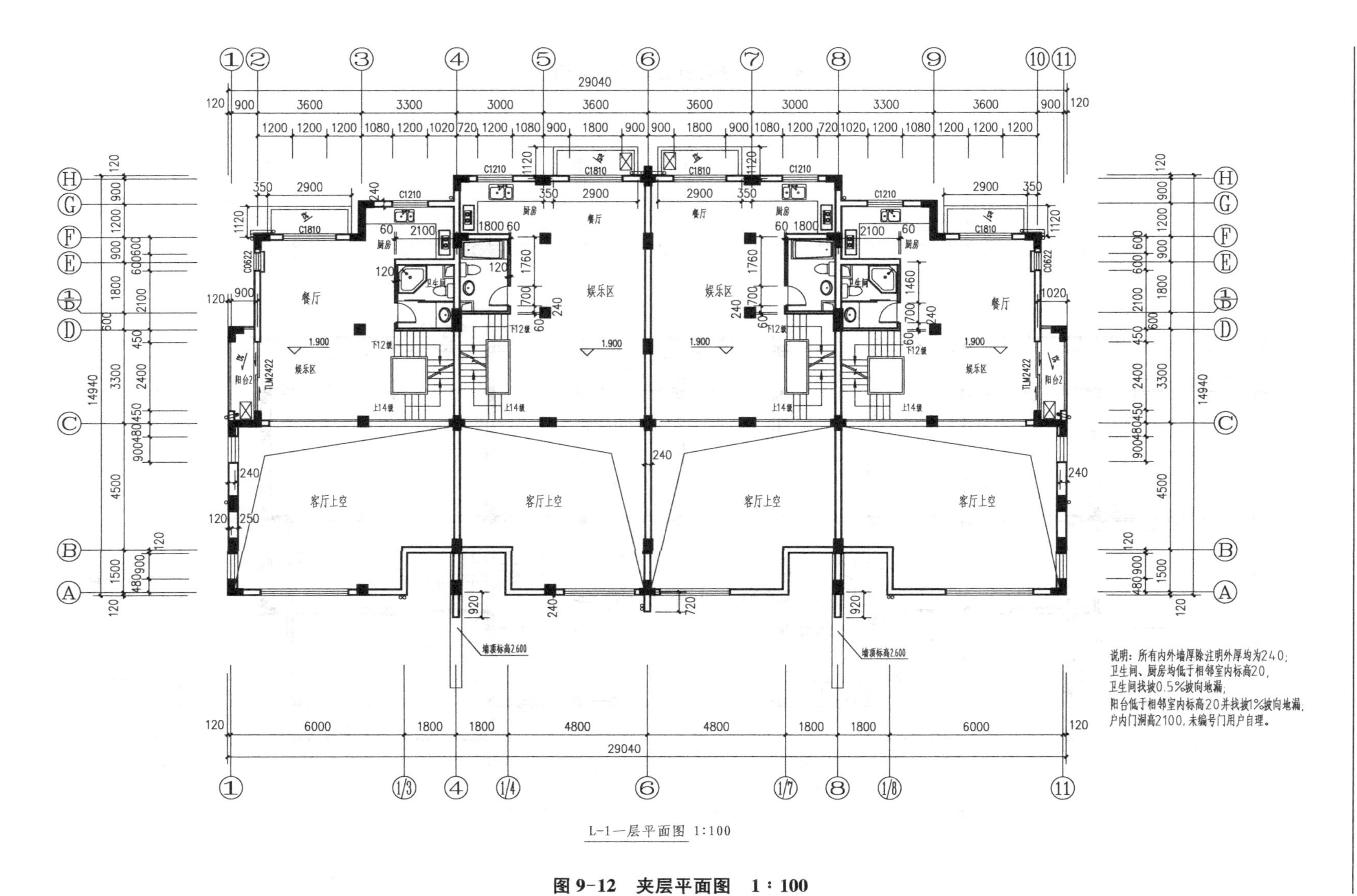

图 9-12 夹层平面图 1：100

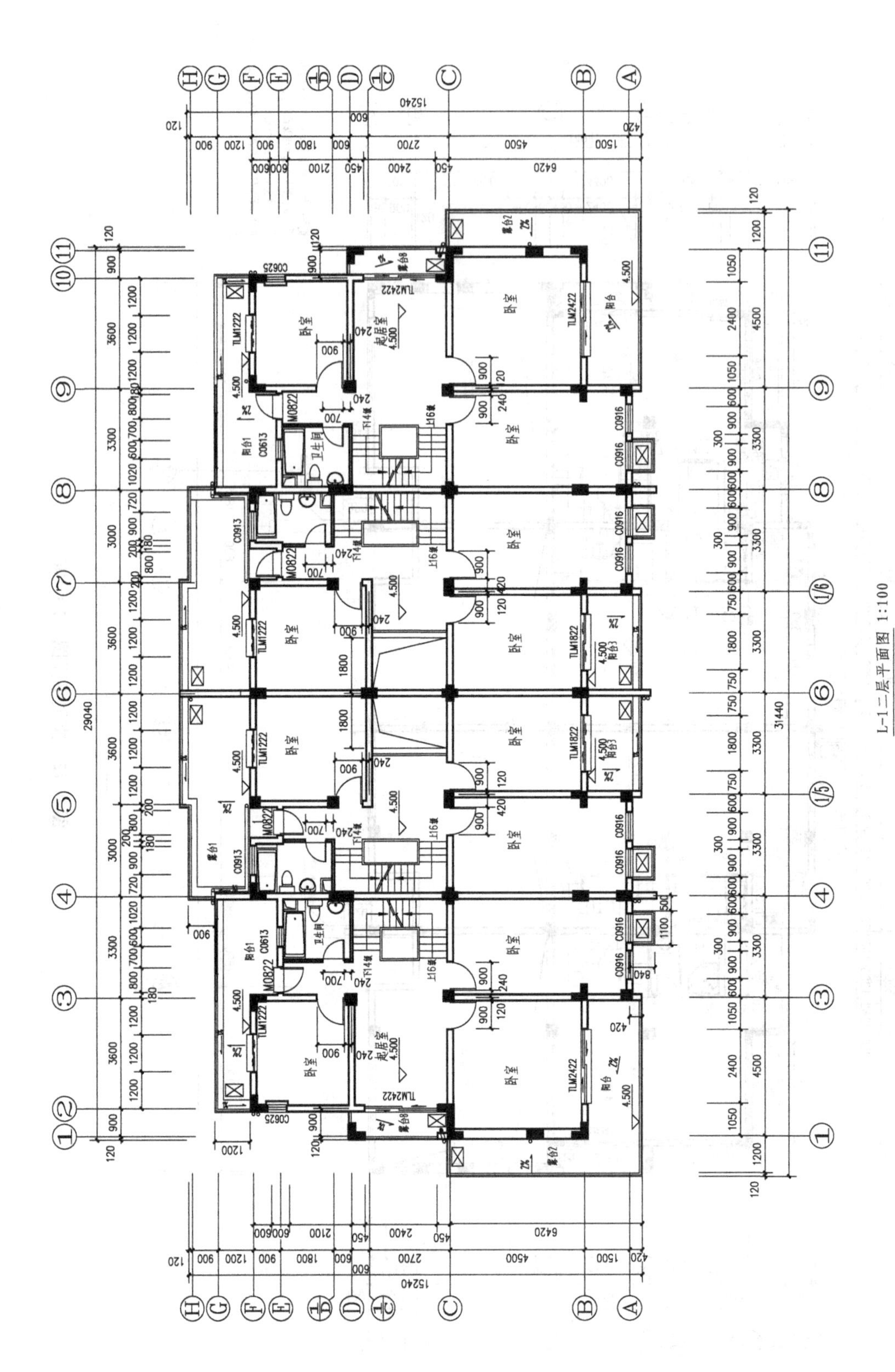

图 9-13 二层平面图 1：100

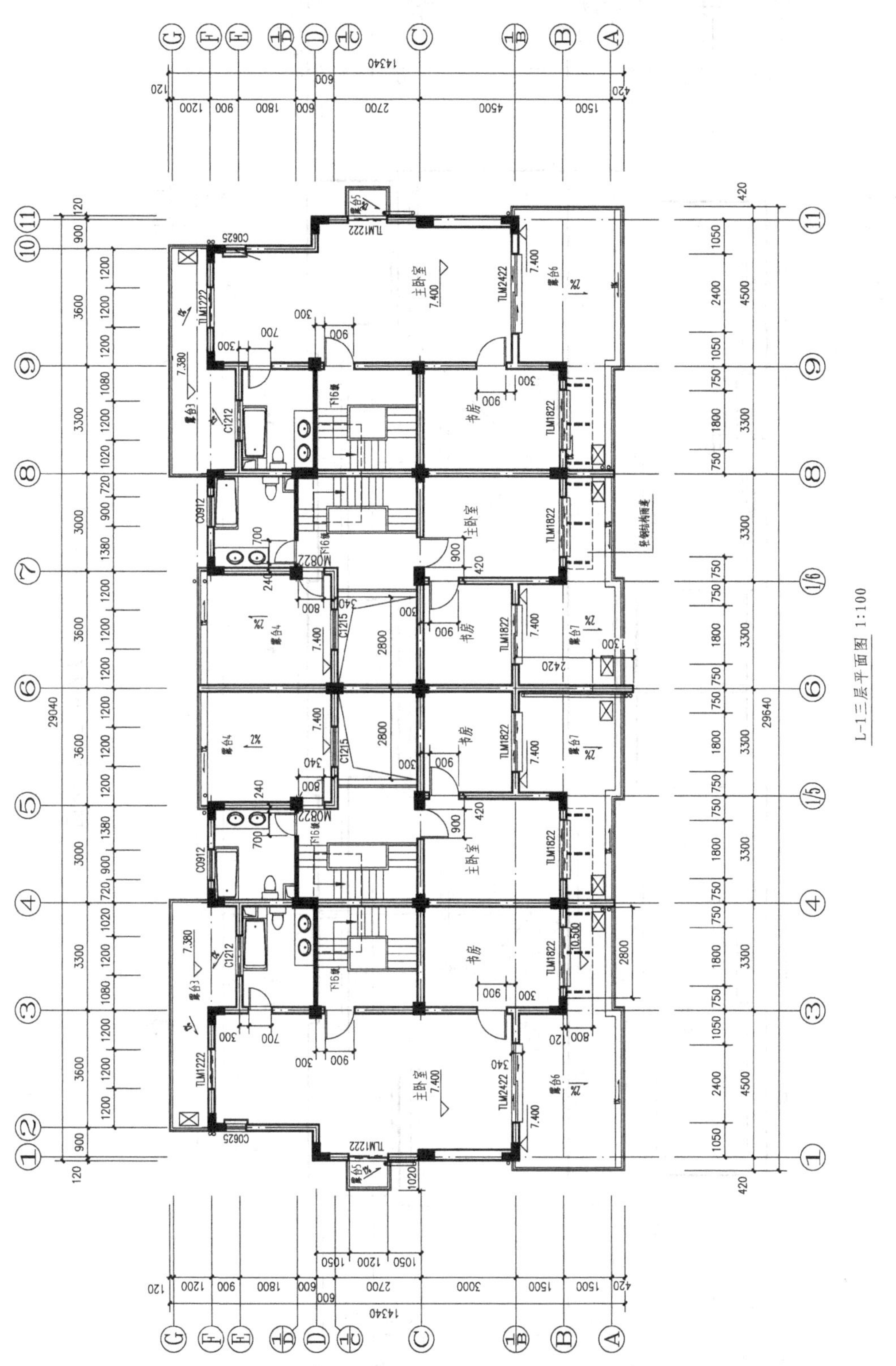

图 9-14 三层平面图 1：100

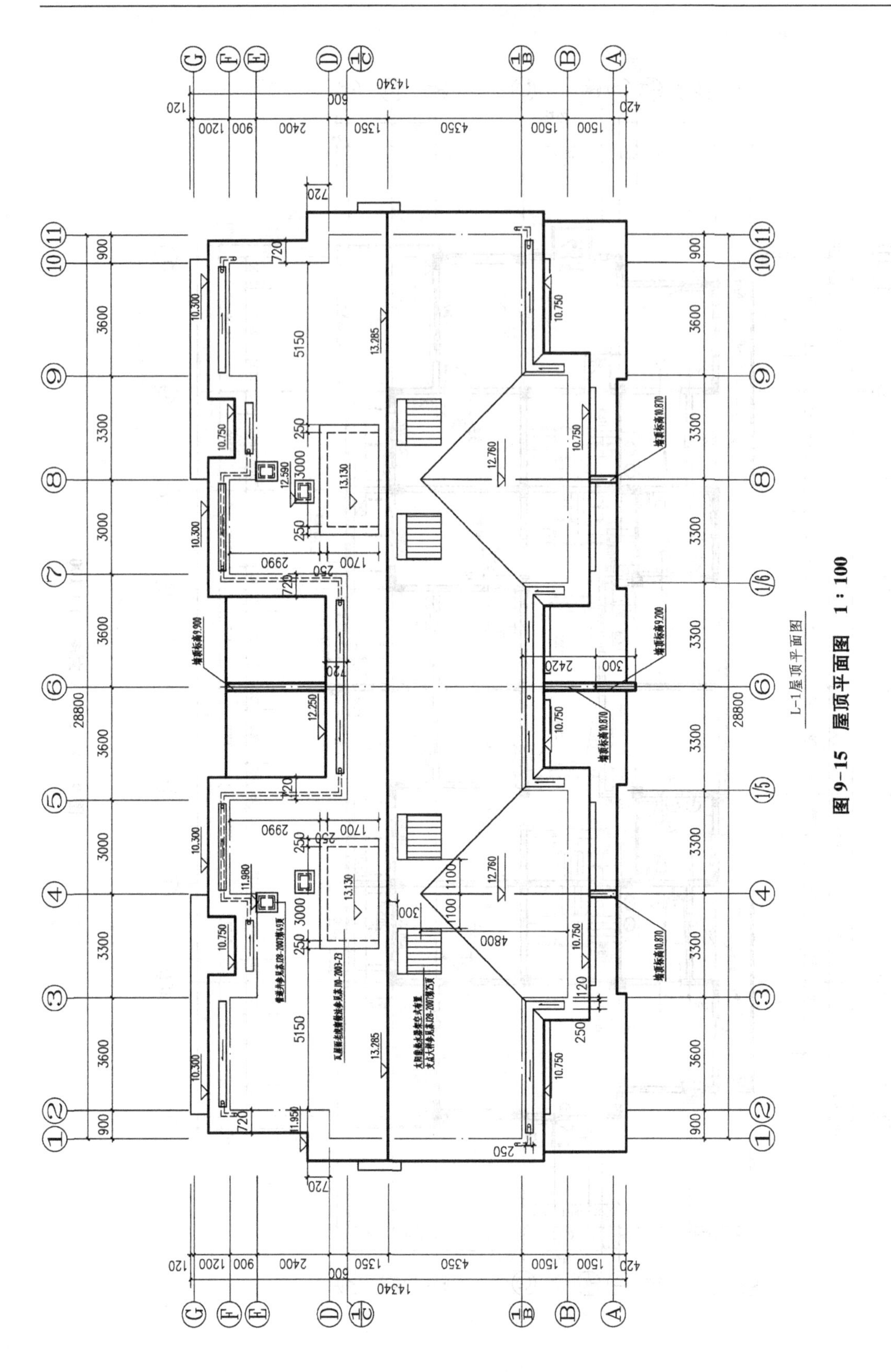

L-1屋顶平面图

图 9-15 屋顶平面图 1：100

9.3.4 门窗表

建筑物的门窗需绘制专门的表格，以便加工订购，门窗表习惯上附在建筑平面图的后面。表 9-5 是某别墅的门窗表，此表仅提供图中相关的门窗编号、门窗尺寸及数量，有关门窗的具体规格和内容可参见有关产品的标准图集。

表 9-5 门窗表

类型	设计编号	洞口尺寸(mm)	数量				图集名称	备注
			一层	夹层	二层	三层		
门	JLM2420	2400×2090	4					成品卷帘门
	M1221	1200×2100	4					成品防盗门(双扇)
	TLM2422	2400×2200		2	4	2	苏 J11-2006-11	塑钢推拉门
	M0822	800×2100			4	2	苏 J11-2006-15	塑钢平开门
	TLM1222	1200×2100			4	4	苏 J11-2006-11	塑钢推拉门
	TLM1822	1800×2200			2	6	苏 J11-2006-11	塑钢推拉门
窗	C0606	600×1500	4					塑钢窗
	C0936	900×3600	4					塑钢窗
	C1209	1200×900	4				苏 J11-2006-5	塑钢推拉窗
	C2436	2400×3600	2					塑钢窗
	C2405	2400×500	2					塑钢窗
	C3036	3000×3600	2					塑钢窗
	C0622	600×2200		2				塑钢窗
	C1210	1200×1000		4			苏 J11-2006-5	塑钢推拉窗
	C1810	1800×1000		4			苏 J11-2006-5	塑钢推拉窗
	C0613	600×1300			2		苏 J11-2006-7	塑钢平开窗
	C0625	600×2500			2	2		塑钢窗
	C0913	900×1300			2		苏 J11-2006-7	塑钢平开窗
	C0916	900×1600			8		苏 J11-2006-7	塑钢平开窗
	C1215	1200×1500				2	苏 J11-2006-5	塑钢平开窗
	C0912	900×1200				2	苏 J11-2006-7	塑钢平开窗
	C1212	1200×1200				2	苏 J11-2006-5	塑钢推拉窗

注：外门窗型材为古铜色。

9.3.5 绘图步骤

绘制房屋平面图应按图 9-16 所示步骤进行：

(1) 画出纵横方向的定位轴线(图 9-16(a))。

(2) 画出墙身线和门、窗位置线(图 9-16(b))。

(3) 画出门窗、楼梯、卫生设备等的图例，画出 3 排尺寸线、定位轴线的圆圈(图 9-16(c))。

（4）按要求描粗描深图线、标注尺寸，填写定位轴线编号、标高、门窗代号、房间名称等，完成作图（图 9-16(d)）。

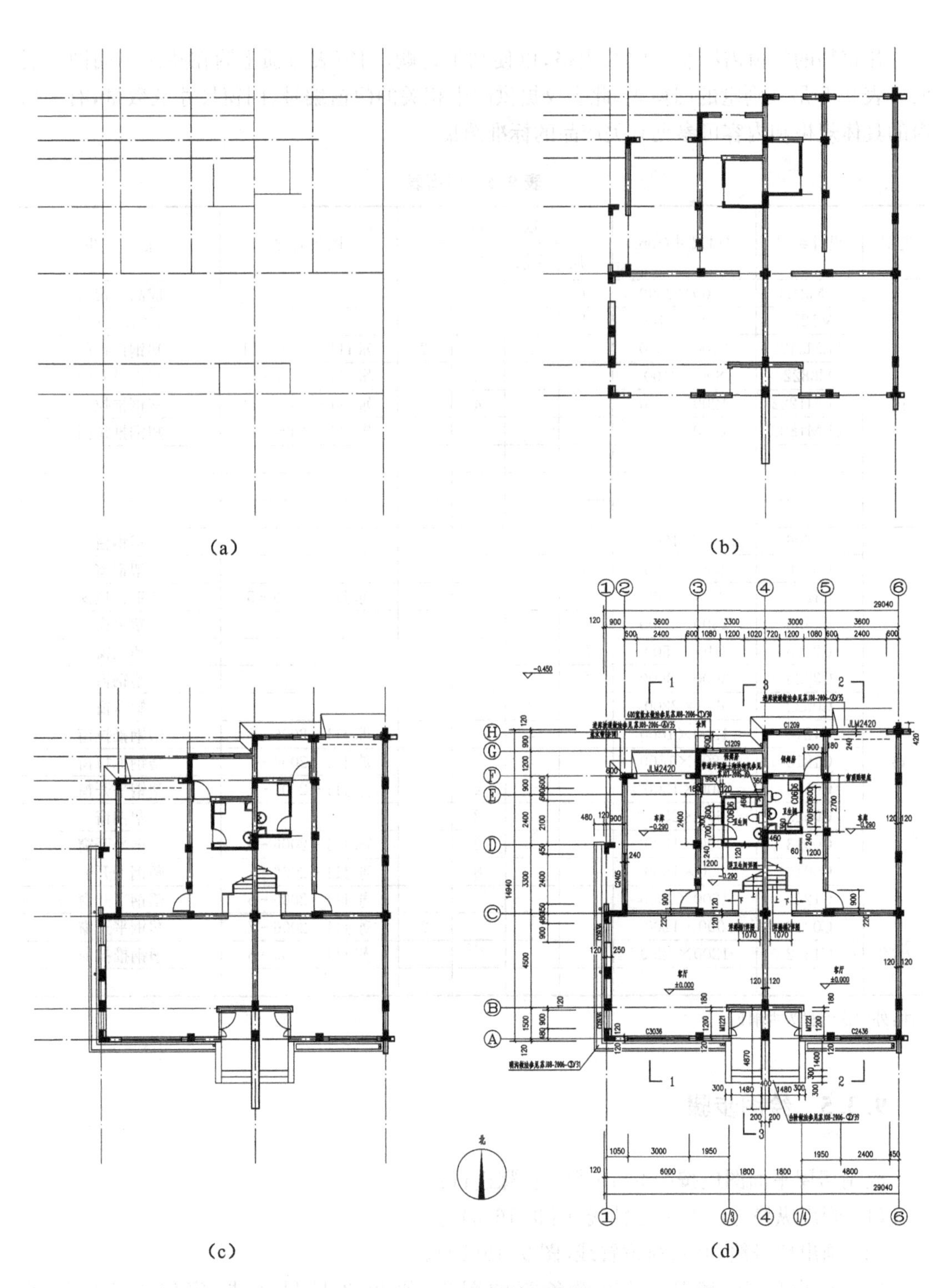

图 9-16　平面图绘图步骤

9.4 建筑立面图

9.4.1 建筑立面图的形成和作用

建筑立面图是在与房屋立面相平行的投影面上所作的正投影图，简称立面图。房屋有多个立面，通常把反映房屋的主要出入口及反映房屋外貌主要特征的立面图称为正立面图，其余的立面图相应地称为背立面图和侧立面图。有时也可按房屋的朝向来为立面图命名，如南立面图、北立面图、东立面图和西立面图等。有定位轴线的建筑物，一般宜根据立面图两端的轴线编号来为立面图命名，如①～⑪立面图，Ⓐ～Ⓗ立面图等。

建筑立面图主要反映房屋的体型和外貌，外墙面的面层材料，色彩，女儿墙的形式，线脚、腰脚、勒脚等饰面做法，阳台的形式及门窗的布置，雨水管的位置等。

建筑立面图内应包括投影方向可见的建筑外轮廓线和建筑构造、构配件、墙面做法以及必要的尺寸和标高等。

9.4.2 建筑立面图的图示内容及画法要求

1）比例

立面图的比例通常采用与平面图相同的比例。

2）定位轴线

一般立面图只画出两端的轴线及编号，以便与平面图对照。

3）图线

为了加强立面图的表达效果，使建筑物的轮廓突出、层次分明，通常选用的线型如下：最外轮廓线（外墙或外包络线）画粗实线（b），其他外墙线画中粗线（$0.7b$），室外地坪线用加粗线（$1.4b$）表示，所有突出部位如阳台、雨篷、线脚、门窗洞等画中实线（$0.5b$），其他部分画细实线（$0.25b$）。

4）投影要求

建筑立面图中只画投影方向可见的部分，不可见部分一律不表示。

5）图例

由于比例较小，按投影很难将所有细部表达清楚，如门、窗等都是用图例来绘制的，且只画出主要轮廓线及分格线，注意门窗框用双线画。

6）尺寸标注

高度尺寸用标高的形式标注，主要包括建筑物室内外地坪、出入口地面、窗台、门窗洞顶部、檐口、阳台底部、女儿墙压顶及水箱顶部等处的标高。各标高注写在立面图的左侧或右侧且排列整齐。

7）其他标注

房屋外墙面的各部分装饰材料、做法、色彩等用文字说明。

9.4.3 读图实例

图 9-17 是联排别墅(L－1)的①～⑪立面图。绘图比例 1∶100。它反映该联排别墅南立面的外貌特征及装饰风格。由于该联排别墅外立面虚实相间，凹凸结合，立面变化较多，阅读立面图时应和平面图对应阅读。从该立面图中可以看出联排别墅左右对称，共 3 层。主入口在联排别墅的南面，注意进户门在侧面，故在立面图上看见台阶却看不到门。二层和三层分别有阳台和露台，有阳台和露台的房间均设置了推拉门。由于设置了夹层，所以从外面可见一层和二层之间的层高为 4.5 m，二层和三层之间的层高为 2.9 m。外墙主要装饰材料为青灰色面砖，屋顶为青灰色瓦，局部有变化，具体见图 9-17。顶层屋面为同坡坡面，坡度为 1∶2。屋顶设有老虎窗和装饰性的烟囱，并配置了太阳能热水器。

别墅的外轮廓用粗实线，其他墙线用中粗线，室外地坪线用加粗线，门窗洞、凸出的雨篷、阳台、立面上其他凸出的部分及引出线、标高符号等用中线。图例填充线等用细实线画出，并用文字注明墙面的做法。

立面图中应标注必要的高度方向尺寸，如室外地坪、窗台、门窗洞顶、檐口、屋顶等主要部位的标高。在图 9-17 中高度方向有 3 排尺寸，外面一排为标高尺寸和总高尺寸，主要表示突出部位的高度及总高；中间一排尺寸为层高尺寸，主要表示每一层的高度；最里面一排尺寸标注出窗洞、窗间墙的高度。此外，还应标注出房屋两端的定位轴线位置及其编号，以便与平面图对应起来。

图 9-18Ⓐ～Ⓗ立面图是该联排别墅的东立面图，绘图比例同南立面图，基本画法与南立面图大致相同。由东立面图可见该联排别墅的每层都错落有致，层次感很强。和平面图对应，可见一层分别沿④轴线和⑧轴线，两户之间设置隔墙向南延伸，墙顶高度为 2.60 m。二楼南面两端的两户人家设置了较大的阳台和露台，中间两户阳台较小，在立面图上中间的阳台被遮挡。北面均设置了较大的阳台和露台，每户之间被墙体隔断，各自独立。由于两端略凹中间凸出，故在东立面上均可见一些轮廓，其余部分被墙体遮挡。三楼南面设置整片露台，中间被墙体隔断，各户各自独立。北面则对应套间各自设置露台。墙面装饰和南立面图大致相同，具体见图 9-18。屋顶做法相同。

图 9-19⑪～①是该联排别墅的北立面图，阅读时要注意墙体的凹凸变化。与平面图对应阅读可见，北侧外墙沿Ⓕ轴线由一层到三层变化不大，但是Ⓖ轴线上外墙和Ⓗ轴线上外墙有变化，Ⓖ轴线和Ⓗ轴线上外墙均由一层一直向上延伸至二层阳台底部，但沿Ⓖ轴线在二层阳台设置了轻质隔墙，为体现立面虚实效果并设置了空洞。另外注意屋顶窗的做法。其余在图示特点及饰面做法与南立面和东立面相同，这里不再复述。

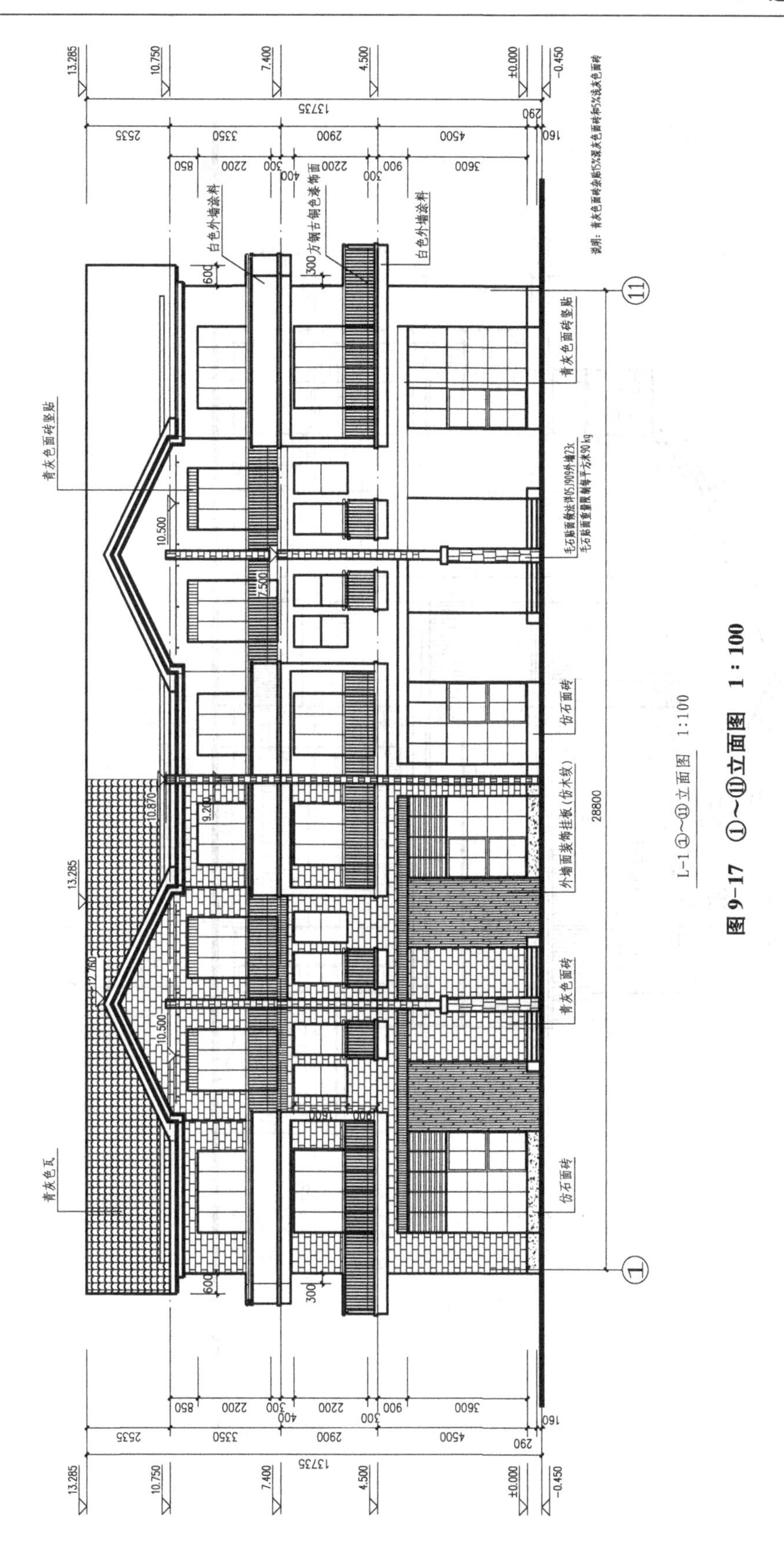

图 9-17 ①~⑪立面图 1：100

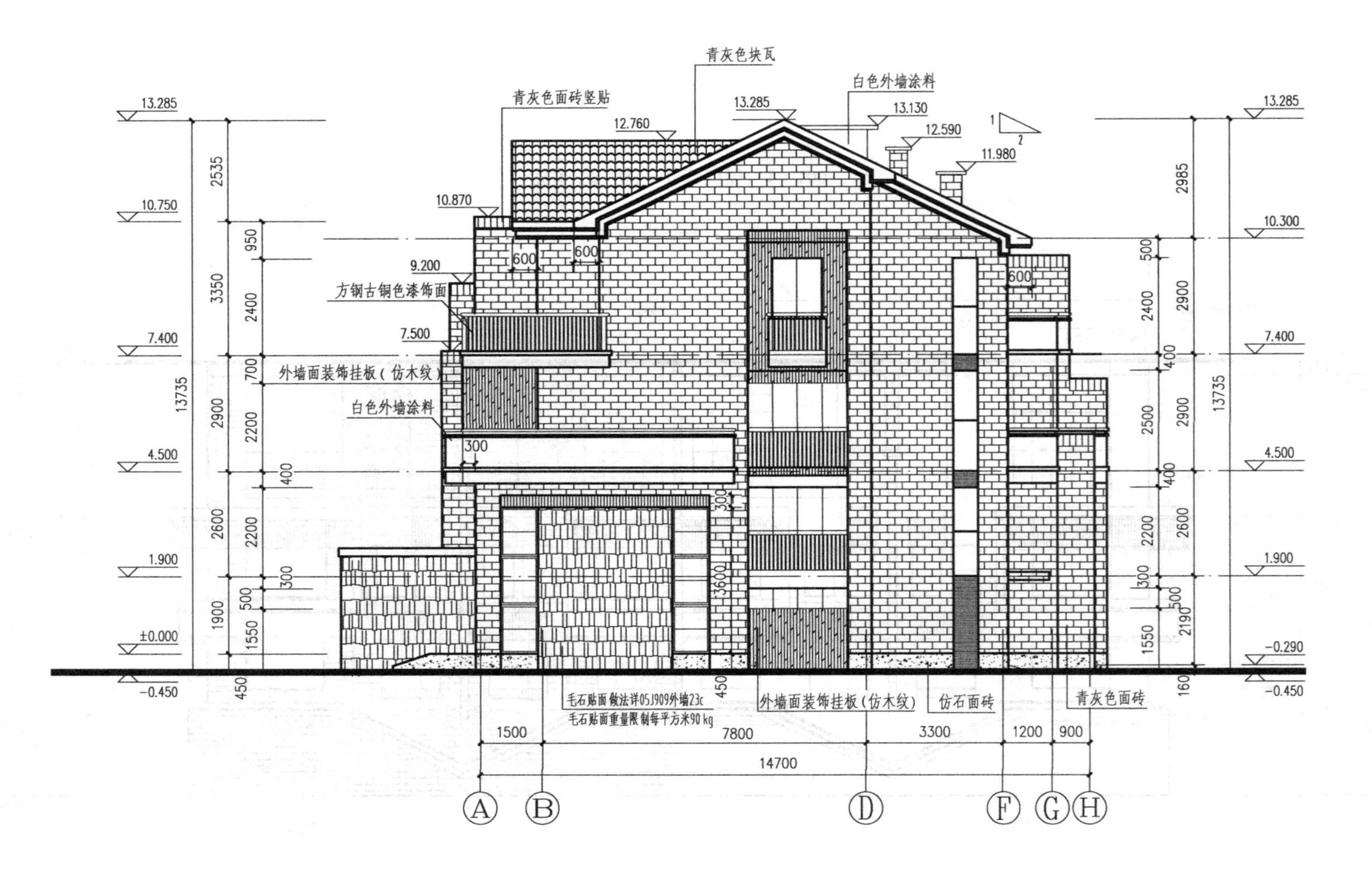

图 9-18 Ⓐ～Ⓗ立面图 1：100

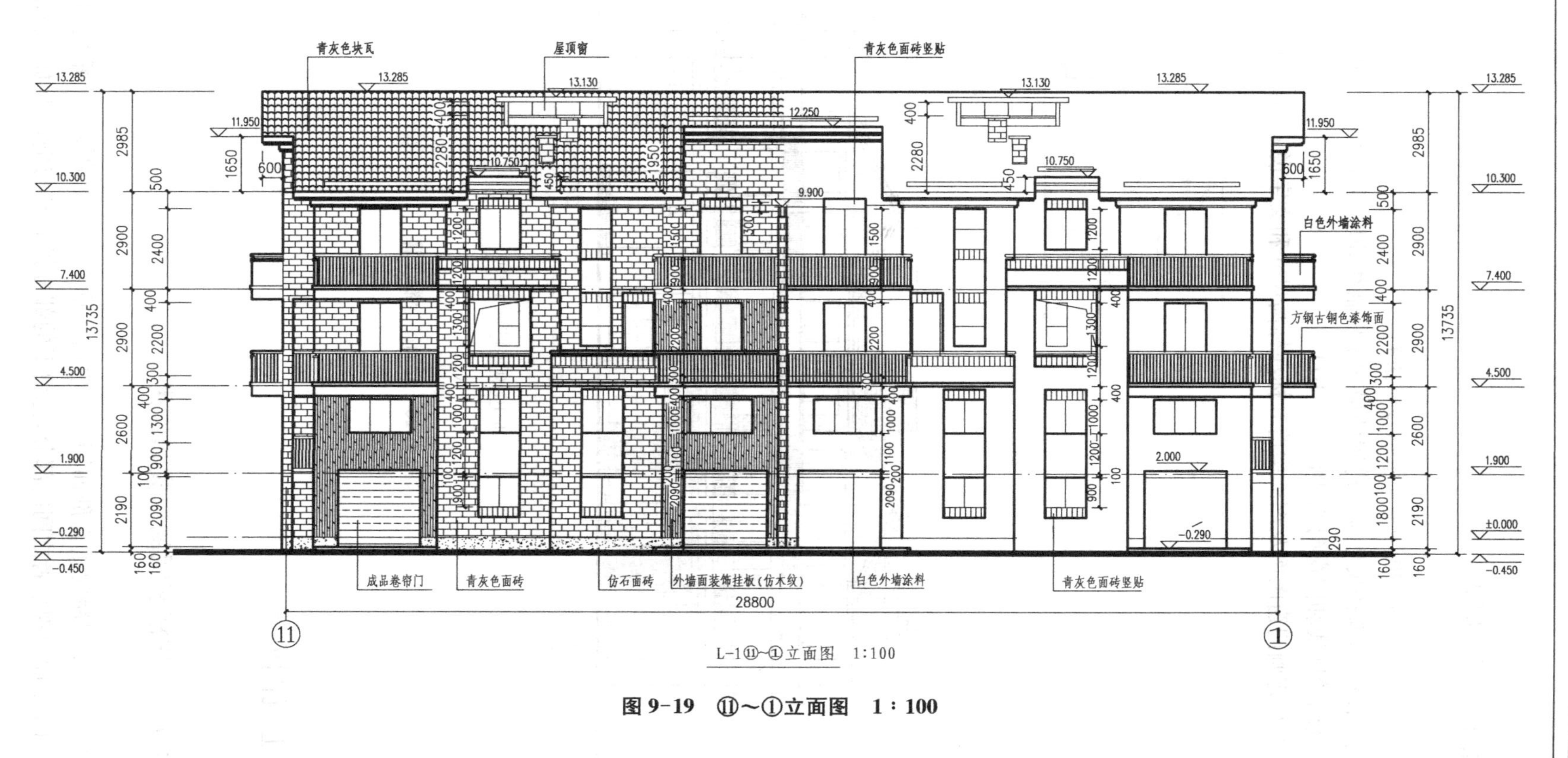

图 9-19 ⑪~①立面图 1:100

9.4.4 绘图步骤

绘制房屋立面图应按图 9-20 所示步骤进行：

(1) 画基准线，即按尺寸画出房屋的横向定位轴线和层高线(图 9-20(a))。

(2) 画墙轮廓线和门窗洞线(图 9-20(b))。

(3) 按规定画门窗图例及细部构造并标注标高尺寸和文字说明等(图 9-20(c))。

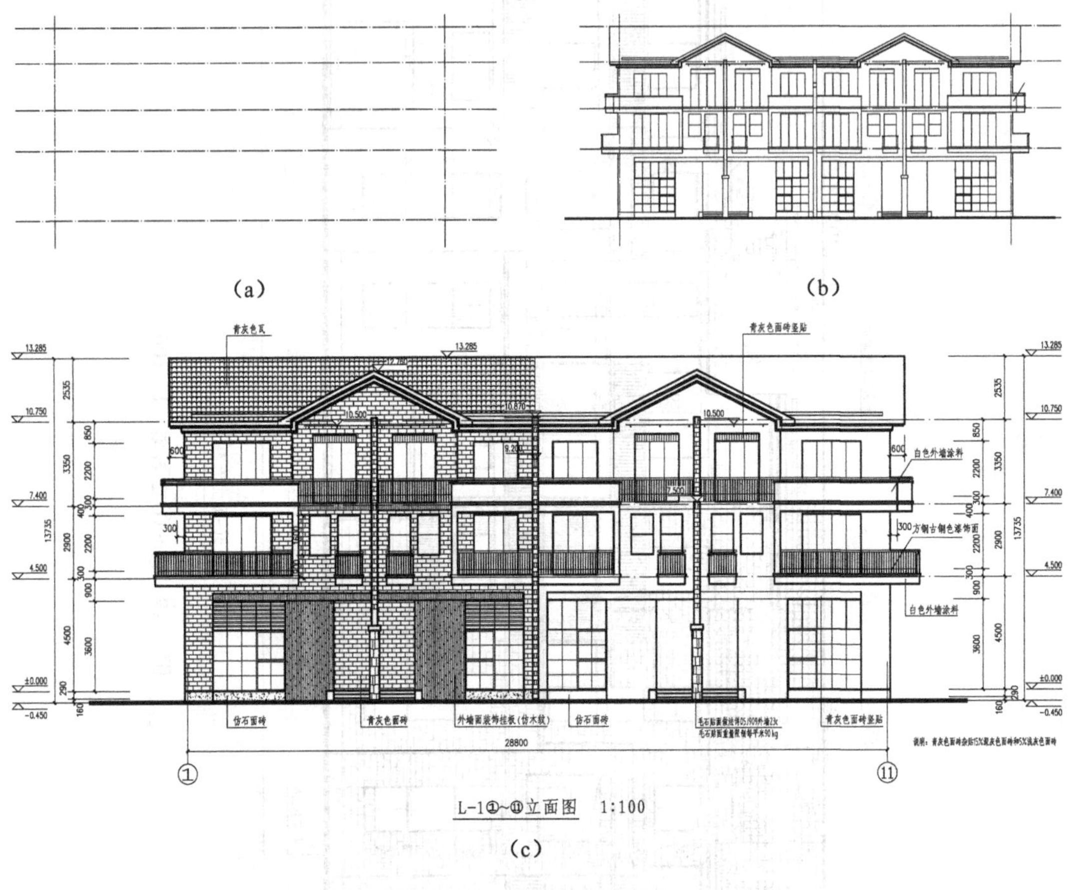

图 9-20 立面图绘制步骤

9.5 建筑剖面图

9.5.1 建筑剖面图的形成和作用

建筑剖面图是房屋的垂直剖面图。假想用一垂直于外墙轴线的铅垂剖切面将房屋剖开，移去剖切平面与观察者之间的部分，把留下的部分投影到与剖切平面平行的投影面上，所得到的正投影图称为建筑剖面图，简称剖面图。

建筑剖面图主要表示房屋内部的结构形式和构造方式、分层情况、各部位的联系及其高度、材料、做法等。在施工过程中，建筑剖面图是进行分层、砌筑内墙、铺设楼板、屋面板和楼梯以及内部装修等工作的依据。建筑剖面图与建筑平面图、建筑立面图相互配合，表示房屋全局，是施工图中最基本的图样。

剖面图的数量应根据房屋的复杂程度和施工中的实际需要而定。剖面图的剖切部位，应根据图样的用途或设计深度，在平面图上选择能反映全貌、构造特征，以及有代表性或有变化的部位剖切，选择在内部结构和构造比较复杂的部位，如主要出入口、门厅、门窗洞、楼梯等处。剖面图的图名应与平面图上所标注的剖切符号编号一致，如 1-1 剖面图、2-2 剖面图等。

剖面图中的材料图例、装修层、楼地面面层线的表示原则及方法与平面图一致。

9.5.2 建筑剖面图的图示内容及画法要求

1) 比例

剖面图的比例一般与平面图相同。

2) 定位轴线

画出剖面图两端的定位轴线及编号以便与平面图对照。有时也可注写中间位置的轴线。

3) 图线

一般被剖切到的墙、梁和楼板断面轮廓线用粗实线(b)绘制，对于预制的楼层、屋顶层在 1∶100 的平面图中只画两条粗线表示(b)表示，而对于现浇板则涂黑表示。在 1∶50 的剖面图中宜在结构层上方画一条作为面层的中粗线($0.7b$)，下方底板的粉刷层不表示，剖切到的细小构配件断面轮廓线和未剖切到的可见轮廓线用中线($0.5b$)绘制，可见的细小构配件轮廓线用细线($0.25b$)绘制，室内外地坪线用加粗线($1.4b$)表示。(简易画法同平面图)

4) 投影

剖面图中除了要画出被剖切到的部分，还应画出投影方向能看到的部分。室内地坪以下的基础部分，一般不在剖面图中表示，而在结构施工图中表达。

5) 尺寸标注

一般沿外墙注 3 道尺寸线：最外面一道是室外地面以上的总高尺寸；第二道为层高尺寸；第三道为勒脚高度、门窗洞高度、洞间墙高度、檐口厚度等细部尺寸。这些尺寸与立面图吻合。另外，还需要用标高符号标出各层楼面、楼梯休息平台等的标高。

6) 图例

门、窗按规定图例绘制，砖墙、钢筋混凝土构件的材料图例与建筑平面图相同。

7) 其他标注

某些局部构造表达不清楚时可用索引符号引出，另绘详图。细部做法如地面、楼面的做法，可用多层构造引出标注。

9.5.3 读图实例

图 9-21 为某联排别墅的 1-1 剖面图，是按图 9-11 一层平面图中 1-1 剖切位置绘制的。一般建筑平面图的剖切位置选择通过门窗洞和内部结构比较复杂或有变化的部位，如果一个剖切平面不能满足要求时，可采用阶梯剖面。

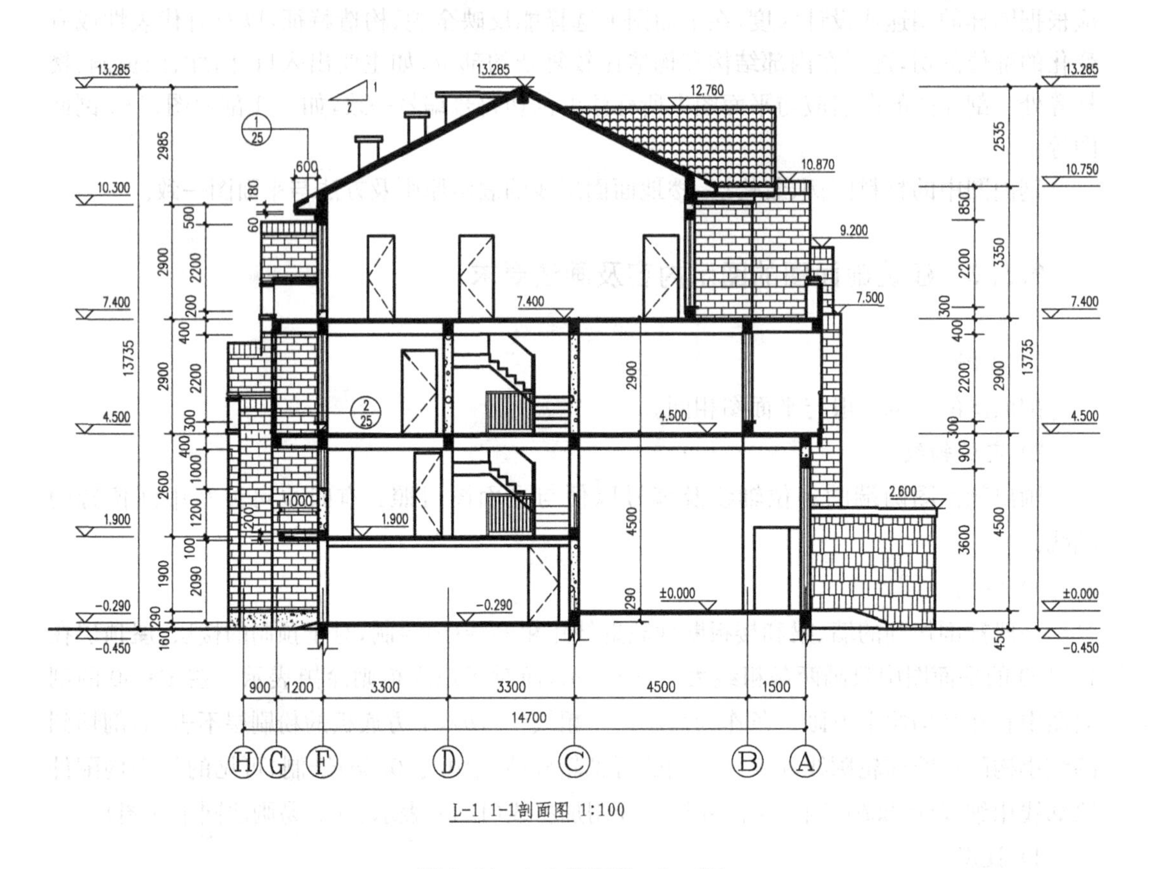

图 9-21 1-1 剖面图 1∶100

将剖面图的图名和轴线编号与一层平面图上的剖切位置和轴线编号相对照，可知 1-1 剖面图是假想一个竖直的剖切平面，沿②～③轴线之间，由北向南先剖开 JLM2420 及以上墙体进入车库，再剖开车库和客厅之间墙体、地面等，然后向南穿过客厅，剖开南面 C3036 及墙体，横向将房屋完全剖开的 1-1 全剖面图。1-1 剖面图中画出房屋地面到屋顶的结构形式和材料符号，结合平面图中各轴线相交处的涂黑标记可以看出，这幢框架结构的联排别墅的构造柱和水平方向承重构件（圈梁、板等）均用钢筋混凝土材料制成。

按《建筑制图标准》(GB/T 50104—2010)的规定，在 1∶100 的剖面图中抹面层可不画，剖切到的构配件轮廓线，如本图的室外地坪线用加粗线绘制，被剖切到的墙、梁和楼板断面的轮廓线用粗实线绘制，且这些部分的材料符号可简化为砖墙涂红、钢筋混凝土的梁和板涂黑表示。剖切平面后的可见轮廓线，如门、窗洞和露台栏杆等，以及剖切到的门、窗户图例用中实线绘制。本案例中外墙选用砂加气混凝土砌块，内墙采用灰加气的混凝土砌块。同时为了立面效果，看到的墙体部分也绘制出了不同的外墙装饰图案。由图中可见，底层室内地面，客厅地面为相对标高基准，标高为±0.000 m，车库标高为−0.290 m。车库上方到二层之间设有夹层，夹层层高为 2.19 m。一层主要部分层高为 4.5 m，二层层高为 2.9 m。局部表达不清楚的，标明索引符号，另外绘制详图。

同时，由于这栋房屋的构造比较复杂，还绘制了 2-2、3-3 剖面图。图 9-22 的 2-2 剖面图是将竖直剖切面沿⑤～⑥轴线之间，主要表达了中间这户人家的内部结构布置以及构造方式。由南向北，剖开车库、客厅以及上部的门、窗、墙体、楼(地)面等的全剖面图。由图中可见中间这户人家北侧车库进深较大。由Ⓒ轴线一直延伸至Ⓗ轴线。由于该联排别墅为对称布置，1-1 剖面图剖在②～③轴线之间向东侧投影，2-2 剖面图则剖在⑤～⑥轴线之间向西侧投影。

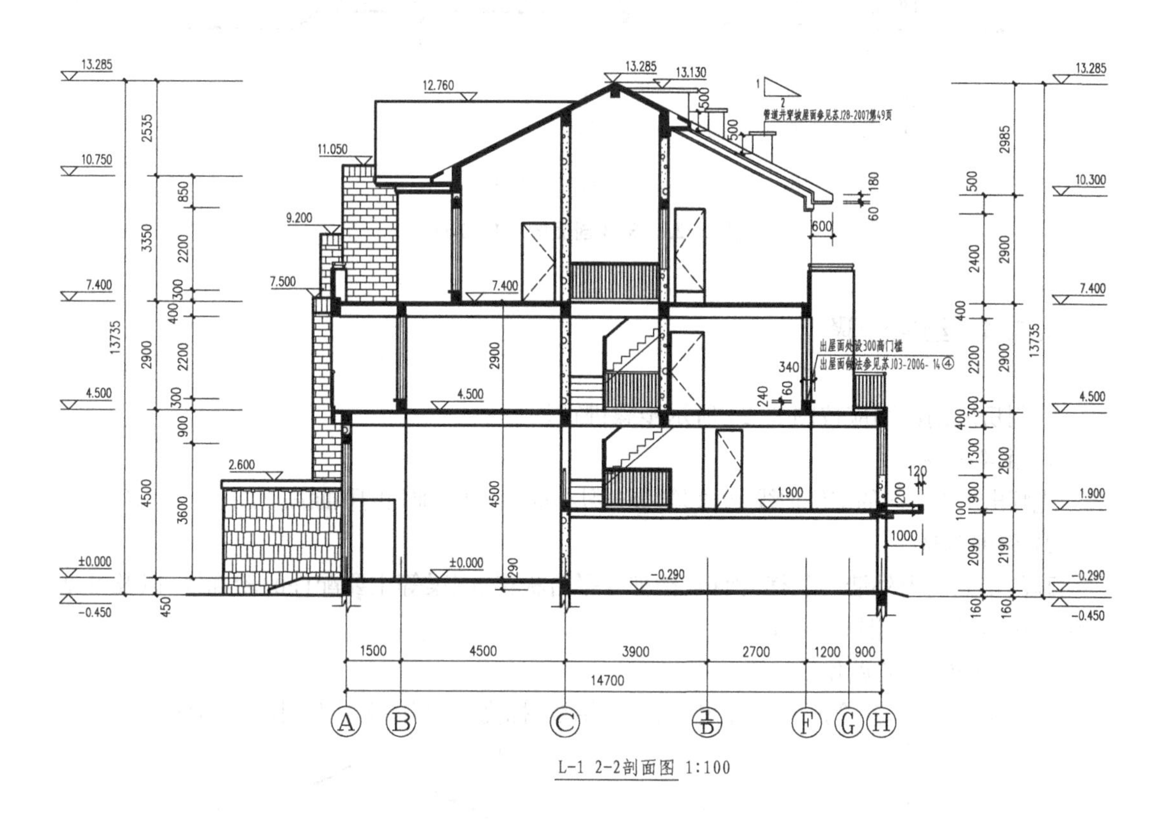

图 9-22　2-2 剖面图　1∶100

图 9-23 的 3-3 剖面图则主要剖在楼梯间。是将竖直剖切面沿③～④轴线之间，由南向北剖开保姆房、卫生间、客厅、门厅以及上部的墙体、楼(地)面、门窗等的全剖面图。主要表达了各层内部结构和楼梯间的布置情况。

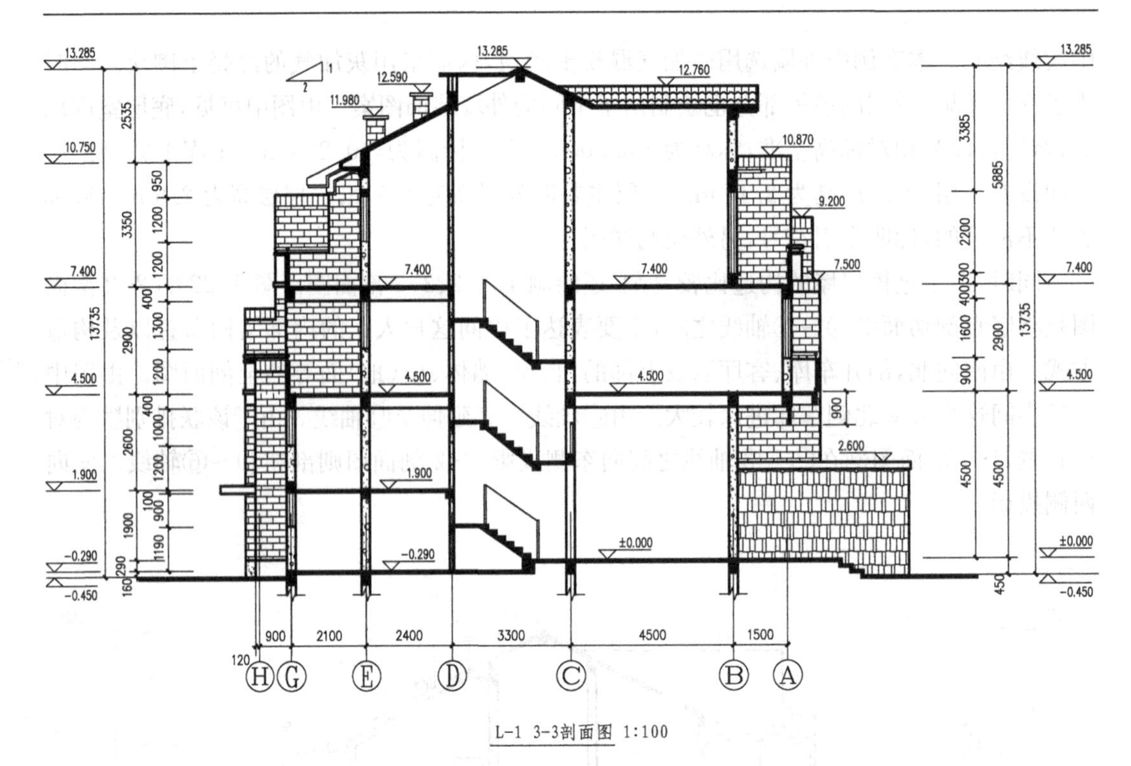

图 9-23 3-3 剖面图 1∶100

9.5.4 绘图步骤

绘制房屋剖面图应按图 9-24 所示步骤进行。

1）主要轮廓

先画出水平方向的定位轴线，女儿墙、屋（楼层）面、室内外地面的顶面高度线（图 9-24(a)）。

2）细部构造

画剖切到的内外墙、屋（楼）面板、楼梯与平台板梁、圈梁等主要配件的轮廓线，以及可见的细部构造轮廓线（图 9-24(b)）。

3）标注尺寸，完成作图

检查描深图线，注全所需全部尺寸、定位轴线、标高、注写图名比例（图 9-24(c)）。

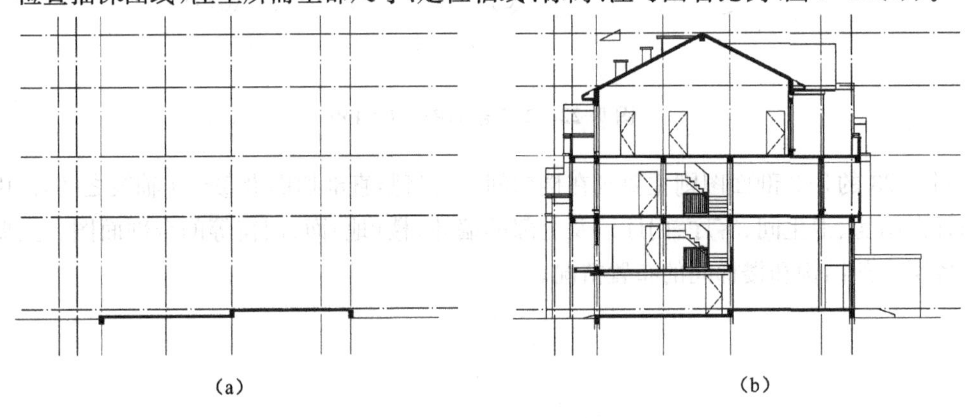

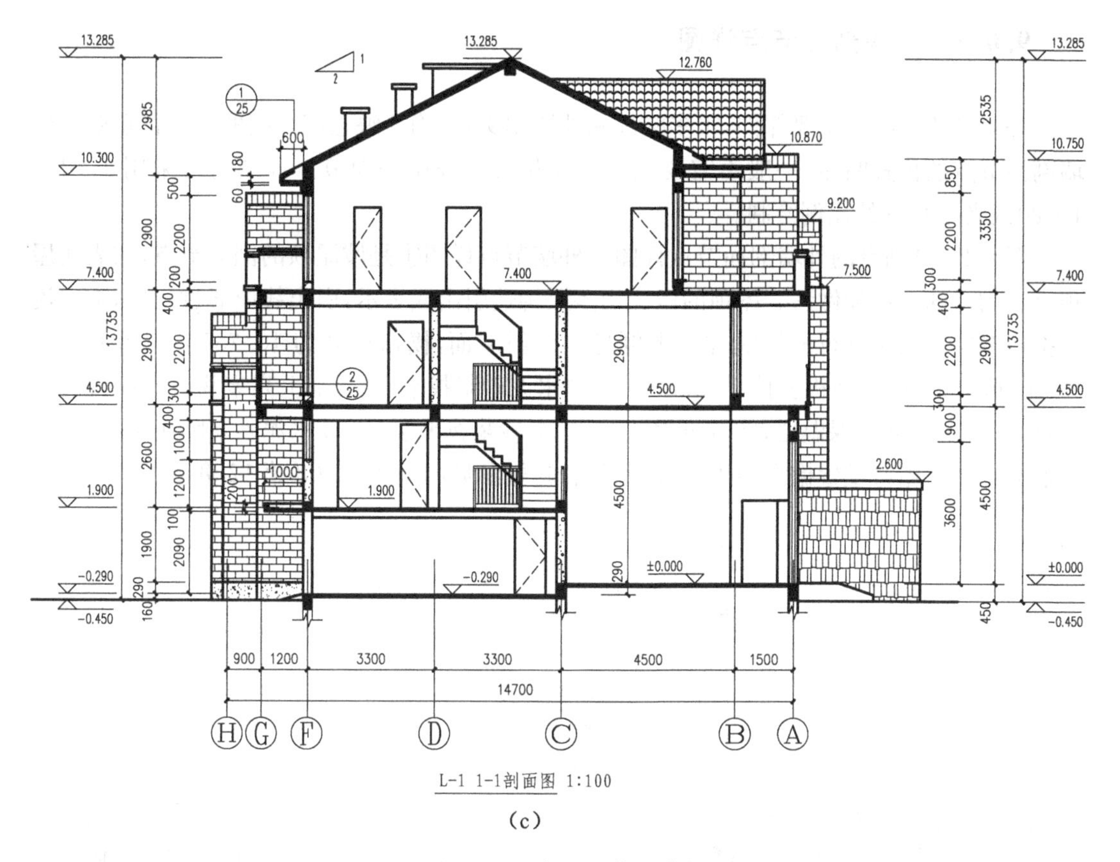

图 9-24 剖面图的画法

9.6 建筑详图

9.6.1 建筑详图的作用及特点

在施工图中，对房屋的细部或构配件用较大的比例(如 1∶20、1∶10、1∶5、1∶2、1∶1 等)将其形状、大小、材料和做法等，按正投影的方法，详细而准确地画出来的图样，称为建筑详图，简称详图。详图也称大样图或节点图。

建筑详图是建筑平、立、剖面图的补充，是房屋局部放大的图样。详图的数量视需要而定，详图的表示方法视细部构造的复杂程度而定。详图同样可能有平面详图、立面详图或剖面详图。当详图表示的内容较为复杂时，可在其上再索引出比例更大的详图。

详图的特点是比例较大，图示详尽清楚，尺寸标注齐全，文字说明详尽。

详图所画的节点部位，除在有关的平、立、剖面图中绘出索引符号外，还需在所画详图上绘制详图符号和注明详图名称，以便查阅。

9.6.2 外墙剖面节点详图

外墙是建筑物的主要部件，很多构件和外墙相交，正确反映它们之间的关系很重要。外墙剖面节点的位置明显，一般不需要标注剖切位置。外墙剖面节点详图通常采用 1∶10、1∶20或者 1∶50 的比例绘制。

图 9-25 是别墅的外墙剖面节点详图。外墙节点详图①是坡屋顶的剖面节点，它表明屋顶、墙、檐口的关系和做法。屋顶的做法用多层构造引出线表示，引出线应通过各层，文字说明按构造层次依次进行分层标注。本例是一个斜屋面，檐口标高为 10.750 m。屋面做法为：钢筋混凝土的屋面板上抹 15 mm 厚 1∶2 水泥砂浆找平，然后铺上高聚物改性沥青防水卷材 2 道，40 mm 厚保温层，20 mm 厚 1∶3 水泥砂浆找平层，1∶3 水泥砂浆卧瓦层，最后挂上混凝土瓦。檐口设置檐沟用于排水，贴瓦和封檐参见苏 J10—2003 第 12 页②。

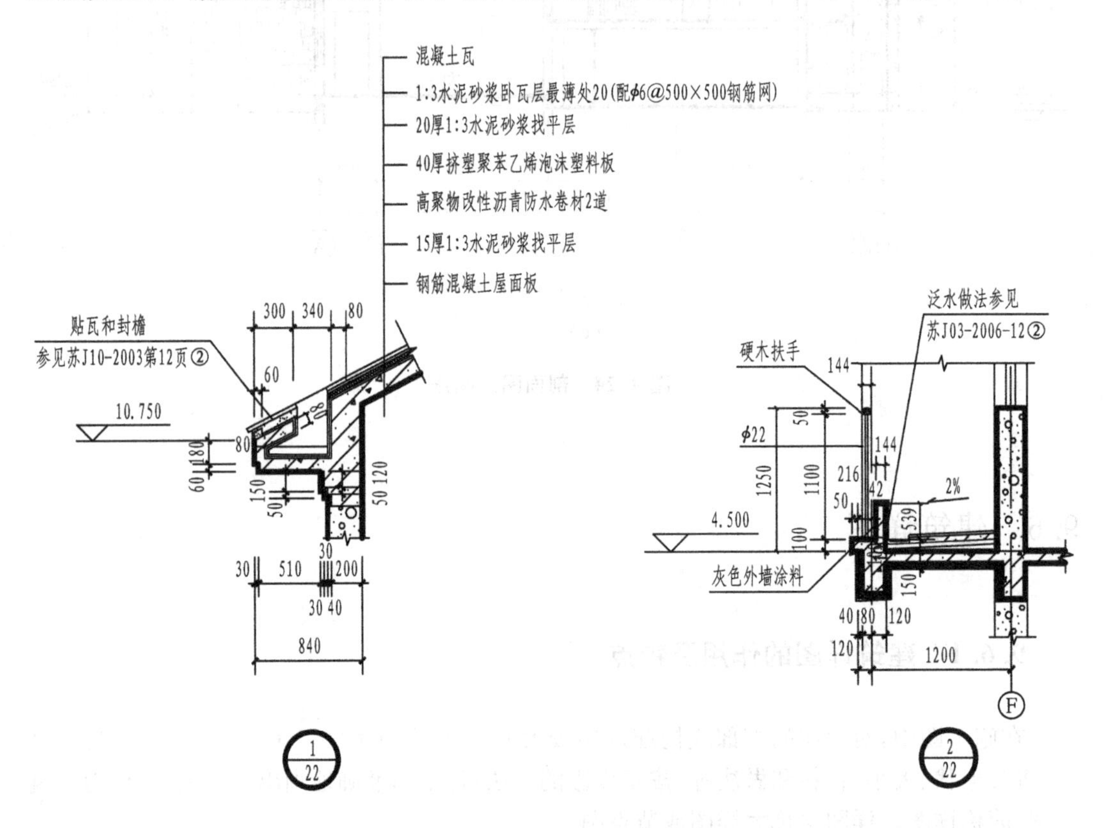

图 9-25 外墙剖面节点详图 1∶50

节点详图②是露台的剖面节点详图，它表明外墙、露台地面、泛水以及栏杆的做法及相互关系。露台的做法：现浇钢筋混凝土上建筑找坡 2%，具体泛水做法见苏 J03-2006-12②。栏杆采用 ϕ22 钢筋，上置硬木扶手。其他具体尺寸如图 9-25 所示。

以上各节点的位置均标注在 1-1 剖面图中，可以对照阅读。外墙从上到下还有许多节点，但类型基本上和这两种类似。

9.6.3 楼梯详图

楼梯是多层房屋上下交通的主要构件，在使用上对它的要求主要是行走方便、疏散顺畅和坚固耐用。通常楼梯为双跑平行楼梯，每层由 2 个梯段和 1 个休息平台组成，如图 9-26 所示。

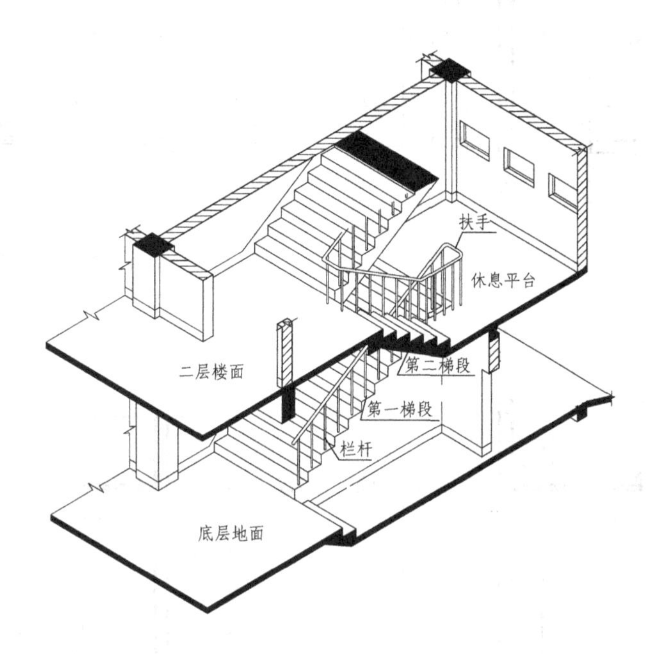

图 9-26 楼梯立体图

楼梯详图包括楼梯平面图、剖面图以及节点详图。主要表示楼梯的类型、结构形式、材料、尺寸及装修做法等，以满足楼梯施工放样的需要。

图 9-27 是楼梯平面图，比例为 1∶50。楼梯平面图实质上是楼梯间的水平剖面图，剖切位置通常在每层的第一梯段的适当位置，按规定图中梯段用 30°的斜折断线断开表示，与整幢房屋的平面图一样。由于各层楼梯的平面情况不尽相同，一般每层都有一个楼梯平面图，如果中间数层平面布局完全一样，也可以标准层平面图示之。楼梯剖面图一般剖在一侧梯段处，向另外一侧梯段方向投影。楼梯剖面图的剖切位置与编号应标于首层平面图的上行梯段处，并在上、下梯段处画一长箭头，并注写“上”或“下”字和踏步级数，表明从该层楼(地)面到达上一层或下一层楼(地)面的踏步级数。

楼梯详图中，应注出楼梯间的开间和进深尺寸，楼地面和平台的标高尺寸，以及其余细部的详细尺寸。梯段的尺寸标注方法是：梯段的水平长度应表示为踏面宽乘以踏面数，应注意：踏面数＝踏步数－1。如：底层第一梯段有 6 级，踏步宽为 230 mm，梯段的水平长度应注写 230×5＝1150；剖面图梯段高度应表示为踢面高乘以踢面数，如底层第一梯段有 6 级，踏步高为 158 mm，梯段的高度应注写 158×6＝950。

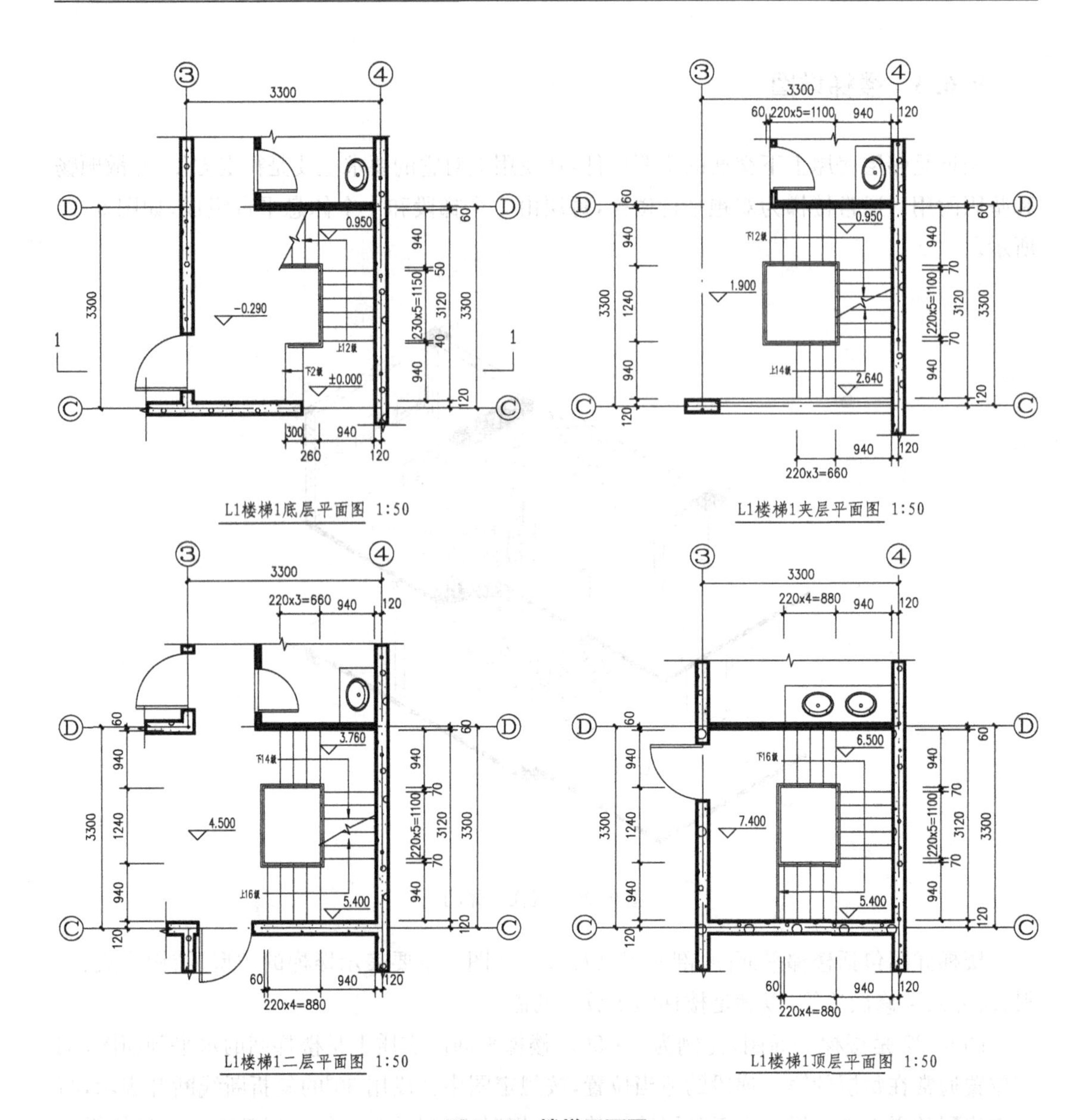

图 9-27 楼梯平面图

由楼梯平面、剖面图可以看出，该住宅楼各层楼梯的平面布置是不同的，由于车库上方设置了夹层，故绘制了夹层楼梯平面图。一层既有下行的 2 个踏步通向洗衣房，又有上行的 12 个梯级通向夹层；夹层在水平剖切面以下既可看到通往二层的一段上行楼梯，即“上 14 级”，又可看到一层楼面以下的一段下行楼梯，即“下 12 级”；二层在水平剖切面以下既可看到通往三层的一段上行楼梯，即“上 16 级”，又可看到一层楼面以下的一段下行楼梯，即“下 14 级”；顶层因再无上行梯段，只可见向下至二层的梯段“下 16 级”，同时平面图中多了一处楼梯栏板，也没有了梯段中的折断线。

为加强楼梯平、剖面图和其他图样的联系，平面图上的定位轴线应予画出，楼梯剖面图的剖切位置、投影方向、编号都应在一层平面图中注出。

在《建筑制图标准》中规定，比例大于或者等于 1∶50 的平面图、剖面图，宜画出楼地面、屋面的面层线，抹灰线的面层线根据需要而定，对材料图例未作出明文规定。本图中的钢筋混凝土在平面图和剖面图分别以材料图例的形式表现，一般砖墙的材料图例用 45°的细实线表示。本案例中外墙选用砂加气混凝土砌块，内墙采用灰加气的混凝土砌块，材料图例如图所示，抹灰层的材料图例省略未画。

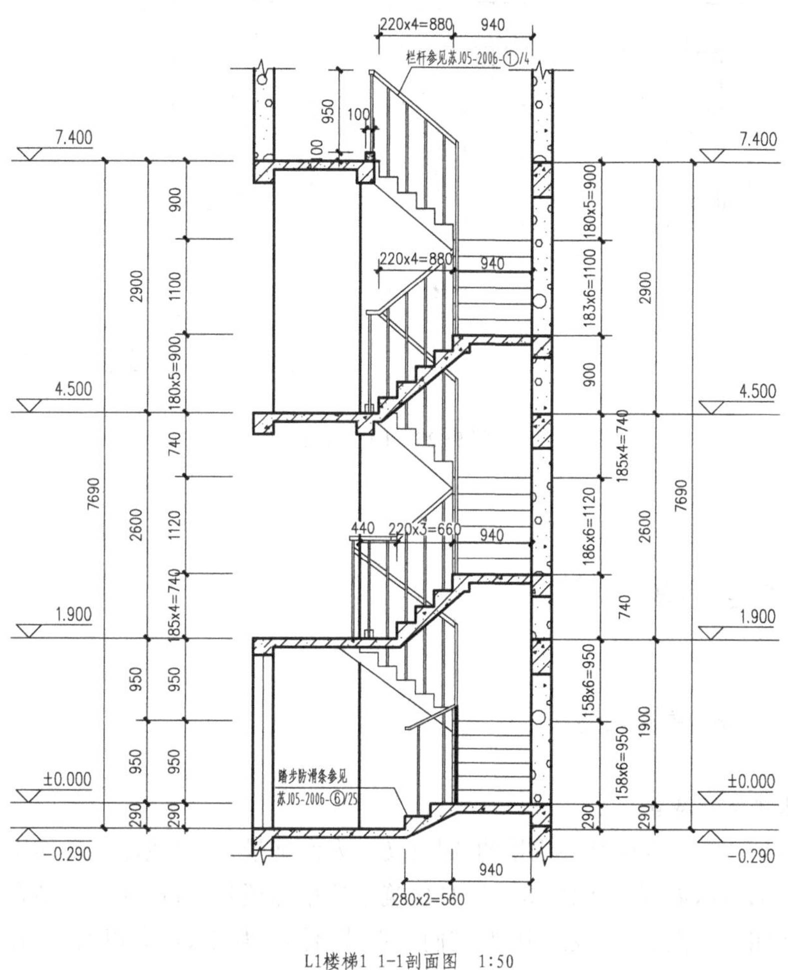

图 9-28 楼梯 1-1 剖面图 1∶50

9.6.4 门窗详图

门窗具体见表 9-5 门窗表，但有些非标准门窗，另外列出门窗详图。

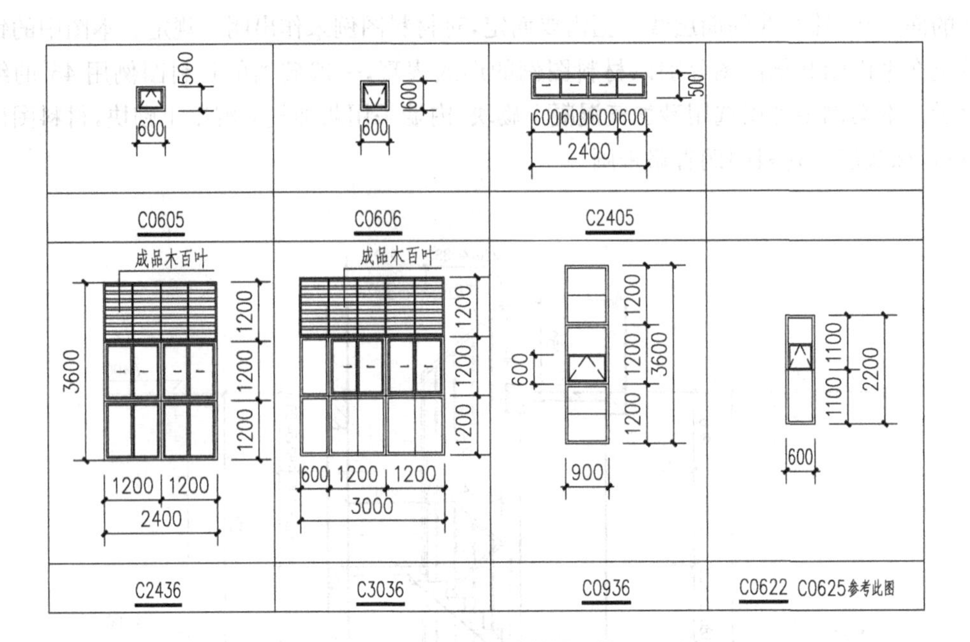

图 9-29 门窗详图

9.7 园林建筑图

9.7.1 园林建筑概述

1) 园林建筑的特点

园林设计，主要指在园林中成景的，同时又为人们赏景、休息或起交通作用的建筑设计和建筑小品的设计，如园亭、园廊等。园林建筑不论单体还是组群，通常是结合地形、植物、山石、水池等组成景点、景区或园中园，它们的形式、体量、尺度、色彩以及所用的材料等，同所处位置和环境的关系特别密切(图 9-30)。因地因景，得体合宜，是园林建筑设计必须遵循的原则。

从园林中所占面积来看，建筑是无法和山、水、植物相提并论的。它之所以成为“点睛之笔”，能够吸引大量游览者，就在于它具有其他要素无法替代的、最适合于人活动的内部空间，是自然景色的必要补充。尤其在中国，自然景观和人文景观相互依存，缺一不可，建筑便理所当然地成为后者的寄寓之所和前者的有力烘托。中国园林建筑形式之多样，色彩之别致，分隔之灵活，内涵之丰富，在世界上享有盛名。

图 9-30 某小区园林建筑

2) 园林建筑的功能

园林建筑的特点主要表现在它对园林景观的创造所起的积极作用，这种作用可以概括为下列 4 个方面：

(1) 点景

点景即点缀风景(图 9-31)。建筑与山水、花木种植相结合而构成园林内的许多风景画面，有宜于就近观赏的，有适合于远眺的。在一般情况下，建筑物往往是这些画面的重点或主题；没有建筑也就不成其为“景”，无以言园林之美。重要的建筑物常常作为园林的一定范围内甚至整座园林的构景中心，园林的风格在一定程度上也取决于建筑的风格。

图 9-31 园林建筑的功能(1)

(2) 观景

观景即观赏风景(图 9-31)。以一幢建筑物或一组建筑群作为观赏园内景物的场所;它的位置、朝向、封闭或开敞的处理往往取决于得景之佳否,即是否能够使得观赏者在视野范围内摄取到最佳的风景画面。在这种情况下,大至建筑群的组合布局,小至门窗洞口或由细部所构成的"框景",都可以利用作为剪裁风景画面的手段。

(3) 范围园林空间

范围园林空间即利用建筑物围合成一系列的庭院(图 9-31),或者以建筑为主,辅以山石花木,将园林划分为若干空间层次。

(4) 组织游览路线

以道路结合建筑物的穿插、对景和障隔,创造一种步移景异,具有导向性的游动观赏效果(图 9-32)。

图 9-32　园林建筑的功能(2)

9.7.2　园林初步设计图

园林建筑的设计,一般要经过初步设计、技术设计和施工设计 3 个阶段。初步设计图应反映出建筑物的形状、大小和周围环境等内容,用以研究造型、推敲方案。方案确定后,再进行技术设计和施工设计。园林建筑初步设计图包括园林建筑总平面图,园林建筑平、立、剖视图,以及园林建筑透视图。

园林建筑总平面图,园林建筑平、立、剖视和园林透视图,房屋建筑总平面图,房屋建筑平、立、剖视和房屋透视图的表示方法基本相同,故在这里不再详细叙述,本章节只讲述与房屋建筑施工图表达不相同的部分。

1) 园林建筑总平面图

园林建筑总平面图(如图 9-33)是表示新建建筑物所在基地内总体布置的水平投影图。

图中要表示出新建工程的位置、朝向以及室外场地、道路、地形、地貌、绿化等情况。它是用来确定建筑与环境关系的图纸，为以后的设计、施工提供依据。

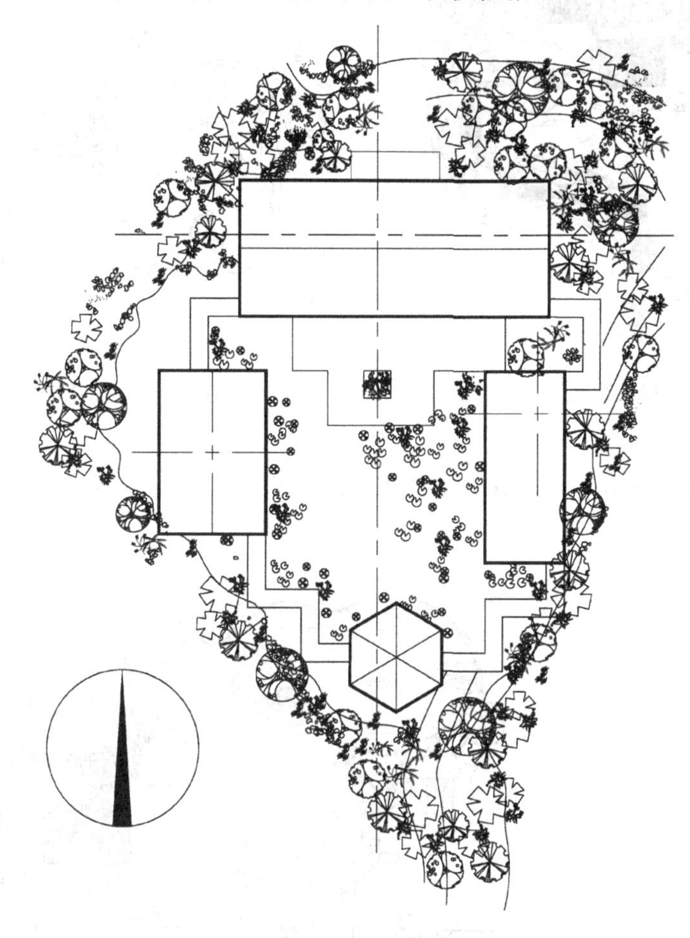

图 9-33 园林建筑总平面图

绘制园林建筑总平面图应遵守建筑《总图制图标准》(GB/T 50103—2010)，其中部分园林小品图例可参照《风景园林图例图示标准》(CJJ67—95)。表达方法及图示内容基本同房屋建筑总平面图。

2) 园林建筑平面图

(1) 园林建筑平面图的内容与用途

建筑平面图是沿建筑物窗台以上部位(没有门窗的建筑过支撑柱部位)经水平剖切后所得的剖视图。建筑平面图是建筑设计中最基本的图纸，用于表现建筑方案，并为以后的设计提供依据。

(2) 园林建筑平面图绘制方法

① 涂实法

此法平涂于建筑物之上，用以分析建筑空间的组织，适用于功能分析图(图 9-34)。

② 抽象轮廓法

该法适用于小比例总体规划图，以反映建筑的布局及相互关系(图 9-35)。

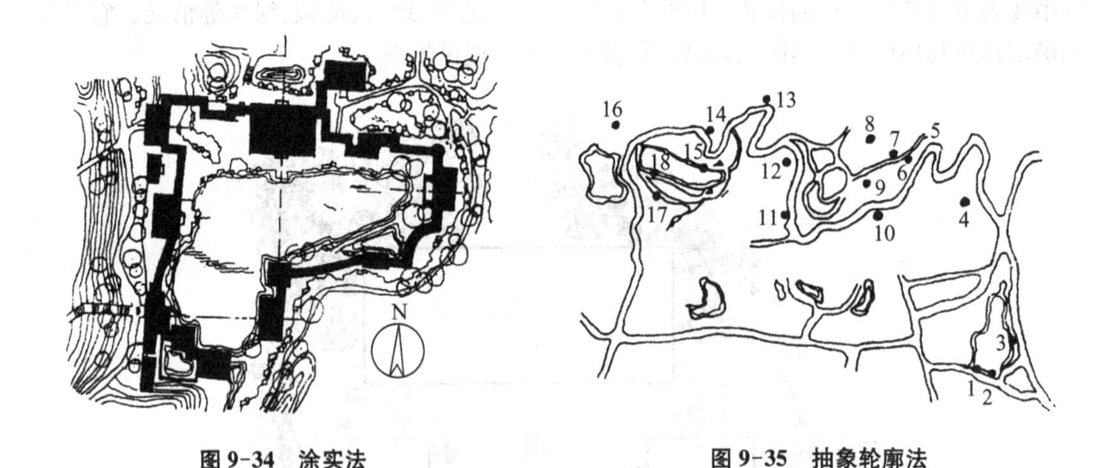

图 9-34　涂实法　　**图 9-35　抽象轮廓法**

③ 平顶法

此法将建筑屋顶画出，可以清楚地辨出建筑顶部的形式、坡向等型制，适用于总平面图(图 9-36)。

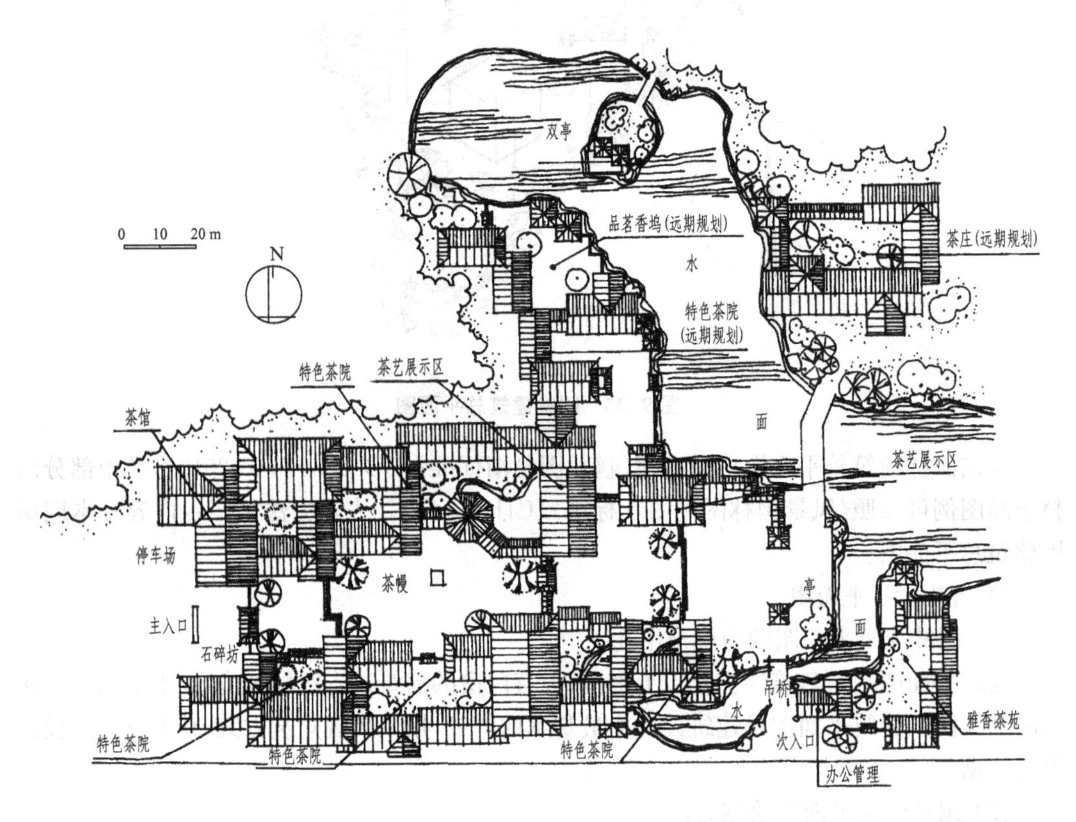

图 9-36　平顶法

④ 剖平面法

剖平面法适用于大比例绘图，该法清晰地表达出园林建筑平面布局，是较常用的绘制单体园林建筑的方法(图 9-37)。

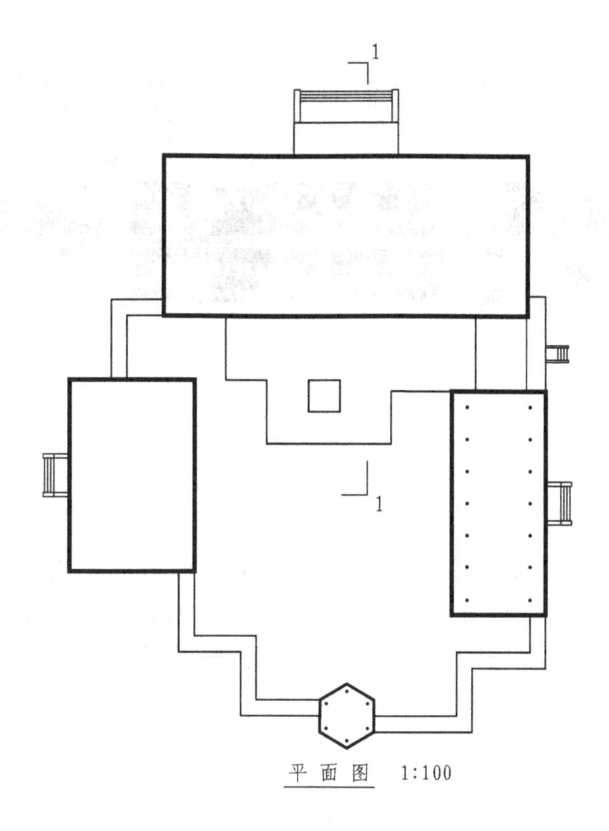

图 9-37 剖平面法

3) 园林建筑立面图

(1) 园林建筑立面图的内容与用途

建筑立面图是将建筑物的立面向与其平行的投影面投影所得的投影图。建筑立面图应反映建筑物的外形及主要部位的标高。立面图能够充分地表现出建筑物的外观造型效果，可以用于确定方案，并作为设计和施工的依据。

(2) 绘制要求

① 线型

立面图的外轮廓线用粗实线，主要部位轮廓线如勒脚、窗台、门窗洞、槽口、雨篷、柱、台阶、花池等用中实线。次要部位轮廓线如门窗扇线、栏杆、墙面分格线、墙面材料等用细实线。地坪线用特粗线。

② 尺寸标注

立面图中应标注主要部位的标高，如出入口地面、室外地坪、槽口、屋顶等处，标注时注意排列整齐，力求图面清晰，出入口地面标高为±0.000。

③ 绘制配景

为了衬托园林建筑的艺术效果，根据总平面图的环境条件，通常在建筑物的两侧和后部绘出一定的配景，如花草、树木、山石等。绘制时可采用概括画法，力求比例协调、层次分明(图 9-38)。

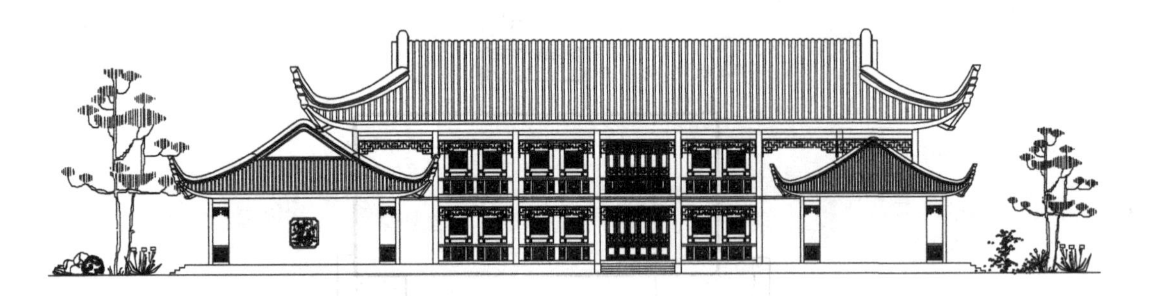

南立面图　1:100

图 9-38　立面图

4) 园林建筑剖视图

建筑剖视图(图 9-39)是假想用一个垂直的剖切平面将建筑物剖切后所获得的。建筑剖视图用来表示建筑物沿高度方向的内部结构形式和主要部位的标高。剖视图与平面图和立面图配合,可以完整地表达建筑物的设计方案,为进一步设计和施工提供依据。园林建筑剖视图的表示同 9.5 节建筑剖视图。

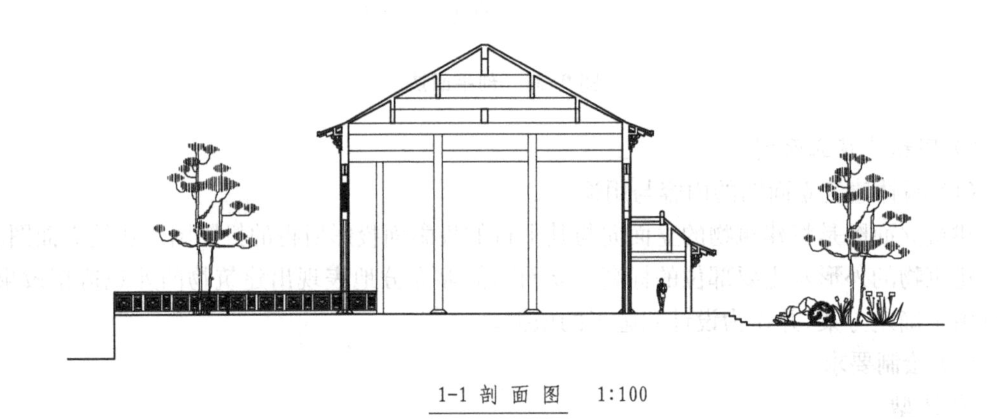

1-1 剖 面 图　1:100

图 9-39　剖视图

5) 园林建筑透视图

园林建筑透视图(图 9-40)主要表现建筑物及配景的空间透视效果,它能够充分直观地表达设计者的意图,比园林建筑立面图更直观、更形象,有助于设计方案的确定。

园林建筑透视图所表达的内容应以建筑为主,配景为辅。应以总平面图的环境为依据,为避免遮挡建筑物,配景可有取舍,建筑透视图的视点一般应选择在游人集中处。

图 9-40 透视图

9.7.3 园林建筑施工图的阅读

1) 园林建筑施工图

建筑施工图应反映出建筑物各部形状、构造、大小及做法，它是建筑施工的重要依据。因此，只有读懂建筑施工图，才能正确地指导施工。

园林建筑中的亭(图 9-41)既是点景也是观景，既提供休息环境的场所，又与周围景色协调，与远近景色构成丰富的空间层次是古典园林中非常重要的一个组成部分。亭子的种类很多，这里以方亭为例介绍园林建筑施工图的阅读方法。

为了便于阅读，先介绍一下方亭的各部组成。图 9-42 为方亭的立体图，由图可见，方亭由台座、柱、梁、屋顶及挂落、座椅、台阶组成。

图 9-41 亭

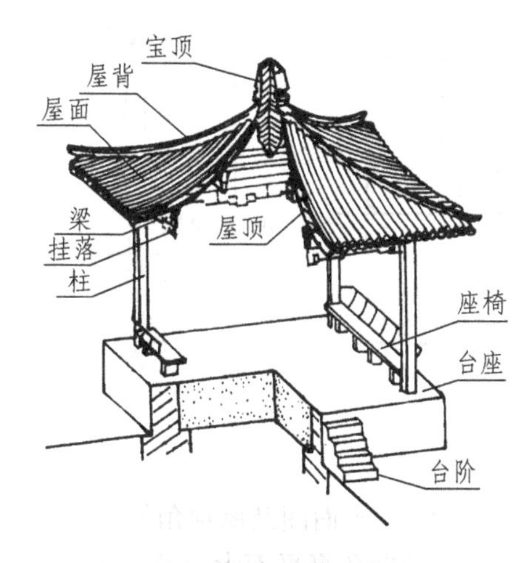

图 9-42 亭的组成

阅读方法如下：

(1) 读平面图

从平面图中了解图名、比例及方位，明确平面形状和大小、轴间尺寸、柱的布置及断面形状、座椅的位置、台阶布置、室内地面装修等。从图 9-43 可见，方亭为正方形，柱中心距为 3.00 m，柱为直径 200 mm 的圆柱，三面设置座椅，一面为台阶，台阶未表示，台座长、宽均为 4.00 m。

(2) 对照平面图读立面、剖视图

明确亭的外貌形状和内部构造情况及主要部位标高。由立、剖视图(图 9-43)中可见该亭为攒尖顶方亭，结构形式为钢筋混凝土结构，由柱、梁、屋顶承重。梁下饰有挂落，下部设有座椅。台座高为±4.50 m，台下地坪标高为±0.00 m。三面设座椅，一侧设置台阶，未标明。台座由混凝土砌筑，方砖地面，白水泥白石屑斩假石台口。其余各部装修见说明。由图 9-43可见，屋顶做法采用钢筋混凝土桁条，上铺 20 mm 厚钢丝网水泥砂浆，50 mm 厚钢筋混凝土现浇，上铺灰筒瓦。

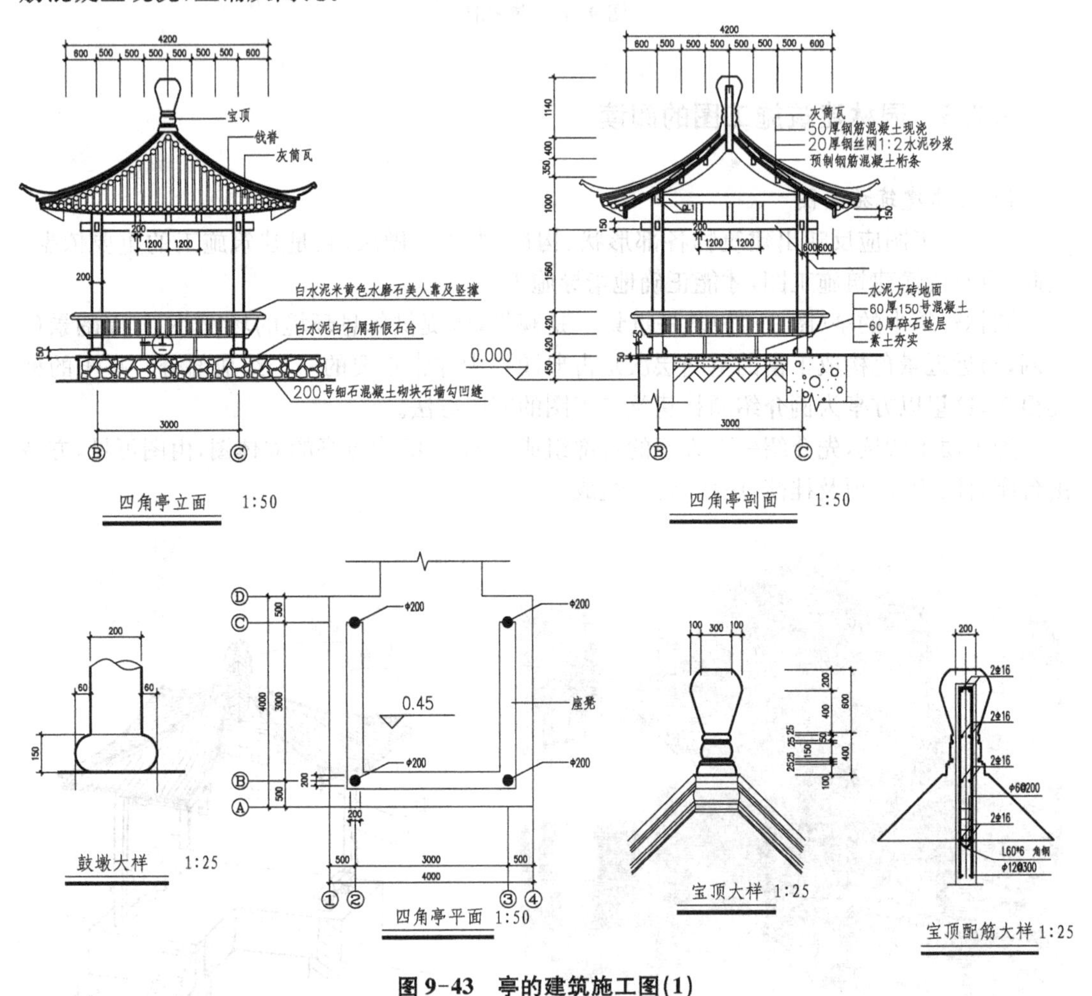

图 9-43 亭的建筑施工图(1)

(3) 读平面图及屋顶角钢布置图

了解四角亭平面大小及布置情况，可见四角亭为 4000 mm×4000 mm，三面设置座椅，一面台阶，柱间距为 3000 mm，采用 200 mm 的钢管。由屋顶角钢布置图可知屋顶采用∟50×5 的角钢沿对角线布置，并沿屋顶四周设置圈梁。

(4) 读详图

详图明确各细部的形状、大小及构造。

由鼓墩大样图可知鼓墩的具体尺寸。由宝顶大样图可见，宝顶上部为方棱锥形，下部呈圆柱形，露出屋面高度为 1.00 m，其余在屋面以下。有宝顶配筋大样图可见宝顶内由上至下配置了共 8 根 $\phi16$ 的钢筋以及对应的 $\phi6@200$ 的箍筋。

由山墙板图可知山墙板的标高以及板的竖向配筋，山墙板竖向配置 $\phi6@200$ 的双向钢筋网，结合屋顶角钢布置图以及 2 号详图可知山墙板与屋顶角钢的连接情况，还布置了 $6\phi16$ 的通长钢筋。由山墙板配筋可见屋顶配置了 $\phi8@150$ 的钢筋网。

由屋顶坡面曲线图，可知屋顶坡面曲线形状及尺寸。由于钢筋混凝土屋面现浇，故屋面曲线可直接现浇得到，尺寸如图 9-44 所示。

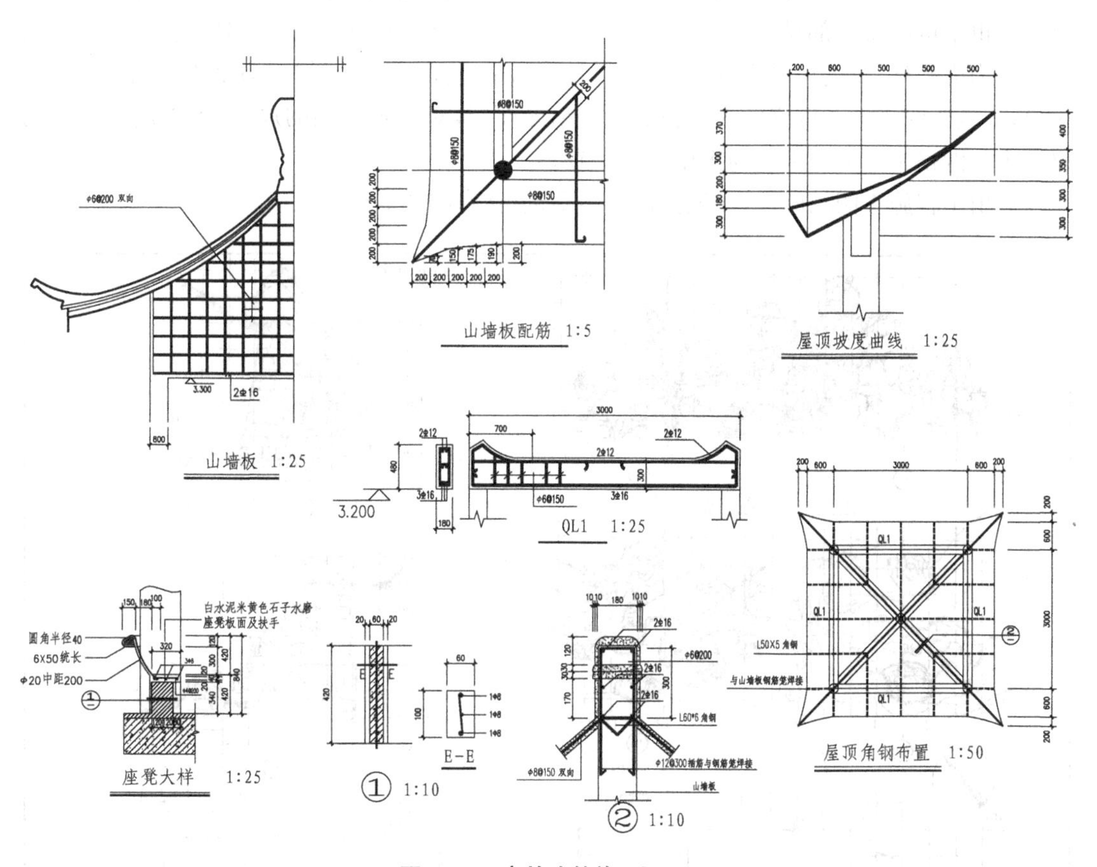

图 9-44 亭的建筑施工图(2)

由座椅大样图可见座椅设于两柱之间，座板宽 320 mm，厚 80 mm，座板内设置 $3\phi8$ 通长钢筋及 $\phi4@200$ 分布筋，白水泥米黄色石子水磨座凳板面。美人靠采用 $\phi20@200$ 钢筋与座板相连，扶手为 6 mm×50 mm 通长白水泥米黄色石子水磨。看详图(图 9-44)时，要根据详图符号对照索引符号或剖切符号，找到所指部位，对照读图。由①号剖面详图中可见，座椅下部为钢筋混凝土结构，再由 E－E 剖面详图可知内置 3 根 $\phi8$ 通长钢筋。

2）假山工程施工图

假山根据使用材料不同，分为土山和石山，本例为石山。

假山施工图主要包括平面图、立面图、剖（断）面图、基础平面图，对于要求较高的细部，还应绘制详图说明。

平面图表示假山的平面布置、各部的平面形状、周围地形和假山所在总平面图中的位置。

立面图表现山体的立面造型及主要部位高度，与平面图配合，可反映出峰、峦、洞、壑的相互位置。为了完整地表现山体各面形态，便于施工，一般应绘出前、后、左、右4个方向立面图（因篇幅所限，例图中只绘出正立面图）。

剖视图表示假山某处内部构造及结构形式、断面形状、材料、做法和施工要求。

基础平面图表示基础的平面位置及形状。基础剖视图表示基础的构造和做法，当基础结构简单时，可同假山剖视图绘在一起或用文字说明。

假山施工图中，由于山石素材形态奇特，施工中难以完全符合设计尺寸要求。因此，没有必要也不可能将各部尺寸一一标注，一般采用坐标方格网法控制。方格网的绘制，平面图以长度为横坐标，宽度为纵坐标；立面图以长度为横坐标，高度为纵坐标；剖视图以宽度为横坐标，高度为纵坐标。网格的大小根据所需精度而定，对要求精细的局部，可以用较小的网格示出。网格坐标的比例应与图中比例一致。

假山工程施工图的阅读，一般按以下步骤进行（参阅图9-45）。

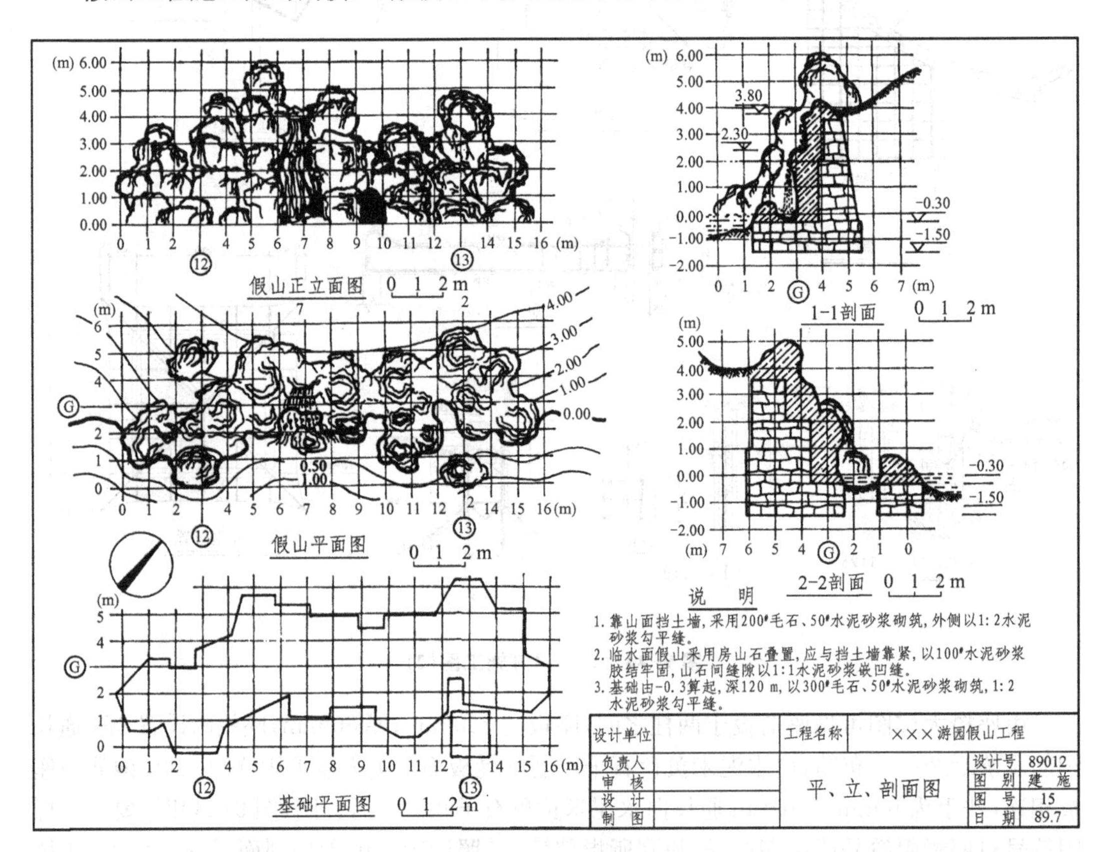

图 9-45 假山工程施工图

(1) 看标题栏及说明

从标题栏及说明中了解工程名称、材料和技术要求。本例为驳岸式假山工程。

(2) 读平面图

从平面图中了解比例、方位、轴线编号，明确假山在总平面图中的位置、平面形状和大小及其周围地形等。图 9-45 中山体处于横向轴线⑫～⑬与纵向轴线Ⓖ的相交处，长约16 m，宽约 6 m，呈狭长形，中部设有瀑布和洞穴，前后散置山石，倚山面水，曲折多变，形成自然式山水景观。

(3) 读立面图

从立面图中了解山体各部的立面形状及其高度，结合平面图辨析其前后层次及布局特点，领会造型特征。从图 9-45 中可见，假山主峰位于中部，高为 6 m，位于主峰右侧的 4 m 高处设有二迭瀑布，瀑布右侧置有洞穴及谷壑，形成动、奇、幽的景观效果。

(4) 读剖视图

对照平面图的剖切位置、轴线编号，了解断面形状、结构形式、材料、做法及各部高度。

从图 9-45 中可见，1-1 剖面是过瀑布剖切的，假山山体由毛石挡土墙和房山石叠置而成，挡土墙背靠土山，山石假山面临水体，两级瀑布跌水标高分别为 3.80 m 和 2.30 m。2-2 剖面取自较宽的⑬轴附近，谷壑前散置山石，增加了前后层次，使其更加幽深。

(5) 读基础平面图和基础剖视图

了解基础平面形状、大小、结构、材料、做法等。由于本例基础结构简单，基础剖视图绘在假山剖视图中，毛石基础底部标高为－1.50 m，顶部标高为－0.30 m。具体做法见说明。

10 结构施工图

10.1 概述

10.1.1 结构施工图的内容和分类

房屋结构施工图是根据房屋建筑中的承重构件进行结构设计后画出的图样。结构设计要求进行结构选型、构件布置，再通过力学计算确定承重构件的断面形状、大小、材料及内部构造等。结构施工图是施工的主要依据之一，主要用于放灰线、挖基槽、安装模板、配筋、浇筑混凝土等施工过程，也是预算和施工进度计划的依据。结构施工图一般可分为结构布置图和构件详图两大类

结构布置图是房屋承重结构的整体布置图。主要表示结构构件的位置、数量、型号及相互关系。房屋的结构布置按需要可用结构平面图、立面图、剖面图表示，其中结构平面图较常使用。如基础布置平面图、楼层结构平面图、屋面结构平面图、柱网平面图等。

结构构件详图是表示单个构件形状、尺寸、材料、构造及工艺的图样，如梁、板、柱、基础、屋架等构件详图。

常用房屋结构可按结构形式分为框架结构、桁架结构、空间结构等；也可按承重构件的材料分为混合结构、钢筋混凝土结构、砖石结构、钢结构、木结构等。

结构施工图一般包括结构设计总说明、基础平面图及基础详图、楼层结构平面图、屋面结构平面图、结构构件详图。

10.1.2 绘制结构施工图的有关规定

绘制结构施工图，除应遵守《房屋建筑制图统一标准》中的基本规定外，还应遵守《建筑结构制图标准》(GB/T 50105—2010)。

1）图线

结构施工图中各种图线的用法如表 10-1 所示。

表 10-1 结构施工图中各种图线的用法

名称		线型	线宽	一般用途
实线	粗	▬▬▬	b	螺栓、钢筋线，结构平面图中的单线结构构件线，钢木支撑及系杆线，图名下横线、剖切线
	中粗	▬▬▬	$0.7b$	结构平面图及详图中剖到或可见的墙身轮廓线，基础轮廓线，钢、木结构轮廓线，钢筋线

续表 10-1

名称		线型	线宽	一般用途
实线	中		0.5b	结构平面图及详图中剖到或可见的墙身轮廓线、基础轮廓线、可见的钢筋混凝土构件轮廓线、钢筋线
	细		0.25b	标注引出线、标高符号线、索引符号线、尺寸线
虚线	粗		b	不可见的钢筋线、螺栓线、结构平面图中不可见的单线、结构构件线及钢、木支撑线
	中粗		0.7b	结构平面图中的不可见构件，墙身轮廓线及不可见的钢、木结构构件线，不可见的钢筋线
	中		0.5b	结构平面图中的不可见构件，墙身轮廓线及不可见的钢，木结构构件线、不可见的钢筋线
	细		0.25b	基础平面图中的管沟轮廓线、不可见的钢筋混凝土构件轮廓线
单点长划线	粗		b	柱间支撑、垂直支撑、设备基础轴线图中的中心线
	细		0.25b	定位轴线、对称线、中心线、重心线
折断线	细		0.25b	断开界线
波浪线	细		0.25b	断开界线

2）比例

绘图时根据图样的用途，被绘物体的复杂程度，应选用表 10-2 中的常用比例，特殊情况下也可以选用可用比例。当构件的纵、横向断面尺寸相差悬殊时，可以在同一详图中的纵、横向选用不同的比例绘制。轴线尺寸与构件尺寸也可选用不同的比例绘制。

表 10-2 比例

图名	常用比例	可用比例
结构平面图 基础平面图	1∶50，1∶100，1∶150	1∶60，1∶200
圈梁平面图，总图中管沟、地下设施等	1∶200，1∶500	1∶300
详图	1∶10，1∶20，1∶50	1∶5，1∶30，1∶25

3）构件代号

在结构施工图中，构件的名称可用代号来表示。代号一般用汉语拼音的第一个大写字母表示，代号后应用阿拉伯数字标注该构件的型号或编号，也可为构件的顺序号。构件的顺序号采用不带角标的阿拉伯数字连续编排。常用的构件代号见表 10-3。

表 10-3 常用的构件代号

序号	名称	代号	序号	名称	代号	序号	名称	代号
1	板	B	4	槽形板	CB	7	楼梯板	TB
2	屋面板	WB	5	折板	ZB	8	盖板或沟盖板	GB
3	空心板	KB	6	密肋板	MB	9	挡雨板	YB

续表 10-3

序号	名　称	代号	序号	名　称	代号	序号	名　称	代号
10	吊车安全走道板	DB	25	框支梁	KZL	40	挡土墙	DQ
11	墙板	QB	26	屋面框架梁	WKL	41	地沟	DG
12	天沟板	TGB	27	檩条	LT	42	柱间支撑	ZC
13	梁	L	28	屋架	WJ	43	垂直支撑	CC
14	屋面梁	WL	29	托架	TJ	44	水平支撑	SC
15	吊车梁	DL	30	天窗架	CJ	45	梯	T
16	单轨吊车梁	DDL	31	框架	KJ	46	雨篷	YP
17	轨道连接	DGL	32	刚架	GJ	47	阳台	YT
18	车挡	CD	33	支架	ZJ	48	梁垫	LD
19	圈梁	QL	34	柱	Z	49	预埋件	M—
20	过梁	GL	35	框架柱	KZ	50	天窗端壁	TD
21	连系梁	LL	36	构造柱	GZ	51	钢筋网	W
22	基础梁	JL	37	承台	CT	52	钢筋骨架	G
23	楼梯梁	TL	38	设备基础	SJ	53	基础	J
24	框架梁	KL	39	桩	ZH	54	暗柱	AZ

4）定位轴线

结构施工图上的定位轴线及编号应与建筑施工图一致。

5）尺寸标注

结构施工图上的尺寸应与建筑施工图相符合，但也不完全相同，结构施工图中所注尺寸是结构的实际尺寸，即一般不包括结构表面粉刷层或面层的厚度。在桁架结构的单线图中，其集合尺寸可直接注写在杆件的一侧，而不需要画尺寸线和尺寸界线。对称桁架可在左边注尺寸，右边注内力。

10.2　钢筋混凝土结构图

10.2.1　基本知识

混凝土是由水泥、黄砂、石子和水按一定的比例配合搅拌而成，把它灌入定形模板内，经过振捣密实和养护凝固后就形成坚硬如石的混凝土构件。混凝土构件的抗压强度较高，但抗拉强度较低，一般仅为抗压强度的1/10～1/20，容易应受拉或受弯而断裂。为了提高构件的承载力，可在混凝土构件受拉区内配置一定数量的钢筋，这种由钢筋和混凝土两种材料构成的构件，称为钢筋混凝土构件，如图10-1所示。主要由钢筋混凝土构件组成的房屋结构，称为钢筋混凝土结构。钢筋混凝土结构是工业和民用建筑中应用得最广泛的一种承重结构。

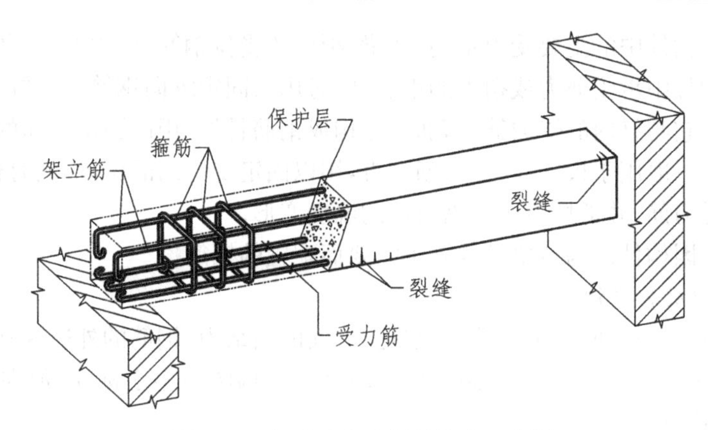

图 10-1 钢筋混凝土梁的构造示意图

1) 钢筋混凝土结构和构件的种类

钢筋混凝土结构按不同的施工方法，可分为现浇整体式、预制装配式和部分装配、部分现浇的装配整体式 3 类。

组成钢筋混凝土结构的构件有现浇钢筋混凝土构件和预制钢筋混凝土构件两种。钢筋混凝土构件还可以分为定型构件和非定型构件。定型构件一般是通用性较强的预制构件，它们的结构详图已编入标准图集或通用图集中，被选用的定型构件不必再画结构详图，只要在结构布置图中注明定型构件的型号，并说明所在图集的名称；非定型构件是自行设计的现浇构件或预制构件，必须绘制它们的结构详图。此外，有的预制构件在制作时通过张拉钢筋对混凝土预加一定的压力，以提高构件的抗拉和抗裂性能，这种构件称为预应力钢筋混凝土构件。

2) 混凝土强度等级和钢筋等级

混凝土按其抗压强度的不同分为不同的等级，常用混凝土强度等级有 C10、C15、C20、C25、C30、C35、C40 等，数字愈大，其抗压强度也愈高。

混凝土结构中使用的钢筋按表面特征可分为光圆钢筋和带肋钢筋。用于钢筋混凝土结构及预应力混凝土结构中的普通钢筋可使用热轧钢筋，预应力钢筋可使用预应力钢绞线、钢丝，也可使用热处理钢筋。

普通钢筋混凝土结构及预应力混凝土结构中常用钢筋种类及其符号见表 10-4 所示。

表 10-4 钢筋种类及符号

<table>
<tr><th colspan="3">普通钢筋</th><th colspan="3">预应力钢筋</th></tr>
<tr><th>类 型</th><th>种 类</th><th>符 号</th><th>类 型</th><th>种 类</th><th>符 号</th></tr>
<tr><td rowspan="4">热轧钢筋</td><td>HPB235(Q235)</td><td>Φ</td><td>钢绞线</td><td>1×3，1×7</td><td>Φ^{S}</td></tr>
<tr><td>HRB335(20MnSi)</td><td>$\underline{\Phi}$</td><td rowspan="2">消除应力钢丝</td><td>光面螺旋肋</td><td>Φ^{P}
Φ^{H}</td></tr>
<tr><td>HRB400(20MnSiV、20MnSiNb、20MnTi)</td><td>$\underline{\underline{\Phi}}$</td><td>刻痕</td><td>$\Phi^{I}$</td></tr>
<tr><td>RRB400(K20Mi)</td><td>$\underline{\Phi}^{R}$</td><td>热处理钢筋</td><td>40Si2Mn
48Si2Mn
45Si2Cr</td><td>Φ^{H}</td></tr>
</table>

3) 钢筋的名称和作用

按钢筋在构件中所起的作用可分为以下几种(如图 10-1 所示)：

受力筋——构件中的主要受力钢筋，如梁、板中的受拉钢筋，柱中的受压钢筋。

箍筋——构件中承受剪力或扭力的钢筋，同时用来固定纵向钢筋的位置。

架立筋——它与梁内的受力筋、箍筋一起构成钢筋骨架，用以固定箍筋的位置。

分布筋——一般用于板内，与受力筋垂直，用以固定受力筋的位置，同时构成钢筋网，将力均匀分布给受力筋，并抵抗热胀冷缩引起的温度变形。

构造筋——因构件的构造要求或施工需要而配置的钢筋。

4）钢筋保护层和弯钩

为了防止钢筋的锈蚀、增强钢筋与混凝土之间的粘结力，钢筋的外边缘到构件表面应保持一定的厚度，称为钢筋保护层。保护层的厚度在结构图中不必标注，但在施工时必须按表 10-5 的规定执行。

表 10-5　钢筋混凝土构件的保护层

钢筋	构件名称		最小保护层厚度(mm)
受力筋	板和墙	断面厚度≤100mm	10
		断面厚度≥100mm	15
	梁和柱		25
	基础	有垫层	35
		无垫层	70
箍筋	梁和柱		15
分布筋	板和墙		10

为了使钢筋和混凝土具有很好的粘结力，在光圆钢筋两端做成半圆弯钩或直弯钩；带肋钢筋与混凝土粘结力强，两端可不做弯钩。直筋和钢箍的弯钩形式如图 10-2 所示。

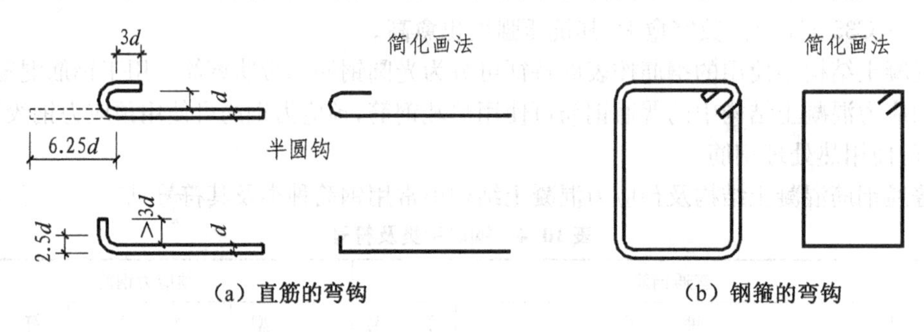

图 10-2　常见的钢筋弯钩

5）钢筋混凝土构件的图示方法

钢筋混凝土构件的外观只能看到混凝土的表面和构件的外形，而构件内部钢筋的配置情况是看不见的。为了表达构件的配筋情况，可假想把混凝土看作为透明体，主要表示构件配筋情况的图样，称为配筋图，它在表示构件形状、尺寸的基础上，将构件内钢筋的种类、数量、形状、等级、直径、尺寸、间距等配置情况反映清楚。图示特点有：

(1) 图示重点是钢筋及其配置，而不是构件的形状。为此，构件的可见轮廓线等以细实线绘制。

(2) 假想把混凝土看作为透明体且不画材料符号，构件内的钢筋是可见的，钢筋用粗单线绘制。钢筋的断面以直径 1mm 的黑圆点表示。

(3) 为了保证结构图的清晰，构件中各种钢筋，凡形状、等级、直径、长度不同的，都应进行编号，编号数字写在直径为 5～6 mm 的细实线圆中，编号应绘制在引出线的端部，并对钢筋的尺寸进行标注。

钢筋的尺寸采用引出线方式标注，有两种用于不同情况的标注形式：

① 标注钢筋的根数和直径，如梁、柱内的受力筋和梁内的架立筋：

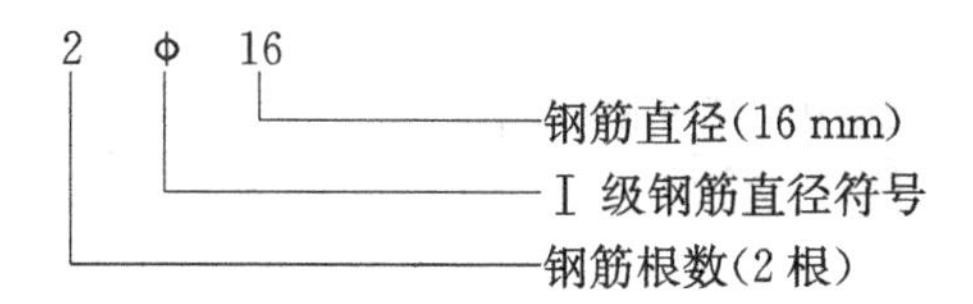

② 标注钢筋的直径和相邻钢筋的中心距，如梁、柱内的箍筋和板内的各种钢筋：

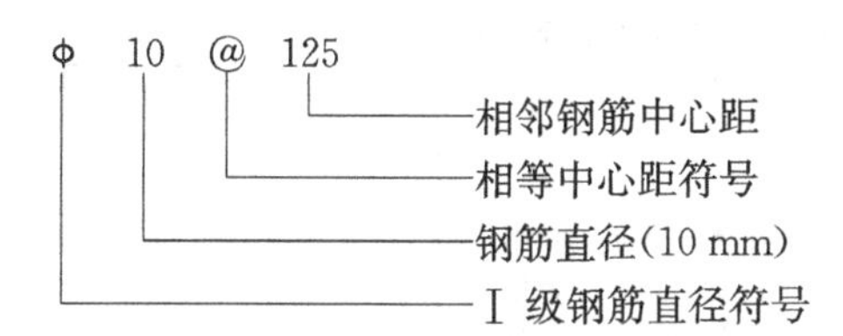

(4) 普通钢筋的一般表示方法应符合表 10-6 的规定。

表 10-6 钢筋的一般表示方法

序 号	名 称	图 例	说 明
1	钢筋横断面	•	
2	无弯钩的钢筋端部		下图表示长、短钢筋投影时，短钢筋端部用 45°斜划线表示
3	带半圆形弯钩的钢筋端部		
4	带直钩的钢筋端部		
5	带丝扣的钢筋端部		
6	无弯钩的钢筋搭接		
7	带半圆形弯钩的钢筋搭接		
8	带直钩的钢筋搭接		
9	花篮螺丝钢筋接头		

对于外形比较复杂或设有预埋件的构件，还要画出表示构件外形和预埋件位置的图样，称为**模板图**。

(5) 配筋图上各类钢筋的交叉重叠很多，为了方便地区分它们，《建筑结构制图标准》对钢筋图上的钢筋画法应符合表 10-7 的规定。

表 10-7 钢筋画法

序 号	说 明	图 例
1	在结构平面图中配置双层钢筋时，底层钢筋的弯钩应向上或向左，顶层钢筋的弯钩则应向下或向右	

续表 10-7

序 号	说 明	图 例
2	钢筋混凝土墙体配双层钢筋时，在配筋立面图中，远面钢筋的弯钩应向上或向左，近面钢筋的弯钩应向下或向右	
3	若在断面图中不能表达清楚的钢筋布置，应在断面图外增加钢筋大样图	
4	图中所表示的箍筋、环筋等若布置复杂时，可加画钢筋大样及说明	或
5	每组相同的钢筋、箍筋或环筋，可用一根粗实线表示，同时用一两端带斜短划线的横穿细线，表示其余钢筋及起止范围	

钢筋在平面图中的配置应按图 10-3 所示的方法表示。当钢筋的位置不够时，可采用引出线标注。引出线标注钢筋的斜短划线应为中实线。当构件布置较简单时，结构平面布置图可与板配筋平面图合并绘制。

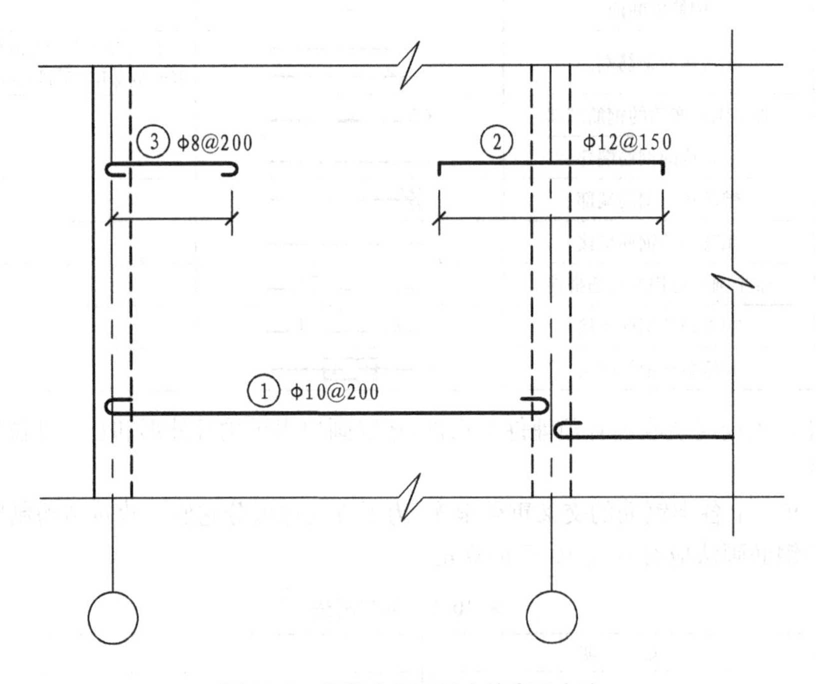

图 10-3 钢筋在平面图中的表示方法

钢筋在立面、断面图中的配置，应按图 10-4 所示的方法表示。

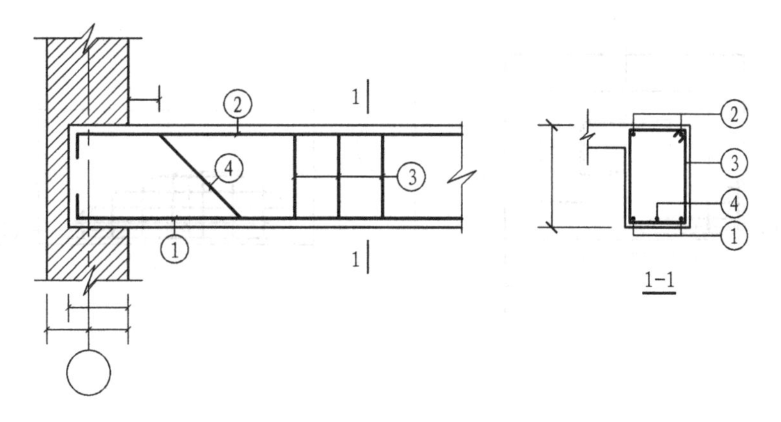

图 10-4 梁的配筋图

6) 钢筋的简化表示方法

(1) 对称的混凝土构件,可在同一图样中一半表示模板,另一半表示配筋,如图 10-5 所示。

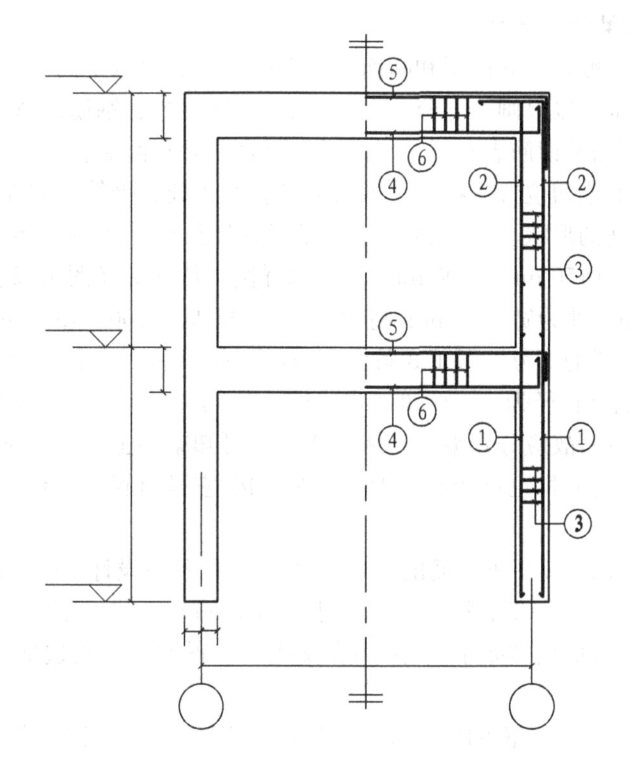

图 10-5 配筋简化方法一

(2) 钢筋混凝土构件配筋较简单,可按下列规定绘制配筋平面图:

① 独立基础在平面模板图左下角,绘出波浪线,绘出钢筋并标注钢筋的直径、间距等,如图 10-6(a)所示。

② 其他构件可在某一部位绘出波浪线,绘出钢筋并标注钢筋的直径、间距等,如图 10-6(b)所示。

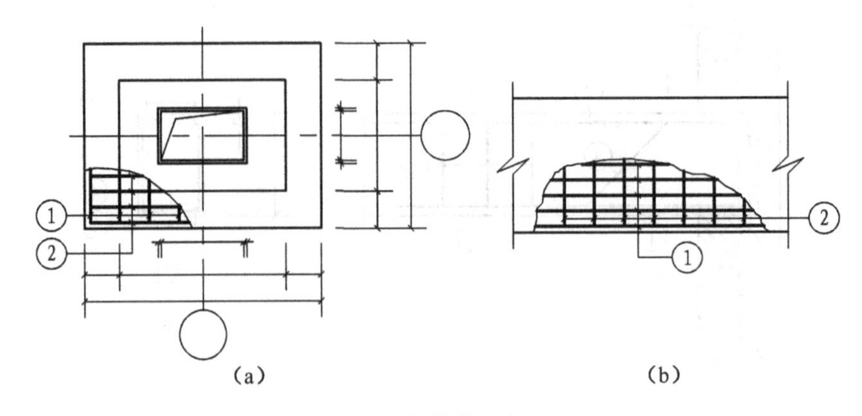

(a) (b)

图 10-6 配筋简化方法二

10.2.2 钢筋混凝土构件详图

1) 钢筋混凝土梁结构详图

梁的结构详图一般包括立面图和断面图。立面图主要表示梁的轮廓、尺寸及钢筋的位置,钢筋可以全画,也可以只画一部分。如有弯筋,应标注弯起钢筋起弯位置。各类钢筋都应编号,以便与断面图及钢筋表对照。断面图主要表示梁断面形状、尺寸,箍筋的形式及钢筋的位置。断面图的剖切位置应在梁内钢筋数量有变化处。钢筋表附在图样的旁边,其内容主要是每一种钢筋的形状、长度尺寸、规格、数量,以便加工制作和做预算。

图 10-7 是 L202(150 mm×300 mm)的结构详图。从梁的详图可以看出该梁为矩形断面的现浇梁,其断面尺寸为宽 150 mm,高 300 mm。楼板厚 100 mm,梁的两端支承在砖墙上。梁长 3840 mm,梁的下方配置了 3 条受力筋,其中在中间的②钢筋为弯起筋。从它们的标注 φ14 可知,它们是直径为 14 mm 的Ⅰ级钢筋。①号钢筋与②钢筋虽然直径、类别相同,但形状不同,尺寸不一,故应分别编号。从 1-1 断面可知梁的上方有 2 条架立筋③,直径是 10 mm 的Ⅰ级钢筋。同时,也可知箍筋④的立面形状,它是直径为 6 mm 的Ⅰ级钢筋,每隔 200 mm 放置一个。

从钢筋详图,可以得知每种钢筋的编号、根数、直径、各段设计长度和总尺寸(下料长度)以及弯起角度,以便下料加工。按规定梁高小于 800 mm 时弯起角度为 45°,大于 800 mm 时为 60°。但近年来考虑抗震要求,多采用在支座处放置面筋和支边加密钢箍以代替弯起钢筋。

图 10-7 中,①号钢筋下面的数字 3790,表示该钢筋从一端弯钩外沿到另一端弯钩外沿的设计长度,它等于梁的总长减去两端保护层的厚度。钢筋上面的 $l=3923$,是该钢筋的下料长度,它等于钢筋的设计长度加上两端弯钩扳直后($2\times6.25d$)减去其延伸率($2\times1.5d$)所得的数值(d 为钢筋直径大小)。②号钢筋的弯起角度不在图上标注,而用直角三角形两直角边的长度(250、250)表示,这个数值是指钢筋的外皮尺寸,而④号钢箍各段长度应指钢箍的里皮尺寸。此外,为了便于编造施工预算,统计用料,还要列出钢筋表,表内说明构件的名称、数量、钢筋的规格、钢筋简图、直径、长度、数量、总数量、总长和重量等,如表 10-8 所示。

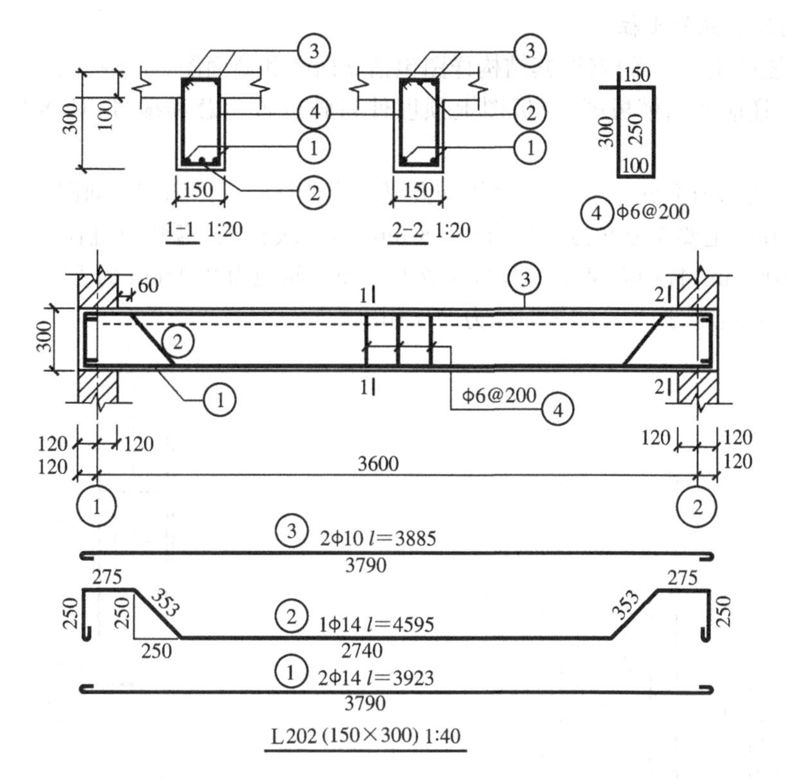

图 10-7 钢筋混凝土梁配筋图

表 10-8 钢筋表

构件名称	构件数	钢筋编号	钢筋规格	简图	长度(mm)	每件根数	总长度(m)	重量累计(kg)
L202	3	①	φ14		3923	2	23.538	28.6
		②	φ14		4595	1	13.785	16.7
		③	φ10		3885	2	23.310	14.4
		④	φ6		800	20	48.000	10.5

2）现浇钢筋混凝土板结构详图

现浇钢筋混凝土板的结构详图常用配筋平面图和断面图表示。配筋平面图可直接在平面图上绘制，每种规格的钢筋只需画一根并标注出其规格、间距及板长、板厚、板底结构标高等，断面图反映配筋形式。板的配筋有分离式和弯起式两种，如果板的上下部钢筋分别单独配置称为分离式，如果支座附近的上部钢筋是由下部钢筋直接弯起的就称之为弯起式。图 10-8所示钢筋混凝土现浇板的平面配筋图，板内配筋为分离式配筋。当板的配筋情况较复杂时，要结合采用剖面图来表示板的配筋情况，甚至可以将受力钢筋画在结构图的一边。

按《建筑结构制图标准》规定，水平方向钢筋的弯钩向下的，竖直方向的钢筋向右的，都是靠近板顶部配置的钢筋；水平方向钢筋的弯钩向上的，竖直方向的钢筋向左的，都是靠近板底部配置的钢筋。

3）现浇钢筋混凝土柱

柱是房屋的主要承重构件，其结构详图包括立面图和断面图，如果柱的外形变化复杂或有预埋件，则还应增画模板图，模板图上预埋件只画位置示意和编号，具体细部情况另绘详图。

图 10-9 所示为部分 Z－3 的现浇钢筋混凝土构造柱的立面图和断面图。柱的横断面边长均为 370 mm，主要受力筋为 8 根直径 18 mm 的Ⅰ级钢筋；箍筋为直径 8 mm 的Ⅰ级钢筋，间距为 200 mm；柱中间呈十字形的直径为 8 mm、间距为 200 mm 的Ⅰ级钢筋，为附加腰筋，起增加柱的强度、提高柱的抗剪能力的作用。

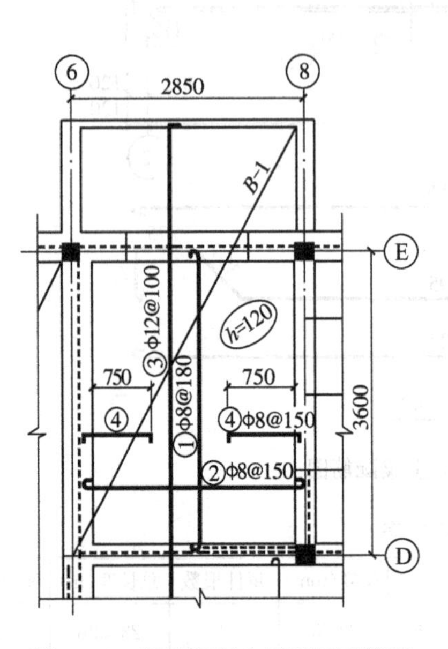

图 10-8　钢筋混凝土板平面配筋图

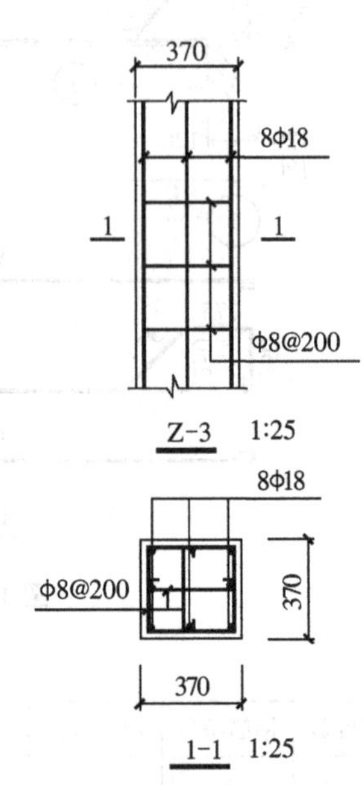

图 10-9　钢筋混凝土柱配筋图

10.2.3　结构平面图

1）表达内容和图示方法

楼层结构平面（布置）图是假想沿每层楼板面上方水平剖切房屋并向下投影，用来表示每楼层的承重构件如楼板、梁、柱、墙的平面布置的全剖面图。

2）画法及要求

楼层剖面图所用的比例、定位轴线与建筑剖面图相同。

楼层结构平面布置图中的可见钢筋用粗实线表示，被剖切到的墙身、可见的钢筋混凝土板的轮廓线均用细实线表示，楼板下方不可见的墙身轮廓线用细虚线表示，剖切到的钢筋混凝土柱涂黑表示。

若过梁、砖墙中的圈梁位置与承重墙或框架梁的位置重合，用粗点画线表示其中心线的位置。

若楼板为预制楼板，其布置不必按实际投影分块画出，可简化为一条对角线（细实线）来表示楼板的布置范围，并沿对角线方向注写出预制板的块数和型号。预制板的标注方法，目前各地区有所不同。本教材列举一种标注法如下：

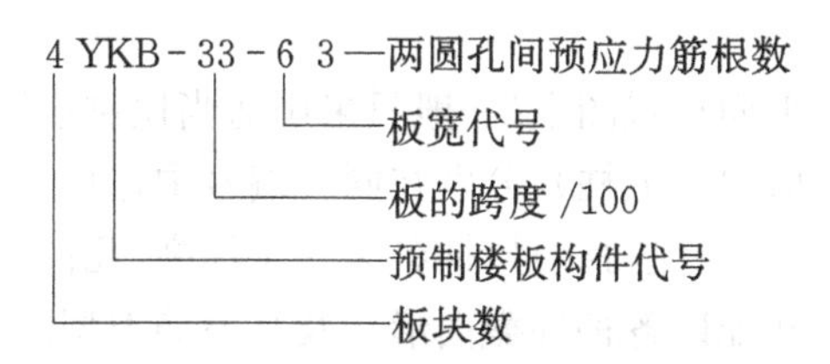

其中，板宽代号分别有 4、5、6、8、9、12，代表板的名义宽度分别为 400 mm、500 mm、600 mm、800 mm、900 mm、1200 mm，板的实际宽度为名义宽度减去 20 mm。

楼梯间的结构布置一般在楼层结构平面图中不予表示，而用较大比例单独画出楼梯结构详图。

结构平面图中需标注出轴线间尺寸及轴线总尺寸、各承重构件的平面位置及局部尺寸、楼层结构标高等，同时注明各种梁、板结构构件底面标高，作为安装或支撑的依据。梁、板的底面标高可以注写在构件代号后的括号内，也可以用文字做统一说明。

结构平面图中同时应附有关梁、板等其他构件连接的构造图、施工说明等。

由于预制板为早期使用的一种楼板，现在使用较少，而本项目均采用现浇板布置，故不再另外附预制板结构平面布置图。

10.2.4 钢筋混凝土梁、板、柱的平面整体表示方法

建筑结构施工图平面整体设计方法（简称平法）对我国目前混凝土结构施工图的设计表示方法做了重大改革，被国家科委列为《“九五”国家级科技成果重点推广计划》项目（项目编号：97070209A），同时被建设部列为 1996 年科技成果重大推广项目（项目编号：96008）。

平法的表达形式，概括地讲，是把结构构件的尺寸和配筋等，按照平面整体表示方法制图规则，整体直接表达在各类构件的结构平面布置图上，再与标准构造图相配合，即构成一套完整的结构设计，改变了传统的将构件从结构平面布置图中索引出来，再逐个绘制配筋图的繁琐方法。

按平法设计绘制的施工图，一般是由各类结构构件的平法施工图和标准构造详图两大部分组成。必须根据具体工程设计，按照各类构件的平法制图规则，在按结构（标准）层绘制的平面布置图上直接表示各构件的尺寸、配筋和所选用的标准构造详图。出图时，宜按基础、柱、剪力墙、梁、板、楼梯及其他构件的顺序排列。

在平面布置图上表示各构件的尺寸和配筋方式，有平面注写方式、列表注写方式和截面注写方式 3 种。按平法设计绘制结构施工图时，应将所有柱、墙、梁构件进行编号。编号中含有类型代号和序号，其中，类型代号的主要作用是指明所选用的布置构造详图。柱、梁编号规则在后续章节作具体介绍。

本节以某联排别墅为例（10.2.5 节读图实例），主要介绍柱、梁平面施工图制图规则。

1）柱平法施工图制图规则

柱平法施工图是在柱平面布置图上采用列表方式或截面注写方式表达。在柱平法施工图中，应按规定注明各结构层的楼面标高、结构层标高及相应的结构层号。实例图 10-11 采

用列表注写方式和截面注写方式的柱平法施工图，对相同的设计内容进行了表达。

(1) 列表注写方式

列表注写方式是在柱平面布置图上（一般只采用适当比例绘制一张柱平面布置图，包括框架柱、框支柱、梁上柱和剪力墙上柱），分别在同一编号中选择一个（有时需要选择几个）截面标注几何参数代号，在柱表中注写柱号、柱各段起止标高、几何尺寸（含柱截面对轴线的偏心情况）与配筋具体数值，并配以各种柱截面形状及其箍筋类型图的方式来表达柱平法施工图，见实例图 10-11 所示。

柱表注写内容规定如下：

① 注写柱编号

柱编号由类型代号和序号组成，应符合表 10-9 的规定。编号时，当柱的总高、分段截面尺寸和配筋均对应相同，仅分段截面与轴线的关系不同时，仍可将其编为同一柱号。

表 10-9　柱编号

柱类型	代号	序号	柱类型	代号	序号
框架柱	KZ	××	梁上柱	LZ	××
框支柱	KZZ	××	剪力墙上柱	QZ	××
芯柱	XZ				

由实例图 10-11 可以看出，该框架有 28 类框架柱：KZ1 至 KZ28。

② 注写各段柱的起止标高

自柱根部往上变截面位置或截面未变但配筋改变处为界分段注写。框架柱和框支柱的根部标高是指基础顶面标高。芯柱的根部标高是指根据结构实际需要而定的起始位置标高。梁上柱的根部标高是指梁顶面标高。剪力墙上柱的根部标高分两种：当柱纵筋锚固在墙顶部时，其根部标高为墙顶面标高；当柱与剪力墙重叠时，其根部标高为墙顶面往下一层的结构层楼面标高。

在实例图 10-11 中，如 KZ8、KZ9 等框架柱从基础顶到屋面截面及配筋情况均相同，因此均只标注一段。如 KZ2 由于纵筋和箍筋的规格发生改变，所以在表格中分为“基础～4.450 m”及“4.450 m～7.350 m”两段注写。

③ 注写截面尺寸

对于矩形柱，注写截面尺寸 $b\times h$ 及与轴线关系的几何参数代号 b_1、b_2和 h_1、h_2的具体数值，须对应各段分别注写。其中 $b=b_1+b_2$，$h=h_1+h_2$。当截面的某一边收缩变化至轴线重合或偏到轴线的另一侧时，b_1、b_2、h_1、h_2中的某项为零或为负值。

④ 注写柱纵筋

当柱纵筋直径相同、各边根数也相同时（包括矩形、圆柱和芯柱），将纵筋注写在“全部纵筋”一栏中。除此之外，柱纵筋分角筋、截面 b 中边配筋和 h 边中部配筋 3 项分别注写（对于采用对称配筋的矩形截面柱，可仅注写一侧中部筋，对称边省略不写）。当为圆柱时，表中角筋注写圆柱的全部纵筋。

⑤ 注写箍筋类型和箍筋肢数

具体工程所设计的各种箍筋类型图以及箍筋复合的具体方式，须画在表的上部或图中的适当位置，在其上标注与表中相对应的 b、h 并编上其类型号，在箍筋类型栏内注写箍筋类型号，如图 10-11 中箍筋类型 ⏀8@100 所示。

⑥ 注写柱箍筋(包括钢筋)

柱箍筋的注写包括钢筋级别、直径与间距。当为抗震设计时，用“/”区分柱端箍筋加密区与柱身非加密区长度范围内箍筋的不同间距。施工人员须根据标准构造详图的规定，在规定的几种长度值中取其最大值作为加密区长度。当箍筋沿柱全高为一种间距时，则不使用“/”线。当圆柱采用螺旋箍筋时，需在钢筋前加“L”。

图 10-11 中，KZ2 箍筋为 ⏀8，加密区间距 100，非加密区间距 200；KZ2 在基础顶～4.450 m处加密区间距 100，非加密区间距 200，而 4.450～7.350 m，箍筋间距全长均为 100，所以在表中分段注写。

(2) 截面注写方式

截面注写方式是在分标准层绘制的柱平面布置图的柱截面上，分别在同一编号的柱中选择一个截面，以直接注写截面尺寸和配件具体数值的方式来表达柱平法施工图。图 10-11即为采用截面注写方式绘制的柱平法施工图。

截面注写内容规定与列表注写规定相近。其具体做法是对所有柱截面按平面注写方式规定进行编号。从相同编号的柱中选择一个截面，按另一种比例原位放大绘制柱截面配筋图，并在各配筋图上继其编号后再注写截面尺寸 $b\times h$ 、角筋或全部纵筋(当纵筋采用一种直径且能够图示清楚时)、箍筋的具体数值以及在柱截面图标注柱截面与轴线关系 b_1、b_2 和 h_1、h_2 的具体数值。

当纵筋采用两种注写方式时，可以根据具体情况，在一个柱平面布置图上用小括号或尖括号来区分和表达不同标注层的注写数值。

2) 梁平法施工图制图规则

梁平法施工图是在梁的平面布置图上采用平面注写方式或截面注写方式表达。

梁平面布置图，应分别按梁的不同结构层(标准层)，将全部梁及与其相关联的柱、墙、板一起采用适当比例绘制。

(1) 平面注写方式

平面注写方式是在梁平面布置图上，分别在不同编号的梁中各选一根梁，在其上注写截面尺寸和配筋具体数值的方式来表达梁的平法施工图。图 10-12 即是采用平面注写方式表达的梁平法施工图。

平面注写包括集中标注与原位标注。集中标注表达梁的通用数值，原位标注表达梁的特殊数值。当集中标注中的某项数值不适用于梁的某部位时，则将该项数值原位标注，施工时原位标注取值优先。

① 梁集中标注

梁集中标注的内容有 5 项必注值及 1 项选注值，集中标注可以从梁的任意一跨引出，规定如下：

A. 梁编号(必注值)

梁编号由梁类型代号、序号、跨数及有无悬挑代号组成，应符合表 10-10 的规定。其中(××A)为一端有悬挑，(××B)为两端有悬挑，悬挑不计入跨数。如图 10-12 中 KL13(8B)表示 13 号框架梁，8 跨，两端有悬挑；WKL1(2)表示 1 号屋面框架梁，2 跨。

表 10-10 梁编号

梁类型	代号	序号	跨数及是否带有悬挑
楼层框架梁	KL	××	(××)、(××A)或(××B)
屋面框架梁	WKL	××	(××)、(××A)或(××B)
框支梁	KZL	××	(××)、(××A)或(××B)
非框架梁	L	××	(××)、(××A)或(××B)
悬挑梁	XL	××	(××)、(××A)或(××B)
井字梁	JZL	××	(××)、(××A)或(××B)

B. 梁截面尺寸(必注值)

该项为必注值,当为等截面梁时,用 $b \times h$ 表示;当为加腋梁时,用 $b \times hYc_1 \times c_2$ 表示,其中 c_1 为腋长,c_2 为腋高;当有悬挑梁且根部和端部高度不同时,用斜线分隔根部与端部的高度值,即 $b \times h_1/h_2$。如图 10-12 中:KL13 和 KL19 截面尺寸分别为 240 mm×400 mm、200 mm×400 mm。

C. 梁箍筋(必注值)

包括钢筋级别、直径、加密区与非加密区间距及肢数。箍筋加密区与非加密区的不同间距与肢数常用斜线"/"分隔;当梁箍筋为同一种间距及肢数时,则不需要用斜线,当加密区与非加密区的箍筋肢数相同时,则将肢数注写一次,箍筋肢数应写在括号内。

如图 10-12 中:KL13 箍筋为 ⌀10@100/200(2)表示箍筋为Ⅲ级钢筋,直径 ⌀10,加密区间间距为 100,非加密区间间距为 200,均为两肢箍。

D. 梁上部通长筋或架立筋配置(通长钢筋可为相同或不同直径采用搭接连接、机械连接或对焊连接的钢筋。为必注值)

所注规格与根数应根据结构受力要求及箍筋肢数等构造要求而定,当同纵筋中既有通长钢筋又有架立筋时,应用加号"+"将通长钢筋和架立筋相连。注写时须将角部纵筋写在加号的前面,架立筋写在加号的括号内,以示不同直径及其通长筋的区别。当全部采用架立筋时,则将其写入括号内。当梁的上部纵筋和下部纵筋为全跨相同,且多数跨配筋相同时,此项可加注下部纵筋的配筋值,用";"将上部与下部纵筋的配筋值分隔开来,少数跨不同者进行原位标注。

如图 10-12 中,KL19 上部通长筋 2⌀16,下部通长筋 2⌀16。

E. 梁侧面纵向构造钢筋或受扭钢筋配置(必注值)

当梁腹板高度大于 450 mm 时,须配置纵向构造钢筋,所注写规格与根数应符合规定。此项注写值以大写字母 G 打头,接续注写设置在梁两个侧面的总筋配筋值,且对称配置。

当侧面配置受扭钢筋时,此项注写值以大写字母 N 打头,接续注写配置在梁两个侧面的总筋配筋值,且对称配置。受扭纵向钢筋应满足梁侧面纵向构造钢筋的间距要求,且不再重复配置纵向构造钢筋。

如图 10-12 中,KL10 在侧面配置 2⌀14 的受扭钢筋,上部通长筋 3⌀20,下部通长筋 2⌀16。

F. 梁顶面标高高差(选注值)

梁顶面标高高差指相对于结构层楼面标高的高差值,有高差时将其写入括号内,无高差时不注。梁顶面标高高于所在结构层楼面标高时，其标高高差为正值，反之为负值。例如，某结构层楼面标高为 44.950 m 和 48.250 m，当某梁的梁顶面标高高差注写为(－0.050)时，即表明该梁顶面标高分别相对于 44.950 m 和 48.250 m 低 0.05 m。

② 梁原位标注

梁原位标注内容规定如下：

A. 梁支座上部纵筋

该部位含通长筋在内的所有纵筋。当上部钢筋多于一排时，用"/"将各排纵筋自上而下分开；当同排纵筋有两种直径时，用加号"＋"将两种直径的纵筋相连，注写时将角部纵筋写在前面；当梁中间支座两边的上部纵筋不同时，须在支座两边分别标注；当梁中间支座两边的上部纵筋相同时，可只标注一边，另一边省去不注。

B. 梁下部纵筋

当下部纵筋多于一排时，用"/"将各排纵筋自上而下分开；当同排纵筋有两种直径时，用加号"＋"将两种直径的纵筋相连，注写时将角部纵筋写在前面。

当梁下部纵筋不全部伸入支座时，将梁支座下部纵筋减少的数量写在括号中。

C. 梁附加箍筋或吊筋及其他

将其直接画在平面图中的主梁上，用线引注总配筋值。当多数附加筋或吊筋相同时，可在梁平法施工图上统一注明；少数与统一注明值不同时，在原位引出。如图 10-12 中，沿Ⓐ轴线附加箍筋，直接绘在了主梁上，ф8@100(2)。

(2) 截面注写方式

截面注写方式是在分标准层绘制的梁平面布置图上，分别在不同编号的梁中选择一根梁用剖面号引出配筋图，并在其上注写截面尺寸和配筋具体数值的方式来表达梁平法施工图。

对所有梁按平面注写方式进行编号，从相同编号的梁中选择一根梁，先将"单边截面号"画在该梁上，再将截面配筋详图画在本图或其他图上。当某梁的顶面标高与结构层的楼面标高不同时，尚应继其梁编号后注写梁顶面标高高差。

在截面配筋详图上注写截面尺寸、上部筋、下部筋、侧面构造筋或受扭筋、箍筋的具体数值时，其表达方式与平面注写方式相同。截面注写方式既可以单独使用，也可以与平面注写方式结合使用。

3) 有梁盖板平法施工图制图规则

有梁盖板平法施工图，系在楼面板和屋面板布置图上，采用平面注写的表达方式。

板平面注写主要包括板块集中标注和板支座原位标注。

为方便设计表达和施工识图，规定结构平面的坐标方向为：当两向柱网正交布置时，图面从左至右为 X 向，从下至上为 Y 向；当轴网转折时，局部坐标方向顺轴网转折角度做相应转折；当轴网向心布置时，切向为 X 向，径向为 Y 向。此外，对于平面比较复杂的区域，如轴网转折交界区域、向心布置的核心区域等，其平面坐标方向应由设计者另行规定并在图上明确表示。

(1) 板块集中标注

梁集中标注的内容为：板块编号，板厚，贯通纵筋，以及当板面标高不同时的标高高差。

板块编号按表 10-11 的规定。

表 10-11 板块编号

板类型	代 号	序 号
楼面板	LB	××
屋面板	WB	××
延伸悬挑板	YXB	××
纯悬挑板	XB	××

注：延伸悬挑板的上部受力筋应与相邻内板的上部纵筋连通配置。

板厚注写为 h =×××（为垂直于板面的厚度）。当悬挑板端部改变截面厚度时，用斜线分隔根部与端部的高度，注写为 h =×××/×××。当设计已在图中统一注明厚度时，此项可不注。

贯通钢筋按板块下部和上部分别注写（当板块上部不设贯通钢筋时则不注），并以 B 代表下部，以 T 代表上部，B&T 代表下部与上部；X 向贯通钢筋以 X 打头，Y 向贯通钢筋以 Y 打头，两向贯通纵筋配置相同时则以 X&Y 打头。当为单向板时，另一向贯通的分布筋可不必标注，而在图中统一说明。当在某些板内（例如延伸悬挑板 YXB，或者纯悬挑板 XB 的下部）配置有构造筋时，则 X 向以 Xc、Y 向以 Yc 打头注写。当 Y 向采用放射配筋时（切向为 X 向，径向为 Y 向），设计者应注明配筋间距度量位置。当板悬挑部分与跨内板有高差且低于跨内板时，宜将悬挑部分设计为纯悬挑板 XB。

板面标高高差，系指相当于结构层楼面标高的高差，应将其注写在括号内，且有高差则注，无高差则不注。

【例 10-1】 设有一楼面板注写为：LB5　$h = 110$　B：Xϕ12@120；Yϕ10@110

系表示 5 号楼面板，板厚 110 mm，板下部配置的贯通筋 X 向为 ϕ12@120，Y 向为 ϕ10@110；板上部未配置贯通纵筋。

【例 10-2】 设有一延伸悬挑板注写为：YXB2　$h = 150/100$　B：Xc&Ycϕ8@200

系表示 2 号延伸悬挑板，板根部厚 150 mm，端部厚 100 mm，板下部配置构造钢筋双向均为 ϕ8@200（上部受力钢筋见板支座原位标注）。

(2) 板块支座原位标注

板支座原位标注内容为：板支座上部非贯通纵筋和纯悬挑板上部受力钢筋。

板支座原位标注的钢筋，应在配置相同跨的第一跨表达（当在梁悬挑部分单独配置时则在原位表达）。在配置相同跨的第一跨（或梁悬挑部位），垂直于板支座（梁或墙）绘制一段适宜长度的中粗实线（当该筋通长设置在悬挑板或短跨板上部时，实线段应画至对边或者贯通短跨），以该线段代表支座上部非贯通筋，并在线段上方注写钢筋编号（如①、②等）、配筋值、横向连续布置跨数（注写在括号内，且当为一跨时可不注）以及是否横向布置到梁的悬挑端。例如，(XX)为横向布置跨数，(XXA)为横向布置跨数及一端悬挑部位，(XXB)为横向布置跨数及两端悬挑部位。

板支座上部非贯通筋自支座中线向跨内的延伸长度，注写在线段的下方位置。

当中间支座上部非贯通筋向支座两侧对称延伸时，可仅在支座一侧线段下方标注延伸长度，另一侧不注。当向支座两侧非对称延伸时，应分别在支座两侧线段下方标注延伸长度。

在板平面布置图中，不同部位的板支座上部非贯通纵筋及纯悬挑板上部受力筋，可仅在一个部位注写，对其他相同者仅需要在代表钢筋的线段上注写编号及横向连续布置的跨数（当为一跨时可不注）即可。

【例 10-3】 在板平面布置图某部位，横跨支承梁绘制的对称线段上注有⑦ф12@100(5A)和1500。

表示支座上部⑦号非贯通纵筋为 ф12@100，从该跨起沿支承梁连续布置5跨加梁一端的悬挑端，该筋自支座中线向两侧跨内的延伸长度均为 1500 mm。在同一板平面内布置图的另一部位横跨梁支座绘制的对称线段上注有⑦(2)者，系表示该筋同⑦号纵筋，沿支承梁连续布置两跨，且无悬挑端布置。

10.2.5 读图实例

以某联排别墅为例，本节给出该联排别墅框架柱平法施工图。

【例 10-4】 识读柱平面布置图(图 10-10)、柱截面图(图 10-11)。

根据平法的表示方法，单独绘制了柱平面布置图，在柱平面布置图中标出各框架柱的位置、编号和截面大小。其中各柱的具体配筋情况则在柱截面图中，以图表结合的方式详细绘出。具体读图，以柱平法施工图制图规则为基准。本案例为框架结构，在图中剖切到的钢筋混凝土柱用涂黑表示。图 10-10 中只表示柱的平面布置，首先通过柱平面图了解各柱的编号、数量及截面形状和尺寸。如 KZ－1 为 L 形截面，尺寸为 500×200＋500×200 叠合成 L 形。然后，通过截面图了解各柱的起止标高位置以及配筋情况。由图可知 KL－1 起止标高位置为"基础～4. 450 m"处，内部配筋，纵筋为 12⌀16，箍筋为 ⌀8@100。同样，可以分别读出图中每根柱的形状、大小配筋情况，最终了解整个结构中柱的布置情况。

【例 10-5】 识读梁平法施工图，梁、板横向配筋图(图 10-12)和梁、板纵向配筋图(图 10-13)

在图 10-12 中主要表示了二层(标高 4. 450 m)梁的横向配筋情况，其读图，以梁平法施工图制图规则为基准。在图中，可见的钢筋用粗实线表示，被剖切到的墙身、可见的钢筋混凝土楼板的轮廓线均用细实线表示。可见的钢筋混凝土梁、柱轮廓线用中实线表示，不可见的钢筋混凝土梁用细虚线表示。楼板下部不可见的墙身轮廓线用细虚线表示，被剖切到的钢筋混凝土柱用涂黑表示。首先了解整个平面图中梁的整体布置情况以及梁的编号、数量，再根据梁平法施工图制图规则对每根梁进行识读。如：沿Ⓐ轴线有 KL10，沿Ⓑ轴线有 KL11 和 KL12，沿Ⓒ轴线有 KL13 等。由于左右为对称布置，有些左侧已经详细标注的右侧只标注了编号和跨数，如 KL12(1A)在右侧只标注了名称和跨数。以沿Ⓐ轴线的 KL10 为例进行详细识读。图中标出 KL10(8B)200×400，⌀8@100/200(2)，3⌀20；2⌀16，表示该梁为框架梁，编号为 10，有 8 跨且两端悬挑，截面尺寸为 200 mm×400 mm，梁箍筋配置为Ⅲ级钢筋，加密区中心距为 200 mm，非加密区中心距为 100 mm，均为两肢箍，梁内通长纵筋上部为 3 根直径为 20 mm 的Ⅲ级钢筋，下部为 2 根直径为 16 mm 的Ⅲ级钢筋。同法可以识读其余梁的编号、截面尺寸以及内部配筋等相关标注。

图 10-13 中主要表示了二层(标高 4. 450 m)梁、板的纵向配筋情况。由于梁内纵向配筋方法和梁内横向配筋方法相同，这里不再复述。下面主要对板内配筋进行识读。该联排别墅均采用现浇板，由于左右对称，梁内纵向配筋只在左侧表示，板内配筋只在右侧画出。板内配筋采用直接在图上画出并进行标注的方法，由图中标注可知，板内配置钢筋大部分为相同的 ⌀8@100 的上下部双向钢筋网，板厚为 120 mm。图中未注明钢筋为⌀8@200，未注明板厚为 100 mm，在图上有说明。

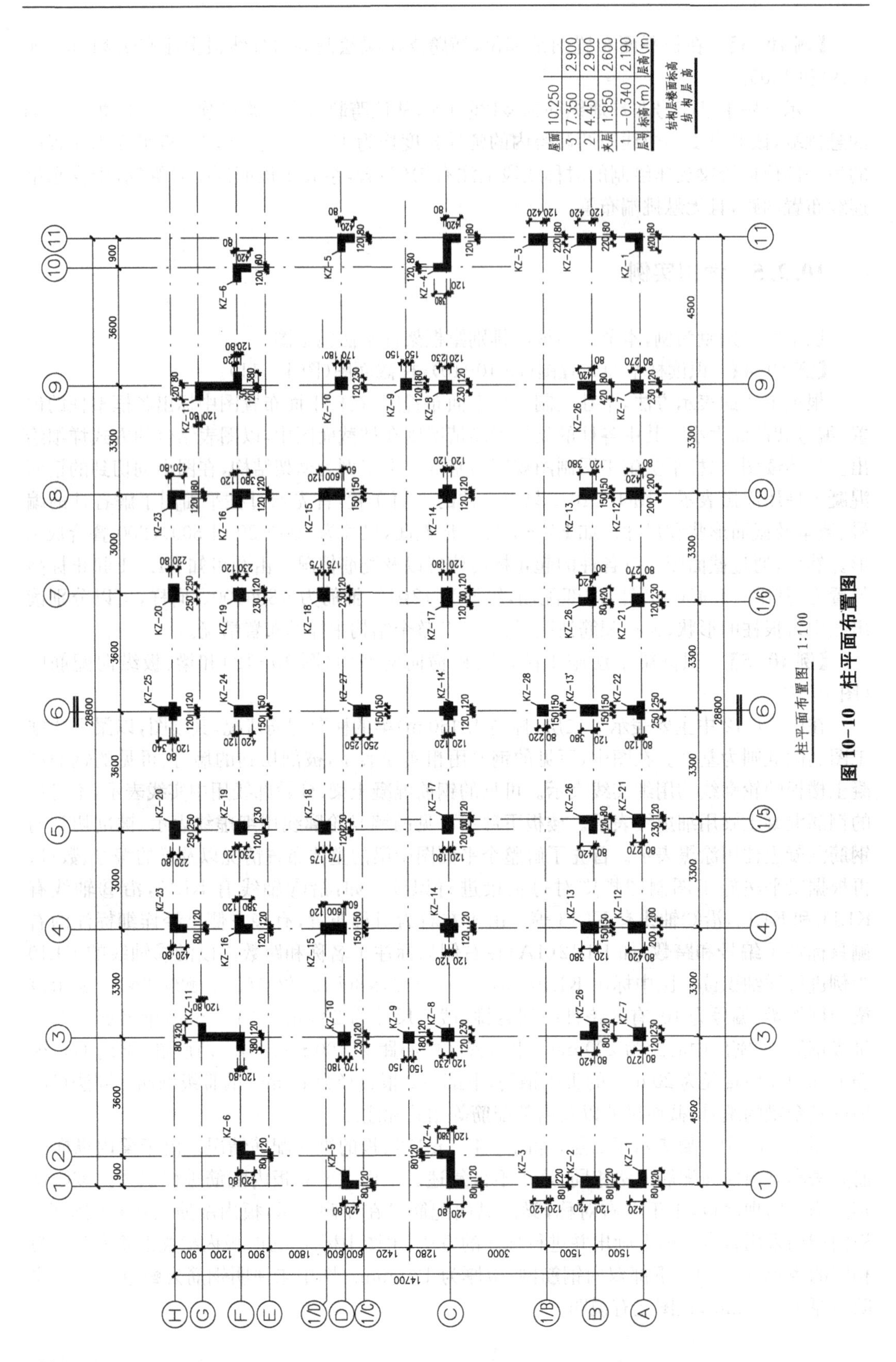

图 10-10 柱平面布置图

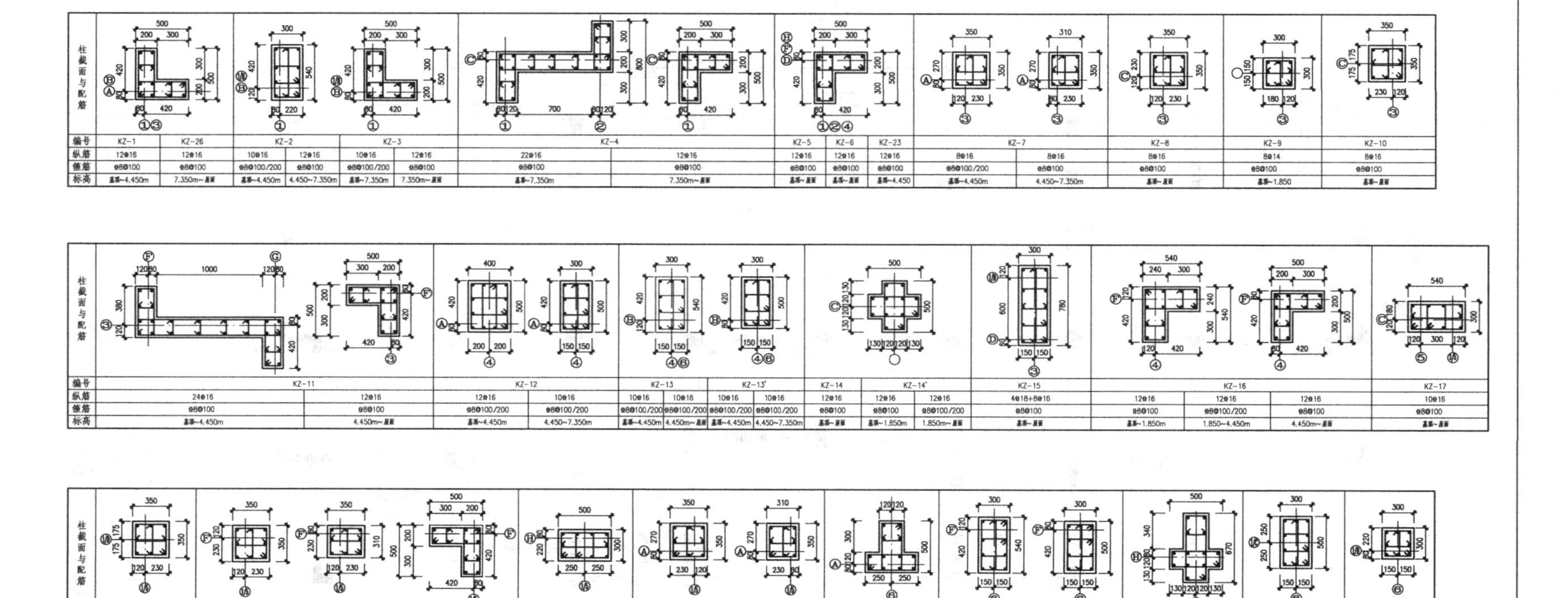

编号	KZ-1	KZ-26	KZ-2		KZ-3		KZ-4		KZ-5	KZ-6	KZ-23	KZ-7		KZ-8	KZ-9	KZ-10
纵筋	12Φ16	12Φ16	10Φ16	12Φ16	10Φ16	12Φ16	22Φ16	12Φ16	12Φ16	12Φ16	12Φ16	8Φ16	8Φ16	8Φ16	8Φ14	8Φ16
箍筋	Φ8@100	Φ8@100	Φ8@100/200	Φ8@100	Φ8@100/200	Φ8@100	Φ8@100	Φ8@100	Φ8@100	Φ8@100	Φ8@100	Φ8@100/200	Φ8@100	Φ8@100	Φ8@100	Φ8@100
标高	基顶~4.450m	7.350m~屋面	基顶~4.450m	4.450~7.350m	基顶~7.350m	7.350m~屋面	基顶~7.350m	7.350m~屋面	基顶~屋面	基顶~屋面	基顶~4.450	基顶~4.450m	4.450~7.350m	基顶~屋面	基顶~1.850	基顶~屋面

编号	KZ-11		KZ-12		KZ-13		KZ-13'		KZ-14	KZ-14'		KZ-15	KZ-16			KZ-17
纵筋	24Φ16	12Φ16	12Φ16	10Φ16	10Φ16	10Φ16	10Φ16	10Φ16	12Φ16	12Φ16	12Φ16	4Φ18+8Φ16	12Φ16	12Φ16	12Φ16	10Φ16
箍筋	Φ8@100	Φ8@100	Φ8@100/200	Φ8@100/200	Φ8@100/200	Φ8@100/200	Φ8@100/200	Φ8@100/200	Φ8@100	Φ8@100	Φ8@100/200	Φ8@100	Φ8@100	Φ8@100/200	Φ8@100	Φ8@100
标高	基顶~4.450m	4.450m~屋面	基顶~4.450m	4.450~7.350m	基顶~4.450m	4.450m~屋面	基顶~4.450m	4.450~7.350m	基顶~屋面	基顶~1.850m	1.850m~屋面	基顶~屋面	基顶~1.850m	1.850~4.450m	4.450m~屋面	基顶~屋面

编号	KZ-18	KZ-19				KZ-20		KZ-21		KZ-22	KZ-24			KZ-25		KZ-27		KZ-28
纵筋	10Φ16	8Φ16	8Φ16	8Φ16	12Φ16	10Φ16	10Φ16	8Φ16	8Φ16	12Φ16	4Φ18+6Φ16	4Φ18+6Φ16	10Φ16	14Φ16	14Φ16	10Φ16	10Φ16	8Φ16
箍筋	Φ8@100	Φ8@100	Φ8@100/200	Φ8@100/200	Φ8@100	Φ8@100	Φ8@100/200	Φ8@100/200	Φ8@100/200	Φ8@100/200	Φ8@100	Φ8@100/200	Φ8@100/200	Φ8@100	Φ8@100/200	Φ8@100	Φ8@100/200	Φ8@100/200
标高	基顶~屋面	基顶~1.850m	1.850~4.450m	4.450~7.350m	7.350m~屋面	基顶~1.850m	1.850~4.450m	基顶~4.450m	4.450~7.350m	基顶~4.450m	基顶~1.850m	1.850~4.450m	4.450~7.350m	基顶~1.850m	1.850~4.450m	基顶~1.850m	1.850m~屋面	7.350m~屋面

图 10-11 柱截面图-列表法

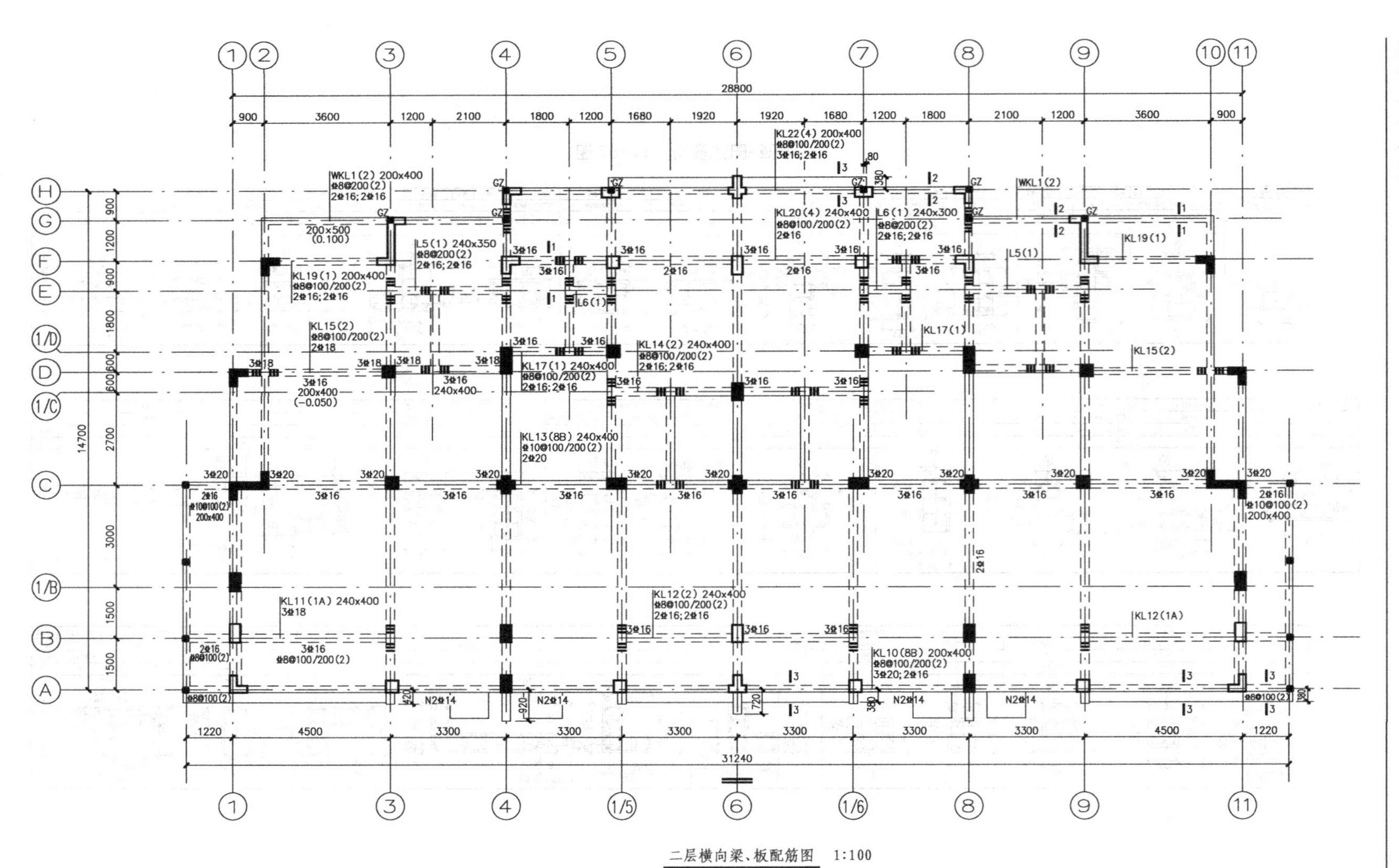

图 10-12　二层横向梁、板配筋图

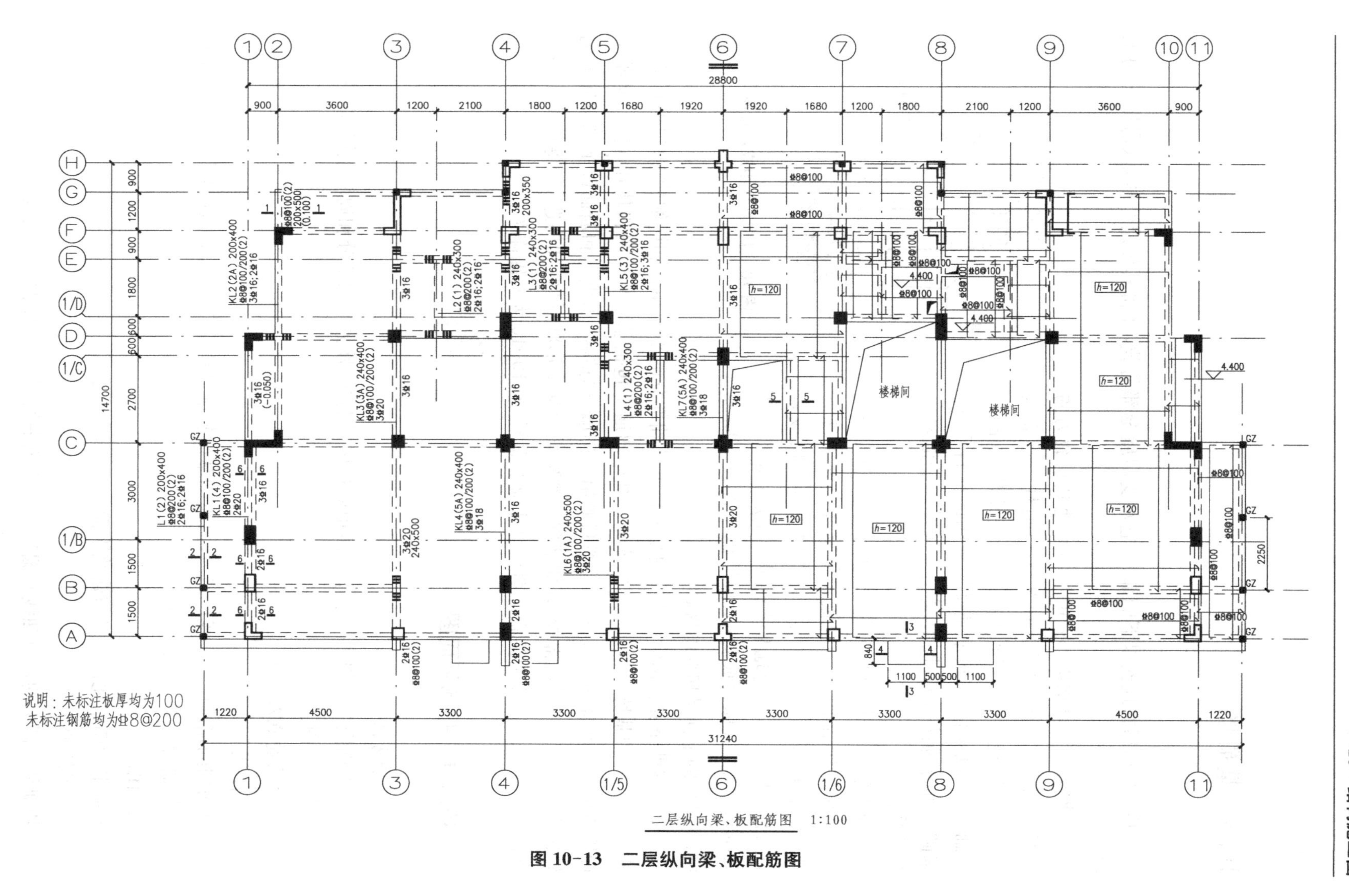
说明：未标注板厚均为100
未标注钢筋均为Φ8@200
二层纵向梁、板配筋图　1:100

图 10-13　二层纵向梁、板配筋图

10.3 基础图

基础是房屋在地面以下的部分，它承受房屋全部荷载，并将其传递给地基(房屋下的土层)。

根据上部承重结构形式的不同及地基承载力的强弱，房屋的基础形式通常有以下几种：柱下独立基础、墙(或柱)下条形基础、柱下十字交叉基础、阀形基础及箱形基础等。根据基础所采用的材料不同，基础又可分为砖石基础、混凝土基础及钢筋混凝土基础等。

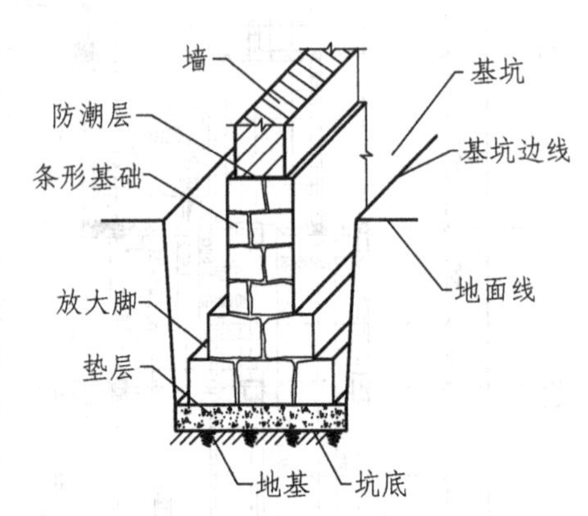

图 10-14 基础组成示意图

现以条形基础为例(图 10-14)，介绍基础的一些知识。房屋建造前，首先根据定位轴线在施工现场挖一长条形的土坑，称基坑。基础底下的土层或岩石层称为地基；基础与地基之间设有垫层；基础墙呈台阶形放宽，俗称大放脚；基础墙的上部设有防潮层；防潮层的上面是房屋的墙体。

基础图就是要表达建筑物室内地面以下基础部分的平面布置和详细构造的图样，它是施工放线、开挖基坑及施工基础的依据。基础图通常包括基础平面图和基础详图。基础平面图主要表达基础的平面布置，一般只画出基础墙、构造柱、承重柱和断面以下基础底面的轮廓线。至于基础的细部投影(如基础及基础梁的基本形状、材料和构造等)将反映在基础详图中。如图 10-15 为某联排别墅的基础平面图，图 10-16 为基础详图。

10.3.1 基础平面图

1) 图示方法

基础平面图是假想用一水平面沿地面将房屋剖开，移去上面部分和周围土层，向下投影所得的全剖面图。

2) 画法特点及要求

(1) 图线

剖切到的墙画中粗实线(0.7*b*)，可见的基础轮廓画中粗实线(0.7*b*)或者中实线(0.5*b*)，可见的基础梁画中实线(0.5*b*)。

(2) 比例

基础平面图的比例一般与建筑平面图的比例相同。

(3) 定位轴线

基础平面图上的定位轴线及编号应与建筑平面图一致，以便对照阅读。

(4) 基础梁、柱

基础梁、柱用代号表示，剖切的钢筋混凝土柱涂黑。

(5) 剖切符号

凡尺寸和构造不同的条形基础都需加画断面图，基础平面图上剖切符号要依次编号。

(6) 尺寸标注

基础平面图上需标出定位轴线间的尺寸以及条形基础底面和独立基础底面的尺寸。整板基础的底面尺寸是标注在基础垫层示意图上的。

10.3.2 基础详图

基础平面图仅表示基础的平面布置，而基础各部分的形状、大小、材料、构造及埋置深度需要画详图来表示。基础详图是用来详尽表示基础的截面形状、尺寸、材料和做法的图样。根据基础平面布置图的不同编号，分别绘制各基础详图。由于各条形基础、各独立基础的断面形式及配筋形式是类似的，因此一般只需画出一个通用的断面图，再附上一个表加以辅助说明即可。

条形基础详图通常采用垂直断面图表示。独立基础详图通常用垂直断面图和平面图表示。平面图主要表示基础的平面形状，垂直断面图表示了基础断面形式及基础底板内的配筋。在平面图中，为了明显地表示基础底板内双向网状配筋情况，可在平面图中一角用局部剖面表示，见图 10-16 所示。

10.3.3 读图实例

基础平面图的绘图比例一般应与建筑平面图的比例相同。基础平面图上的定位轴线及编号也应与建筑平面图一致。建筑平面图上剖切到的墙体边线画成粗实线，基础梁柱用代号表示，剖切到的钢筋混凝土柱涂黑，基础轮廓线用中实线或者中粗实线表示，基础下面不可见的小洞与其过梁分别用细、粗虚线表示。

基础平面图上应注出房屋轴线间的开间、进深与总长、总宽尺寸等。凡构造与尺寸不同的基础都要加画断面图，剖切符号要依次标注。

在图 10-15 基础平面图中可见该联排别墅大部分采用柱下独立基础的形式，基础之间有基础梁连接，沿⑧轴线和Ⓑ轴线局部有条形基础。每个独立基础均进行了编号 J-1～J-10，在平面图中只标出了每个独立基础的外观尺寸，具体内部配筋见基础详图。在基础平面图中，基础梁的表示采用平法的集中注法，其表达方法同梁的平法施工图制图规则。在图中由于左右对称，只在右侧标注。以沿Ⓐ轴线的基础梁为例进行详细识读。图中标出JCL1(8)240×400，Φ8@100/200(2)，3Φ16；3Φ16，表示该梁为基础梁，编号为 1，有 8 跨，截面尺寸为 240 mm×400 mm，梁箍筋配置为Ⅲ级钢筋，加密区中心距为 200 mm，非加密区中心距为100 mm，均为两肢箍，梁内通长纵筋上下部均为 3 根Ⅲ级钢筋，直径为 16 mm。其余的识读方法相同。

具体独立基础内配筋见基础详图及独立柱基础参数表。

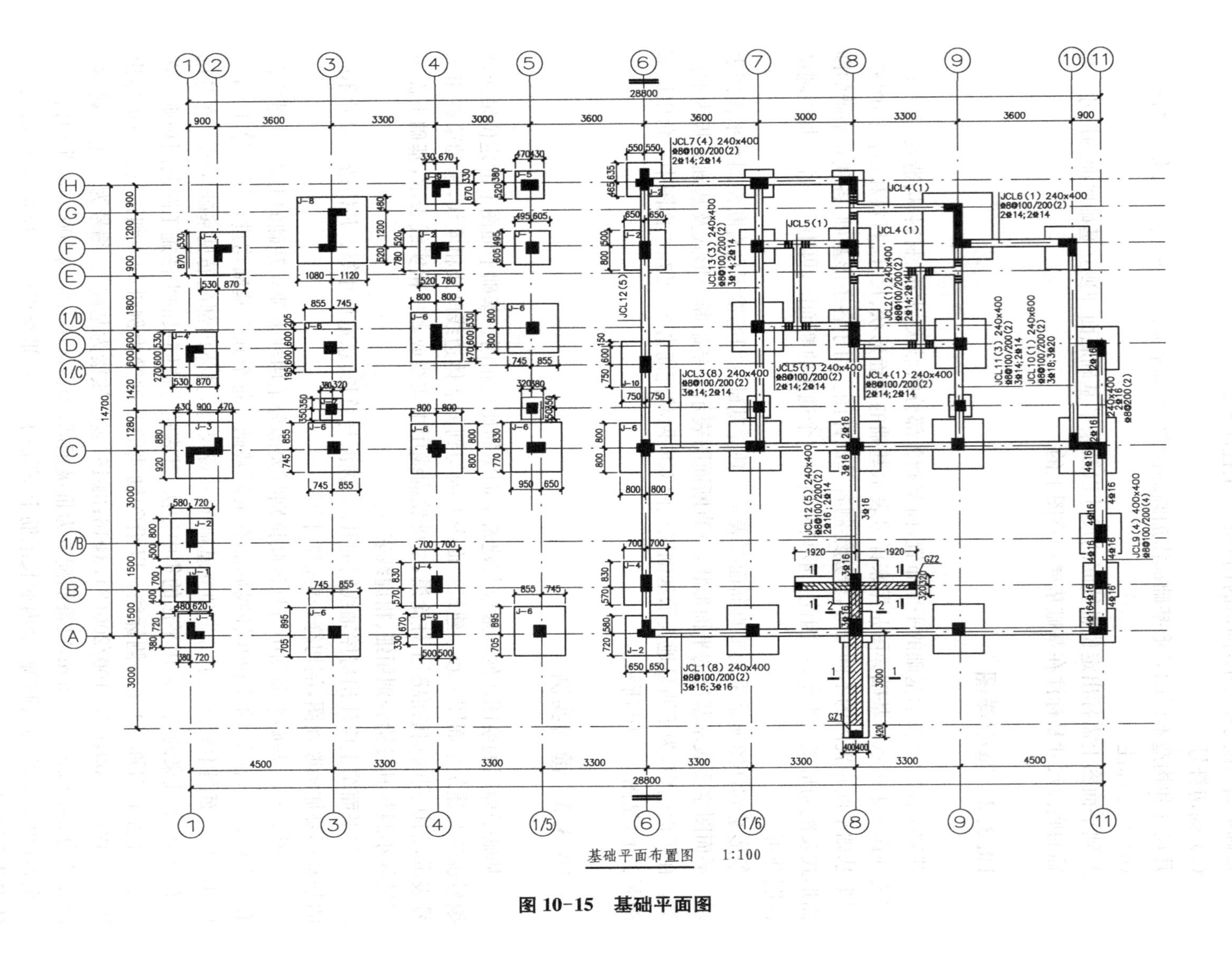
基础平面布置图 1:100
JCL7(4) 240x400
JCL6(1) 240x400
JCL5(1)
JCL4(1)
JCL13(3) 240x400
JCL12(5)
JCL2(1) 240x400
JCL11(3) 240x400
JCL10(1) 240x600
JCL3(8) 240x400
JCL5(1) 240x400
JCL4(1) 240x400
JCL12(5) 240x400
JCL9(4) 400x400
JCL1(8) 240x400
GZ1
GZ2

图 10-15 基础平面图

表 10-12 独立柱基础参数表

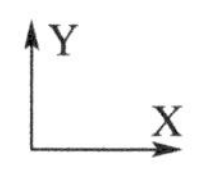

基础编号	基础尺寸(mm)	柱截面(mm)	X 向钢筋	Y 向钢筋	基础高(mm)		基底标高	备注
	$A \times B$	$a \times b$	A_s^b	A_s^a	h_1	h_2		
J—1	1100×1100	柱定位及尺寸见柱结构图	⌀12@150	⌀12@150	250	250	−1.500	独基定位见基础平面图
J—2	1300×1300		⌀12@150	⌀12@150	300	200	−1.500	
J—3	1800×1800		⌀14@150	⌀12@150	300	200	−1.500	
J—4	1400×1400		⌀12@150	⌀12@150	300	200	−1.500	
J—5	900×900		⌀12@200	⌀12@200	250	200	−1.500	
J—6	1600×1600		⌀12@125	⌀12@125	300	200	−1.500	
J—7	700×700		⌀10@100	⌀10@100	250	200	−1.500	
J—8	2200×2200		⌀14@150	⌀14@150	300	200	−1.500	
J—9	1000×1000		⌀12@150	⌀12@150	250	150	−1.500	
J—10	1500×1500		⌀12@150	⌀12@150	300	200	−1.500	

独立柱基础常应用于框架结构的基础。图 10-16 左图是一个独立基础的详图,它由平面图和剖面图组成。由图所示可知,独立柱基础下面有垫层,基础与上面的柱连为一体。本图所示的垫层是厚度为 100 mm 的 C15 混凝土,基础为 C25 混凝土,因在施工总说明中说明,故未在图中注出。由于该详图为通用详图,平面尺寸标注为 $A \times B$ 的矩形,未标明具体大小,结合独立基础参数表可得出详细大小尺寸。基础形状为四棱柱和四棱台的组合体,其底部尺寸为 $A \times B$,上部尺寸为 $(a+100) \times (b+100)$,高度为 h_1+h_2。基础底部配有 $A_s^a A_s^b$ 双向钢筋网。柱的断面尺寸为 $a \times b$,具体数值见独立基础参数表。基础内插筋同柱内纵筋,标高±0.000 以下,基础内箍筋同柱内箍筋@100 加密表示。由于上部有异形柱,故基础内因为构造要求增加钢筋。图 10-16 左图中,由于上部为 L 形柱,故增加了 3⌀10 的构造筋以及 2⌀8 的箍筋。

图 10-16 是条形基础详图,条形基础包括垫层和基础墙两部分,垫层采用 C15 混凝土,基础采用 C25 混凝土,同独立基础。基础墙采用强度等级为 MU15 的 240 mm×115 mm×53 mm 蒸压粉煤灰砖,M10 水泥砂浆砌筑。由于在施工总说明中注出,故未在图中注出。基础内配置 ⌀8@200 和 ⌀8@200(⌀15@500)钢筋网。基础高度为 300(500)mm。基础详图按实际形状、尺寸绘制,画出材料图例,并表示出基础上的墙体、防潮层、室内外地坪位置,女儿墙、室内地坪以下的墙体。

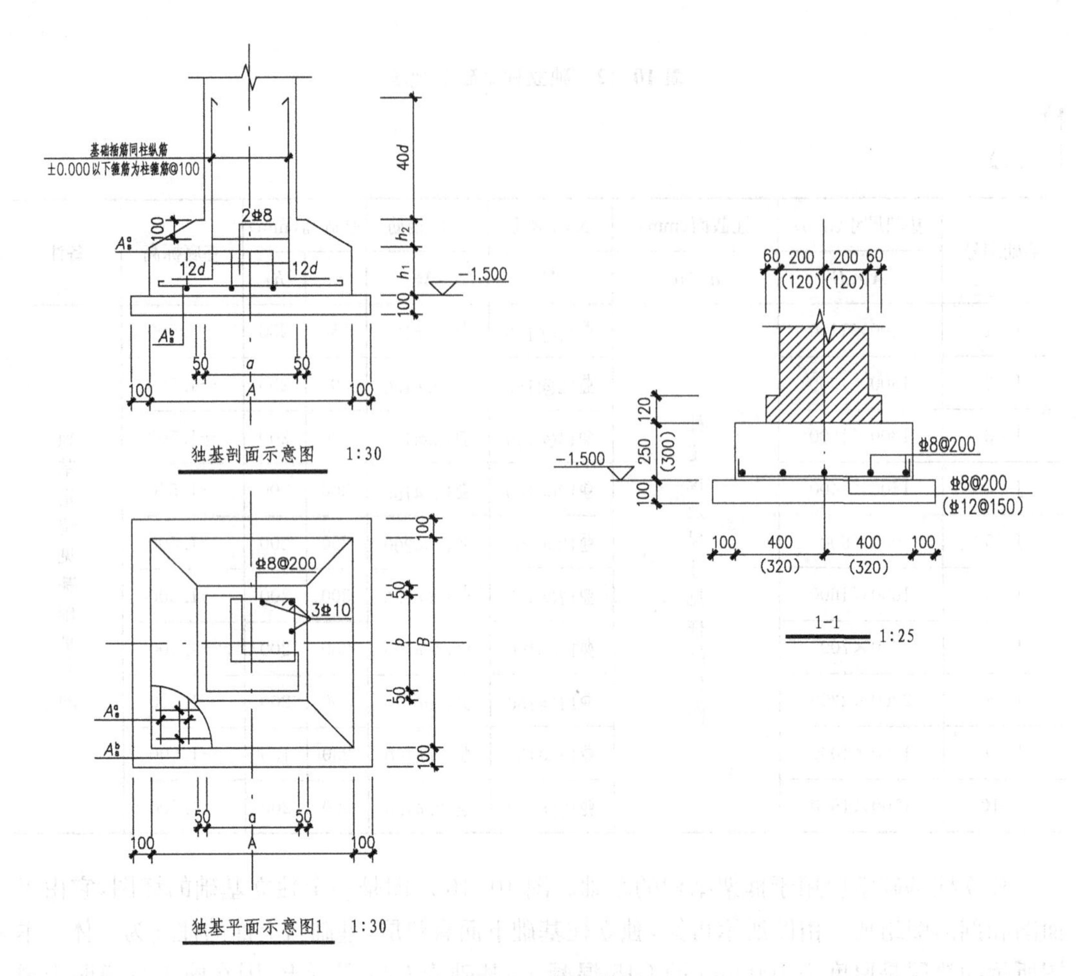

基础插筋同柱纵筋
±0.000以下箍筋为柱箍筋@100
40d
2Φ8
12d
12d
h2
h1
-1.500
100
50
a
50
100
A
100
独基剖面示意图 1:30
Φ8@200
3Φ10
b
B
50
100
独基平面示意图1 1:30
60 200 200 60
(120) (120)
120
250
(300)
100
-1.500
Φ8@200
Φ8@200
(Φ12@150)
100 400 400 100
(320) (320)
1-1 1:25

图 10-16　基础详图

11 给水排水施工图

11.1 概述

房屋工程图包括建筑施工图、结构施工图和设备施工图。给水排水施工图属于设备施工图的一部分。

1) 给水排水工程

给水排水工程包括给水工程和排水工程两部分。给水是为居民生活和工业生产提供合格的用水，给水工程包括水源取水、水质净化、净水输送、配水使用等工程。排水是将生产、生活污水尽快排出室外。排水工程包括污水排除、污水汇集、污水处理、污水循环利用或污水排放等工程。

整个给排水工程由各种管道及其配件和水的处理、储存设备等组成。给水排水工程分为室内给水排水工程和室外给水排水工程两部分。本章仅介绍室内给水排水施工图。室内给水排水施工图主要包括室内给水排水平面图和室内给水排水系统图。

给水排水施工图应遵守《建筑给水排水制图标准》(GB/T 50106—2010)和《房屋建筑制图统一标准》(GB/T 50001—2010)中的规定。

2) 室内给水工程的基本知识

(1) 室内给水工程的任务

将自来水从室外引入室内，且输送到各用水龙头、卫生器具、生产设备和消防装置处，并保证水质合格、水量充裕、水压足够。

(2) 室内给水系统的组成(图 11-1，实线为给水管)

民用建筑室内给水系统按供水对象可分为生活用水系统和消防用水系统。对于一般的民用建筑，如宿舍、住宅、办公楼等，两系统可合并设置，其组成部分如下：

① 给水引入管——由室外给水系统引入室内给水系统的一段水平管道，又称为进户管。

② 水表节点——引入管上设置的水表及前后设置的闸门、泄水装置等的总称。所有装置一般均设置在水表井内。

③ 管道系统——包括给水立管(将水垂直输送到楼房的各层)、给水横管(将水从引入管输送到房间的各相关地段)和支管(将水从给水横管送到用水房间的各个配水点)等。

④ 给水附件及设备——管路上各种阀门、接头、水表、水嘴、淋浴喷头等。

⑤ 升压和储水设备——当用水量大、水压不足时，应设置水箱和水泵等设备。

⑥ 消防设备——按照建筑物的防火等级要求设置。消防给水时，一般应设置消防栓、消防喷头等消防设备，有特殊要求时另装设自动喷洒消防设备或水幕设备。

(3) 给水方式

房屋常用的给水方式有：下行上给式(适用于建筑物不太高，管网内水压能满足要求的情况，这时水平干管敷设在底层地面下，通过立管依次从下层向上层输水）；上行下给式（管网水压不足时可在屋顶设置水箱，用水泵向水箱充水。然后通过立管从上层向下层输水）；混合式（有些多层建筑在下面几层利用管网水压采用下行上给式供水，上面几层采用上行下给式供水）。

（4）布置室内管网的原则

① 给水进户管在房屋用水量集中的地段引入，管系选择应使管道最短，并便于检修。

② 给水立管应靠近用水量大的房间。

③ 根据室外供水情况（水量和水压）和用水对象，以及消防对给水的要求，室内管网可以布置成环形和树枝形两种。

④ 对于居住建筑，每一用户单独安装水表。

3）室内排水工程基本知识

（1）室内排水工程的任务

指将室内的生活污水、生产废水尽快畅通无阻地排至室外管渠中去，保证室内不停集和漫漏污水、不逸入臭气以及不污染环境。

（2）室内排水管网的组成（图 11-1，虚线为排水管）

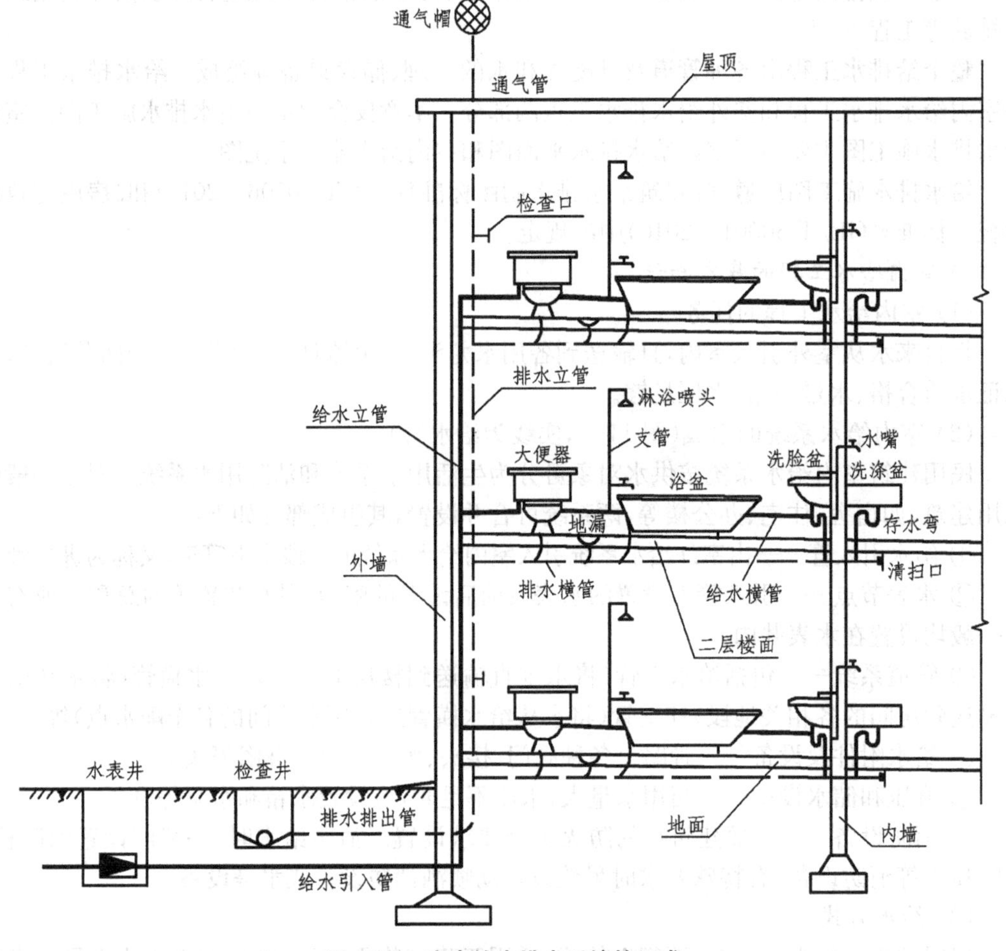

图 11-1　室内给水排水系统的组成

民用建筑室内排水系统通常用来排除生活用水。雨水管和空调凝水管应单独设置，不与生活用水合流。室内排水系统的组成部分如下：

① 排水设备——浴盆、大便器、洗脸盆、洗涤盆、地漏等。

② 排水横管——连接卫生器具的水平管道。连接大便器的水平横管的管径不小于 100 mm，且流向立管方向有 2%的坡度。当大便器多于 1 个或卫生器具多于 2 个时，排水横管应有清扫口。

③ 排水立管——连接排水横管和排出管之间的竖向管道。管径一般为 100 mm，但不能小于 50 mm 或所连接的横管管径。立管在底层和顶层应设置检查口，多层房屋应每隔一层设置一个检查口，检查口距楼、地面高度为 1 m。

④ 排水排出管——把室内排水立管的污水排入检查井的水平管段，称为排出管。其管径应大于或等于 100 mm，向检查井方向应有 1%～2%的坡度，管径为 150 mm 时坡度取 1%。

⑤ 通气管——设置在顶层检查口上的一段立管，用来排出臭气，平衡气压，防止卫生器具存水弯的水封破坏，通气管顶端应装置通气帽。通气管平屋面应高出屋面 0.3 m，坡屋面应高出屋面 0.7 m，并大于积雪厚度。在寒冷地区，通气管管径应比立管管径大 50 mm，以备冬季时因结冰而管径减少；在南方，通气管管径等于立管管径。

⑥ 检查井或化粪池——生活污水由排出管引向室外排水系统之前，应设置检查井或化粪池，以便将污水进行初步处理。

(3) 室内排水管网的布置原则

① 立管要便于安装和检修。

② 立管要靠近污物、杂物多的卫生设备，横管要有坡度。

③ 排出管应选择最短途径与室外连接，连接处应设检查井。

11.2　绘制给水排水施工图的一般规定

1) 图线

给水排水施工图常用的各种线型宜符合表 11-1 的规定。图线的宽度 b，应根据图纸的类型比例和复杂程度，按现行国家标准《房屋建筑制图统一标准》(GB/T 50001—2001)中的规定选用。线宽 b 宜为 0.7 mm 或 1.0 mm。

表 11-1　线型

名　称	线　型	线　宽	用　　途
粗实线	━━━━━━━━	b	新设计的各种排水和其他重力流管线
粗虚线	▬ ▬ ▬ ▬ ▪	b	新设计的各种排水和其他重力流管线的不可见轮廓线
中粗实线	━━━━━━━━	$0.7b$	新设计的各种给水和其他压力流管线；原有的各种排水和其他重力流管线
中粗虚线	▬ ▬ ▬ ▬ ▬ ▬	$0.7b$	新设计的各种给水和其他压力流管线及原有的各种排水和其他重力流管线的不可见轮廓线

续表 11-1

名 称	线 型	线 宽	用 途
中实线	━━━━━━	0.5b	给排水设备、零(附)件的可见轮廓线，总图中新建建筑物和构筑物的可见轮廓线，原有的各种给水和其他压力流管线
中虚线	━ ━ ━ ━ ━	0.5b	给排水设备、零(附)件的不可见轮廓线，总图中新建建筑物和构筑物的不可见轮廓线，原有的各种给水和其他压力流管线的不可见轮廓线
细实线	──────	0.25b	建筑物的可见轮廓线，总图中原有的建筑物和构筑物的可见轮廓线，制图中的各种标注线
细虚线	------	0.25b	建筑物的不可见轮廓线，总图中原有的建筑物和构筑物的不可见轮廓线
单点长划线	—·—·—·—	0.25b	中心线，定位轴线
折断线	——∧∨——	0.25b	断开界线
波浪线	～～～	0.25b	平面图中水面线、局部构造层次范围线、保温范围示意线等

2）比例

给水排水施工图常用的比例宜符合表 11-2 的规定。

表 11-2 比例

名 称	比 例	备 注
区域规划图、区域平面图	1∶50000、1∶25000、1∶10000 1∶5000、1∶2000	宜与总图专业一致
总平面图	1∶1000、1∶500、1∶300	宜与总图专业一致
管道纵断面图	竖向 1∶200、1∶100、1∶50 纵向 1∶1000、1∶500、1∶300	—
水处理构筑物、设备间、卫生间、泵房平、剖面图	1∶100、1∶50、1∶40、1∶30	—
建筑给排水平面图	1∶200、1∶150、1∶100	宜与建筑专业一致
建筑给排水轴测图	1∶150、1∶100、1∶50	宜与相应图纸一致
详图	1∶50、1∶30、1∶20、1∶10、1∶5、 1∶2、2∶1	—

3）标高

标高符号及一般标注方法应符合现行国家标准《房屋建筑制图统一标准》(GB/T 50001—2001)的规定。室内工程应标注相对标高；室外工程宜标注绝对标高，当无绝对标高资料时，可标注相对标高，但应与总图专业一致。标高的标注方法应符合下列规定：

(1) 平面图中，管道标高应按图 11-2(a)、(b)的方式标注，沟渠标高应按图 11-2(c)的方式标注。

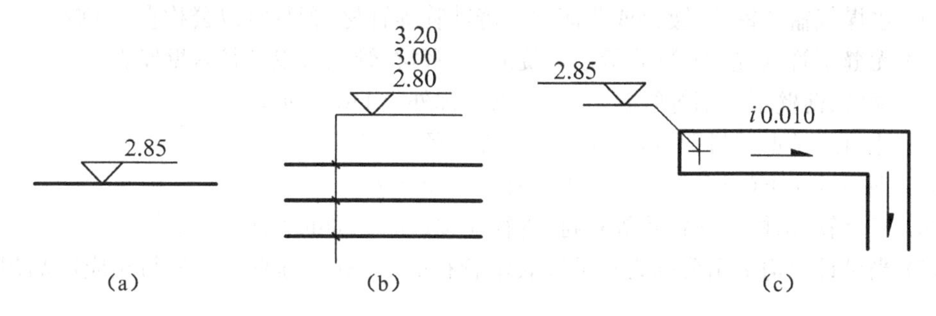

图 11-2 平面图中管道和沟渠标高注法

(2) 剖面图中,管道及水位的标高应按图 11-3 的方式标注。

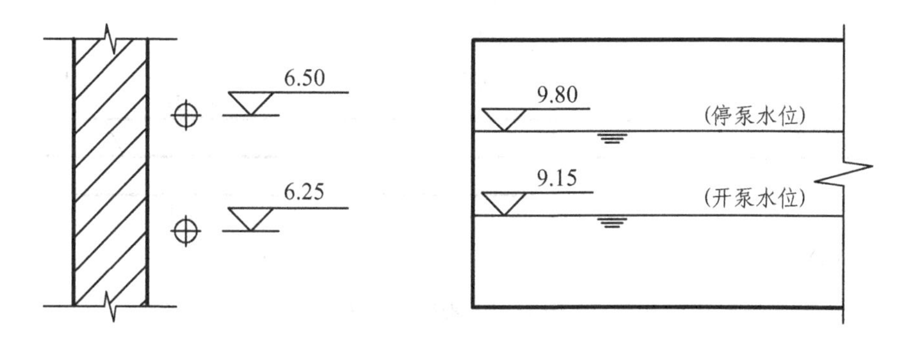

图 11-3 剖面图中管道及水位标高注法

(3) 轴测图中,管道标高应按图 11-4 的方式标注。

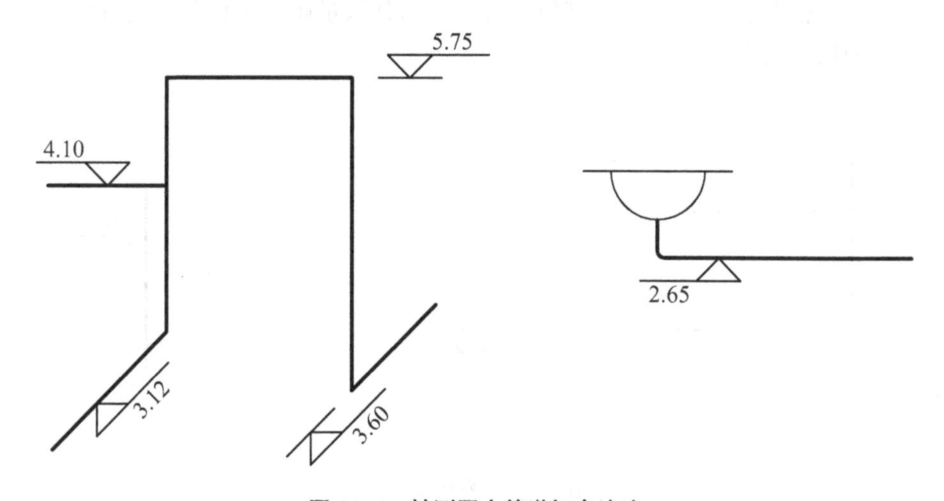

图 11-4 轴测图中管道标高注法

(4) 建筑物内的管道也可按本层建筑地面的标高加管道安装高度的方式标注管道标高,标注方法应为 H+X. XX,H 表示本层建筑地面标高。

4) 管径

管径应以 mm 为单位。不同材料的管材管径的表达方法不同。管径的表达应符合以下规定:

(1) 水煤气输送钢管(镀锌或非镀锌)、铸铁管等管材,管径宜以公称直径 DN 表示。

(2) 无缝钢管、焊接钢管(直缝或螺旋缝)等管材,管径宜以外径×壁厚表示。

(3) 铜管、薄壁不锈钢等管材,管径宜以公称外径 Dw 表示。

(4) 建筑给排水塑料管材,管径宜以公称外径 dn 表示。

(5) 钢筋混凝土(或混凝土)管,管径宜以内径 d 表示。

(6) 复合管、结构壁塑料管等管材,管径应按产品标准的方法表示。

(7) 当设计中均采用公称直径 DN 表示管径时,应有公称直径 DN 与相应产品规格对照表。

单根管道时,管径应按图 11-5(a)的方式标注;多根管道时,管径应按图 11-5(b)的方式标注。

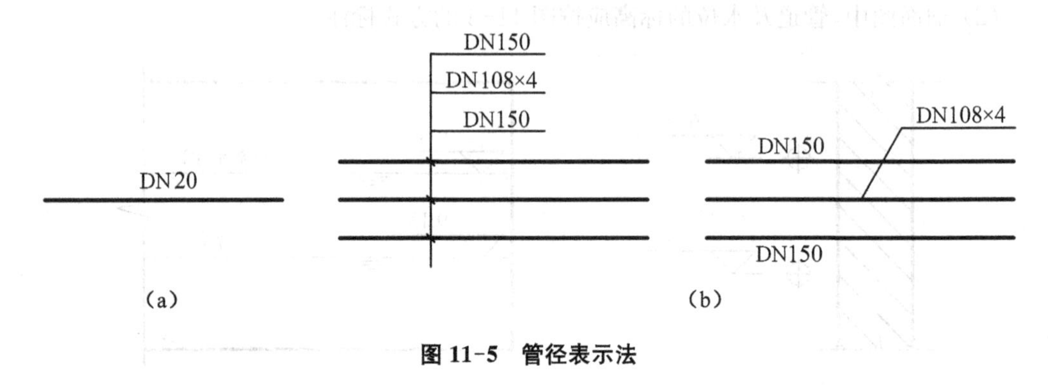

图 11-5 管径表示法

5) 编号

当建筑物的给水引入管或排水排出管的数量超过 1 根时应进行编号,编号宜按图 11-6(a)的方法表示。建筑物内穿越楼层的立管,其数量超过 1 根时应进行编号,编号宜按图 11-6(b)的方法表示。

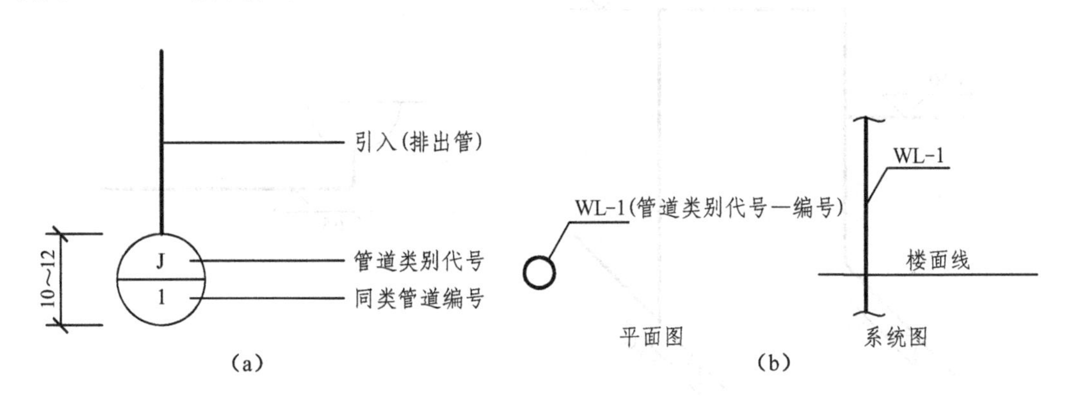

图 11-6 编号表示法

6) 图例

管道类别应以汉语拼音字母表示,如用 J 作为给水管的代号,用 W 作为污水管的代号。为了保持图纸整洁,方便认读,给水排水施工图的管道、附件、卫生器具等,均不画出其真实的投影图,采用统一的图例符号来表示,见表 11-3。表中图例摘自《建筑给水排水制图标准》(GB/T 50106—2010)中的一部分。

表 11-3 给水排水施工图中常用的图例

名 称	图 例	备 注
给水管	J 冷水给水管 R 热水给水管	
排水管	W 污 水 管 F 废 水 管 Y 雨 水 管 K 空调凝水管	废水管可与中水原水管合用
管道立管	XL-1 平面　XL-1 系统	X 为管道类别 L 为立管 1 为编号
排水明沟	坡向	
立管检查口		
通气帽	成品　蘑菇形	
圆形地漏	平面　系统	通用，如无水封，地漏应加存水弯
管道连接	高 低 低 高 (折弯管) 低 高 (管道交叉)	管道交叉在下面和后面的管道应断开
存水弯	S形　P形	
正三通		
斜三通		
正四通		

续表 11-3

名　称	图　例	备　注
闸阀		
角阀		
截止阀		
止回阀		
自动排气阀	 平面　系统	
水嘴	 平面　系统	
浴盆带喷头混合水嘴		
台式洗脸盆	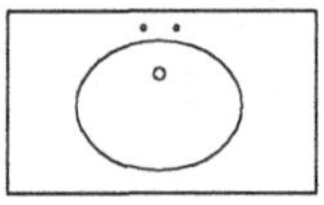	
浴盆	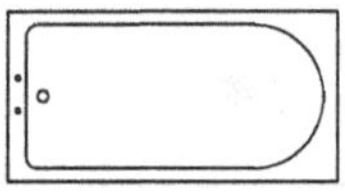	
厨房洗涤盆	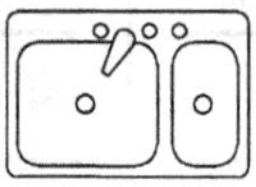	不锈钢制品
污水池	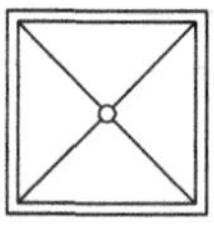	
淋浴喷头		
坐式大便器	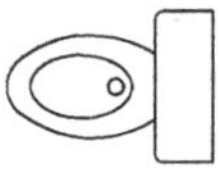	

续表 11-3

名 称	图 例	备 注
阀门井及检查井	J-×× W-×× Y-×× J-×× W-×× Y-××	以代号区别管道
水表井		
水表		

11.3 室内给水排水施工图

11.3.1 室内给水排水平面图

室内给水排水平面图是表示给水排水管道及设备平面布置的图样，是按照正投影法绘制的。给水平面图包括给水引入管、给水立管、给水横管、给水支管、卫生器具、管道附件等的平面布置；排水平面图包括排水横管、排水立管、排水排出管等的平面布置。

当给水系统和排水系统不是很复杂时，可将给水管道和排水管道绘制在同一平面图中，管道通常用单粗线表示，可以将不同类型的管道用不同的图例或线型来区别。管道种类较多，在同一张平面图内表达不清楚时，可将各类管道的平面图分开绘制。立管的小圆圈用细实线绘制。

室内给水排水平面图应按下列规定绘制：

(1) 建筑物轮廓线、定位轴线和编号、房间名称、楼层标高、门、窗、梁柱、平台、绘图比例等，均应与建筑专业一致，但图线应用细实线绘制。

(2) 各类管道、用水器具和设备、主要阀门以及附件等，均应按图例(表 11-3)，以正投影法绘制在平面图上。

(3) 管道立管应按不同管道代号在图面上自左至右按图 11-6(b)分别进行编号，且不同楼层的同一立管编号应一致。

(4) 敷设在该层的各种管道和敷设在下一层而为本层器具和设备服务的管道均应绘制在本层平面图上。

(5) 卫生间、厨房、洗衣房等另绘大样图时，应在这些房间内按规定绘制引出线，并注明“详见水施——××字样”。

(6) 管道布置不相同的楼层应分别绘制其平面图;管道布置相同的楼层可绘制一个楼层的平面图,并按规定标注楼层地面标高。

(7) 底层平面图(±0.000)应在图幅的右上方按规定绘制指北针。

(8) 建筑各楼层地面标高应标注相对标高,且与建筑施工图一致。

11.3.2 室内给水排水系统图

室内给水排水系统图是管道给水排水管道和设备的正面斜等测图,它反映了给水排水系统的全貌。室内给水排水系统图表明了各管道的空间走向,各管段的管径、坡度、标高,以及各种设备在管道上的位置,还表明了管道穿过楼板的情况。

给水系统图和排水系统图应分别绘制。系统图中所有管道均用粗实线绘制。

室内给水排水系统图应按下列规定绘制:

(1) 应以45°正面斜等测的投影规则绘制。

(2) 系统图应采用与相对应的平面图相同的比例绘制,当局部管道密集或重叠处不容易表达清楚时,应采用断开画法绘制。

(3) 应绘出楼层地面线,并应标注出楼层地面标高。

(4) 应绘出横管水平转弯方向、标高变化、接入管或接出管以及末端装置等。

(5) 应将平面图中对应管道上的各类阀门、附件、仪表等给水排水要素按数量、位置、比例一一绘出。

(6) 应标注管径、控制点标高或距楼层面垂直尺寸、立管和系统编号,并应与平面图一致。

(7) 引入管和排出管均应标出所穿建筑外墙的轴线号、引入管和排出管编号、室内地面线与室外地面线,并应标出相应标高。

11.3.3 室内给水排水施工图的阅读

现以某联排别墅的给水排水施工图为例进行阅读。

本套给水排水施工图包括前面所介绍的给水排水平面图和给水排水系统图(以下简称平面图和系统图)。在前面建筑施工图的学习中我们了解到:该联排别墅为3层框架结构,一、二层之间设有夹层,每层的平面布置各不相同,每层均设有用水房间,且管网布置也不相同。所以每层都需要分别绘制给水排水平面图,包括一层(图11-7)、夹层(图11-8)、二层(图11-9)、三层(图11-10)和屋顶(图11-11)给水排水平面图,并对每个不相同的卫生间都单独设置了大样图(图11-12~图11-18)。系统图部分分为给水系统图(图11-19),包括冷水给水系统图、热水给水系统图和排水系统图(图11-20、图11-21)以及污水系统图和冷凝水系统图。

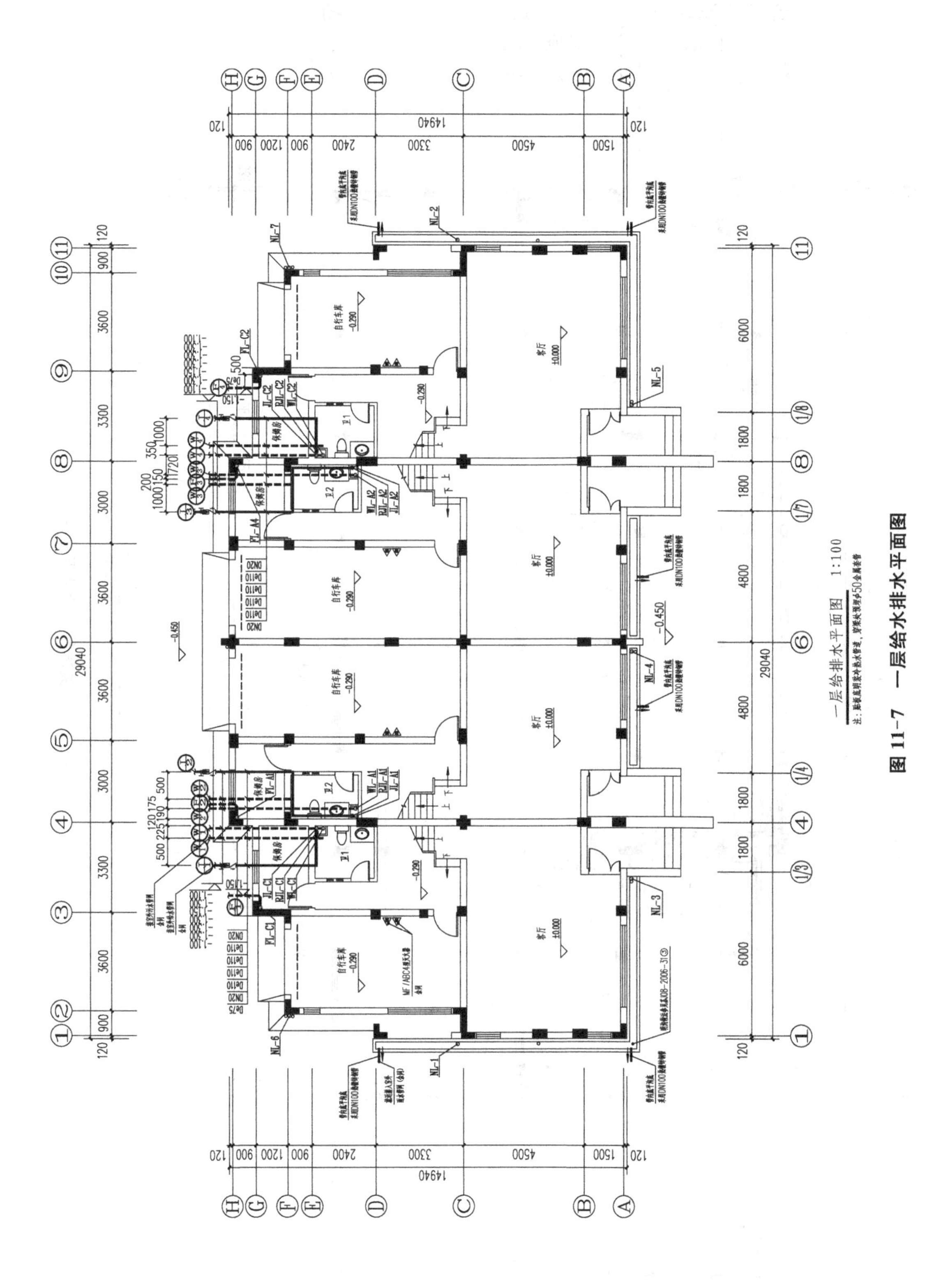

图 11-7 一层给水排水平面图

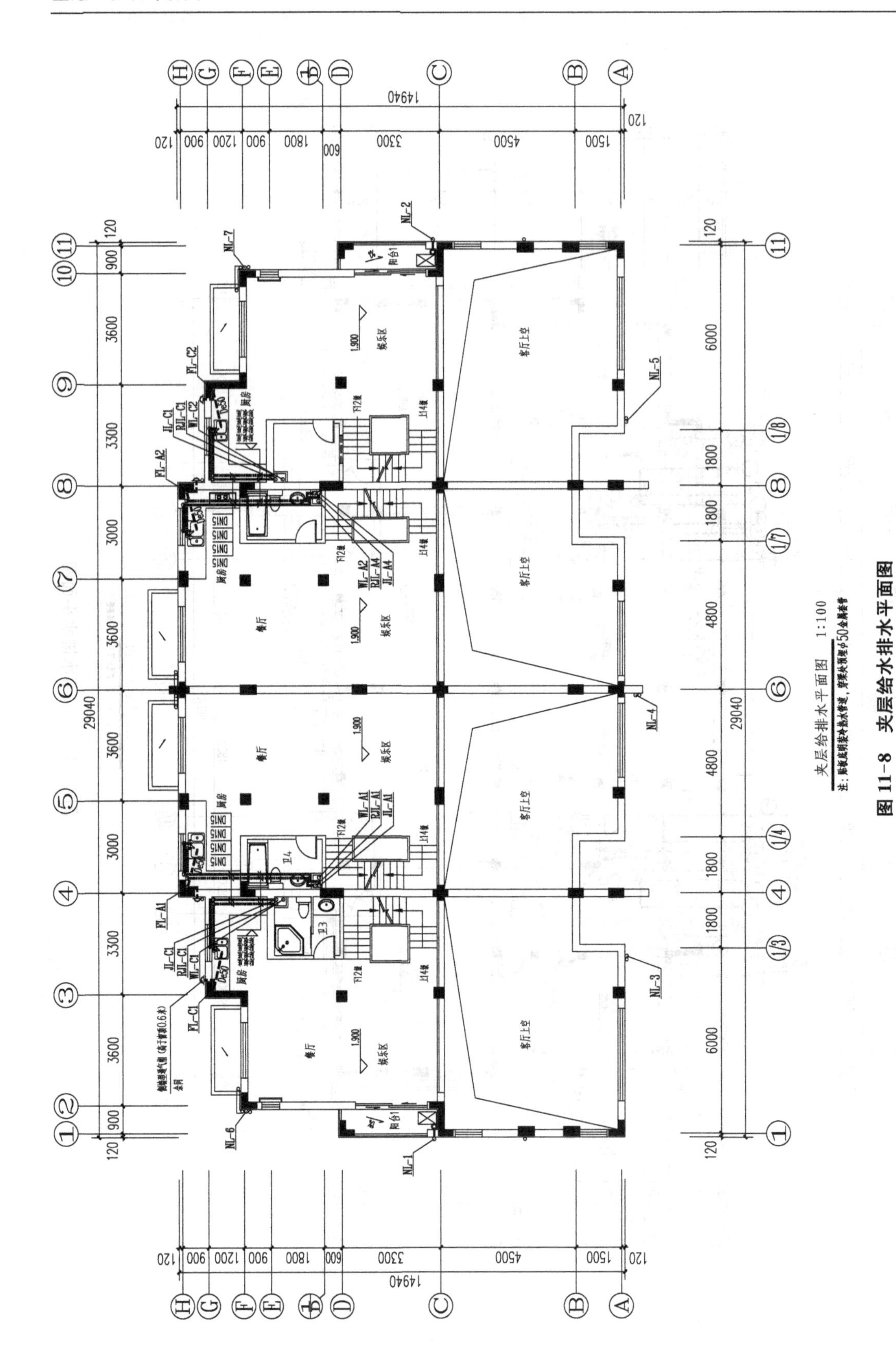

图 11-8 夹层给水排水平面图

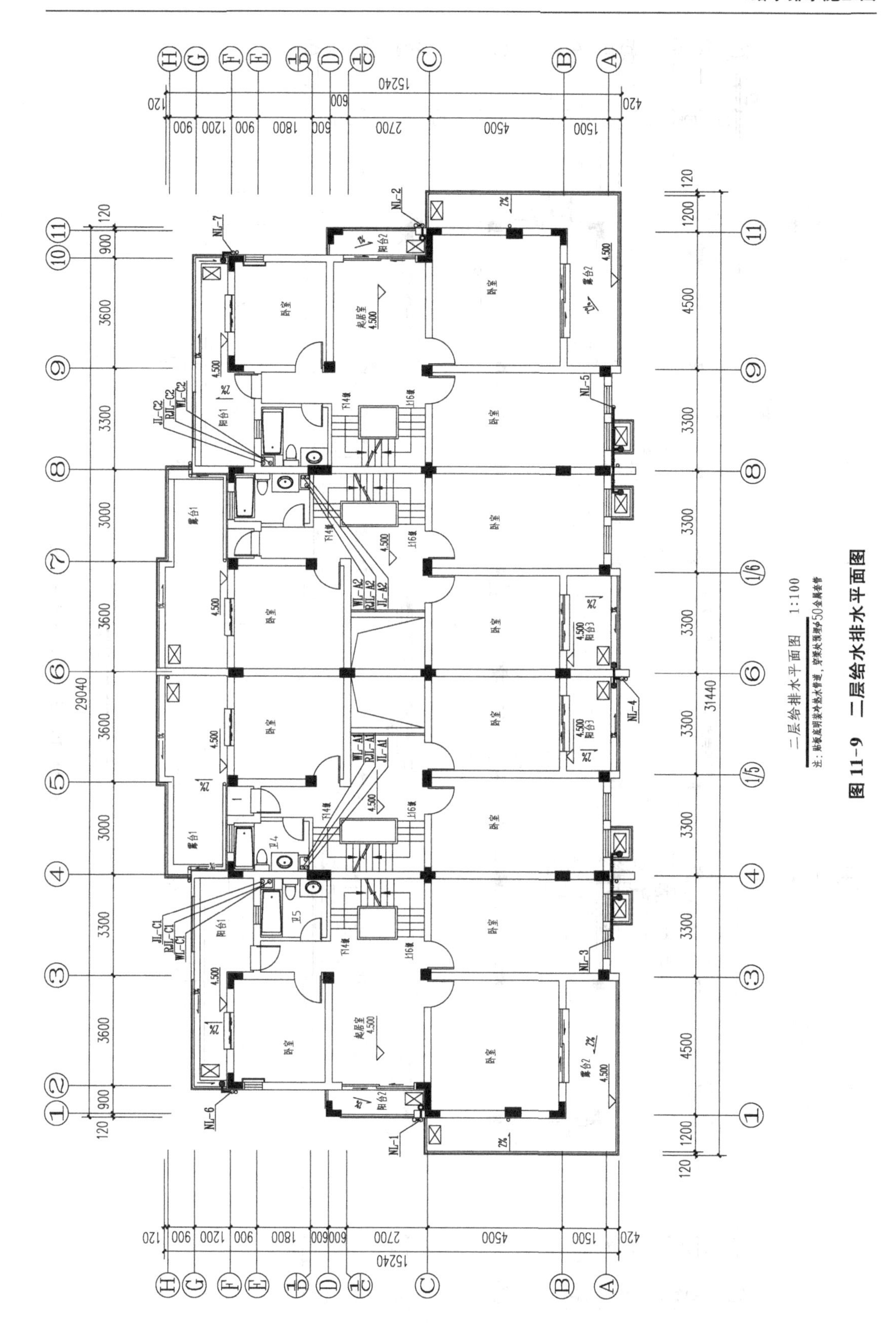

图 11-9 二层给水排水平面图

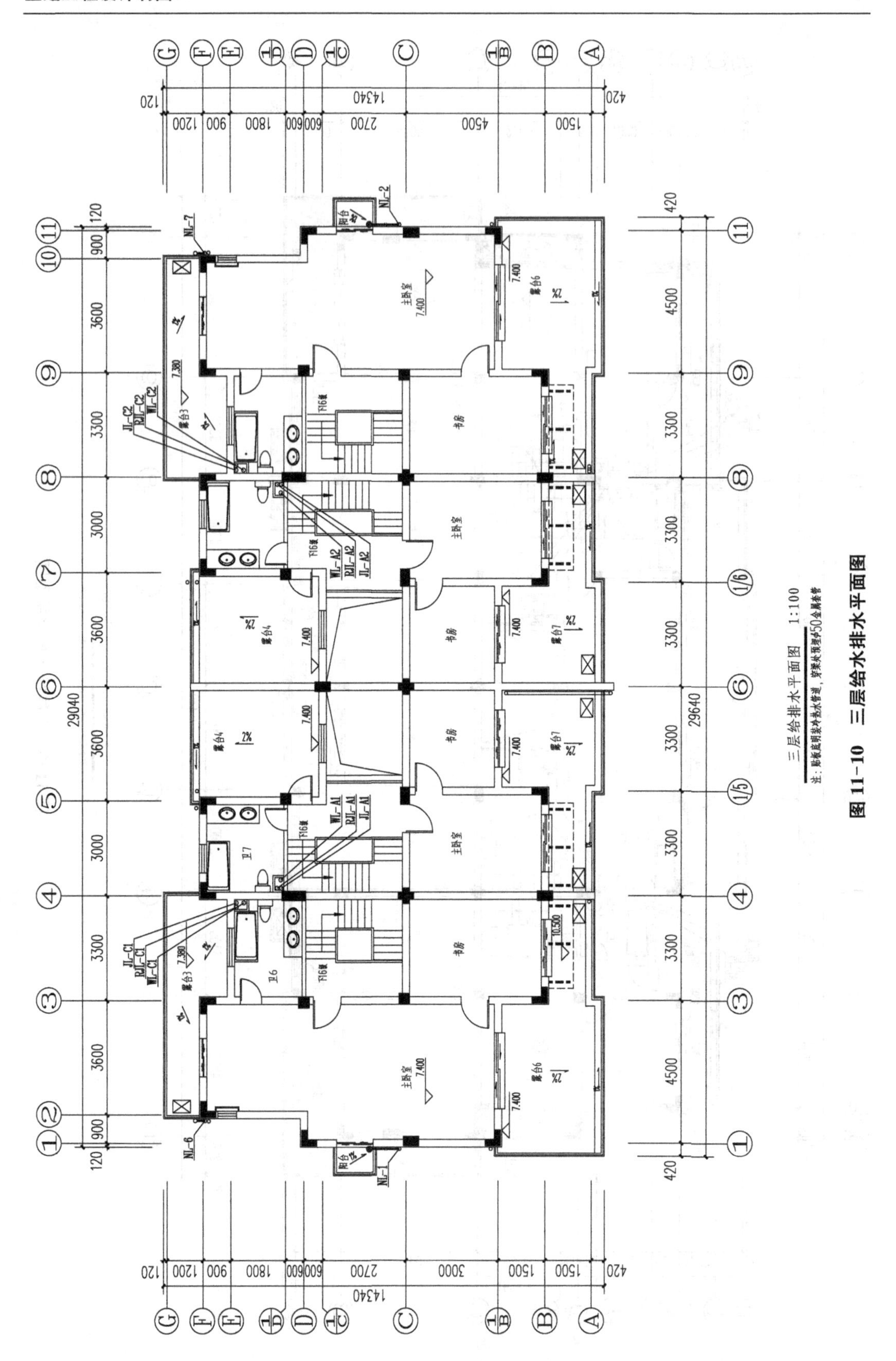

图 11-10　三层给水排水平面图

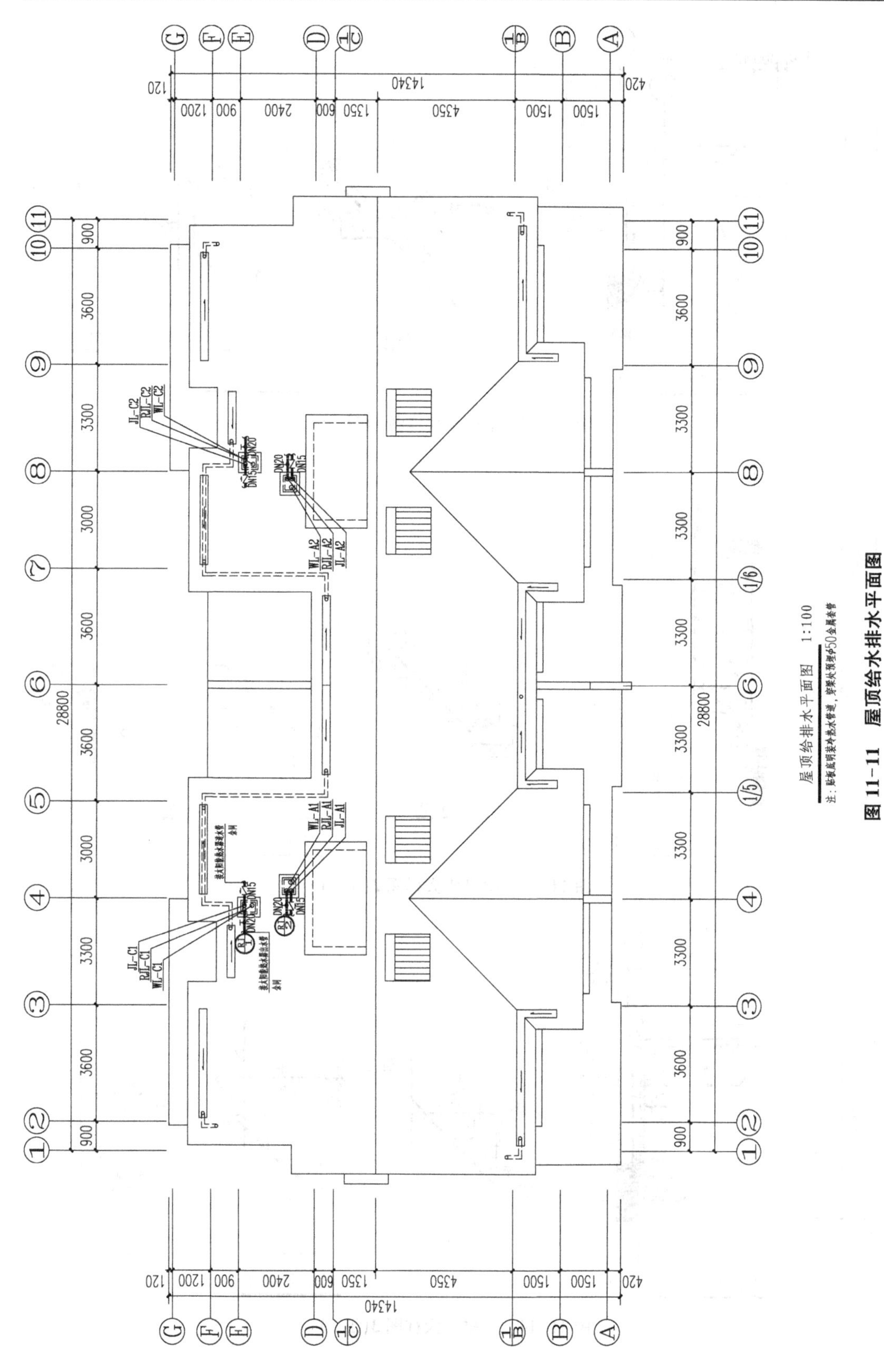

图 11-11 屋顶给水排水平面图

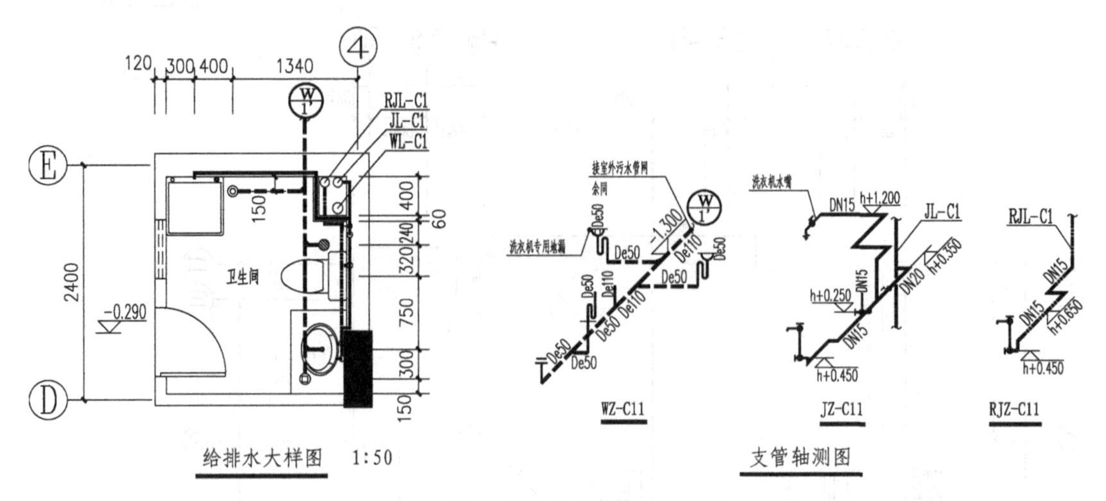

图 11-12 给排水大样图 1(卫 1)

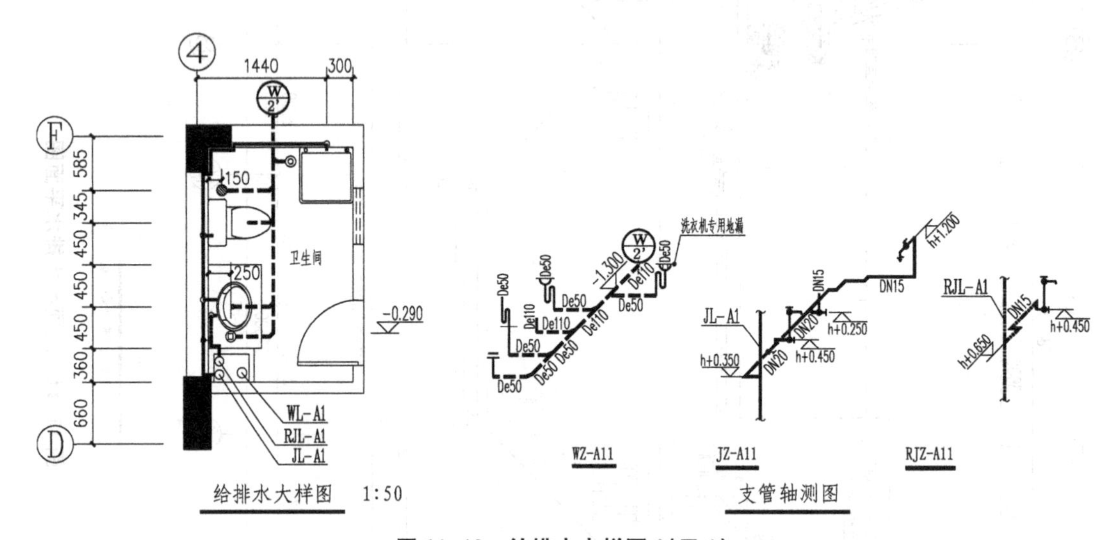

图 11-13 给排水大样图 2(卫 2)

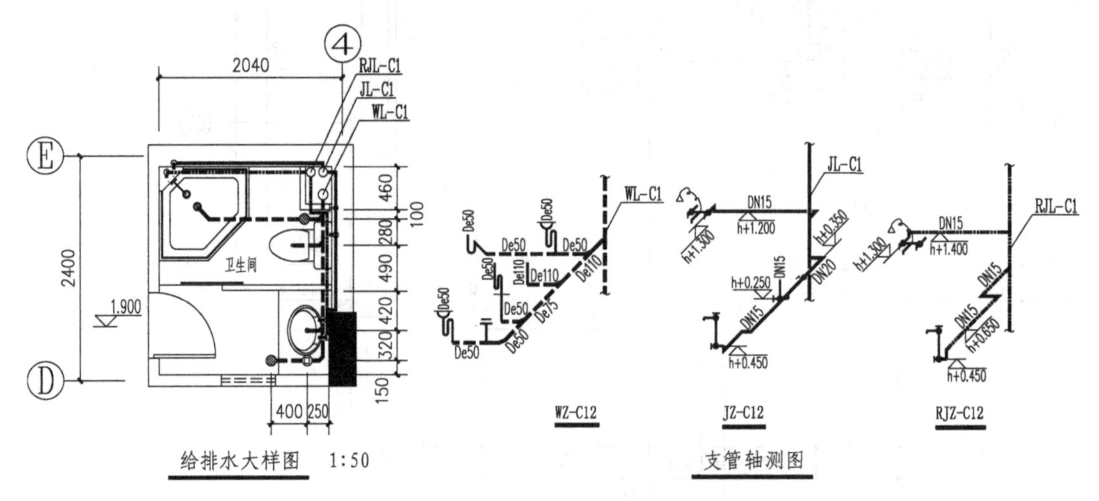

图 11-14 给排水大样图 3(卫 3)

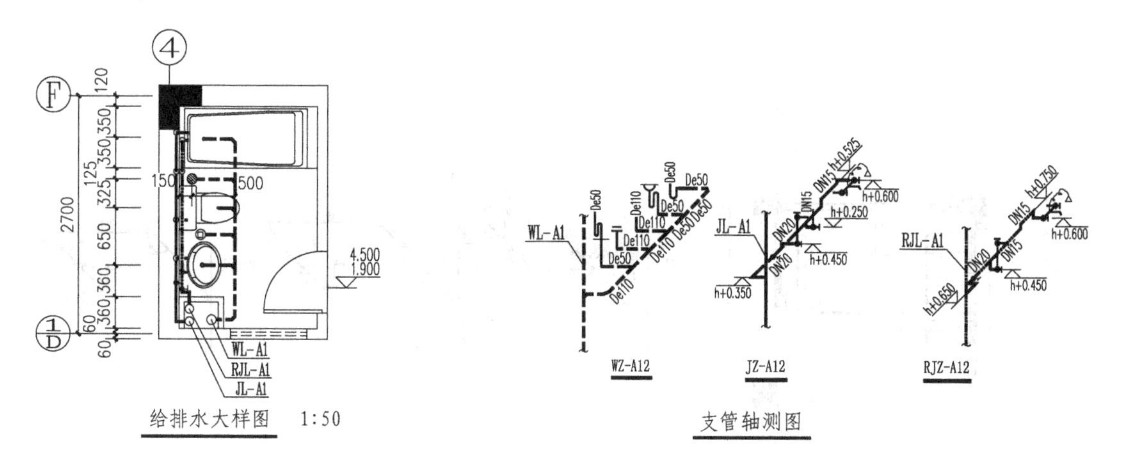

图 11-15 给排水大样图 4(卫 4)

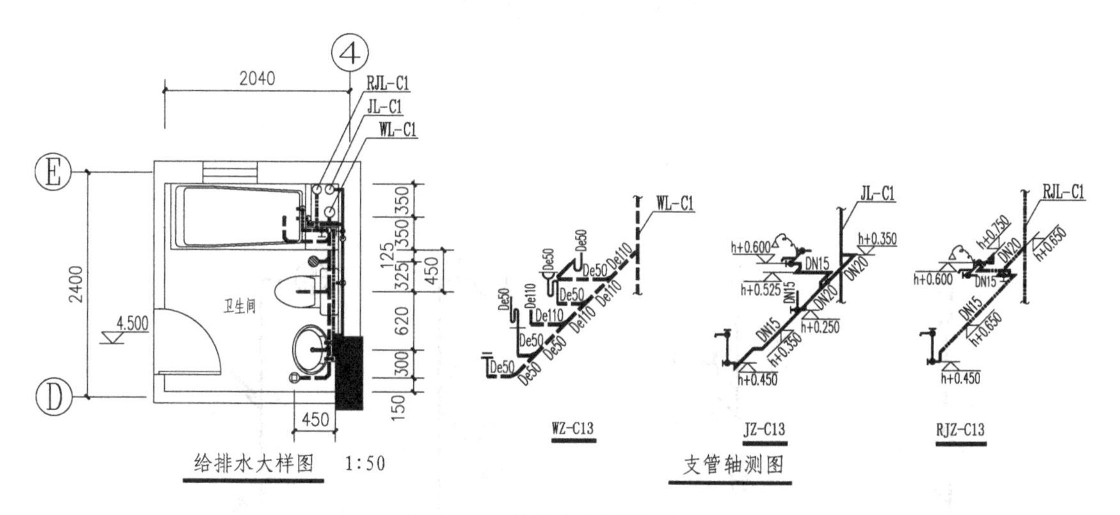

图 11-16 给排水大样图 5(卫 5)

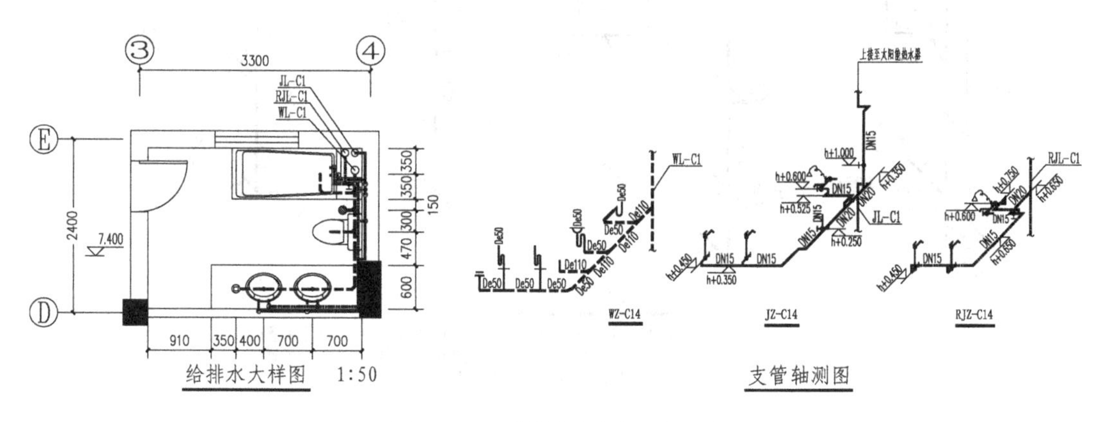

图 11-17 给排水大样图 6(卫 6)

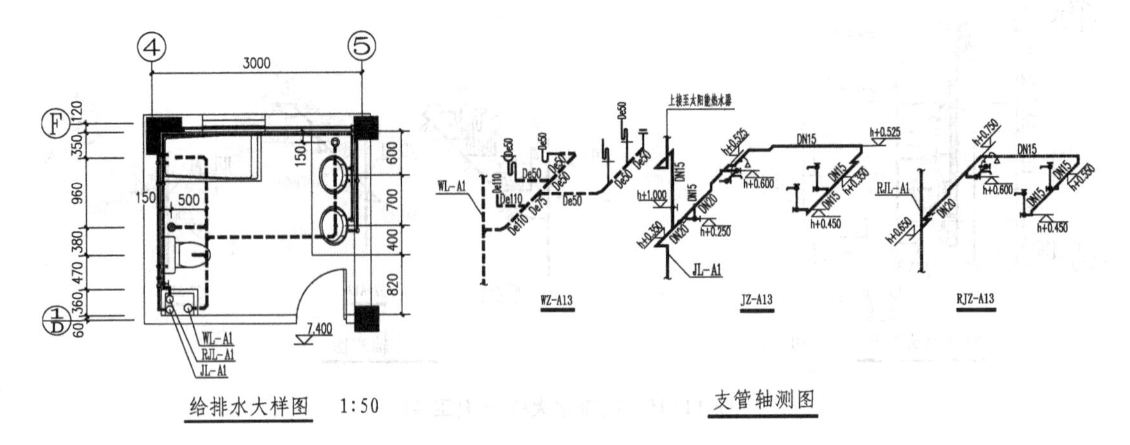

图 11-18　给排水大样图 7(卫 7)

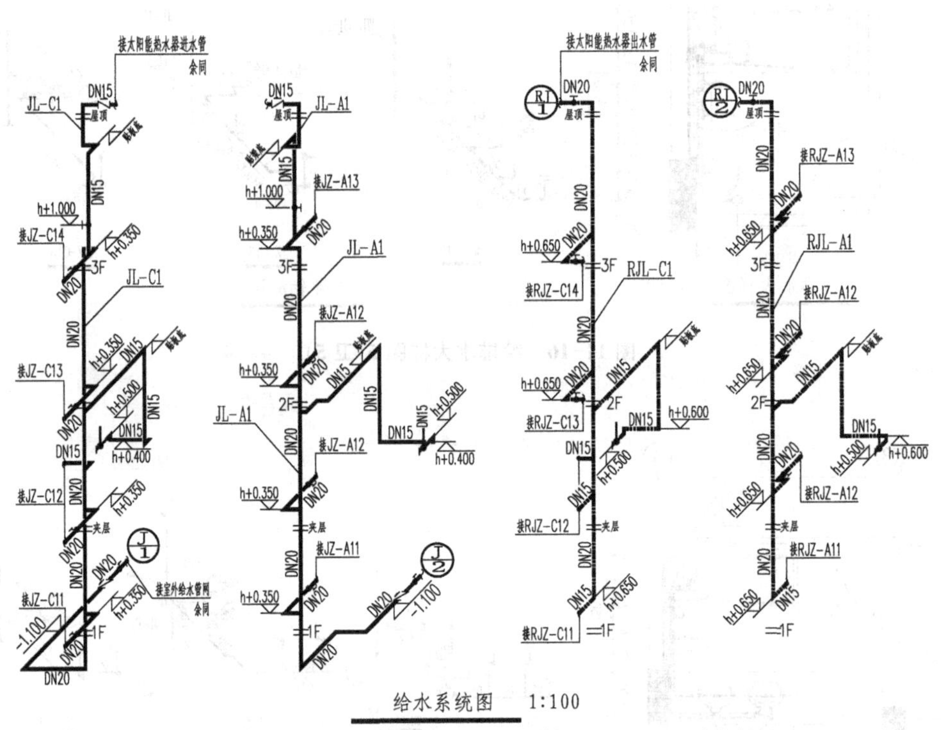

注：1. W(J、RJ)/3、W/3′分别与W(G、RJ)/2、W/2′对称布置；
2. W(J、RJ)/4、W/4′分别与W(G、RJ)/1、W/1′对称布置；
3. F/3、F/4分别与F/2、F/1对称布置。

图 11-19　给水系统图

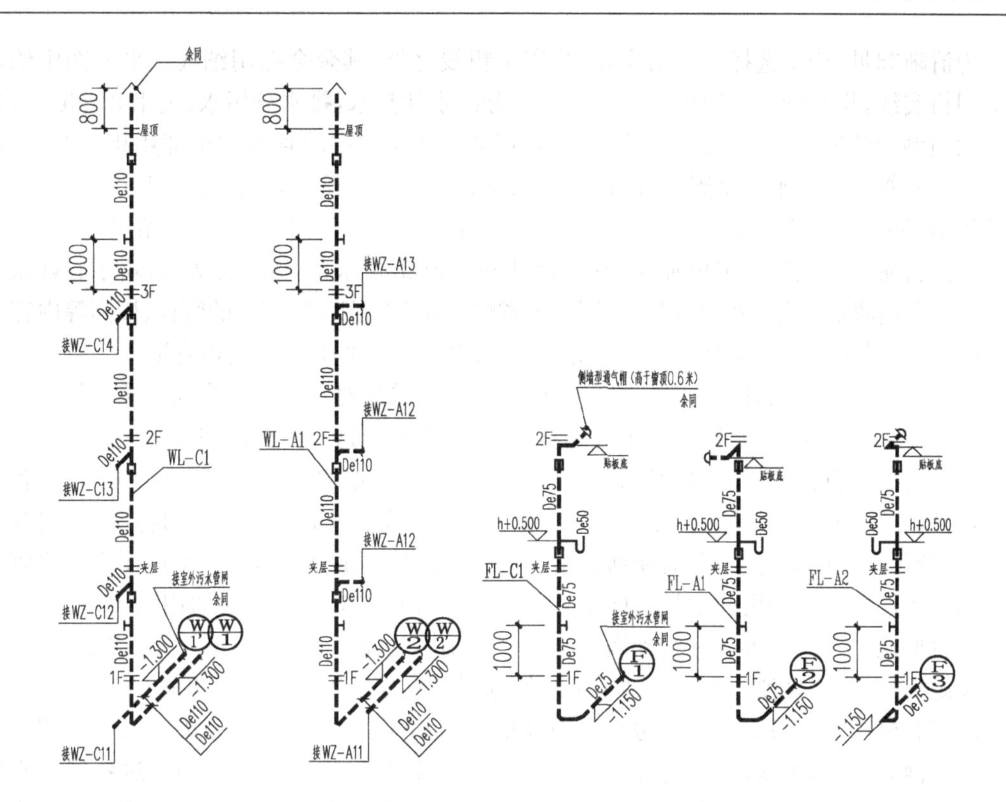

排水系统图1　1:100

注：1. W(J、RJ)/3、W/3′分别与W(G、RJ)/2、W/2′对称布置；
2. W(J、RJ)/4、W/4′分别与W(G、RJ)/1、W/1′对称布置；
3. F/3、F/4分别与F/2、F/1对称布置。

图 11-20　排水系统图 1

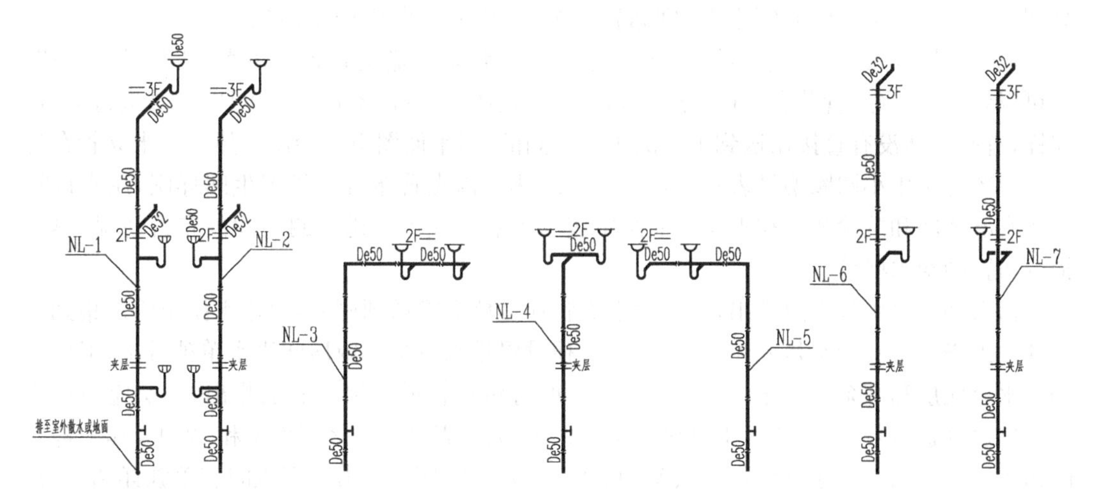

排水系统图2　1:100

注：1. W(J、RJ)/3、W/3′分别与W(G、RJ)/2、W/2′对称布置；
2. W(J、RJ)/4、W/4′分别与W(G、RJ)/1、W/1′对称布置；
3. F/3、F/4分别与F/2、F/1对称布置。

图 11-21　排水系统图 2

为清晰起见，线宽选择粗细组合，除管道用粗线之外，其余全部用细线。平面图中给水管道用粗实线，排水管道用粗虚线。由于给水分冷水和热水，排水分污水、废水和冷凝水，还需要用图例和管道类别代号区分不同类型的管道。系统图中的管道则全部用粗实线绘制。系统图中除管道和给水排水附件外，还应包括所有管道的管径、标高和安装尺寸。平面图除各类管道、用水器具和设备、主要阀门以及附件等必不可少的内容外，只保留了墙线、门窗洞、楼梯、台阶、房间名称、定位轴线、室外地坪和楼地面的标高、指北针等，省略了在建筑施工图已经表达清楚的内容和尺寸标注，同时也省略了在系统图表达完整的管径、标高等内容。

(1) 阅读各层平面图，弄清楚各层用水房间、卫生设施的平面位置和数量。

从一层平面图可以看出，该联排别墅共 4 户人家，采用对称布置的形式。该联排别墅的给水引入管每户 1 根，在北侧。由于对称布置，下面以西侧这户为例详细阅读。一层首先从北侧引入的冷水直接穿过外墙和保姆房进入卫生间，送至给水立管 1(JL - C1)。其他各户相同，分别送至 JL - A1、JL - C2、JL - A2。通过给水立管，冷水输送至上面各层，夹层及二层、三层及顶部太阳能进水管，需要通过给水立管穿过楼面垂直输送。而平面图上的立管小圆圈则按各层的情况绘出并编号。即便有些立管没有直接输送到本层的用水房间，但在平面图上也要绘出。每层再通过给水横支管从立管引水送至各个用水点。一层送至卫生间，用水设施有洗衣机、坐便器和洗脸池。夹层则通过给水横支管送水至厨房间和卫生间，送至厨房间横管贴二层楼板底部至厨房间北侧墙角，后向下向西送至配水龙头。厨房间用水设施有洗菜池，卫生间用水设施有淋浴间、坐便器以及洗脸池。二层、三层均通过各层给水横支管送水至卫生间，卫生间用水设施大致相同。由于比例较小，各层平面图中卫生间横支管详图均未绘出，具体见卫生间详图。由于该联排别墅左右对称布置，故卫生间详图以一侧为例。由于夹层和二层④～⑤轴线之间卫生间布置相同，故用同一卫生间编号(卫 4)以及同一详图(图 11-15 给排水大样图 4)表示，这样卫生间大样图有图 11-12～图 11-18 共 7 个，分别表示卫 1～卫 7 七种不同卫生间布置情况，以及对应的卫生间系统图。

热水由屋顶太阳能热水器供应，再通过热水立管垂直输送到各层用水房间。从平面图中可以看出，热水立管共有 4 根，分别用 RJL - C1、RJL - A1、RJL - C2、RJL - A2 进行编号。同样，有些虽然没有直接输送到本层的用水房间的，但平面图也要绘出。热水给水立管在各层平面图也是用小圆圈编号表示。各层卫生间热水横支管布置都见卫生间详图，用水设施主要有淋浴间和洗脸池。在夹层平面图中表示了热水横支管送至厨房间的布置情况，热水横管布置同给水横管。

污水和废水由各房间排出，通过污水立管穿过楼面输送到底层，由排水排出管汇集到检查井。由于污水和废水是分流的，冷凝水单独设置排水系统。厨房间废水单独排出，卫生间的污水分底层和其余层分布排出室外。由于所有污水管道必须从底层排出，一层应包括所有的排水管道编号，一层的污水直接排出至污水节点 W/1′、W/2′、W/3′和 W/4′，其余各层的污水通过污水立管送至污水节点 W/1、W/2、W/3 和 W/4。由于卫生间有单独详图，故在平面图中未详细表示污水横管布置情况，详见卫生间详图。由于所有污水管道必须从底层排出，一层应包括所有的排水管道编号，而二层包括本层和三层通过二层楼面的污水管道编号，三层则只有本层的污水管道编号。废水节点则编号为 F/1、F/2、F/3 和 F/4。污水立管和废水立管在各层平面图也是用小圆圈表示，并进行编号，有 WL - C1、WL - A1、WL - C2 和 WL - A2，FL - C1、FL - A1、FL - C2 和 FL - A2。由于只有夹层布置有厨房间，故在夹层平面图上表示了厨房间废水横管的布置情况。一层虽无厨房间，但也需要表示夹层废水经过的废水立管及编号。

本工程空调冷凝水排水、阳台雨水排水，采用间接排水，排至室外散水或地面，由平面图中可见冷凝水立管及编号为 NL－1～NL－7。各层冷凝水立管也表示为小圆圈，在二层及三层平面图上绘制了阳台以及空调冷凝水由地漏汇入冷凝管立管的布置情况。

本工程屋面及露台雨水采用建筑外排水，详见建筑施工图。

(2) 阅读给排水系统图，了解各类给水排水管道水平和垂直输送到用水房间的情况。由于大部分管道是平时装修后看不见的，加上联排别墅和多层建筑不同，每层的布置各不相同，所以是阅读的难点和重点。

阅读系统图应和平面图对照阅读。由于本项目中所有的卫生间平面图和卫生间系统图都单独绘出，故在总系统图上可了解给排水系统至支管的情况，具体支管的布置情况需阅读对应的卫生间详图系统图。

① 读冷水给水系统

以 G/1 为例进行阅读，由一层北侧的室外引入管引入室内，接给水立管 JL－C1，由给水立管 JL－C1 送往各层，各层分别接对应的给水支管，如 JZ－C11、JZ－C12、JZ－C13 和 JZ－C14，分别表示了一层、夹层、二层和三层的支管编号。具体各层支管布置情况见卫生间详图系统图。由卫生间详图系统图可见通过给水支管一层送往坐便器和洗脸池的配水龙头，二层和三层送至淋浴间、坐便器和洗脸池的各个配水器具，顶部接太阳能进水管。夹层由于布置了厨房间，所以总系统图上表示了支管为厨房间配水的布置情况，先贴二层楼板底部，向北，后向下向西至配水龙头。其余给水节点相同。

② 读热水给水系统

热水由屋顶太阳能热水器供应，再通过热水给水立管垂直输送到各层用水房间，最后通过支管送往各用水设施。在热水系统图中可以看出，热水立管共有 4 根，分别用 RJL－C1、RJL－A1、RJL－C2、RJL－A2 进行编号，为对称布置。

以 RJ/1 为例详细阅读，因热水由屋顶太阳能热水器供应，由图可见热水给水立管顶部接太阳能热水器，通过热水立管 RJL－C1 垂直输送到各层用水房间，各层分别接对应的热水给水支管，如 RJZ－C11、RJZ－C12、RJZ－C13 和 RJZ－C14，分别表示了一层、夹层、二层和三层的热水支管编号。具体各层支管布置情况见卫生间详图系统图。由卫生间详图系统图可见通过热水给水支管一层送往洗脸池的配水龙头，二层和三层送至淋浴间和洗脸池的各个配水器具。由于各层卫生间均有详图热水系统图，故在总系统图中各层热水给水支管未全部画出，只在夹层画出了热水给水支管的布置情况，同冷水给水支管的布置。

③ 读排水系统

本系统采用的是污废合流制的单立管排水系统，污废水汇集并经化粪池处理后排入市政污水管网(化粪池结合室外给排水总平面图由甲方另行委托设计)。本工程空调冷凝水排水、阳台雨水排水采用间接排水，排至室外散水或地面，故分别绘制系统图。

由于对称布置，以西边这户人家的排水系统布置为例进行详细阅读，其余类似。由排水系统可见一层的污水直接排至污水节点 W/1′，其余各层的污水通过污水立管送至污水节点 W/1，各层的污水横管接 WL－C1，每层设检查口，顶部设透气帽。卫生间详图系统图详细地表示了污水横管及各排水设备的布置情况。废水节点编号为 F/1，废水立管 FL－C1。由于废水主要来自厨房间废水，故废水立管只布置到夹层，在夹层侧墙设透气帽。

本工程空调冷凝水排水、阳台雨水排水采用间接排水，排至室外散水或地面，冷凝水立管单独绘制了 NL－1～NL－7 的系统图。其中 NL－1、NL－2 表示了东西两侧的阳台雨水及空调冷凝水的排出情况，NL－3、NL－4、NL－5 表示了二层南侧空调冷凝水的排水情况，NL－6、NL－7 表示了北侧阳台及空调冷凝水的排出情况。

(3) 阅读管道附件。用水房间的进水附件如水嘴、阀门，排水附件如存水弯、冲洗管、地漏等，应根据各用水房间布置的卫生设施来配置，应结合全套图纸一一阅读。该联排别墅中除 4.5 m 处有一卫生间和 9.0 m 处卫生间相同，其余均不相同，故逐一画出各卫生间详图和支管轴测图。

这里以一层西侧这户为例详细阅读。

本工程给水系统利用市政水压直供。每户水表及给水管总阀门设于室外水表井内，同时在水表后加设止回阀。对照平面图，在系统图上阅读 J/1 节点、RJ/1 节点、W/1′节点、W/1 节点和 F/1 节点，以及相应的立管 JL－C1、RJ－C1、WL－C1 和 FL－C1。由 J/1 节点可以看出，冷水管从北侧进入房间，经过截止阀、水表和止回阀，管道继续一直向南，进入卫生间后沿墙向东接 JL－C1，再由 JL－C1 送入以上各层房间，通过各层支管 JLZ 送入各个用水龙头及混合喷水嘴，立管顶部接屋顶太阳能热水器进水管。本工程热水是由屋顶太阳能热水器输出，故热水由屋顶的太阳能热水器经截止阀输出至 RL－C1，再接各层热水支管 RJZ 到各个用水龙头及带喷头的混合水嘴。设置污水排水管则按相反的方向阅读，地漏、清扫口、浴盆的存水弯和洗脸盆的存水弯，最后 WL－C1 排入 W/1 节点，WL 顶端设置通气帽(高于屋顶800 mm)，每层设置检查口。一层直接排入 W/1′节点。厨房间废水系统图从夹层横管排至 FL－C1，最后排入 F/1，立管上设置侧墙型通气帽(高于窗顶 0.6 m)，在夹层立管顶部和底部分别设检查口。冷凝水立管上设备有地漏和检查口，检查口在底层设置。

(4) 阅读平面图中的尺寸，系统图中的管径、标高、安装尺寸等。

平面图只需注出定位轴线尺寸，方便与建筑平面图对照；标高只需标注室外地坪标高和楼地面标高，方便与系统图对照。管道的长度在备料时只需从平面图中近似地按比例量取，在安装时则以实际尺寸为依据，所以图中均不需要标注。

系统图中应该标全所有管道的管径。标高是高度方向的重要依据，高度需按比例绘制。管段的高度尺寸主要根据标高进行计算，所以在系统图中必须标注完整，一般标注相对标高。这里以 JL－1 为例加以说明。从下而上－1.100 m 是管道埋深，－0.290 是室内地坪标高，1.900 是夹层楼面标高，h 是楼面的高度，$h+0.350$ 是附件相对于楼面的安装尺寸。另外还要标出透气帽距屋面的高度 800 和检查口距地面的高度 1000。

11.4 室外给排水施工图

11.4.1 室外给排水工程的基本知识

1) 室外给排水工程的任务

将房屋内外给水和排水的设施和管网沟通连接起来，一方面向用户提供净水，另一方面将用户产生的污水输送至污水处理厂或排入自然水体。

2) 给排水工程的范围

室外给排水工程服务的范围可大可小,可以是一个城市完整的市政工程,或一个建筑小区的给排水工程,也可以是少数几幢建筑物服务的局部范围。

3) 给排水工程的组成

完整的给水工程有:取水构筑物、水处理构筑物、水池水塔、输水管网(包括总管、干管、分管)等。给水附属设施有阀门井、水表井、消火栓等。

完整的排水工程有:排水管网(包括分管、干管、总管)、污水泵站、污水处理构筑物、排水出口设施等。排水附属构筑物有检查井、雨水口、化粪池等。

4) 给水管网布置形式

室外给水管道可布置成环状网或树状网。环状网的管线总长度增加,投资大,但能双向供水,故可靠性高。树状网的构造简单,投资省,但只能单向供水,所以可靠性差。

5) 排水系统体制

污水排放有分流制和合流制两种。合流制只用一套管道系统来汇集输送,投资较省,但污水处理量大,不处理又不符合环境保护要求。分流制投资较大,但能符合城市卫生要求,故应用较广。

11.4.2　室外给排水平面图

一般室外给排水工程主要用给排水布置平面图表示,特别复杂的地段可以加画管道纵断面图和节点详图。这里仅介绍较小范围的与新建房屋有关的给排水总平面图。

1) 表达内容

(1) 室内与室外的给水管网、排水管网的连接关系。

(2) 给水管道和排水管道在房屋周围的布置形式,各段管道的管径、坡度、流向等。

(3) 附属设施如阀门井、消火栓、检查井、化粪池等的位置。

2) 图示方法和画法

(1) 绘图比例

给排水总平面图的比例一般与建筑总平面图相同,通常为 1∶500,如果管道复杂也可用更大的比例绘制。

(2) 建筑总平面

在表达范围内的房屋、道路、围墙、绿化等都是按建筑总平面的图例用细线绘制。还应画出指北针或风玫瑰。

(3) 管道画法

虽然管道均是埋设于地下的,但图中应按规定的线型画。通常给水管道用粗实线表示,排水管道用粗虚线表示,雨水管道用粗点画线表示。

(4) 给排水附属设施

水表井、阀门井、消火栓、检查井、化粪池等给排水设施均按规定图例绘制。

(5) 尺寸标注

室外给水管道一般为镀锌钢管或铸铁管,管径用“DN”表示;室外排水管道一般为混凝土管，管径用“d”表示。管径通常直接注写在管线旁。

室外管道一般应注绝对标高。由于给水管道为压力管，且无坡度，常常是沿地面一定深度埋设，故图中可不注标高，而在施工说明中写出给水管中心的统一标高。给水管道一般只要标注直径和长度。排水管道是无压力管，从上游至下游应有0.3%～0.6%的坡度，在排水管道的交会、转弯、跌水、管径或坡度改变处均应设置检查井（又称窨井）。管道及附属建筑物的定位尺寸一般是以附近房屋的外墙面为基准标注，尺寸的单位为米。复杂的工程可以标注施工坐标来定位。

11.4.3 室外给排水平面图的阅读

先了解该地区建筑物的布置情况及周围环境，然后按给、排水系统分别读图。图11-22为某单位的局部给排水总平面布置图。在图示范围内共有2幢建筑物。

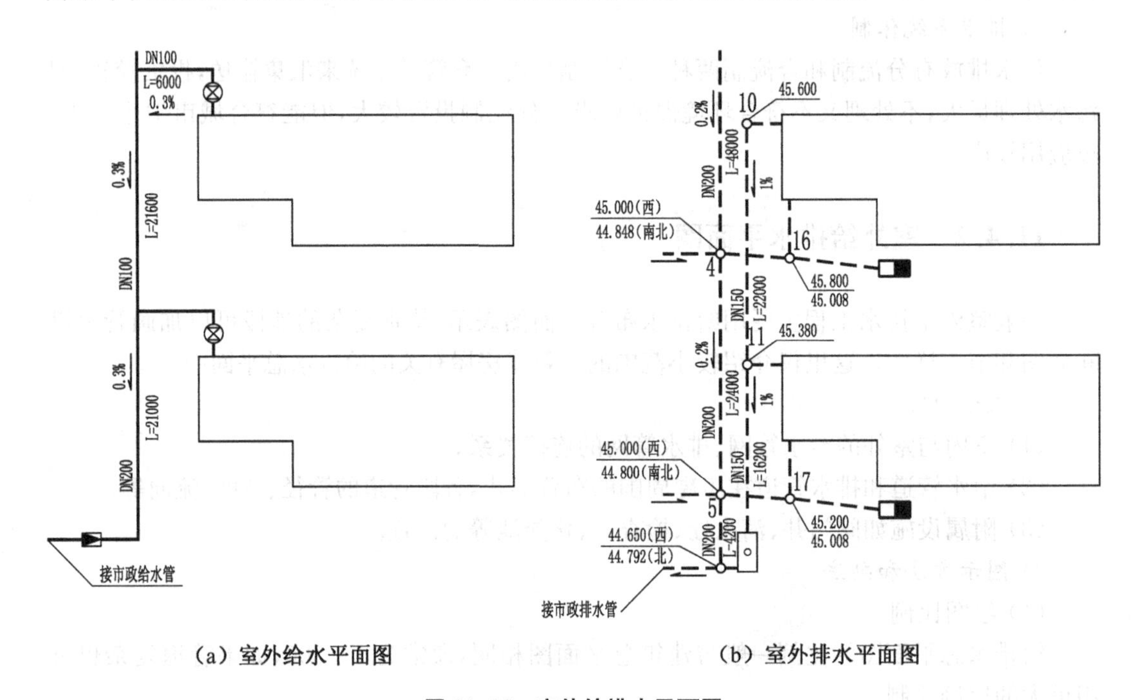

(a) 室外给水平面图　　(b) 室外排水平面图

图11-22　室外给排水平面图

给水系统布置：市政给水管在南面，自来水经水表井引入，井内装有总水表及总控制阀门。给水总管DN100沿路西侧向北延伸，分两路通至房屋外的阀门井，然后由房屋引入管引入室内。

排水系统布置：由于排水管道经常要疏通，所以在排水管的起端、两管相交点和转折点均要设置检查井。两检查井之间的管线应是直线，不能做成折线或曲线。排水管是重力自流管，因此只能汇集于一点而向排水干管排出。并应从上流开始，按主次对检查井编号，在图上用箭头表示流水方向。图中排水干管和雨水管、粪便污水管等均用粗虚线表示。本例采用雨水管、污水管合一排除，即通常称为合流制的布置方式。还有将雨水管、污水管分别排出的称为分流制。

为了说明管道、检查井的埋设深度、管道坡度、管径大小等情况，对比较简单的管网布置一般直接在图中注上管径、坡度、流向以及每一管段检查井处的各向管子的管底标高。室外管道宜布置绝对标高。如检查井 4、5 之间排水管道直径为 200 mm，坡度为 0.2%，自 4 号流向 5 号检查井。在 4 号检查井处，分子 245.000(西)表示与检查井 4 相连的西向管道在该处的管底标高，分母 44.848(西北)表示南北管道在检查井 4 处的管道标高。

12 道路及桥涵工程图

道路及桥涵工程是大土木工程的一个分支，而桥梁、涵洞及隧道往往作为道路工程的主要附属建筑物。本章介绍道路及桥涵工程图的图示内容和方法、画法特点及相关的制图标准。

12.1 道路路线工程图

12.1.1 概述

道路是建筑在地面上供车辆和行人通行的窄而长的带状工程构筑物，道路的位置和形状与所在地区的地形、地貌、地物以及地质等有着很密切的关系。按其使用特点可分为公路、城市道路、厂矿道路和乡村道路等。本节主要介绍公路的图示内容和主要特点。

公路一般是指位于城市郊区及城市以外的道路。

由于道路路线有竖向的高度变化（上坡和下坡——竖曲线）与平面的弯曲变化（左弯和右弯——平曲线），所以从整体来看，道路路线实质上是一条空间曲线。其图示方法与一般的工程图样不完全相同，主要是用路线平面图、路线纵断面图和路线横断面图来表达。

12.1.2 路线平面图

路线平面图是从上向下投影所得到的水平投影图，也就是用标高投影法所绘制的道路沿线周围区域的地形图。图 12-1 为某公路 K3＋300 至 K5＋200 段的路线平面图。下面分地形和路线两部分分别介绍其内容和画法特点。

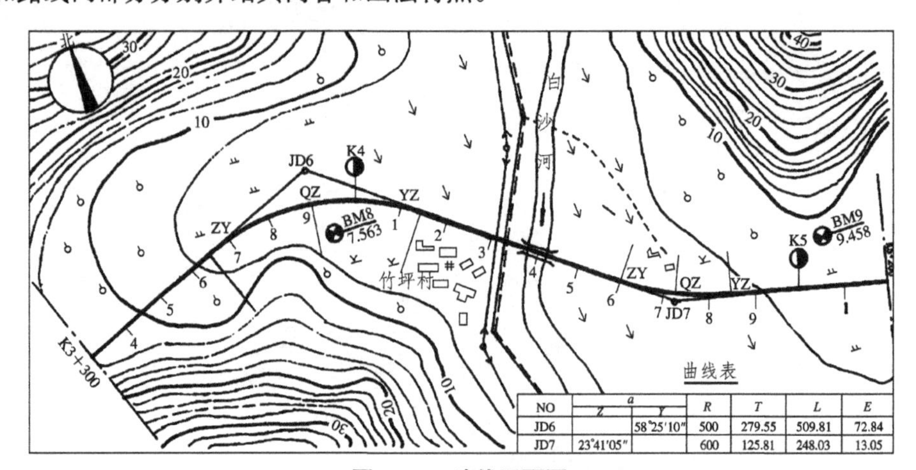

NO	a		R	T	L	E
	Z	Y				
JD6		58°25′10″	500	279.55	509.81	72.84
JD7	23°41′05″		600	125.81	248.03	13.05

图 12-1 路线平面图

(1) 地形部分

① 比例:道路路线平面图所用比例一般都比较小,根据地形的起伏情况和道路的性质不同,采用不同的比例来表示。通常在城镇区域为 1∶500～1∶2000;山岭区域为1∶2000;丘陵和平原地区为 1∶5000 或 1∶10000。

② 方向:在路线平面图上应画出指北针或测量坐标网,以便表达出道路路线在该地区的方位与走向。如图 12-1 是用指北针表示方向的,而图 12-2 则是用测量坐标网表示的。也可两种同时使用。

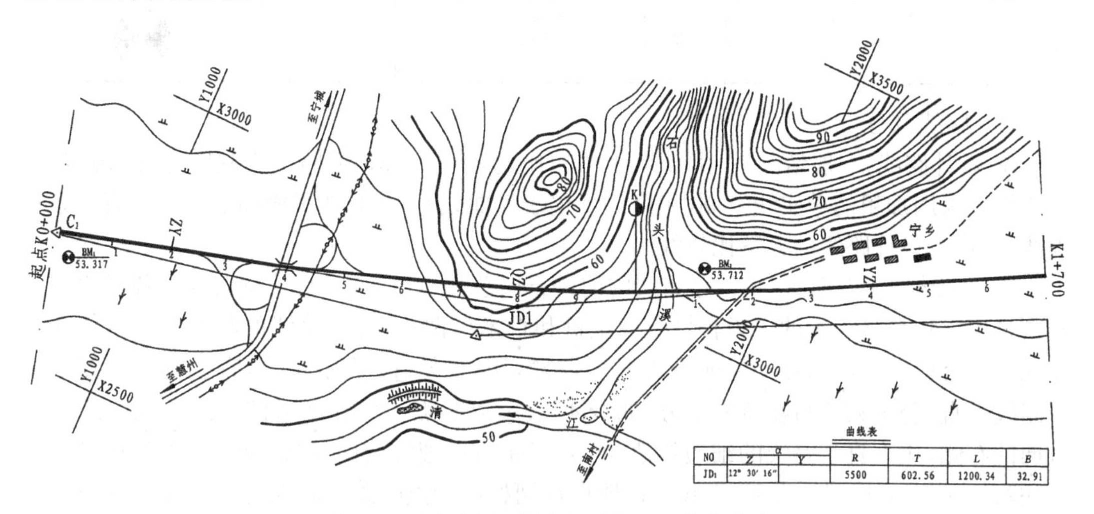

图 12-2 测量坐标网表示路线的方位和走向

③ 地形地貌:平面图中的地形主要是用等高线表示。图 12-1 中两根等高线之间的高差为 2 m,每隔 4 条等高线画出一条粗的计曲线,并标有相应的高程数字。由图 12-1 中等高线的疏密情况可以看出,该地区的西南、西北和东北地势较高,其中东北最高且陡,一条白沙河自北向南将中间平原地带分为东、西两部分。

④ 地物:由于平面图的比例较小,在地形面上的地物如房屋、道路、桥梁、电力线和地面植被等都是用图例表示的。常见的地形、地物图例如表 12-1 所示。对照图例可知,在白沙河的两岸是水稻田;山坡旱地栽有果树;在河西岸的路南侧有一名为竹坪村的村庄;原有的乡间大路和电力线沿河西岸而行,通过该村;在白沙河上有一座桥梁。

表 12-1 常见地形地物图例

名称	符　号	名称	符　号	名称	符　号
房屋		铁路		学校	文
大路		涵洞		水稻田	
小路		桥梁		旱田	

续表 12-1

名称	符　号	名称	符　号	名称	符　号
果园		菜地		人工开挖	
草地		堤坝		低压电力线 高压电力线	
林地		河流		水准点	

(2) 路线部分

① 设计路线：一般情况下，由于平面图的比例较小，根据《道路工程制图标准》规定，设计路线宜采用加粗的单实线绘制（粗度约 2 倍于计曲线）。有时在平面图上可能还有一条粗虚线，是作为设计路线的方案比较线。

② 里程桩：在平面图中，道路路线的前进方向总是从左向右的，其总长度和各段之间的长度是用里程桩号表示的。里程桩分公里桩和百米桩两种，应从路线的起点至终点依次顺序编号。公里桩宜注写在路线前进方向的左侧，用符号“◑”表示桩位，直径延伸至路线且与路线垂直，公里数注写在符号上方，如“K4”表示离起点 4 km；百米桩宜注写在路线前进方向的右侧，用垂直于路线的细短线表示，数字注写在细短线的端部，如在 K4 公路桩的前方注写的 4，表示其桩号为 K4＋400，说明白沙河桥的中点距路线起点的距离为 4400 m。

③ 平曲线：道路路线的平面线型主要是由直线、圆曲线及缓和曲线组成，在路线的转折处应设平曲线。最常见、较简单的平曲线为圆弧，复杂一点的往往还设缓和段，其基本的几何要素如图 12-3 所示。

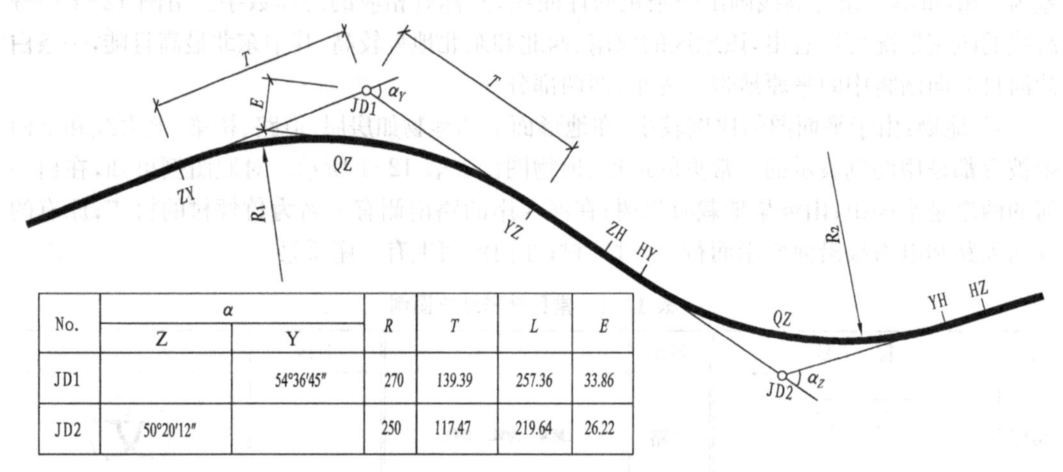

No.	α		R	T	L	E
	Z	Y				
JD1		54°36′45″	270	139.39	257.36	33.86
JD2	50°20′12″		250	117.47	219.64	26.22

图 12-3　平曲线的几何要素和特征点

A. 交角点 JD：路线转弯处的转折符号，是曲线两端直线段的理论交点。

B. 转折角 α：沿路线前进时向左（α_Z）或向右（α_Y）偏转的角度，即延长前一根圆切线与下一根圆切线之间的夹角，表示弯度的大小。

C. 圆曲线半径 R：平曲线的设计半径，偏角 α 越小，R 越大，表示转弯比较平缓；反之，偏角 α 越大，R 越小，表示转弯比较急。当 $R<250$ 米时需设计缓和曲线。

D. 切线长 T:切线的切点与交角点之间的距离。

E. 曲线长 L:曲线两切点之间的距离。

F. 外矢距 E:曲线中点至交角点的距离。

以上各要素均可在路线平面图的曲线表中查得(一般在图的右下角)。

另外,在平曲线上还要注出曲线段的起点 ZY(直圆)、中点 QZ(曲中)、终点 YZ(圆直)的位置(如左侧弯道)。如果设置缓和曲线,则将缓和曲线与前、后直线的切点分别标记为 ZH(直缓)和 HZ(缓直);将圆曲线与前、后缓和曲线的切点分别标记为 HY(缓圆)和 YH(圆缓),如右侧弯道。

④ 其他

A. 水准点:沿路线附近每隔一定距离就在图中标有水准点的位置,用于施工时测量路线的高程。如⊗$\frac{\text{BM8}}{7.563}$,表示路线的第 8 个水准点,其高程为 7.563 m。

B. 角标:一般路线都比较长,会用多张图纸分段表示。为便于图纸拼接,规定在图纸的右上角注写$\frac{1}{N}$或写上“共　张第　张”等,表明各张图纸的编号。

(3) 绘制路线平面图的注意事项

① 绘制地形图,等高线要求平滑,注意计曲线(b)和首曲线($b/4$)的区别,并标注计曲线的高程。

② 绘制路线图,路线用 2 倍($2b$)左右于计曲线的粗实线从左向右,曲直平滑连接,并标注里程桩号、曲线几何要素、特征点等,同时绘制曲线表。

③ 用细线绘制各种图例,注意植物图例方向向上或向北。

④ 注写图中的文字、水准点、角标、图名和标题栏等。

⑤ 平面图的拼接。平面图中路线的分段宜在整数里程桩处断开,两端均应画出垂直于路线的细点画线作为拼接线。拼接时路线中心对齐,拼接线重合,并以正北方向为准。

12.1.3 路线纵断面图

路线纵断面图是通过道路中心线,用假想的铅垂剖切面(由平面和曲面组合而成)纵向剖切后并展开而得到的。如图 12-4 所示。

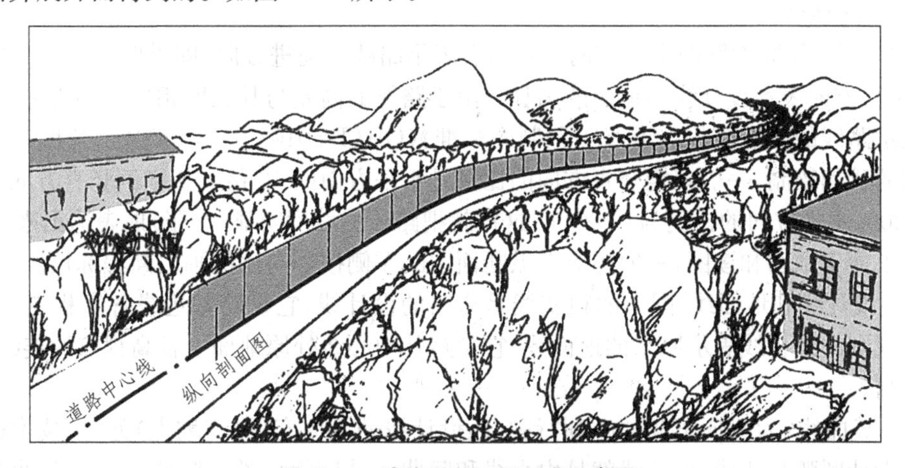

图 12-4　路线纵断面图形成示意图

路线纵断面图主要表达道路的纵向设计线形以及地面的高低起伏状况、地质和沿线设置工程构筑物(如桥梁、涵洞、隧道等)的概况。它主要包括图样和资料表两部分,一般图样画在图纸的上部,资料表布置在图纸的下部,图样与资料表的内容要对应,如图 12-5 所示。图 12-5 是某公路从 K6+000 至 K7+450 段的断面图,其画法特点与内容如下。

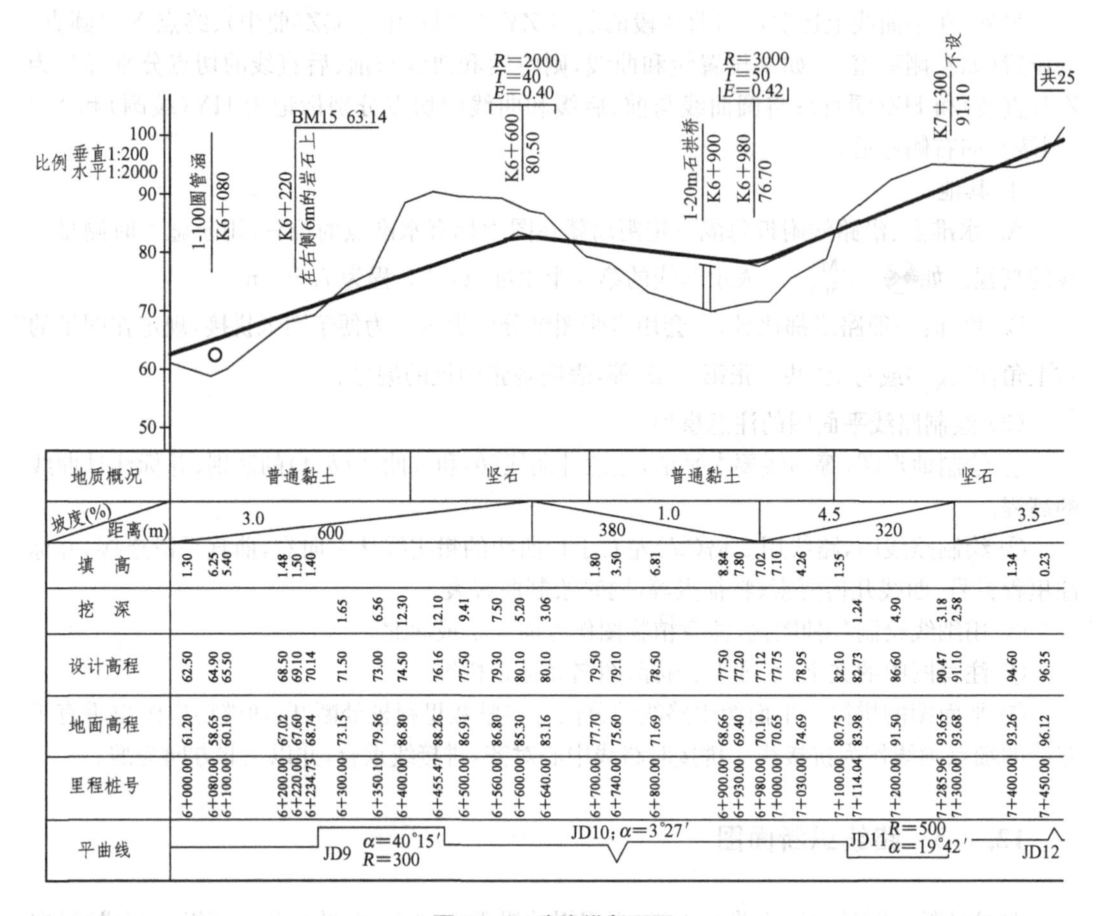

图 12-5 路线纵断面图

1) 图样部分

(1) 比例:纵断面图的水平方向从左向右表示路线的前进方向,即沿路线长度方向展开而得,竖直方向表示设计线和地面的高程。由于路线的高差与其长度相比要小得多,为了清晰地表示路线的高度变化,《道路工程制图标准》(GB/T 50103—2001)规定,长度和高度宜按不同的比例绘制,一般规定竖直方向的比例是水平方向的 10 倍。如本例竖直方向的比例是 1∶200,水平方向的比例为1∶2000,这样就把路线的坡度明显(夸张)地表达出来了。

为了便于画图和读图,一般还应在纵断面图的左侧按竖向比例画出高程标尺。

(2) 设计线和地面线:图中的粗实线是道路的设计线,它是路基边缘各高程点的连线;图中不规则的细折线表示原来的地面线,它是路基中心线处原地面上各高程点的连线,即原地面的高。

(3) 竖曲线:为保证车辆的顺利行驶,在设计线的纵向变更(变坡点)处,按技术标准的规定应设计圆弧竖曲线,设计线就是由直线和竖曲线共同组成的。竖曲线分为凸曲线和凹曲线两种，样式如图 12-6 所示，一般画在对应变坡点的上方：中部竖线对准变坡点，在竖线的左侧注写变坡点的里程桩号，右侧注写变坡点的高程；上部水平线两端对准竖曲线的始点和终点，其上注写出竖曲线的各几何要素（R、E、T 等，含义同平曲线）。如图 12-6 在里程桩号为 K6＋600 处有一凸形变坡点，相应地设有凸形竖曲线；在 K6＋980 处有一凹形变坡点，相应地设有凹形竖曲线。

（4）工程构筑物：道路沿线的工程构筑物如桥梁、涵洞等，应在设计线的上方或下方用竖直引出线标注。竖直引出线对准构筑物的中心位置，线的右侧注写里程桩号，线的左侧注写构筑物的名称、大小、位置等。如图 12-5 在里程桩号为 K6＋080 处有一座直径为 100 cm 的单孔圆管涵洞；在里程桩号为 K6＋900 处有一座跨径为 20 m 的石拱桥。

（5）水准点：沿线还需标注出测量的水准点。竖直引出线对准水准点，在竖线的左侧注写里程桩号，右侧注写其位置，水平线上方注写其编号和高程，如图 12-7 所示。

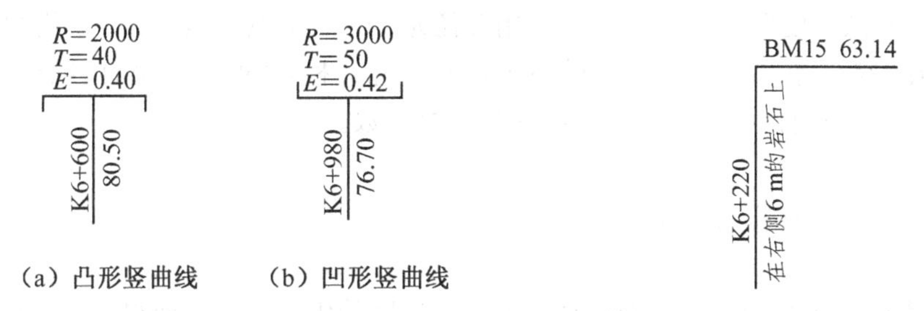

（a）凸形竖曲线　（b）凹形竖曲线

图 12-6　竖曲线的表示

图 12-7　水准点的表示

2）资料表部分

路线纵断面图的实测数据资料表与图样上下对齐布置，以便阅读。这种表示方法较好地反映出纵向设计在各里程桩号处的高程、填挖方工程量、地质条件和坡度以及平曲线和竖曲线的配合关系。

（1）地质概况：根据实测数据，在表中注写出沿线各段的地质情况，是设计、施工的地质资料依据。

（2）坡度和距离：注写设计线各段的纵向坡度和对应的水平距离长度，表格中的对角线方向与实际坡度方向一致，坡度和距离分别注写在对角线的上、下两侧。

（3）标高：表中有设计标高和地面标高两栏，它们与图样所绘高程对应，分别表示设计线和地面线上各点的高程。由此两高程可以确定填、挖方的高度。

（4）填、挖方高度：填、挖方的高度数值应该是各对应点的设计高程与地面高程之差的绝对值，设计线在地面线上方时需挖土，设计线在地面线下方时需填土。

（5）里程桩号：桩号的数值应与桩号位置对齐注写，从左向右里程加大，单位为米，各高程、填挖深度等数值应与桩号对齐。在平曲线的始点、中点、终点和桥涵等构筑物的中心点及水准点等处可设置加桩。

（6）平曲线：为了将平面线型与路线纵断面图对照起来，通常在表中画出平曲线的示意图，直线段用水平线表示，道路左转弯用凹折线表示，右转弯用凸折线表示，有时还需注出平曲线各要素的值。当路线的转折角小于规定值时，可不设平曲线，但需画出转折方向，“∨”表示左转弯，“∧”表示右转弯。

（7）超高：为了减小汽车在弯道上行驶时的横向作用力，道路在平曲线处需设计成外侧高内侧低的形式，道路边缘与设计线的高差称为超高，如图 12-8 所示。

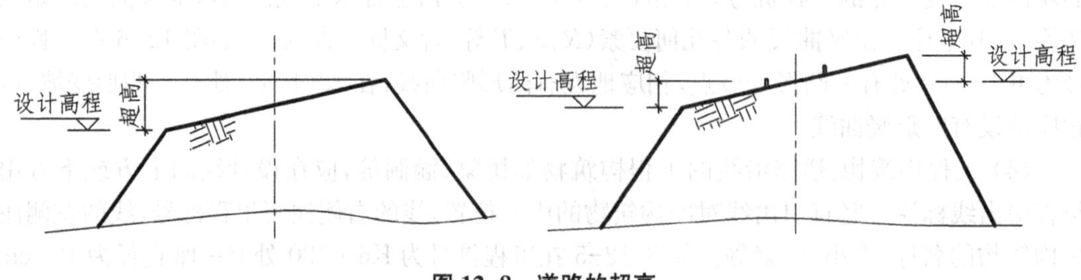

图 12-8 道路的超高

3) 绘制路线纵断面图时的注意事项

(1) 路线纵断面图应从左向右按路线前进方向绘制，竖直方向的比例比横向比例大 10 倍。

(2) 当路线坡度发生变化时，变坡点用直径为 2 mm 的中粗线表示，切线用细虚线表示。

(3) 在最后一张或每一张图纸的右下角画出标题栏，注明路线名称、纵横比例等，每张图纸的右上角还应标注角标，注明图纸序号及总张数。

12.1.4 路基横断面图

路基横断面图是用假想的剖切平面垂直于道路的中心线剖切而得到的断面图。其作用是表达各中心桩处横向地面的起伏状况及设计路线的形状和尺寸，为路基施工提供资料依据，并为计算土石方量提供面积资料。

1) 路基横断面图的基本形式

一般情况下，路基横断面图的基本形式有 3 种，如图 12-9 所示：

(1) 填方路基。如图 12-9(a)所示，整个路基都在地面线上方，全部为填土区，称为路堤。在图下方注有该断面的里程桩号、中心线处的填方高度 h_T(m)和该断面的填方面积A_T(m^2)。

(2) 挖方路基。如图 12-9(b)所示，整个路基都在地面线下方，全部为挖土区，称为路堑。在图下方也注有该断面的里程桩号、中心线处的挖方深度 h_W(m)和该断面的挖方面积 A_W(m^2)。

(3) 半填半挖路基。如图 12-9(c)所示，该路基断面一部分在填土区，一部分在挖土区，是前两种路基的综合。在图下方同样注有该断面的里程桩号、中心线处的填(或挖)方深度和该断面的填方和挖方面积。

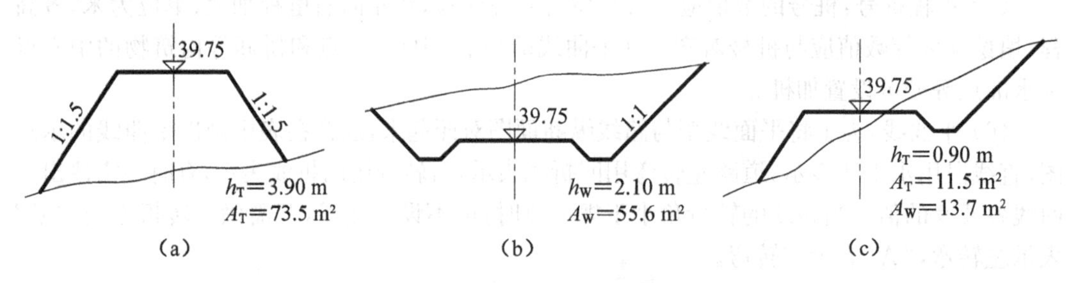

图 12-9 路基横断面图的基本形式

2) 路基横断面图的绘制

(1) 横断面图的布置：在同一张图纸内绘制的路基横断面图，应按里程桩号的顺序排列，从图纸的左下方开始，先自下而上，再从左向右排列，如图 12-10 所示。

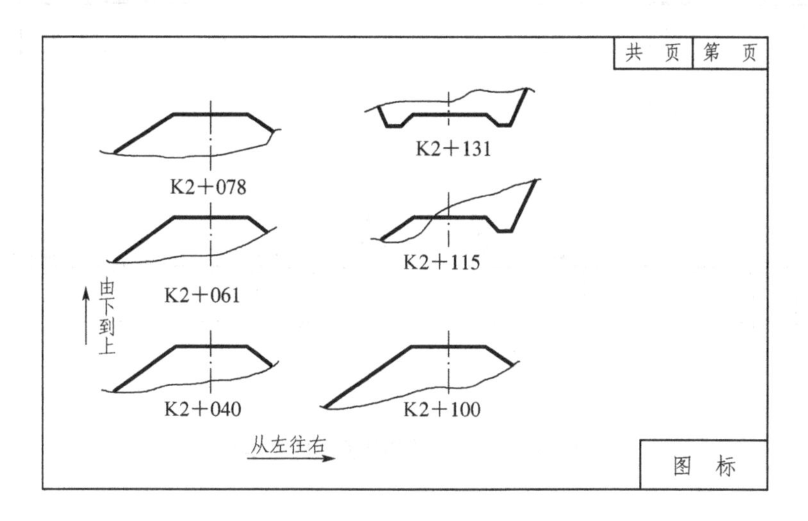

图 12-10 路基横断面图的绘制

(2) 图线：横断面图中的路面线、路肩线、边坡线、护坡线等均用粗实线表示；原有地面线用细实线表示；路中心线用点画线表示。

(3) 比例：横断面图的水平和高度方向一般采用相同的比例绘制。

(4) 角标：每张横断面图的右上角应注明图纸的编号及总张数。

12.1.5 城市道路与高速公路

1) 城市道路

城市道路一般由车行道、人行道、绿化带、分隔带、交叉口和交通广场以及高架桥、高速公路、地下通道等各种设施组成。

城市道路的线型设计也是通过路线平面图、路线纵断面图和路基横断面图来表达的，它们的图示方法和特点与公路路线工程图完全相同，不再赘述。但是城市道路所在的地形较野外公路平坦，并且设计是在城市规划和交通规划的基础上实施的，交通情况和组成部分比公路复杂，因此，体现在横断面上，城市道路比公路复杂得多。

城市道路横断面图的主要组成部分有车行道、人行道、绿化带、分隔带等，其布置形式按路面板块划分有一块板、两块板、三块板和四块板 4 种基本形式，如图 12-11 所示。

为了计算土石方工程量和施工放样，与公路横断面一样也需绘制各个中心桩处的现状横断面，并加绘设计横断面，标出中心桩的里程和设计标高，称为施工横断面图。

对分期修建的道路不仅要绘制近期设计横断面图，还要绘制远期规划设计横断面图。

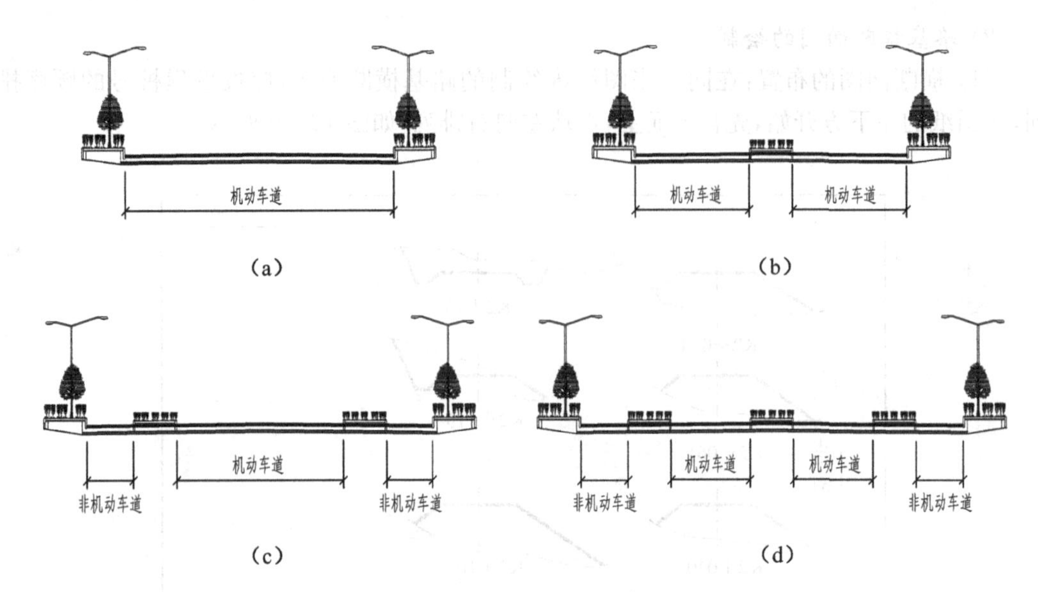

图 12-11　城市道路横断面图的基本形式

2) 高速公路

高速公路是高标准的现代化公路，它的特点是：车速快，通行能力强，有 4 条以上车道并设中央分离带，采用全封闭立体交叉，全部控制出入，有完备的交通管理设施等。高速公路路基横断面图主要由中央分隔带、车行道、硬路肩、土路肩等组成，常见的横断面形式如图 12-12所示。

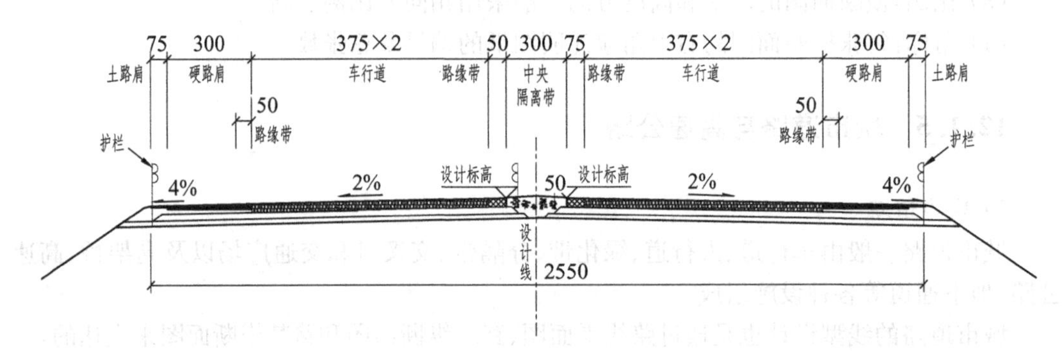

图 12-12　高速公路横断面形式

12.2　桥梁工程图

12.2.1　基本知识

桥梁是道路工程中很重要的附属构筑物。当道路通过河流、湖泊、山川及其他路线（公路或铁路）时就需要修建桥梁，其作用是既可以保证桥上的交通运行，又可以保证桥下面宣泄水流、船只的通航及公路或铁路的运行。

1) 桥梁的分类

桥梁的形式很多,分类方法的不同,其说法往往也不一样。常见的分类形式如下:

(1) 按结构形式分,有梁桥、拱桥、钢架桥、桁架桥、悬索桥、斜拉桥等。

(2) 按用途分,有公路桥、铁路桥、农桥、人行桥、运水桥(渡槽)等。

(3) 按建筑材料分,有钢桥、钢筋混凝土桥、木桥、石桥、砖桥等。

(4) 按桥梁全长和跨径的不同分,有特大桥、大桥、中桥、小桥等。

表 12-2　大、中、小桥的区分

桥梁分类	多孔桥全长 L(m)	单孔桥跨径 l(m)	桥梁分类	多孔桥全长 L(m)	单孔桥跨径 l(m)
特大桥	$L \geqslant 500$	$l \geqslant 100$	中桥	$30 \leqslant L < 100$	$20 \leqslant l < 40$
大桥	$100 \leqslant L < 500$	$40 \leqslant l < 100$	小桥	$8 \leqslant L \leqslant 30$	$5 \leqslant l < 20$

其中特大桥近年来用得比较多的主要是悬索桥和斜拉桥,它们不仅考虑了桥梁的功能,而且也增设了人文景观。虽然各种桥梁的结构形式和建筑材料有所不同,但图示方法是基本相同的。其中钢筋混凝土桥的应用最为广泛,本节主要介绍这种桥梁的有关知识。

2) 桥梁的组成

桥梁由上部结构、下部结构和附属结构三部分组成,如图 12-13 所示。

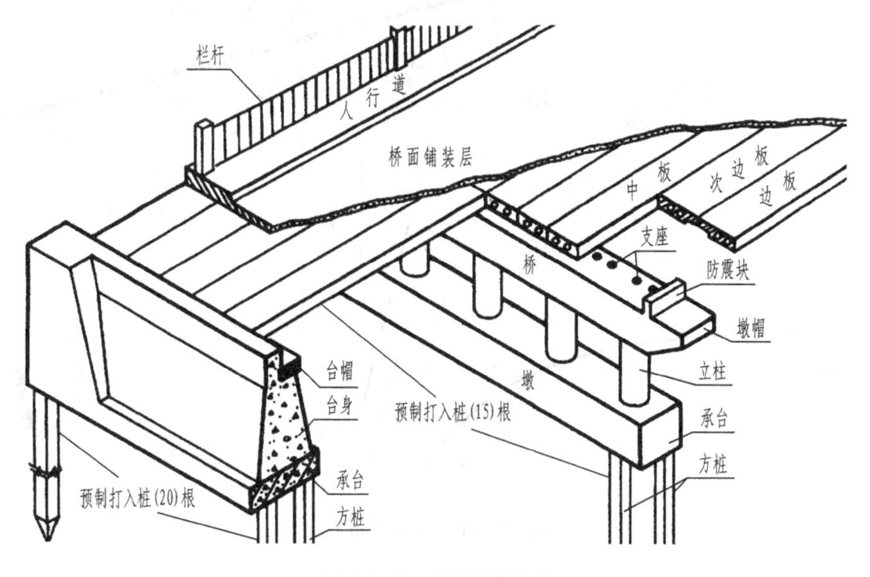

图 12-13　桥梁的组成

上部结构一般包括上部承重结构(主梁或主拱圈)和桥面系(桥面铺装层、车行道、人行道等)。

下部结构一般包括桥台、桥墩和基础。桥台包括台帽、台身、承台三部分,常用重力式U型桥台,设在桥梁两端。桥墩包括墩帽(上盖梁)、立柱、承台(下盖梁)三部分,设在桥中央,承受桥上传递的荷载。基础通常以桩基础最为常见。

附属结构一般包括栏杆、灯柱、岗亭及护岸和导流结构物等。

设计一座桥梁需要绘制许多图纸,不同的设计阶段有不同的图纸,一般包括桥位平面图、桥位地质断面图、桥梁总体布置图和构件结构图等。

12.2.2 桥位平面图

桥位平面图主要表示道路路线通过江河、山谷时建造桥梁的平面位置，通过地形测量将桥位附近一定范围内的地形、地物、河流、水准点、地质钻探孔等用图样表达清楚，如图 12-14 所示。它表明了桥梁的位置及其与周围地形地物的关系，是桥梁设计、施工定位的依据。常用比例为 1∶500、1∶1000、1∶2000 等。

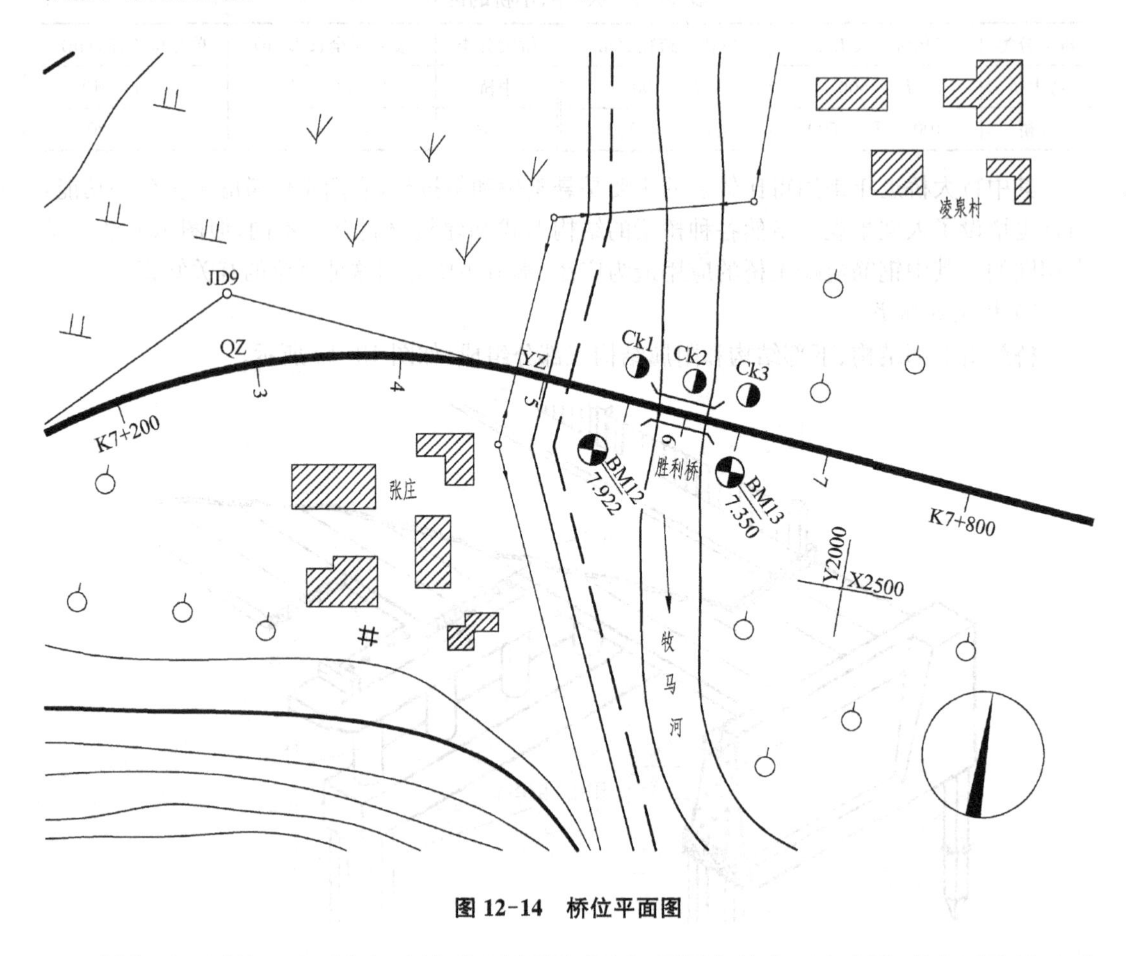

图 12-14 桥位平面图

桥位平面图的画法要求与路线平面图基本相同，不同之处在于必须注明为了取得地质资料而设置的钻孔位置和为了控制河道两岸桥台标高而设置的水准点位置。

12.2.3 桥位地质断面图

桥位地质断面图是沿桥位平面轴线用铅垂面剖切而得，实质上是桥位所在位置的地形纵断面图，表示桥梁所在位置的水文、地质情况，包括河床断面线、最高水位线、常水位线和最低水位线，是设计桥梁、桥墩、桥台和计算土石方工程量的依据，如图 12-15 所示。

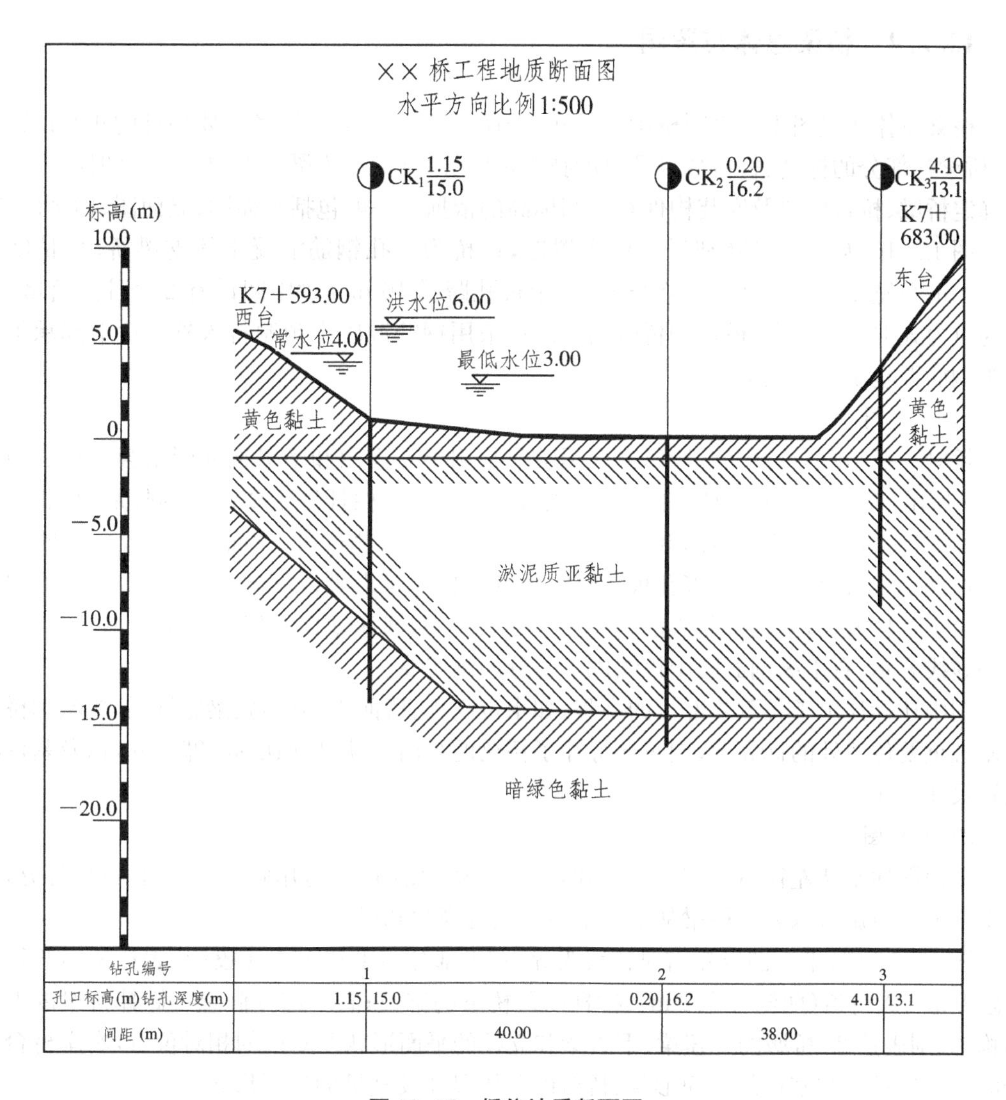

图 12-15　桥位地质断面图

图中河床断面线是由测量而得，用粗实线表示。水位线取自水文资料，在细实线下方再画三条渐短的细实线。其中洪水位是河床中最大的设计水位，根据桥梁的重要性及公路等级，常以25年、50年、100年一遇的最大水位作为设计洪水位；常水位是河道的经常性水位；枯水位是河道的最低水位。

土质由上而下分层标出，不同层分界线用中实线分开。

钻孔处用粗实线表示，并用引出线(细实线)标注其孔口标高和钻孔深度，在图的下方还有对应的钻孔资料表。

为了清晰地显示地质和河床深度变化的情况，可以将竖向标高比例较水平方向比例放大数倍画出。本图竖向采用1∶200，水平方向采用1∶500。

12.2.4 桥梁总体布置图

桥梁总体布置图主要表明桥梁的形式、跨径、孔数、总体尺寸、各主要构件的相互位置关系，桥梁各部分的标高、材料数量及总的技术说明等，是指导桥梁施工的最主要图样，是施工时确定桥墩、桥台位置及安装构件和控制标高的依据。一般包括平面图、立面图、横剖面图。

图 12-16 为牧马河胜利桥总体布置图，该桥为三孔钢筋混凝土简支梁桥，总长度为 34.90 m，总宽度 12 m，中孔跨径 13 m，两个边孔跨径 10 m。桥中间设有 2 个柱式桥墩，两端为重力式混凝土桥台，桥台和桥墩的基础均采用钢筋混凝土预制打入桩。桥上部承重构件为钢筋混凝土空心板梁。

1) 立面图

桥梁一般是左右对称的，所以立面图常常是用半立面图和半纵剖面图组合而成。如图 12-17 所示，左半立面为左侧桥台、1# 桥墩、板梁、人行道栏杆等主要部分的外形视图；右半纵剖面图是沿桥梁中心线纵向剖开而得到的，2# 桥墩、右侧桥台、桥面铺装层及河床断面等均应按剖切方法绘制。其中多孔板、立柱、基桩等构件是沿轴线方向剖切的，规定按不剖表示。由于基桩较长，采用折断画法。在左半立面图中，河床断面线以下的结构如桥台、基桩等用虚线表示，右半纵剖面图中该线以下部分均画实线。

图中还标注出了各重要部位的高程，如水位高程、桥面中心标高、梁底标高、桥墩和桥台及基桩重要位置处的标高等，同时还标注了桥梁的纵向尺寸，桥墩的高、宽尺寸，以及基桩的位置尺寸等。

2) 平面图

平面图通常从左往右采用分层拆卸画法(桥涵、水工图的常用画法，拆卸掉遮挡部分，将剩下部分作投影)，以表达桥梁从上往下各层次的现状和尺寸。

图 12-16 中，平面图以左右对称线为界，左半部分由上往下直接投影，表达桥面车行道(宽 10 m)、人行道(两侧各宽 2 m)、栏杆以及桥下的锥坡；右半部分假想拆卸掉桥梁的上部结构，分别表达 2# 桥墩的上盖梁、下盖梁和立柱的平面形状及立柱的相对位置，右岸桥台的台帽、台身、承台和基桩的平面形状、桥台的总体尺寸及基桩的排列形式。

3) 横剖面图

横剖面图一般以桥梁中心对称线为界，采用分别视向桥墩和桥台横剖面的合成视图，分别反映桥梁各部分的宽度和高度的形状、尺寸以及桥墩、桥台下基桩的横向排列尺寸。

图 12-16 所示的横剖面图中，以对称线为界，Ⅰ-Ⅰ 剖面图表达的是 2# 桥墩各组成部分(墩帽、承台、立柱基桩等)的投影；Ⅱ-Ⅱ 剖面图表达的是右侧桥台各组成部分(台帽、台身、承台、基桩等)的投影。从Ⅰ-Ⅰ、Ⅱ-Ⅱ 所表达的合成视图中可以看出：桥墩、桥台处的上部结构相同，由 10 块钢筋混凝土预制空心板拼接而成，横向坡度为 1.5%，桥墩下的基桩比桥台下的基桩密集。

由于桥梁总体布置图所采用的比例一般较小，桥梁各细部结构的情况很难逐一表达清楚，另外各承重构件的构造情况(如钢筋混凝土构件钢筋的配置情况)也无法表示，所以桥梁施工图除了总体布置图外，还应配以适当数量的构件结构图。

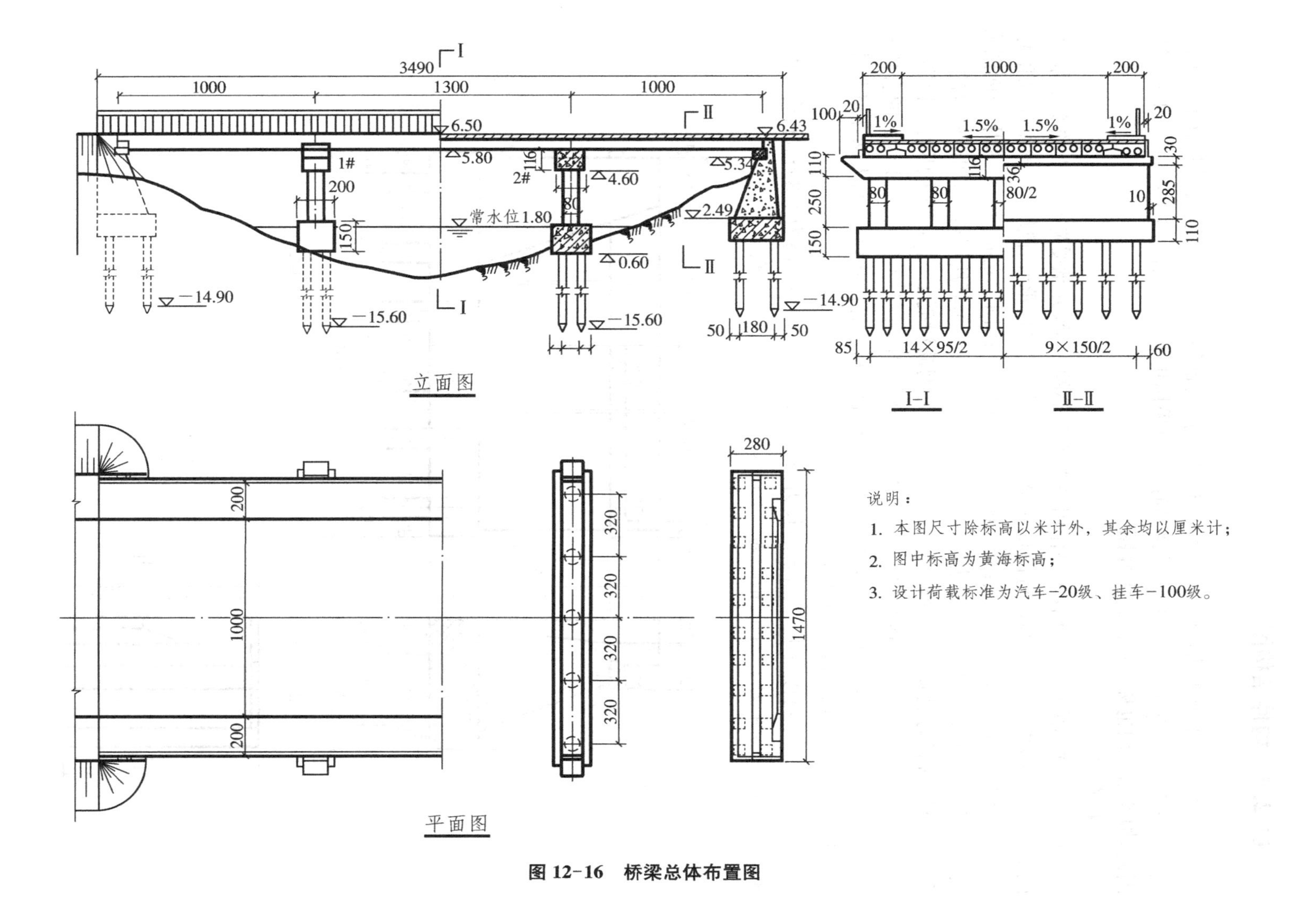

说明：
1. 本图尺寸除标高以米计外，其余均以厘米计；
2. 图中标高为黄海标高；
3. 设计荷载标准为汽车-20级、挂车-100级。

图 12-16 桥梁总体布置图

12.2.5 构件结构图

构件结构图主要表达各构件的大小、形状、材料、钢筋配置等情况，常采用比较大的比例，如 1∶10、1∶20、1∶30、1∶50，某些局部甚至采用更大的比例，如 1∶2、1∶3、1∶5 等，因此，构件结构图也称为详图或大样图。

1）桥台图

桥台属于桥梁的下部结构，主要作用是支撑上部的板梁，并承受路堤填土的水平推力。图 12-17 所示为“U”形重力式桥台的结构图。该桥台由基桩、承台、侧墙、台身和台帽组成。

桥台图一般由 3 个视图构成：立面图、平面图和横立面图。立面图一般采用剖面图表达，剖切位置选在台身处，既可表达桥台的内部构造，又可显示其所用材料，如该桥台的台身和侧墙所用材料为混凝土，而台帽和承台则采用的是钢筋混凝土；平面图采用的是视图，正投影，由于尺寸较大，可只画对称的一半；横立面图采用的是 1/2 台前、1/2 台后的合成视图。所谓台前是指人站在桥下正对着桥台观看；台后是指假想拆卸掉路面，人站在路基处正对着桥台观看，一般只画看到的部分。

从图 12-17 中可以看出，该桥台的长为 280 cm，宽为 1470 cm，高为 493 cm，桥台下的基桩分两列布置，列距为 180 cm，桩距为 150 cm，每个桥台有 20 根桩。

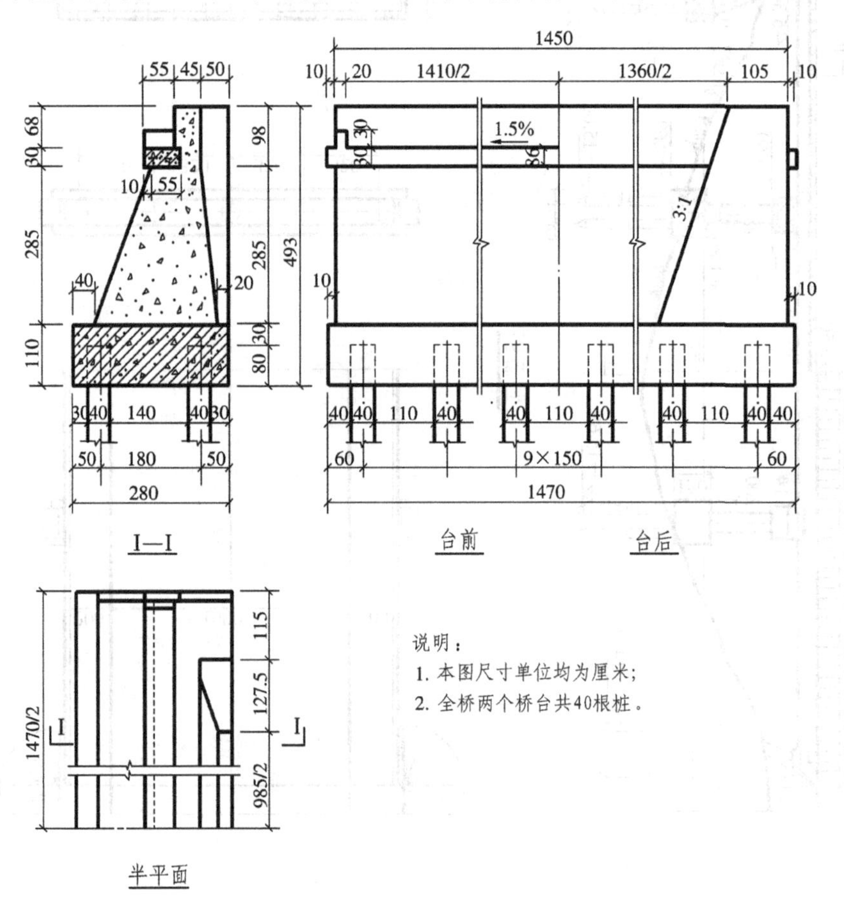

图 12-17　桥台构造图

2）桥墩图

图 12-18 为桥墩构造图，该桥墩由基桩、承台、上盖梁和墩帽组成。

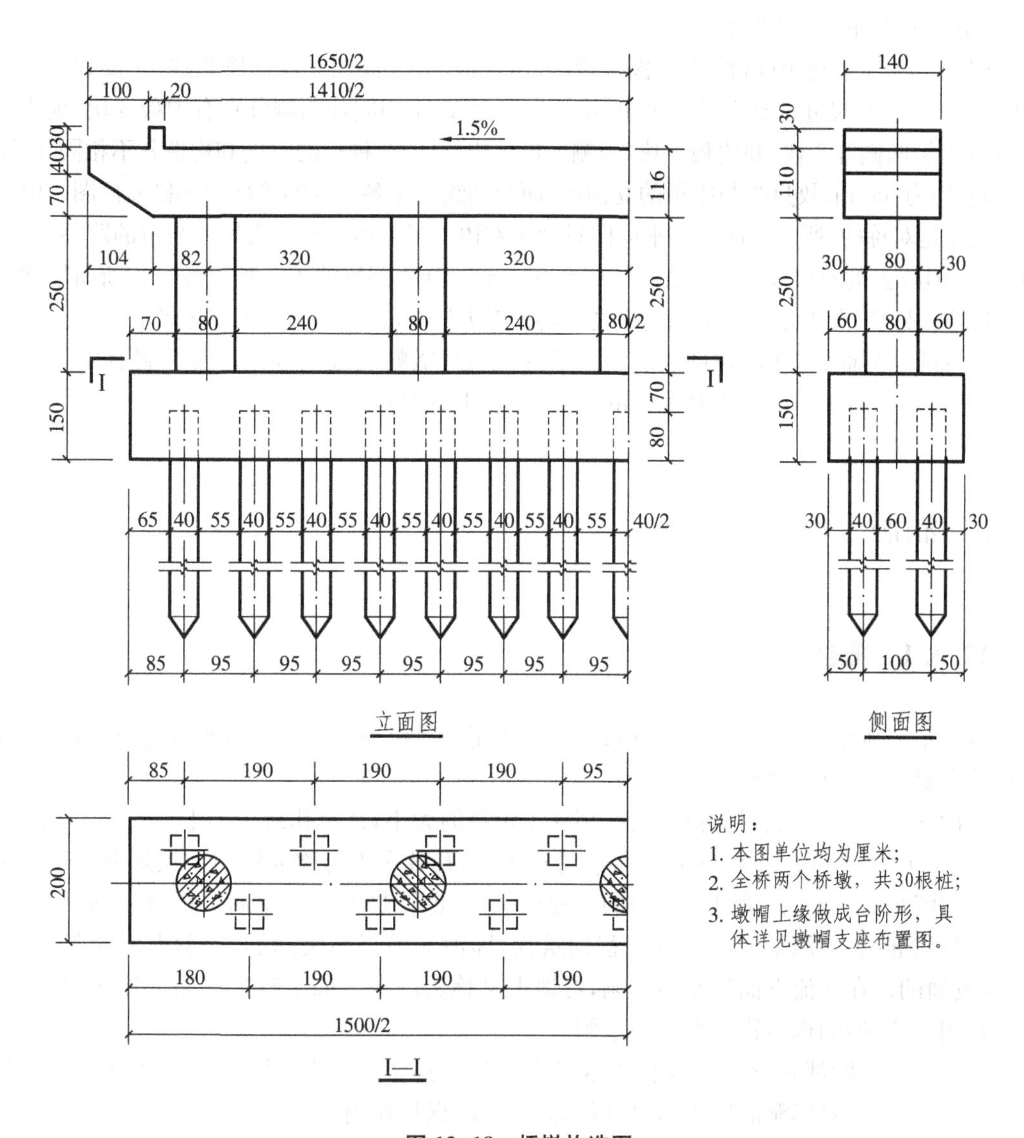

图 12-18 桥墩构造图

桥墩图一般也由 3 个图构成：立面图、平面图和侧面图。由于桥墩是左右对称的，故立面图和平面图只画了对称的一半，其中平面图采用的是剖面画法，剖切位置选在立柱处，实质上为承台平面图。承台的基本形状为长方体，长 1500 cm，宽 200 cm，高 150 cm。承台下的基桩分两列交错（呈梅花形，故工程上称梅花桩）布置，施工时先将预制桩打入地基，下端到达设计深度（标高）后再浇筑承台，桩的上端伸入承台内部 80 cm，在立面图中这一段用虚线绘制。承台上有 5 根圆形立柱，直径为 80 cm，高为 250 cm。立柱上面是墩帽，墩帽的全长为 1650 cm，宽为 120 cm，高度在中部为 116 cm，两端为 110 cm，有一定的坡度，为的是使桥面形成 1.5%的横坡。墩帽的两端各有一个 20 cm×30 cm 的抗震挡块，是防止空心板移动而设置的。

3) 钢筋混凝土空心板梁图

钢筋混凝土空心板梁是该桥梁上部结构中最主要的受力构件,它两端搁置在桥墩和桥台上,中跨为 13 m,边跨为 10 m。

图 12-19 为边跨 10 m 的空心板构造图,由立面图、平面图和断面图组成,主要表达空心板的形状、构造和尺寸。整个桥宽由 10 块板拼接而成,由中间往两侧分别有中板 6 块、次边板 2 块(在中板两侧各 1 块)和边板 2 块(两侧的最外边)。因 3 种板的宽度和构造各不相同,但厚度相同,均为 55 cm,故只绘制中板的立面图,而分别绘制了各种板的平面图和横断面图。由于板的纵向是对称的,所以立面图和平面图只画了左边一半。边板长名义尺寸与桥的跨径一致,为 10 m,但减去板的接头缝隙后实际长度为 996 cm。断面图反映了 3 种板各自的断面形状和详细尺寸。另外,图中还绘制了板与板之间的铰缝大样图,以表明施工的具体做法。

基桩的外形简单,无需视图表达。但基桩、承台、墩帽及板梁等内部都布置有密集的钢筋,在正式施工图中都应画出其对应的配筋图(这里省略)。

12.3 涵洞工程图

12.3.1 概述

涵洞是宣泄小流量流水的工程构筑物,主要用于排洪、排污水、调节水位等,是道路工程中比较重要的附属构筑物。

按设计标准规定,涵洞与桥梁的区别在于跨径的大小,凡单孔跨径小于 5 m 或多孔跨径小于 8 m,以及圆管涵、箱涵,不论管径或跨径大小、孔数多少均称为涵洞。但是现实生活中人们的理解是这样的:桥梁是连接路的工程构筑物,也就是说路断了而架桥,桥下面的河流(或路)是贯通的;涵洞是连接水的工程构筑物,即河流断了而设涵洞,涵洞上面的路(或水流)是贯通的。在河流下面过水的涵洞,习惯上又称为地龙。如果既连接路又连接河流(并且能控制水流量)的构筑物一般称为水闸。

涵洞上面一般都有较厚的填土,填土不仅可以保持路面的连续性,而且分散了车辆的集中压力,并减少它对涵洞的冲击力,可以起到很好的保护作用。

涵洞的分类方法很多:按建筑材料分有钢筋混凝土涵、混凝土涵、砖涵、木涵、陶涵、缸瓦罐涵、金属涵等;按构造形式分有圆管涵、盖板涵、拱涵、箱涵等;按洞身断面形式分有圆形涵、卵形涵、拱形涵、梯形涵、矩形涵等;按洞口形式分有一字式(端墙式)、八字式(翼墙式)、领圈式、走廊式等。

各种形式的涵洞一般均由洞口、洞身、基础三部分组成,如图 12-20 所示。洞口由端墙或翼墙、护坡、缘石、截水墙、底板等组成,进、出水洞口连接着洞身及路基边坡,其主要作用是防渗、保证涵洞和两侧路基免受冲刷,并使水流顺畅,洞口常见的形式有一字式(端墙式)、八字式(翼墙式)、领圈式、走廊式等。洞身是涵洞的主要部分,其主要作用是保证水流量要求、承受路基土及车辆等荷载压力,常见的洞身形式有圆形涵、卵形涵、拱形涵、梯形涵、矩形涵等。基础在整个涵洞下部,承受上部传来的荷载并传递给地基。

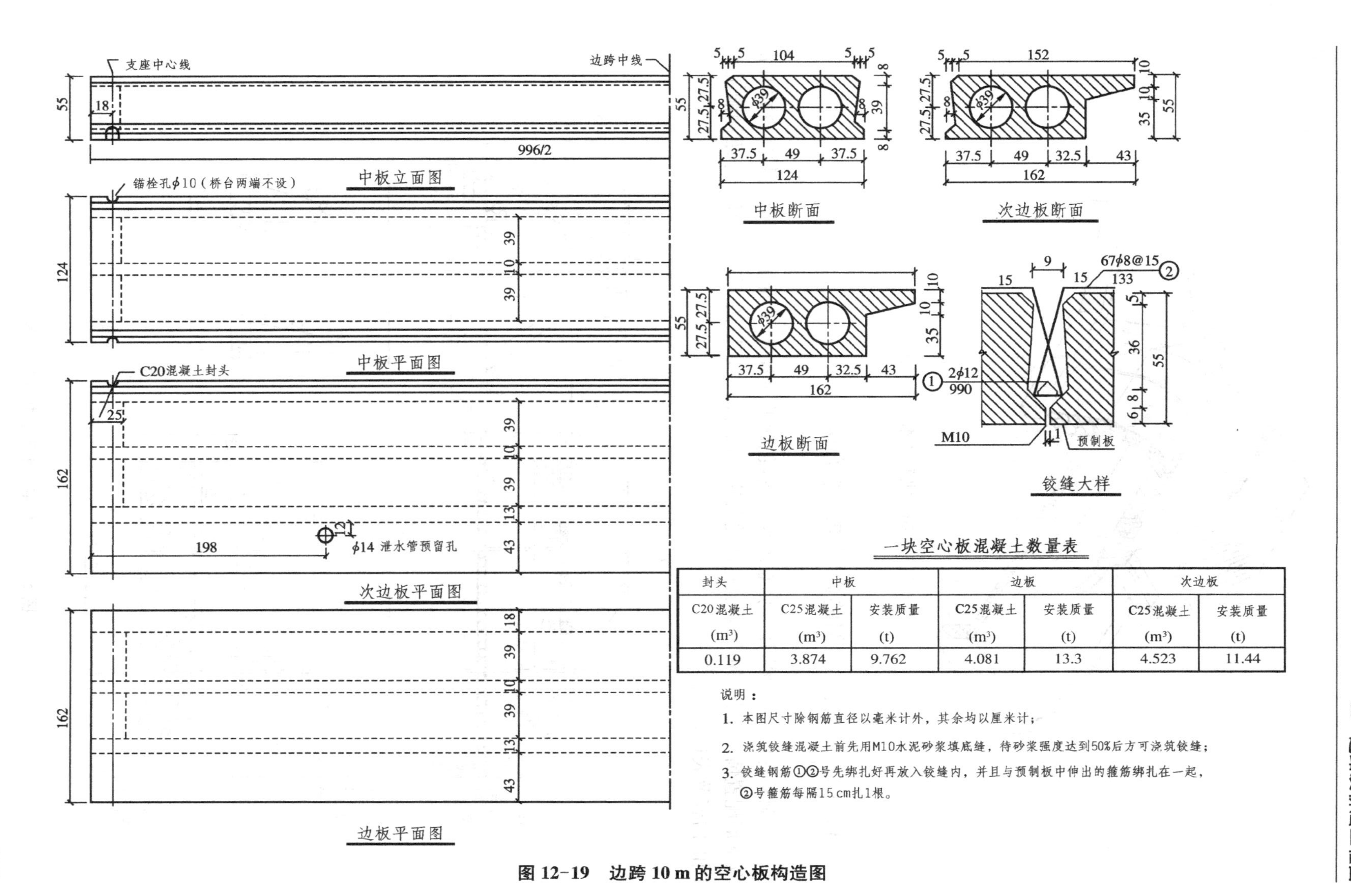

一块空心板混凝土数量表

封头	中板		边板		次边板	
C20混凝土 (m^3)	C25混凝土 (m^3)	安装质量 (t)	C25混凝土 (m^3)	安装质量 (t)	C25混凝土 (m^3)	安装质量 (t)
0.119	3.874	9.762	4.081	13.3	4.523	11.44

说明：

1. 本图尺寸除钢筋直径以毫米计外，其余均以厘米计；
2. 浇筑铰缝混凝土前先用M10水泥砂浆填底缝，待砂浆强度达到50%后方可浇筑铰缝；
3. 铰缝钢筋①②号先绑扎好再放入铰缝内，并且与预制板中伸出的箍筋绑扎在一起，②号箍筋每隔15 cm扎1根。

图 12-19 边跨 10 m 的空心板构造图

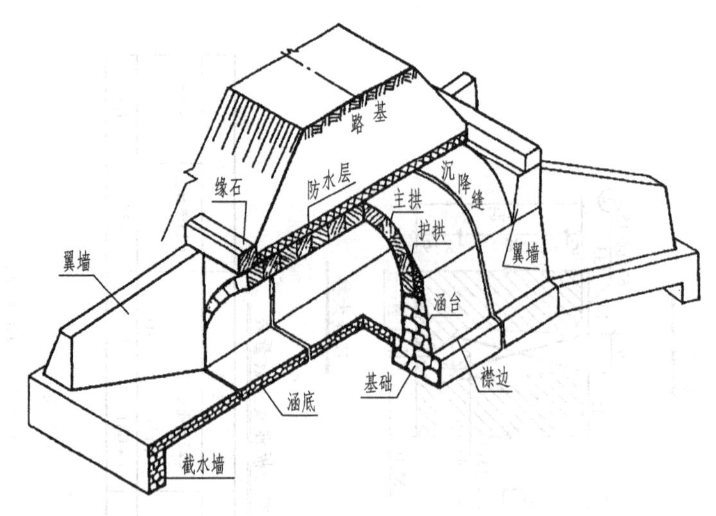

图 12-20 拱涵的组成示意图

12.3.2 涵洞工程图的内容和表达方法

涵洞的主体结构通常用一张总图来表达，包括纵剖面图、平面图、横断面图等，少数细节及钢筋配置情况在总图中不易表达清楚时应另画详图。现以图 12-21 为例，介绍涵洞工程图的内容及表达方法。

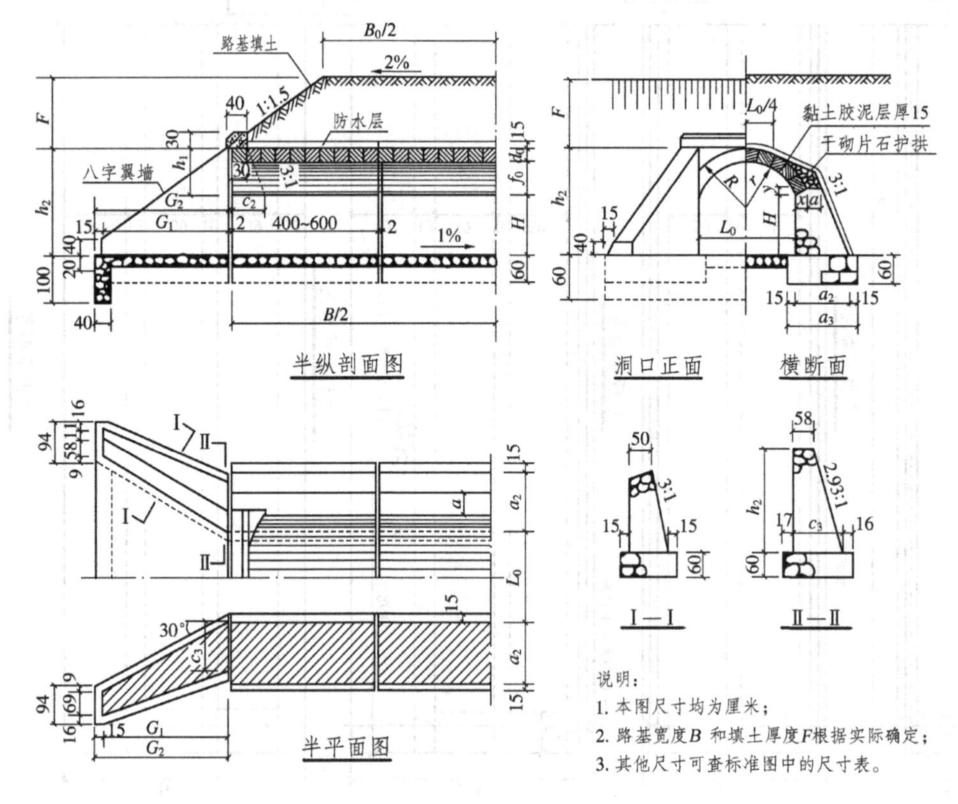

图 12-21 八字式单孔石拱涵构造图

1）纵剖面图

涵洞的纵向是指水流方向即洞身的长度方向，一般规定水流方向为从左往右。纵剖面图是沿着涵洞的中心线纵向剖切的，凡是剖切到的各部分如截水墙、底板、洞顶、防水层、缘石、路基等均按剖切方法绘制，画出相应的材料图例，另外能看到的各部分，如翼墙、端墙、涵台、基础等，也应画出它们的投影。

由于该涵洞进、出口的构造和形式是基本相同的，即整个涵洞的左右是对称的，故纵剖面图只画了左边的一半。一般同类型的涵洞其构造大同小异，仅仅是尺寸大小的区别，因此往往用通用标准图表示。所以这里的路基宽度 B_0 和厚度 F，洞身的长度 B_2 和高度 H、h_2 等在图中都没有注出具体数值，可根据实际情况确定。翼墙的坡度一般与路基的边坡相同。整个涵洞较长，考虑到地基的不均匀沉降的影响，在翼墙和洞身之间设有沉降缝，洞身部分每隔 4～6 m 也应设有沉降缝，沉降缝的宽度均为 2 cm。主拱圈是用条石砌成的，内表面为圆柱面，在纵向剖面图中用上疏下密的水平细线形象地表示其投影。拱顶的上面有 15 cm 厚的粘土胶泥防水层。端墙的断面为梯形，背面不可见用虚线表示，斜面坡度为 3∶1。端墙上面有缘石。

2）平面图

与纵剖面图一样，平面图也只画出左边一半，而且采用了半剖画法：后面一半为涵洞的外形投影图，是移去了顶面上的填土和防水层以及护拱等画出的，拱顶圆柱面部分同样用疏密有致的细实线表示，拱顶与端墙背面交线为椭圆曲线；前面一半是沿着涵台基础的上面（襟边）作水平剖切后画出的剖面图，为了突出翼墙和涵台的基础宽度，涵底板没有画出，这样就把翼墙和涵台的位置表示得更清楚了。

3）侧面图

涵洞的侧面图也常采用半剖画法：左半部为洞口部分的外形投影，主要反映洞口的正面形状和翼墙、端墙、基础的相对位置，所以习惯上称为洞口正面图；右半部为洞身横断面图，主要表达洞身的断面形状，主拱、护拱和涵台的连接关系，以及防水层的设置情况等。

4）详图

八字式翼墙是斜置的，与涵洞纵向成 30°角。为了把翼墙的形状表达清楚，在两个位置进行了剖切，并且画出了Ⅰ-Ⅰ和Ⅱ-Ⅱ断面图，从这两个断面图可以看出翼墙及其基础的构造、材料、尺寸和斜面坡度等内容。

以上各个图样是紧密相关的，应该互相对照联系起来读图，才能将涵洞工程的各部分位置、构造、形状和尺寸等完全搞清楚。

由于此图是石拱涵的标准通用构造图，适用于矢跨比 $f_0/L_0=1/3$ 的各种跨径（$L_0=1.0\sim5.0$m）的涵洞，故图中一些尺寸是可变的，用字母代替，可根据需要选择跨径、涵高等主要参数，然后从标准图册的尺寸表中查得相应的各部分尺寸。例如确定跨径 $L_0=300$ cm、涵高 $H=200$ cm 后，可查得相应的各部分尺寸如下：

拱圈尺寸：$f_0=100, d_0=40, r=163, R=203, x=37, y=15$；

端墙尺寸：$h_1=125, c_2=102$；

涵台尺寸：$a=73, a_1=110, a_2=182, a_3=212$；

翼墙尺寸：$h_2=340, G_1=450, G_2=465, c_3=174$。

以上尺寸单位均为 cm。

13 计算机绘图(AutoCAD)

本篇以 AutoCAD 2016 中文版为工具，介绍使用 AutoCAD 进行计算机二维绘图的方法。

13.1 AutoCAD 的基本知识

13.1.1 AutoCAD 的启动与工作界面

启动 AutoCAD 2016 的方法有 3 种：(1)双击电脑桌面上的 AutoCAD 2016 快捷图标；(2)开始菜单→所有程序→Autodesk→AutoCAD 2016—简体中文 (Simplified Chinese)；(3)双击已存在的 AutoCAD 2016 图形文件。

启动 AutoCAD 2016 后，打开如图 13-1 所示的 AutoCAD 2016 的开始界面，点击选择样板或者无样板—公制，进入如图 13-2 所示的 AutoCAD 2016 的缺省用户界面。

图 13-2 是 AutoCAD 2016 缺省的用户界面，对应“二维草图与注释”的工作空间，在工作空间未修改之前默认采用此界面。该界面包括【应用程序】按钮菜单、【功能区】选项板、【快速访问】工具栏、绘图区、命令行窗口和状态栏等功能区。

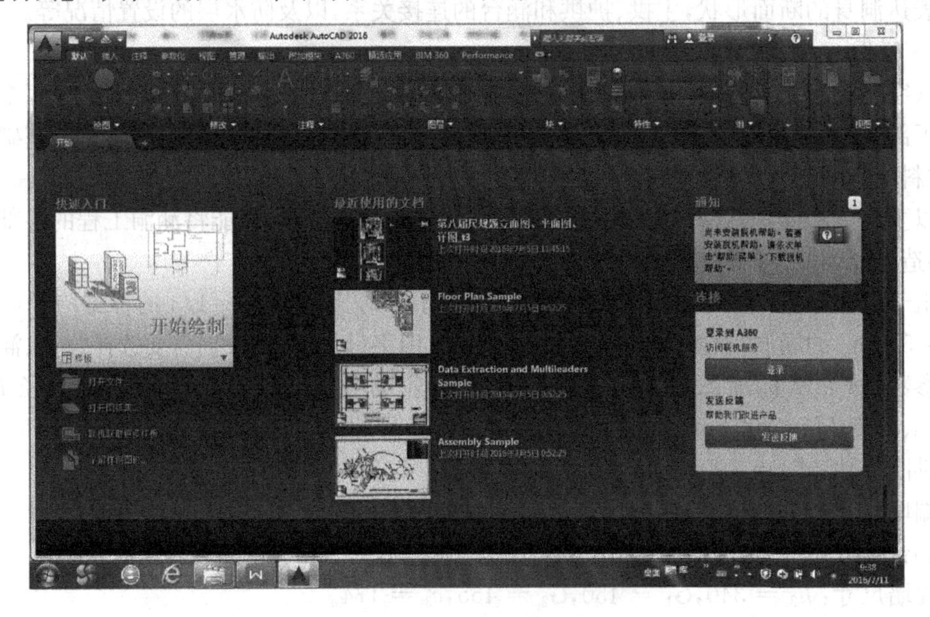

图 13-1　AutoCAD 2016 开始界面

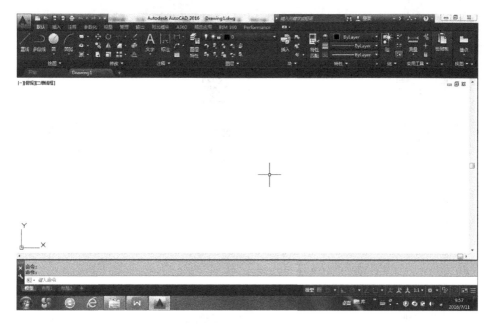

图 13-2 AutoCAD 2016 缺省用户界面(无样板—公制)

AutoCAD 2016 提供了 3 个不同的工作空间供用户选择,包括“二维草图与注释”、“二维基础”和“三维建模”。深受老用户欢迎的“AutoCAD 经典”工作空间,到 2015 版彻底被取消了,但是用户可以根据需要将下载好的经典模式 acad. cuix 配置文件移植到 2016 版使用。具体方法如下:

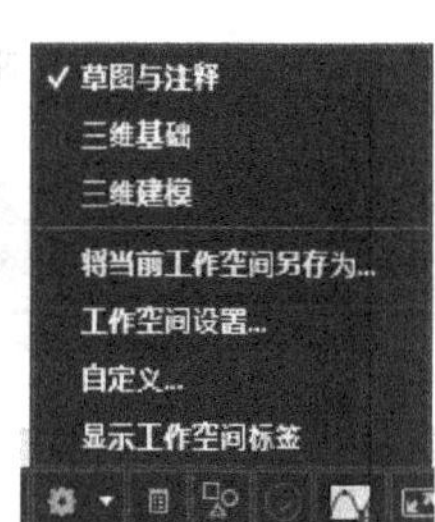

图 13-3 工作空间快捷菜单

单击状态栏中的“切换工作空间”按钮,然后从弹出的快捷菜单(图 13-3 所示)中选择“自定义”调出【自定义用户界面】对话框(如图 13-4 所示),选择【传输】选项卡,在右侧点击打开按钮,选择下载好的经典模式配置文件 acad. cuix 打开,然后鼠标左键选中“AutoCAD 经典”拖到左侧工作空间栏目下,点击对话框的“应用”和“确定”按钮关闭对话框。最后,再次单击状态栏中的“切换工作空间”按钮,从弹出的快捷菜单中选择“AutoCAD 经典”即可。

为方便 AutoCAD 新老用户的使用,本书以下章节主要采用“AutoCAD 经典”工作空间进行介绍,此工作空间下用户界面的组成如图 13-5 所示。

“AutoCAD 经典”工作界面由标题栏、菜单栏、工具栏、绘图区、十字光标、命令行和状态栏等组成。下面介绍这几个组成部分。

1)【应用程序】菜单

点击左上角的形按钮后即可弹出如图 13-6 所示的【应用程序】菜单,其中包括新建、打开、保存以及打印、发布等最基本的命令选项。

2)【快速访问】工具栏

【快速访问】工具栏包括最常用命令的快捷按钮,如新建、打开、保存文件、撤销、重做等。用户也可通过点击最右端的小三角箭头进行自定义,将自己最常用的命令按钮放置在上面。

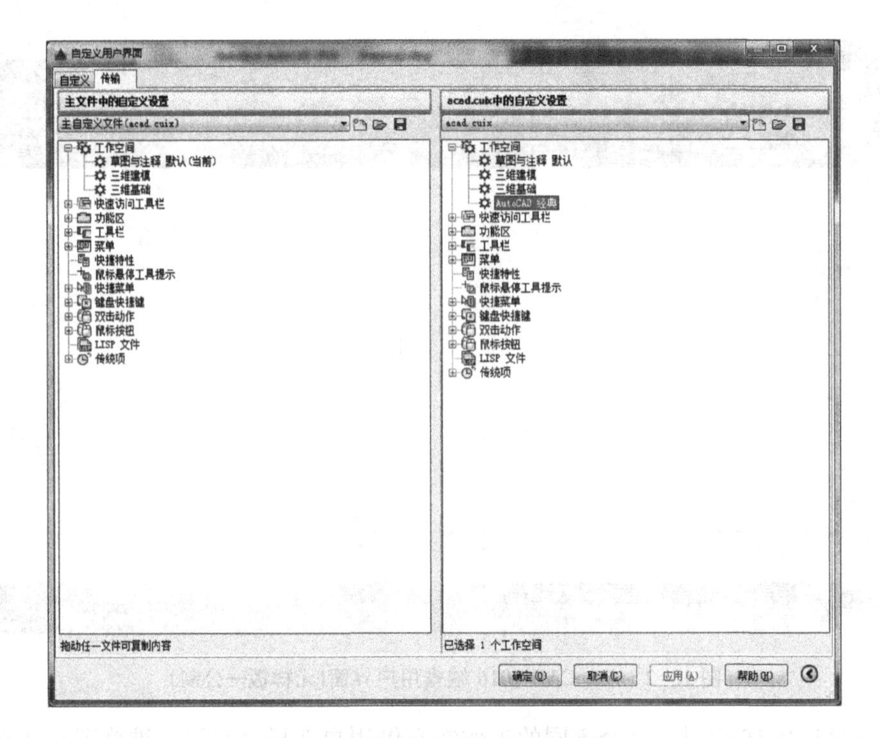

图 13-4 【自定义用户界面】对话框

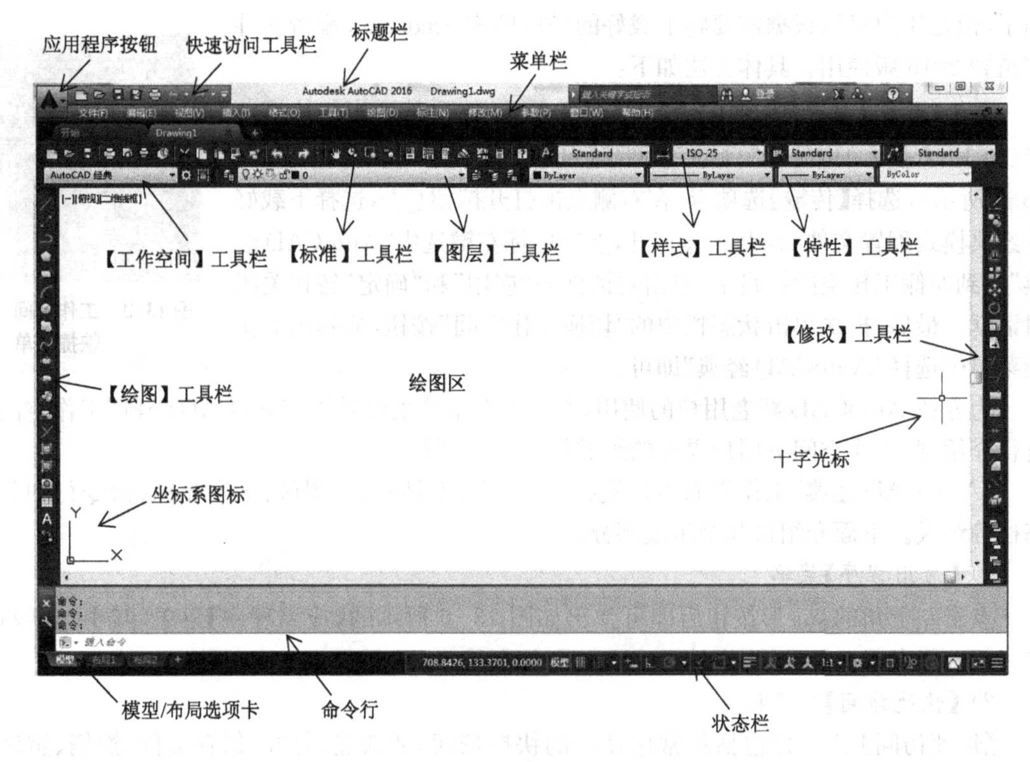

图 13-5 “AutoCAD 经典”工作空间用户界面

3) 标题栏

在用户界面的最上端是标题栏,显示了系统当前正在运行的应用软件名称(Autodesk AutoCAD 2016)及用户正在使用的图形文件名称等。

4) 交互帮助信息栏

交互帮助信息栏包括搜索文本框、会员中心、通信中心、收藏夹和帮助按钮,可以使用户快速准确地得到当前的帮助信息。

5) 菜单栏

在标题栏的下方是菜单栏,包括【文件】【编辑】【视图】【插入】【格式】【工具】【绘图】【标注】【修改】【参数】【窗口】和【帮助】12 个下拉菜单选项。每一个菜单下均包含多个子菜单命令,甚至子菜单下还会含有级联菜单。如点击绘图菜单将显示绘图子菜单,包括了各种绘图命令,而选择子菜单中带有 ▶ 的"圆"命令之后又会出现相应的级联菜单,用于选择所需的画圆方法。如图 13-7 所示。

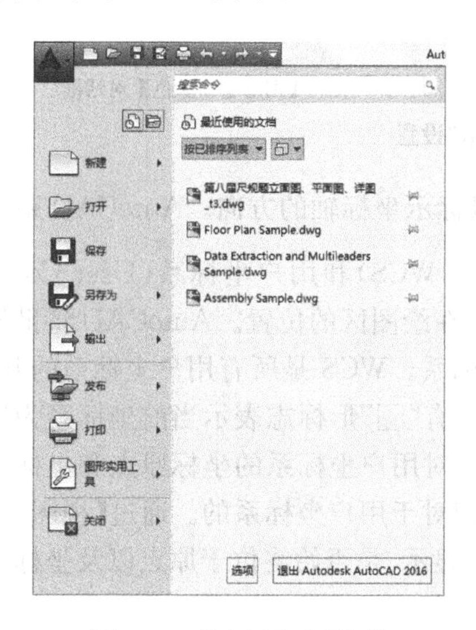

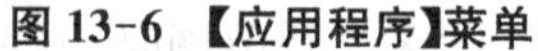
图 13-6 【应用程序】菜单

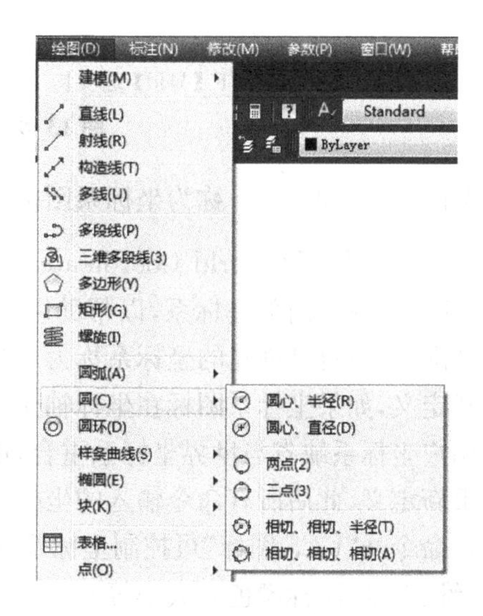

图 13-7 下拉菜单

6) 工具栏

工具栏是一组相关图标按钮的集合,单击图标即可执行相应的命令。把光标移动到某个图标上,稍停片刻即在该图标附近浮动显示相应的工具名称、说明及命令名,此时按 F1 键可得到关于此命令的帮助信息。在默认情况下,用户界面显示位于绘图区上部的【标准】工具栏、【样式】工具栏、【工作空间】工具栏、【图层】工具栏以及【特性】工具栏,位于绘图区左侧的【绘图】工具栏、右侧的【修改】工具栏和【绘图次序】工具栏,如图 13-5 所示。AutoCAD 2016 提供了 50 余种工具栏供显示使用,用户可在任一工具栏上单击鼠标右键,在打开的快捷菜单上勾选或取消某一工具栏的显示。

7) 绘图区

用户界面中间的大片空白区域是绘图区,相当于一张虚拟的绘图纸,用户可在此区域任意绘制和修改图形。鼠标指针在界面的其他地方显示为一个箭头,在绘图区显示为一个十字光标,其中心表示了当前点的位置。十字光标的大小可以通过点击【工具】菜单下的"选项"命令打开【选项】对话框，选择【显示】选项卡，拖动对应的滑块进行调整(如图 13-8(a)所示)。背景及其他界面元素的颜色可点击【显示】对话框中的"颜色"按钮，在弹出的【图形窗口颜色】对话框中选择调整(如图 13 - 8(b)所示)。

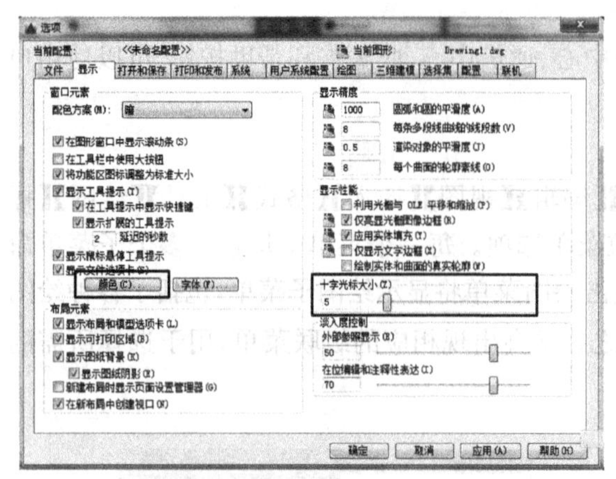

(a) 【选项】对话框下【显示】选项卡

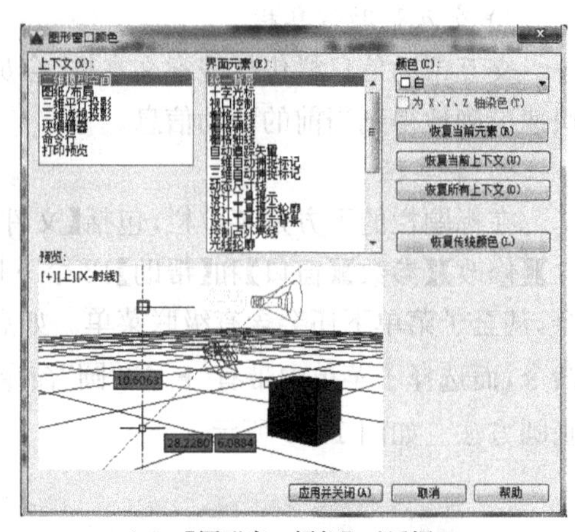

(b) 【图形窗口颜色】对话框

图 13-8 "显示"设置

绘图区左下角的 (坐标系图标) 称为坐标系图标，用以标示坐标轴的方向。AutoCAD 系统为用户提供了世界坐标系(World Coordinate System, WCS)和用户坐标系(User Coordinate System, UCS)两个内部坐标系，以帮助用户确定在绘图区的位置。AutoCAD 将世界坐标系作为基准，用户自己创建的坐标系称为用户坐标系。WCS 是所有用户坐标系的基准，不能被重新定义，如果坐标系图标在坐标轴交叉点带有"□"形标志表示当前坐标系为世界坐标系。用户坐标系缺省与世界坐标系重合，用户可对用户坐标系的坐标原点和坐标轴的方向进行重新定义，此后所有命令输入的坐标都是相对于用户坐标系的。通过【视图】菜单下的"显示"命令→"UCS 图标"可控制坐标系图标的显示、是否始终位于原点以及坐标系的特性(如二维、三维、图标颜色和大小等)。

绘图区的右下方和右方有滚动条，在所画图形超出绘图区显示范围时，通过拖动滚动条可将图形的不可见部分上下左右滚动显示。

8) 命令行窗口

命令行窗口包括上部的文本窗口和最下面一行的命令行，是输入命令名和显示命令提示的区域。AutoCAD 通过命令行窗口反馈各种信息，包括出错信息。默认的命令行窗口布置在绘图区下方，可通过鼠标左键双击命令行窗口的左侧灰色区域将其放大，如图 13-9 所示。

```
指定下一点或 [放弃(U)]:
指定下一点或 [放弃(U)]:
指定下一点或 [闭合(C)/放弃(U)]:
指定下一点或 [闭合(C)/放弃(U)]:
指定下一点或 [闭合(C)/放弃(U)]:
指定下一点或 [闭合(C)/放弃(U)]:
键入命令
```

图 13-9 命令行窗口

9) 模型/布局选项卡

用户界面左下方是 模型 布局1 布局2 + 选项卡,通过鼠标点击可以进行模型空间和图纸空间的切换。系统默认有1个模型选项卡和2个布局选项卡,其中模型空间主要用于几何模型的创建和编辑,而布局空间主要用于构造图纸及其打印样式,对模型空间建立的几何模型进行打印输出。

10) 状态栏

状态栏在用户界面的最底部右侧,包括辅助绘图工具的功能按钮(如捕捉模式、栅格显示、正交模式、极轴追踪、对象捕捉等),一些常见的显示工具、注释工具和导航工具的功能按钮等。

13.1.2 AutoCAD的基本操作

AutoCAD所有的操作过程都是通过命令来控制的,且命令名均为英文(不区分大小写),用户可以使用相应的命令来指挥AutoCAD完成不同的任务。

1) 命令的执行方式

AutoCAD命令的执行方式有以下几种(以“直线”命令为例):

(1) 在命令行直接输入命令名全称(如“LINE”)或其缩写(如“L”),然后按【Enter】键或【空格】键(注:很多情况下的【空格】键和【Enter】键的功能是相同的,但更方便)。

(2) 用鼠标选择菜单栏或【应用程序】菜单中相应的命令选项(如【绘图】菜单→“直线”命令)。

(3) 用鼠标点击工具栏或【快速访问】工具栏中的相应的命令按钮(如【绘图】工具栏→“直线”按钮)。

(4) 使用键盘上的快捷键(如按F8键可启用或关闭正交模式等)。

命令执行后,根据情况,AutoCAD会提示用户进行下一步的操作。如执行“圆”命令(在命令行输入“CIRCLE”并按【Enter】键)后,命令行提示:

命令:CIRCLE↙

指定圆的圆心或[三点(3P)/两点(2P)/切点、切点、半径(T)]:

此时用户可根据需要选择不同的选项来完成画圆操作,如输入“3P”后按回车键表示通过三点的方法来画圆,命令行将继续提示用户依次输入3个点,完成圆的绘制。

2) 命令的取消与重复

用户可随时按【Esc】键来终止当前执行的命令。如果要重复执行上一个命令,用户可以在AutoCAD 2016等待输入命令时直接按【Enter】键或【空格】键或在绘图区单击鼠标右键选择“重复”;也可以在命令行窗口单击鼠标右键,在弹出的快捷菜单中选择“近期输入的命令”下的某个命令。

3) 命令的撤销与重做

如果用户发现之前的操作有误,可使用“UNDO”命令撤销一次或多次操作。撤销后还可使用“REDO”命令重新恢复撤销的操作。也可以单击【快速访问】工具栏或【标准】工具栏上的放弃/重做箭头 ,进行放弃或重做的操作。

4) 命令参数的输入

大多数命令都需要输入一定量的参数以最终确定所要绘制的图形。需要输入的命令参数种类有点、角度、距离、长度等。点是最基本的绘图元素，用 AutoCAD 2016 画图时通常遵循点、线、面、体依次逐步构成的次序，点的输入可以直接在命令行输入点的坐标，也可以配合精确定位工具使用鼠标在绘图区点取需要的点。

根据不同的已知条件，用户可输入不同的坐标数据，如直角坐标(笛卡尔坐标)或极坐标，绝对坐标或相对坐标，下面介绍 AutoCAD 2016 中几种坐标的输入方法。

(1) 笛卡尔坐标(直角坐标)

笛卡尔坐标又称为直角坐标，对二维绘图而言，平面上任何一点 P 都可以由该点在 X 轴和 Y 轴的坐标(X, Y)唯一确定，其中 X 表示该点到 Y 轴的距离，Y 表示该点到 X 轴的距离。在绘图过程中，直角坐标的输入方法为：依次输入 X 坐标、英文逗号(,)、Y 坐标，然后按【Enter】键。如某点的坐标为(40,30)，输入该点时可依次输入 40、英文逗号(,)、30，然后按【Enter】键即可。如图 13-10 所示为一条通过点(0,0)和(40,30)的直线的绘制过程，从命令行提示窗口可以看到直角坐标的输入方法。

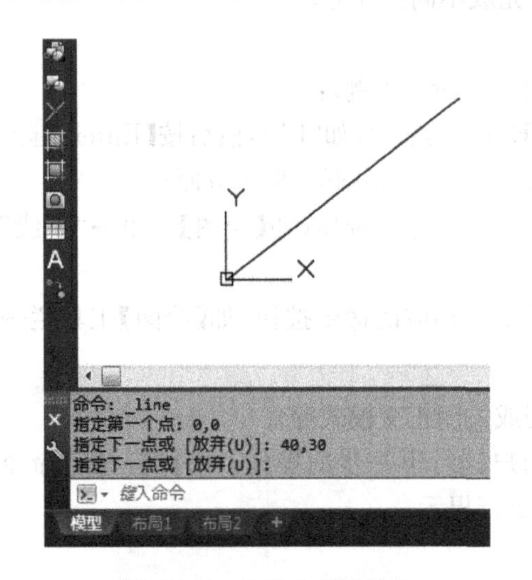

图 13-10 直角坐标的输入

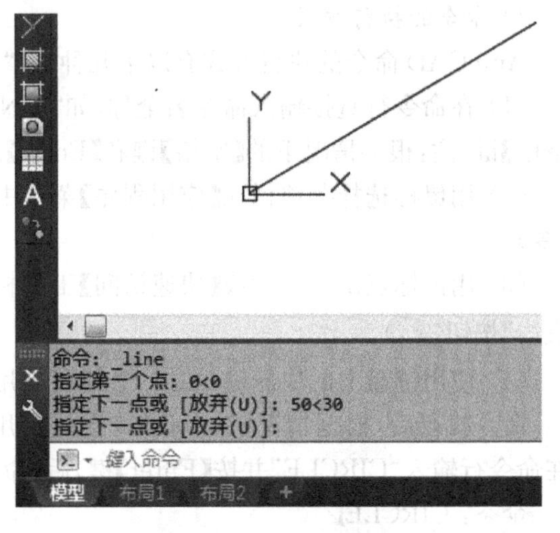

图 13-11 极坐标的输入

(2) 极坐标

平面上任何一点 P 都可以由该点到原点的连线长度 L 和连线与极轴(X 轴正方向)的交角 α(极角，逆时针方向为正)唯一确定，因此极坐标表示为($L<\alpha$)。极坐标的输入方式为：依次输入极半径 L，小于号“<”，极角 α，然后按【Enter】键。例如，某点的极坐标为(50<30)，输入该点时可依次输入 50、小于号“<”、30，然后按【Enter】键即可。如图 13-11 所示为通过点(0,0)、直线长度为 50、与 X 轴正方向夹角为 30°直线，该直线两点的极坐标分别为 0<0、50<30，从命令行提示窗口可以看到极坐标的输入方法。

以上坐标又称为绝对直角坐标和绝对极坐标。

(3) 相对直角坐标和相对极坐标

直角坐标和极坐标都是相对于坐标原点而言的，在实际应用中可以把上一个输入点作为相对坐标原点，此时的直角坐标和极坐标称为相对直角坐标和相对极坐标。在 AutoCAD 2016 中相对坐标用“@”标识,在输入坐标时首先输入“@”符号,然后输入相对坐标值。

在某些情况下,通过相对坐标来绘制图形更加方便。例如,现需绘制由两条线段构成的折线,起点 A 坐标为(10,10),第一条线段终点 B 相对起点 X 轴方向偏移50,Y 轴方向也偏移 50,第二条线段长 60,与 X 轴成 30°角,第一条线段 B 点相对于 A 点的相对直角坐标为(@50,50),第二条线段终点 C 相对于起点 B 的相对极坐标为(@60<30)。图 13-12 为使用相对直角坐标和相对极坐标输入的该折线绘制过程。

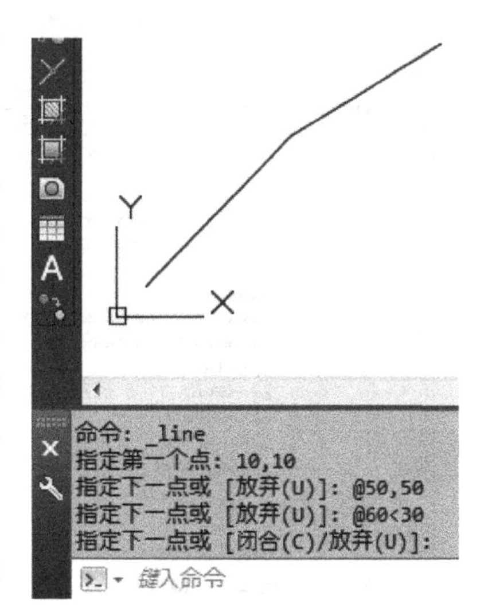

图 13-12　相对直角坐标和相对极坐标的输入

5) 管理图形文件

文件是计算机保存信息的基本方式,AutoCAD 2016 使用后缀名为 dwg 的文件格式保存图形信息。AutoCAD 2016 的文件操作包括新建文件、保存文件、打开文件、关闭文件等。与其他命令一样,执行文件操作命令也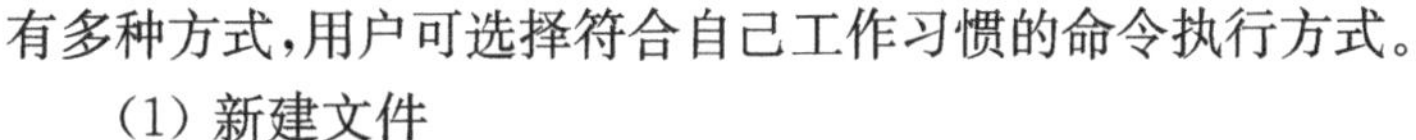有多种方式,用户可选择符合自己工作习惯的命令执行方式。

(1) 新建文件

AutoCAD 2016 新建文件的方法有:

① 命令行:NEW/QNEW

② 菜单栏:【文件】菜单 →“新建”命令

③【应用程序】菜单→“新建”命令

④【标准】工具栏 →“新建”按钮

⑤【快速访问】工具栏→“新建”按钮

⑥ 快捷键:Ctrl + N

执行新建文件命令后,系统弹出如图 13-13 所示的【选择样板】对话框,用户可以选择 AutoCAD 提供的已设置好绘图环境的样板进行后续的绘图。

若用户不需要选择样板文件,可以点击“打开”按钮后的小三角 选择无样板打开(英制或公制),如图 13-14 所示。

(2) 保存文件

保存文件分为“保存”和“另存为”两种。“保存”命令将当前修改过的图形文件以当前文件名保存到磁盘文件里,“另存为”是将当前文件用另外的文件名保存。如果将新建的文件直接保存,则 AutoCAD 2016 自动转入“另存为”命令。

① 保存

a. 命令行:SAVE/QSAVE

b. 菜单栏:【文件】菜单 →“保存”命令

c.【应用程序】菜单→“保存”命令

d.【标准】工具栏 →“保存”按钮

e.【快速访问】工具栏→“保存”按钮

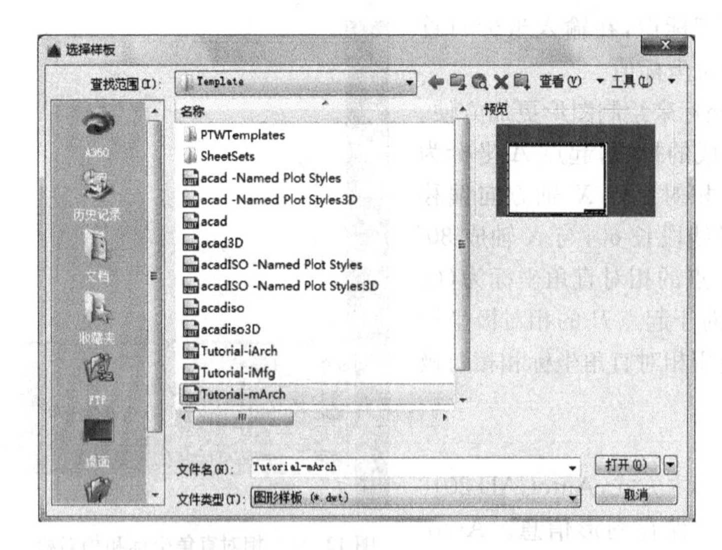

图 13-13 【选择样板】对话框

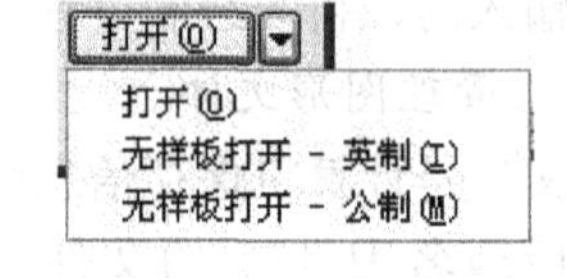

图 13-14 无样板打开文件

f. 快捷键:Ctrl+S

② 另存为

a. 命令行:SAVEAS

b. 菜单栏:【文件】菜单 → "另存为"命令

c. 【应用程序】菜单→ "另存为"命令

d. 快捷键: Ctrl+Shift+S

图 13-15 所示即【图形另存为】对话框,用户输入相应文件名后选择文件类型和保存路径(第一次保存文件,建议用【图形另存为】命令,在文件类型选项中,选择低版本的类型,以便于在其他版本的软件中打开文件),点击"保存"按钮即可。

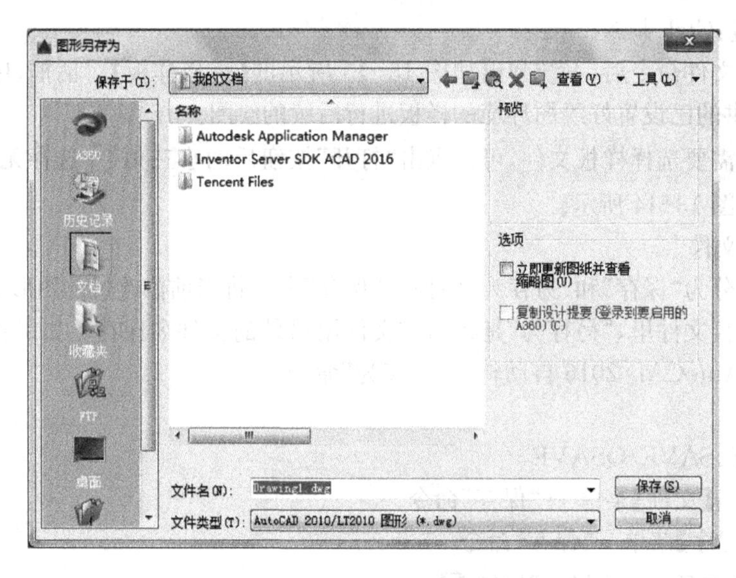

图 13-15 【图形另存为】对话框

(3) 打开文件

AutoCAD 2016 打开文件的方法有：

① 命令行：OPEN

② 菜单栏：【文件】菜单 →“打开”命令

③【应用程序】菜单→“打开”命令

④【标准】工具栏 →“打开”按钮

⑤【快速访问】工具栏→“打开”按钮

⑥ 快捷键：Ctrl+O

执行“打开”文件命令后，弹出如图 13-16 所示的【选择文件】对话框。用户可在“查找范围”中找到文件所在目录并选择要打开的文件。

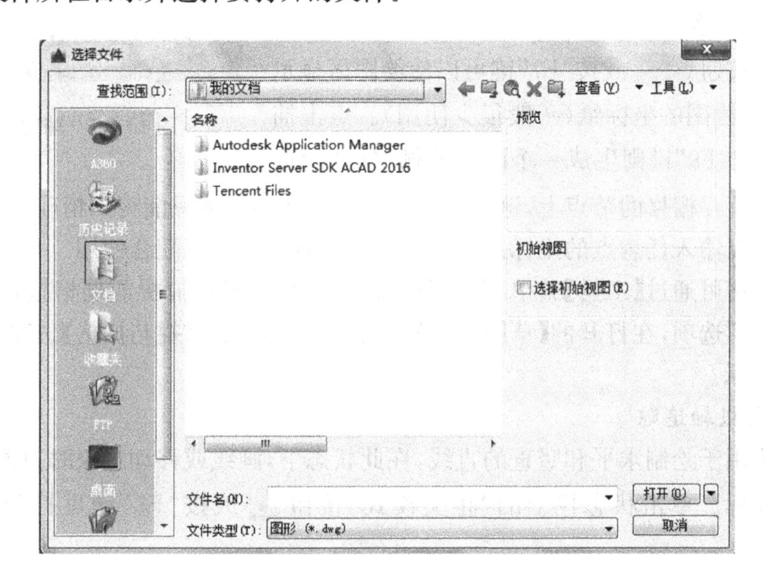

图 13-16 【选择文件】对话框

(4) 关闭文件

AutoCAD 2016 关闭文件的方法有：

① 命令行：CLOSE

② 菜单栏：【文件】菜单 →“关闭”命令

③【应用程序】菜单→“关闭”命令

④ 点击菜单栏右侧的 按钮

执行“关闭”文件命令后，AutoCAD 将当前图形文件关闭。如果文件修改后未保存，则询问是否保存文件，选择“是”则保存文件后再关闭，选择“否”则将修改丢弃直接关闭。

(5) 退出 AutoCAD 2016

退出 AutoCAD 2016 程序的方法有：

① 命令行：QUIT/EXIT

② 菜单栏：【文件】菜单 →“退出”命令

③【应用程序】菜单 → “退出”命令

④ 点击“状态栏”右侧的 按钮

执行“退出”命令后，如果有修改过的文件尚未保存，AutoCAD 将询问是否保存，保存完成后程序退出。

13.1.3 辅助绘图工具

为了更加快速、精确地创建图形，AutoCAD 2016 为用户提供了多种绘图的辅助工具，如栅格、捕捉、正交、对象捕捉和追踪等，这些辅助绘图工具能够快速准确地定位某些特殊点和特殊位置。辅助绘图工具按钮位于状态栏中，如图 13-17 所示，单击这些按钮，即可打开或关闭这些辅助绘图工具。

1) 捕捉与栅格

图 13-17 辅助绘图工具

点击栅格按钮 或按“F7”键可以使绘图区显示网格，类似手工绘图的坐标纸(一般很少使用)。点击捕捉按钮 或按“F9”键则生成一个隐含的栅格(捕捉栅格)，光标只能落在栅格的节点上，这样用户使用鼠标在绘图区只能得到精确的栅格点，但从命令行仍然可以输入任意点的坐标。栅格与捕捉工具经常一起配合使用。

捕捉和栅格可通过【工具】菜单下的“草图设置”命令，或在捕捉或栅格按钮上单击鼠标右键选择“设置”选项，在打开的【草图设置】对话框中切换到【捕捉与栅格】选项卡进行设置，如图 13-18 所示。

2) 正交与极轴追踪

正交模式用于绘制水平和竖直的直线，在此状态下，画线或移动对象时只能沿水平或竖直方向移动光标。单击状态栏上的“正交模式”按钮 或按“F8”键可打开或关闭正交模式。

极轴追踪用于绘制与坐标轴成一定角度的线段。与正交模式的强制正交不同，极轴追踪仅提示显示一条无限延伸的符合预先设置角度增量的辅助线，用户可沿辅助线移动光标得到合适的点。单击状态栏上的“极轴追踪”按钮 或按“F10”键可打开或关闭极轴追踪。

需要注意的是：正交模式与极轴追踪不能同时打开，若一个打开，另一个将自动关闭。

极轴追踪的角度可点开其按钮右侧的小三角选择合适的角度，也可在【草图设置】对话框中的【极轴追踪】选项卡中进行设置，如图 13-19 所示。用户可在“极轴角设置”选项区中设置“增量角”的大小，AutoCAD 2016 对极轴角为增量角倍数的极轴提供追踪线，如果要追踪不是增量角倍数的极轴，可添加相应的附加角。

【例 13-1】 利用正交模式或极轴追踪绘制如图 13-20 所示的图形。

利用正交模式或极轴追踪绘制直线段时，可以直接输入距离，而不需输入各点的坐标，具体操作步骤如下：

(1) 打开正交模式(或极轴追踪模式设置 90°为增量角)。

(2) 执行“LINE”命令，命令行提示如下：

命令：LINE ↙(符号↙表示按【Enter】键或【空格键】)

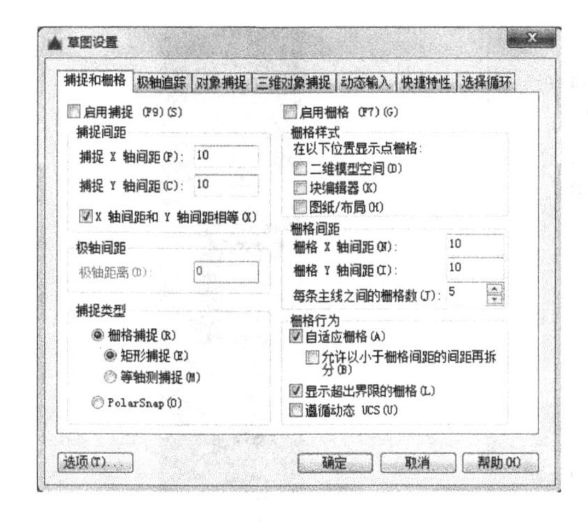

图 13-18 【捕捉与栅格】选项卡

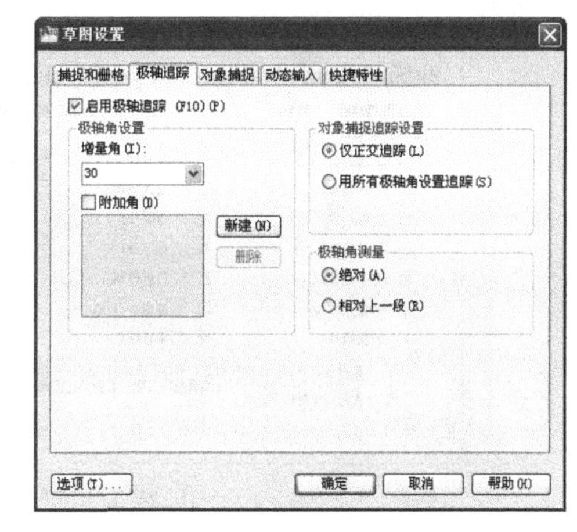

图 13-19 【极轴追踪】选项卡

指定第一点:(用鼠标在绘图区合适位置点击左键输入一点)

指定下一点或[放弃(U)]: 100↙(向第一点即 A 点下方拖动光标,屏幕将在 A 点下方出现一条起点为 A 点的竖直线段,随鼠标移动其长度随之变化,此时使用键盘输入线段长度 100 后按【Enter】键)

指定下一点或[放弃(U)]: 60↙(向 B 点右侧拖动光标,屏幕将在 B 点右侧出现一条起点为 B 点的水平线段,此时使用键盘输入线段长度 60 后按【Enter】键)

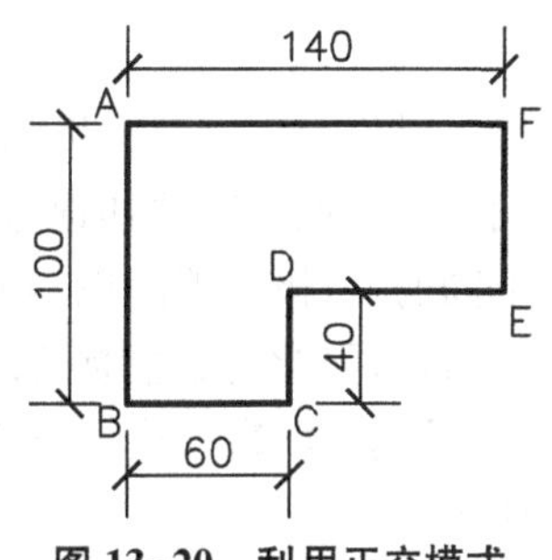

图 13-20 利用正交模式画直线段

指定下一点或[闭合(C)/放弃(U)]: 40↙(向 C 点上方拖动光标,输入 40 后按【Enter】键)

指定下一点或[闭合(C)/放弃(U)]: 80↙(向 D 点右侧拖动光标,输入 80 后按【Enter】键)

指定下一点或[闭合(C)/放弃(U)]: 60↙(向 E 点上方拖动光标,输入 60 后按【Enter】键)

指定下一点或[闭合(C)/放弃(U)]: c↙(闭合图形)

3) 对象捕捉与对象捕捉追踪

对象捕捉功能是各种辅助绘图工具中使用最频繁的一种,当光标靠近符合用户设置的捕捉特征点时,AutoCAD 会自动产生捕捉标记和捕捉提示,此时光标出现磁吸现象以方便选取捕捉点。

对象捕捉在【草图设置】对话框的【对象捕捉】选项卡中设置,用户可根据需要勾选各种捕捉模式,如图 13-21(a)所示。

对象捕捉模式可复选,但通常只选定最常用的几种捕捉模式(如端点、中点、圆心等),因为如果选择太多,绘图时反而相互干扰,降低绘图效率。

用户也可点击“对象捕捉”按钮右侧的小三角或鼠标右键,调出临时捕捉设置菜单,如图 13-21(b)所示。此时可选择一种捕捉模式,且只对当前一次捕捉操作有效,但对“对象捕捉追踪”无效。

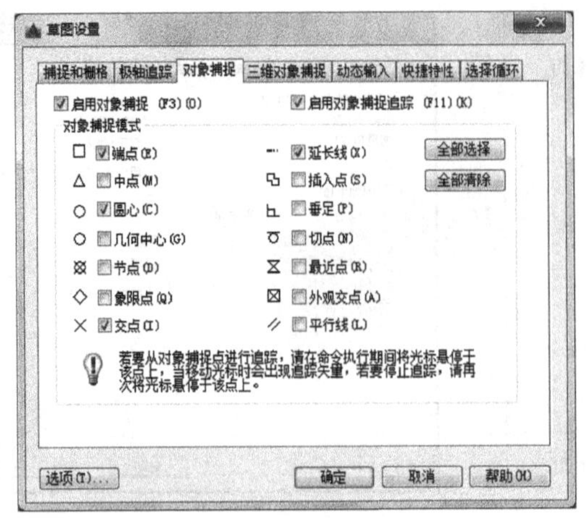

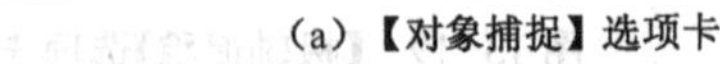
(a)【对象捕捉】选项卡

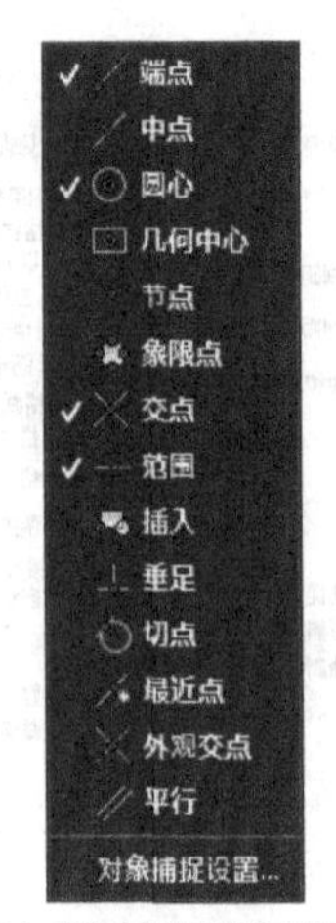

(b) 临时捕捉设置菜单

图 13-21　对象捕捉设置

对象捕捉追踪与极轴追踪都属于自动追踪，也是通过提供符合设定要求的辅助线以便确定下一点。对象捕捉追踪可按正交追踪或极轴角追踪，在图 13-19 中设置。与极轴追踪不同的是，极轴追踪以当前点为基点进行追踪，对象捕捉追踪以对象捕捉的特征点为基点进行追踪，因此对象捕捉追踪必须与对象捕捉同时使用。

【例 13-2】 从一已知圆的圆心向已知直线作垂线，并折回与该圆相切，如图 13-22 所示。

操作步骤如下：

(1) 打开“对象捕捉”按钮，单击鼠标右键，选择“设置”选项打开【草图设置】对话框的【对象捕捉】选项卡，勾选“圆心”、“垂足”和“切点”对象捕捉模式，并清除其他选择框。

(2) 执行“LINE”命令。在命令行提示“输入第一点”时，将光标移动到圆曲线的圆心附近，此时圆心处将产生圆心捕捉标记 ⊕，继续移动光标到圆心附近，此时光标右下方将出现圆心捕捉提示 圆心 ，点击鼠标左键选择此点。

(3) 在命令行提示“输入下一点”时，将光标移动到直线附近，直线上某一位置将出现垂足捕捉标记，继续将光标移动到此标记附近，此时光标右下方将出现垂足捕捉提示 垂足 ，点击鼠标左键选择此点。

(4) 将光标移动到圆曲线附近，圆上某一位置将出现切点捕捉标记，继续将光标移动到此标记附近，此时光标右下方将出现切点捕捉提示 切点 ，点击鼠标左键选择此点，即可完成绘图。

【例 13-3】 过一点绘制一条与水平线成 30°角的线段，使其另一个端点与已知线段 AB 的中点在一条竖直线上。

操作步骤如下：

(1) 打开“极轴追踪”按钮，启用“极轴追踪”模式。

(2) 在【草图设置】对话框的【极轴追踪】选项卡中，将极轴增量角设置为 30°，并在“对象捕捉追踪设置”区选择“用所有极轴角设置追踪”单选框。

(3) 启用“对象捕捉”和“对象捕捉追踪”复选框，并选择“中点”和“节点”对象捕捉模式。

(4) 在命令行中输入“LINE”后按【Enter】键，在命令行提示“输入第一点”时，将光标移动到已知点附近，因打开了“节点”捕捉模式，AutoCAD将显示捕捉到此点。单击鼠标左键选取该点后，命令行提示“输入下一点”，此时将光标移动到已知线段AB附近，因打开了“中点”捕捉模式，AutoCAD将显示捕捉到此线段的中点。将光标移动到线段中点上，稍停后慢慢向下移动光标，由于打开了“对象捕捉追踪”功能，此时将出现一条竖直的对象捕捉追踪虚线，并且随着光标向下移动，AutoCAD给出一个“×”形表示的追踪点。因为打开了增量角为30°的极轴追踪功能，向下移动到一定位置时，绘图区将出现一条30°倾角的极轴追踪虚线，两条虚线的交点处即为所绘线段的另一端点，此时屏幕状态如图13-23所示。单击鼠标左键选取该交点，即绘制出符合要求的线段。

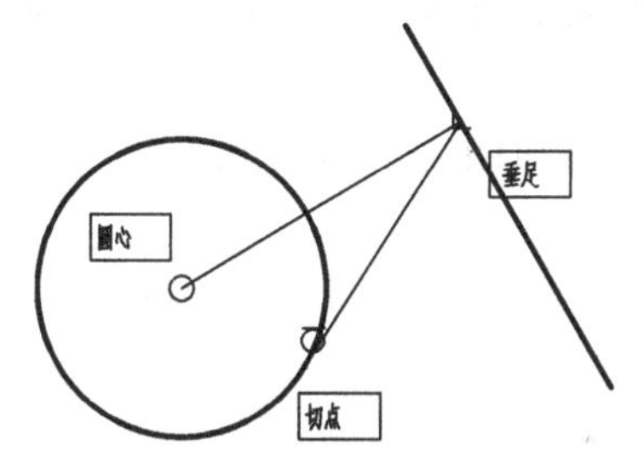

图13-22　利用对象捕捉模式画垂线及切线

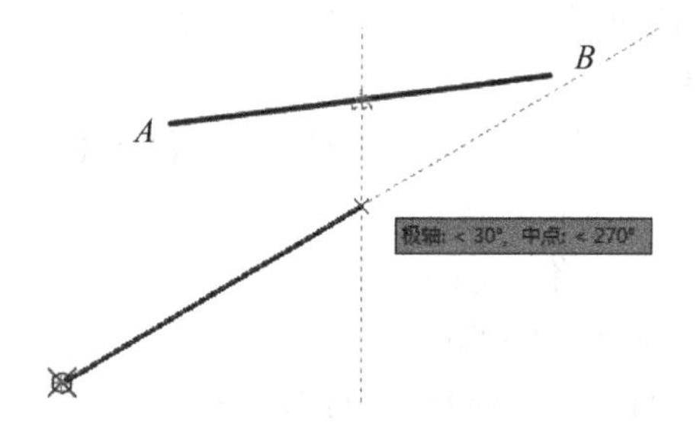

图13-23　辅助绘图工具的综合使用

4) 动态输入

单击状态栏中的“动态输入”按钮，可以打开或关闭此功能。利用动态输入，用户可直接在光标指示区输入命令和参数，用户的视线一直注视绘图区，不需要移动到底部的命令行提示区，因此可提高绘图效率。动态输入的各项参数在【草图设置】对话框的【动态输入】选项卡中设置。

5) 图形的显示控制

AutoCAD 2016的显示区域实际是一块虚拟的绘图板，与实际绘图板相比，其优点是可以对所绘制的图形进行任意的缩放、移动等操作，有时还可以同时打开多个视口进行操作，在绘制三维图形时还可以鸟瞰视图，具有很多实际图纸绘图时不可比拟的优点。

(1) 缩放视图

调整视图显示大小的“缩放视图”命令调用的方法有：

① 命令行：ZOOM

② 【视图】菜单→“缩放”→相应“缩放”命令

③ 【标准】工具栏→相应的“缩放”命令按钮

④ 【缩放】工具栏→相应的“缩放”命令按钮

通过对图形进行放大和缩小，用户可用不同的比例观察图形，根据需要把图形的整体或某一局部作为查看重点。执行“ZOOM”命令后，命令行提示如下：

命令：zoom↙

指定窗口的角点，输入比例因子(nX或nXP)，或者

[全部(A)/中心(C)/动态(D)/范围(E)/上一个(P)/比例(S)/窗口(W)/对象(O)]＜

实时>：

用户通过输入不同选项的参数，调用不同方式对图形进行缩放：其中全部(A)选项缩放显示整个图形；中心(C)选项缩放以显示由中心点和比例值/高度所定义的视图；动态(D)选项使用矩形视图框进行平移或缩放；范围(E)按最大尺寸显示所有对象；上一个(P)选项缩放显示上一个视图；比例(S)选项使用比例因子缩放视图；窗口(W)选项缩放显示由2个角点定义的矩形窗口框定的区域；对象(O)选项尽可能大的显示1个或多个选定的对象并使其位于视图的中心。

下面介绍最常用的几种缩放方式，其余的用户可在AutoCAD帮助系统中查询其用法。

① 实时缩放

最简单的缩放视图的方法是滚动鼠标中间的滚轮(即实时缩放)，直接对视图进行缩放。执行实时缩放命令时光标变为 Q+ 形，按下鼠标左键向下拖动图形将缩小，向上拖动图形将放大。

缩放结束后，用户可通过按【Esc】键或【Enter】键退出实时缩放状态。

② 窗口缩放

用于将指定的2个对角点所确定的窗口区域放大至整个绘图区，具体操作为：

命令：ZOOM ↙

指定窗口的角点，输入比例因子 (nX 或 nXP)，或者

[全部(A)/中心(C)/动态(D)/范围(E)/上一个(P)/比例(S)/窗口(W)/对象(O)]<实时>：W↙(输入 W 后按【Enter】键)

指定第一个角点：(输入点的坐标后按【Enter】键或用鼠标取点)

指定对角点：(输入点的坐标后按【Enter】键或用鼠标取点)

③ 范围缩放

用于放大或缩小图形以显示其范围，这会导致按最大尺寸显示绘图区内所有图形对象。具体操作为：

命令：ZOOM ↙

指定窗口的角点，输入比例因子 (nX 或 nXP)，或者

[全部(A)/中心(C)/动态(D)/范围(E)/上一个(P)/比例(S)/窗口(W)/对象(O)]<实时>：E↙(输入 E 后按【Enter】键)

正在重生成模型(将图形缩放至整个绘图窗口)

④ 全部缩放

用于在绘图区中缩放显示整个图形。在平面视图中，所有图形将被缩放到栅格界限和当前范围两者中较大的区域。在三维视图中，“全部缩放”与“范围缩放”等效。具体操作为：

命令：ZOOM ↙

指定窗口的角点，输入比例因子 (nX 或 nXP)，或者

[全部(A)/中心(C)/动态(D)/范围(E)/上一个(P)/比例(S)/窗口(W)/对象(O)]<实时>：A↙(输入 A 后按【Enter】键)

正在重生成模型(将所有图形缩放至整个绘图区域)

(2) 平移视图

平移视图命令可以重新定位视图，以便看清楚图形的其他部分。此时，不会改变图形对

象的大小,而只改变视图位置。其命令调用的方法有:

① 命令行:PAN

② 【视图】菜单→“平移”→“实时平移”命令

③ 【标准】工具栏→“实时平移”按钮

执行“PAN”命令后,光标变为手型标志,此时用户可按下鼠标左键并拖动鼠标以移动视图。平移到合适位置后,用户可通过按【Esc】键或【Enter】键退出实时平移状态。

如果鼠标有中间滚轮按键,按住鼠标中间滚轮并拖动鼠标可直接对视图进行平移。

(3) 重画

“重画”命令可以刷新当前视口中的显示对象,主要功能是从当前视口中删除编辑命令留下的点标记,其命令调用的方法有:

① 命令行:REDRAW

② 菜单栏:【视图】菜单→“重画”命令

(4) 重生成

“重生成”命令用于将当前视口中的整个图形重生成,重新计算所有对象的屏幕坐标,并重新创建图形数据库索引,从而优化显示和对象选择的性能。例如在使用缩放命令时,理论上 AutoCAD 可无限制缩放,但由于数据存储等限制导致实际缩放超过某一比例时将不能继续缩放,此时可使用重生成命令重建图形数据库索引,才能进行进一步的缩放。“重生成”命令调用的方法有:

① 命令行:REGEN

② 菜单栏:【视图】菜单→“重生成”命令

13.1.4 设置绘图环境

绘图环境的设置包括图形单位和图形界限等初始设置。

1) 图形单位

图形单位主要用来设置绘图时所使用的长度、角度单位和精度等,其命令执行的方式有:

(1) 命令行:UNITS

(2) 菜单栏:【格式】菜单→“单位”命令

执行“单位”命令后,可打开如图 13-24(a)所示的【图形单位】对话框。在此对话框中,用户可选择长度及角度的单位“类型”和“精度”,图块“插入时的缩放单位”等。若点击下方的“方向”按钮,用户可进一步打开【方向控制】对话框确定角度的起始方向,如图 13-24(b)所示。

2) 图形界限

图形界限的作用是设定一个矩形的绘图边界,打开图形界限检查功能后,超出此边界范围的作图无效,这样可以避免偶然错误的发生。如果设置了栅格显示,那么栅格只存在于设定的图形界限内。其命令执行的方式有:

(1) 命令行:LIMITS

(2) 菜单栏:【格式】菜单→“图形界限”命令

执行“图形界限”命令后,AutoCAD 命令行提示如下:

命令:LIMITS↙

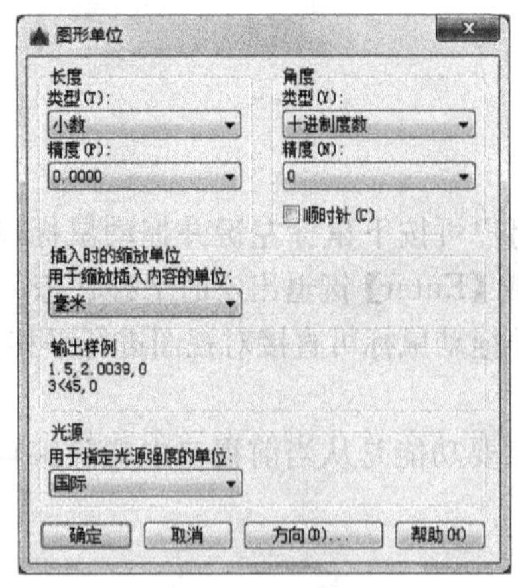

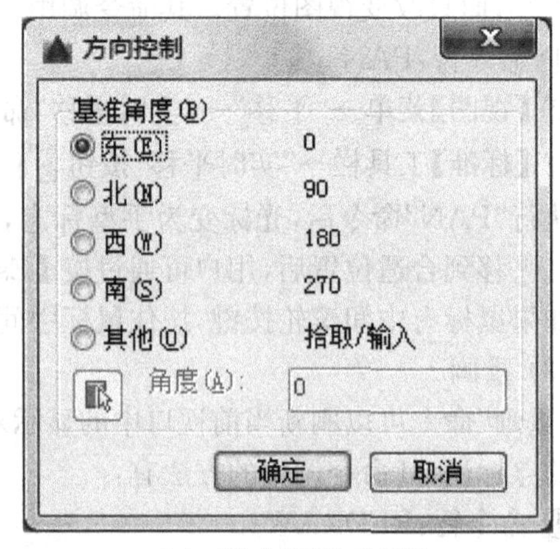

(a)【图形单位】对话框　　(b)【方向控制】对话框

图 13-24　绘图环境设置

重新设置模型空间界限：

指定左下角点或［开(ON)/关(OFF)］<0.0000,0.0000>:(输入左下角坐标后，按【Enter】键)

指定右上角点 <420.0000,297.0000>:(输入右上角坐标后，按【Enter】键)

设定好图形界限的范围后，若重新执行"LIMITS"命令并将其设置为"开(ON)"的状态，则输入在图形界限范围以外的点无效；若图形界限为"关(OFF)"的状态，用户可在任意范围内输入点。

13.2　常用绘图命令

AutoCAD 中常用的绘图命令都位于"绘图"菜单或绘图区左侧的"绘图"工具栏中，使用这些常用的绘图命令可以绘制出各种建筑图形，下面介绍常用绘图命令的执行及操作方法。

13.2.1　绘制点

在 AutoCAD 2016 中，点对象可用作捕捉和偏移对象的节点或参考点。

1) *点样式*

用来设置点绘制后的显示模式和大小等，其命令调用的方法有：

(1) 命令行：DDPTYPE

(2) 菜单栏：【格式】菜单→"点样式"命令

执行"点样式"命令后，可打开如图 13-25 所示的【点样式】对话框。在该对话框中有 20 种点的样式供用户选择，在"点大小"文本框中可以输入点大小的百分比数值(0～100)，并选择按何种方式设置大小。

2）绘制单点和多点

(1) 单点

“单点”命令调用的方法有：

① 命令行：POINT(命令缩写为 PO)

② 菜单栏：【绘图】菜单→“点”→“单点”命令

执行“单点”命令后，AutoCAD 命令行提示如下：

命令：POINT↙

指定点：(输入点坐标，或直接指定点所在的位置)

(2) 多点

“多点”命令实际是“单点”命令的自动重复，在绘制点数较多的情况下，“多点”命令更为简便，其命令的调用方式是在菜单栏的【绘图】菜单→“点”→“多点”命令。

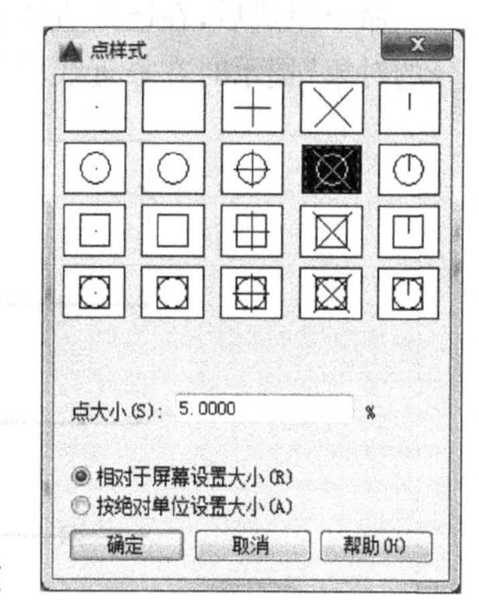

图 13-25　【点样式】对话框

3）定数等分和定距等分

AutoCAD 2016 可以在已绘制好的线形对象上按一定数目或距离等分生成节点，其命令分别是“定数等分”和“定距等分”。

(1) 定数等分

“定数等分”用于按给定的数目等分对象，其命令调用的方法有：

① 命令行：DIVIDE(命令缩写为 DIV)

② 菜单栏：【绘图】菜单→“点”→“定数等分”命令

例如图 13-26(a)所示长度为 200 的直线段，若要将线段等分为 5 份，其操作步骤为：

① 使用“点样式”命令，将点样式设置为图 13-25 所示样式类型，以方便查看所生成的点。

② 打开正交模式，使用“直线”命令绘制长度为 200 的直线段。

③ 执行“定数等分”命令，命令行提示如下：

命令：DIVIDE ↙

选择要定数等分的对象：(用鼠标选定要等分的直线段)

输入线段数目或 [块(B)]：5↙

命令完成后，在已知直线上生成 4 个特征点，如图 2-16(b)所示。

(2) 定距等分

“定距等分”用于按给定的长度等分对象，其命令调用的方法有：

① 命令行：MEASURE(命令缩写为 ME)

② 菜单栏：【绘图】菜单→“点”→“定距等分”命令

例如图 13-26(a)所示长度为 200 的直线段，若要将线段用 60 的长度等分，其操作方法为：

执行“定距等分”命令，命令行提示如下：

命令：MEASURE ↙

选择要定距等分的对象：(用鼠标在靠近线段左端处选定直线段)

指定线段长度或 [块(B)]：60↙

命令完成后，在已知直线上生成 3 个特征点，如图 13-26(c)所示。若在“选择要定距等分的对象”提示时在靠近线段右端处选定直线段，则等分效果如图 13-26(d)所示。

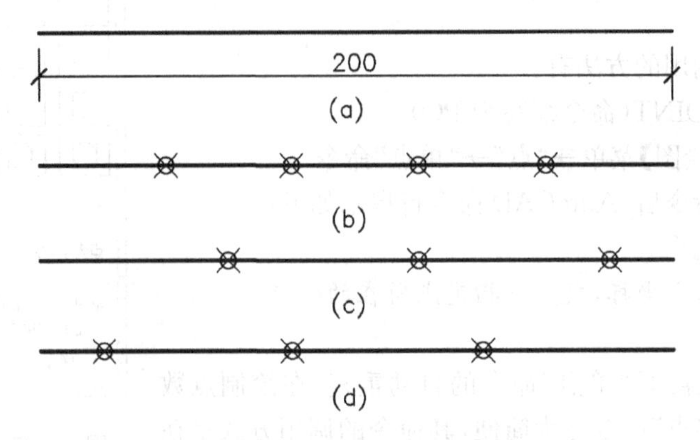

图 13-26　定数等分与定距等分

13.2.2　绘制直线型对象

直线类对象包括直线段、构造线、射线以及多线等，直线类对象的特点是指定直线上的 2 点即可确定直线的位置，因此直线类命令绘制的基本方法是指定直线上的 2 个通过点。

1) 绘制直线

AutoCAD 中所说的“直线”命令其实是指直线段，其命令调用的方法有：

(1) 命令行：LINE(命令缩写为 L)

(2) 菜单栏：【绘图】菜单→“直线”命令

(3) 【绘图】工具栏：“直线”按钮

执行“直线”命令后，若要绘制如图 13-27 所示的边长为 100 的正五角星，AutoCAD 命令行提示如下：

命令： LINE↙

指定第一点：100,100↙(输入 A 点的绝对直角坐标)

指定下一点或[放弃(U)]：@100,0↙(输入 B 点的相对直角坐标)

指定下一点或[放弃(U)]：@100<216↙(输入 C 点的相对极坐标)

指定下一点或[闭合(C)/放弃(U)]：@100<72↙(输入 D 点的相对极坐标)

指定下一点或[闭合(C)/放弃(U)]：@100<288↙(输入 E 点的相对极坐标)

指定下一点或[闭合(C)/放弃(U)]：c↙(闭合五角星)

最终完成正五角星图形的绘制，如图 13-27 所示。需要注意的是，在点的坐标输入时分别使用了直角坐标、相对直角坐标和相对极坐标。

说明：在指定第一点时，如直接按【Enter】键，系统将会把上次绘图的终点作为本次直线的起始点。若上次操作为绘制圆弧，按【Enter】键响应后系统将只能绘出通过圆弧终点沿圆弧延伸的该圆弧的切线，其长度可由键盘输入或由光标指定。

2) 射线

射线是指从某端点向一个方向无限延伸的直线，主要用于绘制辅助参考线，其命令调用的方法有：

(1) 命令行：RAY

(2) 菜单栏：【绘图】菜单→"射线"命令

执行"射线"命令后，命令行提示如下：

命令：RAY↙

指定起点：(输入点的坐标后按【Enter】键或用鼠标取点)

指定通过点：(输入点的坐标后按【Enter】键或用鼠标取点)

指定通过点：(继续绘制下一条通过起点的射线或按【Enter】键结束命令)

说明：在绘制多条射线时，所有后续射线都将以第一个指定点为起点。

3) 构造线

构造线才是数学意义上的两端无限延长的直线，与射线一样主要用于绘制辅助参考线，其命令调用的方法有：

(1) 命令行：XLINE(命令缩写为 XL)

(2) 菜单栏：【绘图】菜单→"构造线"命令

(3) 【绘图】工具栏→"构造线"按钮

执行"构造线"命令后，命令行提示如下：

命令：XLINE↙

指定点或 [水平(H)/垂直(V)/角度(A)/二等分(B)/偏移(O)]：(输入点的坐标后按【Enter】键或用鼠标取点)

指定通过点：(输入点的坐标后按【Enter】键或用鼠标取点)

指定通过点：(继续绘制下一条通过起点的构造线；直接按【Enter】键结束命令)

说明：除指定 2 个经过点外，构造线还有 5 种绘制方法：选项(H) 绘制一条经过指定点的水平构造线；选项(V) 绘制一条经过指定点的垂直构造线；选项(A) 绘制一条指定角度的构造线；选项(B) 绘制一条经过选定的角顶点且将选定的 2 条线之间的夹角平分的构造线；选项(O) 绘制一条平行于选定对象的构造线。

13.2.3 绘制规则曲线

1) 绘制圆

"圆"命令的调用方式有：

(1) 命令行：CIRCLE(命令缩写为 C)

(2) 菜单栏：【绘图】菜单→"圆"命令

(3) 【绘图】工具栏→"圆"按钮

执行"圆"命令后，AutoCAD 命令行提示：

命令：CIRCLE↙

指定圆的圆心或 [三点(3P)/两点(2P)/切点、切点、半径(T)]：(输入点的坐标后按【Enter】键或用鼠标取点)

指定圆的半径或 [直径(D)]：(输入半径数值后按【Enter】键；选项(D)用于输入直径数值)

说明:默认情况下使用指定圆心和半径的方法绘制圆;选项(3P)是通过输入圆上3点确定圆;选项(2P)是通过输入圆直径的2个端点确定圆;选项(T)是通过指定圆与其他对象的2个切点和半径确定圆。

【例13-4】 绘制如图13-28所示的各种圆,其中直线*ABC*水平,各圆之间为相切。

具体操作步骤如下:

(1) 打开"对象捕捉"按钮,并勾选"端点"、"交点"及"切点"的捕捉模式。

(2) 执行"圆"命令,使用指定圆心和半径的方法,以*A*点为圆心、50为半径画圆。

(3) 执行"圆"命令,使用指定直径上2个端点的方法(2P选项),利用"端点"及"交点"捕捉,以*B*点、*C*点为直径的两端点画圆。

(4) 执行"圆"命令,使用指定圆与其他对象的2个切点和半径的方法(T选项),利用"切点"捕捉,以半径60画圆。

(5) 执行"圆"命令,使用指定圆与其他对象的3个切点的方法(相切、相切、相切命令选项),利用"切点"捕捉,通过已有3个圆上的3个切点画圆。

2) 绘制圆弧

"圆弧"命令调用的方法有:

(1) 命令行:ARC(命令缩写为A)

(2) 菜单栏:【绘图】菜单→"圆弧"命令

(3)【绘图】工具栏→"圆弧"按钮

执行"圆弧"命令后,AutoCAD命令行提示:

命令:ARC↙

指定圆弧的起点或[圆心(C)]:(输入点的坐标后按【Enter】键或用鼠标取点;选项(C)指定圆弧的圆心)

指定圆弧的第二个点或[圆心(C)/端点(E)]:(输入点的坐标后按【Enter】键或用鼠标取点;选项(C)指定圆弧的圆心;选项(E)指定圆弧的端点)

指定圆弧的端点:(输入点的坐标后按【Enter】键或用鼠标取点)

说明:默认情况下通过指定3点来绘制圆弧,也可以通过指定圆心、起点、端点、半径、角度、弦长和方向值等各种组合来绘制圆弧(依据不同的条件,在【绘图】下拉菜单的圆弧命令中选择相应的绘制方式)。

3) 绘制椭圆和椭圆弧

"椭圆"和"椭圆弧"命令调用的方法有:

(1) 命令行:ELLIPSE(命令缩写为EL)

(2) 菜单栏:【绘图】菜单→"椭圆"命令

(3)【绘图】工具栏→"椭圆"按钮 和"椭圆弧"按钮

执行"椭圆"命令后,AutoCAD命令行提示:

命令:ELLIPSE↙

指定椭圆的轴端点或[圆弧(A)/中心点(C)]:(输入点的坐标后按【Enter】键或用鼠标取点)

指定轴的另一个端点:(输入点的坐标后按【Enter】键或用鼠标取点)

指定另一条半轴长度或[旋转(R)]:(输入点的坐标后按【Enter】键或用鼠标取点)

说明：椭圆弧的绘制是先确定椭圆弧所在的椭圆，然后指定椭圆弧的起点和终点来绘制的。注意，椭圆弧也是从起点到终点按逆时针绘制的。

13.2.4 绘制矩形和正多边形

1) 绘制矩形

“矩形”命令调用的方法有：

(1) 命令行：RECTANG(命令缩写为 REC)

(2) 菜单栏：【绘图】菜单→“矩形”命令

(3) 【绘图】工具栏→“矩形”按钮

执行“矩形”命令后，AutoCAD 命令行提示：

命令：RECTANG↙

指定第一个角点或［倒角(C)/标高(E)/圆角(F)/厚度(T)/宽度(W)］：(输入点的坐标后按【Enter】键或用鼠标取点)

指定另一个角点或［面积(A)/尺寸(D)/旋转(R)］：(输入点的坐标后按【Enter】键或用鼠标取点)

说明：倒角(C)选项用于设置矩形的倒角距离；标高(E)选项用于指定矩形的标高；圆角(F)选项用于指定矩形的圆角半径；厚度(T)选项用于指定矩形在垂直矩形方向的厚度；宽度(W)选项用于为要绘制的矩形指定多段线的宽度。

2) 绘制正多边形

AutoCAD 2016 的正多边形命令可以绘制 3～1024 条边的正多边形，其命令调用的方法有：

(1) 命令行：POLYGON(命令缩写为 POL)

(2) 菜单栏：【绘图】菜单→“正多边形”命令

(3) 【绘图】工具栏→“正多边形”按钮

执行“正多边形”命令后，AutoCAD 命令行提示：

命令： POLYGON↙

输入侧面数 <4>：(输入正多边形边数)

指定正多边形的中心点或［边(E)］：(输入点的坐标后按【Enter】键或用鼠标取点)

输入选项［内接于圆(I)/外切于圆(C)］<I>：(选择外接圆或内切圆)

指定圆的半径：(输入圆的半径后按【Enter】键或用鼠标指定一个端点)

说明：通过指定外接圆绘制正多边形的方法适用于已知圆半径和正多边形的一个顶点；通过指定内切圆绘制正多边形的方法适用于已知圆的半径和正多边形的一个边的中点；如果已确定正多边形的一条边的长度和位置，可通过直接指定这条边绘制正多边形。

【例 13-5】 绘制边长为 100 的正六边形及其外接圆，并绘制圆的外切正五边形，如图 13-29 所示。

具体操作步骤如下：

(1) 打开“对象捕捉”并设置捕捉模式为“端点”及“圆心”。

(2) 执行“正多边形”命令，输入边的数目为 6，通过指定一条边的方法(E 选项)，先指定

B 点，再指定 A 点，逆时针绘制正六边形。

(3) 执行“圆”命令，通过指定圆上任意 3 点的方法，利用对象捕捉选择正六边形上任意 3 个端点，绘制其外接圆。

(4) 执行“正多边形”命令，输入边的数目为 5，捕捉圆心作为正多边形的中心点(缺省选项)，然后选择外切于圆选项(选项 C)，利用对象捕捉与圆的交点绘制正五边形。

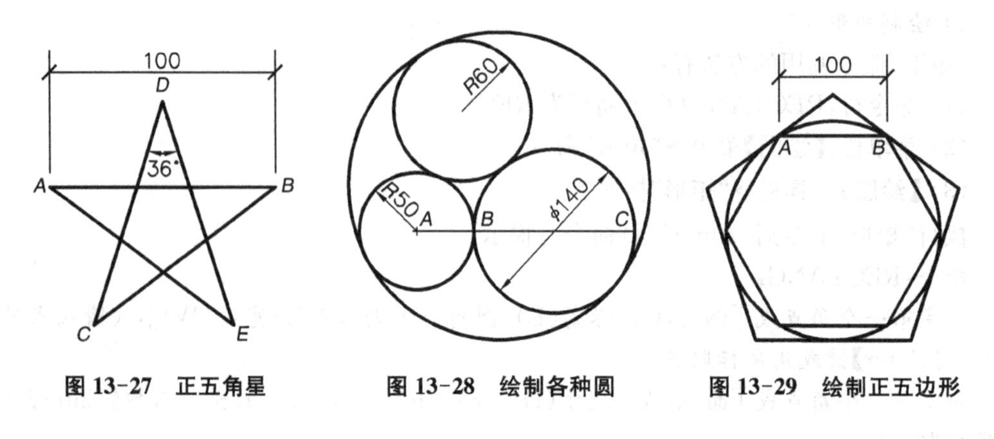

图 13-27　正五角星　　图 13-28　绘制各种圆　　图 13-29　绘制正五边形

13.3　常用编辑命令

在土木工程设计中，仅仅使用绘图命令或绘图工具无法绘制复杂的工程图，很多情况下都必须借助于图形编辑命令。AutoCAD 2016 提供了丰富的二维图形对象编辑功能，如复制、镜像、偏移、阵列、移动、旋转、缩放以及修剪等。使用这些命令，可以快速修改图形对象的大小、形状、位置和特性等，轻松、高效地构造出复杂的图形。

13.3.1　图形对象选择

1) 点选

通常，在执行编辑命令之后，系统提示“选择对象：”，同时光标变成拾取框，把拾取框放在绘图窗口中要选择的对象的位置，单击鼠标左键，AutoCAD 将用虚线亮显所选的对象，如图 13-30 所示。每次单击鼠标左键只能选取一个对象，使用此方法可连续地选择多个对象。

2) 窗口选择

在 AutoCAD 中，可以通过绘制一个矩形区域来选择对象，并根据矩形区域绘制时方向的不同分为窗口选择和交叉窗口选择两种方式。

采用窗口选择方式时，从左到右拖动光标，指定对角点来定义矩形区域，矩形窗口以实线显示，此时，只有完全包括在矩形窗口内的对象才能被选中，不在该窗口内或只有部分在该窗口内的对象则不会被选中。图 13-31(a)为由左向右拉出的矩形框选对象时的状态，图 13-31(b)为选择后的状态，仅中间的圆以及矩形被选中。

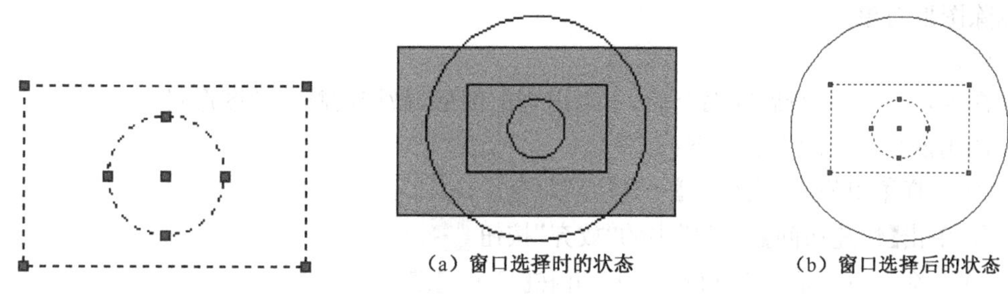

(a) 窗口选择时的状态　　(b) 窗口选择后的状态

图 13-30　点选显示所选对象　　图 13-31　窗口选择对象

3) 交叉窗口选择

采用交叉窗口方式选择对象时,从右向左拖动光标,指定对角点来定义矩形区域,矩形窗口以虚线显示,此时,完全包括在矩形窗口内以及与矩形窗口相交的对象都会被选中。图 13-32(a)为由右向左拉出的矩形框选对象时的状态,图 13-32(b)为选择后的状态,3 个对象都被选中。

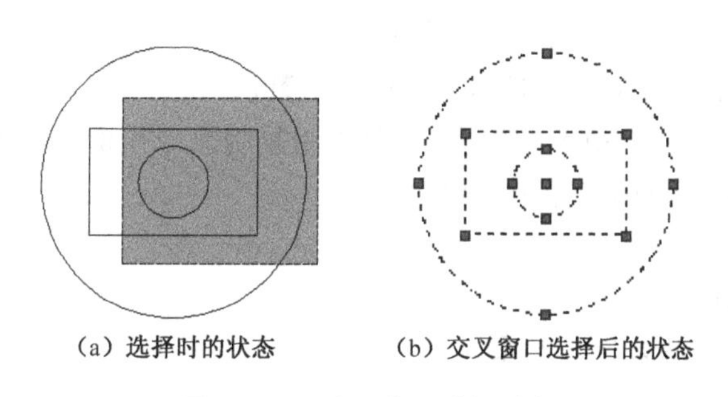

(a) 选择时的状态　　(b) 交叉窗口选择后的状态

图 13-32　交叉窗口选择对象

4) 全部选择

操作方法是:命令行出现“选择对象:”提示下输入 ALL 并回车,使用此方式可以选择当前图形中除冻结或关闭层以外的所有图形对象。

13.3.2　基本编辑命令

在 AutoCAD 2016 中进行图形对象编辑时,可以先选择对象再进行编辑,也可以执行编辑命令后再选择目标对象,两种方法的执行结果相同。

1) 删除与恢复

(1) 删除

命令功能:删除一个或多个对象。

调用删除命令的方法如下:

① 选择菜单栏中的【修改】→“删除”命令。

② 单击【修改】工具栏→“删除”按钮 。

③ 在命令行中输入 ERASE 或 E,并按【Enter】键。

采用上述任何一种方式执行“删除”命令后,选择要删除的图形对象,再按【Enter】键或点击鼠标右键结束此命令,则选中的对象都被删除。用户也可先选择对象后,再使用 Delete

键删除图形对象。

(2) 恢复

命令功能:在执行删除命令后,不退出当前图形,撤销被删除的图形对象。

调用恢复命令的方法如下:

① 选择菜单栏中的【编辑】→“放弃”命令。

② 单击【快速访问】工具栏中的“放弃”按钮。

③ 在命令行中输入 UNDO 或 U,并按【Enter】键。

采用上述任何一种方式执行“恢复”命令后,可以恢复被删除的对象。

2) 复制与镜像

(1) 复制

命令功能:将选择的对象按指定方向或距离复制 1 个或多个,完全独立于源对象。

调用复制命令的方法如下:

① 选择菜单栏中的【修改】→“复制”命令。

② 单击【修改】工具栏→“复制”按钮。

③ 在命令行中输入 COPY 或 CO,并按【Enter】键。

例如绘制如图 13-33(a)所示的原图形,要求用复制命令在指定位置绘制相同半径的圆形成图 13-33(b)所示的图形。操作步骤如下:

命令:_COPY ↙

选择对象:(拾取圆)

选择对象:↙(回车结束选择对象)

当前设置:复制模式=多个

指定基点或[位移(D)/模式(O)]<位移>:(选择圆的圆心为复制的基点)

指定第二个点或 [阵列(A)] <使用第一个点作为位移>:(将光标放在矩形左下角的角点上,待捕捉端点符号出现时,拾取 A 点)

指定第二个点或 [阵列(A)/退出(E)/放弃(U)] <退出>:(方法同上,拾取 B 点)

指定第二个点或 [阵列(A)/退出(E)/放弃(U)] <退出>:(方法同上,拾取 C 点)

指定第二个点或 [阵列(A)/退出(E)/放弃(U)] <退出>:↙(回车结束命令)

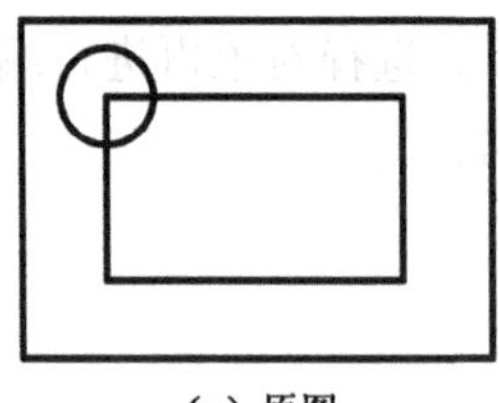

(a) 原图

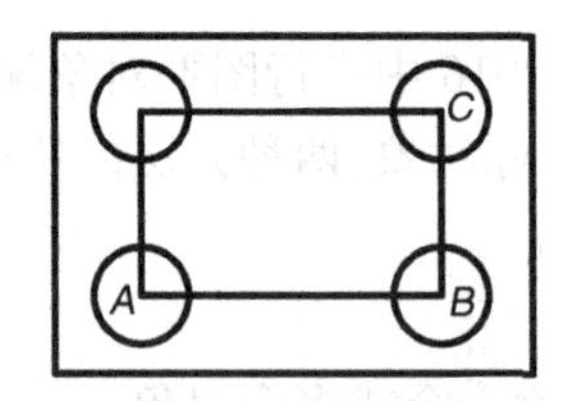

(b) 复制后的图形

图 13-33 复制图形

(2) 镜像

命令功能:创建轴对称图形。源对象可以删除,亦可以保留。

调用镜像命令的方法如下:

① 选择菜单栏中的【修改】→“镜像”命令。

② 单击【修改】工具栏→"镜像"按钮 。

③ 在命令行中输入 MIRROR 或 MI,并按【Enter】键。

采用上述任何一种方式执行"镜像"命令后,命令提示选择对象,然后指定镜像的对称轴线,按照给定的轴线进行对称复制,最后指定是否删除源对象。

例如绘制如图 13-34(a)所示的原图形,要求用镜像命令在指定位置绘制出如图 13-34(c)所示的相同图形。操作步骤如下:

命令:_MIRROR↙

选择对象:(用窗交选择对象,指定窗交的第一点 A)

指定对角点:(指定窗交选择的第二点 B,如图 13-33(b)所示)

选择对象:↙

指定镜像线的第一点:(确定镜像线上的第一点 C)

指定镜像线的第二点:(确定镜像线上的另一点 D)

是否删除源对象?[是(Y)/否(N)] <N>:↙(指定是否删除源对象,直接回车接受默认选项)

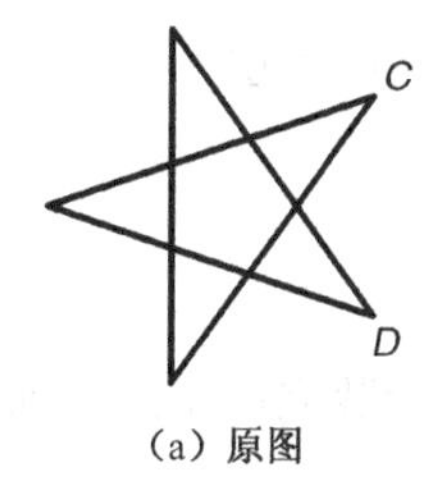

(a) 原图

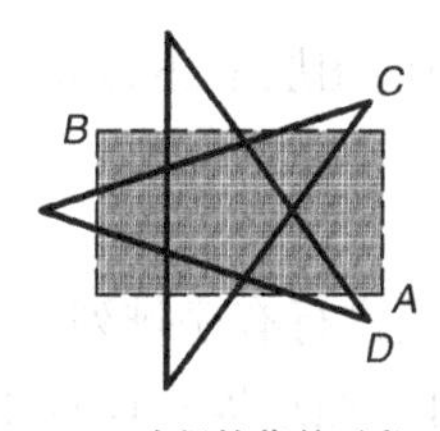

(b) 选择镜像的对象

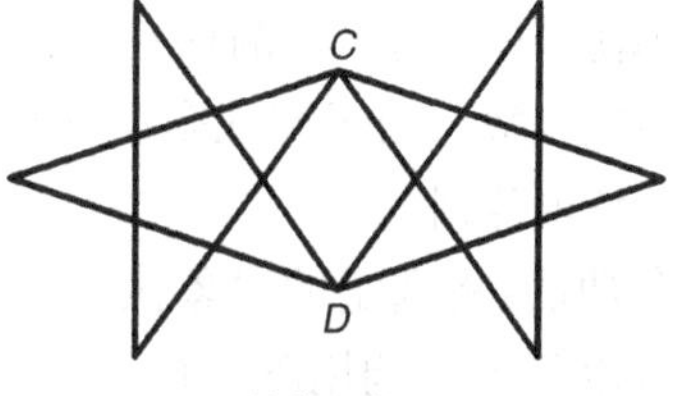

(c) 镜像后的图形

图 13-34　镜像对象

3) 偏移与阵列

(1) 偏移

命令功能:根据指定距离,或通过指定点,创建一个与选定对象平行或保持等距离的新对象。

调用偏移命令的方法如下:

① 选择菜单栏中的【修改】→"偏移"命令。

② 单击【修改】工具栏→"偏移"按钮 。

③ 在命令行中输入 OFFSET 或 O 命令,并按【Enter】键。

例如绘制如图 13-35(a)所示的一个圆和一条直线,要求按指定的距离创建如图 13-35(b)所示的同心圆和平行直线。操作步骤如下:

命令:_OFFSET↙

当前设置:删除源=否　图层=源 OFFSETGAPTYPE=0

指定偏移距离或[通过(T)/删除(E)/图层(L)] <通过>:5↙(指定偏移的距离)

选择要偏移的对象,或[退出(E)/放弃(U)] <退出>:(选择图 13-35(a)的直线)

指定要偏移的那一侧上的点,或[退出(E)/多个(M)/放弃(U)] <退出>:(拾取直线上侧的任一点,表示指定要偏移的一侧)

选择要偏移的对象,或[退出(E)/放弃(U)] <退出>:(选择图 13-35(a)的圆)

指定要偏移的那一侧上的点，或［退出(E)/多个(M)/放弃(U)］＜退出＞：(拾取圆内部的任一点，表示指定要偏移的一侧)

选择要偏移的对象，或［退出(E)/放弃(U)］＜退出＞：↙

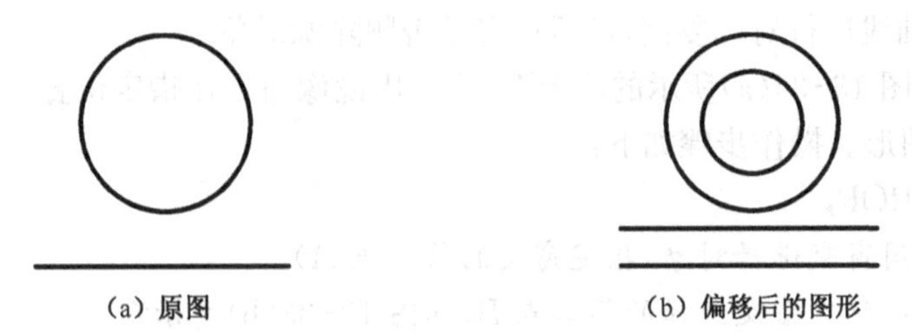

(a) 原图　　(b) 偏移后的图形

图 13-35　偏移图形

其中命令行中各选项的含义如下：

① 指定偏移距离：根据偏移距离偏移复制对象。

② 通过(T)：使偏移复制后得到的对象通过指定的点。

③ 删除(E)：实现偏移源对象后删除源对象。

④ 图层(L)：确定将偏移对象创建在当前图层上还是源对象所在的图层上。

⑤ 多个(M)：用于实现多次偏移复制。

(2) 矩形阵列

命令功能：将选定的对象按行、列的方式进行有序排列。

通过以下方法调用阵列命令后，用户可以通过提示设置相应的参数完成矩形阵列。

① 选择菜单栏中的【修改】→"阵列"→"矩形阵列"命令。

② 单击【修改】工具栏→"阵列"按钮。

③ 在命令行中输入 ARRSYRECT 并按【Enter】键。

例如绘制 200×100 的一个矩形，使其按行间距 200 和列间距 400 阵列成 4 行 5 列，如图 13-36 所示。操作步骤如下：

命令：ARRSYRECT↙

选择对象：↙(选择矩形，得到如图 13-36(b)所示的图形，可以通过图中蓝色的夹点改变行列数及行列间距，也可在命令行输入相应的选项进行参数设置)

类型 = 矩形　关联 = 是

选择夹点以编辑阵列或［关联(AS)/基点(B)/计数(COU)/间距(S)/列数(COL)/行数(R)/层数(L)/退出(X)］＜退出＞：

* * 行数 * *

指定行数：(将左上角夹点向上拖，改变为 4 行)

选择夹点以编辑阵列或［关联(AS)/基点(B)/计数(COU)/间距(S)/列数(COL)/行数(R)/层数(L)/退出(X)］＜退出＞：

* * 列数 * *

指定列数：(将右下角夹点向右拖，改变为 5 列)

选择夹点以编辑阵列或［关联(AS)/基点(B)/计数(COU)/间距(S)/列数(COL)/行数(R)/层数(L)/退出(X)］＜退出＞：s

指定列之间的距离或［单位单元(U)］＜300＞：400

指定行之间的距离 ＜150＞：200

选择夹点以编辑阵列或［关联(AS)/基点(B)/计数(COU)/间距(S)/列数(COL)/行数(R)/层数(L)/退出(X)］＜退出＞：↙(得到如图 13-36(c)所示的结果图)

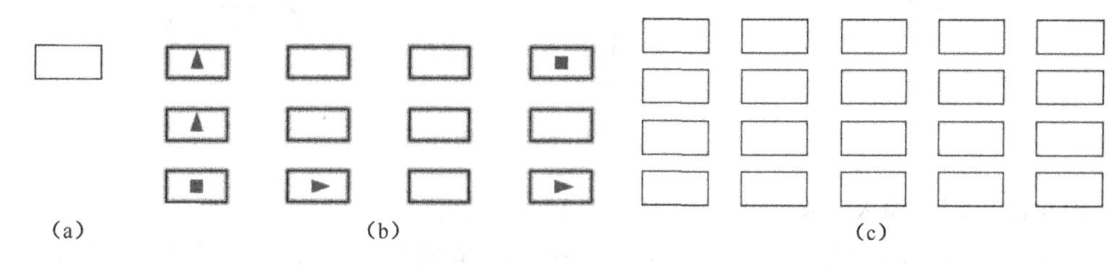

图 13-36　矩形阵列

(3) 环形阵列

命令功能：将所选的对象按指定的中心点进行环形排列。

通过以下方法调用阵列命令后，用户可以通过指定相应的参数完成矩形阵列。

① 选择菜单栏中的【修改】→"阵列"→"环形阵列"命令。

② 单击【修改】工具栏→"阵列"按钮 旁边的倒三角，从弹出的菜单中选择"环形阵列" 。

③ 在命令行中输入 ARRAYPOLAR 并按【Enter】键。

例如图 13-37(a)所示的半径为 100 的圆及圆上一条直线，使其绕圆心环形阵列 10 个项目形成如图 13-37(c)所示。操作步骤如下：

命令：ARRAYPOLAR↙

选择对象：找到 1 个(选择直线)

选择对象：↙(得到如图 13-37(b)所示的图形，可以通过图中蓝色的夹点改变填充角度、中心点及拉伸半径等，也可在命令行输入相应的选项进行参数设置)

类型 = 极轴　关联 = 是

指定阵列的中心点或［基点(B)/旋转轴(A)］：(选择圆心)

选择夹点以编辑阵列或［关联(AS)/基点(B)/项目(I)/项目间角度(A)/填充角度(F)/行(ROW)/层(L)/旋转项目(ROT)/退出(X)］＜退出＞：i

输入阵列中的项目数或［表达式(E)］＜6＞：10

选择夹点以编辑阵列或［关联(AS)/基点(B)/项目(I)/项目间角度(A)/填充角度(F)/行(ROW)/层(L)/旋转项目(ROT)/退出(X)］＜退出＞：↙(得到如图 13-37(c)所示的结果图)

(4) 路径阵列

命令功能：沿整个路径或部分路径平均分布对象副本。

通过以下方法调用阵列命令后，用户可以通过指定相应的参数完成路径阵列。

① 选择菜单栏中的【修改】→"阵列"→"路径阵列"命令。

② 单击【修改】工具栏→"阵列"按钮 旁边的倒三角，从弹出的菜单中选择"路径阵列" 。

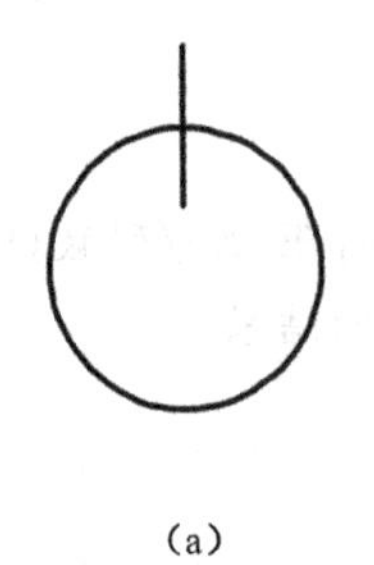
(a)

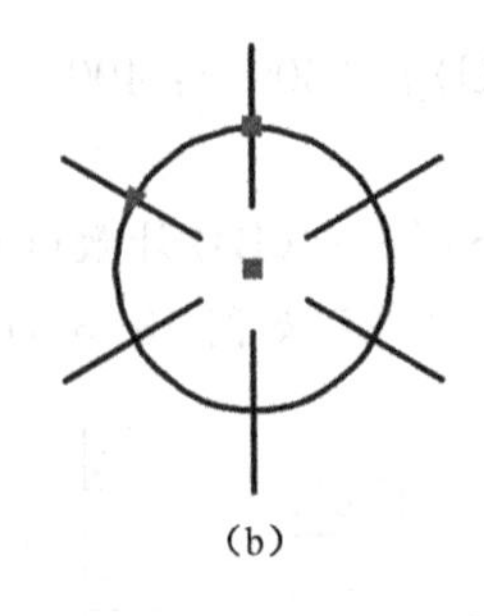
(b)

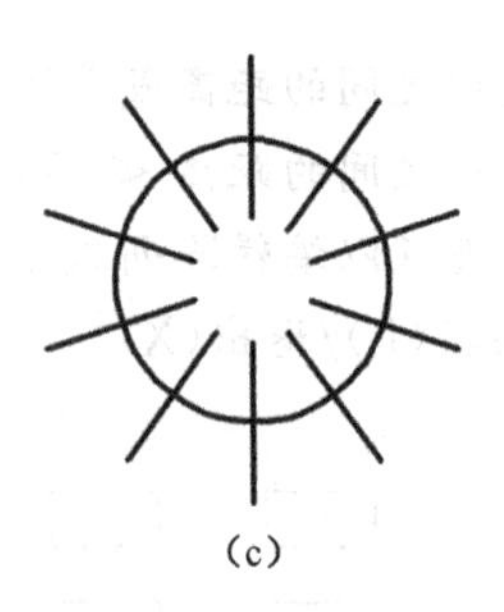
(c)

图 13-37 环形阵列

③ 在命令行中输入 ARRAYPATH 并按【Enter】键。

例如绘制如图 13-38(a)所示的一个矩形和一段样条曲线，使矩形沿样条曲线路径等分阵列 6 个，形成如图 13-38(f)所示的图形。操作步骤如下：

命令：ARRAYPATH↙

选择对象：找到 1 个(选择矩形)

选择对象：↙

类型 = 路径 关联 = 是

选择路径曲线：(选择样条曲线，得到如图 13-38(b)所示的图形，可以通过图中蓝色的夹点进行编辑，也可在命令行输入相应的选项进行参数设置)

选择夹点以编辑阵列或 [关联(AS)/方法(M)/基点(B)/切向(T)/项目(I)/行(R)/层(L)/对齐项目(A)/z 方向(Z)/退出(X)] <退出>：b

指定基点或 [关键点(K)] <路径曲线的终点>：(指定矩形下边中点为基点，得到如图 13-38(c)所示的图形)

选择夹点以编辑阵列或 [关联(AS)/方法(M)/基点(B)/切向(T)/项目(I)/行(R)/层(L)/对齐项目(A)/z 方向(Z)/退出(X)] <退出>：a

是否将阵列项目与路径对齐？[是(Y)/否(N)] <是>：n(根据题目要求选择不与路径对齐，得到如图 13-38(d)所示的图形)

选择夹点以编辑阵列或 [关联(AS)/方法(M)/基点(B)/切向(T)/项目(I)/行(R)/层(L)/对齐项目(A)/z 方向(Z)/退出(X)] <退出>：i

指定沿路径的项目之间的距离或 [表达式(E)] <98.2442>：↙

最大项目数 = 15

指定项目数或 [填写完整路径(F)/表达式(E)] <15>：6(得到如图 13-38(e)所示的图形)

选择夹点以编辑阵列或 [关联(AS)/方法(M)/基点(B)/切向(T)/项目(I)/行(R)/层(L)/对齐项目(A)/z 方向(Z)/退出(X)] <退出>：m

输入路径方法 [定数等分(D)/定距等分(M)] <定距等分>：d

选择夹点以编辑阵列或 [关联(AS)/方法(M)/基点(B)/切向(T)/项目(I)/行(R)/层(L)/对齐项目(A)/z 方向(Z)/退出(X)] <退出>：↙(得到如图 13-38(f)所示的结果图)

4) 移动与旋转

(1) 移动

命令功能：将选定的对象从一个位置移动到另一个位置，进行对象的重定位，但方向和

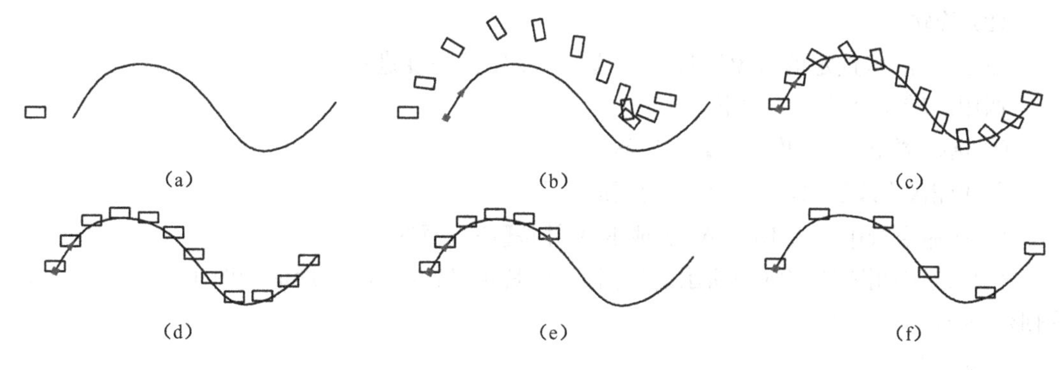

图 13-38 路径阵列

大小不改变。

调用移动命令的方法如下：

① 选择菜单栏中的【修改】→“移动”命令。

② 单击【修改】工具栏→“移动”按钮 。

③ 在命令行中输入 MOVE 或 M,并按【Enter】键。

采用上述任何一种方式执行“移动”命令后，选择移动的对象，然后指定位移的基点为矢量的第一点，再指定位移的第二点。

例如绘制如图 13-39(a)所示的原图形，将图中的圆由点 A 移到点 B 形成如图 13-39(b)所示的图形。操作步骤如下：

命令：_MOVE↙

选择对象：(选择圆)

选择对象：↙

指定基点或［位移(D)］＜位移＞：(指定圆的圆心 A 作为位移的基点)

指定第二个点或 ＜使用第一个点作为位移＞：(指定正六边形顶点 B 作为位移的第二点)

(a) 原图　　(b) 移动后的图形

图 13-39 移动对象

说明：

① 如果在“指定第二个点：”提示下指定一点作为位移第二点，或直接按【Enter】键或【Space】键，将第一点的各坐标分量(也可以看成为位移量)作为移动位移量移动对象。

② 如果在“指定基点或［位移(D)］＜位移＞：”提示下输入“D”，则系统提示：

指定位移＜0.0000,0.0000, 0.0000＞：

如果在此提示下输入坐标值(直角坐标或极坐标)，AutoCAD 将所选择对象按与各坐标值对应的坐标分量作为移动位移量移动对象。

(2) 旋转

命令功能:将选定的对象通过一个基点按指定的角度进行旋转。

调用旋转命令的方法如下:

① 选择菜单栏中的【修改】→"旋转"命令。

② 单击【修改】工具栏→"旋转"按钮 。

③ 在命令行中输入 ROTATE 或 RO,并按【Enter】键。

例如绘制如图 13-40(a)所示的原图形,使其顺时针旋转 90°形成如图 13-40(c)所示的图形。操作步骤如下:

命令:_ROTATE↙

USC 当前的正角方向:ANGDIR=逆时针　ANGBASE=0

选择对象:(用窗交选择对象,先拾取点 A,再拾取点 B,如图 13-40(b)所示)

选择对象:↙

指定基点:(捕捉圆心点 O)

指定旋转角度,或[复制(C)/参照(R)]:-90↙

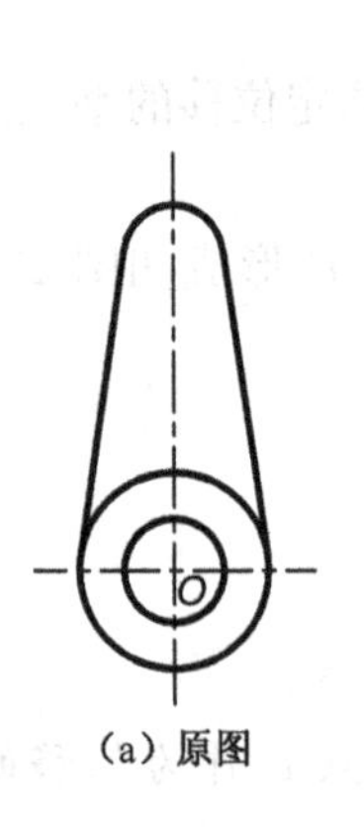

(a) 原图

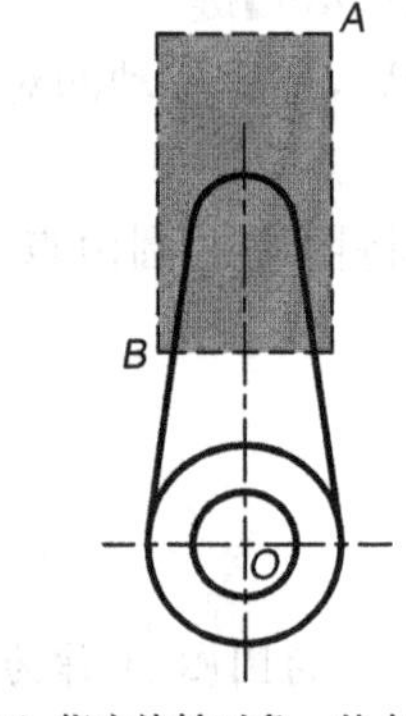

(b) 指定旋转对象、基点和角度

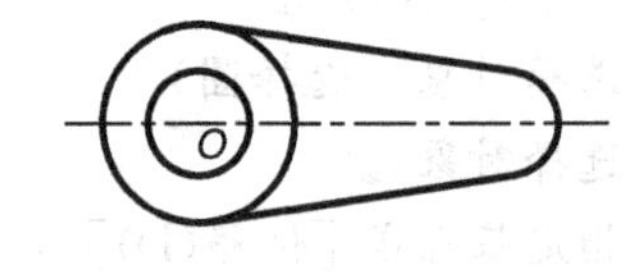

(c) 旋转后的图形

图 13-40　旋转对象

说明:

① 指定旋转角度:输入角度值,AutoCAD 会将对象绕基点转动该角度。在默认设置下,角度为正时沿逆时针方向旋转,反之沿顺时针方向旋转。

② 复制(C):创建出旋转对象后仍保留原对象。

③ 参照(R):以参照方式旋转对象。执行该选项,AutoCAD 提示:

指定参照角:(输入参照角度值)

指定新角度或 [点(P)] <0>:(输入新角度值,或通过"点(P)"选项指定 2 点来确定新角度)

执行结果:AutoCAD 根据参照角度与新角度的值自动计算旋转角度(旋转角度=新角度-参照角度),然后将对象绕基点旋转该角度。

5) 缩放与拉伸

(1) 缩放

命令功能:将对象按比例进行缩小或放大。

调用缩放命令的方法如下：

① 选择菜单栏中的【修改】→“缩放”命令。

② 单击【修改】工具栏→“缩放”按钮 。

③ 在命令行中输入 SCALE 或 SC，并按【Enter】键。

例如绘制如图 13-41(a)所示的原图形，使其缩小 1 倍，形成如图 13-41(b)所示的图形。操作步骤如下：

命令：_SCALE↙

选择对象：(选择矩形)

选择对象：↙

指定基点：(指定点 A 为基点)

指定比例因子或 [复制(C)/参照(R)]：0.5↙

(a) 原图　　(b) 缩小后的图形

图 13-41　缩放对象

说明：

① 指定比例因子：确定缩放比例因子，为默认项。执行该默认项，即输入比例因子后按【Enter】键或【Space】键，AutoCAD 将所选择对象根据该比例因子相对于基点缩放，且 0<比例因子<1 时缩小对象，比例因子>1 时放大对象。

② 复制(C)：创建出缩小或放大的对象后仍保留原对象。执行该选项后，根据提示指定缩放比例因子即可。

③ 参照(R)：将对象按参照方式缩放。执行该选项，AutoCAD 提示：

指定参照长度：(输入参照长度的值)

指定新的长度或 [点(P)]：(输入新的长度值或通过“点(P)”选项通过指定两点来确定长度值)

执行结果：AutoCAD 根据参照长度与新长度的值自动计算比例因子(比例因子 = 新长度值÷参照长度值)，并进行对应的缩放。

(2) 拉伸

命令功能：移动图形对象的指定部分，使其形状发生变化，同时保持与图形对象未移动部分相连接。

调用拉伸命令的方法如下：

① 选择菜单栏中的【修改】→“拉伸”命令。

② 单击【修改】工具栏→“拉伸”按钮 。

③ 在命令行中输入 STETCH 或 S，并按【Enter】键。

例如绘制如图 13-42(a)所示的原图形，使其向右拉伸 1500 mm 形成如图 13-42(c)所示的图形。操作步骤如下：

命令：_STETCH↙

以交叉窗口或交叉多边形选择要拉伸的对象...

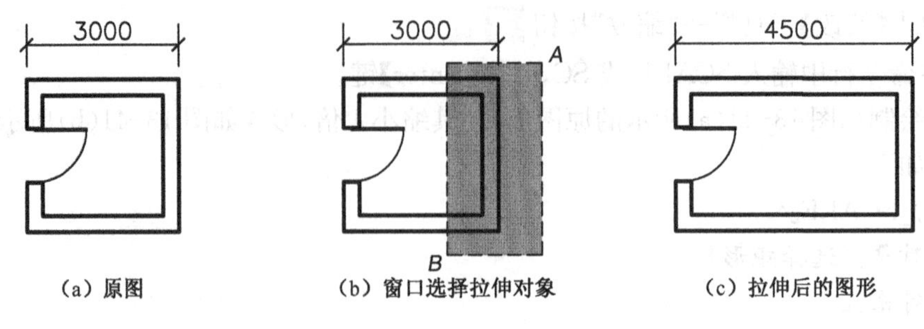

(a) 原图　　(b) 窗口选择拉伸对象　　(c) 拉伸后的图形

图 13-42　拉伸对象

选择对象：(用交叉窗口选择对象，先拾取点 A，再拾取点 B，如图 13-42(b)所示)

选择对象：↙

指定基点或［位移(D)］＜位移＞：(指定右下角的墙角为基点)

指定第二个点或＜使用第一个点作为位移＞：1500↙(打开正交，将光标水平向右移动，然后输入 1500)

6) 修剪与延伸

(1) 修剪

命令功能：按照指定的 1 个或多个对象边界裁剪对象，去除多余的部分。

调用修剪命令的方法如下：

① 选择菜单栏中的【修改】→"修剪"命令。

② 单击【修改】工具栏→"修剪"按钮 。

③ 在命令行中输入 TRIM 或 TR，并按【Enter】键。

例如要把如图 13-43(a)所示的五角星图形，修剪成如图 13-43(b)所示的空心图形。操作步骤如下：

命令：_TRIM↙

当前设置：投影＝UCS，边＝无

选择剪切边...

选择剪切边...

选择对象或 ＜全部选择＞： 指定对角点：找到 5 个　　(选择五角星的五条边)

选择对象：↙

选择要修剪的对象，或按住【Shift】键选择要延伸的对象，或

［栏选(F)/窗交(C)/投影(P)/边(E)/删除(R)/放弃(U)］：　　(选择 AB 间的线段)

选择要修剪的对象，或按住【Shift】键选择要延伸的对象，或

［栏选(F)/窗交(C)/投影(P)/边(E)/删除(R)/放弃(U)］：　　(选择 BC 间的线段)

选择要修剪的对象，或按住【Shift】键选择要延伸的对象，或

［栏选(F)/窗交(C)/投影(P)/边(E)/删除(R)/放弃(U)］：　　(选择 CD 间的线段)

选择要修剪的对象，或按住【Shift】键选择要延伸的对象，或

［栏选(F)/窗交(C)/投影(P)/边(E)/删除(R)/放弃(U)］：　　(选择 DE 间的线段)

选择要修剪的对象,或按住【Shift】键选择要延伸的对象,或
[栏选(F)/窗交(C)/投影(P)/边(E)/删除(R)/放弃(U)]: (选择 EA 间的线段)
选择要修剪的对象,或按住【Shift】键选择要延伸的对象,或
[栏选(F)/窗交(C)/投影(P)/边(E)/删除(R)/放弃(U)]:↙

(a) 原图

(b) 修剪后的图形

图 13-43 修剪对象

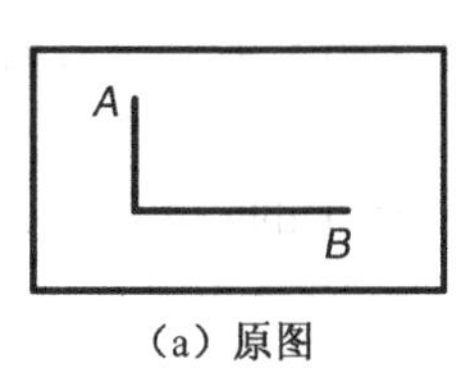

(a) 原图

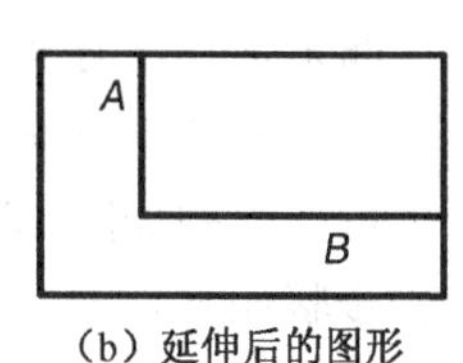

(b) 延伸后的图形

图 13-44 延伸对象

(2) 延伸

命令功能:将选定的对象精确地延长到指定的边界。

调用延伸命令的方法如下:

① 选择菜单栏中的【修改】→"延伸"命令。

② 单击【修改】工具栏→"延伸"按钮 。

③ 在命令行中输入 EXTEND 或 EX,并按【Enter】键。

"延伸"命令与"修剪"命令操作方法基本一致。例如绘制如图 13-44(a)所示的原图形,使其经过延伸后的图形如图 13-44(b)所示。

操作步骤如下:

命令:_EXTEND↙
当前设置:投影=UCS,边=无
选择边界的边...
选择对象或 <全部选择>:(选择矩形)
选择对象:↙(也可以继续选择对象)
选择要延伸的对象,或按住【Shift】键选择要修剪的对象,或
[栏选(F)/窗交(C)/投影(P)/边(E)/放弃(U)]:(选择直线 A 的上端以及直线 B 的右端,并按【Enter】键)

7) 打断与合并

(1) 打断

命令功能:将一个对象中的一部分删除或一个对象打断成两部分。

调用打断命令的方法如下:

① 选择菜单栏中的【修改】→"打断"命令。

② 单击【修改】工具栏→"打断"按钮 。

③ 在命令行中输入 BREAK 或 BR,并按【Enter】键。

采用上述任何一种方式执行"删除"命令后,命令行提示:

选择对象:(选择要断开的对象。此时只能选择一个对象)

指定第二个打断点或［第一点(F)］：

a. 指定第二个打断点

此时AutoCAD以用户选择对象时的拾取点作为第一断点，并要求确定第二断点。如果直接在对象上的另一点处单击拾取键，AutoCAD将对象上位于两拾取点之间的对象删除掉。

b. 第一点(F)

重新确定第一断点。执行该选项，AutoCAD提示：

指定第一个打断点：(重新确定第一个打断点)

指定第二个打断点：

例如绘制如图13-45(a)所示的一个圆，使其按要求打断成如图13-45(b)所示的图形。操作步骤如下：

命令：_BREAK↙

选择对象：(选择圆)

指定第二个打断点或［第一点(F)］：F↙

指定第一个打断点：(捕捉圆的左边象限点 A)

指定第二个打断点：(捕捉圆的下边象限点 B)

(2) 合并

命令功能：将选定的多个对象合并成一个完整的对象。

调用合并命令的方法如下：

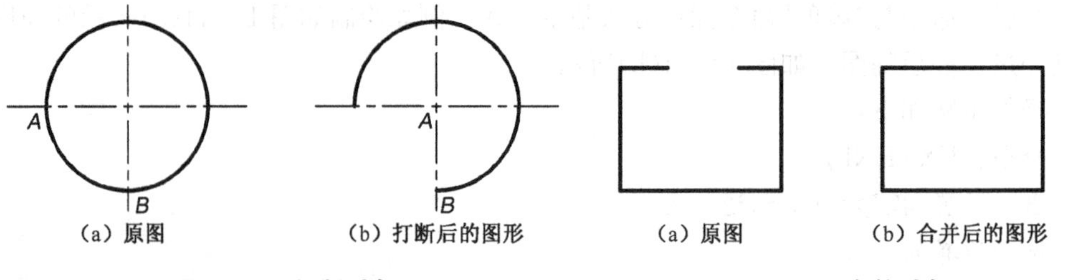

(a) 原图　(b) 打断后的图形

图13-45　打断对象

(a) 原图　(b) 合并后的图形

图13-46　合并对象

① 选择菜单栏中的【修改】→"合并"命令。

② 单击【修改】工具栏→"合并"按钮 。

③ 在命令行中输入JOIN或J，并按【Enter】键。

例如绘制如图13-46(a)所示带缺口的矩形，对其应用合并命令形成如图13-46(b)所示的图形。操作步骤如下：

命令：_JOIN↙

选择源对象或要一次合并的多个对象：(选择左边线段)找到1个

选择要合并的对象：(选择右边线段)找到1个，总计2个

选择要合并的对象：↙

2条直线已合并为1条直线

8) 倒角与圆角

(1) 倒角

命令功能：将2条相交直线或多段线按照设定的倒角距离做倒角处理。

调用倒角命令的方法如下：

① 选择菜单栏中的【修改】→"倒角"命令。

② 单击【修改】工具栏→"倒角"按钮 。

③ 在命令行中输入 CHAMFER 或 CHA，并按【Enter】键。

采用上述任何一种方式执行"删除"命令后，命令行提示：

("修剪"模式) 当前倒角距离 1 = 0.0000，距离 2 = 0.0000

选择第一条直线或[放弃(U)/多段线(P)/距离(D)/角度(A)/修剪(T)/方式(E)/多个(M)]：

提示的第一行说明当前的倒角操作属于"修剪"模式，且第一、第二倒角距离分别为1 和 2。

a. 选择第一条直线

要求选择进行倒角的第一条线段，为默认项。选择某一线段，即执行默认项后，AutoCAD 提示：

选择第二条直线，或按住【Shift】键选择要应用角点的直线：

在该提示下选择相邻的另一条线段即可。

b. 多段线(P)：对整条多段线倒角。

c. 距离(D)：设置倒角距离。

d. 角度(A)：根据倒角距离和角度设置倒角尺寸。

e. 修剪(T)：确定倒角后是否对相应的倒角边进行修剪。

f. 方式(E)：确定将以什么方式倒角，即根据已设置的两倒角距离倒角，还是根据距离和角度设置倒角。

g. 多个(M)：如果执行该选项，当用户选择了 2 条直线进行倒角后，可以继续对其他直线倒角，不必重新执行 CHAMFER 命令。

h. 放弃(U)：放弃已进行的设置或操作。

例如绘制如图 13-47(a)所示的 2 条相交直线，使其经倒角后的图形如图 13-47(b)所示。操作步骤如下：

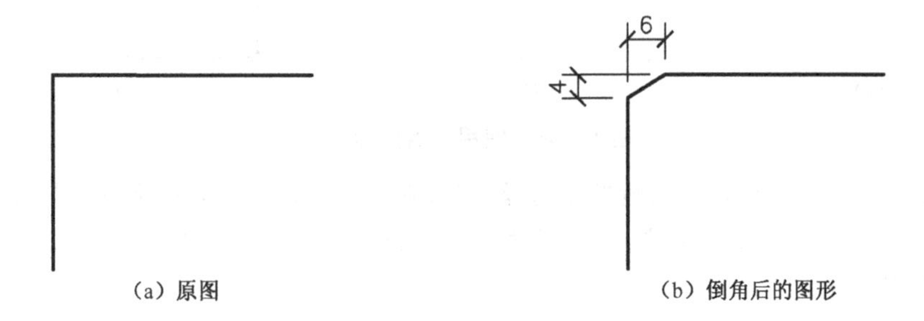

(a) 原图　　(b) 倒角后的图形

图 13-47　对直线倒角

命令：_CHAMFER↙

("修剪"模式)当前倒角距离 1 = 0.0000，距离 2 = 0.0000

选择第一条直线或[放弃(U)/多段线(P)/距离(D)/角度(A)/修剪(T)/方式(E)/多个(M)]：D↙

指定第一个倒角距离<0.0000>:4↙

指定第二个倒角距离<5.0000>:6↙

选择第一条直线或［放弃(U)/多段线(P)/距离(D)/角度(A)/修剪(T)/方式(E)/多个(M)］:(选择竖直线)

选择第二条直线,或按住【Shift】键选择要应用角点的直线:(选择水平线)

(2) 圆角

命令功能:按照指定的半径创建一段圆弧,将 2 个对象光滑地进行连接。

调用圆角命令的方法如下:

① 选择菜单栏中的【修改】→"圆角"命令。

② 单击【修改】工具栏→"圆角"按钮 。

③ 在命令行中输入 FILLET 或 F,并按【Enter】键。

"圆角"命令与"倒角"命令操作方法基本一致,用户只需根据要求设置倒角半径和修剪模式即可。

13.3.3 夹点编辑

在 AutoCAD 中选择对象时,在对象上会显示出若干个蓝色的控制点,称为夹点。用鼠标左键单击可激活某个夹点(也可按【Shift】键的同时激活多个夹点),此时该夹点变为红色,进入编辑状态。用户可以使用夹点编辑功能,对图形对象方便地进行拉伸、移动、旋转、缩放以及镜像等操作。

夹点被激活后,默认的操作模式为拉伸对象。通过移动选择的夹点,可以将图形对象拉伸到新的位置。

例如将图 13-48 所示的矩形右上角点向右侧拉伸 10 个图形单位,其操作步骤如下:

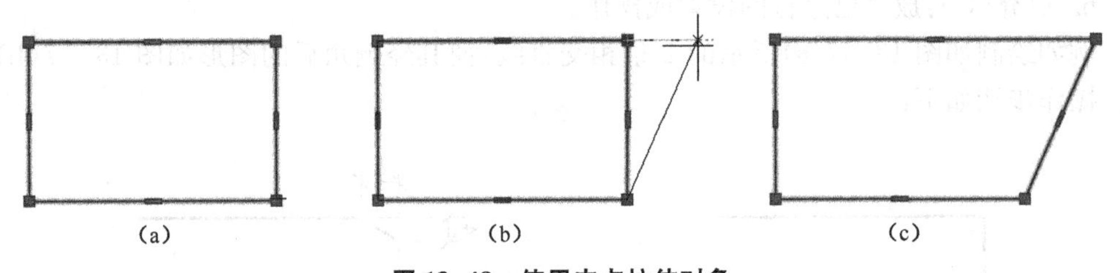

图 13-48 使用夹点拉伸对象

命令:(在不执行任何命令的情况下选择矩形,则在矩形的 4 个角点处和中点处显示夹点)

命令:(选择矩形右上角的夹点,则被选中的夹点变为红色而亮显)

* * 拉伸 * *

指定拉伸点或［基点(B)/复制(C)/放弃(U)/退出(X)］:@10,0↙(如图 13-48(c)所示)

激活夹点后点击鼠标右键会出现移动、旋转、缩放以及镜像等其他编辑修改模式,选中后可进行相应的图形编辑。

13.4 图层与对象特性

图层、颜色、线型与线宽都是图形对象的特性，是 AutoCAD 2016 提供的另一类辅助绘图和管理图形的命令。本节主要介绍图层的创建与管理、对象特性的设置与管理等内容。

13.4.1 图层

1) 图层的概念

在 AutoCAD 中，图层就相当于一张透明图纸，我们可以把不同线型和不同线宽的对象分别绘制在不同的图层上，所有透明图纸按同样的坐标重叠在一起，最终得到一幅完整的图形。

在同一个图形文件中，所有图层都具有相同的图形界限、坐标和缩放比例。一个图形文件最多可有 32000 个图层，每个图层上对象的数量都没有任何限制。用户可以任意选择其中一个图层绘制和编辑图形，而不会受到其他层上图形的影响。用图层来组织和管理图形对象，使得图形的信息管理更加清晰。

2) 创建和设置图层

AutoCAD 2016 的图层是通过如图 13-49 所示的【图层特性管理器】对话框进行创建和修改的，调用该对话框的方法有：

① 命令行：LAYER

② 菜单栏：【格式】菜单→“图层”命令

③【图层】工具栏→“图层特性管理器”按钮

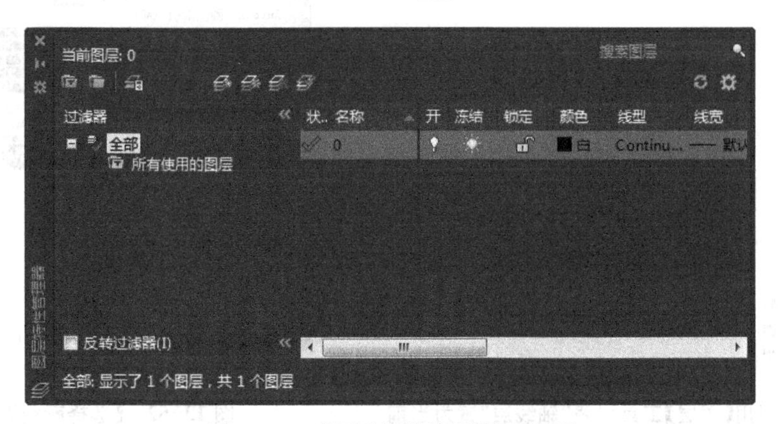

图 13-49 【图层特性管理器】对话框

在该对话框中显示名称为“0”的图层，该图层是 AutoCAD 2016 系统默认的图层，不能被重命名和删除。

(1) 创建新图层

单击“新建图层”按钮 ，可新建一个名为图层 1 的新图层。此时，图层 1 处于亮选状态，用户可直接输入新图层的名称，也可在取消亮选状态后点击鼠标右键进行重命名，如图

13-50 所示的“轴线层”。重复以上操作可建立多个图层。

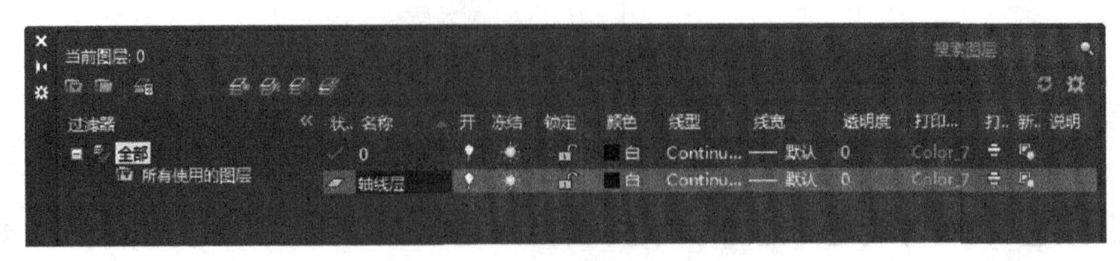

图 13-50 创建“轴线层”

(2) 删除图层

选择要删除的图层，单击“删除图层”按钮，或利用快捷键 Alt+D 即可删除多余的图层。

必须注意的是，不能删除“当前层”和“0”层以及尺寸标注后系统自动产生的“Defpoints”层。

(3) 置为当前层

当前层是 AutoCAD 2016 接纳用户绘制对象的图层，即绘图必须在当前层上，且当前层只有 1 个，而编辑图形可以在当前层以外的所有图层上进行。如图 13-49 中左上角显示“当前图层：0”，则表示用户当前绘制的图形全部位于“0”层上。

将其他已建立的图层置为当前层的方法有：

① 在【图层特性管理器】对话框中，双击需要置为当前的图层，或者选中某个图层后点击“置为当前”按钮即可。

② 在【图层】工具栏的“图层控制”下拉列表框中选择需要置为当前的图层，如图 13-51 中将“轴线层”置为当前。

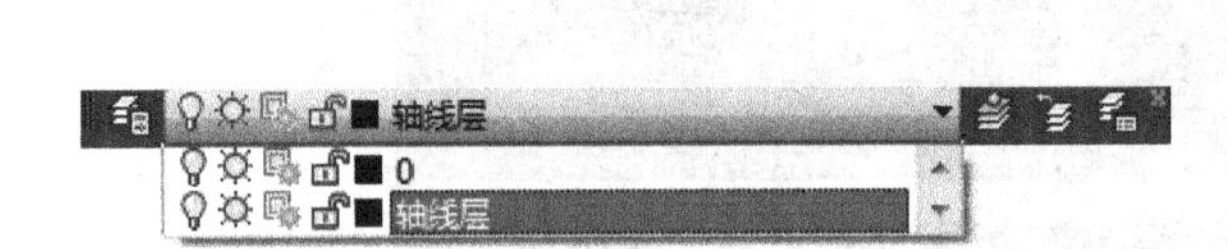

图 13-51 利用【图层】工具栏将“轴线层”置为当前

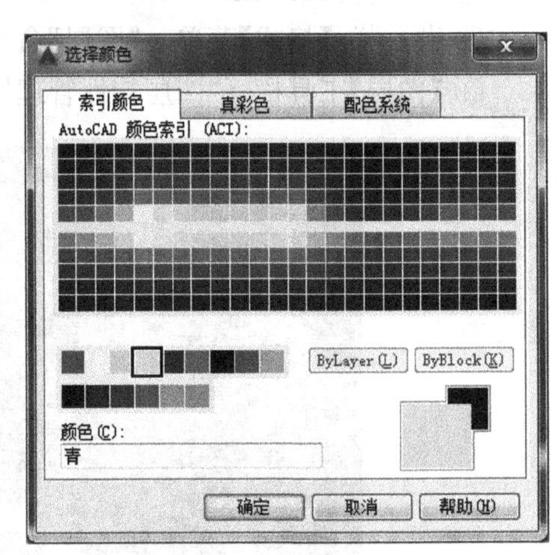

图 13-52 【选择颜色】对话框

3) 图层“特性”的设置

(1) 图层“颜色”的设置

例如要为图 13-50 中新建的“轴线层”设置颜色为“青色”，用鼠标单击“轴线层”右侧的“颜色”栏，系统会弹出如图 13-52 所示的【选择颜色】对话框，直接用鼠标点击“青色”后按“确定”按钮即可。此时“轴线层”的颜色就由原来默认的“ ■ 白 ”显示为“ □ 青 ”，表示

“轴线层”的线条颜色为“青色”。

(2) 图层“线型”的设置

例如要为图 13-50 中新建的“轴线层”设置线型为“点画线”,用鼠标单击“轴线层”右侧的“线型”栏,系统会弹出如图 13-53(a)所示的【选择线型】对话框。在该对话框中,AutoCAD 2016 只有一种默认线型——连续实线“Continuous”,用户想要使用其他的线型种类,必须重新加载,具体方法如下:

① 单击【选择线型】对话框中“加载(L)”按钮,可弹出【加载或重载线型】对话框,如图 13-53(b)所示。在“可用线型”选项中列出了 AutoCAD 2016 自带的多种线型文件,其中“线型”栏中显示各种线型的名称,“说明”栏中显示对应线型的示例。

② 选中需要加载的点画线(如“CENTER”),按“确定”按钮,返回到【选择线型】对话框,此时在“已加载的线型”选项下显示“CENTER”线型的“名称”、“外观”及“说明”等,如图 13-53(c)所示。

③ 选中【选择线型】对话框中的“CENTER”,按“确定”按钮,即完成“轴线层”的线型设置。此时“轴线层”的线型由原来默认的“Continuous”显示为“CENTER”,表示“轴线层”的图线线型为“CENTER”。

同理,可加载各种所需的线型,并设置给相应的图层。

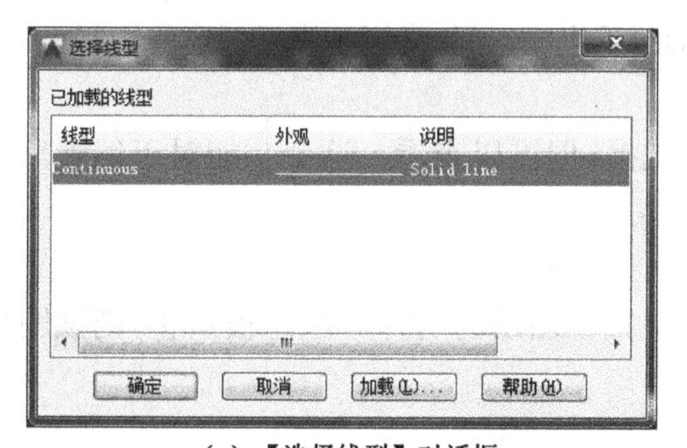

(a)【选择线型】对话框

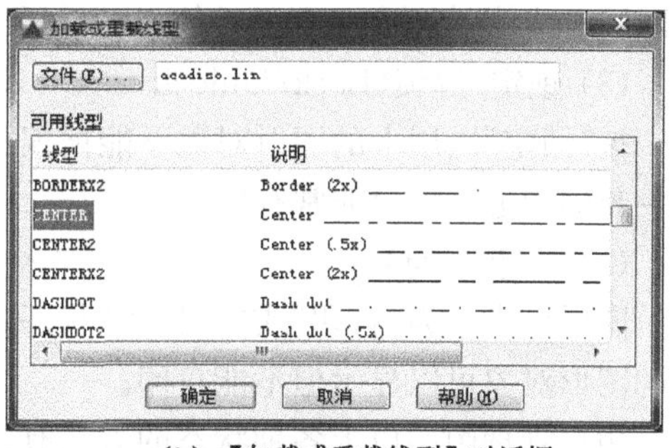

(b)【加载或重载线型】对话框

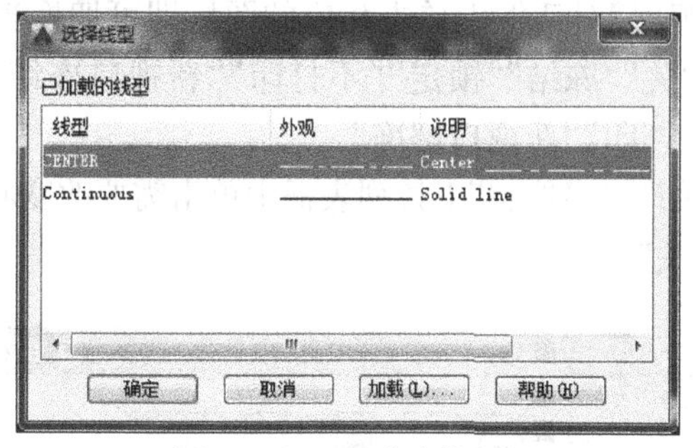

(c) 选中“CENTER”作为轴线层线型图

图 13-53 线型设置

(3) 图层“线宽”的设置

在 AutoCAD 2016 中允许用户设置不同的线宽,并可以按不同宽度显示在屏幕上和输出到图纸上。若选择图样中的粗线宽度为 0.7 mm,则图 13-49 中新建的“轴线层”线宽需设置为“0.18 mm”,用鼠标单击“轴线层”右侧的“线宽”栏,系统会弹出如图 13-54 所示的

【线宽】对话框。直接用鼠标点选“0.18 mm”，然后按“确定”按钮即可。此时“轴线层”的线宽就由原来的“—— 默认 ”，显示为“ —— 0.18 mm ”，表示“轴线层”的线条宽度为“0.18mm”。

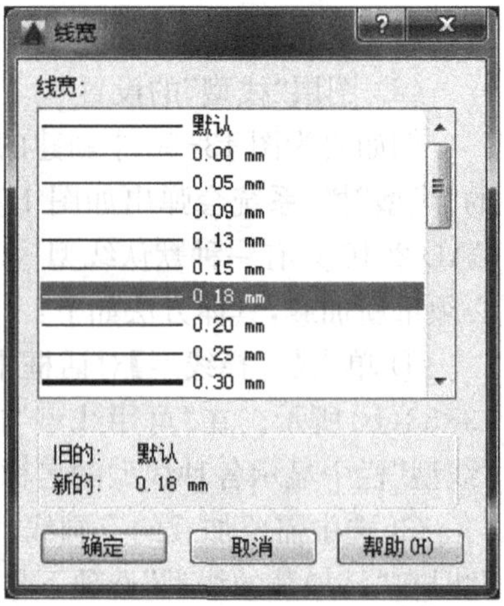

图 13-54 【线宽】对话框

4) *图层管理*

每个图层都有“开/关”、“冻结/解冻”、“锁定/解锁”、是否“打印”、“新视口冻结/解冻”等状态可供用户选择使用，在【图层特性管理器】对话框中形象地用灯泡 / 、雪花(或太阳) / 、锁 / / 等图标来表示。下面就常用的几种状态管理说明如下：

(1) 打开/关闭(On/Off)

被“关闭”图层上的图形对象不能被显示或打印，但可以重生成。使用中用户可以暂时关闭与当前工作无关的图层，减少干扰，更加方便快捷地工作。

(2) 冻结/解冻(Freeze/Thaw)

被“冻结”图层上的图形对象不能被显示、打印及重生成，因此用户可以将长期不需要显示的图层冻结，提高对象选择的性能，减少复杂图形的重生成时间，常用于大型图形的绘制。

(3) 锁定/解锁(Lock/Unlock)

被“锁定”图层上的图形对象不能被编辑或选择，但可以查看。这个功能对于编辑重叠在一起的图形对象时非常有用。

(4) 打印(Plot)

图层可设置为“打印”或“不打印”状态。如果某个图层的“打印”状态被禁止，则该图层上的图形对象可以显示但不能打印。

用户管理图层以上各种状态的方法有：

① 在【图层特性管理器】对话框中单击相应的图标即可切换当前状态，如图 13-55 中是将“轴线层”的状态改为“关”“冻结”“锁定”“不打印”“新视口冻结”，而“0 层”的状态为相反的“开”“解冻”“解锁”“可打印”“新视口解冻”。

② 在【图层】工具栏的“图层控制”下拉列表框中单击需要改变状态的图标，如图 13-55 中将“轴线层”的状态改为“关”。

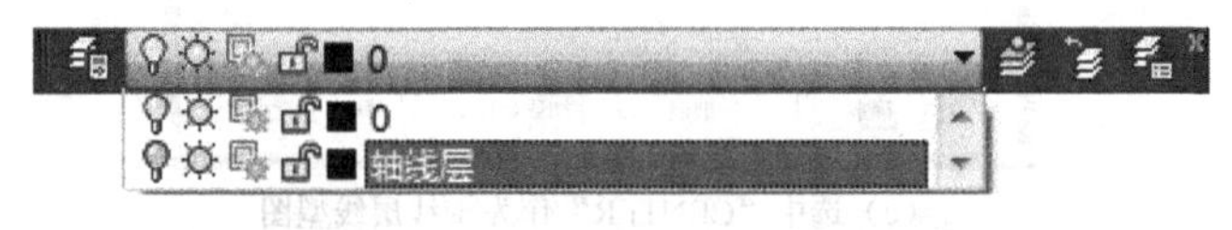

图 13-55 利用【图层】工具栏管理图层状态

13.4.2 图形的对象特性

图形对象特性的设置和管理通常是通过【特性】工具栏来完成的，如图 13-56 所示。在该工具栏中包含“颜色控制”、“线型控制”和“线宽控制”3 个下拉列表框，用来设置图形对象的颜色、线型和线宽特性。

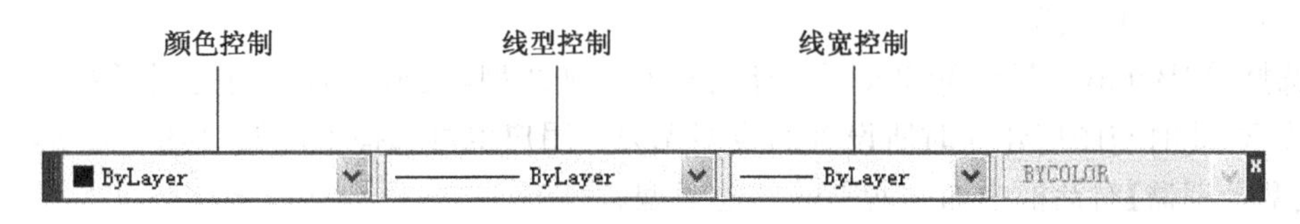

图 13-56 【特性】工具栏

1) 颜色

在“颜色”下拉列表框中分别显示 3 种对象颜色设置选项，如图 13-57 所示。

(1) 随层(ByLayer)

选择“ByLayer”表示图形对象绘制时颜色具有当前图层所对应的颜色，即与图层建立时所设置的颜色相同。

(2) 随块(ByBlock)

选择“ByBlock”表示图形对象绘制时具有系统默认设置的颜色(白色)，若为插入的图块对象，则具有块定义时所设置的颜色(块的相关内容将在本章第 7 节中进行介绍)。

(3) 指定其他颜色

选择除“ByLayer”和“ByBlock”外的其他单个颜色，表示之后绘制的图形对象具有该指定颜色，此时与图层建立时所设置的颜色无关。用户也可选择下部的“选择颜色”选项，在打开的【选择颜色】对话框中指定所需的单个颜色。

注：绘制在同一图层的图形对象，可以具有与图层一样的颜色(随层)，也可以具有独立指定的颜色。

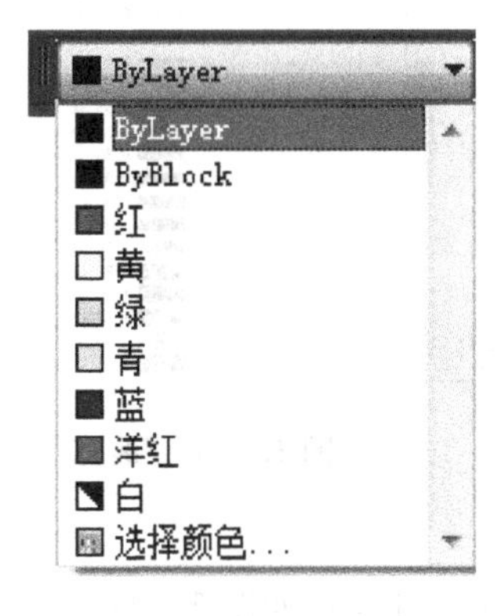

图 13-57 “颜色”下拉列表框

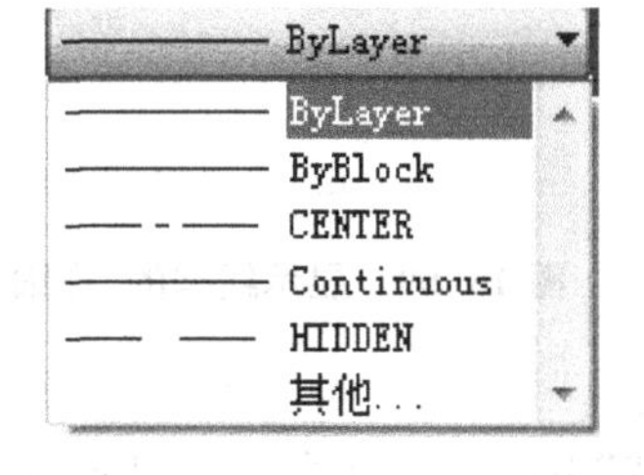

图 13-58 “线型”下拉列表框

2) 线型

在“线型”下拉列表框中分别显示 3 种对象线型设置选项，如图 13-58 所示。

(1) 随层(ByLayer)

选择“Bylayer”表示图形对象绘制时线型具有当前图层所对应的线型，即与图层建立时所设置的线型相同。

(2) 随块(ByBlock)

选择“ByBlock”表示图形对象绘制时具有系统默认设置的线型(Continuous)，若为插入的图块对象，则具有块定义时所设置的线型。

(3) 指定其他线型

选择除“ByLayer”和“ByBlock”以外的其他单独线型，表示之后绘制的图形对象具有该指定线型，此时与图层建立时所设置的线型无关。用户也可选择下部的“其他”选项，在打开的【线型管理器】对话框中加载所需的其他线型。

注：绘制在同一图层的图形对象，可以具有与图层一样的线型（随层），也可以具有独立指定的线型。

3) 修改线型比例

在绘图过程中，往往会出现用户按照定义的线型（如：点画线或虚线等非连续线型）画出图形后在屏幕上显示的却是连续实线。这是由于在 AutoCAD 2016 中所选择的线型是其系统自带的线型文件，各线型中线段的长短是按一定比例预先设置的，不能自动随绘图区域的大小而改变线段的长短，对于绘图区域特别小或特别大的时候，就不能正常显示和输出。

此时用户可以在如图 13-58 所示的“线型”下拉列表框中选择最下部的“其他”选项，打开【线型管理器】对话框，点击“显示细节”按钮，通过设置“全局比例因子”或“当前对象缩放比例”来调整线型的显示，如图 13-59 所示。

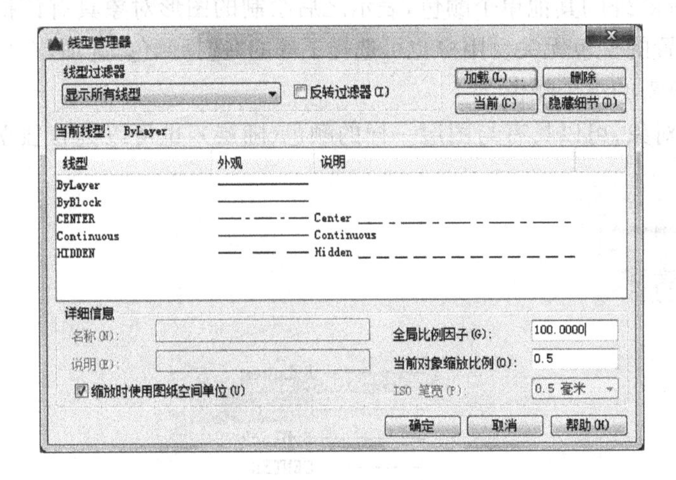

图 13-59 显示线型的“详细信息”

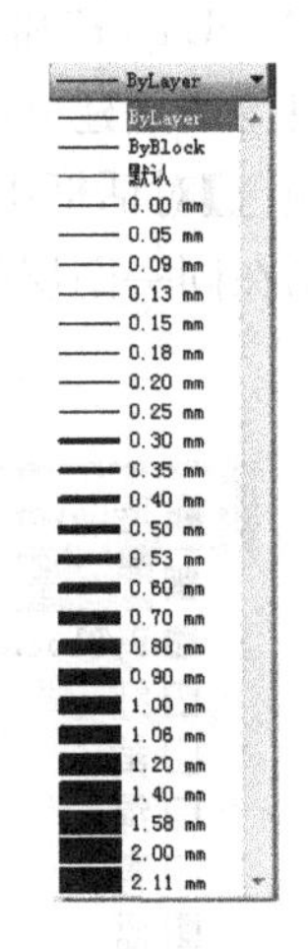

图 13-60 “线宽”下拉列表框

4) 线宽

在“线宽”下拉列表框中分别显示 3 种对象线宽设置选项，如图 13-60 所示。

(1) 随层(ByLayer)

选择“ByLayer”表示图形对象绘制时线宽具有当前图层所对应的线宽，即与图层建立时所设置的线宽相同。

(2) 随块(ByBlock)

选择“ByBlock”表示图形对象绘制时具有系统默认设置的线宽(0.25 mm)，若为插入的图块对象，则具有块定义时所设置的线宽。

(3) 指定其他线宽

选择除“ByLayer”和“ByBlock”以外的其他线宽数字，表示之后绘制的图形对象具有该指定线宽,此时与图层建立时所设置的线宽无关。

注:绘制在同一图层的图形对象,可以具有与图层一样的线宽(随层),也可以具有独立指定的线宽。

5) 对象【快捷特性】面板

图形对象绘制完成后,点击打开【状态栏】上的“快捷特性”按钮 ,在选中某个对象后即会显示其相应的【快捷特性】面板。在该面板中会列出该图形对象常用的快捷特性参数(如图层、颜色、线型等),用户可直接进行查看或修改,如图 13-61 所示为一虚线的【快捷特性】面板。

6) 对象【特性】选项板

图形对象绘制完成后,选中某个对象在命令行输入“PROPERTIES”,或选择【修改】菜单下的“特性”命令,或单击鼠标右键,在弹出的快捷菜单中选择“特性”选项,都将打开该对象【特性】选项板。在该选项板中会列出图形对象的各种特性参数(如颜色、图层、线型、线型比例、线宽等),用户可直接进行查看或修改。图 13-62 所示为一虚线的【特性】选项板。

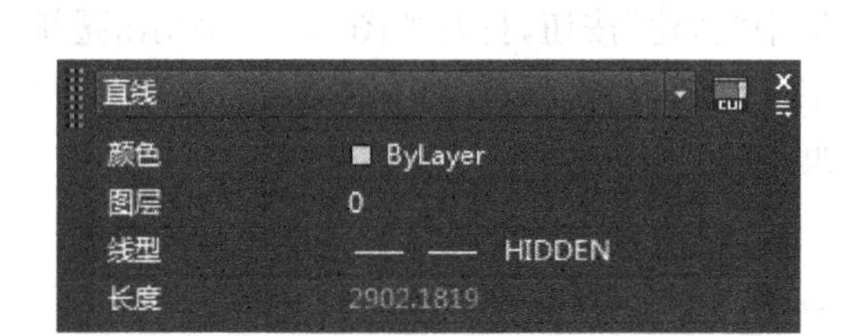

图 13-61 【快捷特性】面板

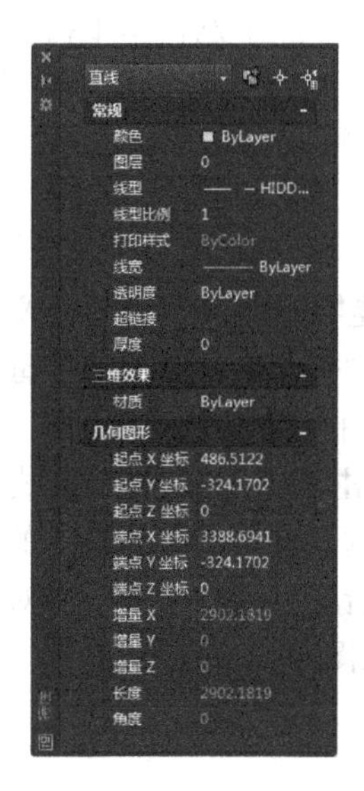

图 13-62 【特性】选项板

13.5 文字标注

使用 AutoCAD 标注文字时,一般要经过 2 个步骤:首先应根据图形的需要创建文字样式,然后使用文字标注命令,在指定位置书写文字。

13.5.1 新建文字样式

AutoCAD 2016 的文字样式是通过如图 13-63 所示的【文字样式】对话框进行创建和修改的,调用该对话框的方法有:

(1) 命令行:STYLE

(2) 菜单栏:【格式】菜单→"文字样式"命令

(3)【格式】工具栏→"文字样式"按钮

或【文字】工具栏→"文字样式"按钮

图 13-63 【文字样式】对话框

1) 创建"长仿宋体"文字样式

下面以"长仿宋汉字"和"字母与数字"两个文字样式为例,介绍符合土木工程制图标准的字体样式的创建方法和步骤。

(1) 单击图 13-63【文字样式】对话框中"新建"按钮,打开如图 13-64 所示的【新建文字样式】对话框。通过该对话框中的"样式名"文本框指定新样式的名称,如"长仿宋汉字";单击"确定"按钮,返回【文字样式】对话框,此时在"样式"选项区显示新建的文字样式名"长仿宋汉字",如图 13-65 所示。

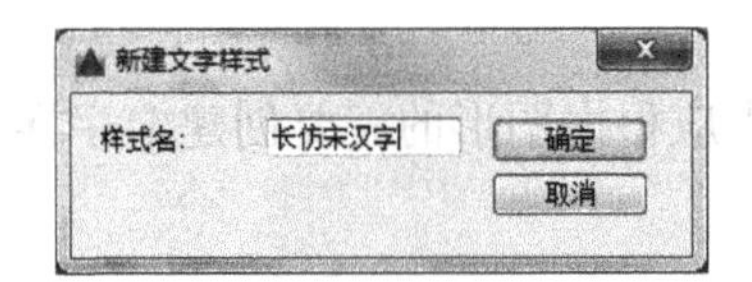

图 13-64 【新建文字样式】对话框

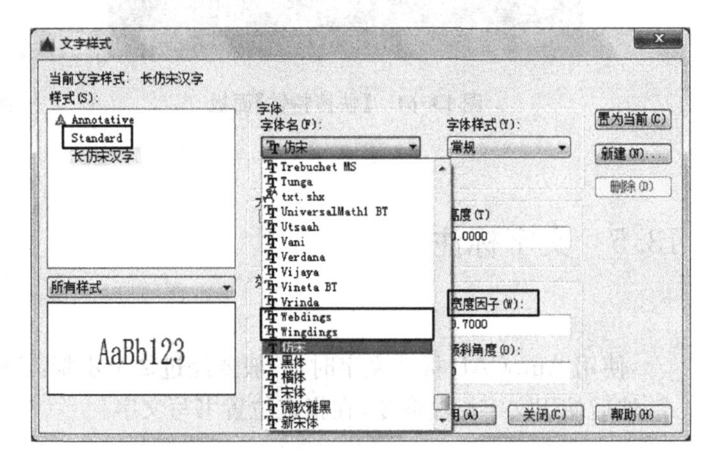

图 13-65 新建"长仿宋汉字"文字样式

(2) 通过【文字样式】对话框中的"字体名"下拉列表框指定新样式的字体名称"仿宋";设置"宽度因子"为 0.7;文字"高度"选项设置为 0(此处文字的"高度"选项通常设置为 0,用户在输入文字时再指定文字的高度)。

(3) 点击“应用”按钮后，再点击“关闭”按钮，可完成并关闭【文字样式】对话框。

2) 创建“字母与数字”文字样式

同理，可创建与上述“长仿宋汉字”配合使用的“字母与数字”字体样式。再次单击【文字样式】对话框中“新建”按钮，打开【新建文字样式】对话框，输入“字母和数字”样式的名称，并选择字体名称为“Times New Roman”，设置“宽度因子”为 1.0 即可。

3) 创建“大字体”文字样式

AutoCAD 提供的大字体与上述文字样式不同，可以定义一个文字样式，同时用来注写汉字、字母和数字。符合土木工程制图标准的大字体样式的创建方法和步骤如下：

(1) 单击【文字样式】对话框中“新建”按钮，在打开的【新建文字样式】对话框中输入“大字体”样式名称，单击“确定”按钮，返回【文字样式】对话框。

(2) 勾选“使用大字体”复选框，从“SHX 字体”下拉列表框中指定新样式的字体名称“gbenor. shx”，然后在右边的“大字体”下拉列表框中选择“gbcbig. shx”，并设置“宽度因子”为 1.0，如图 13-66 所示。

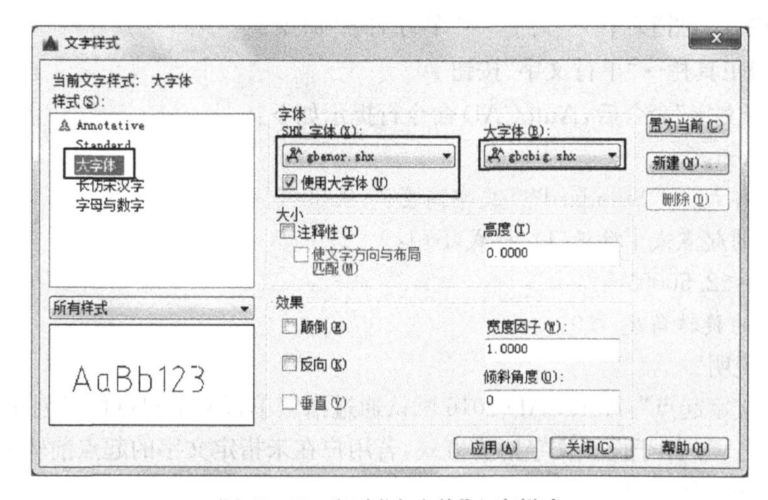

图 13-66　新建“大字体”文字样式

4) 将文字样式置为当前

文字样式创建后需要将其置为当前，之后书写的文字才能沿用此样式的相关设置，其方法有：

(1) 在【文字样式】对话框中的“样式”选项下，双击需要置为当前的文字样式，或者选中某个文字样式后点击“置为当前”按钮即可。如双击图 13-66 中“样式”选项下的“大字体”样式，此时上方“当前文字样式”名称显示为“大字体”。

(2) 在【样式】工具栏的“文字样式”下拉列表框中选择需要置为当前的文字样式，如图 13-67 中将“大字体”置为当前。

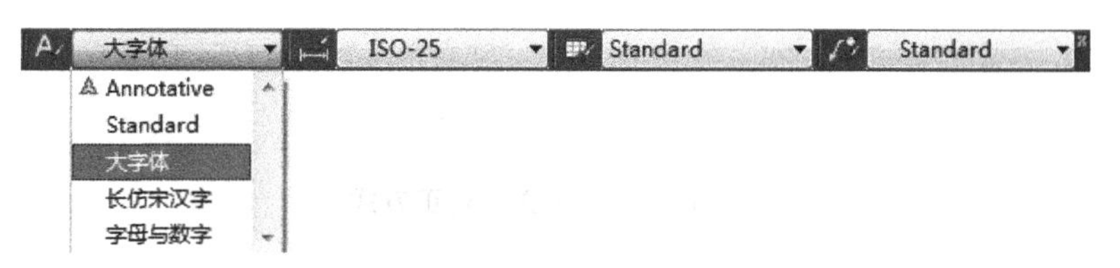

图 13-67　【样式】工具栏置为当前

(3) 在输入文字过程中，选择“样式(S)”选项，指定要使用的文字样式。

13.5.2 文字的输入

在 AutoCAD 2016 中，有 2 种输入文字的工具，分别是“单行文字”和“多行文字”。其中“单行文字”命令格式简单，主要用于内容较少的注释，如图中引注说明、部件序号、表格内容、标题栏文字等可以在图中直接输入的内容。“多行文字”命令则通过一个类似于 Word 的“在位编辑器”，为图形创建具有更丰富格式的文字说明，常用于大段的文字内容或有特殊格式的文字注释，如施工说明、上下标文字、特殊符号等。

1) 单行文字

用“单行文字”命令创建 1 行或多行文字时，每行文字都是独立的对象，可单独对其进行重定位、调整格式或进行其他修改。执行“单行文字”命令的方法有：

① 命令行：TEXT 或 DTEXT

② 菜单栏：【绘图】菜单→“文字”→“单行文字”命令

③【文字】工具栏→“单行文字”按钮

执行“单行文字”命令后，AutoCAD 命令行提示如下：

命令：_dtext↙

当前文字样式： “Standard” 文字高度： 2.5000 注释性： 否

指定文字的起点或 [对正(J)/样式(S)]：

指定高度 <2.5000>：

指定文字的旋转角度 <0>：

(1) 选项说明

① “指定文字起点”：AutoCAD 2016 默认通过指定单行文字起点位置创建文字。

② “对正(J)”：用于设置文字对齐方式，若用户在未指定文字的起点前输入“J”选项，命令行将显示如下提示信息：

[对齐(A)/布满(F)/居中(C)/中间(M)/右对齐(R)/左上(TL)/中上(TC)/右上(TR)/左中(ML)/正中(MC)/右中(MR)/左下(BL) /中下(BC)/右下(BR)]：

用户可根据提示选择需要的对正选项，其中各对正选项的对齐方式如图 13-68 所示。

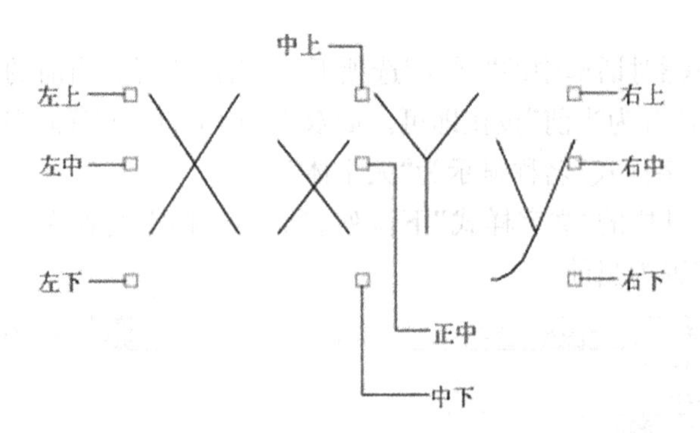

图 13-68 单行文字对正方式

③ “样式(S)”：用于指定当前要使用的文字样式，若用户在未指定文字的起点前输入“S”选项，命令行将显示如下提示信息：

输入样式名或［?］<Standard>：(用户可输入已创建好的样式名)

④ “指定高度”：指定文字起点后，如果当前文字样式高度为 0，系统将显示“指定高度”提示信息，要求输入文字高度，否则不显示该提示信息，而使用文字样式中设置的文字高度。

⑤ “指定文字的旋转角度”：用于设置文字的旋转角度。

(2) 特殊符号输入

在工程图样中，经常需要输入一些特殊符号，如角度标记、直径符号等，由于这些符号不能由键盘直接输入，AutoCAD 2016 提供了相应的输入代码来实现这些特殊符号的注写。表 13-1 是常用符号的输入代码。

表 13-1　AutoCAD 2016 中常用符号的输入

特殊符号		对应代码
角度符号	°	%%D
正负符号	±	%%P
直径符号	φ	%%C
百分号	%	%%%
上划线	_	%%O
下划线	_	%%U

(3) 单行文字示例

分别用上面创建的“长仿宋体汉字”、“字母与数字”以及“大字体”3 种样式书写的字高为 3.5 mm 的单行文字如图 13-69 所示。

底层平面图　(长仿宋体)

1:100　45°　ø12　±0.000　(simplex.shx)

底层平面图　1:100　45°　ø12　±0.000　(大字体)

图 3-69　单行文字示例 1

在指定位置书写单行文字时，需要采用各种对正方式辅助。例如要在图 13-70(a)所示的表格内注写文字以达到图 13-70(d)的效果，AutoCAD 具体操作和命令行提示如下：

命令：_dtext↙

当前文字样式：“长仿宋汉字”　文字高度：2.5000　注释性：否

指定文字的起点或［对正(J)/样式(S)］：j↙(输入“对正”选项并回车)

输入选项

［对齐(A)/布满(F)/居中(C)/中间(M)/右对齐(R)/左上(TL)/中上(TC)/右上(TR)/左中(ML)/正中(MC)/右中(MR)/左下(BL)/中下(BC)/右下(BR)］：mc↙(输入“正中”对正选项并回车)

指定文字的中间点：(捕捉图 13-70(b)中辅助对角线的中点为文字中间点，也可采用对

象捕捉和对象追踪方式指定文字的中间点）

指定高度 ＜2.5000＞：3.5↙（输入文字高度）

指定文字的旋转角度 ＜0＞：↙（无旋转角度时直接回车）

在出现的单行文字输入窗口中输入“制图”或“张三”后结束单行文字命令，并删除辅助对角线即可。

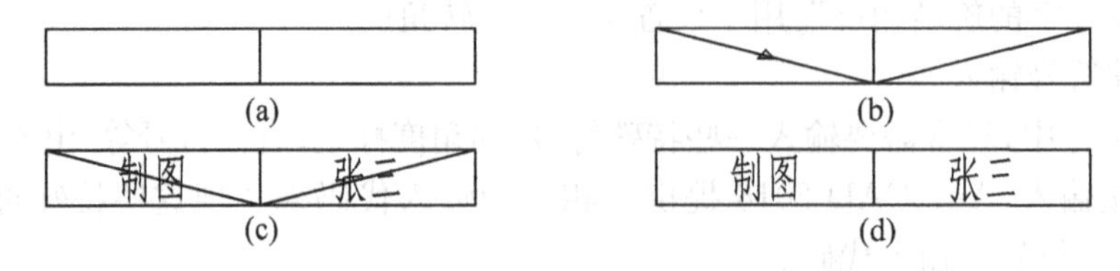

图 13-70　单行文字示例 2

2）多行文字

用“多行文字”命令创建文字说明时，所有文字都是一个整体，可同时对其进行重定位、调整格式或进行其他修改。执行“多行文字”命令的方法有：

（1）命令行：MEXT

（2）菜单栏：【绘图】菜单→“文字”→“多行文字”命令

（3）【文字】工具栏→“多行文字”按钮 A

执行“多行文字”命令后，用户根据命令行的提示可指定一个用来放置多行文字的矩形区域，此时将打开如图 13-71 所示的多行文字【文字格式】工具栏和【多行文字编辑器】。

其中【多行文字编辑器】用于输入多行文字的内容，【文字格式】工具栏用于设置和编辑多行文字的显示格式。多行文字内容和格式确定后，点击【文字格式】工具栏右上角的“确定”按钮即可插入图形中的指定位置。

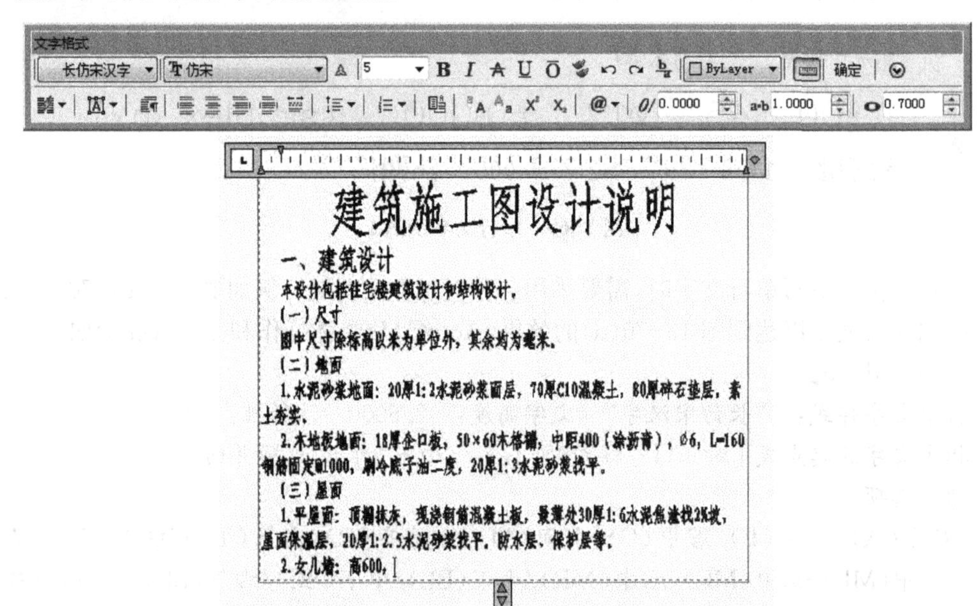

图 13-71　多行文字【文字格式】工具栏和【多行文字编辑器】

【文字格式】工具栏中大部分选项的功能与“Word”类似，可以在输入文字前设置字体样式、高度、宽高比等，也可以在输入文字后对多行文字的段落及字体特性进行编辑。

13.5.3　文字的修改与编辑

1) 命令编辑

(1) 编辑文字内容

用于修改已注写文字的内容，其命令执行的方式有：

① 命令行：DDEDIT

②【文字】工具栏→“编辑”按钮

③ 菜单栏：【修改】菜单→“对象”→“文字”→“编辑”命令

执行“编辑”文字命令后，AutoCAD 命令行提示如下：

命令：_ddedit↙

选择注释对象或［放弃(U)］：

此时鼠标变为拾取框形式，用户点选要修改的文字，可进入编辑状态。若选择的是单行文字，可直接输入新的内容后按回车键结束本次修改。若选择的是多行文字，可再次打开图13-71 所示的【文字格式】工具栏和【多行文字编辑器】，用户修改相关内容后，单击【文字格式】工具栏上的“确定”按钮即可。

“编辑文字”命令执行后可根据命令行提示连续多次对单行和多行文字进行修改，若全部修改完毕，按回车键或【Esc】键可结束命令。

(2) 编辑文字高度

其命令执行的方式有：

① 命令行：SCALETEXT

②【文字】工具栏→“缩放”按钮

③ 菜单栏：【修改】菜单→“对象”→“文字”→“比例”命令

执行上述修改文字高度命令后，AutoCAD 命令行提示如下：

命令：_scaletext↙

选择对象：(选择要修改高度的文字对象)

选择对象：(回车结束选择)

输入缩放的基点选项

［现有(E)/左对齐(L)/居中(C)/中间(M)/右对齐(R)/左上(TL)/中上(TC)/右上(TR)/左中(ML)/正中(MC)/右中(MR)/左下(BL)/中下(BC)/右下(BR)］＜现有＞：(指定缩放的基点或回车)

指定新模型高度或［图纸高度(P)/匹配对象(M)/比例因子(S)］＜2.5＞：(输入新的文字高度并回车)

(3) 编辑文字对正方式

其命令执行的方式有：

① 命令行：JUSTIFYTEXT

② 【文字】工具栏→"对正"按钮

③ 菜单栏:【修改】菜单→"对象"→"文字"→"对正"命令

执行"对正"命令后,AutoCAD 命令行提示如下:

命令:_justifytext↙

选择对象:(选择要修改高度的文字对象)

选择对象:(回车结束选择)

输入对正选项

[左对齐(L)/对齐(A)/布满(F)/居中(C)/中间(M)/右对齐(R)/左上(TL)/中上(TC)/右上(TR)/左中(ML)/正中(MC)/右中(MR)/左下(BL)/中下(BC)/右下(BR)] <左对齐>:(输入新的对正选项并回车)

2) "特性"编辑

当需要一次修改文字的多个参数时,可采用【快捷特性】面板或【特性】选项板来完成。

(1) 【快捷特性】面板

在"快捷特性"按钮 打开状态下,选中文字对象显示其相应的【快捷特性】面板,如图 13-72 所示。在该面板中用户可对文字对象的图层、内容、样式、注释性、对正、高度、旋转等直接进行修改。

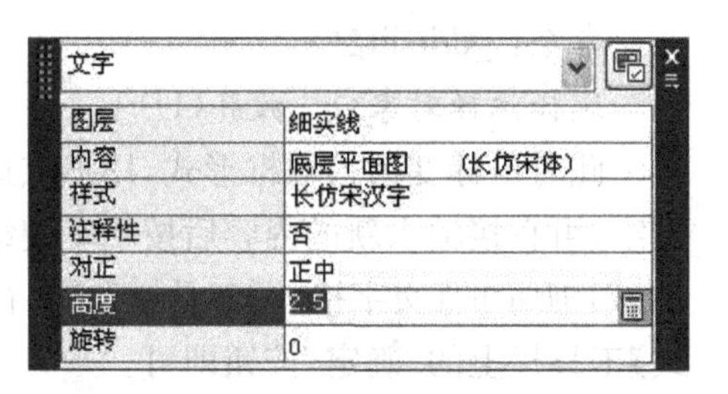

图 13-72 【快捷特性】面板

(2) 【特性】选项板

与【快捷特性】面板类似,先选中需要编辑的文字对象,执行"特性"命令,打开文字对象的【特性】选项板进行修改。

13.6 尺寸标注

13.6.1 新建标注样式

在进行尺寸标注前,应先建立合适的标注样式,如尺寸文字的样式、高度、调整比例、尺寸线、尺寸界线以及尺寸箭头的类型设置等,以满足不同行业或不同国家的制图标准。

1) 标注样式管理器

AutoCAD 2016 的尺寸标注样式是通过图 13-73 所示的【标注样式管理器】对话框进行创建和修改的,调用该对话框的方法有:

(1) 命令行:DIMSTYLE

(2) 菜单栏:【格式】菜单→"标注样式"命令

或【标注】菜单→"标注样式"命令

(3) 【格式】工具栏→"标注样式"按钮

2) 创建新标注样式

下面以"建施图标注"为例,介绍符合土木工程制图标准的尺寸样式的创建方法和步骤。

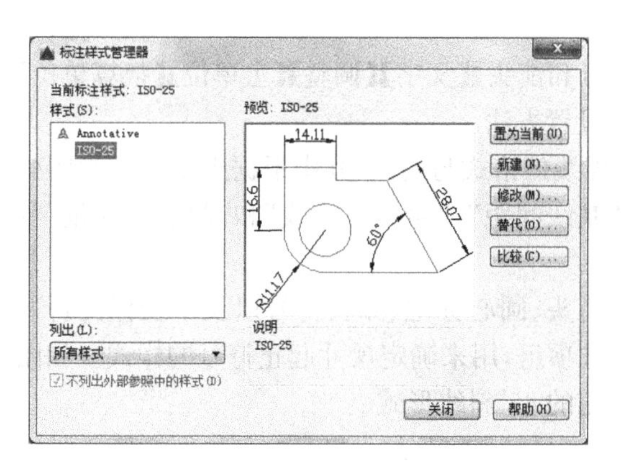

图 13-73 【标注样式管理器】对话框

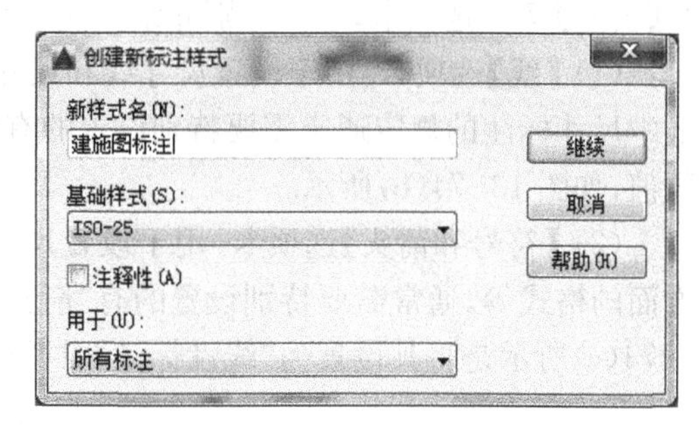

图 13-74(a) 【创建新标注样式】对话框

(1) 单击【标注样式管理器】中“新建”按钮，打开如图 3-74(a)所示的【创建新标注样式】对话框。通过该对话框中的“新样式名”文本框指定新样式的名称，如“建施图标注”；通过“基础样式”下拉列表框确定用来创建新样式的基础样式，如“ISO-25”；通过“用于”下拉列表框来确定新建标注样式的适用范围，其中有“所有标注”“线性标注”“角度标注”“半径标注”“直径标注”“坐标标注”和“引线和公差”等选项，分别用于使新样式适于对应的标注。用户可先选择用于“所有标注”，之后再建立对应的“线性标注”“角度标注”“半径标注”“直径标注”等子标注样式。

(2) 确定新样式的名称和有关设置后，单击“继续”按钮，AutoCAD 弹出如图 13-74(b)所示的【新建标注样式】对话框，利用此对话框可根据土木工程制图标准中尺寸标注的规定对新标注样式的各项参数和特性进行设置。

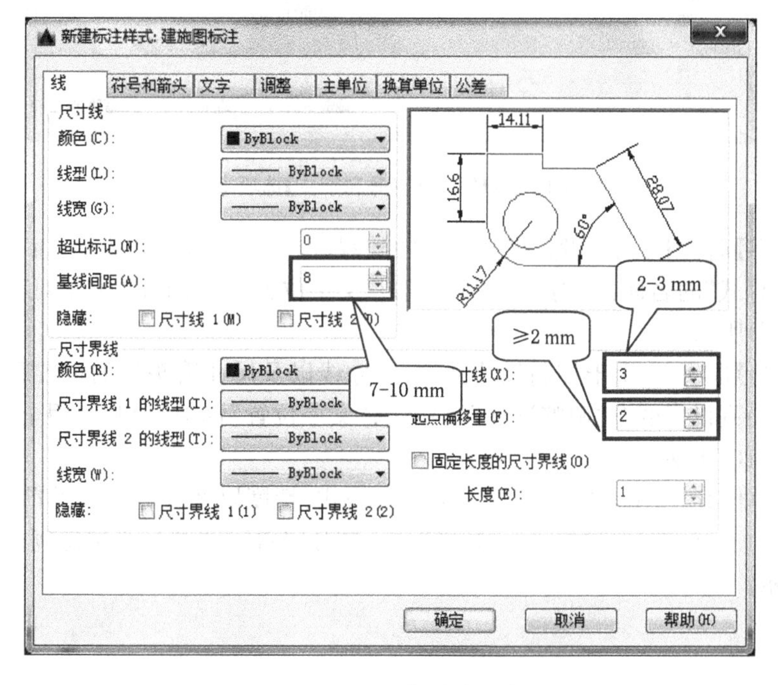

图 13-74(b) 【线】选项卡

3）新建标注样式选项卡设置

【新建标注样式】对话框中包含有【线】【符号和箭头】【文字】【调整】【主单位】【换算单位】和【公差】7个选项卡，下面分别介绍其使用和设置方法。

(1)【线】选项卡：用于设置尺寸线和尺寸界线的格式与属性，其中根据土木工程制图标准中尺寸标注的规定通常需要特别设置的有“基线间距”、“超出尺寸线”和“起点偏移量”等数值，如图13-74(b)所示。

(2)【符号和箭头】选项卡：用于设置尺寸箭头、圆心标记、弧长符号以及半径标注折弯方面的格式等，通常需要特别设置的有“箭头”选项组，用来确定尺寸起止符号的样式。如图3-74(c)所示是将其设置为“线性标注”时所使用的45°斜线形式。

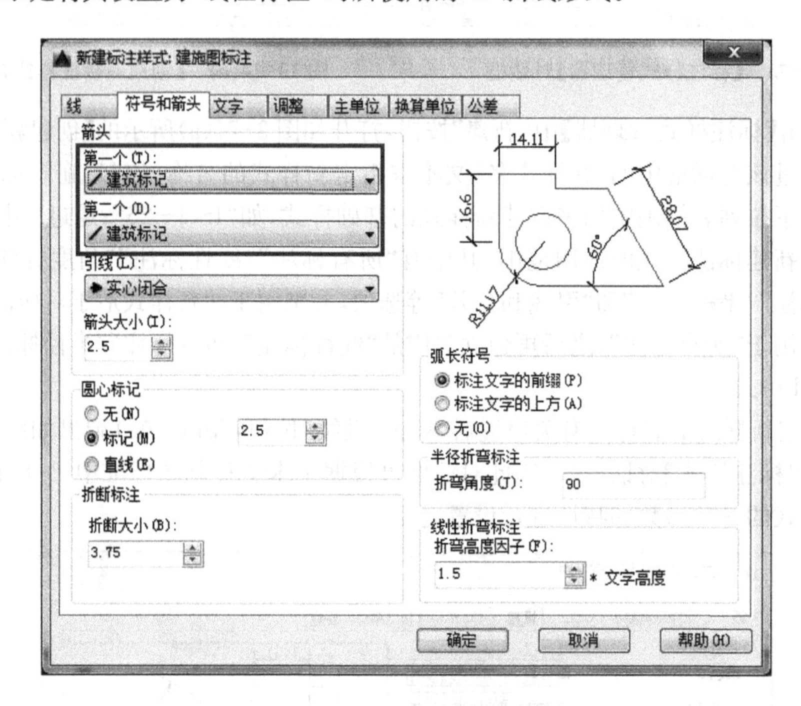

图13-74(c) 【符号和箭头】选项卡

(3)【文字】选项卡：用于设置尺寸文字的外观、位置以及对齐方式等，通常需要特别设置的有“文字样式”的名称、“文字高度”的数值、“文字位置”选项组和“文字对齐”选项组等，如图13-74(d)所示。

(4)【调整】选项卡：用于控制尺寸文字、尺寸线以及尺寸箭头等的位置和其他一些特征，通常需要特别设置的有“调整选项”选项组、“文字位置”选项组和“使用全局比例”的数值，如图13-74(e)所示。

(5)【主单位】选项卡：用于设置主单位的格式、精度以及尺寸文字的前缀和后缀等。通常需要特别设置的有“单位格式”、“精度”、“小数分隔符”和“测量单位比例因子”等，如图13-74(f)所示。

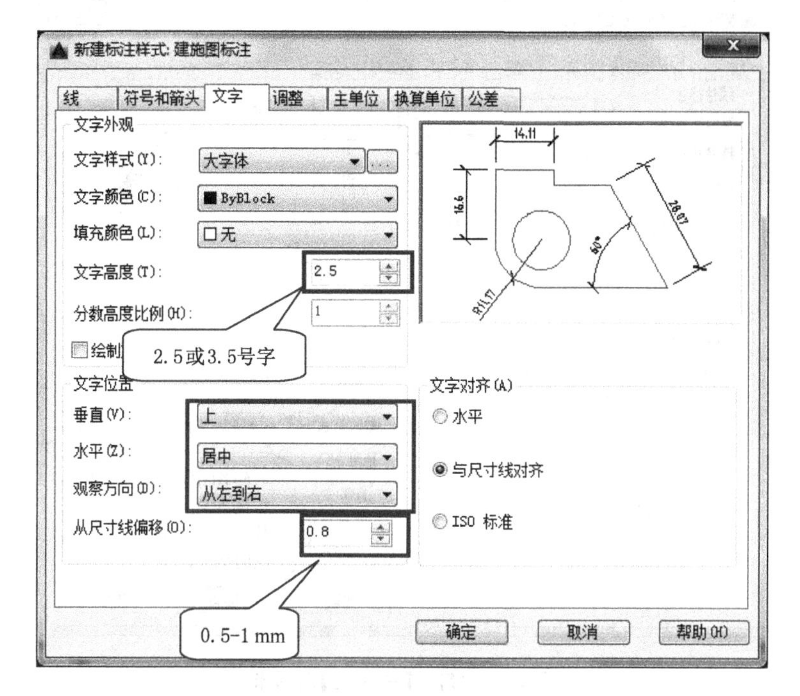

图 13-74(d) 【文字】选项卡

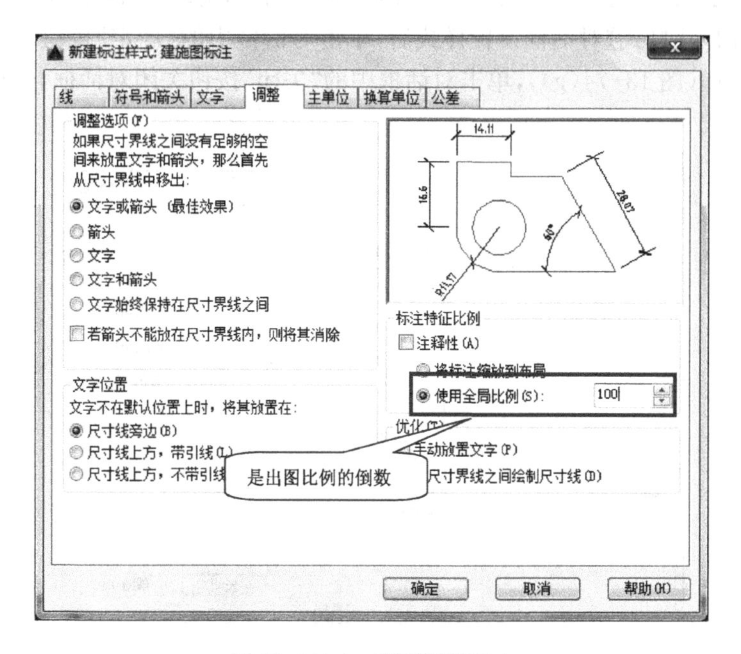

图 13-74(e) 【调整】选项卡

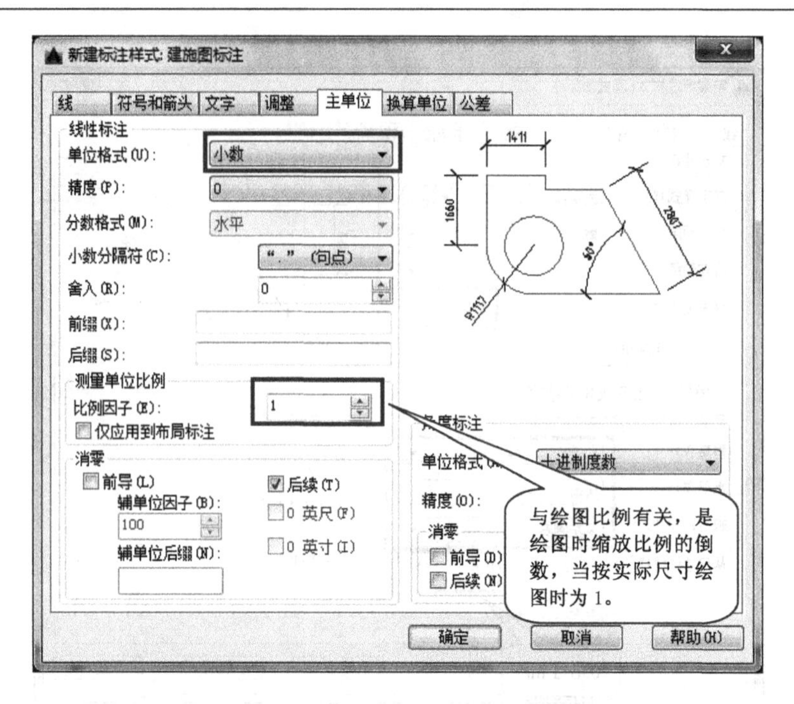

图 13-74(f) 【主单位】选项卡

【换算单位】和【公差】选项卡由于在土建制图中一般不用，所以这里不再介绍。

利用【新建标注样式】对话框设置样式后，单击对话框中的“确定”按钮，返回到【标注样式管理器】对话框(图 13-74(g))，单击对话框中的“关闭”按钮关闭对话框，完成尺寸标注样式的设置。

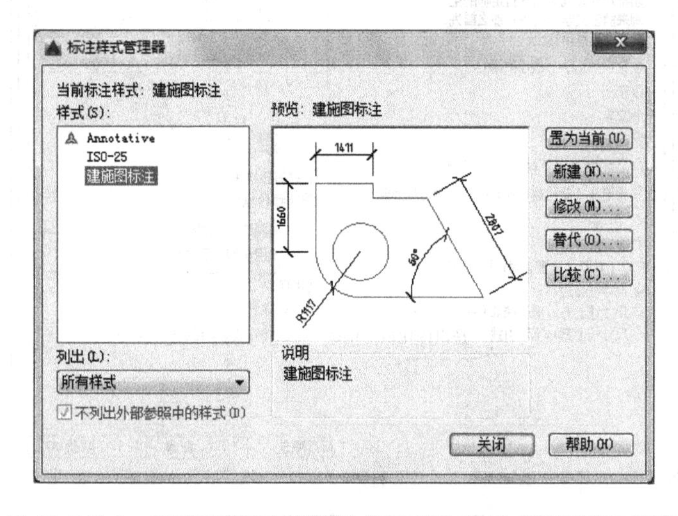

图 13-74(g) 新建“建施图标注”样式后的【标注样式管理器】对话框

4) 新建标注子样式

前面创建的“建施图标注”样式虽然是按照制图标准设置的，但在土建制图尺寸标注中却不完全通用，因为箭头选项设置为 45°斜线只适合线性尺寸的标注，而半径、直径和角度的尺寸起止符号需用实心闭合箭头。所以针对不同的图样只有一个标注样式显然是不能满足要求的，我们通常还要单独设置半径、直径和角度的标注参数，也就是在已创建好的标注样式基础上再新建子样式，方法如下(以半径为例)。

(1) 在【标注样式管理器】对话框中单击“新建”按钮，再次打开【创建新标注样式】对话框，在“基础样式”下拉列表框中选择已创建好的“建施图标注”样式，在“用于”下拉列表中选择“半径标注”，如图 13-75(a)所示。

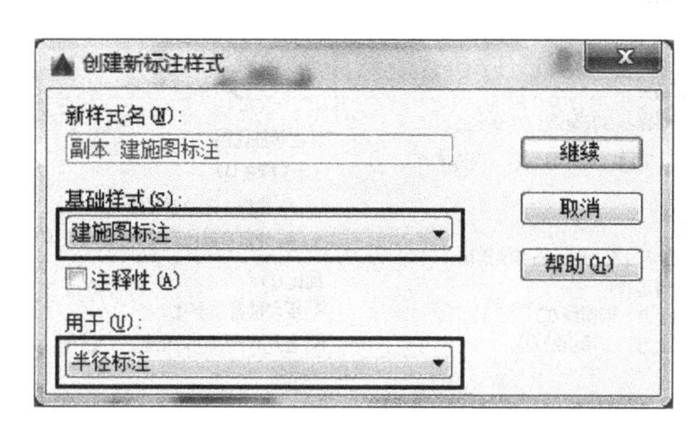

图 13-75(a) 新建“半径标注”子样式对话框

(2) 单击“继续”按钮，弹出【新建标注样式：建施图标注：半径】对话框，可以对箭头、文字对齐、调整选项等进行单独设置，如图 13-75(b)、(c)所示。

同理，也可设置相应的“直径”和“角度”子样式。各种标注子样式设置后，单击对话框中的“确定”按钮，返回到【标注样式管理器】对话框。图 13-75(d)显示的即为“建施图标注”及其子样式。

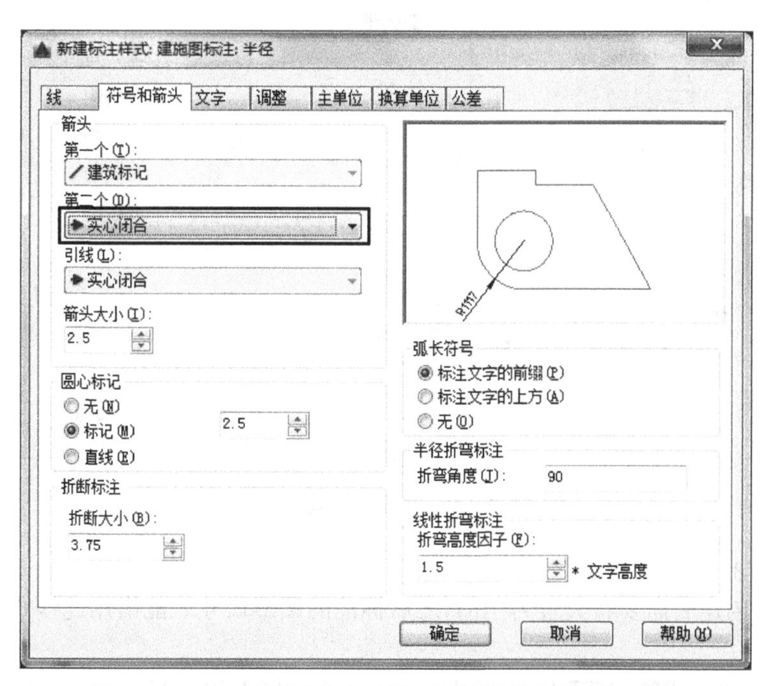

图 13-75(b) 新建“半径标注”子样式【符号和箭头】选项卡

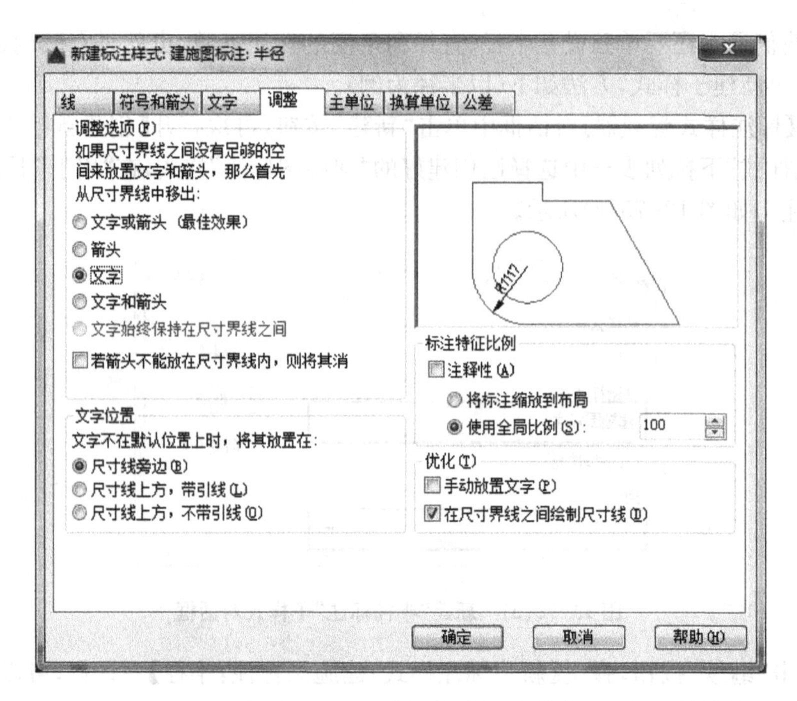

图 13-75(c) 新建“半径标注”子样式【调整】选项卡

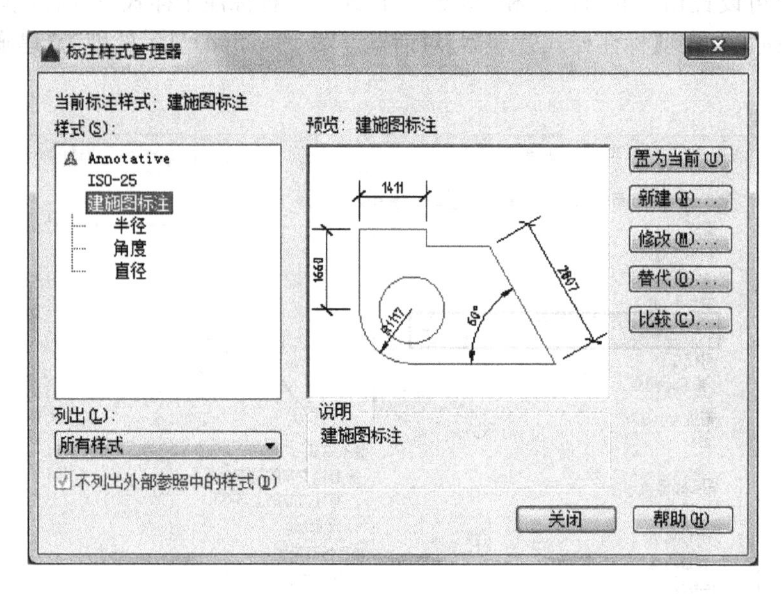

图 13-75(d) 完成创建标注子样式

5) 将标注样式置为当前

标注样式创建后需要将其置为当前，之后标注的图形尺寸才能沿用此样式的相关设置，其方法有：

(1) 在【标注样式管理器】中的“样式”列表下，双击需要置为当前的标注样式；或者选中某个标注样式后点击“置为当前”按钮即可，如双击图 13-75(d)中的“建施图标注”，此时上方“当前标注样式”名称显示为“建施图标注”。

(2) 在【样式】工具栏的“标注样式”下拉列表框中选择需要置为当前的标注样式,如图13-76中将“建施图标注”置为当前。

图13-76 【样式】工具栏

(3) 在【标注】工具栏的“标注样式”下拉列表框中选择需要置为当前的标注样式,如图13-77中将“建施图标注”置为当前。

图13-77 【标注】工具栏

13.6.2 尺寸标注命令

标注样式创建后将其置为当前,即可标注图形尺寸,由于AutoCAD 2016提供的标注命令繁多,本节仅介绍在土木工程制图中常用的几种标注命令的用法。

1) 线性标注

“线性”标注命令主要用来标注图形对象在水平方向和竖直方向的尺寸,其命令执行的方式有:

(1) 命令行:DIMLINEAR

(2) 菜单栏:【标注】菜单→“线性”命令

(3)【标注】工具栏→“线性”按钮

执行“线性”标注命令后,AutoCAD命令行提示如下:

命令:_dimlinear↙

指定第一条延伸线原点或 <选择对象>:(捕捉尺寸标注起点)

指定第二条延伸线原点:(捕捉尺寸标注终点)

指定尺寸线位置或

[多行文字(M)/文字(T)/角度(A)/水平(H)/垂直(V)/旋转(R)]:(用鼠标将尺寸线拖至合适位置)

在此提示下用户可通过拖动鼠标的方式确定尺寸线的位置并自动测量出距离,如图13-78中标注的6000和4000。用户也可输入相应选项以满足不同的标注需要,其中“多行文字”选项用于采用【文字编辑器】输入尺寸文字,“文字”选项用于手工输入尺寸文字(此时可任意指定尺寸文字内容),“角度”选项用于确定尺寸文字的旋转角度,“水平”选项用于沿水平方向标注尺寸,“垂直”选项用于沿垂直方向标注尺寸,“旋转”选项用于沿指定的方向旋转标注尺寸。

2) 对齐标注

“对齐”标注通常用于标注斜线段的尺寸,其命令执行的方式有:

(1) 命令行:DIMALIGNED

(2) 菜单栏:【标注】菜单→“对齐”命令

(3)【标注】工具栏→"对齐"按钮

执行"对齐"标注命令后，AutoCAD 命令行提示和操作同"线性"标注，如图 13-78 中"7211"即为对齐标注。

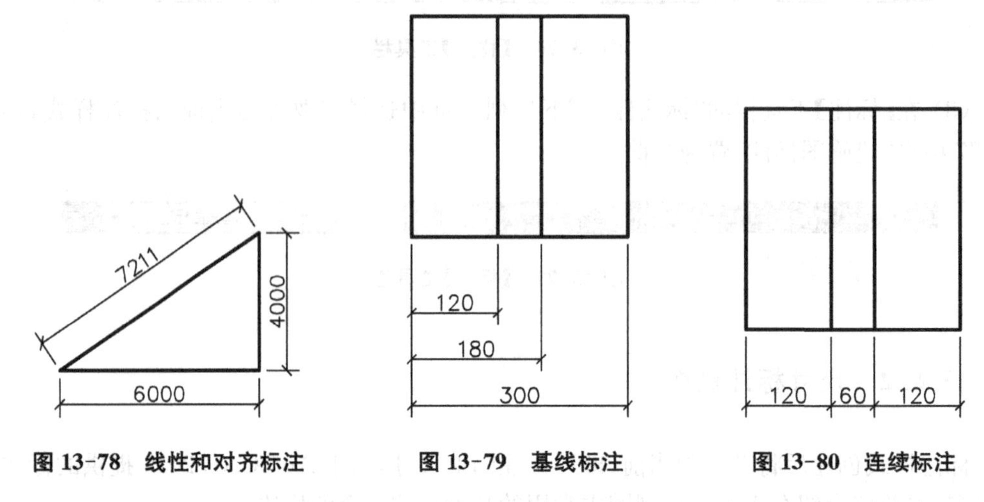

图 13-78 线性和对齐标注　　图 13-79 基线标注　　图 13-80 连续标注

3) 基线标注

"基线"标注指各尺寸线从同一条尺寸界线处引出，小尺寸在内、大尺寸在外的标注形式。必须注意的是，在"基线"标注前需先用"线性"标注第一个尺寸，其命令执行的方式有：

(1) 命令行：DIMBASELINE

(2) 菜单栏：【标注】菜单→"基线"命令

(3)【标注】工具栏→"基线"按钮

执行"基线"标注命令后，若标注图 13-79 中所示的尺寸，AutoCAD 命令行提示如下：

命令：_dimbaseline↙

选择基准标注：(可选择已有的线性标注作为第一个小尺寸，若用户线性标注第一个尺寸后立即执行基线标注命令则无此项提示)

指定第二条延伸线原点或 [放弃(U)/选择(S)] <选择>：(捕捉第二层尺寸标注的端点)

标注文字 = 180

指定第二条延伸线原点或 [放弃(U)/选择(S)] <选择>：(捕捉第三层尺寸标注的端点)

标注文字 = 300

指定第二条延伸线原点或 [放弃(U)/选择(S)] <选择>：(标注出全部尺寸后，在同样的提示下按【Enter】键或【Space】键，结束命令的执行)

4) 连续标注

"连续"标注是指在标注出的尺寸中，相邻两尺寸线共用同一条尺寸界线，同"基线"标注一样在使用前需先标注第一个"线性"尺寸，其命令执行的方式有：

(1) 命令行：DIMCONTINUE

(2) 菜单栏:【标注】菜单→"连续"命令

(3)【标注】工具栏→"连续"按钮

执行"连续"标注命令后,若标注图 13-80 中所示的尺寸,AutoCAD 命令行提示如下:

命令:_dimcontinue↙(此时 AutoCAD 自动把上一个尺寸的第二条尺寸界线作为新尺寸标注的第一条尺寸界线标注尺寸)

指定第二条延伸线原点或[放弃(U)/选择(S)]<选择>:(捕捉第二个标注的端点,若要从另外一个尺寸的尺寸界线引出可输入 S 选项,在提示下选择其他标注)

标注文字 = 60

指定第二条延伸线原点或[放弃(U)/选择(S)]<选择>:(捕捉第三个标注的端点)

标注文字 = 120

指定第二条延伸线原点或[放弃(U)/选择(S)]<选择>:(标注出全部尺寸后,在同样的提示下按【Enter】键或【Space】键,结束命令的执行)

5) 半径、直径和角度标注

"半径"和"直径"标注命令主要用来标注圆弧或圆的半径和直径尺寸,其命令执行的方式有:

(1) 命令行:DIMRADIUS 或 DIMDIAMETER

(2) 菜单栏:【标注】菜单→"半径"或"直径"命令

(3)【标注】工具栏→"半径"按钮 或"直径"按钮

执行相应的"半径"或"直径"标注命令后,根据 AutoCAD 命令行的提示选择要标注圆弧或圆即可,如图 13-81 所示。

"角度"标注命令调用的方法有:

(1) 命令行:DIMANGULAR

(2) 菜单栏:【标注】菜单→"角度"命令

(3)【标注】工具栏→"角度"按钮

执行"角度"标注命令后,若标注图 13-82 中所示的尺寸,AutoCAD 命令行提示如下:

命令:_dimangular↙

选择圆弧、圆、直线或 <指定顶点>:(直接按【Enter】键)

指定角的顶点:(捕捉角顶点)

指定角的第一个端点:(捕捉 30°角水平线上任一点作为第一个端点)

指定角的第二个端点:(捕捉 30°角第二条线上任一点作为第二个端点)

指定标注弧线位置或[多行文字(M)/文字(T)/角度(A)/象限点(Q)]:(拖动鼠标确定尺寸线的位置)

标注文字 = 30

命令:_dimbaseline(执行基线标注命令)

指定第二条延伸线原点或[放弃(U)/选择(S)]<选择>:(捕捉 60°角第二个端点)

标注文字 = 60

指定第二条延伸线原点或[放弃(U)/选择(S)]<选择>:(按"Esc"键结束命令)

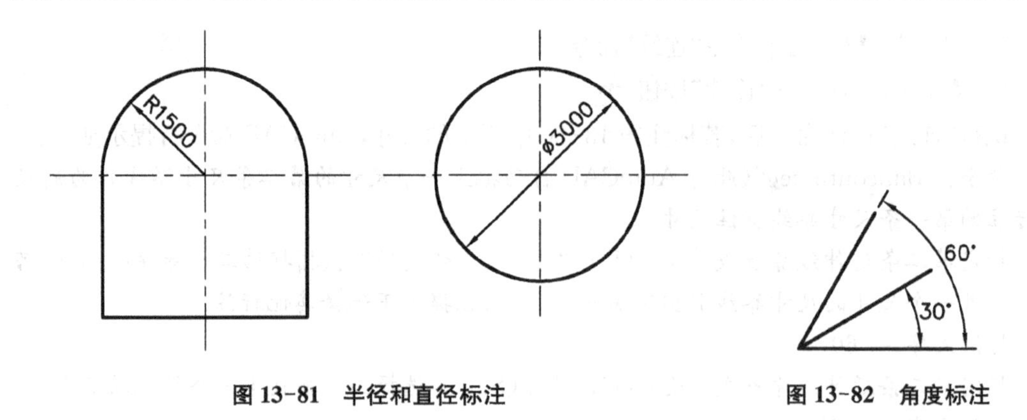

图 13-81　半径和直径标注　　　　图 13-82　角度标注

13.6.3　尺寸标注的编辑

1）命令编辑

（1）编辑标注

编辑标注命令用于修改已标注尺寸对象的尺寸文字，其命令执行的方式有：

① 命令行：DIMEDIT

②【标注】工具栏→"编辑标注"按钮

执行编辑标注命令后，AutoCAD 命令行提示如下：

命令：_dimedit↙

输入标注编辑类型［默认(H)/新建(N)/旋转(R)/倾斜(O)］<默认>：

a. 默认(H)

此选项用于尺寸文字位置被移动或角度被旋转后恢复原来默认位置，如可将图 13-83(c)中旋转后的 200 重新恢复到图 13-83(a)的效果。

b. 新建(N)

此选项用于尺寸文字内容的修改，输入"N"选项回车后，用户可在弹出的"文字格式"工具栏中输入新的尺寸文字并确定，根据命令行的提示选中要编辑的尺寸，按【Enter】键即可完成尺寸文字的新建。如图 13-83(b)是将图 13-83(a)中的 200 改为 500 后的效果。

c. 旋转(R)

此选项用于尺寸文字角度的旋转，输入"R"选项回车后，用户可根据命令行的提示输入标注文字的旋转角度，再选中要编辑的尺寸即可。如图 13-83(c)是将图 13-83(a)中的 200 旋转 30°后的效果。

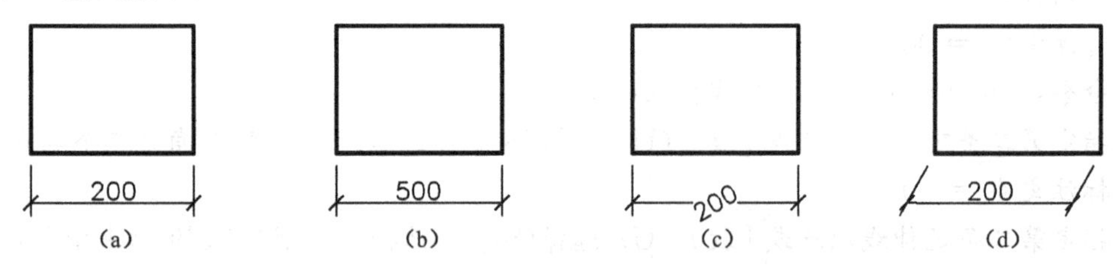

图 13-83　编辑标注

d. 倾斜(O)

此选项用于尺寸界线相对于原位置的倾斜旋转，输入“O”选项回车后，用户可根据命令行的提示选中要编辑的尺寸，输入倾斜角度即可。如图 13－83(d)是将图 13-83(a)中尺寸界线倾斜 60°后的效果。

(2) 编辑标注文字

编辑标注文字命令用于修改已标注尺寸对象的尺寸文字的位置，其命令执行的方式有：

① 命令行：DIMTEDIT

②【标注】工具栏→“编辑标注”按钮

执行“编辑标注文字”命令后，AutoCAD 命令行提示如下：

命令：_dimtedit↙

选择标注：(选择要编辑的标注)

为标注文字指定新位置或 [左对齐(L)/右对齐(R)/居中(C)/默认(H)/角度(A)]：

用户可根据需要选择相应选项移动或旋转尺寸文字的位置。

2) 夹点编辑

在 AutoCAD 2016 中，用户利用夹点编辑方式可方便的修改尺寸文字的内容、位置、尺寸线的位置以及标注区间等。如图 13-84(a)所示的标注为 100 的尺寸，若选择其为要编辑的尺寸标注，则会显示 5 个蓝色夹点，进入夹点编辑模式(图 13-84(b))。若激活文字中间的夹点，可利用鼠标拖动尺寸文字的位置(图 13-84(c))；若单击鼠标右键，选择“特性”选项，可在打开的【特性】选项板中修改相关内容，如图 13-84(d)中将尺寸文字替代为“500”；若激活起止符号处的夹点，可利用鼠标拖动调整尺寸线的位置(图 13-84(e))；若激活标注原点处的夹点，可选

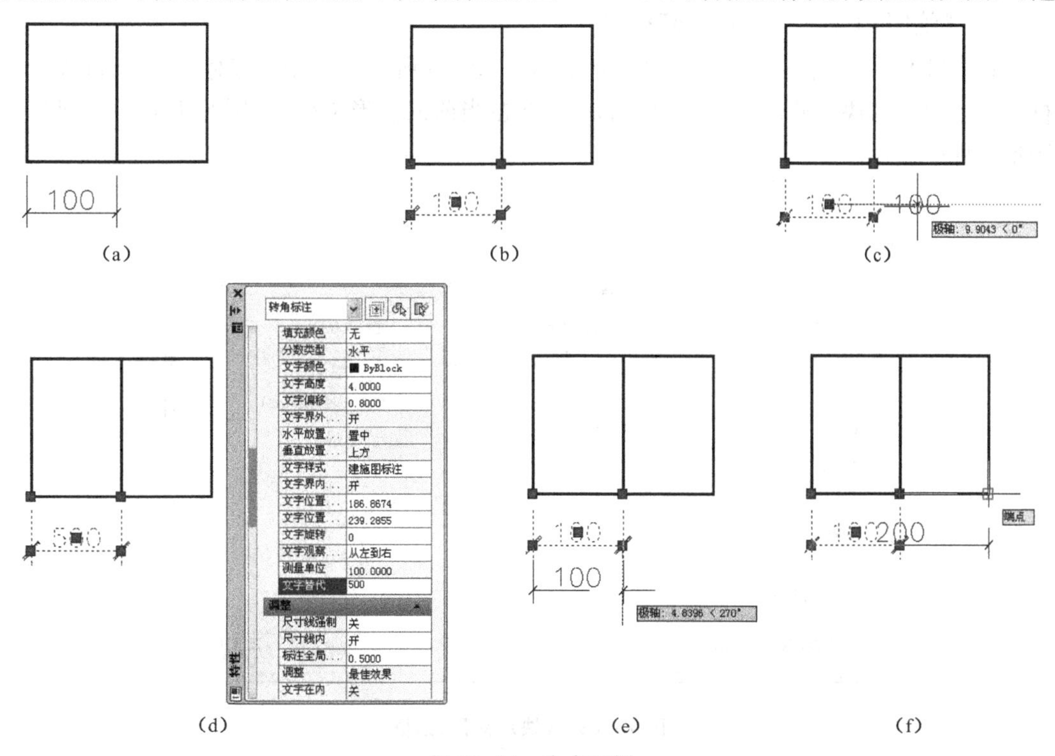

(a) (b) (c) (d) (e) (f)

图 13-84 夹点编辑

择新的标注区间，且标注文字也随区间而实时变化，如图 13-84(f)中将第二个标注原点移至最右端时，尺寸数字实时变为 200。

13.7 图块与属性

绘制土建工程图时，有些图形经常需要重复绘制，如定位轴线圆、指北针、标高符号、建筑图例等，为了加快绘图速度，在 AutoCAD 可以将这些常用的图形创建为图块，使用时直接插入图块即可。

13.7.1 图块的创建与插入

在 AutoCAD 中，可以采用 2 种方法创建新图块：一种是在当前绘图文件中将图形对象定义图块并只能插入本图形使用的内部块；另一种是通过写块操作将图形对象或已创建的内部块保存为可插入任何图形文件的外部块。

1) 创建内部块

在要创建为图块的图形对象绘制完成后，可以采用下列方法执行创建内部块的命令：

(1) 命令行：BLOCK(B)

(2) 菜单栏：【绘图】菜单→“块”→“创建”命令

(3) 【绘图】工具栏→“创建块”按钮

执行“BLOCK”命令后，AutoCAD 弹出如图 13-85 所示的【块定义】对话框，通过该对话框即可创建内部块。此命令创建的内部块存储在当前的图形文件中，因此不能插入到其他图形文件中使用。

图 13-85 【块定义】对话框

【例 13-6】 绘制如图 13-86 所示的 1000×40 的左单开门图例，并将其定义为内部块。

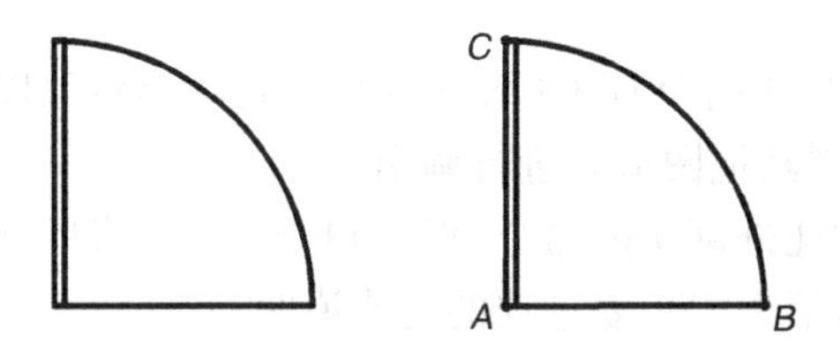

图 13-86　左单开门

操作步骤如下：

(4) 单击【绘图】工具栏上的矩形按钮，绘制 40×1000 的矩形。

命令：_rectang↙

指定第一个角点或［倒角(C)/标高(E)/圆角(F)/厚度(T)/宽度(W)］:(任意指定一点)

指定另一个角点或［面积(A)/尺寸(D)/旋转(R)］：@40,1000↙

(5) 单击【绘图】工具栏上的直线按钮，绘制长 1000 的直线 *AB*。

命令：_line 指定第一点：捕捉 *A* 点

指定下一点或［放弃(U)］:1000↙　　(采用正交或极轴追踪向右确定 *B* 点)

(6) 单击【绘图】工具栏上的圆弧按钮，绘制开门的轨迹线。

命令：_arc 指定圆弧的起点或［圆心(C)］：c↙　　(输入圆心选项)

指定圆弧的圆心：捕捉 *A* 点

指定圆弧的起点：捕捉 *B* 点

指定圆弧的端点或［角度(A)/弦长(L)］:捕捉 *C* 点

(7) 单击【绘图】工具栏上的“创建块”按钮，打开如图 13-85 所示的【块定义】对话框。

(8) 在【块定义】对话框中“名称”文本框中输入“左单开门”作为图块名称。

(9) 单击“拾取点”按钮，返回绘图窗口选中点 *A* 为基点。

(10) 单击“选择对象”按钮，返回绘图窗口选中已绘制的左单开门图形，单击鼠标右键再次返回【块定义】对话框，此时可以在名称右侧区域预览到图块的形状，如图 13-87 所示。

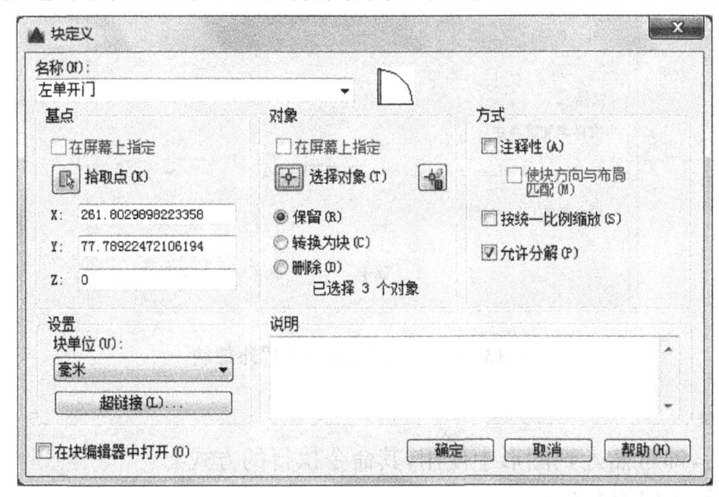

图 13-87　定义“左单开门”图块

(11) 单击“确定”按钮，完成图块定义。

2) 创建外部块

在 AutoCAD 2016 中，使用 WBLOCK 命令可以将图形对象以文件的形式写入磁盘，保存在指定的位置，方便绘制其他图形时进行调用。

在命令行直接输入创建外部块的命令“WBLOCK”或其缩写“W”，可弹出如图 13-88 所示的【写块】对话框。该对话框中主要选项的功能说明如下：

(1) “源”：用于确定组成外部块的对象来源。

其中“块”选项用于将已创建的内部块转换为外部块；

“整个图形”选项用于将当前文件中的全部图形创建为外部块；

“对象”选项用于将当前文件中的部分图形对象创建为外部块。

(2) “基点”和“对象”选项与“块定义”对话框中相同，只有在选中“对象”按钮后，对话框中“基点”和“对象”两个选项组才有效。

(3) “目标”：用于确定图块的保存名称和保存位置。

用“WBLOCK”命令创建块后，该块将以“.dwg”格式保存为 AutoCAD 图形文件。

【例 13-7】 将例 13-6 中已定义好的“左单开门”图块转换为外部图块。

操作步骤如下：

在命令行直接输入 WBLOCK，弹出【写块】对话框。在“源”选项中点选“块”，在下拉列表框中选择“左单开门”。在“目标”选项中设置“文件名和路径”，如图 13-88 所示。点击“确定”完成外部块的转换。

图 13-88 定义“左单开门”外部块

3) 插入图块

图块创建后，即可插入到图形中使用，其命令执行的方式有：

(1) 命令行：INSERT (I)

(2) 菜单栏:【插入】菜单→“块”命令

(3)【绘图】工具栏→“插入块”按钮

执行 INSERT 命令后,AutoCAD 会弹出【插入】对话框,如图 13-89 所示,利用该对话框可以插入已定义的图块。

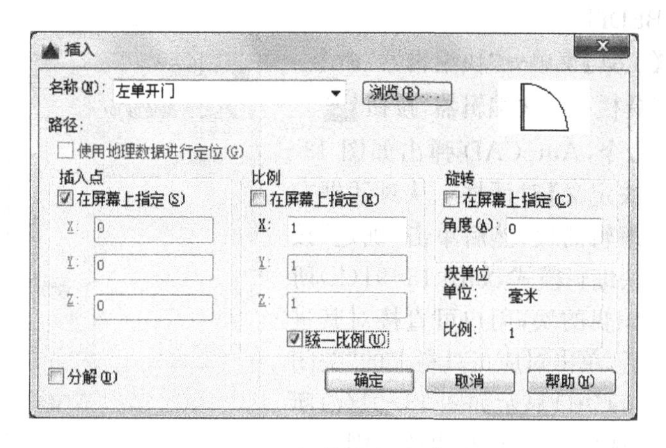

图 13-89 图块【插入】对话框

【例 13-8】 绘制如图 13-90(a)所示的平面图(墙厚 240 mm),并在预留的门洞处插入前面已创建的“左单开门”图块。操作步骤如下:

(1) 先根据给定尺寸绘制平面图,并打断出门洞,具体步骤略。

(2) 执行 INSERT 命令,AutoCAD 弹出【插入】对话框。

(3) 在“名称”下拉列表框中选择“左单开门”,“插入点”勾选“在屏幕上指定”,缩放“比例”勾选“统一比例”,数值设为 1,“旋转角度”设为 0,如图 13-89 所示。

(4) 单击“确定”按钮,回到绘图区,此时十字光标连同“左单开门”图块出现。

(5) 捕捉到门洞①处中点 1 作为插入点,完成图块的插入,如图 13-90(b)所示。

(6) 重复执行“插入块”命令,由于②处门与①处门的方向垂直,且按逆时针旋转,此时只需将“插入”对话框中“旋转角度”修改为 90,捕捉到插入点 2 即可完成②处的图块插入,插入效果见图 13-90(c)所示。

(7) 重复执行“插入块”命令,完成③处的图块插入。由于③处门与②处门的方向相反,且尺寸缩小为 800,此时只需将“插入”对话框中“旋转角度”修改为−90,缩放“比例”勾选“统一比例”,数值设为 0.8,捕捉到插入点 3 即可,插入效果见图 13-90(c)所示。

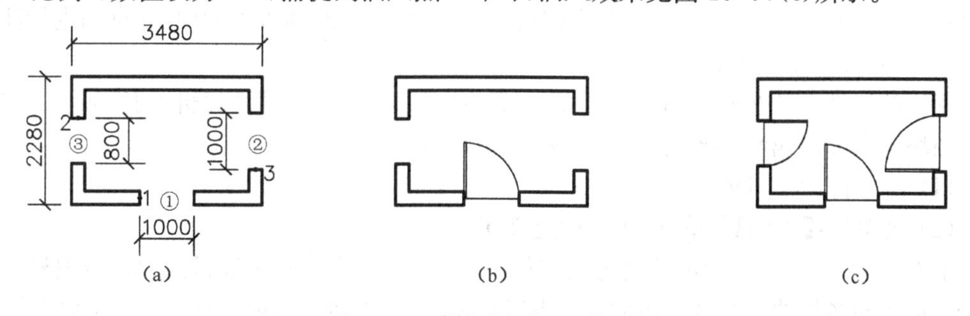

图 13-90 插入“左单开门”图块

13.7.2 图块的编辑

图块定义以后，可以通过“块编辑器”对其进行修改。

(1) 命令行：BEDIT

(2) 菜单栏：【工具】菜单→“块编辑器”命令

(3)【标准】工具栏：→“块编辑器”按钮

执行 BEDIT 命令，AutoCAD 弹出如图 13-91(a)所示的【编辑块定义】对话框。从对话框左侧的列表中选择要编辑的块，然后单击“确定”按钮，AutoCAD 进入块编辑模式，如图 13-91(b)所示。此时显示出要编辑的块，用户可直接对其进行编辑。编辑结束后，单击对应工具栏上的“关闭块编辑器”按钮，AutoCAD 显示如图 13-91(c)所示的提示窗口，如果选择上面“保存更改”，则会关闭块编辑器，并确认对图块的修改，同时在当前图形中插入的对应块也会自动进行修改。

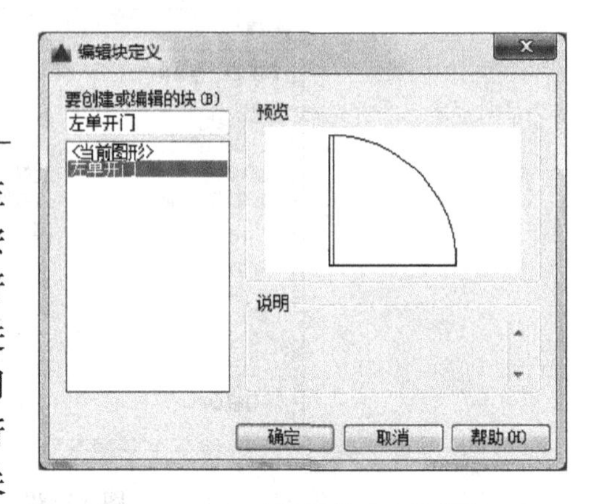

图 13-91(a) 【编辑块定义】对话框

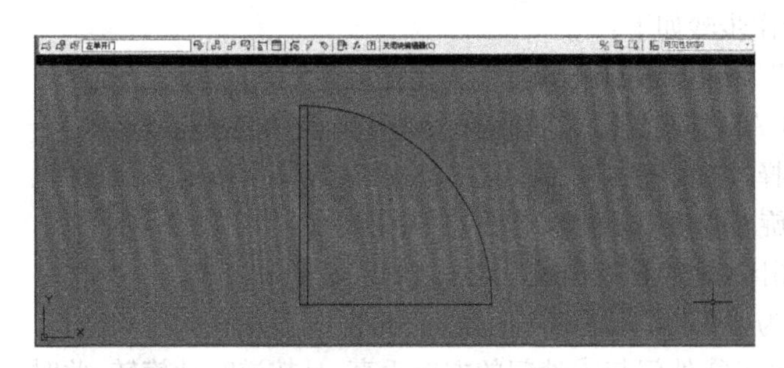

图 13-91(b) 块编辑模式

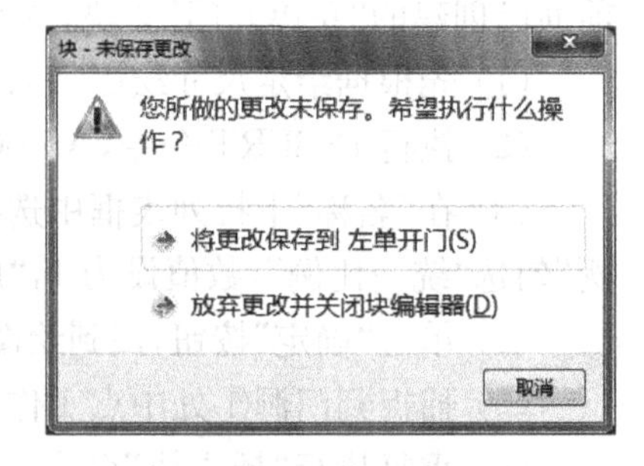

图 13-91(c) 提示窗口

13.7.3 图块的属性

图块除了包含图形对象外，还可以指定相应的附加信息，如文字说明、数量、参数、编号等，称为图块的属性。当用户插入此类图块时，其属性也一起插入到图中，并自动进行注释。

1) 定义图块的属性与插入

图块的属性通常在图块创建前定义，或者在图块创建后通过【块编辑器】添加，且用户可以为图块定义多个属性。调用图块“定义属性”命令的方法有：

(1) 命令行：ATTDEF

(2) 菜单栏：【绘图】菜单→“块”→“定义属性”命令

下面以图 13-92(a)所示的建施图定位轴线为例，创建并插入带属性的轴线编号图块。由于在插入时各轴线编号数值不同，在创建图块时可将圆内编号赋予属性，在插入时输入相应数值即可。操作步骤如下：

(1) 绘制直径 8 mm 的细实线圆。

(2) 新建“大字体”文字样式，设置字体为“gbenor. shx”和“gbcbig. shx”，宽度比例为 1.0 的大字体。

(3) 执行 ATTDEF 命令后，AutoCAD 弹出如图 13-92(b)所示的【属性定义】对话框。

在“标记”文本框中输入“编号”，在“提示”文本框中输入“输入轴线编号数值”，在“默认”文本框中输入“1”(也可不输入)。

在“对正”下拉列表框中选择“正中”，在“文字样式”下拉列表框中选择前面设置的“大字体”，“文字高度”文本框中输入“5”。

“模式”勾选“锁定位置”以保证属性值一直位于正中位置，“插入点”勾选“在屏幕上指定”。

(4) 点击“确定”按钮，在图形中捕捉圆心作为“插入点”，完成轴线编号的属性定义，此时将显示如图 13-92(c)所示的属性标记“编号”。

(5) 参照 13.7.1 方法，单击【绘图】工具栏上的“创建块”按钮，打开【块定义】对话框。

在【块定义】对话框中“名称”文本框中输入“轴线编号”作为图块名称。

单击“拾取点”按钮，返回绘图窗口选中圆心作为基点。

单击“选择对象”按钮，返回绘图窗口选中圆和属性两部分对象，单击“确定”按钮，完成图块定义。

(6) 执行 INSERT 命令，AutoCAD 弹出如图 13-89 所示的【插入】对话框。

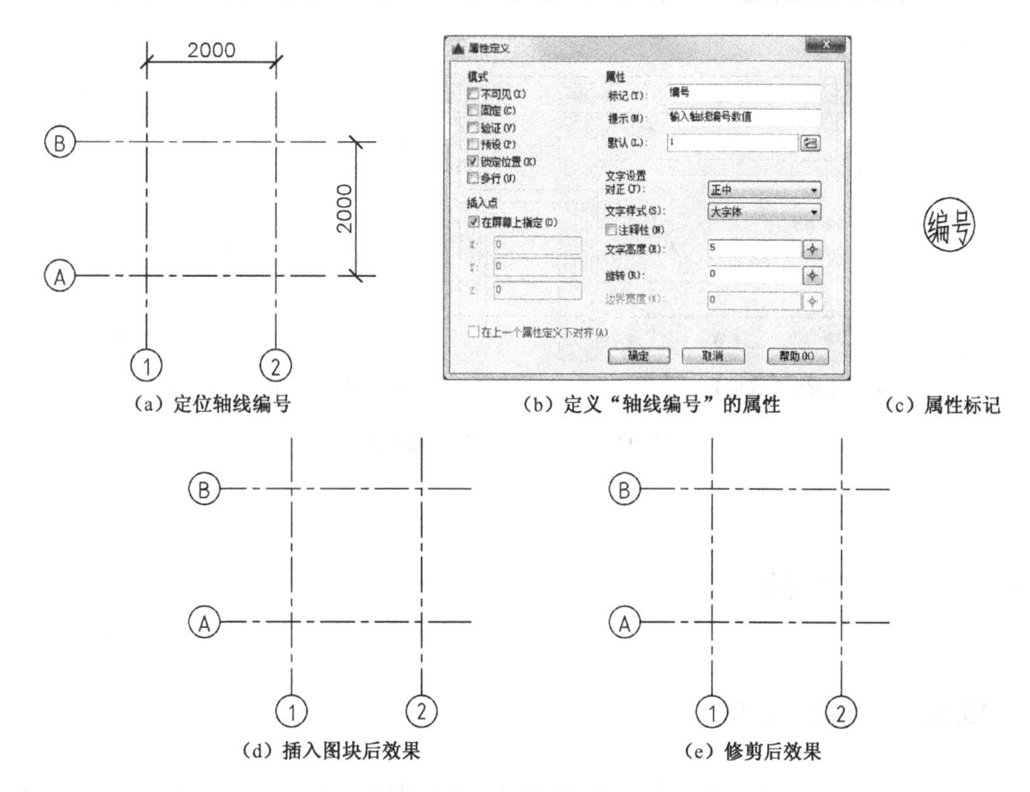

(a) 定位轴线编号　(b) 定义“轴线编号”的属性　(c) 属性标记

(d) 插入图块后效果　(e) 修剪后效果

图 13-92　定义带属性的图块并插入

在“名称”下拉列表框中选择“轴线编号”，“插入点”勾选“在屏幕上指定”，“缩放比例”勾选“统一比例”，数值设为100(此值应与出图比例一致)，“旋转角度”设为0，单击“确定”按钮，命令行提示如下：

命令：_insert↙

指定插入点或[基点(B)/比例(S)/旋转(R)]:(捕捉第一条轴线下端点)

输入属性值

输入轴线编号数值：1↙

重复以上操作，插入多个轴线编号，如图13-92(d)所示。

(7) 修剪多余线条，完成作图，如图13-92(e)所示。

2) 编辑图块的属性

在图形文件中插入带属性的图块之后，还可以对属性进行编辑。

(1) 命令行：EATTEDIT

(2) 菜单栏：【修改】菜单→“对象”→“属性”→“单个”命令

(3)【修改Ⅱ】工具栏→“编辑属性”按钮

执行上述命令后，根据提示选择要修改的块，或者在绘图窗口双击有属性的块，可以打开【增强属性编辑器】对话框，如图13-93所示(注意：在块插入图形后，采用“DDEDIT”命令也可以打开【增强属性编辑器】对话框)。

该对话框中有【属性】【文字选项】和【特性】3个选项卡，用户可以根据需要对选中的属性进行修改。

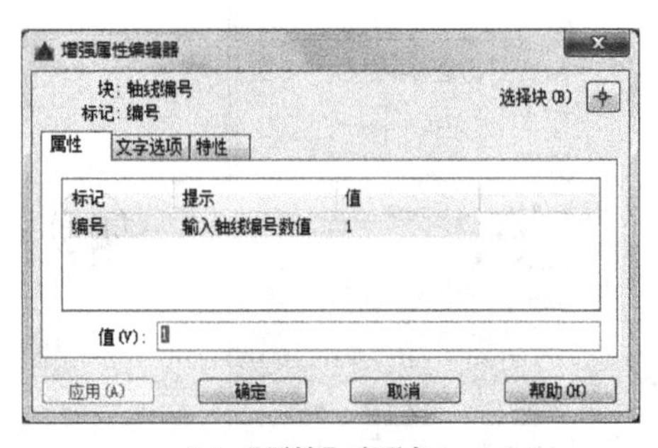

(a)【属性】选项卡

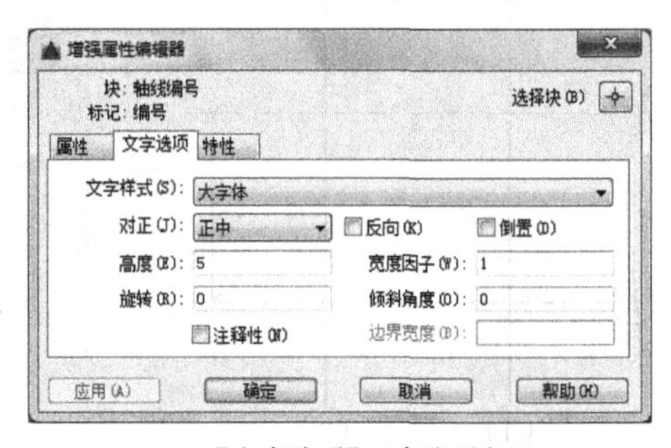

(b)【文字选项】3个选项卡

图13-93 【增强属性编辑器】对话框

13.8 复杂对象的绘制

13.8.1 绘制多段线

多段线是可以在不结束命令的情况下同时绘制直线段和弧形段，并可设置各段线始末端点宽度的一种线段绘制命令，其命令调用的方法有：

(1) 命令行:PLINE(命令缩写为 PL)

(2) 菜单栏:【绘图】菜单→“直线”命令

(3)【绘图】工具栏→“多段线”按钮

执行“多段线”命令后,AutoCAD 命令行提示:

命令:PLINE↙

指定起点:(输入点的坐标后按【Enter】键或用鼠标取点)

当前线宽为 0.0000

指定下一个点或 [圆弧(A)/半宽(H)/长度(L)/放弃(U)/宽度(W)]:(输入点的坐标后按【Enter】键或用鼠标取点)

指定下一点或 [圆弧(A)/闭合(C)/半宽(H)/长度(L)/放弃(U)/宽度(W)]:(输入“C”后按【Enter】键闭合到起始点;直接按【Enter】键结束命令)

说明:选项(A)绘制一段圆弧;选项(H)指定当前线段的半宽;选项(L)按照原来方向绘制指定长度的线段;选项(U)放弃前面绘制的线段;选项(W) 指定当前线段的全宽。

【例 13-9】 使用多段线绘制如图 13-94 所示的箭头符号,具体操作步骤为:

(1) 打开正交或极轴追踪模式。

(2) 执行“多段线”命令,并根据命令行提示输入相应的参数:

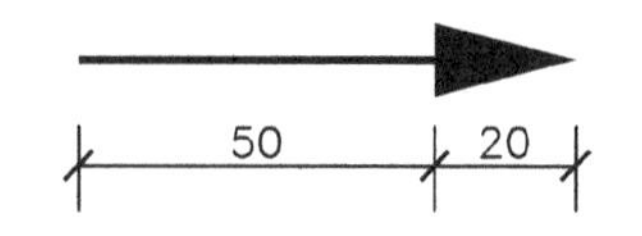

图 13-94 箭头符号绘制图

命令: _pline↙

指定起点:(任意指定起点)

当前线宽为 0.0000

指定下一个点或 [圆弧(A)/半宽(H)/长度(L)/放弃(U)/宽度(W)]: w↙(输入宽度选项 w)

指定起点宽度 <0.0000>: 1↙(输入起点宽度数字)

指定端点宽度 <1.0000>:↙ (输入端点宽度数字,回车表示与起点宽度一致)

指定下一个点或 [圆弧(A)/半宽(H)/长度(L)/放弃(U)/宽度(W)]: 50↙(利用正交或极轴追踪,在水平方向绘制长度 50 直线段)

指定下一点或 [圆弧(A)/闭合(C)/半宽(H)/长度(L)/放弃(U)/宽度(W)]: w↙(输入宽度选项 w)

指定起点宽度 <1.0000>: 10↙(输入箭尾处宽度数字)

指定端点宽度 <10.0000>:0↙(输入箭头处宽度数字)

指定下一点或 [圆弧(A)/闭合(C)/半宽(H)/长度(L)/放弃(U)/宽度(W)]: 20↙(利用正交或极轴追踪,在水平方向绘制长度 20 直线段)

指定下一点或 [圆弧(A)/闭合(C)/半宽(H)/长度(L)/放弃(U)/宽度(W)]:↙(直接【Enter】键结束命令)

13.8.2 多线的绘制与编辑

多线是一组由多条平行线组合而成的组合图形对象。多线是 AutoCAD 中设置项目最多、应用最复杂的图形对象。多线主要用于绘制土建工程图中的墙线等平行线对象。

1）多线样式

多线在绘制之前，通常需要根据实际情况对其封口、偏移等样式进行设置，其命令调用的方法有：

（1）命令行：MLSTYLE

（2）菜单栏：【格式】菜单→“多线样式”命令

执行“多线样式”命令后，系统弹出如图 13-95(a)所示【多线样式】对话框，在此对话框中列出了默认的当前多线样式“STANDARD”及其预览。用户可自己建立新的多线样式，也可修改当前多线样式，并保存到多线样式文件(后缀为.mln)中。

例如要建立“相对轴线对称的 240 mm 砖墙”的多线样式，单击【多线样式】对话框中“新建”按钮，打开如图 13-95(b)所示的【创建新的多线样式】对话框，通过“新样式名”文本框指定新样式的名称，如“24 墙线”；单击“继续”按钮，AutoCAD 弹出如图 13-95(c)所示的【新建多线样式】对话框，利用此对话框可对封口形式和角度，平行线线型、颜色及偏移量等进行设置和修改。

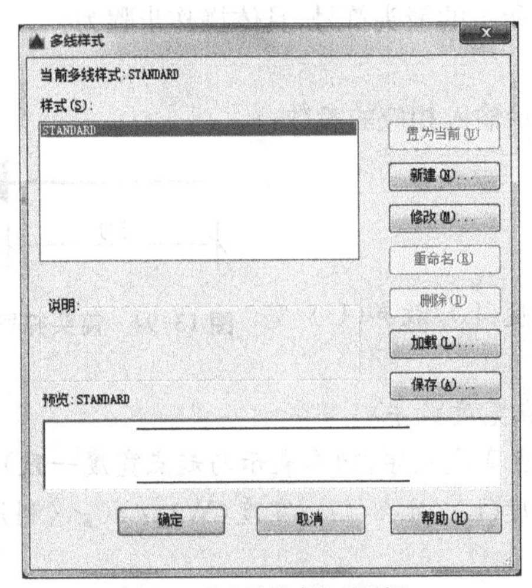

(a)【多线样式】对话框

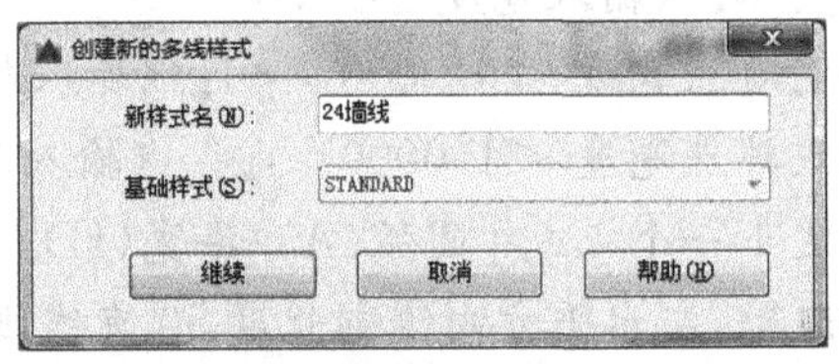

(b)【创建新的多线样式】对话框

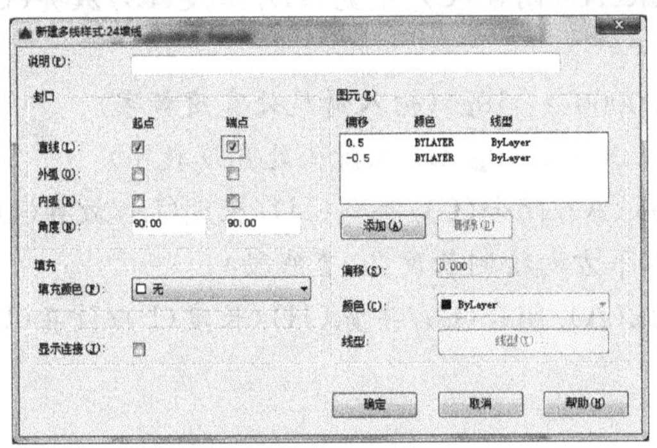

(c)【新建多线样式】对话框

图 13-95 设置多线样式

2）绘制多线

“多线”命令调用的方法有：

(1) 命令行:MLINE(命令缩写为 ML)

(2) 菜单栏:【绘图】菜单→"多线"命令

多线样式建立后,如要绘制如图 13-96 所示的厚度为 240 mm 的墙体,操作步骤如下:

(1) 使用"LINE"命令绘制墙体轴线,如图 13-96(a)所示。

(2) 执行"MLINE"命令后,AutoCAD 命令行提示如下:

命令: _mline↙

当前设置: 对正 = 上,比例 = 20.00,样式 = STANDARD

指定起点或 [对正(J)/比例(S)/样式(ST)]: st↙

输入多线样式名或 [?]: 24 墙线↙(修改多线样式为"24 墙线")

当前设置: 对正 = 上,比例 = 20.00,样式 = 24 墙线

定起点或 [对正(J)/比例(S)/样式(ST)]: j↙

输入对正类型 [上(T)/无(Z)/下(B)] <无>: z↙(修改对正方式为"无")

当前设置: 对正 = 无,比例 = 20.00,样式 = 24 墙线

指定起点或 [对正(J)/比例(S)/样式(ST)]: s↙

输入多线比例 <20.00>: 240↙(修改比例为"240")

当前设置: 对正 = 无,比例 = 240,样式 = 24 墙线

指定起点或 [对正(J)/比例(S)/样式(ST)]:(捕捉轴线端点 A)

指定下一点:(捕捉轴线端点 B)

指定下一点或 [放弃(U)]:(捕捉轴线端点 C)

指定下一点或 [闭合(C)/放弃(U)]:(捕捉轴线端点 D)

指定下一点或 [闭合(C)/放弃(U)]:(捕捉轴线端点 E)

指定下一点或 [闭合(C)/放弃(U)]:(捕捉轴线端点 F)

指定下一点或 [闭合(C)/放弃(U)]: c↙(闭合多线)

绘制后的效果如图 13-96(b)所示。

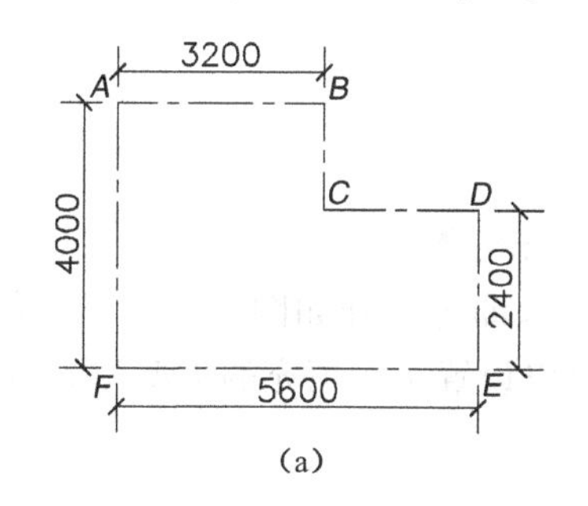

(a)

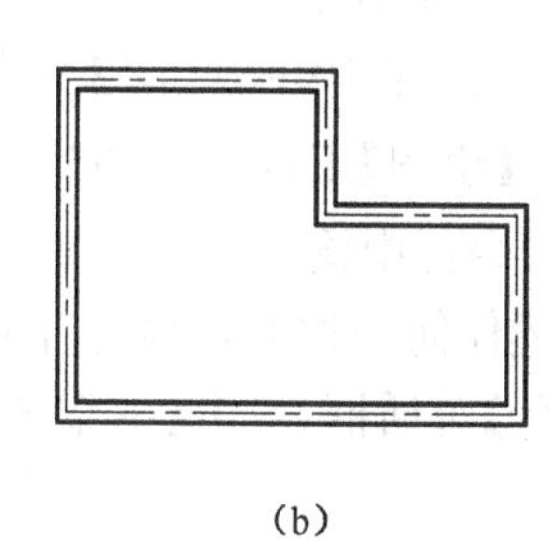

(b)

图 13-96 使用多线命令画墙体

说明:

(1) 因为多线具有一定宽度,必须指明输入端点位于垂直多线方向的位置,有 3 种对正方式:上对正、无对正和下对正,分别对应输入端点位于水平多线的顶部、中间和底部。对正方式将影响多线的绘制位置。

(2) 绘制封闭多线时,如果最后使用闭合选项,多线的所有平行线条都将自动相交,而如果不使用闭合选项,则无法得到这种效果。

13.8.3 绘制样条曲线

样条曲线是经过或接近一系列给定点的光滑曲线，可以控制曲线与点的拟合程度，常用来绘制波浪线，其命令调用的方法有：

(1) 命令行：SPLINE(命令缩写为 SPL)

(2) 菜单栏：【绘图】菜单→"样条曲线"命令

(3) 【绘图】工具栏→"样条曲线"按钮

执行"样条曲线"命令后，AutoCAD 命令行提示：

命令： spline↙

指定第一个点或［对象(O)］：(输入点的坐标后按【Enter】键或用鼠标取点)

指定下一点：(输入点的坐标后按【Enter】键或用鼠标取点)

指定下一点或［闭合(C)/拟合公差(F)］＜起点切向＞：(直接按【Enter】键转向起点切向输入；选项(C)闭合到起始点；选项(F)输入拟合公差)

指定起点切向：(用鼠标在屏幕上指定起点切向)

指定端点切向：(用鼠标在屏幕上指定端点切向)

13.8.4 图案填充

使用指定线条图案、颜色来填充某个封闭区域，从而表达该区域的特征，这种填充操作称为图案填充。图案填充被广泛应用于土建类各种图样的绘制中，如在建筑立面图中表示外墙的装饰材料，在建筑剖面图中用于表示被剖到断面的钢筋混凝土或普通砖材料等。

1) 图案填充

调用图案填充命令的方法如下：

(1) 选择菜单栏中的【绘图】→"图案填充"命令。

(2) 单击【绘图】工具栏中的"图案填充"按钮 。

(3) 在命令行中输入 BHATCH 或 BH，并按【Enter】键。

采用上述任何一种方式执行"图案填充"命令后，即可打开如图 13-97(a)所示的【图案填充和渐变色】对话框，单击【图案填充】选项卡，可以设置图案填充的类型和图案、角度和比例等内容。

该对话框中各选项的主要功能说明如下：

(1) "类型和图案"选项区域

在"类型和图案"选项区域中，可以设置图案填充的类型和图案，其主要选项功能如下。

① "类型"下拉列表框：用于设置填充图案的类型，包括"预定义"、"用户定义"和"自定义"3 个选项。"预定义"选项可以使用 AutoCAD 提供的图案，包括 ANSI、ISO 和其他预定义图案；"用户定义"选项，需要临时定义图案，该图案由 1 组平行或者相互垂直的 2 组平行线组成，用于基于图形当前线型创建直线图案；"自定义"选项，可以使用事先定义好的图案。

② "图案"下拉列表框：用于设置填充的图案。只有在"类型"下拉列表框中选择"预定义"

选项时，该选项才可以使用。在“图案”下拉列表框中可以根据图案名称选择图案，也可以单击其后的 [...] 按钮，在打开的【填充图案选项板】对话框中进行选择。该对话框有 4 个选项卡，分别是 ANSI、ISO、其他预定义以及自定义，如图 13-97(b)所示。

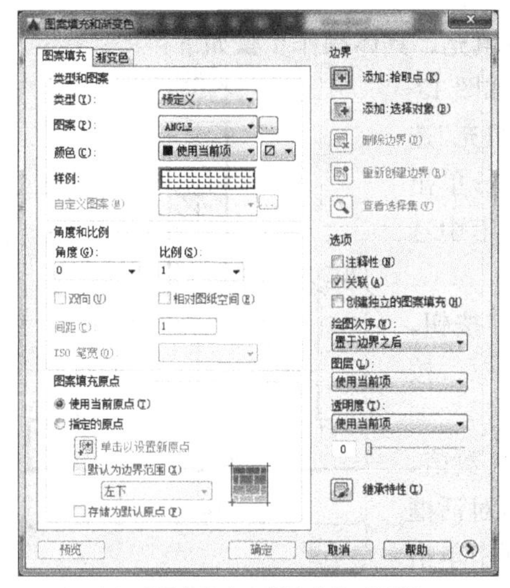

(a) 【图案填充和渐变色】对话框

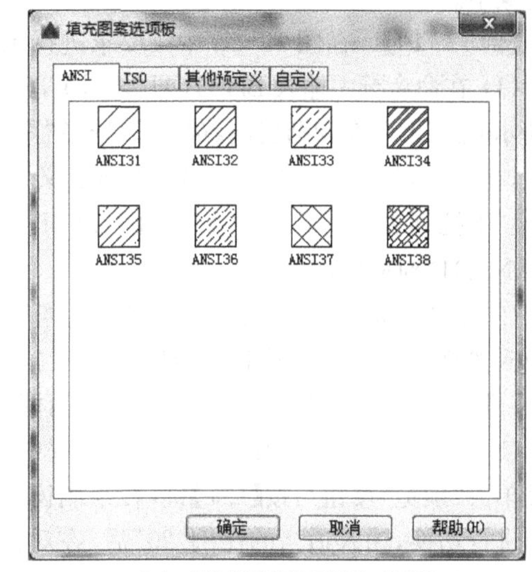

(b) 【填充图案选项板】对话框

图 13-97 填充图案设置

③ “样例”预览窗口：用于显示当前选中的图案样例。单击样例的预览图案，同样可以打开“填充图案选项板”对话框，供用户选择图案。

(2) “角度和比例”选项区域

在“角度和比例”选项区域中，可以设置用户定义的图案填充的角度和比例等参数，其主要选项功能如下。

① “角度”下拉列表框：用于设置填充图案的旋转角度，每种图案在定义时的原始旋转角度都为零。

② “比例”下拉列表框：用于设置图案填充时的比例值。每种图案在定义时的初始比例值为 1，可以根据需要放大或缩小。

(3) “图案填充原点”选项区域

用于设置图案填充原点的位置。一些类似于砖墙立面的图案填充需要从边界的某一点排成一行，有时需要调整其初始位置。主要选项的功能如下。

① “使用当前原点”选项：可以使用当前 UCS 的原点(0,0)作为图案填充的原点。此选项为 AutoCAD 默认选项。

② “指定的原点”选项：通过指定点作为图案填充的原点。

(4) “边界”选项区域

① “添加：拾取点”按钮：单击该按钮将切换到绘图窗口，以拾取点的方式来指定填充区域的边界，系统会自动检测出包围该点的封闭填充边界，同时亮显该边界。

② “添加：选择对象”按钮：单击该按钮将切换到绘图窗口，通过选择对象的形式来指定填充区域的边界。

(5)“选项”选项区域

① “关联”复选框:选择此项即关联填充,用于创建随边界更新自动填充新的边界的图案。

② “继承特性”按钮:可以将现有图案填充或填充对象的特性应用到其他图案填充或填充对象中。

【例 13-10】 在图 13-98 中按要求进行图案填充。具体操作步骤如下:

(1) 在命令行中输入 BHATCH 后回车,弹出如图 13-97 所示的【图案填充和渐变色】对话框,选择“图案填充”选项卡,在“类型”下拉列表框中选择“预定义”选项;单击“图案”下拉列表框后的 ... 按钮,在“ANSI”选项卡中选择“ANSI31”对应的图案。

(2) 在“边界”选项组中,单击“添加:拾取点”按钮,切换到绘图窗口,在图形上部砖墙内任意拾取一点,按【Enter】键返回到【图案填充和渐变色】对话框。

(3) 在对话框中的“比例”下拉列表框中输入数值,通过单击“预览”按钮与按【Esc】键,在绘图窗口与对话框之间进行切换,输入适当的比例“20”后,在对话框中单击“确定”按钮。图案填充后的效果如图 13-98 上部所示。

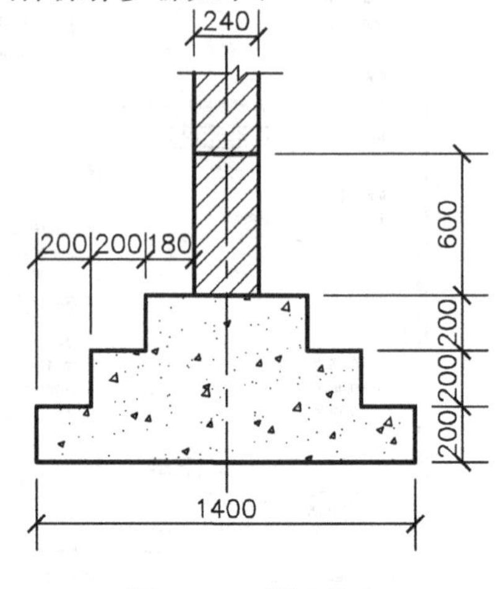

图 13-98 图案填充

(4)同样的方法,在下面基础部分选择“其他预定义”选项卡中“AR—CONC”混凝土图案,输入比例“1”,拾取点或选取对象后确定填充,结果如图 13-98 所示。

2) 编辑图案填充

创建了图案填充后,如果需要修改填充图案或修改图案区域的边界,可以通过图案编辑命令对其进行修改。

调用图案填充编辑的方法如下:

(1) 选择菜单栏中【修改】→“对象”→“编辑图案填充”命令。

(2) 单击【修改 Ⅱ】工具栏中的“编辑图案填充”按钮 。

(3) 在命令行中输入 HATCHEDIT,并按【Enter】键。

(4) 双击要编辑的填充图案。

采用上述任何一种方式执行“编辑图案填充”命令后,即可打开【图案填充编辑】对话框,对现有的图案或渐变填充的相关参数进行修改即可。

13.9 专业图绘制实例

13.9.1 绘制工程图的一般步骤

使用 AutoCAD 绘制工程图的一般步骤如下:

步骤 1:新建一个图形文件,另存为指定的文件名及指定文件保存的位置和文件类型。

步骤 2:在新建的图形文件中,设置绘图环境和各种样式:(1)设置图形单位;(2)设置图层及线型;(3)设置文字样式;(4)设置尺寸样式。

步骤 3:绘制图幅、图框和标题栏。

步骤 4:创建常用图块。

步骤 5:绘制图形。

步骤 6:标注尺寸和文字。

13.9.2 创建土建工程图中常用的样板图

从绘制工程图的一般步骤中可以看到,在使用 AutoCAD 绘制工程图样时,每绘制一张新的工程图,在开始绘制图形部分之前,都要重复步骤 1 至步骤 4。

为了提高绘图效率,用户可根据本专业的要求将自己经常使用的绘图环境(如绘图单位、图层、线宽、线型、颜色、文字样式、标注样式等)事先设置好并分类保存下来,在以后需要时直接调用或做少许修改即可,而不必每次绘图时都从头开始对这些参数进行设置。这类文件称为样板文件,其后缀名为“*.dwt”,是包含一定绘图环境和专业参数设置,但并未绘制图形对象的空白文件。

以一个“A3 图幅的建筑平面图样板”为例讲述土建工程样板图的创建方法和步骤如下:

(1) 设置绘图环境

打开 AutoCAD 默认样板文件“acadiso. dwt”,通过前面已学过的操作对绘图界限、单位、草图等进行设置,这里不再赘述。

(2) 设置图层、颜色、线型和线宽

对于不太复杂的建筑平面图一般可新建各类图层如下:

① 轴线层,红色,细实线,线宽 0.13 mm。

② 墙柱轮廓线层,白色,粗实线,线宽 0.5 mm。

③ 未剖到的轮廓线层,绿色,中实线,线宽 0.25 mm。

④ 楼梯层,蓝色,细实线,线宽 0.13 mm。

⑤ 门窗等图例符号层,蓝色,细实线,线宽 0.13 mm。

⑥ 尺寸层,青色,细实线,线宽 0.13 mm。

⑦ 文字层,黄色,细实线,线宽 0.13 mm。

⑧ 图框层,洋红色,细实线,线宽 0.13 mm(由于图框一般单独创建为图块,详见第 5 步,此处不再细分线宽,只需随块即可)。

(3) 设置文字样式

参照第 13.5.1 节方法,定义符合制图标准的汉字、字母和数字的文字样式。

(4) 设置标注样式

按照第 13.6.1 节中讲述,设置“建施图标注”尺寸样式。

(5) 绘制图框和标题栏

① 将图框层设为当前层,绘制 420×297 的矩形作为 A3 图纸外框,如图 13-99(a)所示。

② 执行“分解”命令,将外框矩形分解。采用“偏移”命令,将左边线向右偏移 25 mm,将其

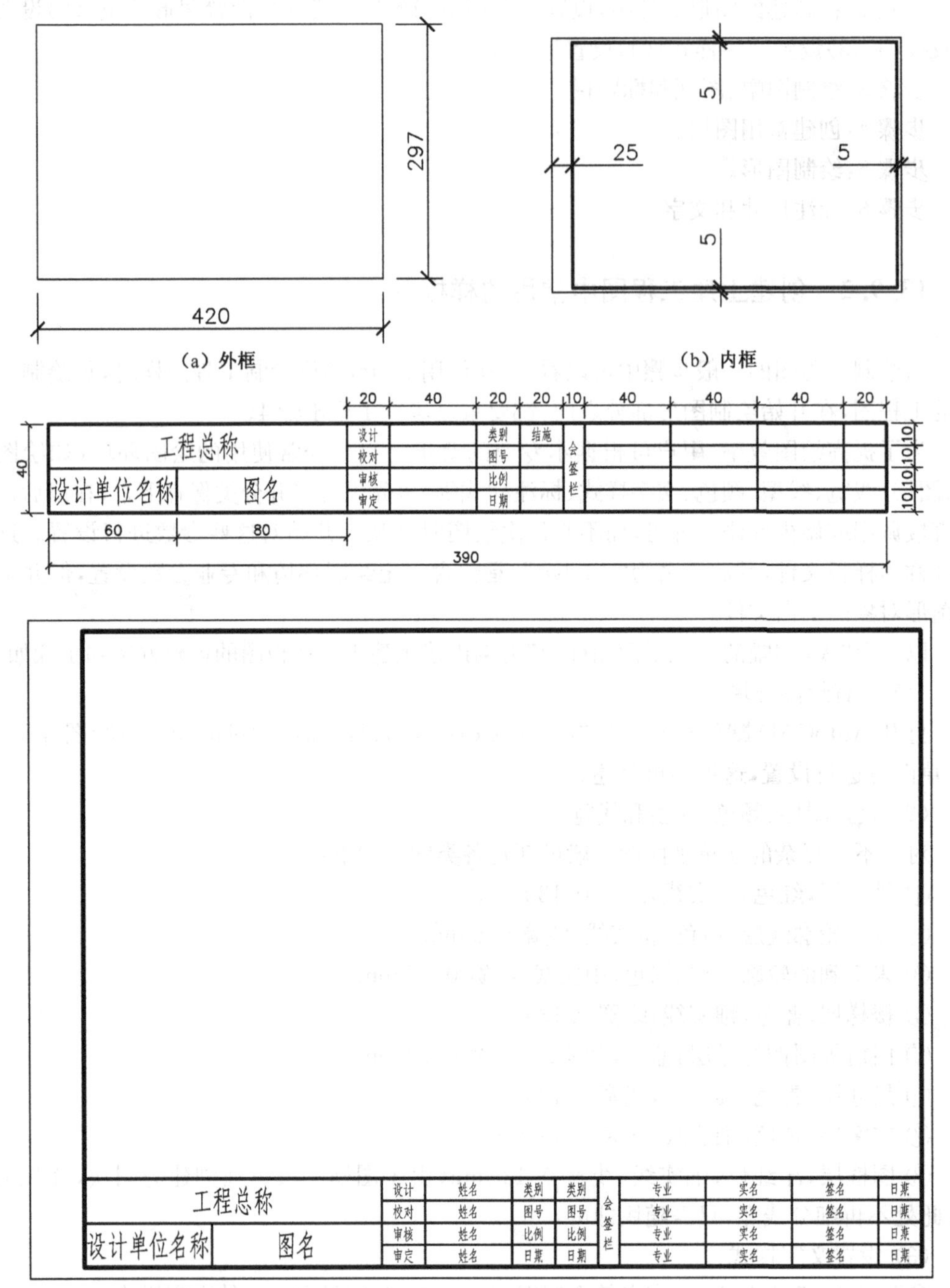

图 13-99　绘制图框和标题栏

余 3 条边线向内偏移 5 mm；用“修剪”命令剪去多余线条，如图 13-99(b)所示，作为图纸内框。

③ 在图纸内框下部绘制通栏标题栏，并注写相应文字，其中工程总称、设计单位名称和图名采用 10 号字，其余用 5 号字。

④ 将图框线宽修改为 1.0 mm，标题栏外框线宽修改为 0.7 mm，标题栏内分格线宽修

改为 0.35 mm。

⑤ 参照第 13.7 节方法创建图块“A3 图框”，选择左下角点为基点，并将标题栏中相关的栏目(如工程总称、设计单位名称、图名、设计人员姓名、比例等)定义属性。完成后的图形如图 13-99(c)所示。

(6) 设置图框

在 AutoCAD 中可以在模型中设置图框，也可在布局中设置图框。其中模型中插入图框时需按出图比例放大相应的倍数，而在布局中图框则按 1∶1 插入，而且可以多比例视图。由于每次使用样板文件时出图比例往往会不一样，故样板文件中的图框一般设置在布局空间。本节只介绍在布局中设置图框的方法。

由于在布局中设置图框的前提是要进行页面及布局的设置和修改，故首先介绍一下布局和视口的基本知识。

※　新建布局

如果想增加新的布局可以用以下方法：①点击【布局】选项卡右侧的 + 即可。②在【布局】选项卡上点击鼠标右键，在出现的右键快捷菜单上选择“新建布局”选项即可(注意：若要删除某布局，可以选择该快捷菜单上的“删除”选项)。③选择菜单栏的【工具】菜单→“向导”→“创建布局”命令。可根据“创建布局向导”设置新布局的名称、参数等。

※　视口

视口是 AutoCAD 中显示图形的区域，在模型空间和布局空间都可以创建多个视口供用户使用。其中模型空间中的视口铺满整个绘图窗口，视口之间必须相邻并且不可以调整其边界，称为“平铺视口”；布局空间中的视口可以移动，视口之间不仅可以重叠，还可以调整其边界，称为“浮动视口”。

下面主要介绍一下“浮动视口”的使用操作，以下简称“视口”。当用户首次由模型空间切换到布局空间时，系统会自动生成一个矩形视口，如图 13-100 所示，该视口默认显示出模

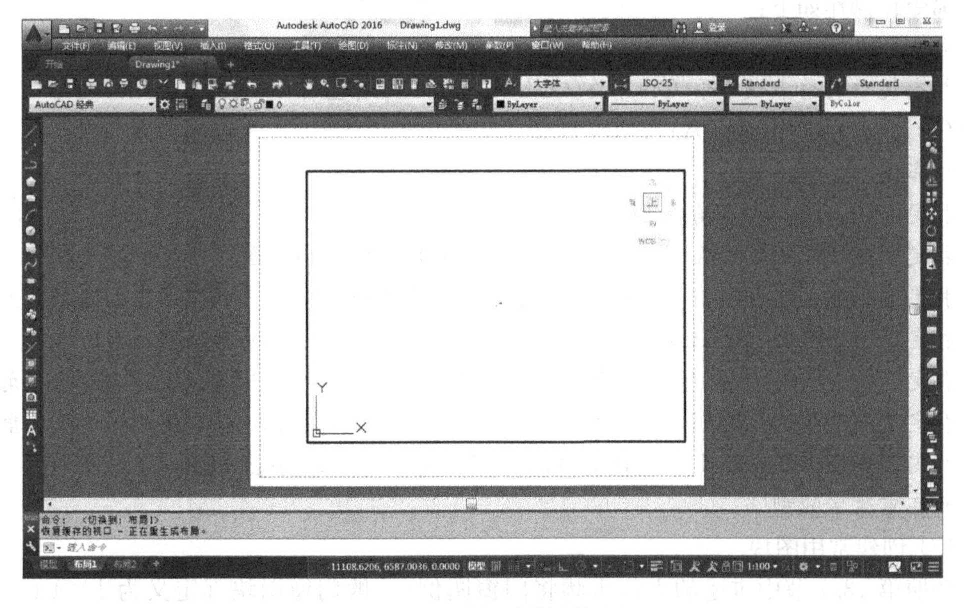

图 13-100　视口(激活状态)

型空间里所有图形对象。用户可以根据实际情况选择保留该视口，或删掉该视口后自己新建 1 个或多个视口。

※ **激活视口**

视口在激活状态下，可以对视口里的对象进行编辑，而且所做的修改不但在当前布局中有效，在切换到模型空间后仍被保留。激活视口的方法是在视口内部双击鼠标左键，此时视口呈粗实线状态，视口内图形大小可以变化，但视口和视口外布局不发生变化，图 13-100 的视口即为激活状态。

※ **关闭视口激活状态**

用户可以在视口未激活状态下对视口及整个布局进行调整和编辑。关闭视口激活状态的方法是在视口外部双击鼠标左键，此时视口呈细实线状态，视口内图形被锁住，但视口和视口外布局可以变化。

在布局中设置图框的具体步骤和操作如下：

① 切换到“布局”空间，例如“布局 1”空间。

② 在【布局 1】选项卡上点击鼠标右键，打开【页面设置管理器】对话框，如图 13-101(a)所示。点击“修改”按钮，打开图 13-101(b)所示的【页面设置-布局 1】对话框，选择合适的“打印机/绘图仪名称”和“打印样式表”，并将“图纸尺寸”修改为“ A3(420×297 毫米)”，点击“确定”后完成页面设置。

③ 在视口未激活状态，选中原有矩形视口并删除。

④ 执行插入图块命令，选择图块名为“A3 图框”，比例设置为 1，插入当前布局的原点位置，并根据提示输入设计单位名称、图名、比例等相应的属性值，如图 13-101(c)所示。

⑤ 新建多边形视口，如图 13-101(d)所示。方法有：在命令行输入“视口”命令“VPORTS”；或者在【视图】菜单下的“视口”级联菜单中选择“多边形视口”选项；或者单击【视图】工具栏上的“多边形视口”按钮 。

命令行操作如下：

命令：_－vports↙

指定视口的角点或［开(ON)/关(OFF)/布满(F)/着色打印(S)/锁定(L)/对象(O)/多边形(P)/恢复(R)/图层(LA)/2/3/4］

＜布满＞：_p↙

指定起点：(捕捉左下角点开始)

指定下一个点或［圆弧(A)/长度(L)/放弃(U)］：(依次捕捉图框内边缘各角点)

指定下一个点或［圆弧(A)/闭合(C)/长度(L)/放弃(U)］：(依次捕捉图框内边缘各角点)

指定下一个点或［圆弧(A)/闭合(C)/长度(L)/放弃(U)］：(依次捕捉图框内边缘各角点)

指定下一个点或［圆弧(A)/闭合(C)/长度(L)/放弃(U)］：(依次捕捉图框内边缘各角点)

指定下一个点或［圆弧(A)/闭合(C)/长度(L)/放弃(U)］：(依次捕捉图框内边缘各角点)

指定下一个点或［圆弧(A)/闭合(C)/长度(L)/放弃(U)］：c↙

正在重生成模型

(7) 创建常用图块

按照第 13.7 节中讲述的方法步骤将门窗图例(一般门窗图块都定义为 1×1 的单位块)、标高符号、定位轴线、指北针、详图索引符号等创建为图块。若定义为外部块则在所有

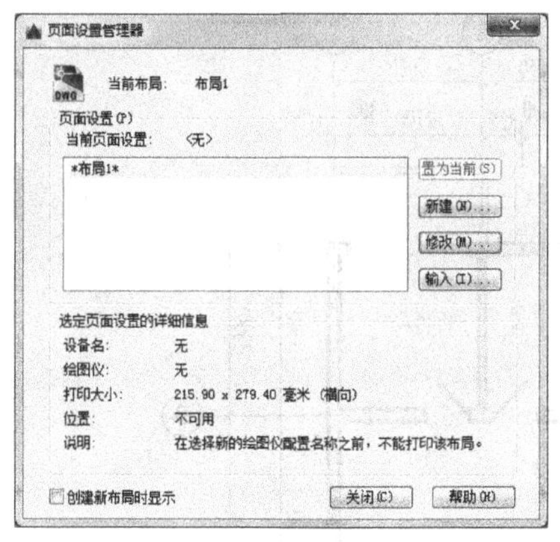

(a) 【页面设置管理器】对话框

(b) 【页面设置-布局1】对话框

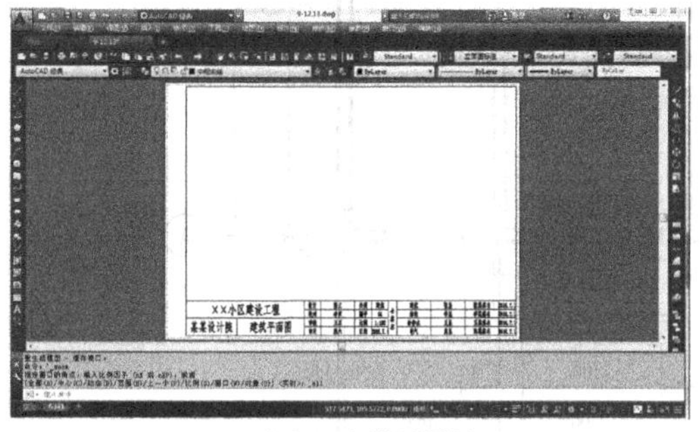

(c) 在布局中设置图框

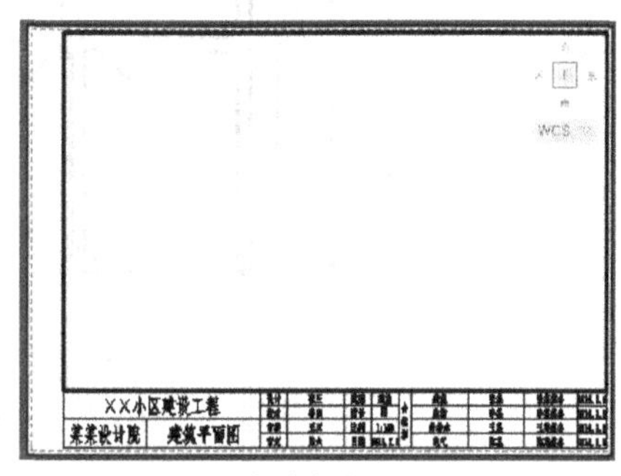

(d) 新建多边形视口

图 13-101 在布局中设置图框

文件中均可插入使用。

(8) 保存样板文件

执行保存或另存为命令,打开图形【另存为】对话框,在文件名栏中输入“A3 建筑平面图样板”,文件类型中下拉选择“AutoCAD 样板文件(*. dwt)”,然后指定保存位置,点击“保存”按钮即可。

其他工程图样板文件的设置方法同上,只需根据需要设置不同的参数即可。

13.9.3 土建工程图绘制实例

以绘制图 13-102 所示某小区住宅楼单元标准层平面图(1∶100)为例,介绍使用 AutoCAD 绘制土建工程图的方法。

1) 使用“A3 建筑平面图样板”并调整设置

调用前面设置好的“A3 建筑平面图样板”文件,另存在指定的路径下,图形文件名为“某住宅楼单元标准层平面图”,图形文件类型为“. dwg”。

根据需要调整如下设置:

(1) “建施图标注”尺寸样式中将调整选项卡中的“全局比例”修改为 100。

(2) 标注文字时,设置文字的字高为“字高×100”。

(3) 为了使点画线等非连续型图线适合绘图需要,需要将“线型管理器”对话框中“全局

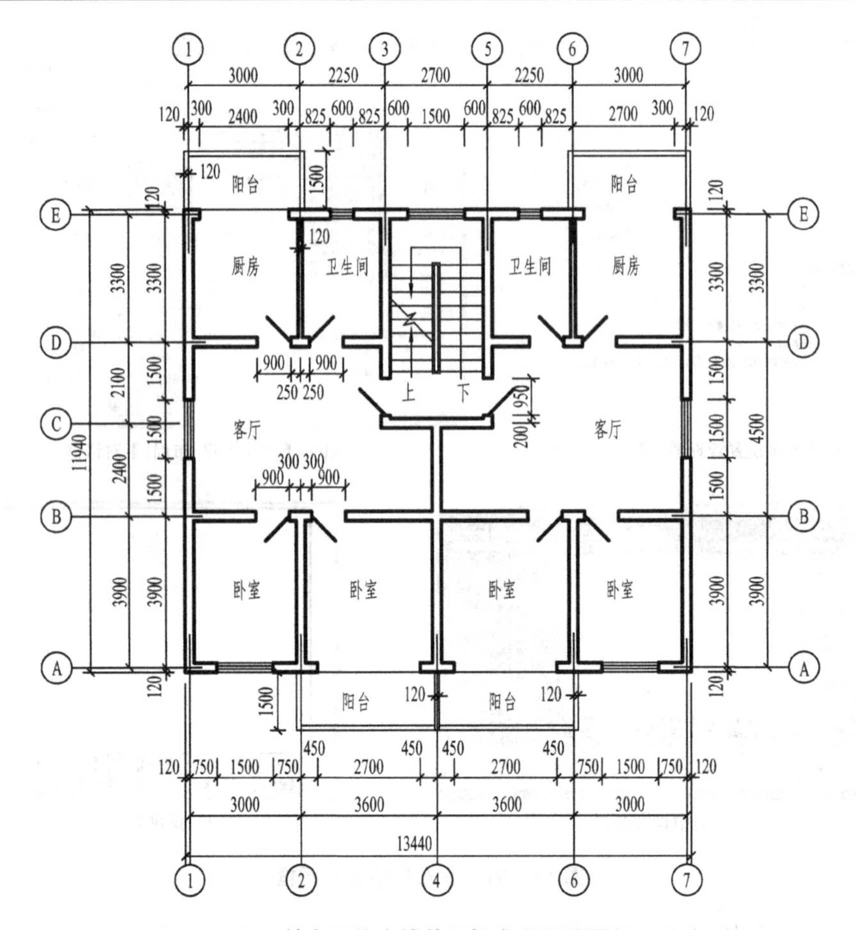

图 13-102　某小区住宅楼单元标准层平面图(1∶100)

比例因子”修改为 100。

2) 绘制图形

由于所绘制的标准层平面图左右对称，可以先绘制左侧的一半图形，然后镜像完成整个图形的绘制。

注意：绘制图形过程中所标注的尺寸是为了方便绘图，并不是平面图中的尺寸标注。建筑平面图中的尺寸标注应在绘制完成整个图形之后进行。

(1) 绘制轴网

将“轴线层”置为当前，打开“正交”模式，用“直线”和“偏移”命令根据图中标注的尺寸，绘制横向和纵向的定位轴线，如图 13-103(a)所示。

(2) 绘制墙体和门窗洞口

将“墙柱轮廓线层”置为当前，使用“多线”命令绘制出各段墙体。同时，根据平面图中的门窗洞口尺寸，使用“直线”和“偏移”命令，绘制门窗洞口位置线。如图 13-103(b)所示。

使用“修剪”命令，对墙体交接处和门窗洞口处进行修剪，整理后的图形如图 13-103(c)所示。

(3) 绘制阳台

将“未剖到的轮廓线层”置为当前，用“直线”命令绘制 120 厚的南北 2 个阳台轮廓，如图 13-103(d)所示。

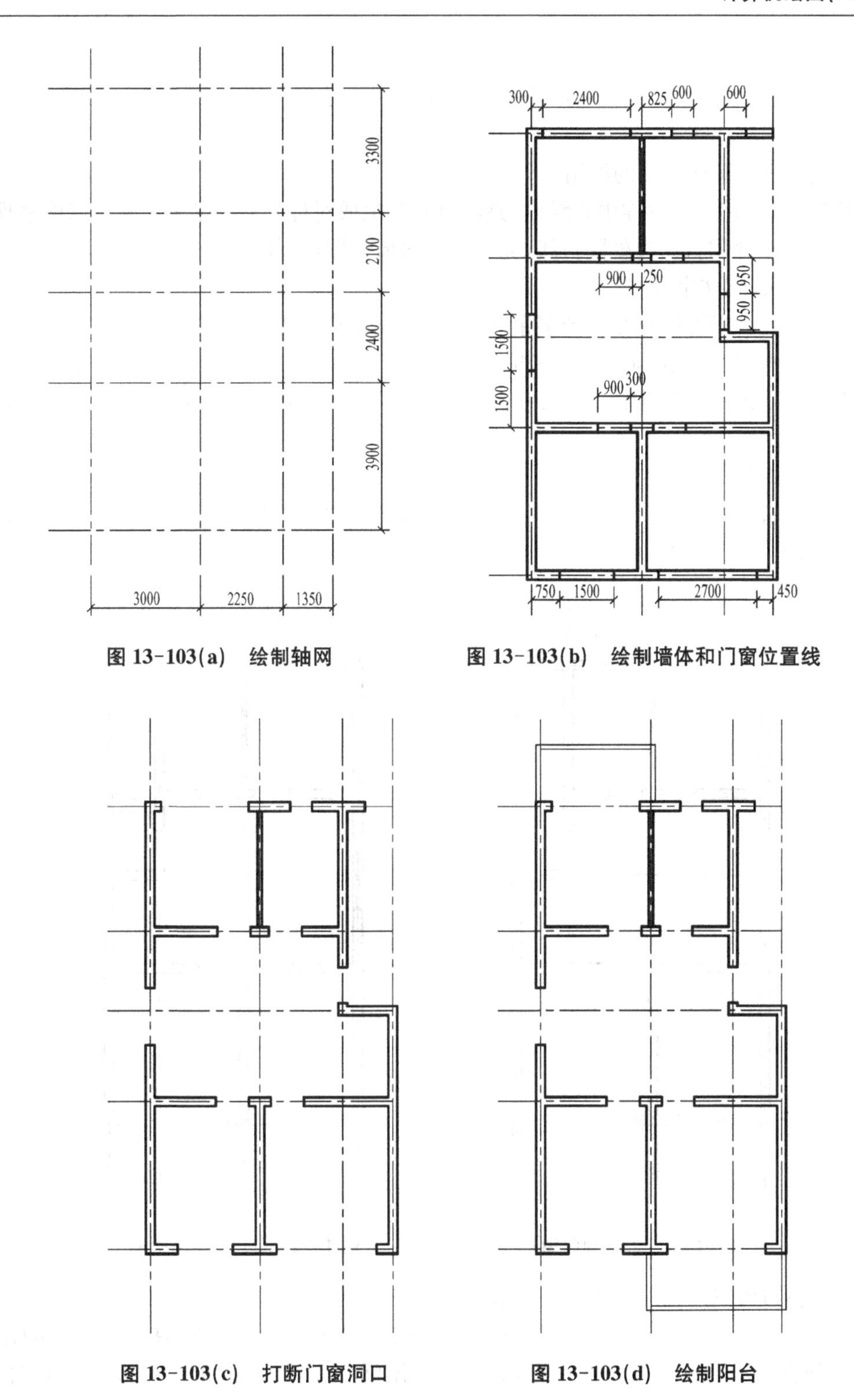

图 13-103(a) 绘制轴网

图 13-103(b) 绘制墙体和门窗位置线

图 13-103(c) 打断门窗洞口

图 13-103(d) 绘制阳台

(4) 绘制门窗

将“门窗等图例符号层”置为当前,并将定义好的门窗图块按要求的比例和旋转角度插入到门窗洞口,完成后如图 13-103(e)所示。

(5) 绘制楼梯

将"楼梯层"置为当前,然后使用"直线"和"偏移"命令绘制楼梯。绘制完成后如图 13-103(f)所示。

(6) 镜像完成平面图形的绘制

使用"镜像"命令,以对称中心线作为镜像轴线,生成对称的另一半平面图。修剪整理镜像线处墙线和下部阳台相接处隔板线,完成整个房屋的图形,如图 13-103(g)所示。

(7) 标注尺寸、文字等

使用"修剪"和"删除"命令去掉多余的图线,整理平面图形;插入样板图中定义好的"轴线编号"图块,并修剪,完成轴网标注;将"尺寸层"置为当前,并将"建施图标注"样式置为当前,利用标注命令在平面图中标注尺寸;将"文字层"置为当前,注写房间名称等文字,如图 13-102 所示。

(8) 注写标题栏

布局空间标题栏中文字在制作样板时已注写,若不符合,可根据第 13.7 节所学内容进行修改和编辑。修改后的标题栏如图 13-103(h)所示。

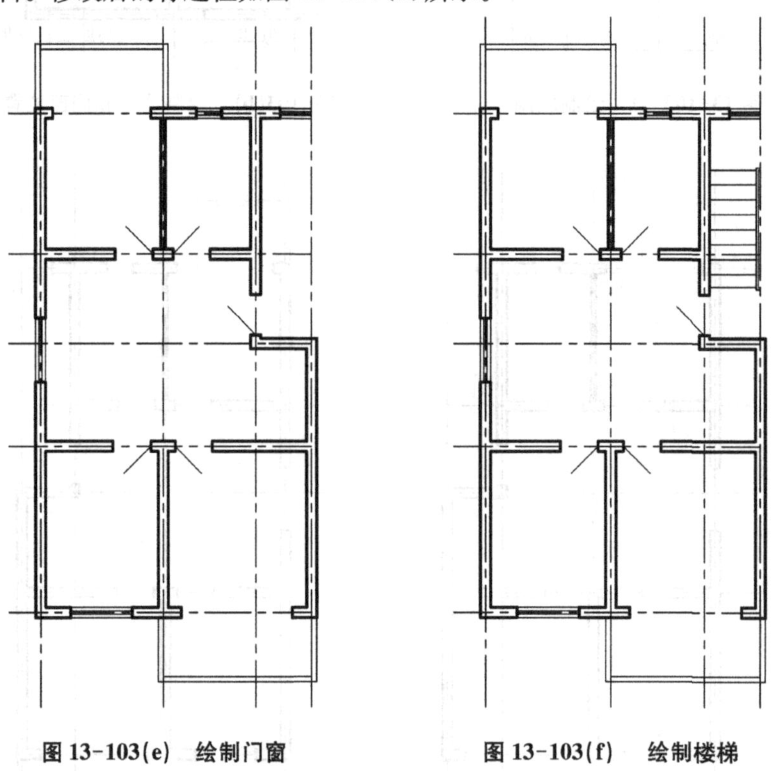

图 13-103(e) 绘制门窗　　**图 13-103(f) 绘制楼梯**

(9) 调整布局空间视口中图形的显示

图形绘制好后,如需在布局空间里打印,通过缩放和平移等使图形按 1∶100 的比例在布局空间视口中显示在合适的位置,关闭视口激活状态,防止图形对象被移动或缩放,如图 13-103 所示(其中图中虚线框是该打印设备可打印区域)。

到此,完成"某住宅楼单元标准层平面图"的所有绘制和设置。用户可以根据需要执行"打印"命令,打印输出图形文件即可。

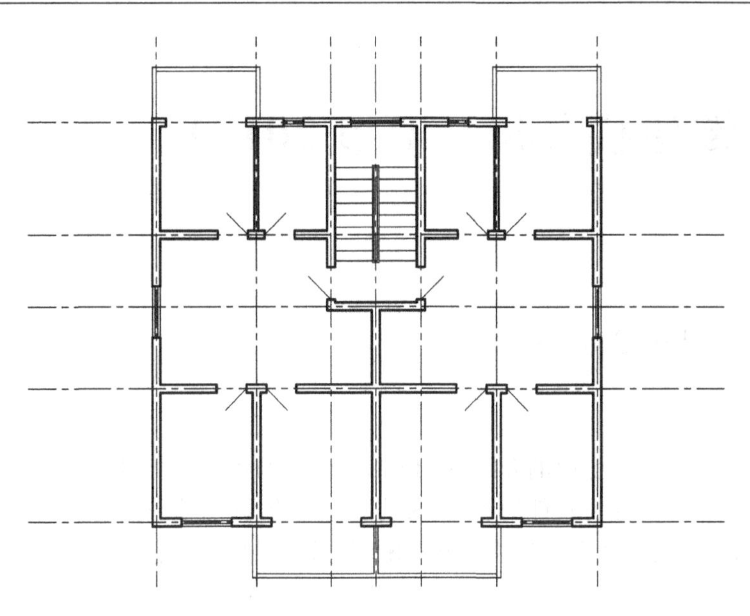

图 13-103(g)　镜像后的平面图

××小区建设工程		设计	张三	类别	建施	会签栏	建筑	张某	张某签名	2016.7.1
		校对	李四	图号	04		结构	李某	李某签名	2016.7.1
××设计院	建筑平面图	审核	王五	比例	1∶100		给排水	王某	王某名称	2016.7.1
		审定	陈六	日期	2016.7.1		电气	陈某	陈某签名	2061.7.1

图 13-103(h)　修改后的标题栏

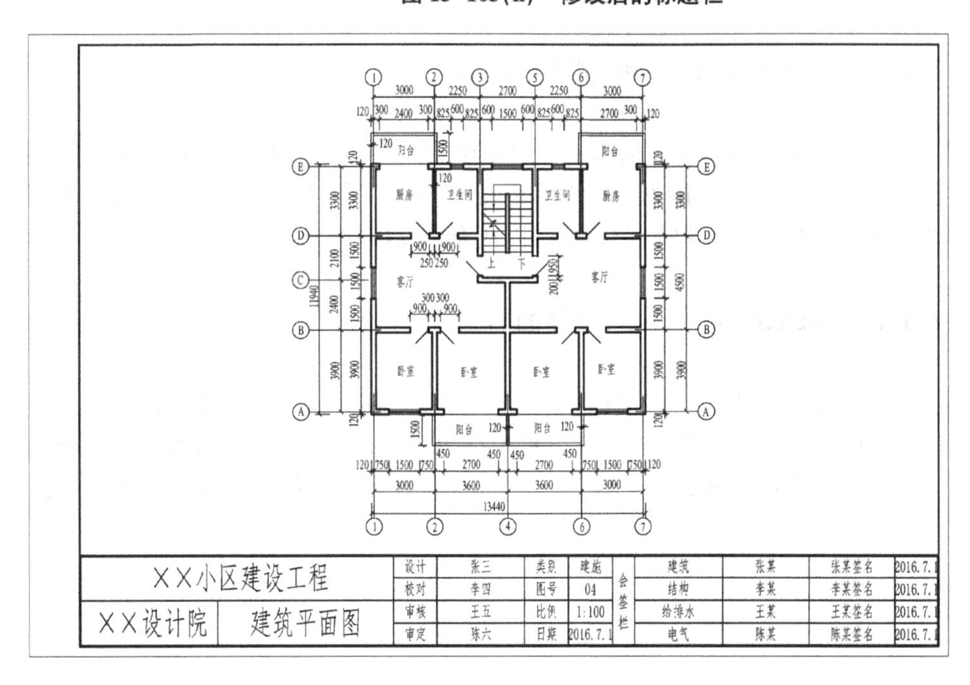

图 13-103(i)　调整视口中图形的显示

14 三维建模(SketchUp 2015)

14.1 SketchUp 2015 概述

本章将向读者详实而全面的介绍 SketchUp 2015 的各种功能,并将典例引入讲解中,让读者能通过实例操作加强对软件的熟悉、对功能命令的理解。同时,增加软件在专业学习中的运用及实例讲解,使读者学以致用。本章配图均以三维视图为主,使学习更直观,讲解更便捷,理解更深刻[①]。

14.1.1 SketchUp 2015 的特点

SketchUp 软件是一款功能强大的三维建模软件,广泛运用于规划、建筑、景观、土木工程、机械等多种领域的立体模型建构,相对于同类三维建模软件而言,SketchUp 软件具有精简实用、功能齐全、操作简单、建模便捷、视图直观等众多优点,目前被越来越多的设计者、学校师生所重视,并在众多设计行业与高校推广。

14.1.2 SketchUp 2015 新增功能简介

SketchUp 2015 版本相比之前版本在绘图功能、个性设定、动态组件、实体编辑、相机工具、材质编辑、模型管理等功能方面都有所增强,这使得不同专业背景的设计者在使用本软件时有更个性化、更贴合专业特点的设置,以便充分发挥软件的强大功能。

14.1.3 SketchUp 2015 工作界面

第一次进入 SketchUp 2015 之时,会出现一个欢迎向导界面(图 14-1),界面中包含 3 个栏目:学习栏、许可证栏、模板栏。学习栏中会出现 SketchUp 2015 中的部分功能延伸及相关链接,帮助使用者获得更多工具、模型或信息。许可证栏包含了软件的授权信息、授权者及授权类型(图 14-2)。

① SketchUp 2015 的功能众多,因本书属于《建筑设计制图》的一部分,所以其主旨在于指导大家如何建模,关于本软件的其他与建模无关的命令与内容,在本书中有所省略。

图 14-1　欢迎界面中的学习栏

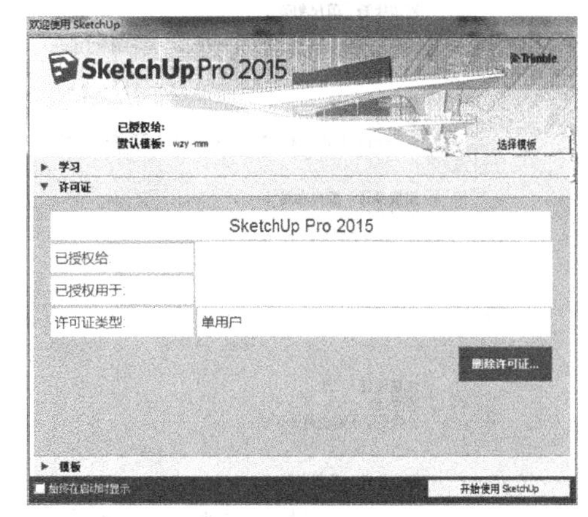

图 14-2　欢迎界面中的许可证栏

点击“模板”左侧的按钮,展开模板栏(图 14-3),模板中预设了多种适用的绘图模板,包括制式可以选择公制或英制,单位可以选择米和毫米,英制可选择英尺和英寸,可选择背景模式等。选中一项后,再点击“开始使用 SketchUp”就可以载入此模板。若不想每次启动时显示此窗口,直接进入程序,则不勾选左下角的“每次启动时显示本窗口”选框即可(图 14-4)。

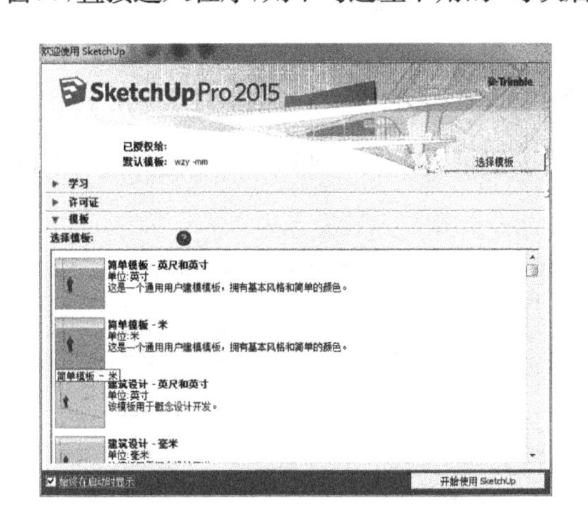

图 14-3　欢迎界面中的模板栏　　图 14-4　每次启动时不显示欢迎界面

在作图时,绘图单位就是选中的特定单位。例如选中米为度量单位,绘制 2 米线段时需要输入“2”,若选中毫米为度量单位则需要输入“2000”(因此,下文中所出现的数据仅为数值,不带单位)。图 14-5～图 14-7 列出了分别以“米”、“毫米”、“英尺英寸”为模版下的数值栏显示状态。图 14-8 中列出了 SketchUp 2015 默认带背景的模板,相比于之前的版本,这里为设计者提供了更多样性的选择,其主要类型涵盖了建筑设计、施工设计、城市设计、景观设计、木工制作、室内设计及 3D 打印等。

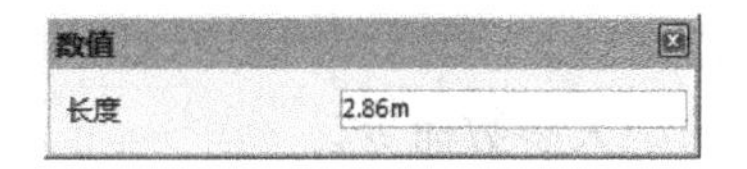

图 14-5　米模板

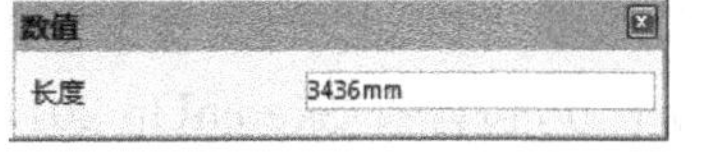

图 14-6　毫米模板

图 14-7　英尺英寸模板

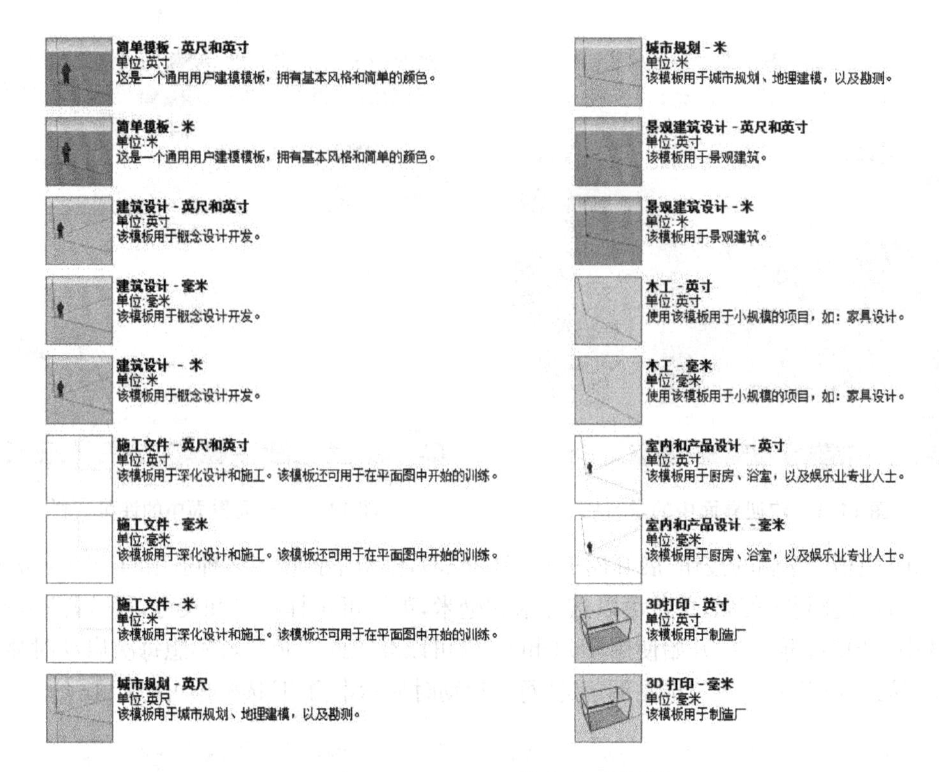

图 14-8 SketchUp 2015 众多类型的模板

选择好模板类型，点击“开始使用 SketchUp”按钮可进入 SketchUp 2015 主界面(图 14-9)。

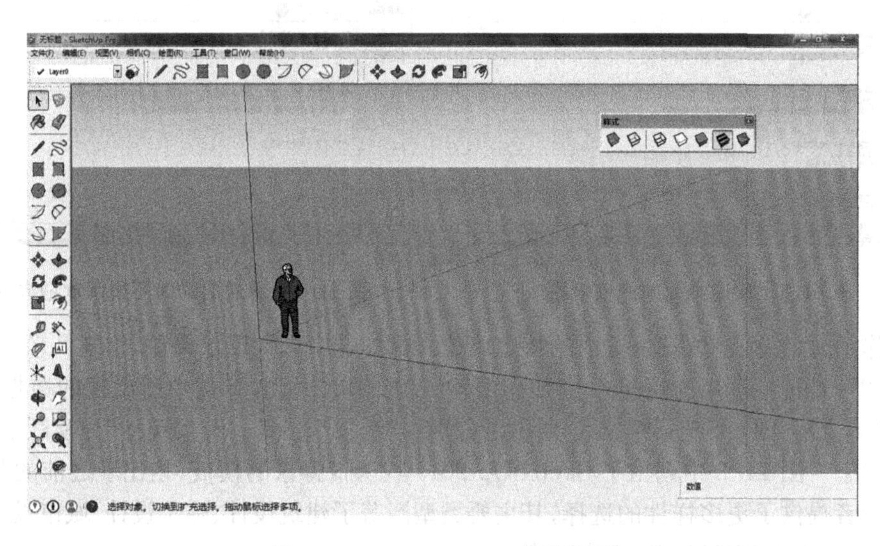

图 14-9 SketchUp 2015 的主界面

主界面分为 5 个区域：菜单栏、工具栏、提示栏、状态栏与作图区。

菜单栏：位于整个窗口的最上方，包含有 SketchUp 2015 的绝大多数命令。

工具栏：位置相对比较灵活，可附着于窗口各处，也可以悬浮在作图区中，成为浮动工具栏,可以通过点击工具栏中的按钮执行命令。

状态栏:位于窗口的左下角,能够定义模型的地理信息、查看模型信息等。

提示栏:位于窗口下方,在绘图过程中能给予实时的操作提示与帮助,右下角的数值栏中会显示数值。

作图区:位于界面中央,作图区中的视图默认为三维视图①。视图中有用三色区分的坐标系,即红轴、绿轴与蓝轴分别代表三维坐标中的 X、Y、Z 轴,实线表示为正轴方向,虚线表示为负轴方向。预设视图中还会显示地坪与天空,使视图显得更为直观。整个 SketchUp 2015 的主界面简洁而直观,作图时一目了然。

14.2 SketchUp 2015 的菜单栏

菜单栏分为文件菜单、编辑菜单、视图菜单、相机菜单、绘图菜单、工具菜单、窗口菜单、帮助菜单(图 14-10),部分菜单下还有二、三级菜单。绝大多数常用的命令都可以在菜单栏中找到。

图 14-10 SketchUp 2015 的菜单栏

14.2.1 File(文件)菜单

通过 File(文件)菜单(图 14-11),可以对文档进行有效的管理。

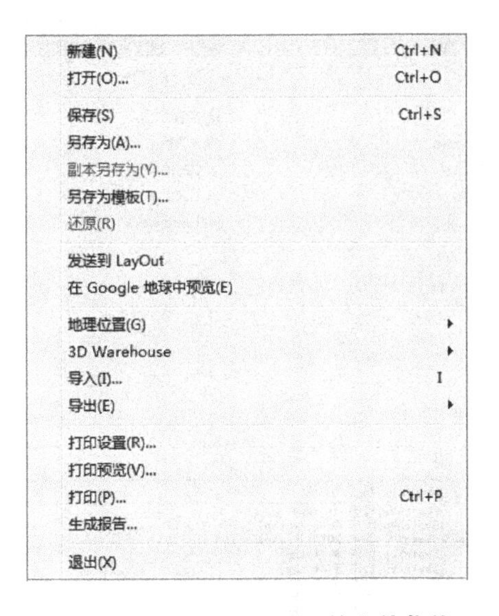

图 14-11 SketchUp 2015 的文件菜单

① 为了直观,本教材中的配图均为三维视图。

(1) 新建命令：可以新建立一个 SketchUp 2015 文档。新建的文档将会保留上一次使用过的模板，相应的度量单位、背景显示、样式设定都会延续上一次的设置。

(2) 打开命令：可以选择已有的 SketchUp 2015 文档，弹出的窗口中根据正确的路径找到相应的文件，点击打开即可(图 14-12)。

(3) 保存命令：通过在窗口中选择正确的路径，填写相应的文档名称，点击保存程序将会以 SketchUp 2015 格式保存目前的模型文档，保存时下拉菜单中可以选择保存的版本，可以是从 SketchUp 3.0 至 SketchUp 2015 的任一版本格式(图 14-13)。保存的 SketchUp 文件后缀名是 skp，如“1.skp”就是一个标准的 SketchUp 文件。

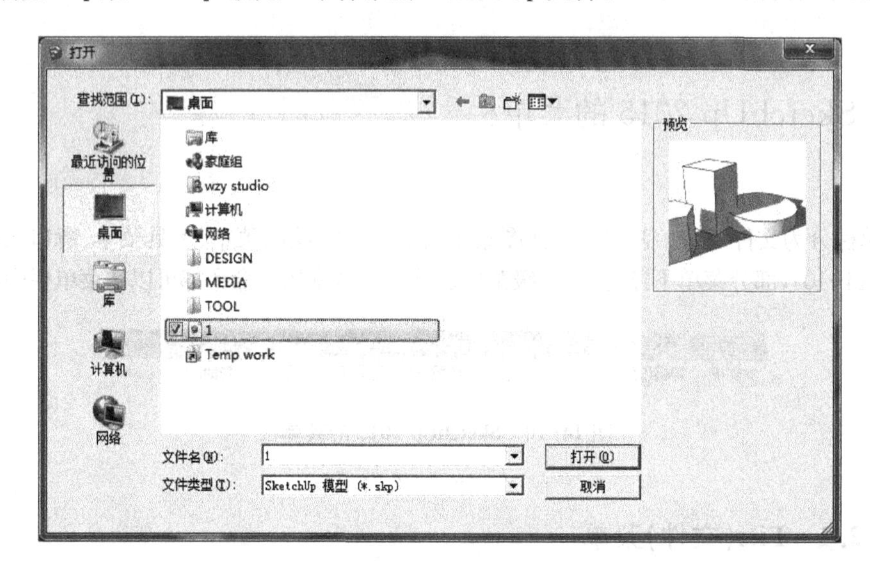

图 14-12　SketchUp 2015 的文件打开窗口

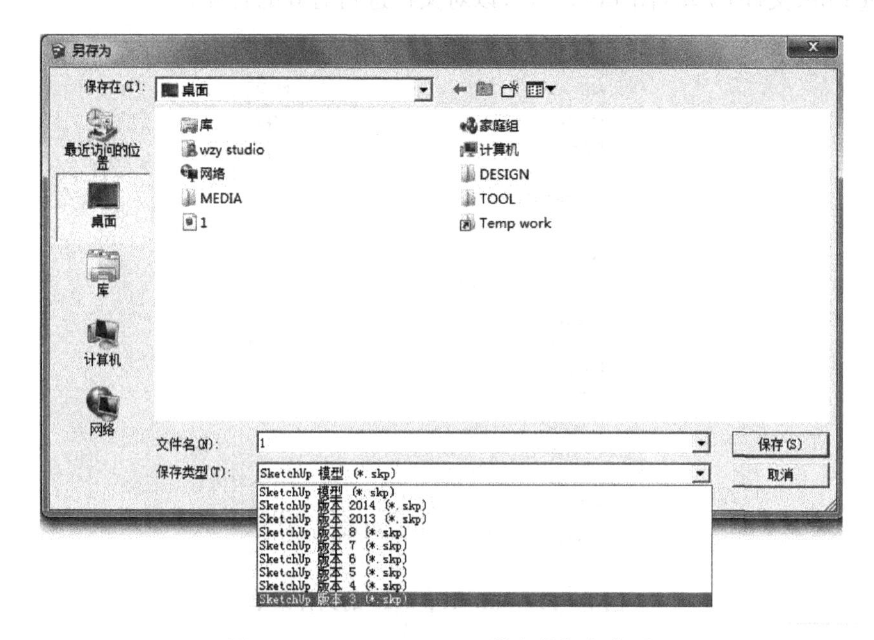

图 14-13　SketchUp 2015 的文件保存类型

(4) 另存为模板:为用户提供了建立自定义模板的平台,使用户以后运行软件时可以选择自己喜好的模板作为初始界面(图 14-14)。名称栏、注释栏可以输入自定义模板的名称与信息,便于以后查询。勾选“设置为默认模板”以后进入 SketchUp 2015 界面时将以此模板作为初始模板。

(5) 3D Warehouse:为用户提供了与网络用户共享模型的平台。通过网络的联系,用户可以将自己的模型与网络用户分享,也可以在网络中获取自己所需的模型或素材。

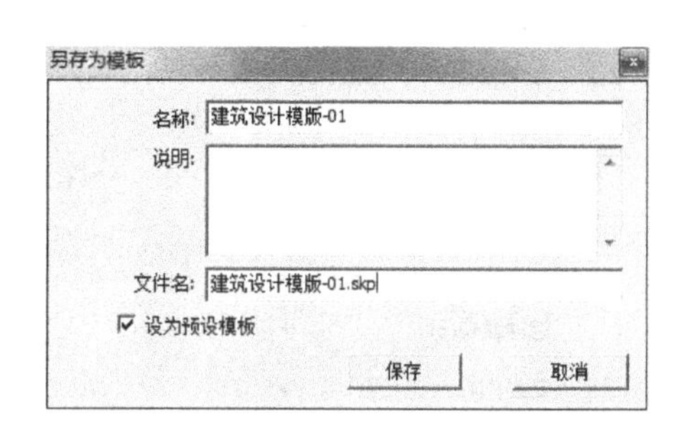

图 14-14　SketchUp 2015 的另存为模板窗口

SketchUp 文件 (*.skp)
AutoCAD 文件 (*.dwg, *.dxf)
3DS 文件 (*.3ds)
COLLADA 文件 (*.dae)
DEM (*.dem, *.ddf)
IFC 文件 (*.ifc, *.ifcZIP)
Google 地球文件 (*.kmz)
所有支持的图像类型
JPEG 图像 (*.jpg)
便携式网络图形 (*.png)
Photoshop (*.psd)
标记图像文件 (*.tif)
Targa 文件 (*.tga)
Windows 位图 (*.bmp)

图 14-15　SketchUp 2015 可导入的文件类型

(6) 导出和导入命令:为用户提供了 SketchUp 与其他软件格式的衔接。导出命令可以将 SketchUp 的模型输出为多种常见的文件格式,包括矢量文件 dwg、dxf;图像文件 pdf、bmp、jpg、tif、png 等;三维模型文件 3ds、dwg;媒体文件 avi 等。导入命令可以在 SketchUp 2015 中导入其他格式的文件,包括矢量化文件(图 14-15),例如 AutoCAD 软件的 dwg、dxf 文件,3DS、3DMax 软件的 3ds 文件;或是图像文件,例如 Photoshop 软件的 jpg、png、tif 等文件。文件的多元化链接使 SketchUp 2015 与其他软件之间能够形成更好的联系。

(7) 打印等相关命令能直接将 SketchUp 2015 视图中的图像以一定格式打印在纸面上。具体的设置与操作视打印机型号而定,在本书中不再讲解。文档菜单中会自动储存最近编辑的文件路径与名称,方便用户直接打开。

14.2.2　Edit(编辑)菜单

Edit(编辑)菜单(图 14-16)中包含有在作图过程中常用的编辑命令,包括对命令操作的重复、撤销,常见的剪切、复制、粘贴、删除等命令,选集的选择、撤销控制,物件的显示、隐藏,锁定、解锁,组件、群组的编辑,以及模型交错等命令,这些将在后文相应位置分别介绍,这里不多详述。

14.2.3　View(视图)菜单

View(视图)菜单(图 14-17)中包含有各种工具栏以及光影雾化、边线样式、显示模式等相关内容,这部分内容将在后文相应位置分别介绍,这里不多详述。动画编辑命令多用于制作短片,不在本书中讲解。

还原 打开 Alt+Backspace
重做 Ctrl+Y
剪切(T) Shift+删除
复制(C) Ctrl+C
粘贴(P) Ctrl+V
原位粘贴(A) Alt+V
删除(D) 删除
删除参考线(G)
全选(S) Ctrl+A
全部不选(N) Ctrl+T
隐藏(H) H
取消隐藏(E)
锁定(L)
取消锁定(K)
创建组件(M)... B
创建群组(G) Ctrl+G
关闭组/组件(O)
模型(I) 交错
平面

图 14-16 SketchUp 2015 的编辑菜单

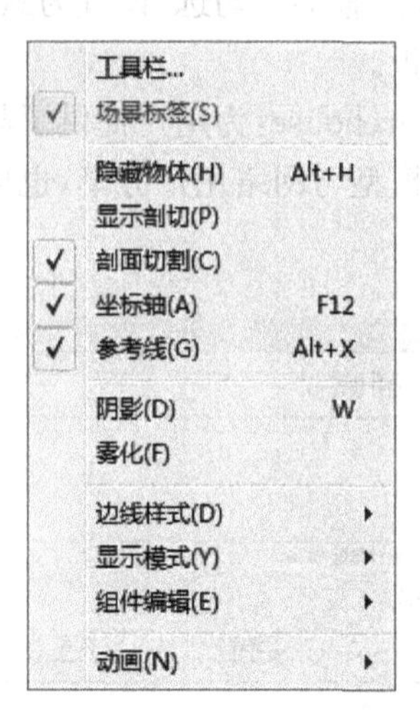

图 14-17 SketchUp 2015 的视图菜单

14.2.4 Camera(相机)菜单

Camera(相机)菜单(图 14-18)中包含有对相机及视图显示的相关设置。默认的视图效果将在第 14.4.1 节视图工具栏中详细介绍。通过相机菜单中的转动、平移、缩放等命令可以调整视图中模型的视角与视域,这部分内容将会在第 14.3.5 节相机工具栏章节详细介绍。配置相机、漫游、绕轴旋转等命令也将在相机工具栏中详细介绍。

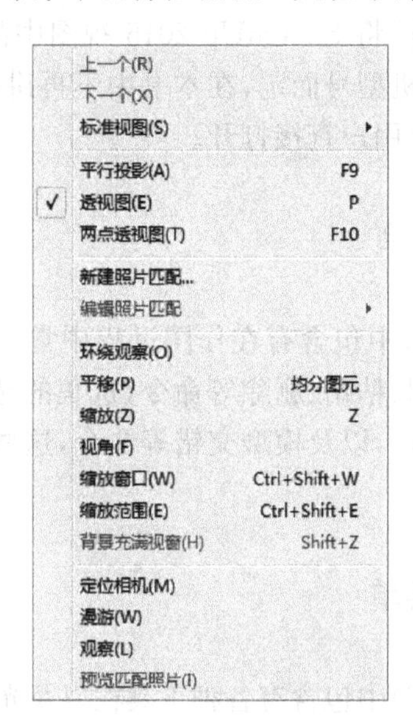

图 14-18 SketchUp 2015 的相机菜单

14.2.5 Draw(绘图)菜单

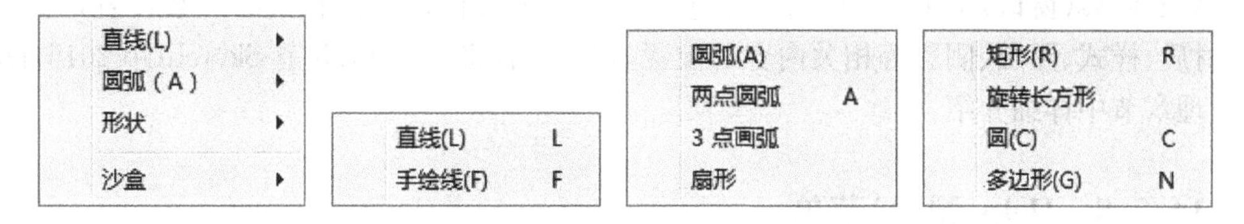

图 14-19 SketchUp 2015 的绘图菜单及子菜单

Draw(绘图)菜单(图 14-19)中将基本的绘图工具分为 3 种类型:直线、圆弧与形状。3 种类型可以通过子菜单选择更丰富的绘图工具与绘图方法,相应的使用方法及特性将在第 14.3.1 节绘图工具栏中详细讲解。沙盒工具多用于建立地形,不在本书中讲解。

14.2.6 Tools(工具)菜单

Tools(工具)菜单(图 14-20)中包含有移动、删除、旋转、缩放、推拉、偏移、路径跟随等编辑命令,相关命令将在第 14.3.3 节编辑工具栏中详细介绍。实体外壳及实体工具将在第 14.3.6 节实体工具栏中详细介绍。辅助量角器、辅助测量线、尺寸标注及文字标注将在第 14.3.4 节构造工具栏中详细介绍。

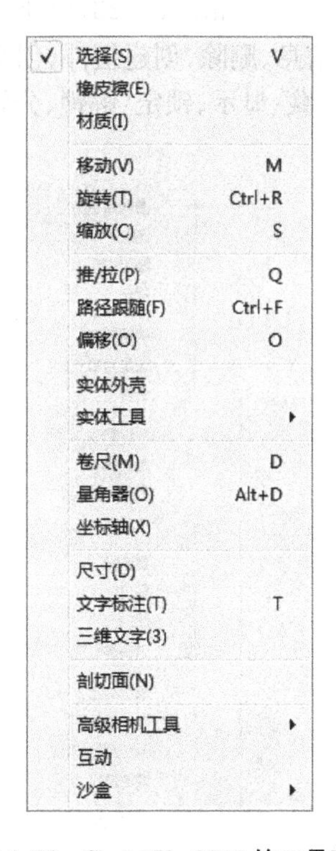

图 14-20 SketchUp 2015 的工具菜单

图 14-21 SketchUp 2015 的窗口菜单

14.2.7 Windows(窗口)菜单

Windows(窗口)菜单(图 14-21)中包含有相关的文件信息及相关的参数设置,也有组件、材质、样式、图层、阴影等相关内容的设置,相关内容将在第 14.5 节 SketchUp 2015 的场景管理章节中详细介绍。

14.2.8 Help(帮助)菜单

Help(帮助)菜单(图 14-22)中有关于 SketchUp 2015 的相关信息,包括帮助中心可以使用户通过网络寻求帮助,许可证可以查询本软件的授权信息,检查更新可以在网络上更新 SketchUp 版本,关于 SketchUp 提供目前程序的版本信息。

欢迎使用 SketchUp(W)...
知识中心(K)
联系我们(C)
许可证(L)...
检查更新(U)...
关于 SketchUp(A)...

图 14-22 SketchUp 2015 的帮助菜单

14.2.9 右键(快捷)菜单

SketchUp 2015 为用户提供了一个快捷命令菜单,可以在使用中随时调用。在任意物件上点击鼠标右键将会出现快捷命令菜单,菜单因物件类型不同会有一定差异。下面简单介绍右键菜单中常见的命令。选择单一线段时,右键菜单如图 14-23(a)所示;选择单一面域时,右键菜单如图 14-23(b)所示;选择单一群组时,右键菜单如图 14-23(c)所示;选择单一组件时,右键菜单如图 14-23(d)所示。其中关于图元信息、删除、创建组件、创建群组、柔化等命令将在文后相关章节讲解,此处主要讲解常用的隐藏\显示、锁定\解锁、分解、模型交错、翻转方向、缩放选择几个命令。

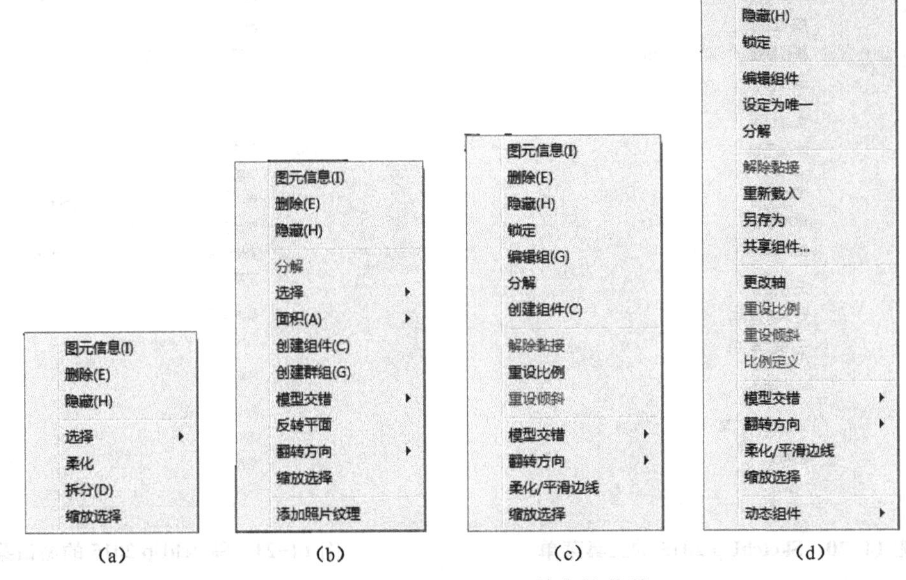

图 14-23 SketchUp 2015 的右键菜单

1）隐藏\显示

此命令可以隐藏不需要显示的物件，或显示原来隐藏的物件，使用户在建模之时方便观察。使用隐藏命令时，选中需隐藏物件，打开右键菜单，点击隐藏命令，物件将不再显示。当需要再次显示时，点击编辑菜单下的取消隐藏即可①。需要注意的是，显示隐藏物件时必须在当时隐藏物件所在的组群之中执行，若不在当前组群之中，执行此显示命令也不会显示当时隐藏的物件。

例如，将图 14-24(a)中的物件 A 隐藏及显示。点选物件 A，打开右键菜单，点击隐藏命令(图 14-24(b))，完成命令后可见物件 A 不再显示(图 14-24(c))。当需要再次显示物件 A，点击编辑菜单下取消隐藏中的全部，完成命令后可见物件 A 再次被显示。

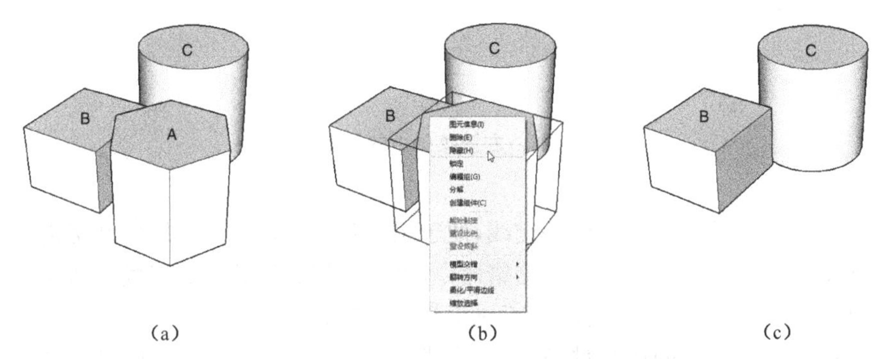

图 14-24　右键菜单中的隐藏命令

2）锁定\解锁

此命令可以锁定不需要编辑的物件，或解锁锁定的物件，便于用户在建模时的操作。使用锁定命令时，选中需锁定物件，打开右键菜单，点击锁定命令，物件即被锁定。需解锁被锁定物件时，选中需解锁物件，打开右键菜单，点击解锁命令，物件即被解锁。

例如，将图 14-25(a)中的物件 A 锁定及解锁。点选物件 A，打开右键菜单，点击锁定命令(图 14-25(b))，完成命令后可见 A 物件框变为红色(图 14-25(c))，说明物件已被锁定。当需要解锁物件 A，点击物件 A，打开右键菜单，点击解锁命令(图 14-25(d))，完成命令后可见 A 物件框恢复原样，说明物件 A 已被解锁。

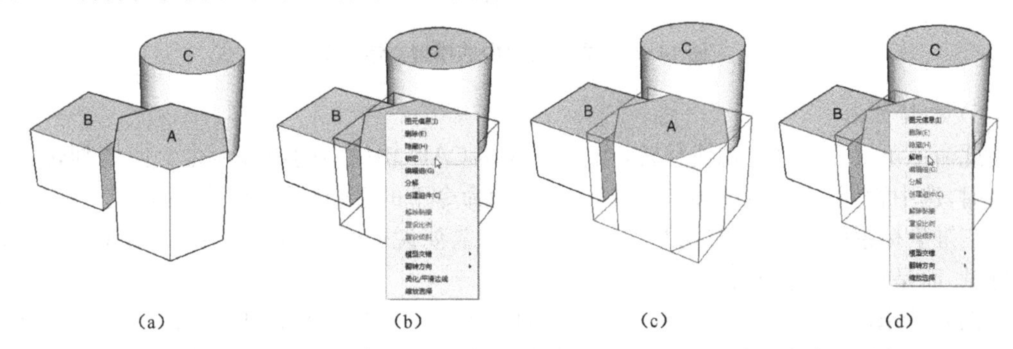

图 14-25　右键菜单中的锁定\解锁命令

① 请注意，这里的物件仅是被隐藏，但还是实际存在的，请区别于删除命令。

3）分解

此命令可以将已编组的群组或组件分解，便于用户重新编辑或修改。使用分解命令时，选中需分解物件，打开右键菜单，点击分解命令，物件即被分解。

例如，将图 14-26(a)中的群组 A 分解。点选群组 A，打开右键菜单，点击分解命令(图 14-26(b))，完成命令后，可见群组 A 已被分解成单一的线、面(图 14-26(c))。

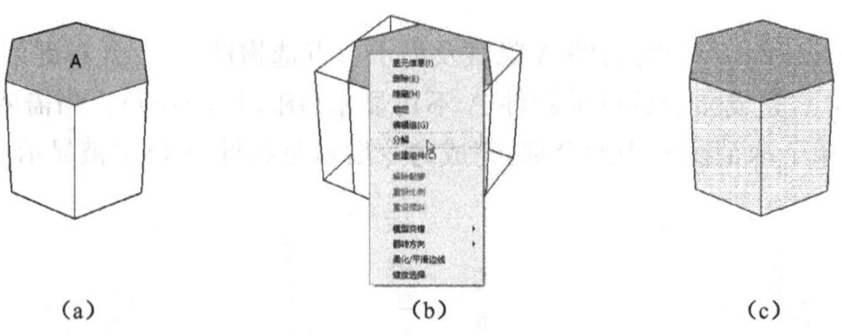

图 14-26　右键菜单中的分解命令

4）模型交错

此命令可以生成多个相交物件的交线，便于用户观察与捕捉。使用模型交错命令时，选中相交物件，打开右键菜单，点击模型交错命令，可见模型交接处生成交线。请注意，生成的交线是由单一线段组成的连续线段，并不属于某个组群。

例如，生成图 14-27(a)中物件 A、B 的交线。点选物件 A、B，打开右键菜单，点击模型交错命令(图 14-27(b))，完成命令后，可见物件 A、B 交接处生成交线(图 14-27(c))。

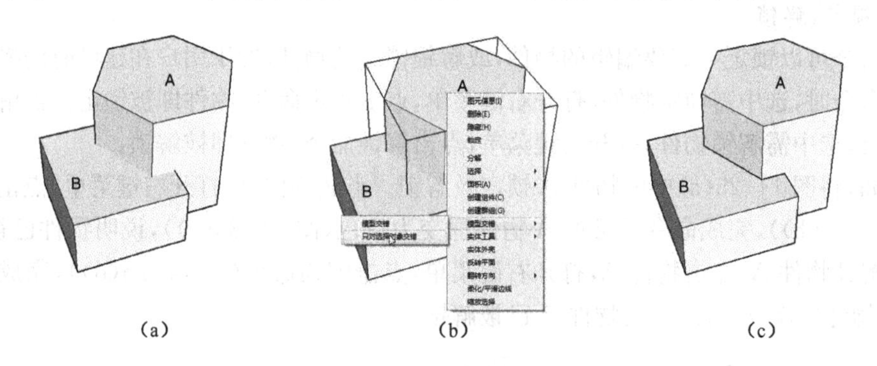

图 14-27　右键菜单中的模型交错命令

5）翻转方向

此命令可以使物件沿轴线翻转，类似于 AutoCAD 软件中的镜像命令。使用翻转方向命令时，选中物件，打开右键菜单，选择翻转方向命令下的翻转轴线(红轴、绿轴或蓝轴，分别代表三维坐标系中的 X、Y、Z 方向)，完成命令。需要说明的是，此处的翻转轴线并非原始坐标轴，而是物件自身的轴线。

例如，将图 14-28(a)中物件 A 沿红轴方向翻转。点选物件 A，打开右键菜单，点击翻转方向命令下的沿红轴方向(图 14-28(b))，完成命令后，可见物件 A 沿红轴翻转(图 14-28(c))。

6）缩放选择

此命令可将选定的物件充满屏幕视窗，便于观察与操作，此命令与文后将会讲到的充满视窗命令相同。使用缩放选择命令时，先选定需要充满视窗的物件，打开右键菜单，点击缩

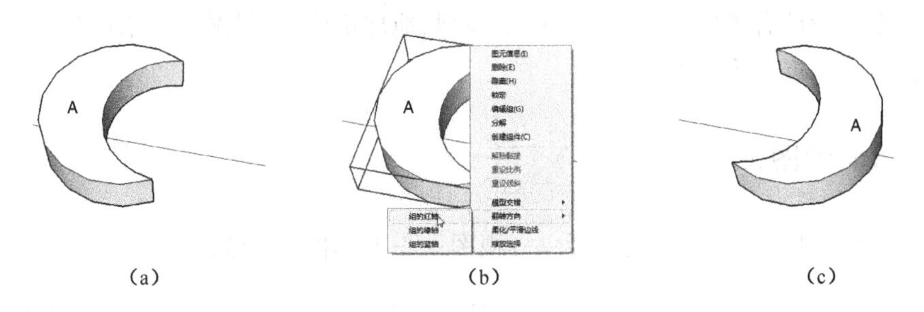

图 14-28　右键菜单中的翻转方向命令

放选择命令,完成操作。

例如,将图 14-29(a)中的物件 A 充满整个视窗。选择物件 A,打开右键菜单,选择缩放选择命令(图 14-29(b)),物件 A 即充满整个工作区视图(图 14-29(c))。

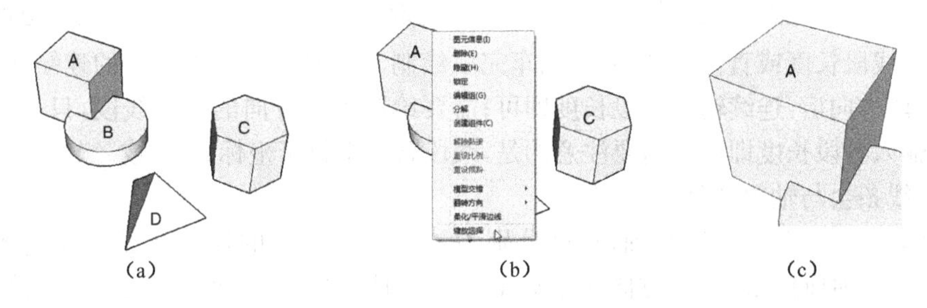

图 14-29　右键菜单中的缩放选择命令

14.3　SketchUp 2015 的工具栏

SketchUp 2015 的工具栏包含绘图工具、常用工具、编辑工具、构造工具、相机工具、漫游工具等(图 14-30)。除此之外,工具栏中还有 Google、仓库等需要借助网络使用的工具命

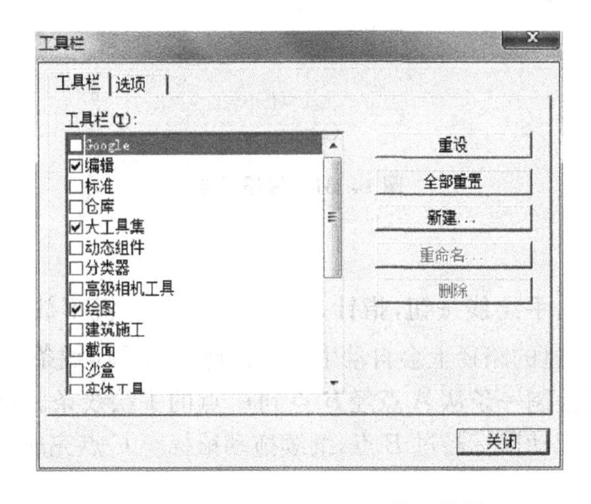

图 14-30　SketchUp 2015 的工具栏

令，此类命令为设计者提供了一个共享网络模型、地理定位、场景融入等增值功能平台，读者可自行尝试操作，本书不再赘述。

14.3.1 绘图工具栏

绘图工具栏可以通过点击菜单栏——视图——工具栏——绘图打开。

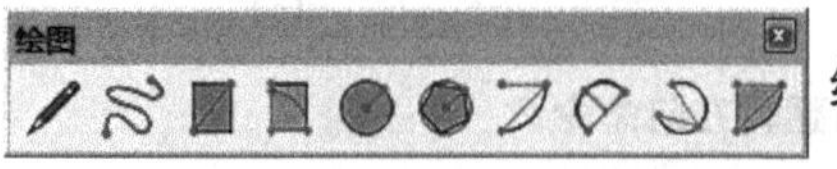

绘图工具栏中包含了 10 种常用的绘图命令及绘图方式，可以分类为线形、弧形与形态 3 种类别。线形包括直线与手绘线；弧形包括了绘制弧形的 3 种方式以及扇形；形态包括圆形、多边形与矩形的 2 种绘图方式。

1) 直线工具

绘制线段时，点选直线按钮，指针显示 ，左键点选线段的起始点，用鼠标拖拽出线段方向，输入线段长度或直接点选终点，回车完成绘制。需要绘制同方向上的连续线段，只需在拖拽线段方向后，连续输入各段长度即可；需要绘制不同方向的连续线段，只需在反复拖拽方向，输入各段长度即可。需要注意的是，线段若是平行于坐标 X、Y 或 Z 轴方向，则拖拽之时方向线条会与轴向同色。

例如，绘制一条平行于 X 轴，长度分别为 400、200、100 的连续线段。在点选起始点 A 后，平行 X 轴拖拽鼠标，当方向线条显示为红色时，输入 400 回车可见线段延伸至 B 点(图 14-31(a))，再输入 200 回车，线段延伸值 C 点(图 14-31(b))，最后输入 100 回车线段延伸至 D 点完成绘制(图 14-31(c))。

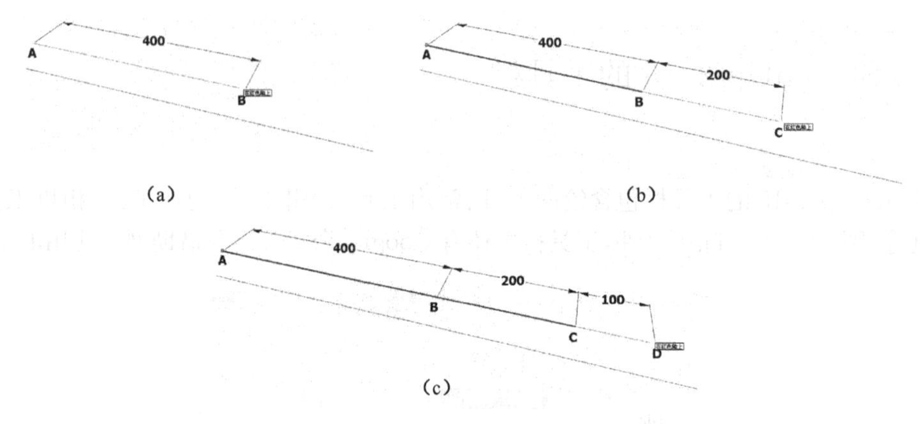

图 14-31 线段绘制

2) 手绘线工具

绘制手绘线时，点击手绘线按钮，指针显示 ，按住左键不放，在绘图区任意拖动指针，最后放开左键时，经过的路径上会自动生成一根连续的手绘线条。

例如，要在矩形中绘制一条从 A 点经 B 点到 C 点的手绘线条。点击手绘线工具，在 A 点按住左键不放，随意拖动鼠标经过 B 点，继续拖动鼠标至 C 点完成绘制(图 14-32)。

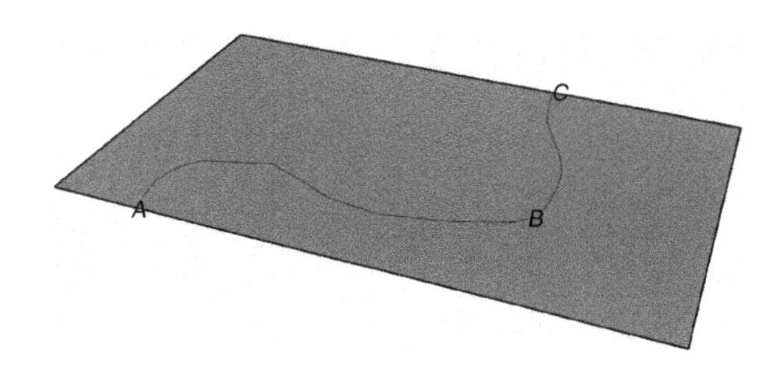

图 14-32 自由曲线绘制

3) 二维矩形工具

这种是以对角线方式在二维平面中绘制矩形。绘制矩形时，点选二维矩形按钮，指针显示 ，左键点选矩形一个角点位置，拖出一个矩形线框，输入矩形相邻两边的长度或直接点选对角点，回车完成绘制。

例如，绘制一个长 100，宽 50，其中一个角点为 A 的矩形。在点选 A 点后，向右下拖动鼠标(图 14-33(a))，需输入"100，50"[①]，回车完成绘制[②](图 14-33(b))。

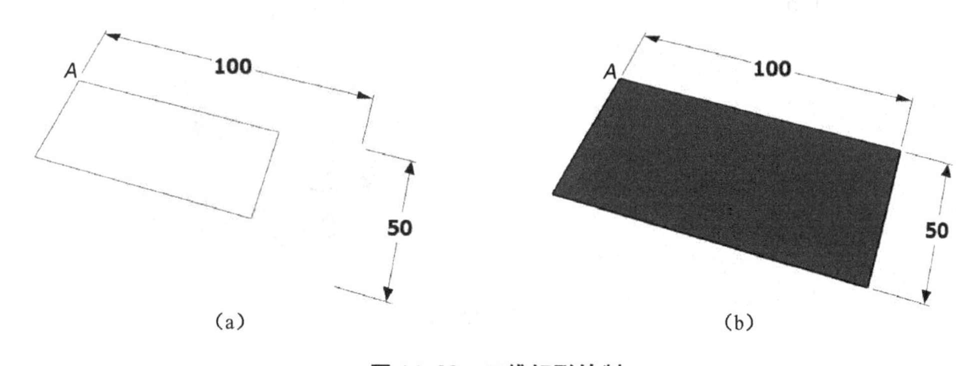

图 14-33 二维矩形绘制

4) 三维矩形工具

这种是边长与角度方式在三维空间中绘制矩形。点选矩形按钮，指针显示 ，左键点选矩形一个角点位置，拖出一个矩形角度与边长，回车完成绘制。

例如，绘制一个长 70、宽 50，且与红轴成 45°角、与蓝轴成 30°角的三维矩形，其中一个角点为 A 的矩形。在点选 A 点后，按下 Alt 键锁定红绿轴平面，拖动鼠标(图 14-34(a))，需输入"45，50"，这时第一个数字表示角度，第二个数字表示长度，回车后可看见量角器垂直于 AB 线段(图 14-34(b))，再拖动鼠标，输入"30，70"回车完成绘制(图 14-34(c))。

5) 圆形工具

绘制圆形时，点选圆形按钮，指针显示 ，确认圆形边数[③]，左键点选圆心位置，输入半

① 输入的数据可以在窗口右下角的数值栏中查看到。

② 绘制完成的矩形是一个自行封闭的面域，Sk 软件会自动进行封面操作，若只需要矩形的线框，则只需要删除内部面域即可。

③ 圆形边数默认为 24，边数越多圆形越光滑。此步骤也可跳过，直接进入下一步骤。

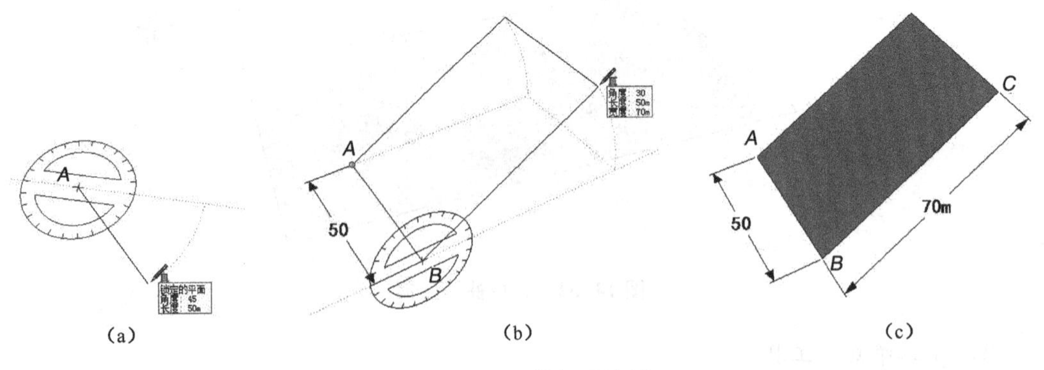

图 14-34 三维矩形绘制

径长度或直接点选半径点，回车完成绘制。

例如，绘制半径 100 的圆形，在点选圆心 O 后（图 14-35(a)），输入 100 回车完成绘制[①]（图 14-35(b)）。

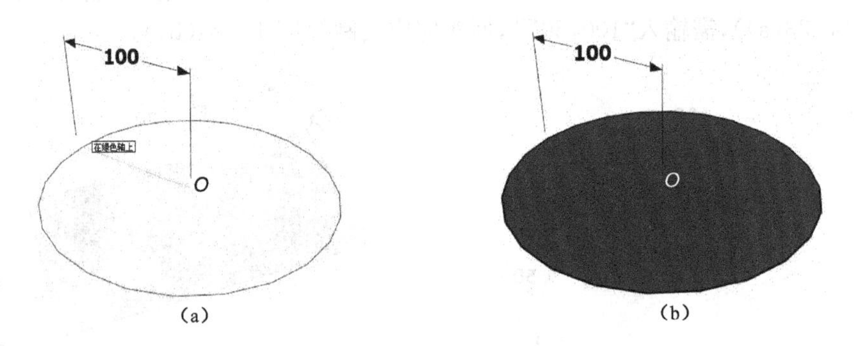

图 14-35 圆形绘制

6) 多边形工具

绘制多边形时，点选多边形按钮，指针显示 ，先输入多边形边数，点选中心，拖拽顶点方向，输入外接圆半径或直接点选顶点，回车完成绘制。

例如，绘制一个外接圆半径为 200 的正八边形，先点选多边形工具，然后输入“8”，指针形状八边形，用鼠标左键点击多边形中心位置，向外拖动鼠标（图 14-36(a)），以外接圆方式拉出多边形外框，再输入 200 回车完成绘制（图 14-36(b)）。

SketchUp 2015 提供了 3 种不同绘制圆弧的方式：第一种是通过确定圆弧半径与角度的方式绘制；第二种是通过确定圆弧弦长与弧高的方式绘制；第三种是通过确定圆弧上的 3 点的方式绘制。

7) 圆弧工具 1

用第一种方式绘制圆弧时，点选圆弧按钮，指针显示 ，确认圆弧边数[②]，左键点选

---

① 绘制完成的圆形是一个自行封闭的面域，Sk 软件会自动进行封面操作，若只需要圆形的轮廓线，则只需要删除内部面域即可。

② 圆弧边数默认为 12，边数越多圆弧越光滑。此步骤也可跳过，直接进入下一步骤。

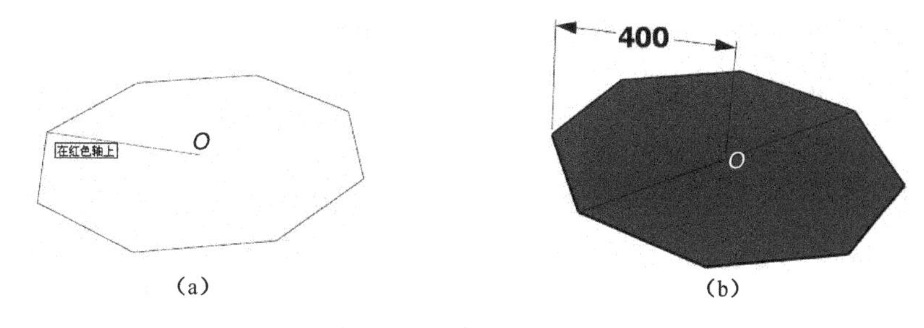

图 14-36　正多边形绘制

圆弧的圆心,拖拽鼠标输入半径或直接点选终点,再拖拽鼠标确定圆弧长度,或输入角度值,完成绘制。

例如,绘制一个半径为 100、角度为 30 度的圆弧时,点选圆弧的圆心 O,拖拽出半径方向输入 100,回车确定圆弧起点 A(图 14-37(a)),拖拽鼠标确定圆弧的方向,输入角度 30 回车完成绘制(图 14-37(b))。

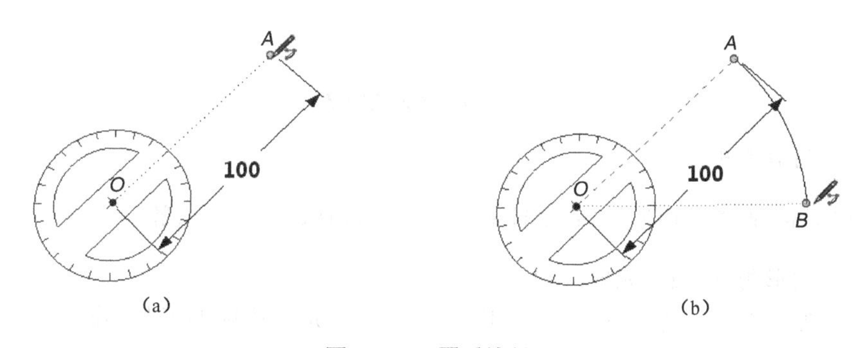

图 14-37　圆弧绘制-1

8) 圆弧工具 2

用第二种方式绘制圆弧时,点选圆弧按钮,指针显示 ,确认圆弧边数[①],左键点选圆弧起点,拖拽鼠标确定弦长方向,输入弦长或直接点选终点,再拖拽鼠标确定圆弧方向,输入弧高,或直接点选圆弧中点完成。

例如,绘制一个直径为 100 的半圆时,点选半圆起点 A,拖拽出直径方向输入 100,点击鼠标左键确定终点 B,AB 线段的中点即是圆心 O(图 14-38(a)),然后垂直于 AB 方向拖拽鼠标,输入 50 回车完成绘制(图 14-38(b))。

9) 圆弧工具 3

用第三种方式绘制圆弧时,点选圆弧按钮,指针显示 ,确认圆弧边数[②],左键点选圆弧起点,拖拽鼠标确定圆弧第二点位置,再拖拽鼠标确定圆弧终点,完成绘制。

例如,绘制通过 A、B、C 三点的圆弧时,点选圆弧起点 A 点,拖拽鼠标至 B 点,左键确定(图 14-39(a)),再拖拽鼠标至 C 点,左键确定完成绘制(图 14-39(b))。

---

①② 圆弧边数默认为 12,边数越多圆弧越光滑。此步骤也可跳过,直接进入下一步骤。

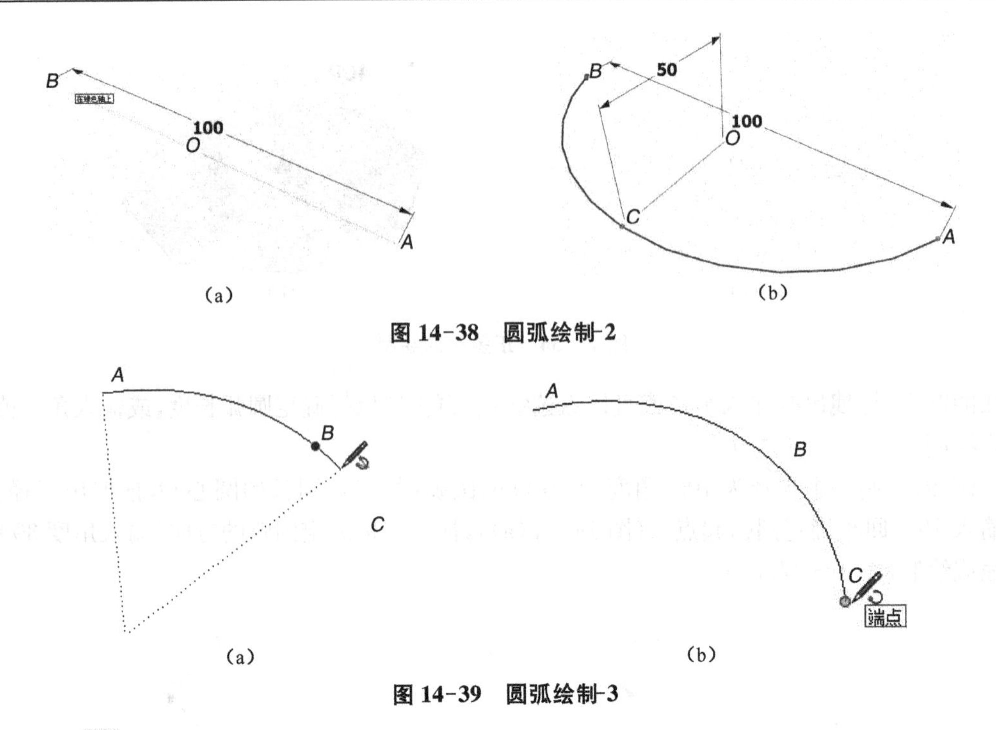

图 14-38　圆弧绘制-2

图 14-39　圆弧绘制-3

10) 扇形工具

绘制扇形时，点选多边形按钮，指针显示，确认扇形圆弧边数[①]，点选圆心，拖拽圆弧方向，输入扇形角度，回车完成绘制。

例如，绘制一个半径为 100、角度为 45 度的扇形。先点选扇形工具，确定圆心位置 O，沿半径方向拖拽鼠标，然后输入 100，确定扇形圆弧起点 A(图 14-40(a))，向外圆弧方向拖动鼠标，输入 45 回车完成绘制(图 14-40(b))。

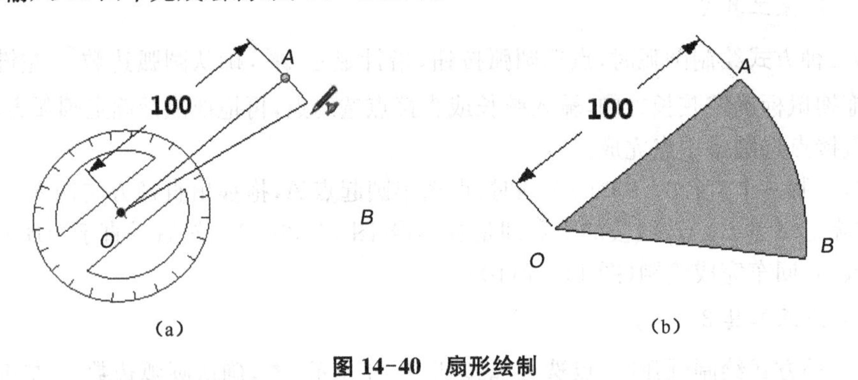

图 14-40　扇形绘制

14.3.2　常用(主要)工具栏

常用工具栏可以通过点击菜单栏——查看——工具栏——常用(主要)打开。

① 圆弧边数默认为 12，边数越多圆弧越光滑。此步骤也可跳过，直接进入下一步骤。

常用工具栏中包含 4 个命令,分别是选择、组件、油漆桶与删除。

1) 选择命令

选择工具用于选择对象。选择对象时,点击选择按钮,指针显示,此时可以通过左键选择对象。选择的对象可以是单个物件,也可以是多个对象。选择通过单击或框选完成。单击可以选择单个对象,也可以配合键盘 Shift 键选择多个物件:在单击选择一个物件后,按下 Shift 键同时单击其他对象即可。框选可选择多个对象:在作图区从左上向右下框选时,选框是实线,此时只有对象完全位于选框中才会被选中;而反向框选时选框是虚线,此时只要对象其中的一部分位于选框中都会被选中。

在 SketchUp 2015 中,选择对象时单击次数会影响选集。单击时,选择的是单个物件或是群组;双击单个物件时,会选择物件本身及与之邻接的物件,双击群组时将进入对群组的编辑状态;三击时,会选择单个物件以及与之连接的所有非群组物件。

如图 14-30(a)所示的立方体,可通过单击选择立方体的任意棱、面(图 14-41(a)、(b)),双击 *A* 面时选择的是 *A* 表面及其边线(图 14-41(c)),三击 *A* 面时选择的是整个立方体(图 14-41(d))。

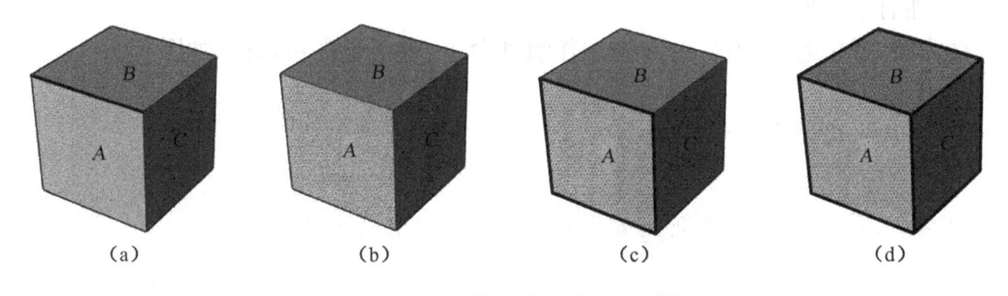

图 14-41 左键可选择的不同选集

又如图 14-42 中的 *A*、*B* 物件,用实线框选物件 *A*、*B* 时,选择集中只有 *A* 物件,而没有 *B* 物件(图 14-43(a)),当用虚线框选 *A*、*B* 时,选择集中包含有 *A*、*B* 物件(图 14-43(b))。

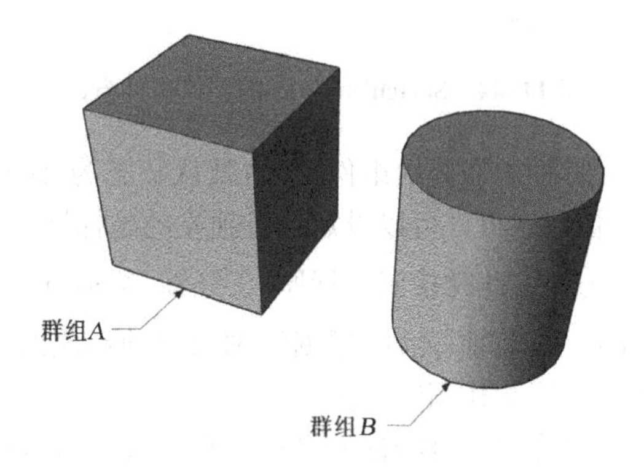

图 14-42 选择对象

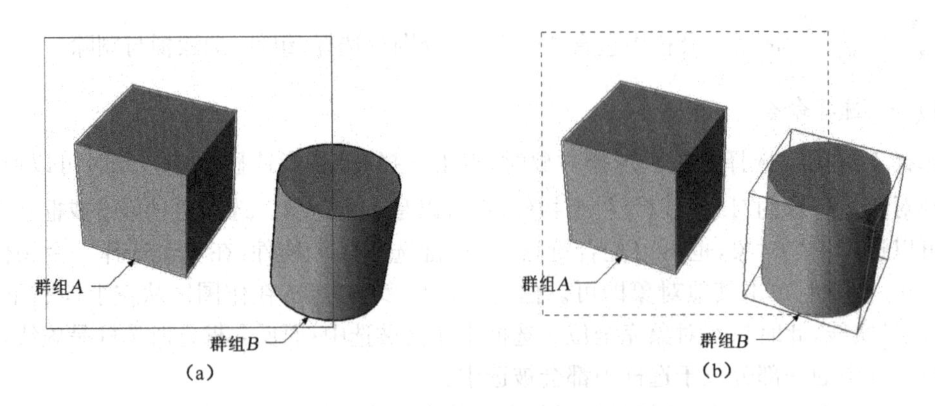

图 14-43 实线选框与虚线选框的选集区别

2) 制作组件命令

组件是数个物件的组合，这里的物件可以是单个物体，也可以是群组或其他组件，制作组件命令相似于 AutoCAD 中的块编辑命令。SketchUp 2015 中的组件有关联特性，即其中任意一个组件下的修改，都会在其他同名组件上得到更新，这便免去了对每个组件的重复修改，这种特性有别于群组。

在操作时，选中若干物件后，点击制作组件命令，弹出组件对话框，如图 14-44。

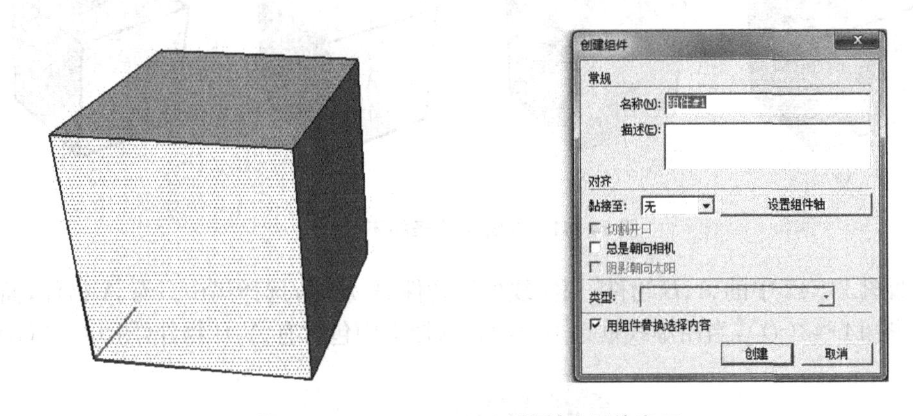

图 14-44 SketchUp 2015 的创建组件窗口

对话框的概要栏中，名称框中需要给组件定名，默认状态为“组件＃＋数字”；注释框中可对此组件相关信息进行备注。组件可以设定自身独立的坐标轴。单击设置组件坐标轴按钮，回到绘图界面，指针变为 ，此时按照坐标原点、红轴（X 轴）正向、绿轴（Y 轴）正向的顺序可在空间中制定新的坐标系，蓝轴（Z 轴）根据红轴与绿轴形成的平面自动生成。需要说明的是，组件中的坐标轴不会影响作图时的坐标。

除了制作组件外，群组命令是组合物件的另外一种模式，通过群组命令，可以将任意数量的物件（可以是单一物体，也可以是多个群组或组件）组合成为一个群组，方便操作与编辑。具体操作是先选择所有需要编组的物件（多个物件选择可以通过 Shift 键进行加减）（图 14-45(a)），然后选择菜单栏—编辑—创建群组，可见刚才所选择的物件全被一个长方体框所包裹，说明已经是一个群组（图 14-45(b)）。

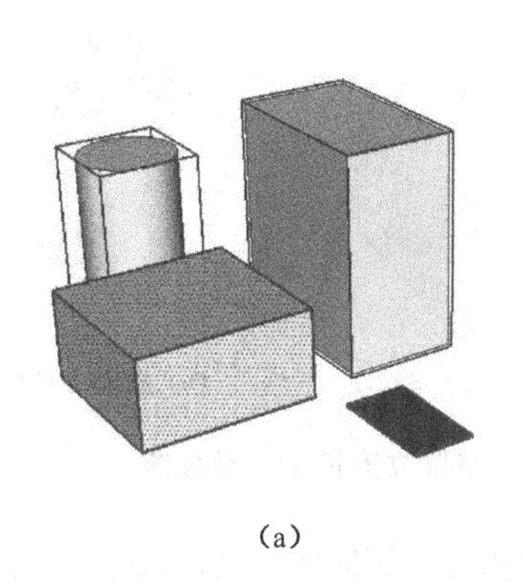

(a)

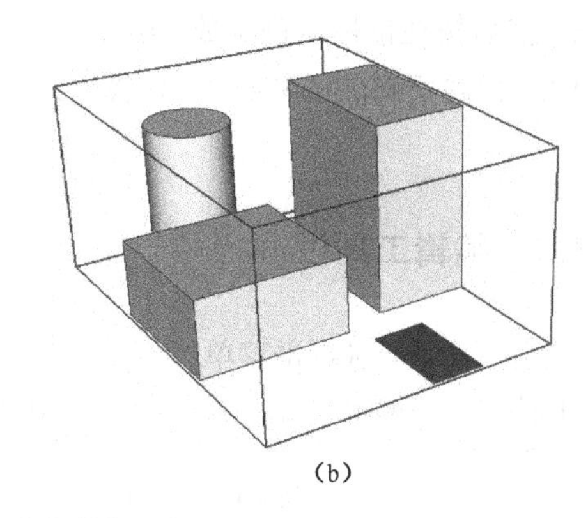

(b)

图 14-45 多个物件与一个群组

虽然都可以组合物件,但以组件或群组模式组合的物件有不同的特性。相同的组件之间有关联特性,即对任意一个组件的编辑结果会同步的反映到其他名称相同的组件中,而群组却不会。如图 14-46(a)中,当对组件 A 进行编辑时,其改变会同步反映在其同名组件 A' 中;而图 14-46(b)中,当对群组 A 进行编辑时,复制的群组 A' 中则不会发生任何改变。

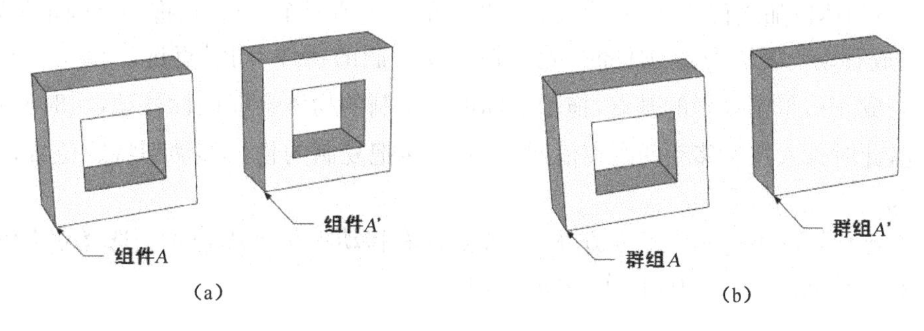

(a) (b)

图 14-46 组件与群组的区别

若要取消组件或群组,将其分解,则需要使用炸开命令。选择需要分解的组件或群组,在编辑(Edit)菜单栏下的"组件或群组(模型中)"栏中点击"炸开"即可。

3) 油漆桶命令

油漆桶命令是赋予物件特定的材质,使物件更为生动。使用时点击油漆桶按钮,指针显示 ,同时弹出材质编辑面板(如图 14-47),用左键选择一种材质后,在物件上点击鼠标左键即可。赋材质时,若是选定的一个群组或组件,则其整体都会被赋予相同的材质,但若是群组或组件内部原本已经存在一种材质时,则其材质不会改变。在材质编辑面板中可以选择、编辑各种纹理的材质,具体的材质编辑方法将在第 14.5.3 节的材质面板中详细介绍。

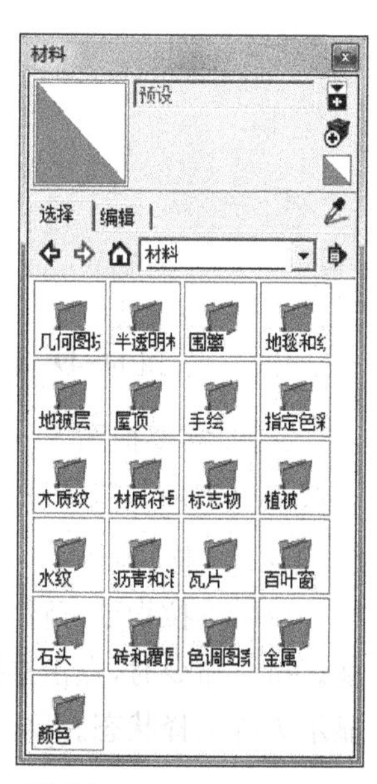

图 14-47 SketchUp 2015 的材质编辑窗口

4) 删除命令

删除命令可以去除多余或错误的物件。先点击删除按钮,指针显示，然后按住鼠标左键不放，拖动鼠标过程中经过需要删除的物件即可（图14-48）。

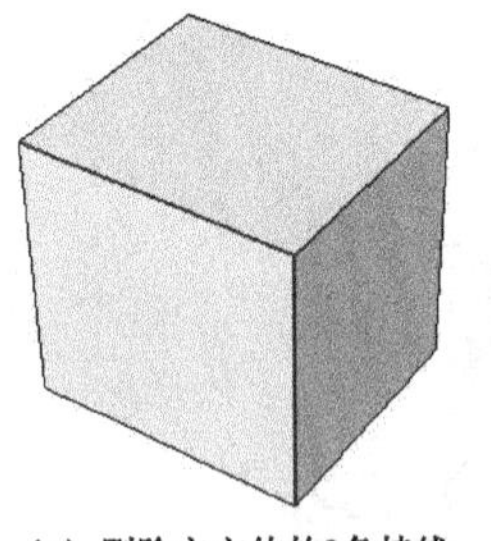

(a) 删除立方体的3条棱线

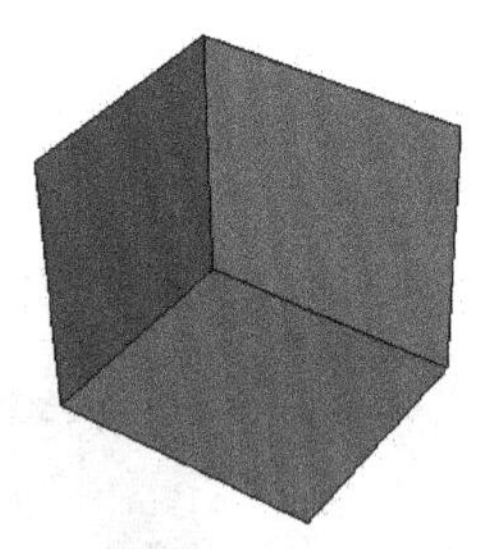

(b) 删除3条棱线后的立方体

图 14-48　删除立方体的三条棱线

14.3.3　编辑工具栏

编辑工具栏可以通过点击菜单栏——查看——工具栏——编辑打开。

编辑工具栏包含 6 个编辑选项，分别是移动/复制、推/拉、旋转、路径跟随、缩放及偏移复制。

1) 移动/复制命令

移动指令可将物体移动位置；复制指令可将物件进行拷贝。选择需要移动的物体，可以是单独的一个点、线、面、群组或组件[①]，然后点选移动按钮，指针显示，这时选择基点，拖动鼠标时原物体也随之移动，此时输入需要移动的距离值回车，或直接拖动至确定位置后单击左键完成移动。需要复制物件时，先选择需要复制的物件，同时点选此按钮，按下 Ctrl 键，指针变成，单击复制的基点，拖动鼠标可见复制的物体会随鼠标移动，同时原物体则保持不变，此时输入需要移动的距离值回车，或直接把复制的物体移动到特定位置，单击左键完成复制。

例如，需要把图 14-49 中的立方体，从 A 点向右移动 400 到 A' 位置。选择立方体，点选按钮，向右拖动鼠标，输入 400 回车，完成移动。

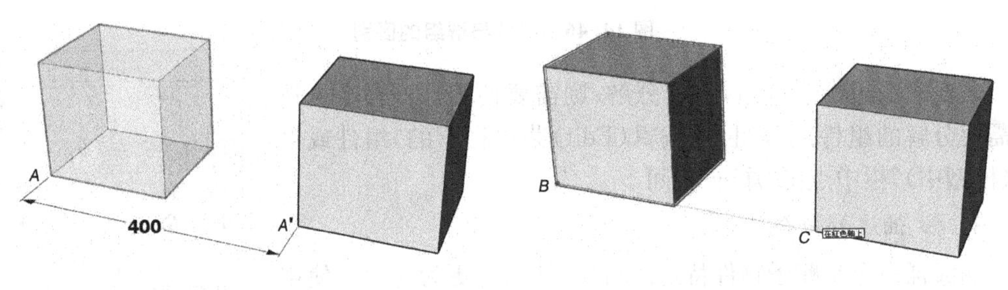

图 14-49　移动立方体　　　图 14-50　复制立方体

又如，需要把图 14-50 中的立方体，沿红轴从 B 点复制到 C 点。选择立方体，点选按钮，按住 Ctrl 键，以 B 为基点向右拖动鼠标至 C 点，完成复制。

2) 推/拉命令

使用推拉指令可将二维的平面物体拉伸成三维的立体物件，也可以改变三维物件的高度。执行命令时，点击推拉按钮，指针显示，移动指针到需要推拉的平面上，面域会自动显示为待选择状态。单击左键确定选择，移动鼠标发现选定的平面会随之变化，原来的二维

① 如果物体没有编组，则移动的是选中的单个面、线或点，其他与之相连的部分会随之改变，非相连部分则保持不变。

的平面会被推拉成三维的物体，而原来是三维的物体也会改变原有形态，此时输入需要推拉的距离值回车，或直接把平面推拉到适当位置后单击左键，确认其位置，完成推拉指令。需要注意的是，在输入推拉数值时，沿鼠标移动方向为正值，反之则为负值。

例如，把图 14-51 中的矩形 A 推拉成一个高 300 的长方体。点击推拉按钮，在矩形上点击鼠标左键并向上拉升，输入 300 回车完成。

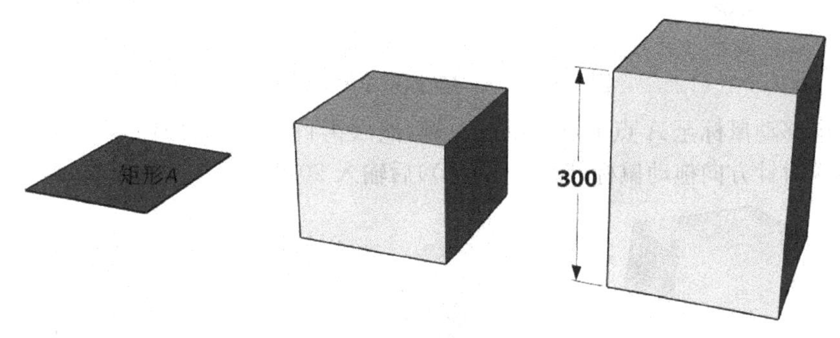

图 14-51　拉升立方体高度

再如，把图 14-52 中的立方体 B 高度降低 100。点击推拉按钮，在立方体 B 顶面点击鼠标左键并向下拉升，输入 100 回车完成。

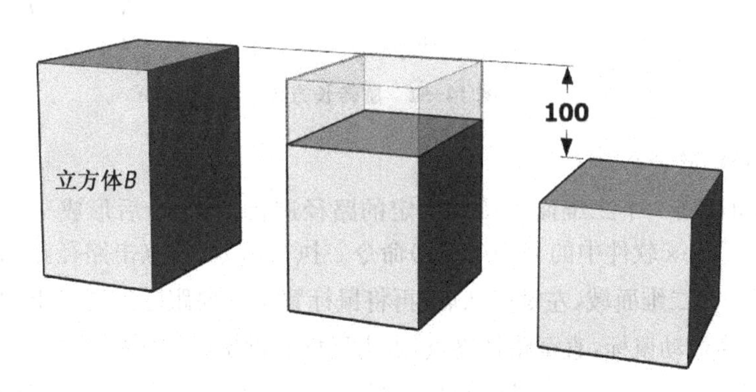

图 14-52　降低立方体高度

3) 旋转命令

旋转指令可以使物件依照任意点旋转任意角度。执行命令时，先选择需要旋转的物件，点击旋转按钮，指针显示，量角器的中心点即为旋转的基点。将量角器的中心放置在旋转基点上，点击鼠标左键确定基点，然后用左键在平面内选择一点作为物件旋转的起始点，再沿旋转方向拖动鼠标，可见物件随之旋转，此时输入角度值回车或直接用左键确定旋转终点完成操作。需要注意的是，当指针显示为量角器时，贴附于物件的不同位置所显示的色彩会有差异：将在红、绿轴（XY 轴）所形成的平面中旋转时，量角器显示蓝色（图 14-53(a)）；将在红、蓝轴（XZ 轴）所形成的平面中旋转时，量角器显示绿色（图 14-53(b)）；将在蓝、绿轴（YZ 轴）所形成的平面中旋转时，量角器显示红色（图 14-53(c)）。

例如，将图 14-54(a)中的长方体沿 A 点在红、绿轴（XY 轴）平面逆时针旋转 90°。选择长方体后，点击旋转按钮，将指针放置在物体上，看见指针变成蓝色时，说明在红、绿轴所在

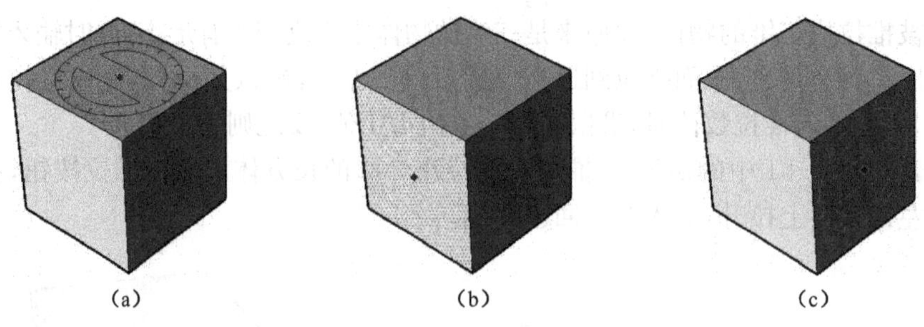

图 14-53 不同坐标系中的旋转提示

平面上，缓慢移动鼠标至 A 点上点击鼠标左键，然后再将长方体的 B 点作为起始点点击鼠标左键，沿逆时针方向拖动鼠标(图 14-54(b))后输入 90 回车，完成操作(图 14-54(c))。

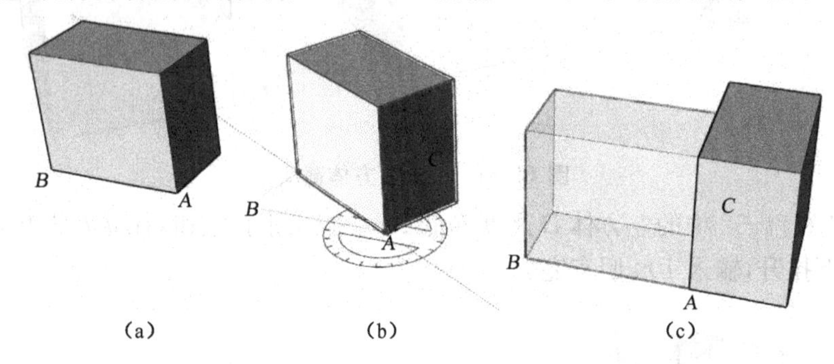

图 14-54 旋转长方体

4) 路径跟随命令

路径跟随可以将一个二维面域按照一定的路径进行放样，最后形成一个完整的物件。此命令类似于 3Dmax 软件中的 Loft(放样)命令。执行命令时，点击路径跟随按钮，指针显示 ，先选择一个二维面域，左键确认后，再将鼠标置于需要跟随的路径上，当前路径会以红色显示，沿路径拖动鼠标，直至路径终点，点击鼠标左键确认完成操作。

例如，将图 14-55(a)中 A 点处的圆形沿路径 AB 放样。点击放样按钮，鼠标左键单击圆形确认(图 14-55(b))，沿 AB 路径上拖动鼠标，看见路径上变成红色(图 14-55(c))，继续拖动鼠标到终点 B，单击鼠标左键确认(图 14-55(d))，完成操作。

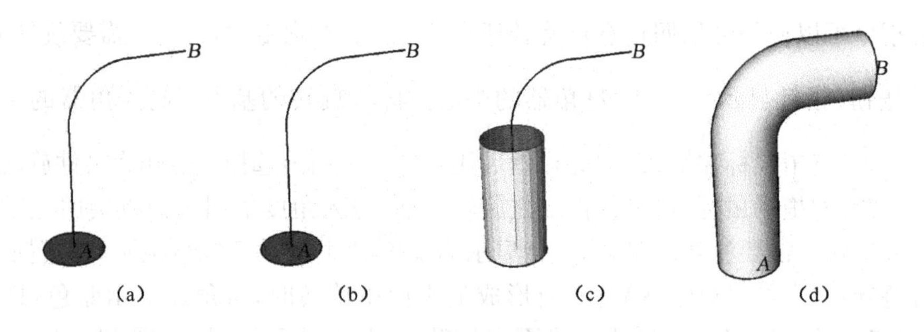

图 14-55 利用路径跟随制作管道

5) 缩放命令

使用缩放命令可以将物体放大或缩小。执行命令时，先选择需要缩放的物件，点击缩放按钮,指针显示 ,物件出现被 26 个控制点包裹的立方体线框(图 14-56),在相应的控制点上进行拖拽时,可以以不同比例的模式进行缩放。缩放模式可以分为等比缩放、平面缩放、轴向缩放 3 种,对不同的控制点进行拖拽可以执行不同模式的缩放。长方体线框中的 8 个角点是进行等比缩放的控制点,鼠标移动到这 8 个控制点时,会提示等比缩放。单击鼠标左键,确认拖拽点,拖动鼠标,可见物件随鼠标在空间中放大或缩小。输入缩放比例(数值大于 1 时将放大物件,数值小于 1 时将缩小物件),回车完成缩放,此时是按照红、绿、蓝(X、Y、Z)相对比例为 1∶1∶1 进行缩放的,物件是等比放大。长方体先框中的 12 个棱线中心点是进行平面缩放的控制点,鼠标移动到这 12 个控制点时,会提示平面缩放(红绿轴、红蓝轴、绿蓝轴),单击鼠标左键,确认拖拽点,拖动鼠标,可见物件随鼠标在一定范围内放大或缩小,输入缩放比例,此时数值包含有所在平面两轴向的比例,两个比例用逗号分开,回车完成缩放。此时缩放会限制在本平面中,第三轴向尺度不会变化。例如在红绿轴平面内缩放时,蓝轴方向比例保持不变。长方体相框中的 6 个平面中心点是进行轴向缩放的控制点,鼠标移动到这 6 个控制点时,会提示轴向缩放,单击鼠标左键,确认拖拽点,拖动鼠标,可见物件随鼠标拖动在一定轴向拉伸或压缩,输入缩放比例,回车完成缩放。此时缩放会限制在一个轴向范围内,其他两轴向比例保持不变。

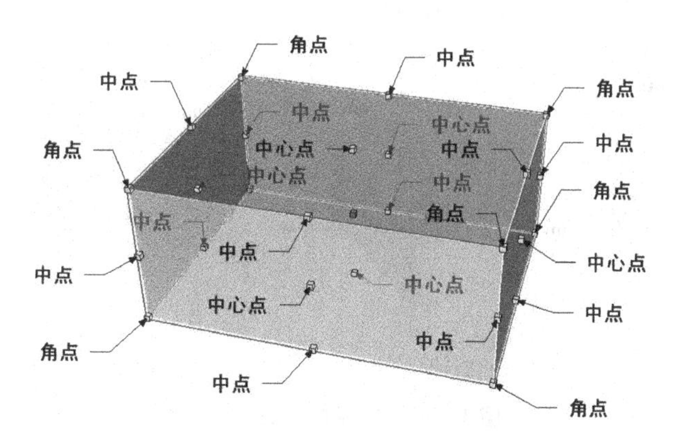

图 14-56　缩放命令中的控制点

例如,将图 14-57(a)中的长方体缩小为原来的 1/2。选择长方体,点击缩放按钮,选择线框中的一个角点(图 14-57(b)),单击鼠标左键确认,输入 0.5,回车完成缩放。可见长方体等比缩小为原来的 1/2(图 14-57(c))。

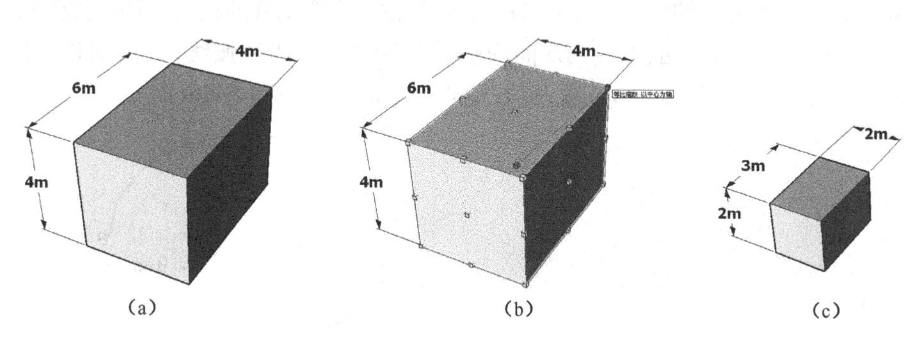

图 14-57　等比缩放物件

又如,将图 14-58(a)中的长方体在红绿轴平面内放大 1.5 倍。选择长方体,点击缩放按钮,选择线框中红绿轴平面内的一个棱线中点(图 14-58(b)),单击鼠标左键确认,输入 1.5,回车完成缩放。可见长方体在红绿轴平面内放大了 1.5 倍(图 14-58(c))。

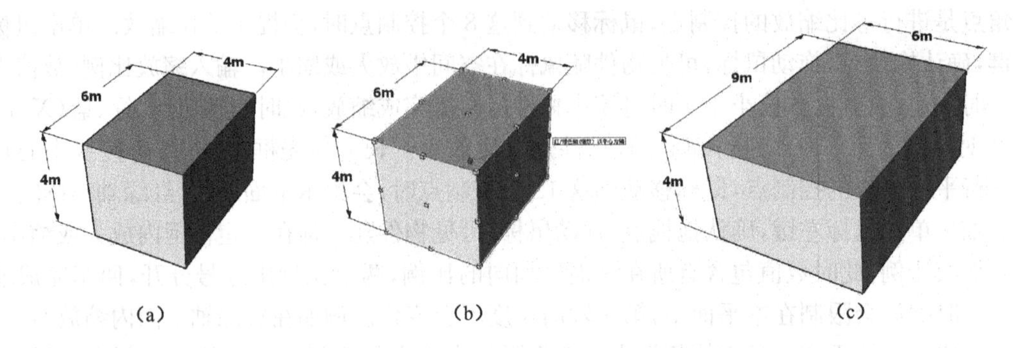

图 14-58 在二维平面内缩放物件

再如,将图 14-59(a)中的长方体在红轴方向放大 3 倍。选择长方体,点击缩放按钮,选择线框中垂直于红轴平面一个中心点,单击鼠标左键确认,输入 3,回车完成缩放。可见长方体在红轴方向放大了 3 倍(图 14-59(c))。

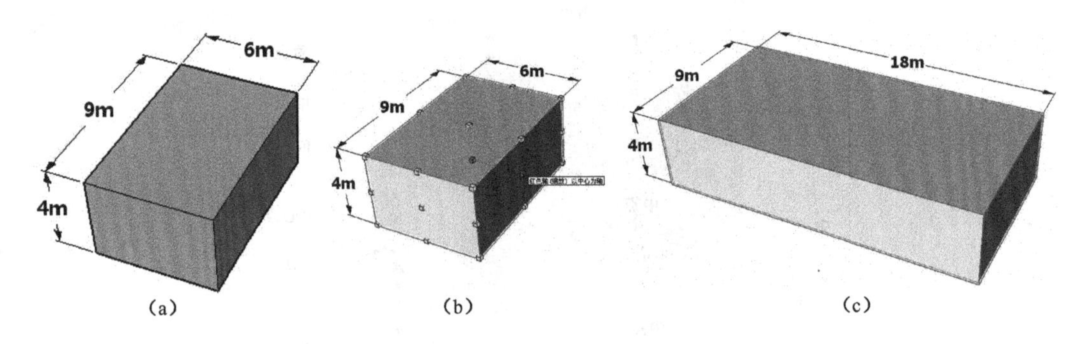

图 14-59 在轴向上缩放物件

6) 偏移复制命令

通过偏移复制命令可以将线条向内或向外复制偏移。此命令类似于 AutoCAD 软件中的 offset 命令。执行命令时,先选择需要偏移的线条,点击偏移复制按钮,指针显示 ,单击鼠标左键确认,拖动鼠标时可见物件会随之偏移出新的线条,输入需要偏移的距离,回车完成操作。

例如,将图 14-60(a)中的弧线 *AB* 向内偏移复制 100。选择弧线,点击偏移复制按钮,鼠标左键单击弧线,向内拖动鼠标,输入 100,回车完成操作(图 14-60(b))。

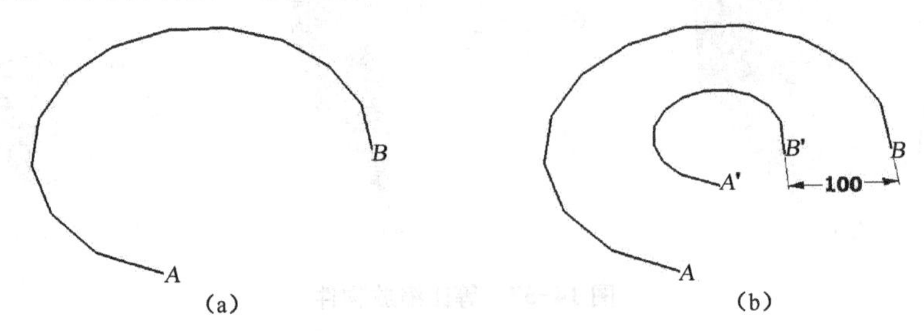

图 14-60 偏移复制一段弧线

14.3.4　构造(施工)工具栏

构造工具栏可以通过点击菜单栏——查看——工具栏——构造(施工)打开。

构造工具栏包含 6 个命令选项，分别是测量、尺寸标注、量角器、文本标注、设置坐标轴和 3D 文字。

1) 测量

测量命令可以测量已有的物件尺寸。执行命令时，点击测量按钮，鼠标显示，单击需要测量的线段起点，单击左键确认，再单击线段的终点，单击左键确认，完成后在窗口右下角的数据栏，其中会显示测量线段的长度。

例如，测量图 14-61(a)中线段 AB 的长度。点击测量按钮，左键单击线段 A 点，再左键单击线段 B 点(图 14-61(b))，查看数据栏中的数值为 6 m。

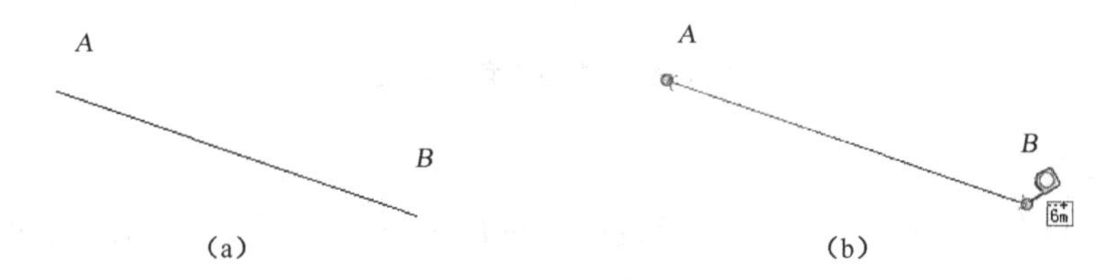

图 14-61　测量线段的长度

2) 尺寸标注

通过此命令可以标注物件的尺寸。执行命令时，点击尺寸标注按钮，指针显示，单击需要测量的物件起点，单击左键确认，再单击物件的终点，单击左键确认，引出线上会出现测量数值，拖动鼠标到适当位置，标注数值也会随之移动到特定位置，单击鼠标左键确认标注数值放置的位置，完成操作。

例如，标注图 14-62(a)中长方体的三维尺寸。点击尺寸标注按钮，单击鼠标左键选择长方体 A 点，拖动鼠标到 B 点，向外拉出尺寸线到适当位置，再次单击鼠标左键确认放置位置(图 14-62(b))。以相同方法标注 AA'、$A'D'$尺寸(图 14-62(c))，完成操作。

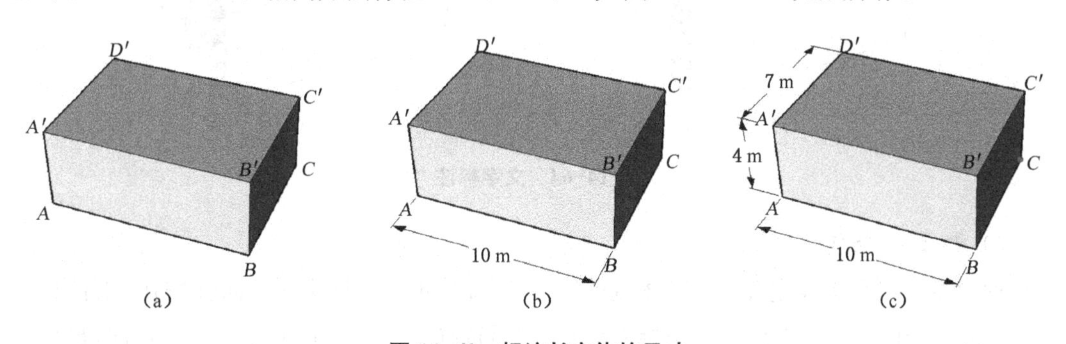

图 14-62　标注长方体的尺寸

3) 量角器

此命令可以测量两线段之间的夹角。执行命令时，点击量角器按钮，指针显示，单击所测角度的顶点，单击鼠标左键确认，沿起始线段拖动鼠标，选择线段端点单击左键确认，在选择终止线段的端点单击左键确认，完成后在窗口右下角的数据栏，其中会显示测量夹角的角度。

例如，测量图 14-63(a)中线段 AB 与线段 AC 之间的夹角。点击量角器按钮，左键单击 A 点，再单击 B 点(图 14-63(b))，最后单击 C 点，完成操作(图 14-63(c))，查看数据栏中的数值为 30°。

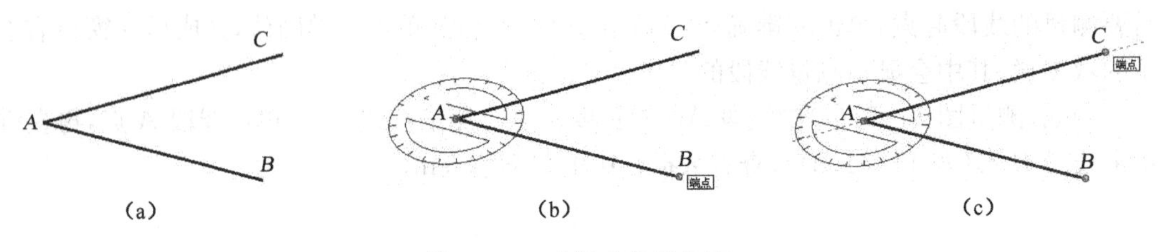

图 14-63　丈量夹角的角度

4) 文本标注

此命令可以对物件进行文字标注及说明。执行命令时，点击文本标注按钮，指针显示，单击需要标注的物件中一点，作为文字引出原点，拖动鼠标会拉动引出线，移动鼠标到适当位置，单击左键确认文本位置，在文本框中输入文字，最后在文本框外单击左键完成操作。若要修改文本，双击文本，则可进入编辑。

例如，给图 14-64(a)中长方体标注文字“长方体 A”。点击文本标注按钮，在长方体上单击左键确认一点，拖动鼠标至合适位置，单击左键后在出现的文本框中输入文字“长方体 A”(图 14-64(b))，在文本框外单击左键完成操作。

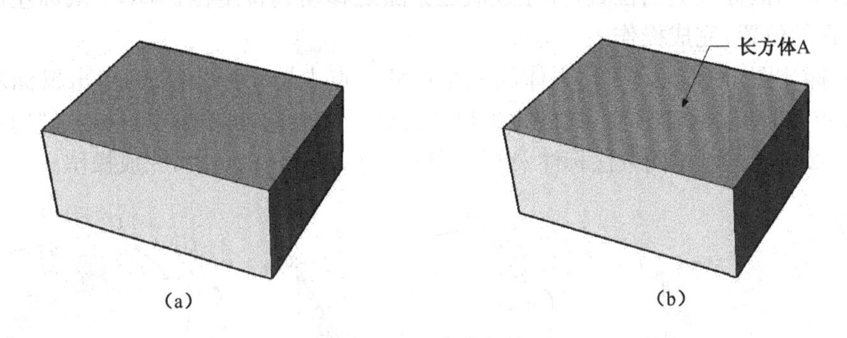

图 14-64　文字标注

5) 设置坐标轴

此命令可以重新设定作图的坐标系统。执行命令时，点击设置坐标轴按钮，指针显示，左键单击窗口中一点作为新坐标系原点，然后选择一点作为新坐标系红轴正向，最后选择一点作为新坐标系绿轴正向，完成新坐标系设置。

例如，在图 14-65(a)中依照长方形 $ABCD$ 的长、宽方向重新设置坐标系。点击设置坐标轴按钮，选择 A 点作为新坐标系的原点，单击左键确认，然后将线段 AB 作为新坐标系红轴方向，在 B 点单击左键确认(图 14-65(b))，最后将线段 AD 作为新坐标系绿轴方向，在 D 点单击左键确认(图 14-65(c))，完成操作，此时可见原坐标系已经更新为以长方形长宽方向为轴向的新坐标系(图 14-65(d))。

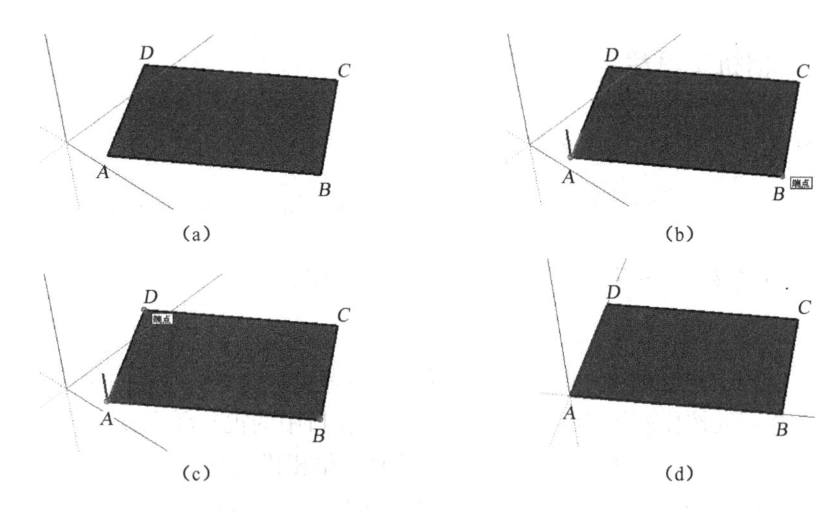

图 14-65　设置坐标轴

6) 3D 文字

此命令可以在模型中建立一个三维的立体文字。执行命令时，点击 3D 文字按钮，弹出对话框如图 14-66，在上部窗口中可以输入文字，窗口下方有对文字字体、对齐方式、文字高度、厚度(挤压)等参数的设置。需要说明的是，3D 文字不同于文本标注，不可以在后期编辑文本内容，只能重新建立三维文字。

例如，在模型中放置一个字体为 Tahoma 的"三维文字"，文字高度为 2、厚度为 0.5 的 3D 文本。点击 3D 文字按钮，在弹出的对话框中输入"三维文字"，在字体中选择 Tahoma，高度框中输入 2，下面框中输入 0.5(图 14-67)，点击"放置"，回到作图界面中，出现内容为"三维文字"的立体文字，在作图界面中移动鼠标到适当位置，单击左键确认完成操作(图 14-68)。

图 14-66　设置三维文字对话框

图 14-67　输入三维文字

三维文字

图 14-68　立体文字

14.3.5　相机工具栏

相机工具栏可以通过点击菜单栏——查看——工具栏——相机打开。

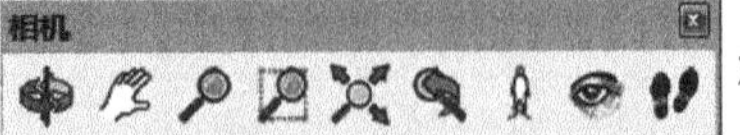

相机工具栏包含 9 种常用的相机控制方式：转动、平移、缩放、窗显、上个视图、充满视窗、设置相机、环绕观察、漫游。

1) 转动

此命令可以转动相机视角，便于观察模型。执行命令时，单击转动按钮，指针变成 ，在作图区中任意一处按住左键不放，拖动鼠标，可见窗口中的视角随之变化。鼠标左右拖动时调整相机的水平角度(图 14-69(a))，上下拖动时调整相机的垂直角度(图 14-69(b))。值得说明的是，三键鼠标的中键按住不放时，可以实现此命令的快捷操作。

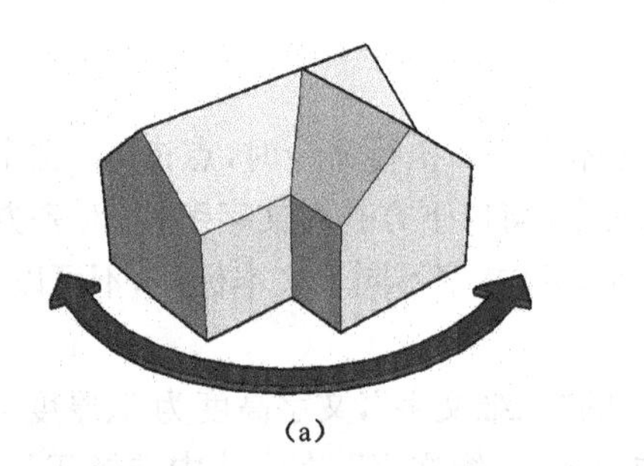
(a)

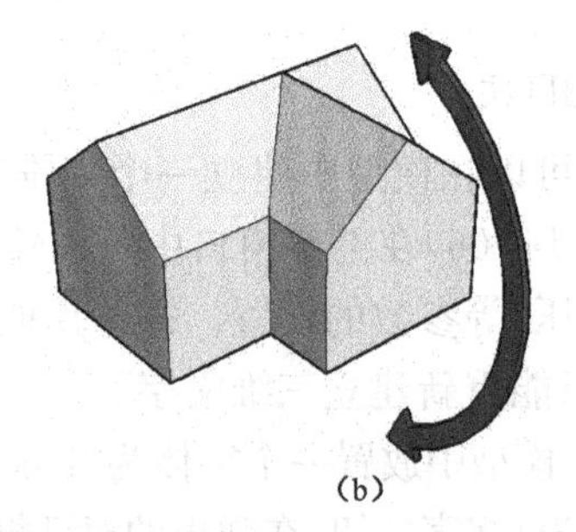
(b)

图 14-69　转动相机

2) 平移

此命令是在不改变相机水平垂直视角的基础上，移动相机的空间位置。执行命令时，单击平移按钮，指针变成 ，在作图区中任意一处按住左键不放，拖动鼠标，可见窗口中的相机位置随之变化(图 14-70)。

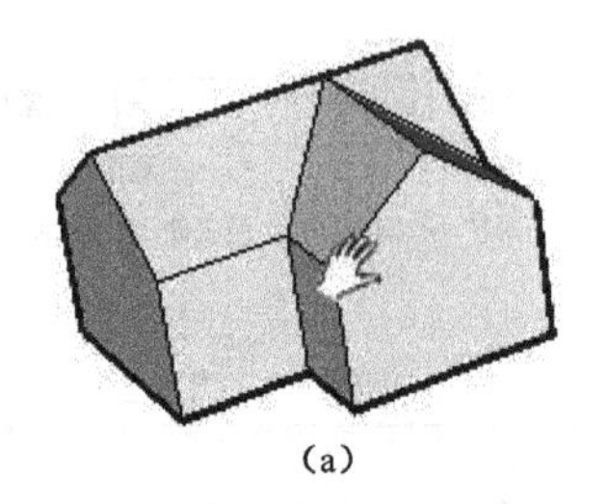
(a)

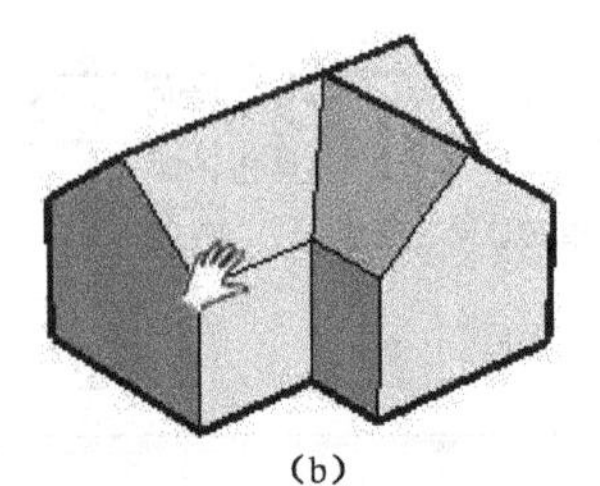
(b)

图 14-70　平移相机

3) 缩放

此命令可以放大或缩小作图区视野大小。执行命令时,单击缩放按钮,指针变成 ,在作图区中任意一处按住左键不放,拖动鼠标,可见窗口中的视野随之变化。鼠标向上拖动时放大视野,向下拖动时缩小视野(图 14-71)。

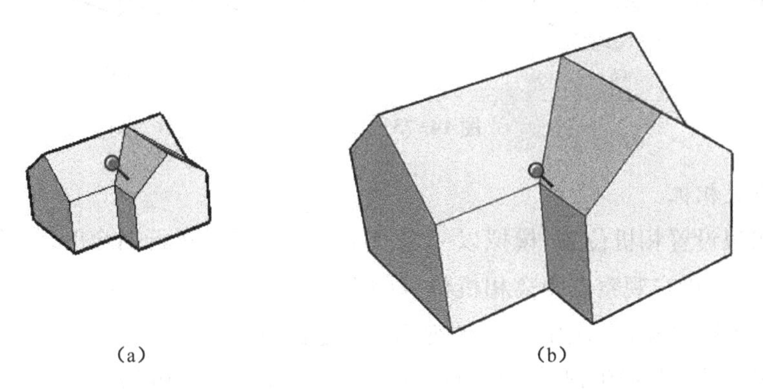

(a) (b)

图 14-71 缩放视域

4) 框显

此命令可以框选窗口的方式来放大作图区中的任何一处指定区域。执行命令时,单击框显按钮,指针变成 ,在作图区中用选框方式选择一个需要放大显示的区域(图 14-72(a)),可见区域被放大(图 14-72(b))。

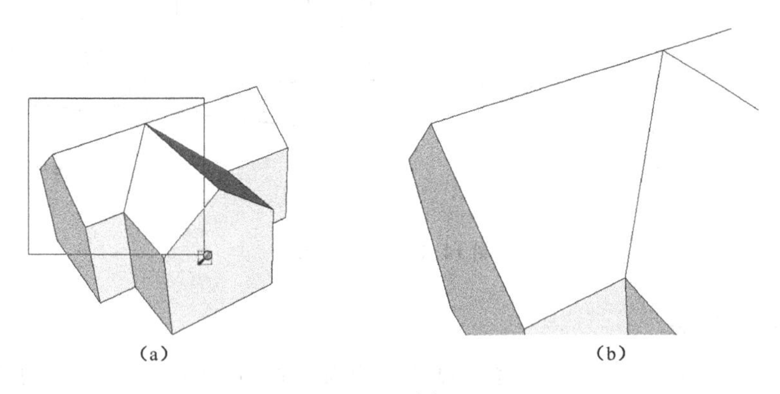

(a) (b)

图 14-72 选框显示

5) 上个视图

此命令可以使工作区内的视图返回到上一个视图。执行命令时只需直接点击上个视图按钮即可。

6) 充满视窗

此命令可以将工作区内的所有物件充满整个窗口。执行命令时只需直接点击充满视窗按钮即可(图 14-73)。

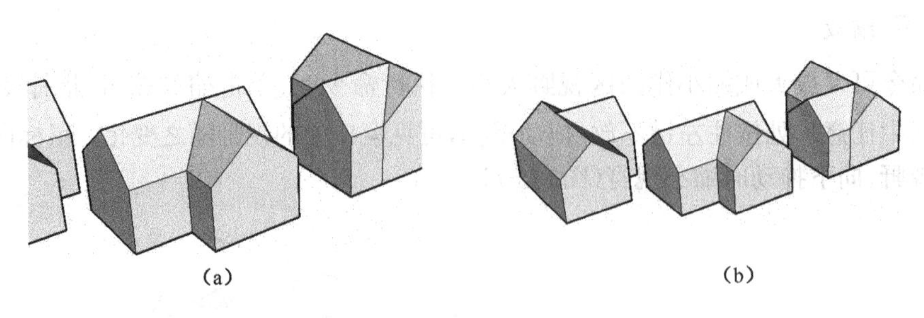

(a) (b)

图 14-73 充满视窗

7) 设置相机

此命令可以设置相机位置,模拟以一定视角观察模型。执行命令时,单击设置相机按钮,指针变成 ,设定观察点距离相机位置的垂直距离,然后在作图区中选定一处相机位置,单击左键确认,可见窗口中的视角改变为刚设定的视点。

例如,将图 14-74(a)中模型的视点设置在距 O 点上方 1.8 m 的位置。点击设置相机按钮,然后输入 1.8 回车,在 O 点点击鼠标,可见窗口中的视角改变为距 O 点上方 1.8 m 的水平视点(图 14-74(b))。

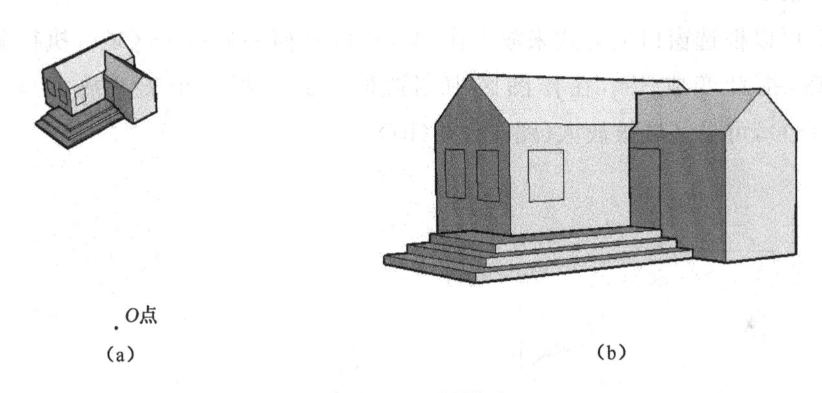

(a) (b)

图 14-74 设置相机

8) 环绕观察

此命令可以模拟人在模型中任意一点环顾四周看到的视图。执行命令时,单击环绕观察按钮,指针变成 ,然后在视图中按住左键不放,拖动鼠标,可见视图以当前的相机点为中心,既可以环顾四周,又可以俯瞰仰望,上下拖动时调整垂直视野,左右拖动时调整水平视野(图 14-75)(注意:当确定相机后,会自动转换为环绕观察状态)。

9) 漫游

此命令可以模拟人在模型空间移动过程中看到的视图。执行命令时,单击漫游按钮,指针变成 ,输入视点高度,然后在视图中选择一点作为漫游的基准点,在点击左键的同时,指针处会出现一个十字光标,示意漫游的基点,按住左键不放,拖动鼠标,可见视点及视线相应会改变。方法是:以十字基准点为中心,向上拖动鼠标视点向前移动,向下则向后移动,向左拖动鼠标视点向左转,向右则向右转动(图 14-76)。

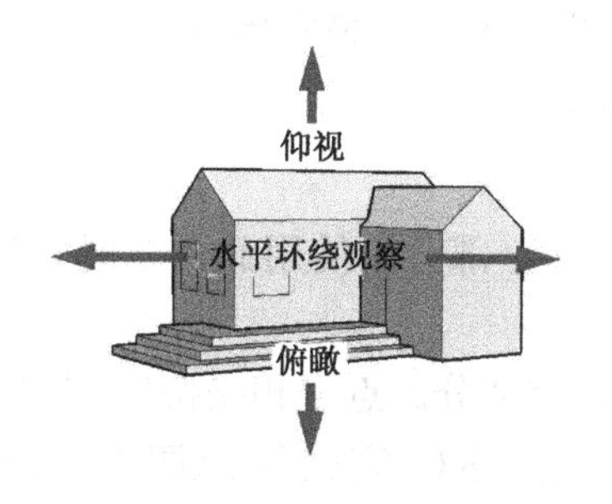

图 14-75　环绕命令下的操作方式

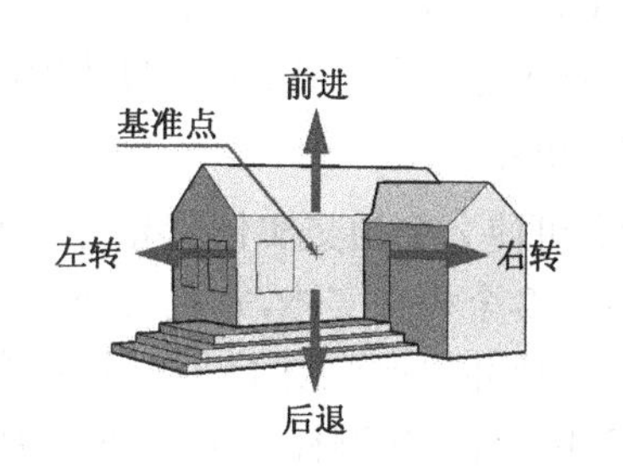

图 14-76　漫游命令下的操作方式

14.3.6　实体工具栏

实体工具栏是从 SketchUp 8.0 版本新增的一个工具栏，为用户提供了一个便捷的实体编辑工具。借助此工具栏中的各种命令，用户可以方便、快速地在多个实体[1]之间进行随心所欲的操作，甚至能创建复杂的形体。

实体工具栏包含 6 种常用的实体编辑命令：外壳、相交、联合、减去、剪辑、拆分。

1) 外壳

此命令能生成 2 个及 2 个以上多个实体的外壳。使用此命令时，点击外壳按钮，点选第一个实体，再依次点选需要生成外壳的物件，完成外壳生成。

例如，将图 14-77(a)中的实体物件 A、B、C 生成外壳。点击外壳命令，点选长方体 A

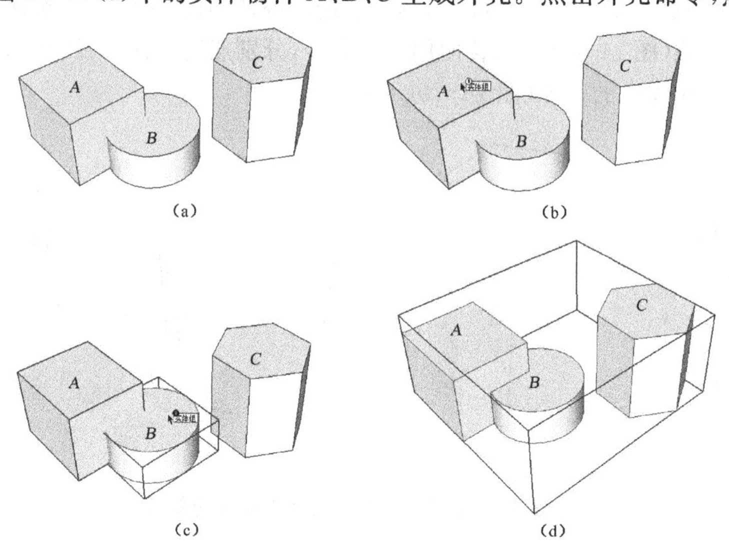

图 14-77　生成实体外壳

① 这里所指的实体是单一组件或群组，且内部没有多余线段的物件。若物件不满足以上条件则无法使用实体工具栏的各项命令。

(图 14-77(b)),然后点选圆柱体 B(图 14-77(c)),此时生成包裹实体 A、B 的外壳,再点选六棱柱 C,完成包裹实体 A、B、C 的外壳(图 14-77(d))。

2) 相交

此命令可使 2 个相交实体保留相交部分,删除其余部分。使用此命令时,点击相交按钮,依次点选 2 个相交实体,完成命令。

例如,生成并仅保留图 14-78(a)实体 A、B 的相交部分。点击相交按钮,点选长方体 A(图 14-78(b),再点选圆柱体 B,生成 AB 物件相交的实体 C,完成命令(图 14-78(c))。

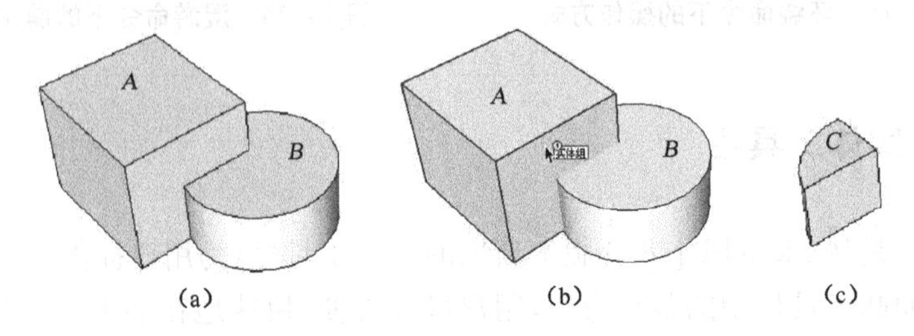

图 14-78　生成相交实体

3) 联合

此命令能使 2 个及 2 个以上多个实体合并为一个实体。使用此命令时,点击联合按钮,点选第一个实体,再依次点选需要合并的物件,完成合并命令。需要说明的是,此命令与外壳命令不同之处在于:外壳命令仅保留实体的外壳,而联合命令则会保留实体内部的空隙。

例如,将图 14-79(a)中的实体物件 A、B 合并。请注意实体 A 中包含一个空隙,为区分联合与外壳命令之间的差异,我们用"X 光"模式观察物件 A 内部空隙的变化。点击联合命令,点选带空隙六棱柱 A(图 14-79(b)),然后点选六棱柱 B,此时生成的实体内部包含了原来实体 A 中的空隙(图 14-79(c)),若使用外壳命令,分别点选实体 A、B,则最后生成的外壳则不包含原来实体 A 中的空隙(图 14-79(d))。

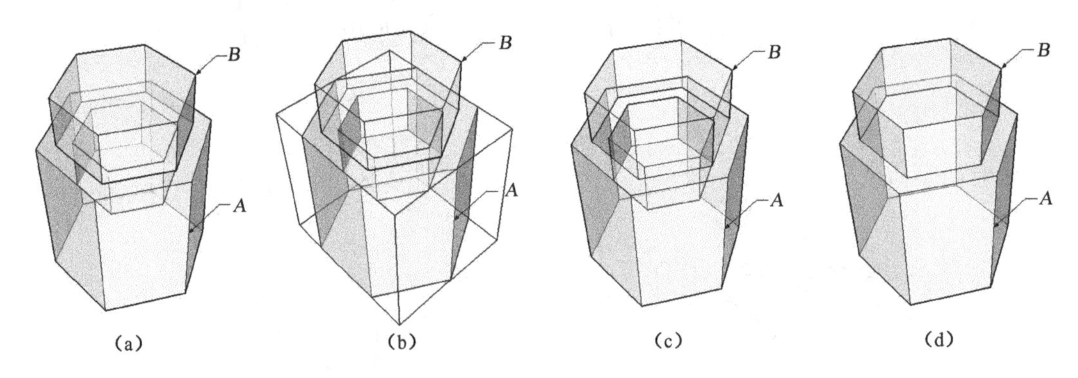

图 14-79　联合命令及其与外壳命令的差异

4) 减去

此命令能使一个实体被另一个与之相交的实体剪切。此命令类似于 3DMax 软件中的布尔运算。使用此命令时,点击减去按钮,先点选第一个实体(请注意先点选的实体是剪切物件,并不是被剪切的物件),再点选被剪切实体,完成减去命令。需要说明的是,点选的顺序不同,最终得到的实体也会不同。

例如,将图 14-80(a)中的实体物件 A 用实体 B 剪切。点击减去命令,先点选圆柱体 B(图 14-80(b)),然后点选长方体 A,此时长方体 A 被圆柱体 B 切割(图 14-80(c))。若先点选长方体 A,再点选圆柱体 B,则圆柱体 B 被长方体 A 切割(图 14-80(d))。因此点选顺序不同,最后减去后留下的实体也会不同,请大家注意。

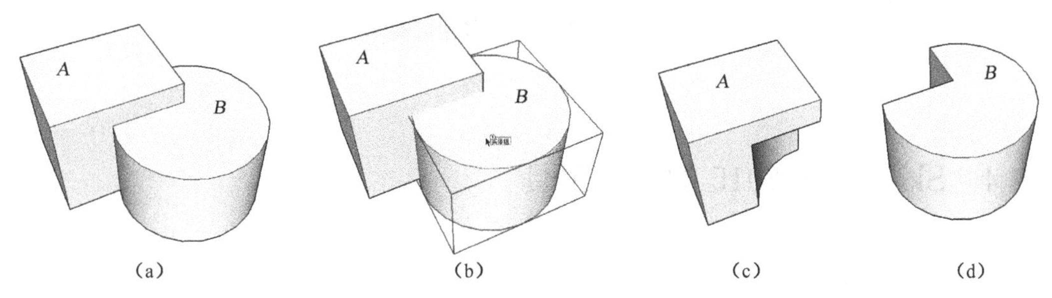

图 14-80 减去命令及点选顺序的差异

5) 剪辑

此命令能使一个实体被另一个与之相交的实体剪切,但会完整的保留切割实体。使用此命令时,点击剪辑按钮,先点选第一个实体(请注意先点选的实体是剪辑后保留完整的物件,因此点选的顺序不同,最终得到的实体也会不同),再点选被剪切实体,完成剪辑命令。

例如,将图 14-81(a)中的实体物件 A 用实体 B 剪切,并完整保留实体。点击剪辑命令,先点选长方体 A(图 14-81(b)),然后点选圆柱体 B,为方便观察,我们用"X 光"模式观察执行命令后两实体相交处的不同,可以看到,剪辑后圆柱体 B 被长方体 A 切割,长方体 A 仍是完整的(图 14-81(c))。若先点选圆柱体 B,再点选长方体 A,则长方体 A 被圆柱体 B 切割,圆柱体 B 仍是完整的(图 14-81(d))。因此点选顺序不同,最后剪辑后留下的实体也会不同,请大家注意。

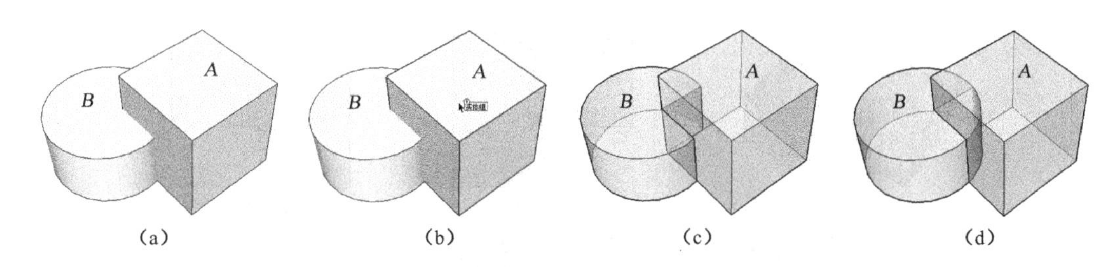

图 14-81 剪辑命令及点选顺序的差异

6) 拆分

此命令能使 2 个相交实体剪切后,形成 2 个剪切后实体及 1 个相交的实体。使用此命令时,点击拆分按钮,分别点选 2 个实体,完成剪辑命令。

例如,将图 14-82(a)中 2 个相交的实体 A、B 进行拆分。点击拆分命令,分别点选长方体 A 与圆柱体 B(图 14-82(b)),完成命令。为便于观察,我们将拆分后的实体分开放置,可以看到,拆分后的长方体 A、圆柱体 B 均被对方切割,并产生了两者相交的实体 C(图 14-82(c))。

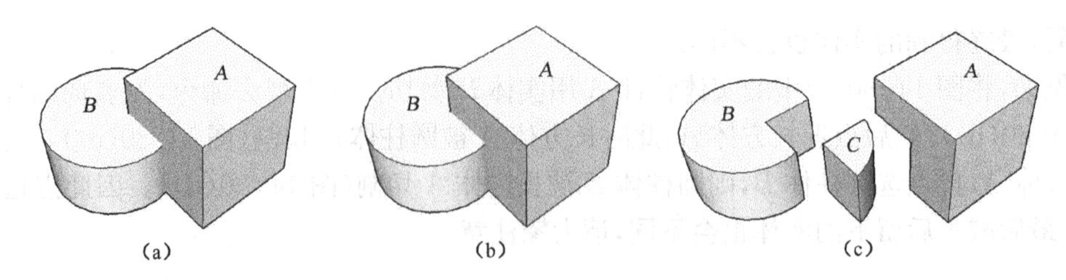

图 14-82 拆分命令及生成实体

14.4 SketchUp 2015 的辅助工具

14.4.1 视图工具栏

视图工具栏可以通过点击菜单栏——查看——工具栏——视图打开。

视图工具栏包含有 6 种默认的视图——透视图，顶视图、前视图、后视图、右视图、左视图，再结合相机(Camera)菜单中的等角轴测、两点透视及标准视图中的底视图，一共 9 种视图模式。此工具栏中的默认视图方便用户在作图过程中随时切换视图。平行投影、透视、两点透视是 3 种不同的显示模式，选择不同的模式，物件显示的状态也有所不同。平行投影是以轴测图的形式显示；两点透视是以两点透视的形式显示；透视是以 3 点透视的方式进行显示，最为直观(图 14-83)。

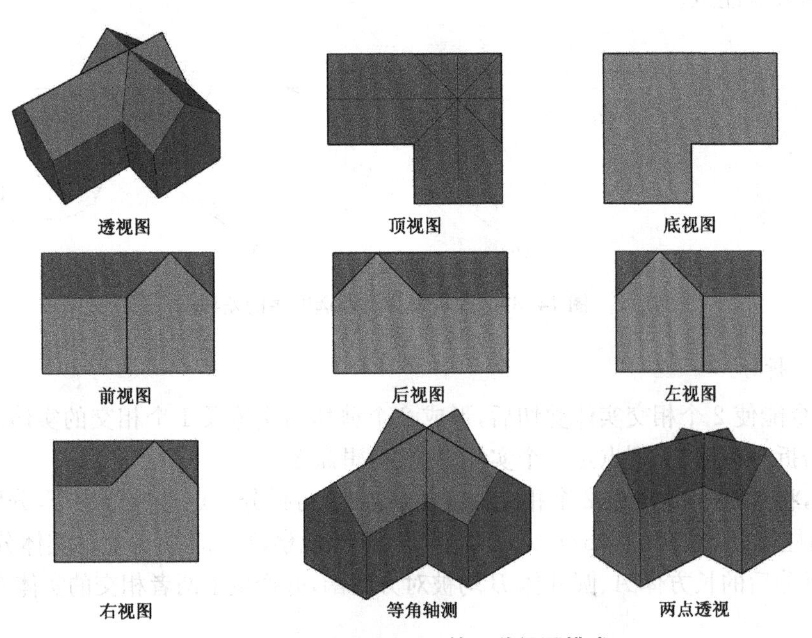

图 14-83 SketchUp 2015 的 9 种视图模式

14.4.2 样式工具栏

样式工具栏可以通过点击菜单栏——查看——工具栏——样式打开。

样式工具栏包含有 7 种默认的样式模式：X 光模式、后边线模式、线框模式、消隐模式、着色模式、贴图模式和单色模式。此 7 种模式均通过单击按钮执行。

1) X 光模式

此模式下，视图中的所有物件都会以半透明方式显示，被遮挡的物件也会显示，包括单个物件中被遮挡的线条(图 14-84(a))。

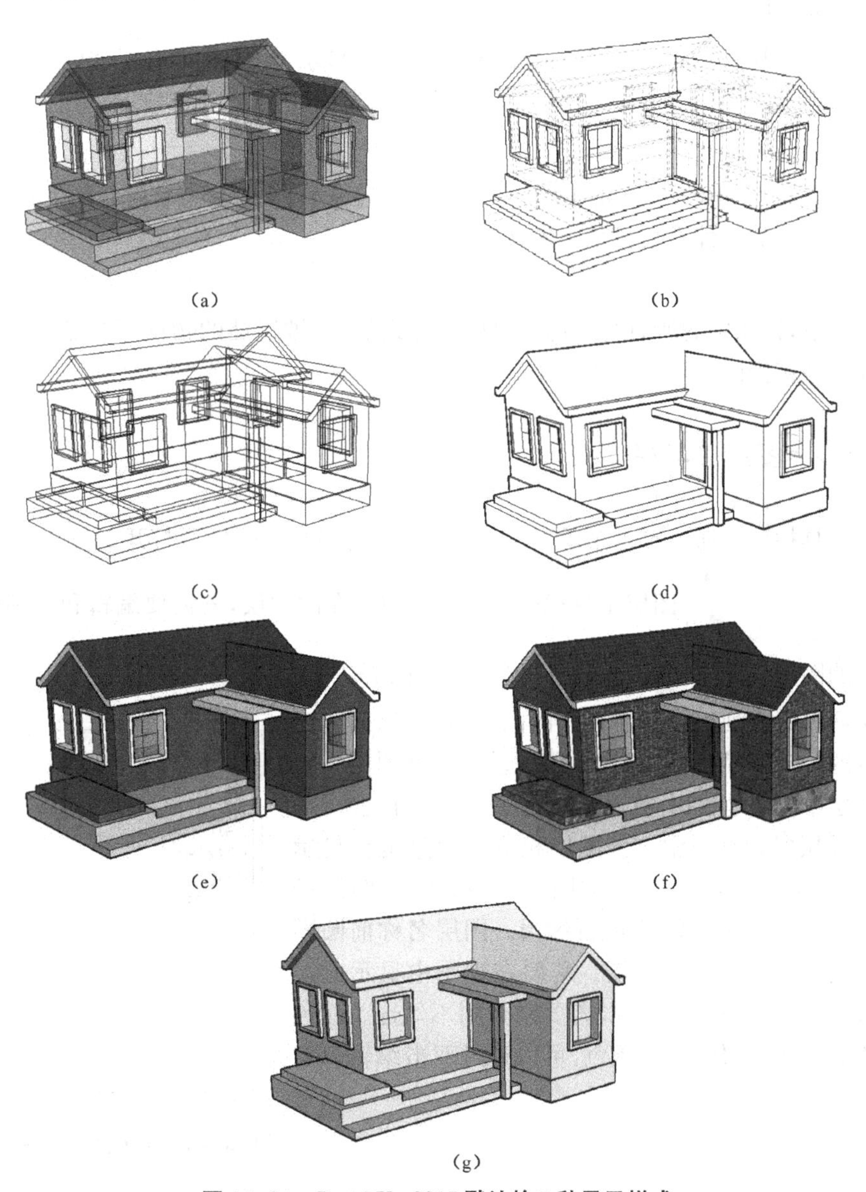

图 14-84 SketchUp 2015 默认的 7 种显示样式

2) 后边线模式

此模式下,视图中的所有物件被遮挡的边线都会以虚线方式显示,包括单个物件中被遮挡的线条(图 14-84(b))。

3) 线框模式

此模式下,视图中的所有物件都会以线框的方式显示,包括原来被遮挡的线条都会一并显示,而原有的面域将不会被显示(图 14-84(c))。

4) 消隐模式

此模式下,视图中的所有物件都会以消隐的方式显示,被遮挡的物件将不会显示(图 14-84(d))。

5) 着色模式

此模式下,视图中的所有物件都会以着色后方式显示,物体会带有附着的色彩,但原有的材质肌理则不显示,此时,被遮挡的物件不会显示出来(图 14-84(e))。

6) 贴图模式

此模式下,视图中的所有物件都会以贴图的方式显示,物体会带有附着的色彩与材质肌理,此时,被遮挡的物件不会显示出来(图 14-84(f))。

7) 单色模式

此模式下,视图中的所有物件都会以单色方式显示,被遮挡的物件不会显示出来,包括单个物件中被遮挡的线条(图 14-84(g))。

14.4.3 图层工具栏

图层工具栏可以通过点击菜单栏——查看——工具栏——图层打开。

图层工具栏中会显示当前所在的图层,若需要编辑和管理图层,则单击右侧的图层管理按钮,弹出图层窗口(图 14-85)。

图层窗口中会列出模型中存在的图层,也可以通过窗口左上方的"+""—"按钮新增图层或删除已有图层。若删除的图层中仍有物件时,在删除图层后这些物件会自动归为默认图层"Layer0"中。各图层相应的信息也会显示在窗口中,包括:图层名称,当前图层,显示状况,图层颜色。图层名称可以根据需要进行编辑。图层名称前圆圈中的黑点表示当前工作的图层。若要在视图中显示此图层的所有物件则需勾选可见框,若要隐藏则不勾选。颜色中的色块表示此图层的默认颜色,可以通过双击编辑自定义色彩。

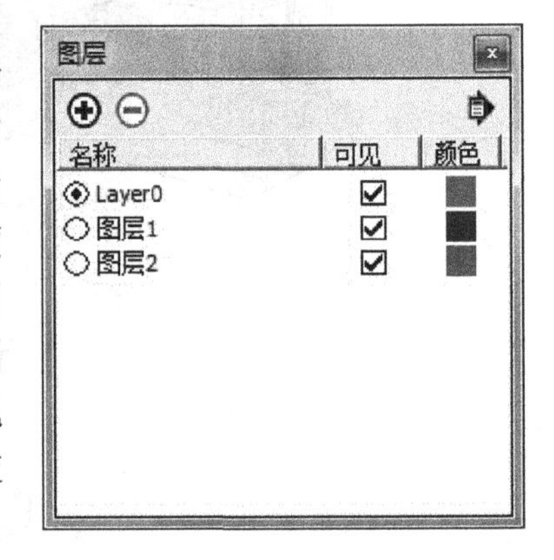

图 14-85 SketchUp 2015 的图层窗口

14.4.4　截面工具栏

截面工具栏可以通过点击菜单栏——查看——工具栏——截面打开。

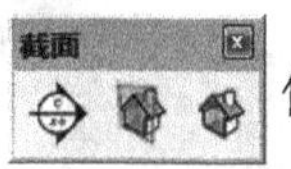
使用截面工具栏中的命令，可以将1个或多个物件进行剖切，显示剩余的部分及剖切后的内部空间。

1) 创建剖面

此命令可以在场景中创建一个任意剖面。左键单击按钮后，当光标贴近于某一物件的某一表面时，出现带箭头的平面，此平面表示将要剖切的方向与平面位置(图14-86)，再点击左键可见物体的特定表面被剖切，被剖切到的位置以粗线显示，并且物件的内部空间会显示出来。

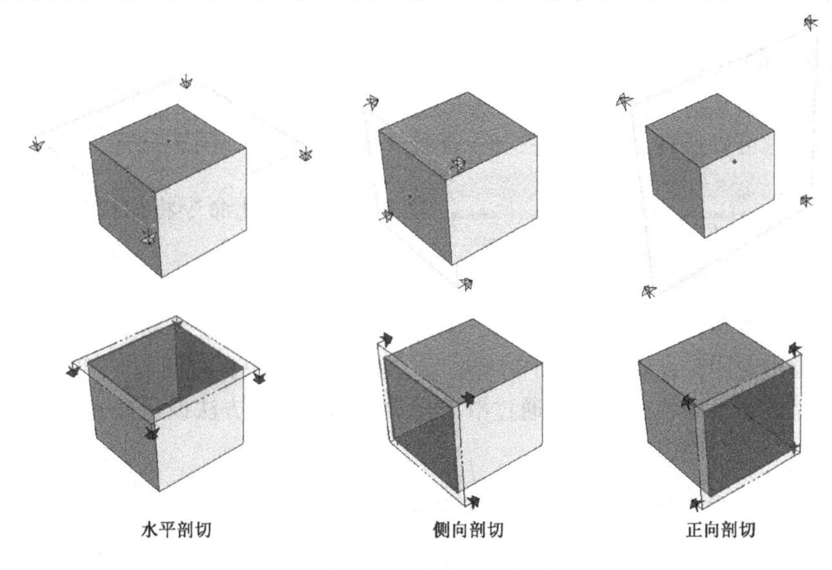

图14-86　3个方向的剖切

2) 显示/隐藏剖面

此命令可以显示或隐藏截面的线框。单击可以在显示/隐藏两者间切换(图14-87)。

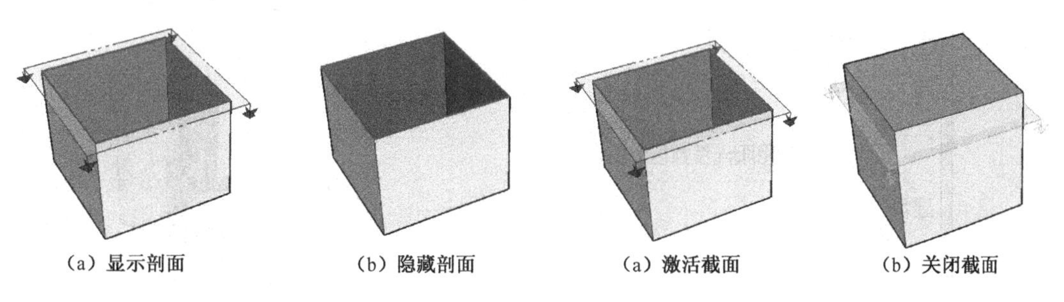

图14-87　截面的显示与隐藏　　**图14-88　截面效果的激活与关闭**

3) 激活/关闭截面

此命令可以激活或关闭截面。单击可以在显示/隐藏两者间切换(图14-88)。

例如，将图 14-89(a)中的房屋沿水平、侧向、正向分别剖切。点击创建剖面按钮，将光标分别贴合于房屋的水平面、侧面与正面，点击鼠标，分别得到房屋沿水平(图 14-89(b))、侧向(图 14-89(c))、正向(图 14-89(d))的截面图。

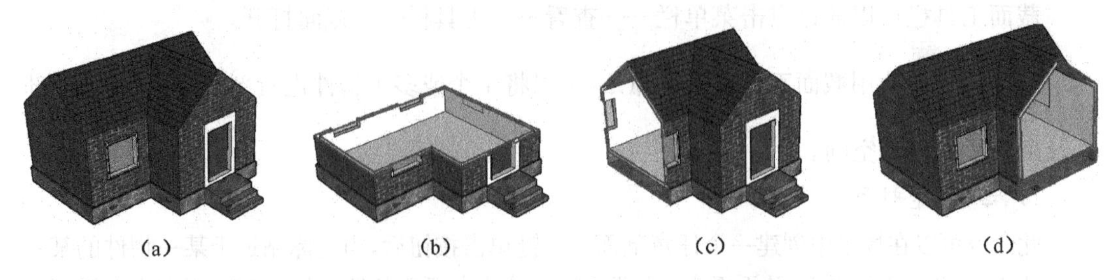

图 14-89　从不同方向对建筑模型进行剖切

14.4.5　阴影工具栏

阴影工具栏可以通过点击菜单栏——查看——工具栏——阴影打开。

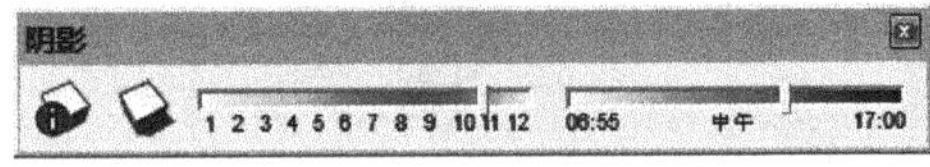

阴影工具栏。此命令将模拟特定时段的日照情况。

1) 阴影设置

点击后会出现阴影设置窗口(图 14-90)。显示阴影栏中有时间与日期两栏设置，模拟全年中任何时段的日照状况。可以通过滑条与数据输入两种方法设定。光线与明暗滑条可以调节场景中光线与阴影的深浅。

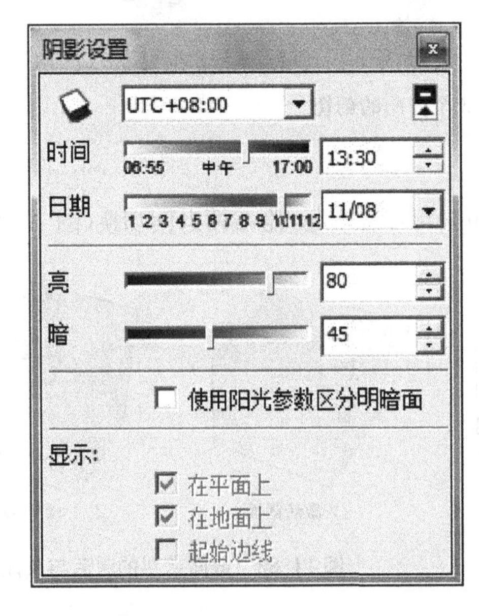

图 14-90　SketchUp 2015 的阴影设置面板

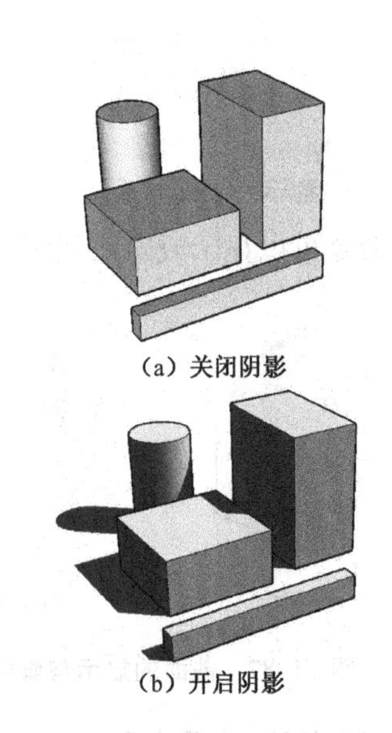

图 14-91　物件开启阴影后的效果

2) 启用/关闭阴影

点击按钮可以在启用与关闭中切换(图 14-91)。

例如,模拟图 14-92(a)中的房屋在 9 月 1 日上午 10 时整的光影效果。在阴影设置窗口中设置如图 14-92(b)所示,开启阴影后,房屋的投影如图 14-92(c)所示。

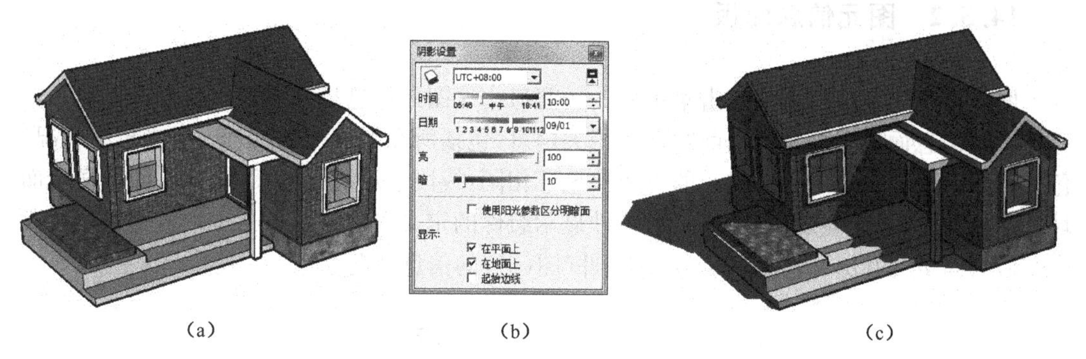

(a)　(b)　(c)

图 14-92　模拟建筑模型在特定时间的阴影效果

14.5　SketchUp 2015 的场景管理

14.5.1　模型信息面板

模型信息面板可以通过点击菜单栏——窗口——模型信息打开。

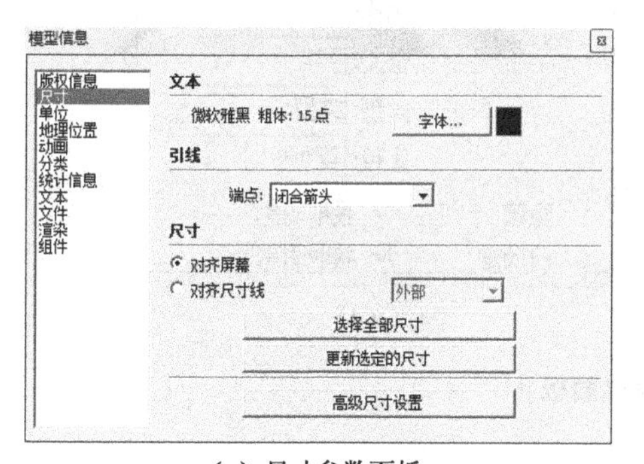

(a) 尺寸参数面板

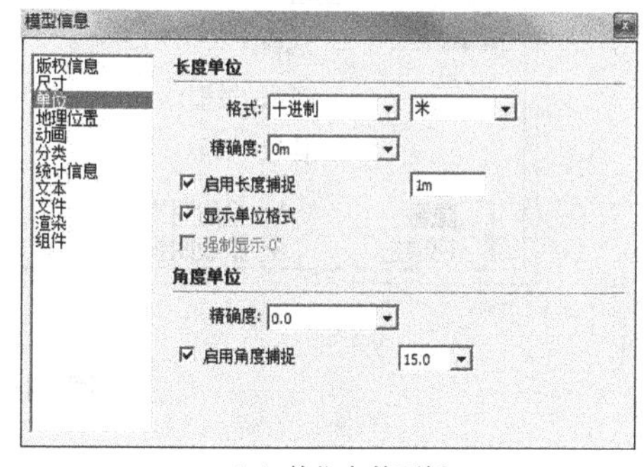

(b) 单位参数面板

图 14-93　模型信息面板

模型信息面板中包含有此模型中的相关信息及部分参数设定,例如"尺寸"参数面板中可以设定尺寸标注时的文字字体、大小,标注时的端点标注类型,尺寸标注的文字对齐方式等内容(图 14-93(a));"字体"参数面板中可以选择系统下所有的字体格式、字体类型、字体大小及字体色彩,端点类型可以选择短粗线、闭合箭头、空心箭头、圆点等类型。又如"单位"参数面板中可以设定绘图或标注单位时的格式、度量、精确度等参数(图 14-93(b));格式栏中设置十进制、分数制、小数制类别，单位栏设置米、厘米、毫米、英尺、英寸单位，精确度设置精确到小数点后的位数等。其他还有相关的动画、绘图、统计、位置、文件、文字及组件信息参数内容，以上内容比较简单，不再叙述，读者可自行查阅。

14.5.2 图元信息面板

图元信息面板可以通过点击菜单栏——窗口——图元信息打开。

图元信息面板中会显示当前物件的相关信息，包括所在图层、参数信息、受光投影状况、色彩材质。不同类型的物件显示的参数信息不相同：线段显示线段的长度信息，面域显示面域的面积信息，群组显示群组的名称，组件显示组件的定义名称。图 14-94 中就是显示线段(图(a))、面域(图(b))、群组(图(c))及组件(图(d))的信息情况。

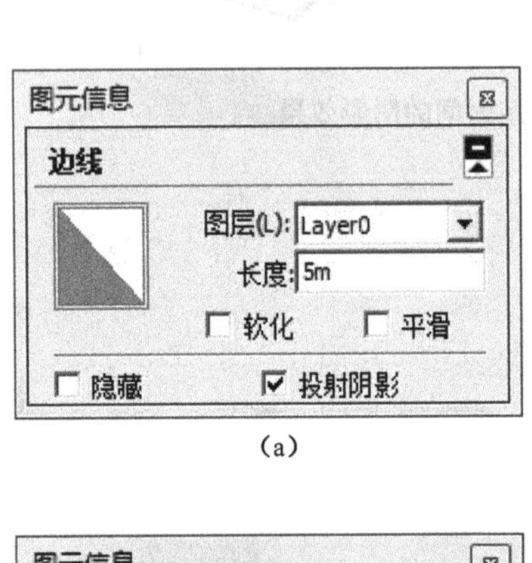

(a)

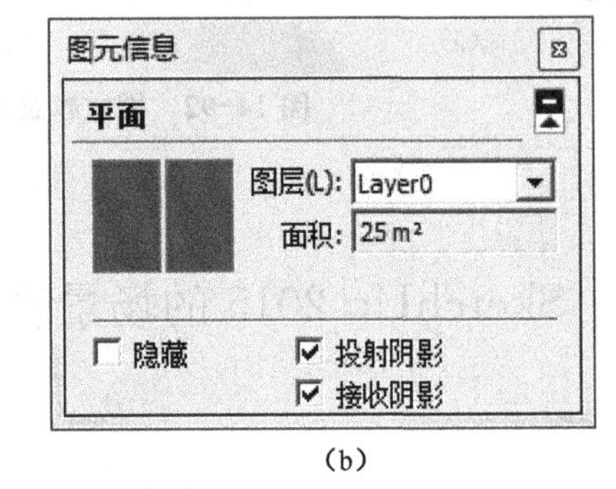

(b)

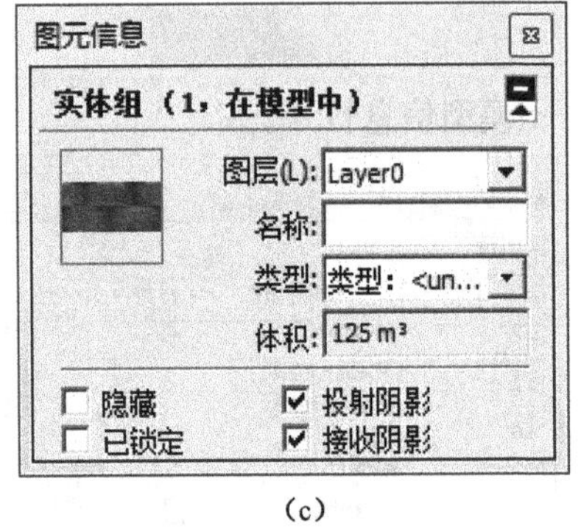

(c)

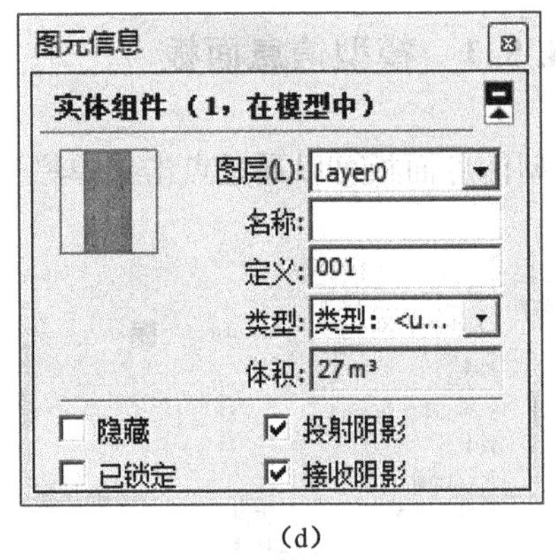

(d)

图 14-94 图元信息面板

14.5.3 材质面板

材质信息面板可以通过点击菜单栏——窗口——材质打开。

材质面板(图 14-95(a))中分为选择选项卡与编辑选项卡。在选择选项卡中可以选择材质类型，在编辑选项卡中可对选择的材质进行编辑。

SketchUp 软件配置了一些常用的材质类型，在选择选项卡下的下拉菜单中选择“材料”

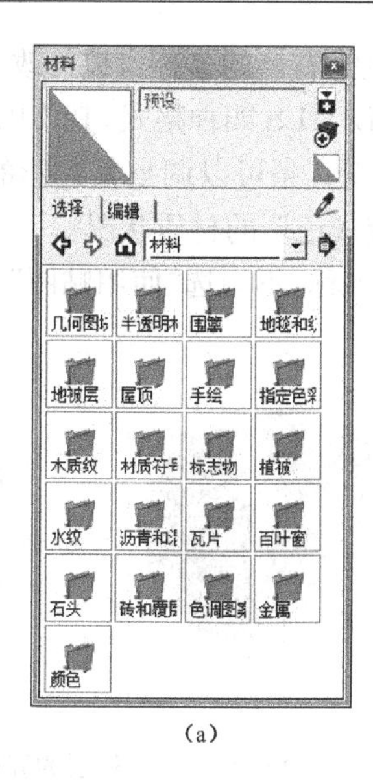

(a)

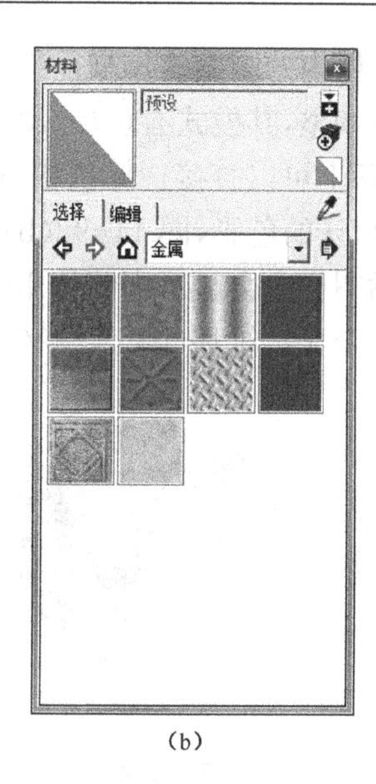

(b)

图 14-95 SketchUp 2015 中的材质面板

后，在选框中出现了材质的分类①。选取材质时，点选相应的材质文件夹，进入此类材质列表(图 14-95(b))，再点选适当的材质，当鼠标变成 后，附着于物件之上即可。

例如，将图 14-96(a)中的窗框附着木材材质，玻璃附着透明材质，内框附着黑色。先后点选材质类型中的木材材质、透明材质及色彩材质文件夹下的相应材质，再分别点选窗框、玻璃与内框，完成操作(图 14-96(b))。

编辑选项卡中可对选择的材质进行编辑。先在选择选项卡中选定一种材质，点击编辑选项卡，出现此材质的相关参数及设定。我们以红砖墙材质(仿古砖)为例，看看各参数会影响到材质哪方面的变化(图 14-97)。

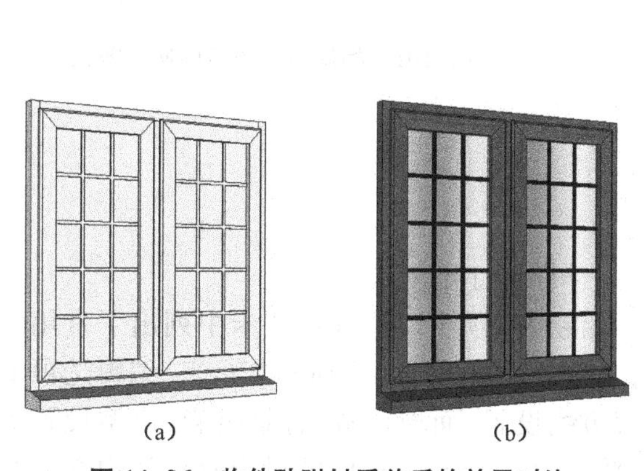

(a) (b)

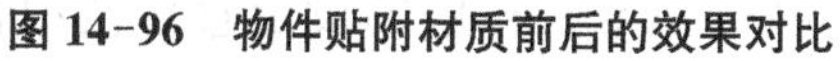

图 14-96 物件贴附材质前后的效果对比

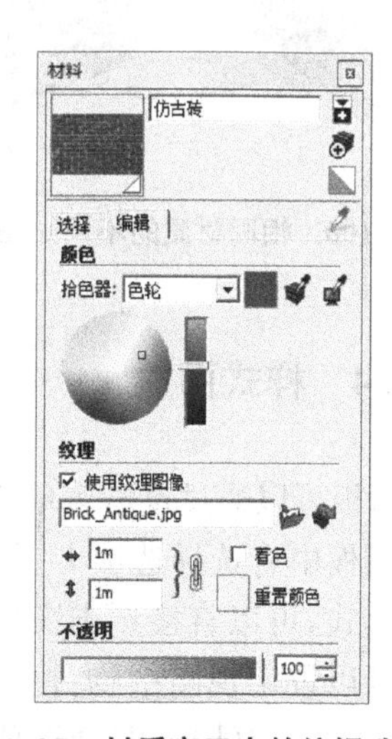

图 14-97 材质窗口中的编辑选项卡

① SketchUp 的材质有混凝土、砖石、金属、织物、木材、水体等类型，也有屋面、墙面、地面等类型，还有网格、透明、色彩等类型可供选择。

首先左上角方框内的图案表示当前编辑的材质，右侧的名称可以修改，中部的颜色栏中可以对其色彩进行调整，其模式有色环、RGB、HSB、HLS四种格式，其中以色环方式最为直观：左侧的彩色色环上可以直接选择色相，右侧的垂直条可以调整其色彩的深浅。如图14-98(a)中的材质是默认的色彩，图14-98(b)中是蓝灰色调的材质状况。

颜色栏下的贴图栏中会显示当前使用的贴图名称，不勾选“使用贴图”，则场景中此材质只会显示颜色而不会显示纹理(图14-99(b))。

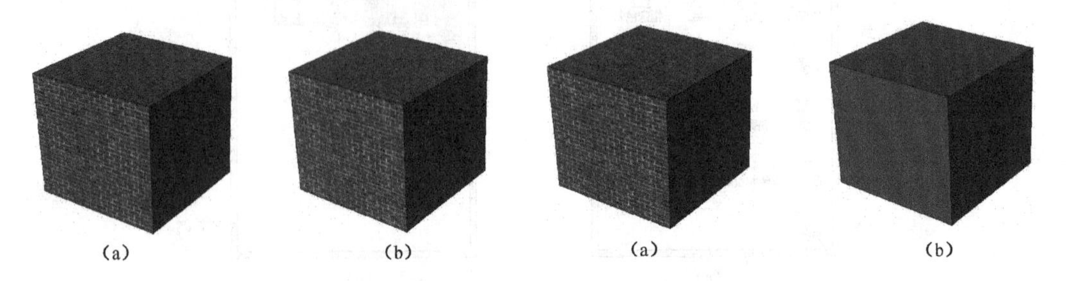

(a) (b) (a) (b)

图14-98 相同材质的不同色彩效果　　图14-99 相同材质的开闭贴图效果

贴图名称下是材质纹理的纵横贴图比例，可以调整其比例大小，如图14-100(a)中的材质是默认材质比例，图14-100(b)中的是纵横比例放大3倍后的状况。

贴图栏下是对材质的透明度调整，滑条越靠左，数值越小，透明度越高，反之透明度越低。如图14-101(a)中的材质是默认情况(透明度100)，图14-101(b)中是透明度为50时的状况。

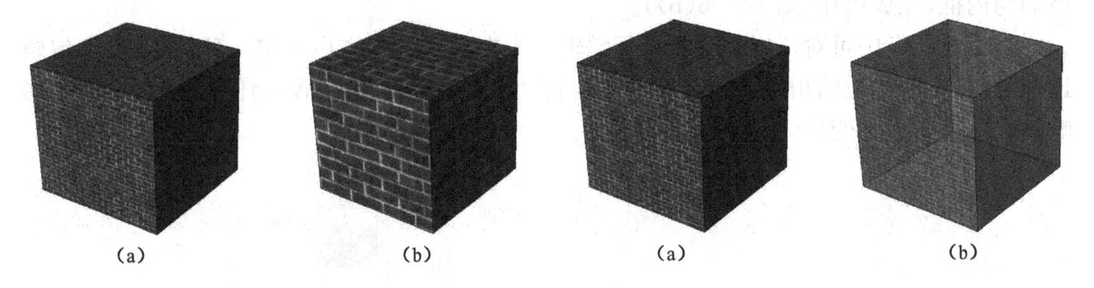

(a) (b) (a) (b)

图14-100 相同材质的不同贴图比例　　图14-101 相同材质的不同透明效果

14.5.4 样式面板

样式面板可以通过点击菜单栏——窗口——样式打开。

样式面板中有选择选项卡、编辑选项卡及混合选项卡。选择选项卡中列出了常用的视图风格模式，可以直接点击窗口中的图标改变视图样式，如图14-102(a)。编辑选项卡中分别为可以设定视图中物件的显示样式、边线设置、面域设置、背景色彩、模型设置等内容，如图14-102(b)。混合选项卡中可以将选择选项卡中相应的设定直接使用在混合栏中，形成一个新的视图样式，如图14-102(c)。选择选项卡与混合选项卡设置比较简单，下面我们着重介绍编辑选项卡中的相关设置。

编辑选项卡中包含有对视图中边线、面域、背景、模型等内容的设置(图14-103)。

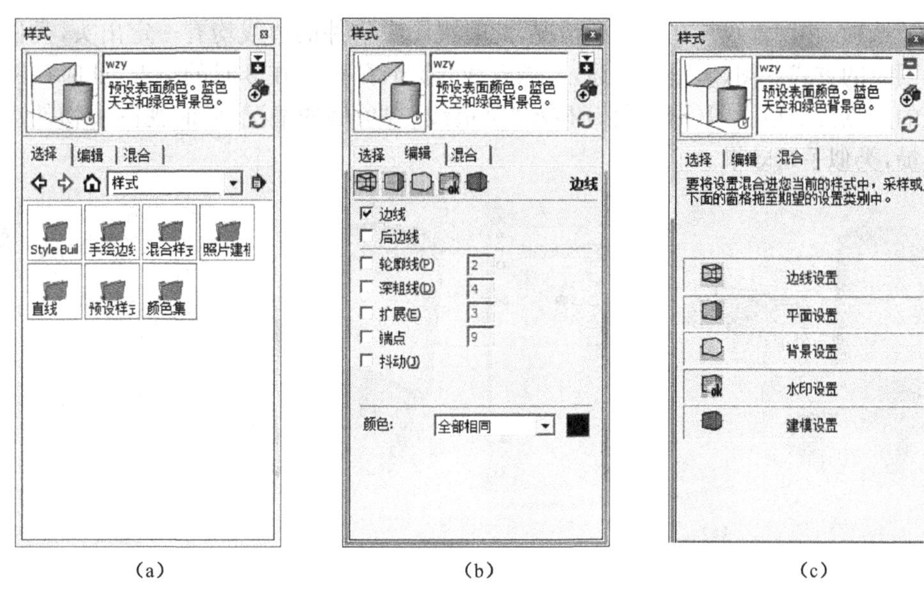

(a)　　(b)　　(c)

图 14-102　SketchUp 2015 的样式面板

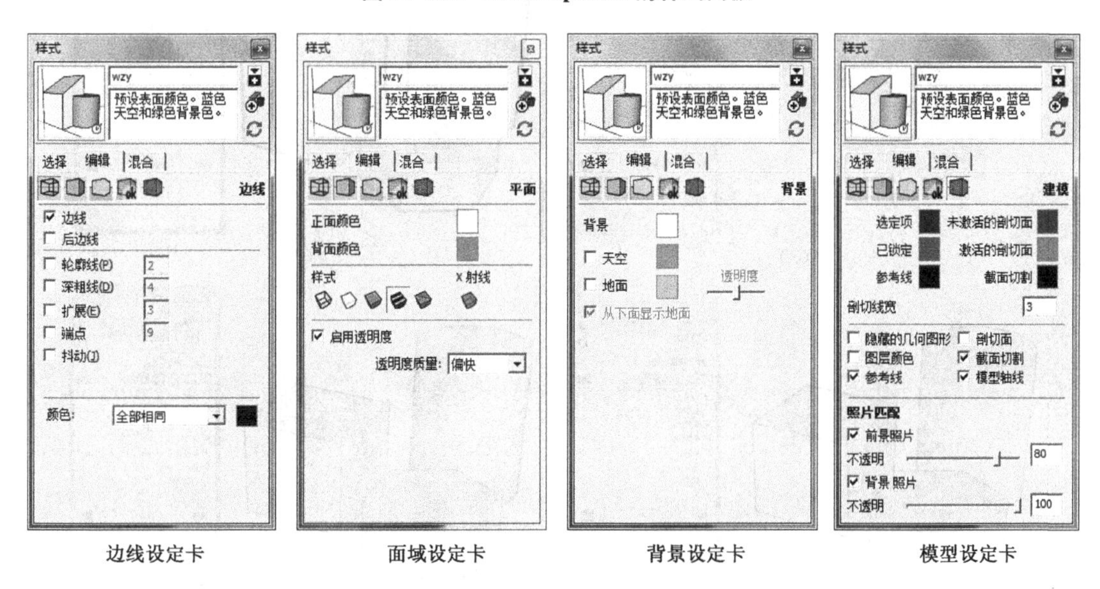

边线设定卡　　面域设定卡　　背景设定卡　　模型设定卡

图 14-103　样式面板中的各类参数设定卡

我们先来认识一下边线设置卡中的设定。卡中关于边线的选项分为显示边线、后边线、轮廓线、深粗线、延长线、端点线、草稿线，图 14-104 中列出了每种线形设置与物件边线的变化。图(a)是不显示任何边线的情况，此时视图中物件只带有明暗关系，只能通过面的深浅区分物件轮廓。图(b)是打开“显示边线”选项后的情况，此时视图中物件不仅带有明暗关系，还显示其轮廓及边线，此时能直观辨认出独立的物件。图(c)是打开显示“后边线”选项，此时视图中物件被遮挡的棱线以虚线方式显示出来，物件的结构轮廓更为直观。图(d)是打开显示“轮廓线”选项，并设置线宽在 8 时的情况，此时视图中物件的外轮廓被加粗了，物件之间的层次更加明晰。图(e)是打开显示“深粗线”选项，并设置线宽在 3 时的情况，此时视图中物件的每条边线均被加粗了，单个物体自身的每个轮廓更加明显。图(f)是打开显示

"延长线"选项，并设置线长在 9 时的情况，此时视图中物件的边线均有一定出头，类似早期工程制图时的方式。图(g)是打开显示"端点线"选项，并设置在 8 时的情况，此时视图中物件边线的交点会加粗。图(h)是打开显示"草稿线"选项后的情况，此时视图中物件边线会变得粗糙，类似手绘效果。

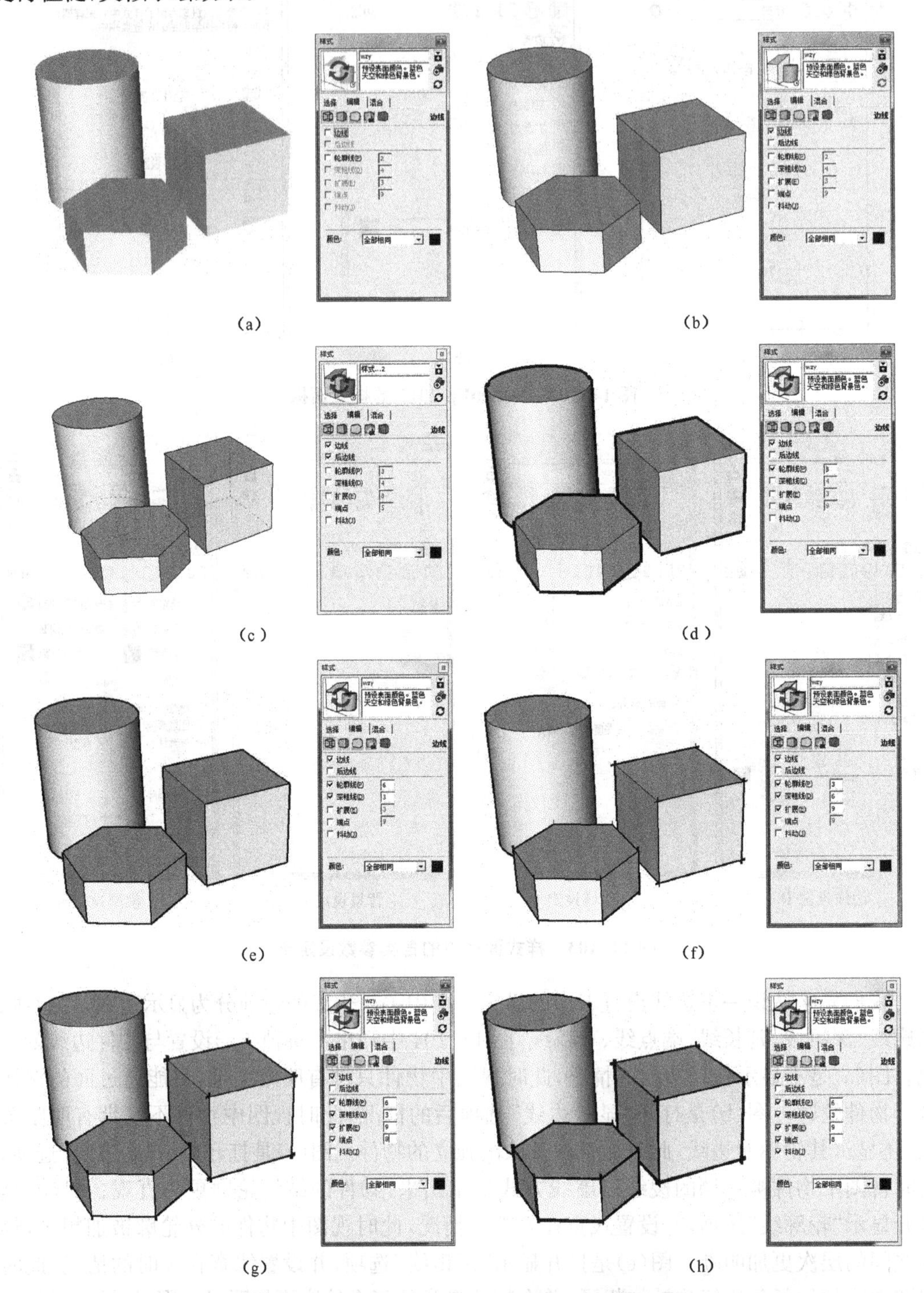

图 14-104　边线设定卡中的参数与显示特性

14.5.5 场景管理面板(页面管理)

页面管理面板可以通过点击菜单栏——窗口——场景打开。

页面管理主要是针对当前视图中相机位置、物体显隐、显示样式、透视特点、阴影关系等属性的管理(图 14-105)。点击窗口左上角的 ⊕ 按钮后,将创建一个页面,⊖ 按钮将会删除当前页面。创建页面后,页面管理中会列出模型中存储的页面及页面信息。名称栏中可以对页面名称进行重命名,描述栏中可加入对页面的说明。保存属性中分别罗列了当前页面中的保存属性。每个页面的保存属性可以独立设置,互不影响。当模型中有多个页面,需要返回其中一个页面时,只需在窗口中直接单击页面名称即可,场景中的设定会按照保存属性恢复到当前设置。

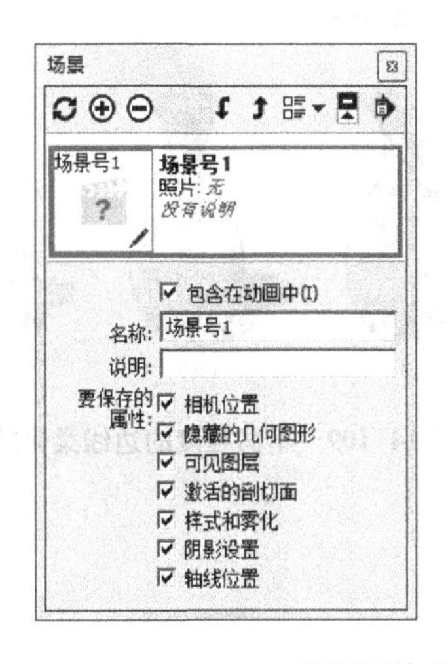

图 14-105 SketchUp 2015 的页面管理面板

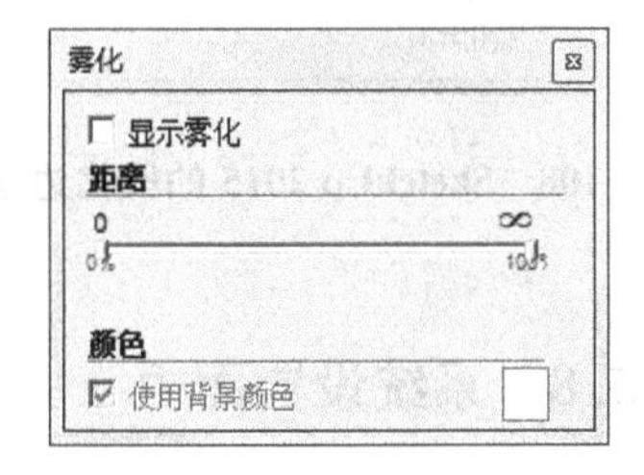

图 14-106 SketchUp 2015 的雾化管理面板

14.5.6 雾化工具面板

雾化工具面板可以通过点击菜单栏——窗口——雾化打开。

雾化工具可以在模型场景中模拟大气环境造成的渐变效应。显示雾化后,需要调节距离滑条上的两个控制点,左侧控制点表示场景中雾化起始距离,右侧控制点表示场景中雾化结束距离,两者之间的为雾化区域(图 14-106)。颜色栏中的色彩表示场景中模拟的雾化色彩,默认是背景色彩。如图 14-107(a)是没有启用雾化时的场景效果,图 14-107(b)是启用雾化时的场景效果。

14.5.7 柔化边线面板

柔化边线面板可以通过点击菜单栏——窗口——柔化边线打开。

柔化边线针对曲面物体表面进行柔化处理。选择物体后调节滑条时可见物件的表面在发生变化(图 14-108)。如图 14-109(a)、(b)、(c)分别是角度范围在 0 度、10.0 度、25.0 度时物件显示的状态。

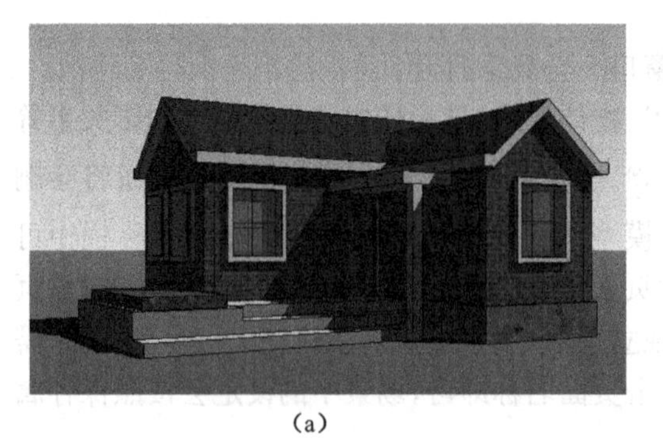

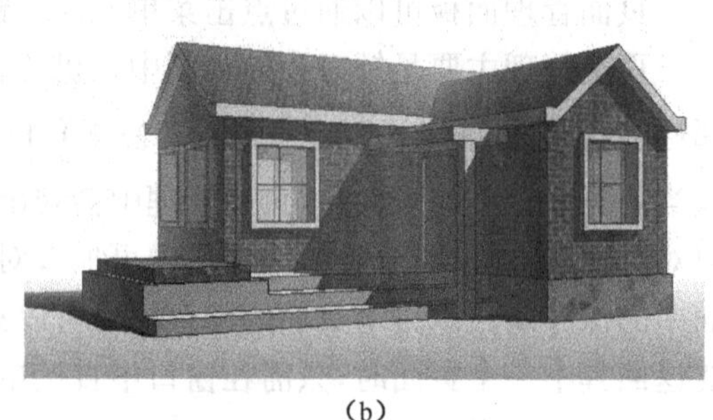

(a) (b)

图 14-107 建筑模型的雾化效果对比

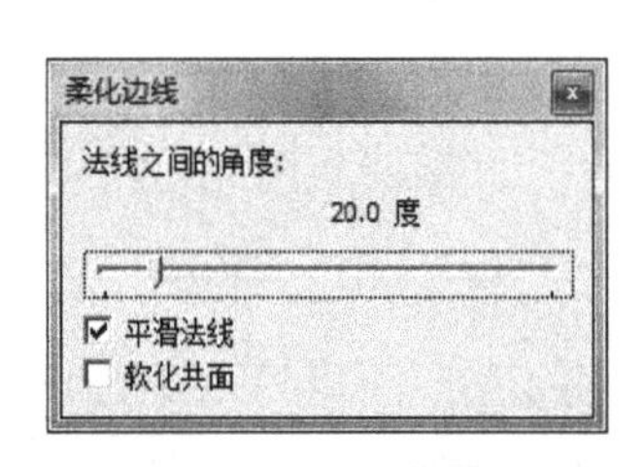

图 14-108 SketchUp 2015 的柔化边线面板

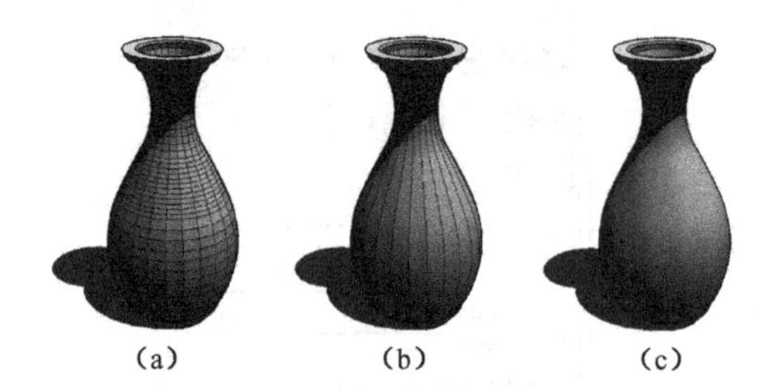

(a) (b) (c)

图 14-109 不同程度的边线柔化效果

14.5.8 系统设置面板

系统设置面板可以通过点击菜单栏——窗口——系统设置打开。

系统设置面板中有关于 OpenGL、绘图模式、兼容性、快捷方式、模板等相关内容的设定(图 14-110)。大部分内容保持默认参数即可,其中比较有用的是在快捷方式窗口中,可以按照用户的习惯自定义各种命令的快捷键,使建模速度加快,效率提高。

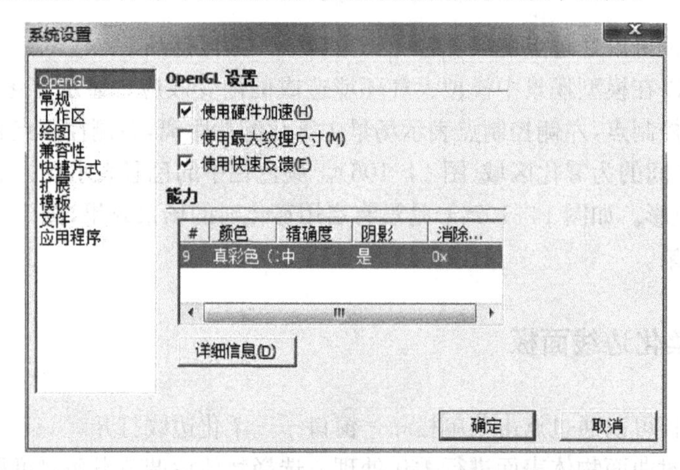

图 14-110 SketchUp 2015 的系统设置面板

14.6 SketchUp 2015 在建筑方案设计过程中的应用

1) 地形分析

地形地貌会影响建筑方案的形成,在进行方案设计之前,需要对地形地貌进行全面的了解,才能使建筑契合地形,减少对场地的挖填。常规的二维地形图会反映等高线的疏密状况,但不直观。利用 SketchUp 软件,我们可以把二维的等高线转换成三维的立体模型,便于形成直观印象,也便于进行后期的坡度分析。

例如,图 14-111(a)是常见的二维地形图,需要将图(a)中的地形图转化为三维立体模型。首先,将图(a)中的二维地形图以图片格式导入 SketchUp 软件中(图 14-111(b))(若原始地形图是 AutoCAD 的格式则可以 dwg 格式导入,导入后可以直接使用①),然后删除不需要的文字及网格线,并框定需要生成三维地形的范围,便于建立整齐的地形边界,再用软件中的绘图工具将二维地形图中的等高线准确地描绘出来,此时可见在范围内已经有若干处于同一平面内的等高线(图 14-111(c))。最后依次将 2 根相邻等高线内的面域拉伸到相应的标高处(图 14-111(d)),重复拉伸命令,直到完成所有的等高线,形成最终的三维地形模型(图 14-111(e))。立体地形完成后,可以利用相机工具栏或漫游工具栏中的工具从任意

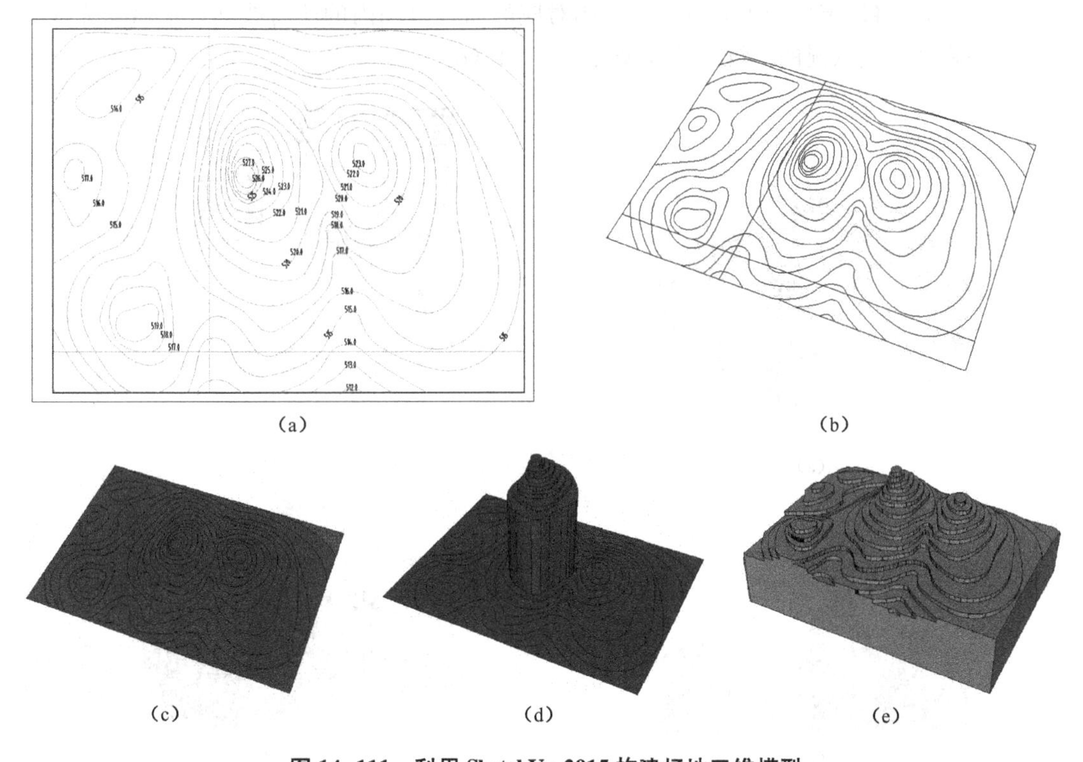

图 14-111 利用 SketchUp 2015 构建场地三维模型

---

① 需保证导入的地形图的等高线没有断点,且线宽为 0。

角度观察地形，直观而便捷(图 14-112)。

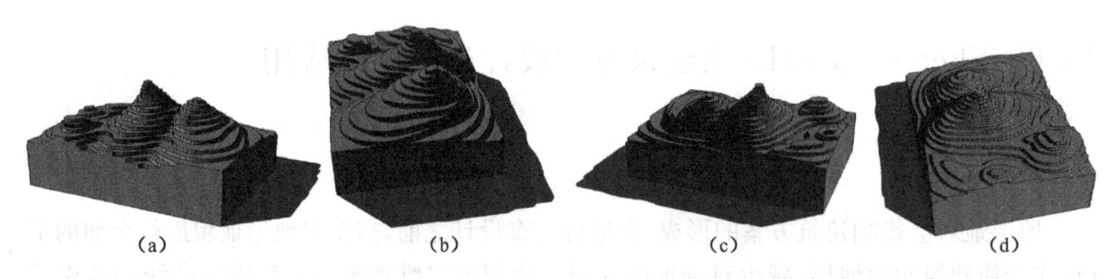

图 14-112　场地模型的三维视角

2）高程分析

三维地形模型能直观地反映地形的高低起伏与高差变化，但不能直观反映绝对高程数值，若要使其反映高程状况，则需使用材质面板功能，可以制作出一个反映高程及高差状况的三维立体模型。

例如，将图 14-113(a)中的三维地形制作成一个能反映高程状况的立体模型。首先打开材质面板，窗口中设置好色彩渐变的几种色彩，色彩数量按照地形中高差大小而定，且一种色彩可以代表一个特定的绝对高度，也可以是一个高程范围(图 14-113(b))。然后进入地形模型群组中，将视图切换至前视图、正投影状态，框选一定高度范围的线面，将设相应的高程色彩材质赋予选中的线面，可见这一高程范围内的线面均变成了该色彩(图 14-113(c))。重复上一步骤，将设定好的色彩分别赋予相对应的高程范围内的所有线面。最后便完成一个反映高程及高差状况的三维立体模型(图 14-113(d))。

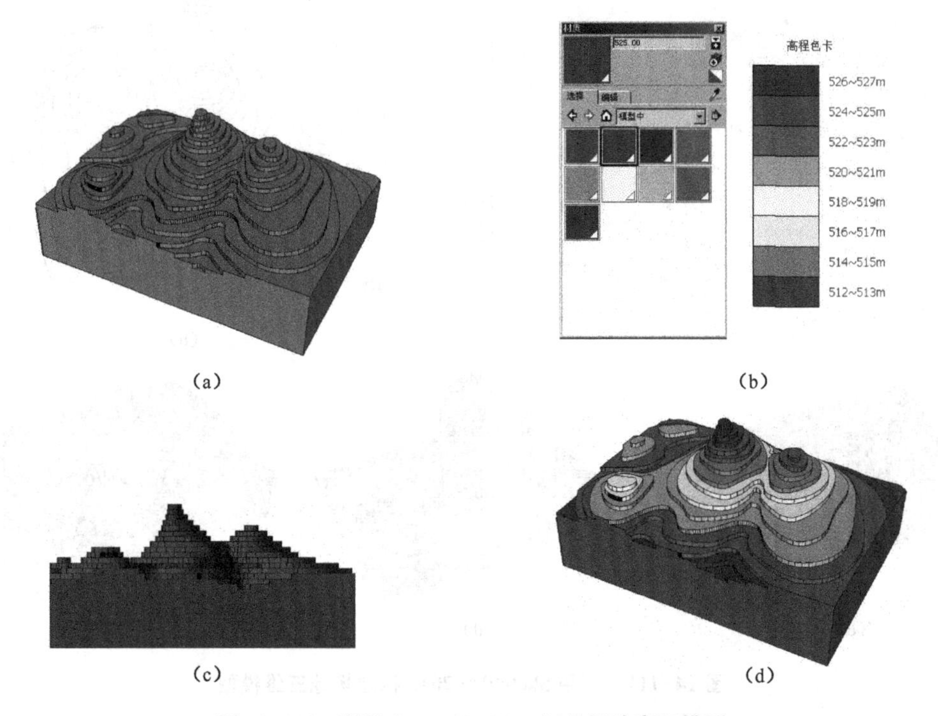

图 14-113　利用 SketchUp 2015 制作场地高程模型

3) 坡度分析

坡度分析是场地分析的一项重要内容，场地中特定的利用 SketchUp 建立的三维地形模型，我们还可以对地形中特定地段进行坡度分析，以便建筑更好地融入基地。借助 SketchUp 中的截面工具，能分析模型中任意位置、任意方向的坡度状况。

例如，分别分析图 14-114(a)中的地形沿 a—a 剖线、b—b 剖线、c—c 剖线的坡度状况。在三维地形模型的 a—a、b—b、c—c 处分别建立一个剖切面，得到关于地形的 3 个剖面，将 3 个剖面分别形成垂直于剖面的正投影图，图中的剖切线就是剖到的地形高差，根据剖面就能够分析这 3 处地形的坡度缓急(图 14-114(b)～(d))。

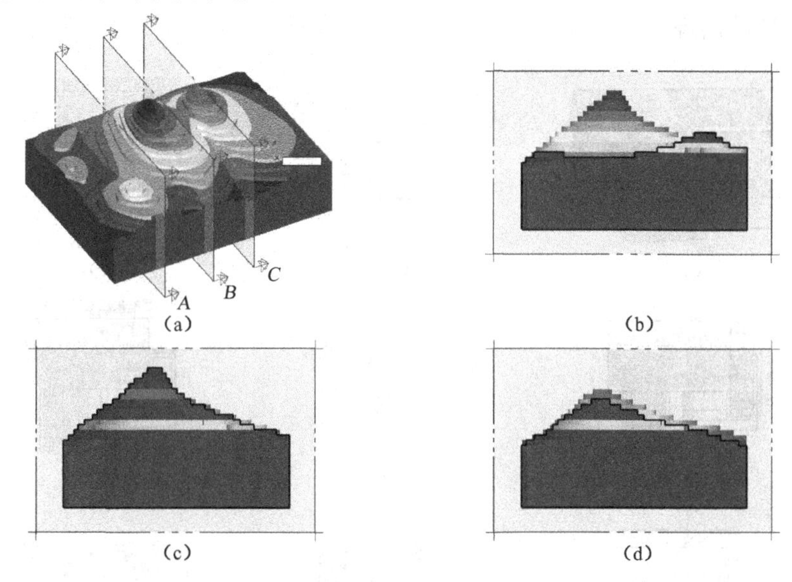

图 14-114　利用 SketchUp 2015 分析地形坡度

4) 材质分析

建筑材料的选用经常会影响到整栋建筑的外观效果，在建筑设计中是不可忽视的重要环节。建筑的材质选用是否合理，色彩搭配是否适当，需要在设计过程中进行比选与推敲。利用 SketchUp 中的材质面板，我们可以模拟建筑物的材质选取、搭配是否恰当。

例如，我们可以模拟图 14-115(a)中建筑分别在两种材质配搭方案情况下的外观效果。图(b)中，方案屋顶采用灰色板瓦，白色抹灰檐口；墙身采用红砖，白色抹灰窗框，淡蓝灰色窗玻璃，木质房门；青灰色块石基座。图(c)中，方案屋顶采用暗红色筒瓦，白色抹灰檐口；墙身采用灰色墙面砖，白色抹灰窗框，浅黄灰色窗玻璃，钢制房门；黄灰色文化石贴面基座。通

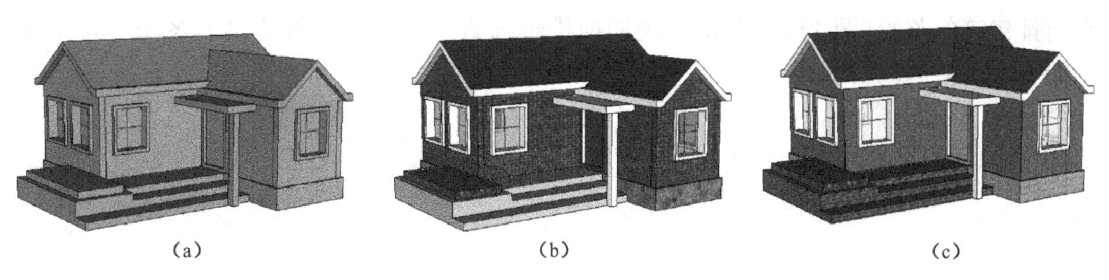

图 14-115　利用 SketchUp 2015 比较建筑材质效果

过两种材质方案的对比，我们更能清晰地看出不同材质及色彩配搭形成的方案差异。

5）光影及日照分析

日照是建筑光环境设计中需要着重考虑的一个方面，日照分析可以提供建筑物的日照情况，辅助方案设计与修改。借助 SketchUp 阴影面板中的相关功能，我们可以模拟一栋建筑的日照状况，从而粗略地分析建筑的日照采光状况，还可以由此制作建筑的落影范围图。

例如，我们可模拟图 14-116(a)中的建筑夏至日上午 9 点至下午 4 点时段各整点的阴影范围。将视图切换成顶视图角度，采用正投影显示，打开阴影设置对话框，将日期栏数值调整至 6 月 22 日，然后将时间栏分别调整到 09:00 至 16:00 的各整点，视图中显示的阴影即为各时段房屋的落影范围(图 14-116(b)～(i))。

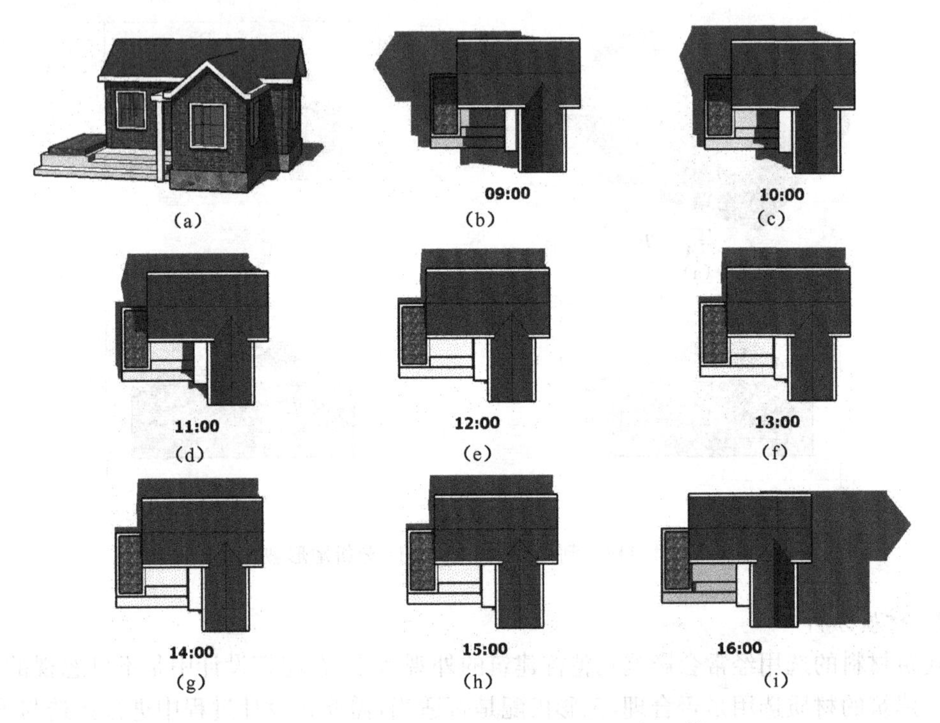

(a) (b) (c) (d) (e) (f) (g) (h) (i)

图 14-116　利用 SketchUp 2015 分析建筑投影范围

又如，我们可以分析图 14-117(a)中前排建筑 A 是否会遮挡后排建筑 B 冬至日正午时刻的一层南向的满窗日照。打开阴影设置窗口，将日期设置为 12 月 22 日，时间设置在 12:00(图 14-117(b))，在视图中显示阴影，可以看到前排建筑在后排建筑南立面上有落影(图 14-117(c))，放大后排建筑立面上的落影，可以看到，后排建筑底层南向窗户上没有前排建筑的落影(图 14-117(d))，说明前排建筑 A 不会遮挡后排建筑 B 冬至日正午时刻的一层南向的满窗日照。

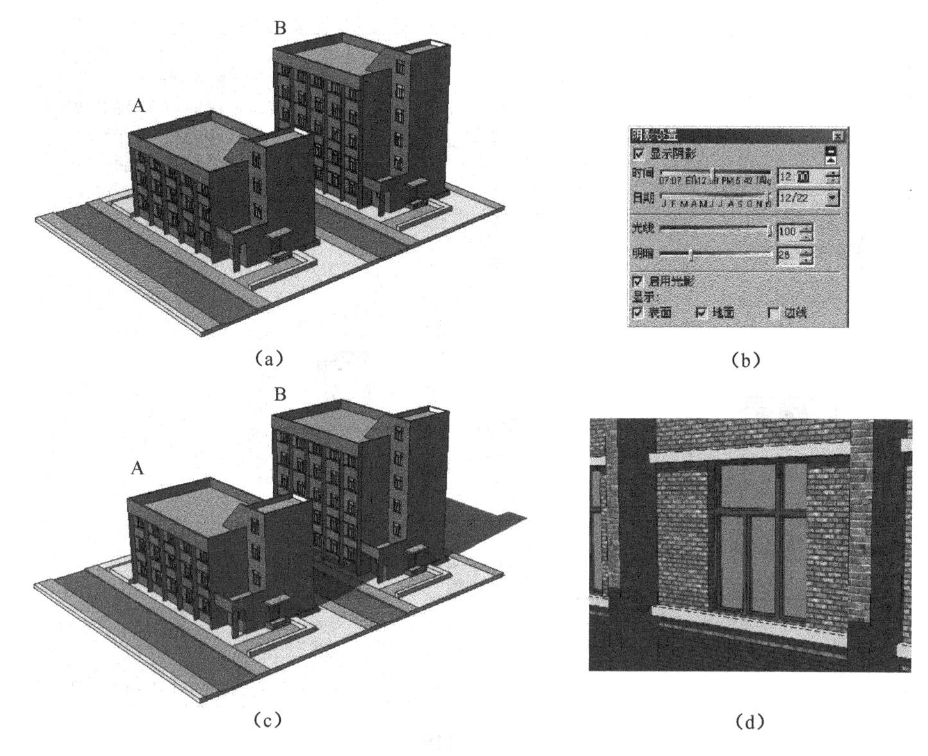

图 14-117　利用 SketchUp 2015 分析建筑日照

14.7　实例

使用 SketchUp 建模时难度并不取决于建筑的规模有多么庞大,而是在于建筑上的细节复杂到何种程度。下面通过几个实例增进对软件的熟悉,并了解不同模型的建模方法。

【例 14-1】　某小学大门建模(图 14-119～图 14-122)

在本例题中,需要用到最基本的绘图命令有直线、矩形、三维文字等,编辑命令有推拉、移动、复制、偏移、材质编辑、阴影设置等。

在建模过程中需要注意以下内容:

(1) 建模时的步骤:①构建大门值班室体量、开设门窗;②构建入口大门及学校名称;③给各部分赋予相应材质;④点缀配景,营造大门环境氛围;⑤选取适当视角,调整光影,完成渲染。

(2) 建模时的技巧:①注意在建模时要将单独的体块建立群组,方便编辑;②相同的材质可以组合成一个群组,便于材质的贴附;③配景与环境的加设数量应适量,位置应适当,以烘托主体为目的。

(3) 建模时应留意:①大门中各组成部分的对位关系;②轴线尺寸与墙体厚度对建模数据的影响。

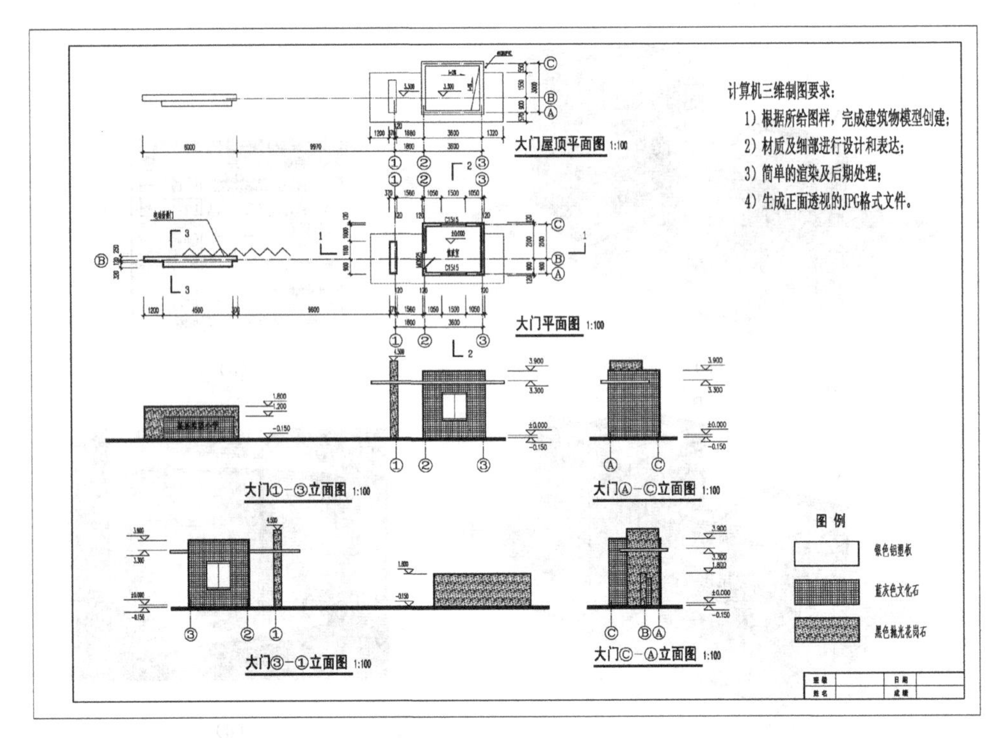

图 14-118

图 14-119

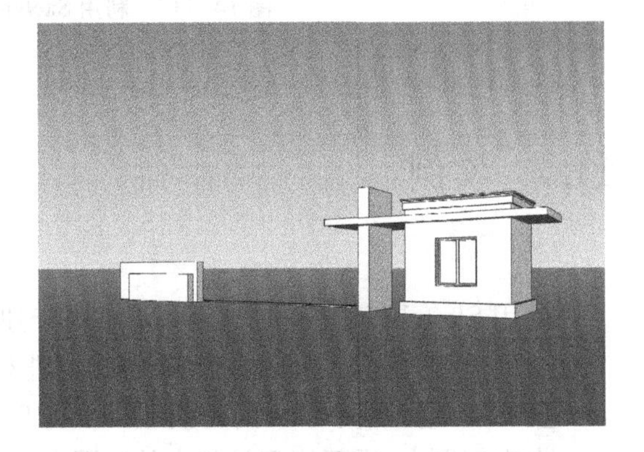

图 14-120

图 14-121

图 14-122

【例 14-2】 某公园公厕建模(图 14-123～图 14-127)

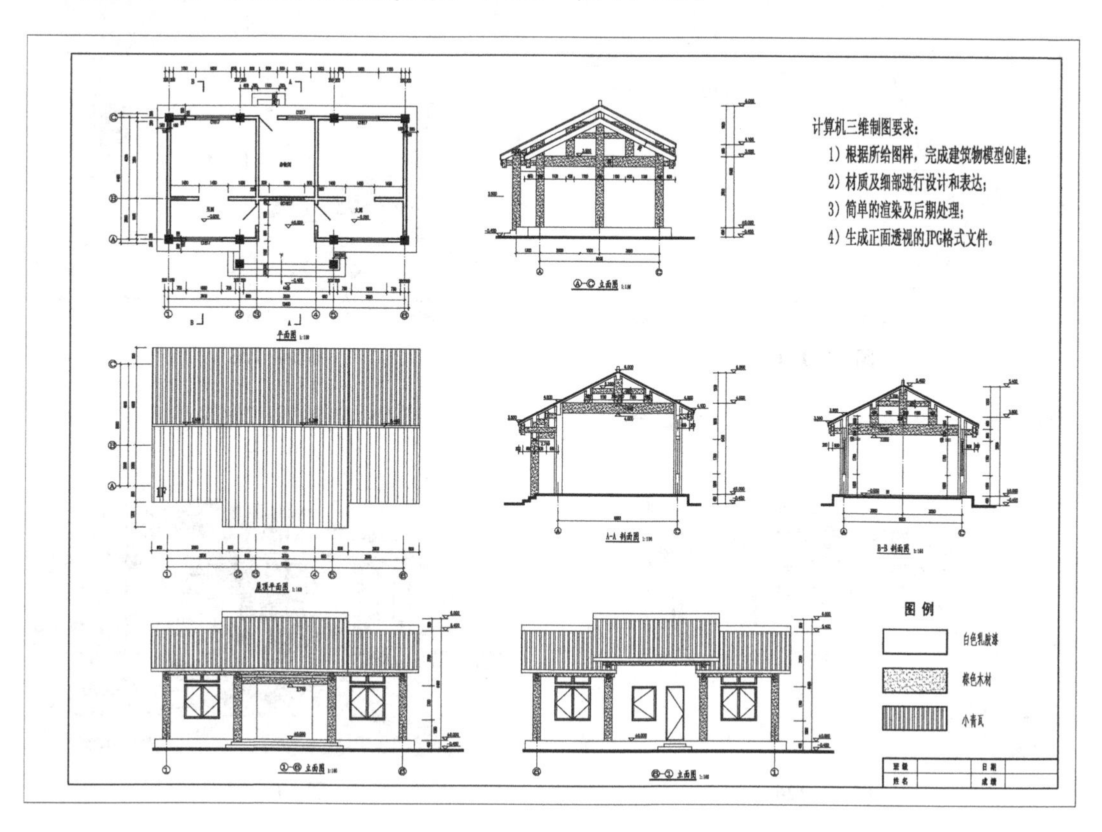

图 14-123

在本例题中，需要用到最基本的绘图命令有直线、矩形等，编辑命令有推拉、移动、复制、偏移、组件编辑、材质编辑、阴影设置等。

在建模过程中需要注意以下内容：

(1) 建模时的步骤：①利用组件命令构建公厕一半的体量，包括屋顶，对称镜像；②再进入组件内，开设门窗洞口，制作门窗；③给各部分赋予相应材质；④构建地面铺地，点缀周边灌木与乔木；⑤选取适当的正面视角，调整光影，完成渲染。

(2) 建模时的技巧：①注意在建立对称模型时，只需建立模型的一半，另外一半通过镜像完成；②相同截面的构建(如立柱)，建完一个后，通过复制、拉伸省略重复操作；③配景与环境的加设数量应适量，位置应适当，以烘托主体为目的。

(3) 建模时应留意：①公厕前后部分的关系；②轴线尺寸与墙体厚度对建模数据的影响。

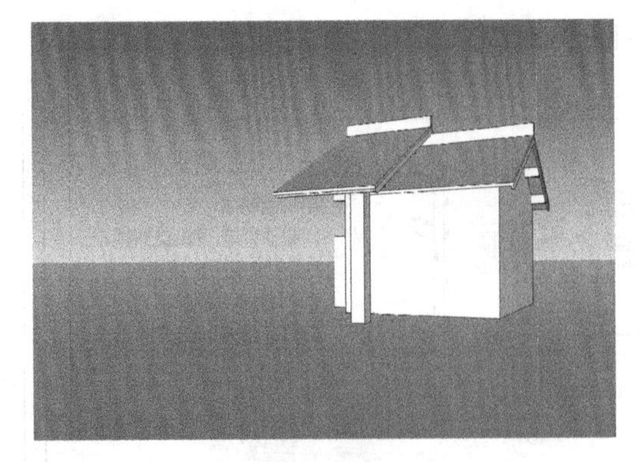

图 14-124

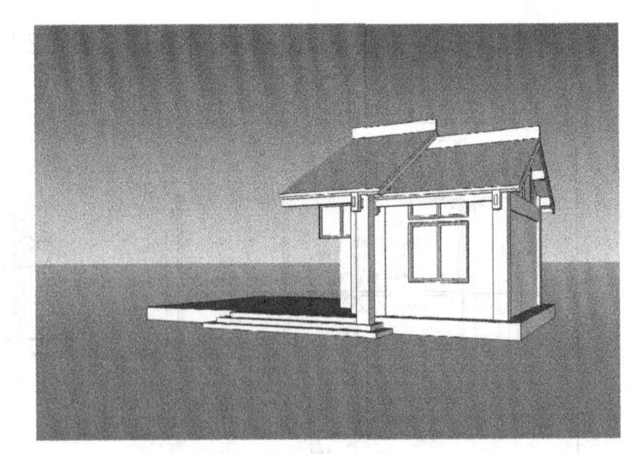

图 14-125

图 14-126

图 14-127

【例 14-3】 某校区宿舍楼建模(图 14-128～图 14-132)

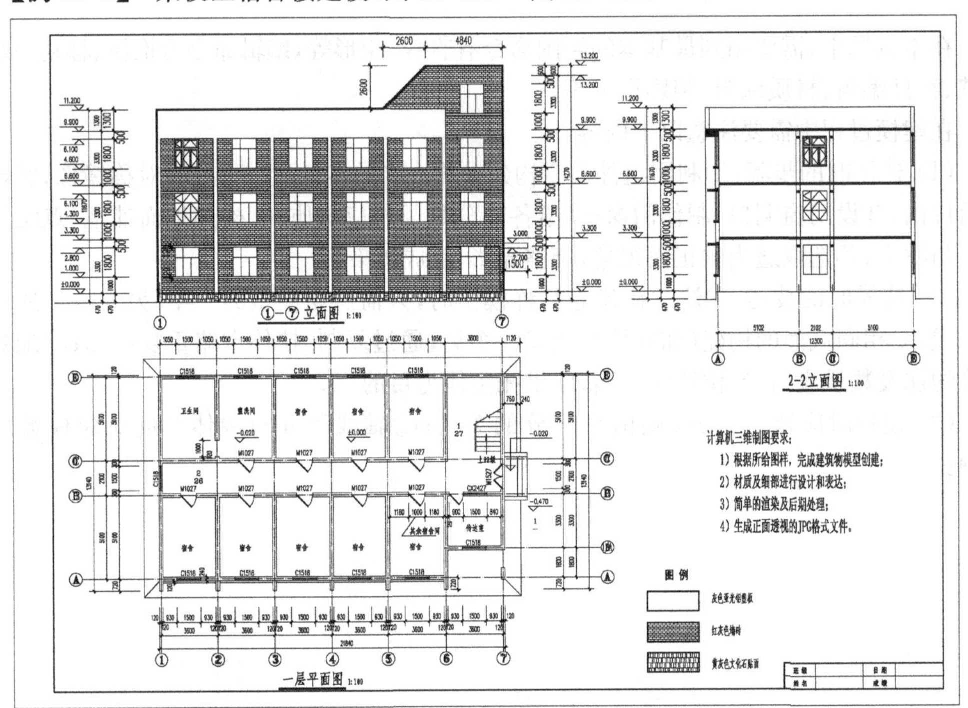

图 14-128

在本例题中，需要用到最基本的绘图命令有直线、矩形等，编辑命令有推拉、移动、复制、偏移、组件编辑、材质编辑、阴影设置等。

在建模过程中需要注意以下内容：

(1) 建模时的步骤：①构建宿舍标准层体量并开设窗洞，制作窗扇组件，复制窗扇到每一洞口，建立标准层群组；②复制标准层群组，分别进入每层群组添加修改每层相异之处。③给各部分赋予相应材质；④构建地面铺地与道路，点缀周边行人车辆，适当配以灌木与乔木；⑤ 选取适当的主入口视角，调整光影，完成渲染。

(2) 建模时的技巧：①注意在建模时窗扇建立组群，方便编辑，标准层建立群组，避免关联其他层；②不同的材质需要区分开，便于材质的贴附；③后期搭配的配景与环境应适量，以便突出主体。

(3) 建模时应留意轴线尺寸与墙体厚度对建模数据的影响。

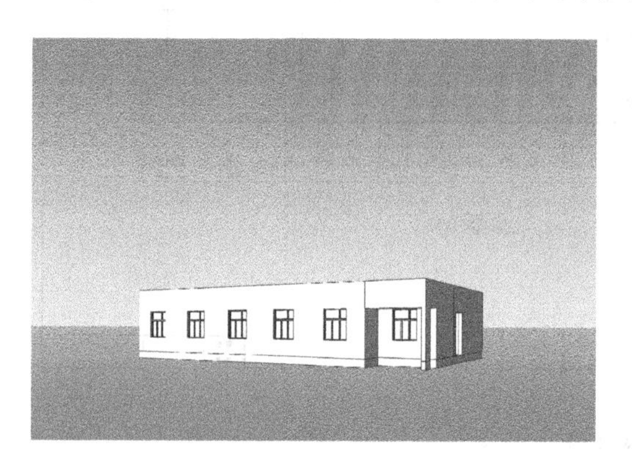

图 14-129

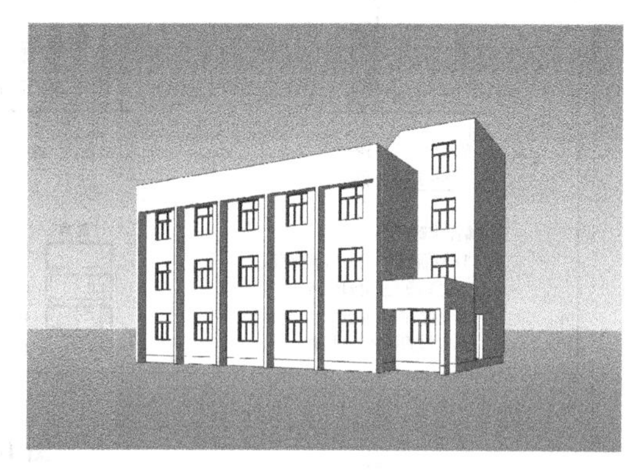

图 14-130

图 14-131

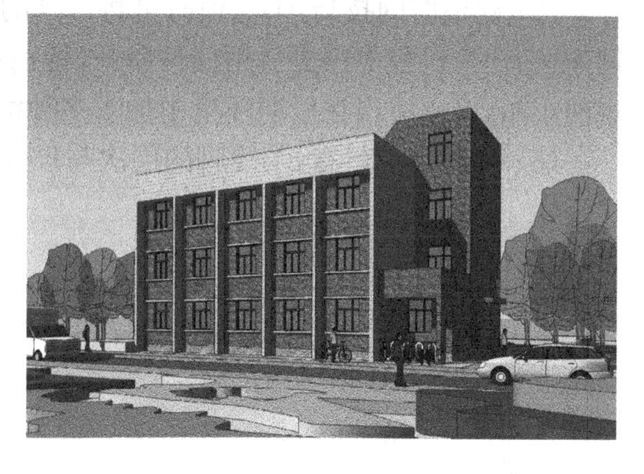

图 14-132

【例 14-4】 某景观小品建模(图 14-133～图 14-137)

在本例题中，需要用到最基本的绘图命令有直线、矩形、圆弧、正圆等，编辑命令有推拉、移动、复制、偏移、组件编辑、材质编辑、阴影设置等。

在建模过程中需要注意以下内容：

(1) 建模时的步骤：①构建景观亭的墙身，并开设窗洞，制作门窗；②补充小品中的装饰，包括线脚、拱券、基座、栏杆细节；③给各部分赋予相应材质；④加设环境，点缀配景，营造

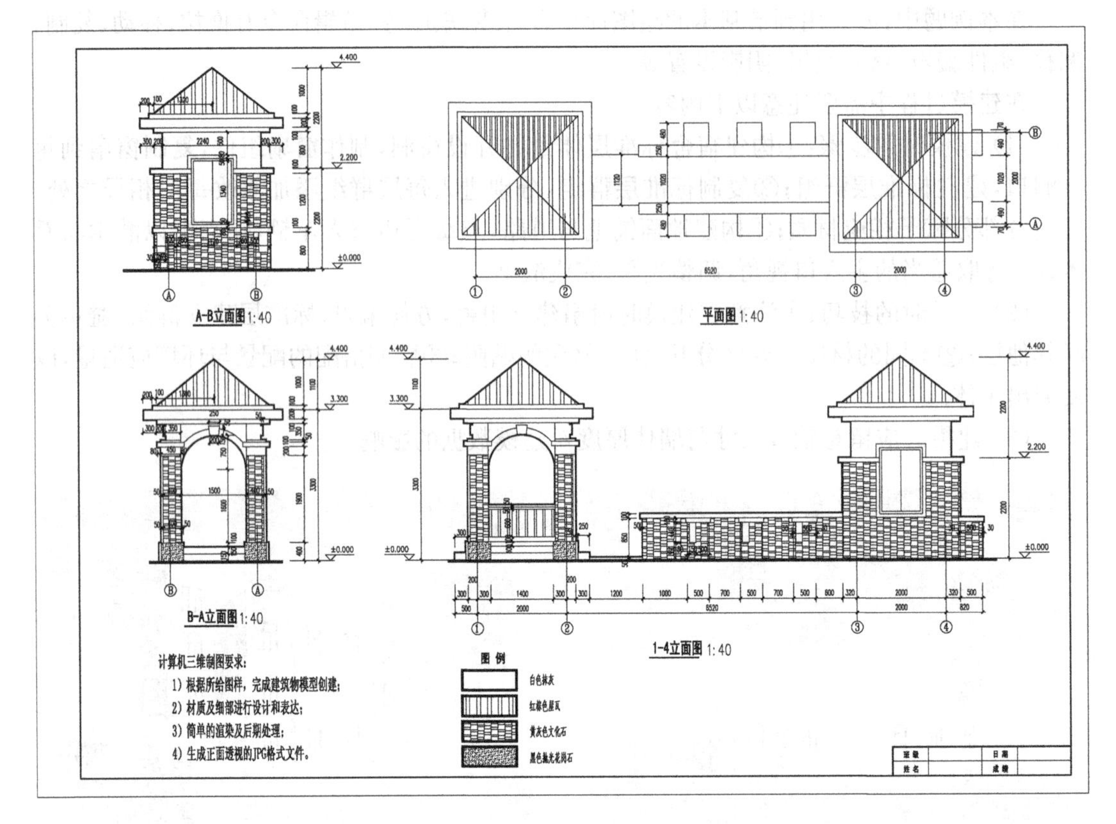

图 14-133

氛围;⑤选取视角,调整光影,完成渲染。

(2) 建模时的技巧:①建模时可将方亭的四分之一制作成组件,旋转复制即可完成方亭创建;②建模过程中需要活用偏移命令,特别是线脚层次比较多的屋顶与柱顶;③因为是景观的小品,可以适当在后期环境中加入多种植被,加强景观效果。

(3) 建模时应留意:①线脚的层次与尺度;②各表面材质的分界。

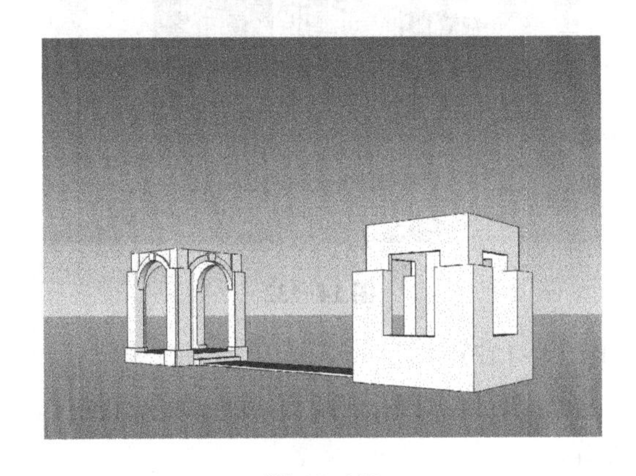

图 14-134

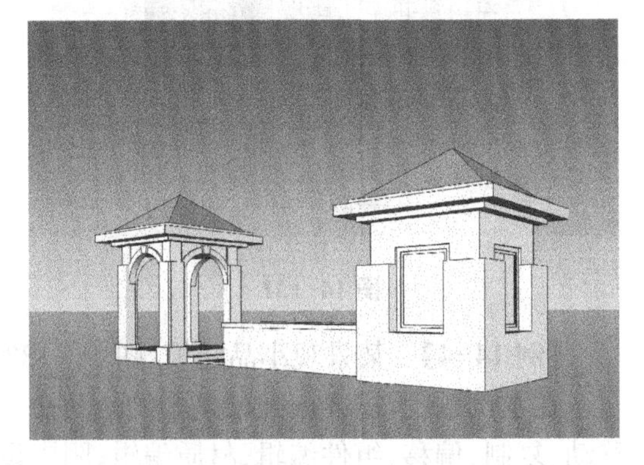

图 14-135

图 14-136

图 14-137

通过以上 4 个模型的建模练习,可以总结出在使用 SketchUp 软件建模时的一些方法。

着手建模之前,应该先观察图纸,分析建筑的形态特征,确定建模主要依据的底图是建筑的平面图、立面图还是剖面图。选择底图是建模之前的重要环节,正确的选择能够简化作图程序,提高建模效率,达到事半功倍的效果。

确定底图之后,还需要考虑建模的顺序与步骤,先建立建筑的哪部分,后建立建筑的哪部分,建筑是否是对称或局部对称的,有哪些元素是完全一致的,哪些部分可以建立一个单元后通过复制完成……这些必要的思考能大大简化建模的复杂程度,避免重复操作,节省建模时间。

建模时的程序应该是从宏观入手,构建起建筑总体体量;然后在此基础上逐步深入增建、修改;再对建筑局部细节加以刻画,完善建筑整体形象;最后可以在建成的建筑周边适当布置一些植被作为背景,丰富环境,营造真实效果。

15 Photoshop CS6

15.1 入门基础

15.1.1 启动与退出

学习任何一个软件,都要了解该软件的启动与退出方法。Photoshop CS6 的启动方法常用的有 2 种:

(1) 双击桌面快捷图标启动。

(2) 单击电脑【开始/程序】菜单中的 Photoshop CS6 启动。

另外一种方法较少使用,具体就是双击 Photoshop CS6 安装文件夹中的 Photoshop.exe 图标。

Photoshop CS6 的退出方法也有多种,常用的有 3 种:

(1) 执行 Photoshop CS6 工作界面的菜单栏中的【文件/退出】命令。

(2) 单击工作界面右上角的"关闭"按钮 X 。

(3) 右击软件左上方"Ps"标志,点击"关闭"。

另外,还可以应用【Alt+F4】快捷键退出 Photoshop CS6。

15.1.2 界面简介

当启动 Photoshop CS6 后,打开任意一张图片,在屏幕上可以看到如图 15-1 所示的窗口。该窗口就是 Photoshop CS6 的操作界面,也是常说的工作界面,其主要由 6 个部分组成,分别是菜单栏、工具选项栏、工具箱、状态栏、图像窗口、控制面板。相比于 Photoshop CS6 以前的版本,工作界面的变化在于应用程序栏的消失。下面分别介绍界面中各个部分的功能及其使用方法

1) 菜单栏

位于工作界面的最上方,它是软件中各种命令的集合处,包括的内容从左至右依次是【文件】【编辑】【图像】【图层】【选择】【滤镜】【分析】【3D】【视图】【窗口】【帮助】等菜单项,用户通过运用这些菜单项中的各个命令可以对图形进行各种各样的编辑。

菜单里命令使用的方法是用鼠标点击菜单项,然后在弹出的菜单或子菜单中选择相应的命令即可,如图 15-2。

菜单栏
工具选项栏
工具箱
状态栏
图像窗口
控制面板

图 15-1　操作界面

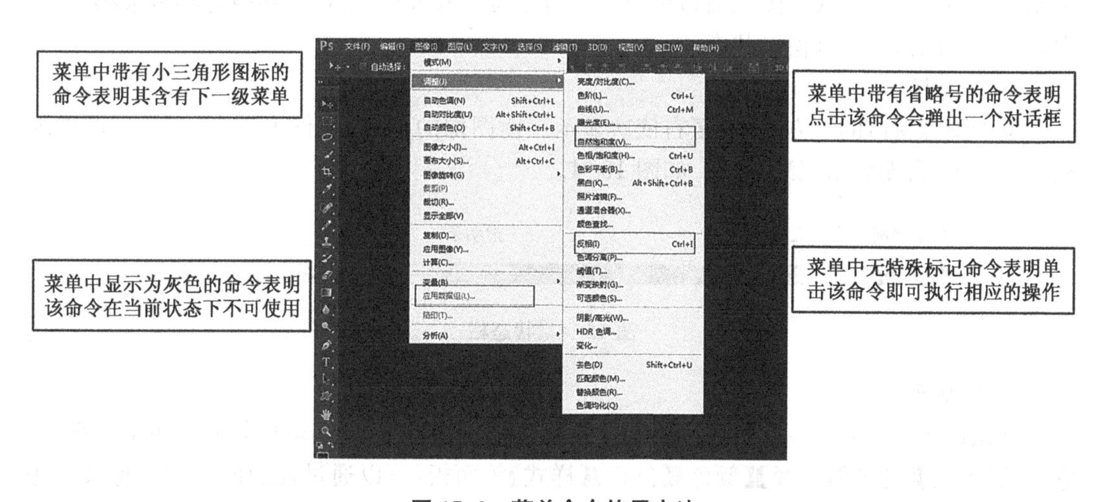
菜单中带有小三角形图标的命令表明其含有下一级菜单
菜单中带有省略号的命令表明点击该命令会弹出一个对话框
菜单中显示为灰色的命令表明该命令在当前状态下不可使用
菜单中无特殊标记命令表明单击该命令即可执行相应的操作

图 15-2　菜单命令使用方法

在实际的操作以及操作 Photoshop 较为熟练后，各种命令的应用常常用快捷键来实现各种命令的快速选择。Photoshop 的常用快捷键可以在菜单中看到。

2) 工具选项栏

在菜单栏的正下方，用于对当前工具进行参数设置。大部分工具都有自己的工具选项栏，当用户使用不同的工具时，工具选项栏就会显示该工具相应的属性参数。在该工具的属性栏中，用户可以对其各种参数进行设置来改变工具的属性，进而改变工具作用于图像的效果，从而获得精确操作图像的效果。若想保存某一工具当前参数设置，可以通过单击属性栏左边的小三角符号弹出的参数预设面板来完成，还可以通过右键单击选项栏上的工具图标，从弹出的快捷菜单中选取【复位工具】或【复位所有工具】来完成。

图 15-3 为选择画笔工具后工具栏选项栏的效果。

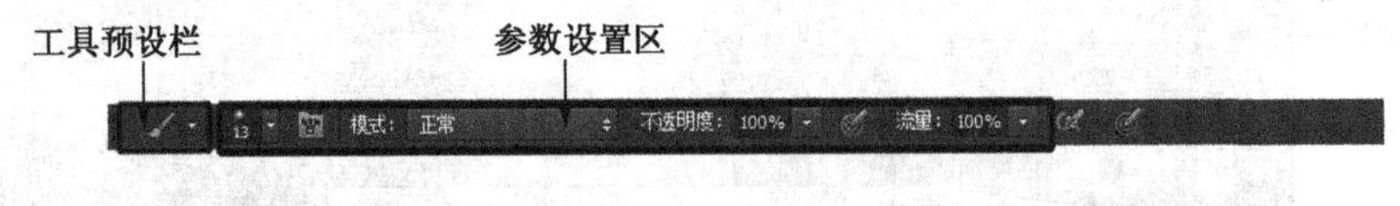

图 15-3　画笔工具对应的工具选项栏

3）工具箱

默认处于 Photoshop CS6 工作界面的最左侧，可以根据需要，点击顶部折叠按钮变为长单条和短双条，也可以根据用户需要拖动到工作界面的任意位置。工具箱中集合了常用的各种工具按钮，使用这些工具可以进行绘制和修饰图像、创建选区、创建文字及调整图像显示比例等操作。工具箱中一般为默认工具，在工具箱的许多按钮的右下角都有一个小小的三角形，表明该按钮是一个工具组，其中包含多个工具，可通过在工具按钮上按住鼠标不放或使用右键单击，来显示该工具组中隐藏的其他工具。

4）图像窗口

是 Photoshop CS6 工作界面中默认的灰色区域部分，是图像文件的显示区域，也是编辑与处理图像的操作区域。图像窗口上端标题栏主要显示当前图像文件的名称、图像格式、显示比例及图像色彩模式。图像窗口可以随意改变位置和大小，也可以转换为具有最小化、最大化和关闭图像的文件窗口状态。

5）状态栏

位于图像窗口的下方，从左至右依次显示当前图像的比例、文件大小等信息；若图像缩放比例较大，右端会出现滑动条。如图 15-4。

图 15-4　状态栏

6）控制面板

默认位于 Photoshop CS6 工作界面的最右侧区域，是 Photoshop 中较有特色的一部分，它包括【图层】【通道】【路径】【颜色】【色板】【样式】等面板，可以通过控制面板对图像文件进行颜色选择、图层的创建与编辑、新建通道、编辑路径等操作。控制面板是工作界面中非常重要的一个组成部分，用户可以根据自身需要随意调整面板并进行显示模式的转换，使得对图像操作更简便。用户还可以通过控制面板右上角的折叠按钮 将不需要的面板折叠或通过关闭按钮关闭部分面板。

15.1.3　基本操作

1）创建文件与保存

在进行图像操作前，需要学习如何新建和保存图像。良好的新建和保存图像的习惯可以避免创建不合适的图像窗口，或在图像未保存前将软件关闭而造成无法挽回的损失。新建文件的步骤如下：

（1）执行菜单中“文件/新建”命令，弹出【新建】窗口。

(2) 设置图像名称、宽度与高度、分辨率及背景内容,单击“确定”。

保存文件的方法如下:

(1) 执行菜单中“文件/存储为”命令,在弹出的对话框中选择储存文件夹和输入文件名以及选择文件格式后单击“保存”按钮。

(2) 执行菜单中“文件/存储为 Web 和设备所用格式”命令,弹出对话框,在“预设”区域中设置图像储存的格式和属性等,在“图像大小”栏内设置图像大小,完成后单击“存储”按钮,弹出“存储为”对话框进行保存(注:使用“储存为 Web 和设备所用格式”命令保存的 JPG 格式图像文件比直接保存的文件量要小点)。

(3) 对已经保存过的图像文件,快捷键“Ctrl+S”可以直接进行保存。

2) 图像与画布尺寸调整

调整图像尺寸的方法:打开图像文件,在菜单栏中执行“图像/图像大小”命令,在弹出的对话框中取消“约束比例”复选框的选择,设置需要的宽度与高度,单击“确定”按钮完成。如图 15-5 所示。

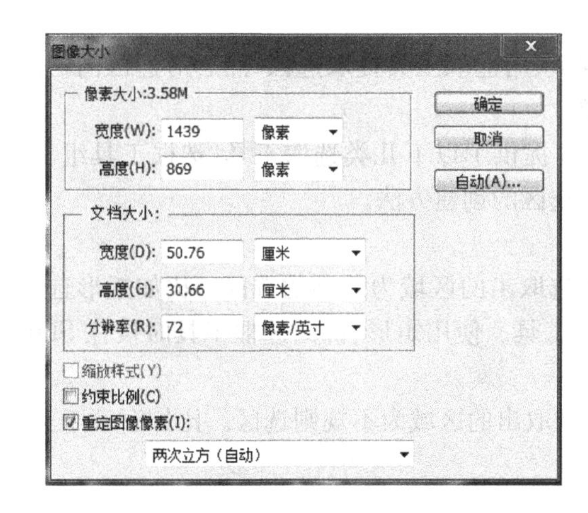

图 15-5 调整图像大小对话框

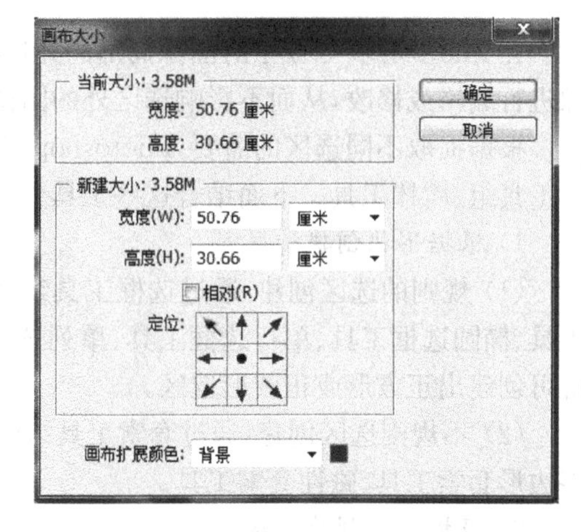

图 15-6 调整画布大小对话框

调整画布尺寸的方法:打开图像文件,在菜单栏中执行“图像/画布大小”命令,在弹出的对话框中设置需要的画布宽度与高度,单击“确定”按钮完成。如图 15-6 所示。

3) 辅助绘图工具的操作

在 Photoshop CS6 中,辅助绘图工具可以准确地调整图像位置、尺寸和方向等,不同的辅助工具所提供的作用不同,具体如下。

(1) 标尺:可以精确地确定图像的位置。显示的位置在图像窗口的顶部与左侧,显示标尺后,当光标在窗口中移动时会牵动两条虚线,表示出当前光标所处的位置坐标。

操作步骤:执行“视图/标尺”命令显示标尺(快捷键 Ctrl+R);在左上角水平标尺与垂直标尺交会处的矩形区域内按住鼠标左键,并拖动鼠标到需要定位的位置即可。

(2) 参考线:在绘制图像文件时所使用的辅助线。显示在图像文件上方,打印时不可见,可以移动和消除,也可以锁定。

操作步骤:执行“视图/新建参考线”命令,在弹出的对话框中设置参考线的“取向”和“位置”,或者使用标尺拉出需要的参考线(注:快捷键 Ctrl+H 显示或隐藏参考线)。

(3) 网格:主要用于对称地布置图像,默认状态下,网格显示为不能被打印出来的线条。

操作步骤:执行“视图/显示/网格”命令(快捷键 Ctrl+’),可以显示网格。执行“视图/对齐到/网格”命令,当移动图像时会自动对齐到网格。

(4) 标尺工具:主要用来测量图像的长度、宽度、倾斜度和角度。

操作步骤:单击工具箱中吸管工具下方的标尺工具,在图像中需要测量的区域的开始部分单击并拖动鼠标,在测量区域的结束部分释放鼠标,此时在属性栏中可以获得测量的信息。

15.2 基本选区创建和编辑

15.2.1 选区的创建方法

在 Photoshop CS6 中对图像局部的处理必须用选取工具提取选区,然后对选区内的图像进行编辑或修改,从而不影响选区外的图像。

根据提取不同选区的需要,Photoshop CS6 提供了以下几类选取工具:选框工具组、套索工具组、魔棒工具。下面结合这些工具介绍选区的创建方法。

1) 根据形状创建选区

(1) 规则的选区创建:通过选框工具组所选取出的区域为规则的选区。比如矩形选框工具、椭圆选框工具、单行选框工具、单列选框工具。使用矩形、椭圆选框工具时按住 Shift 键可创建出正方形或正圆形选区。

(2) 不规则选区创建:通过套索工具组所选取出的区域为不规则选区。比如套索工具、多边形套索工具、磁性套索工具。

2) 根据颜色创建选区

(1) 快速选择工具:通过拖动鼠标所到处根据色彩范围自动查找边缘来创建选区,拖动的笔尖大小、硬度、间距等设置决定了选区的形态和范围。

(2) 魔棒工具:根据颜色和容差来创建选区。以主要的像素颜色值为标准,通过寻找容差范围内其他相同颜色像素,从而创建选区。设置时容差越大包容的相同颜色范围越大,选中部分就越多,反之选中部分就越少。如图 15-7 所示。

(3) 色彩范围命令:也是根据颜色和容差来创建选区的。

创建选区步骤:执行“选择/色彩范围”命令即可打开对话框,单击吸管工具,拾取图像窗口中的背景色,此时对话框中会显示黑白图像,其中白色区域为选择区域,黑色区域为非选区域。通过拖动颜色容差滑块调节选择的范围,直至对话框中的背景全部显示为白色,单击“确定”按钮完成选区。如图 15-8 所示。

3) 根据路径创建选区

在建筑效果图中由于尺寸较大无法使用选取工具一次性创建选区,此时使用路径工具创建图像的路径,从而转换为选区是比较常用的方法。而且路径的锚点控制柄可以将路径修改得非常光滑,非常适合建立轮廓复杂和边缘要求较为光滑的选区,如人物、家具、汽车、室内物品等。

图 15－7 容差为 50 时创建的选区

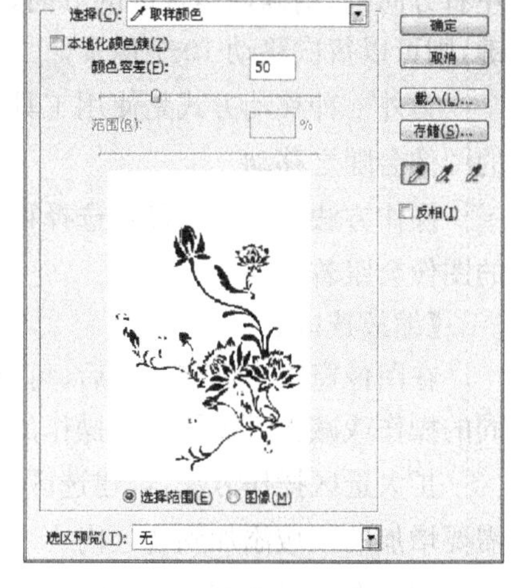

图 15－8 色彩范围对话框

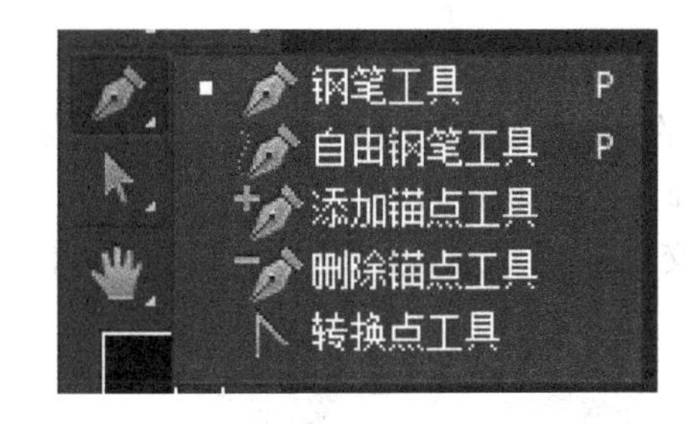

图 15-9 路径创建和编辑工具

Photoshop CS6 路径创建和编辑工具如图 15-9 所示。

其中"钢笔工具"和"自由钢笔工具"用于创建路径,"添加锚点工具"和"删除锚点工具"用于对锚点的控制,"转换点工具"用于切换路径节点的类型,和工具分别用于路径的选择。

【路径转换为选区】 在图像中绘制好路径后,用工具选中路径,单击右侧"路径"面板中的"将路径作为选区载入"按钮或者按快捷键 Ctrl＋Enter 将路径转换为选区。

【选区转换为路径】 普通选区很难创建复杂的曲线型边缘,将其创建为路径后更方便调整。在图像中创建选区后,单击"路径"面板中的"从选区生成工作路径"按钮将选区转换为路径,然后可以对路径进行调整。

15.2.2 选区的编辑方法

1) 移动、缩放、运算、羽化选区

【移动选区】

在 Photoshop 中创建选区后,可以对选区进行移动,以方便对图像窗口中的其他区域进行同样的选取。

操作方法：创建选区后，在选区内按住鼠标移动至其他区域。也可以使用键盘上的上下左右方向键，精确调整选区的方向，每按 1 次移动 1 个像素。如果按住 Shift 键，然后按方向键，则可以每次移动 10 个像素。

另外一种移动方式是使用工具箱中的移动工具 移动选区，此时移动选区时选区内的图像会随之移动。

操作方法：创建选区后，选择移动工具 ，在选区内按住鼠标移动至其他区域，选区内的图像会跟着移动。

【缩放选区】

在图像窗口中创建选区后，可以将其扩大或缩小，以方便对图像窗口中多个区域进行相同的操作或减去不需要进行操作的区域。

扩大选区操作方法：创建选区后，单击“多边形套索工具” ，按住 Shift 键，将图像中需要增加的区域添加到选区内。

缩小选区操作方法：创建选区后，单击“多边形套索工具” ，按住 Alt 键，将图像中不需要的区域从选区内去除。

【选区运算】

非常精确的选区不是一次性能够创建完成的，需要经过对选区的创建、修改或者改变选区的范围，从而得到较为精确的选区。而选区运算功能能够改变选区的范围，就像是平常的逻辑运算，通过选区的相加、相减和相交来完成对选区的进一步调整。如图 15-10 所示。

图 15-10 选区运算

【羽化选区】

对已经创建的选区进行羽化处理，可以使选区更加平滑和自然。羽化时可以设置“羽化半径”，半径值越大选区的边缘越光滑，但设置过大将无法进行羽化。

操作步骤：

(1) 单击“多边形套索工具” ，在图片中沿需要羽化的物体的大致形状创建选区，效果如图 15-11 所示。

(2) 在选区中右击，在弹出的对话框中选择“羽化”，如图 15-12 所示。

(3) 在弹出的对话框中设置“羽化半径”，此处设为“50”，单击“确定”完成。

(4) 执行菜单栏中“选择/反向”命令，并复制图层，将原有图层选区内填充为黑色，再将复制后的图层选区内图像按 Delete 删除。最终羽化效果见彩图 1。

图 15-11　创建选区

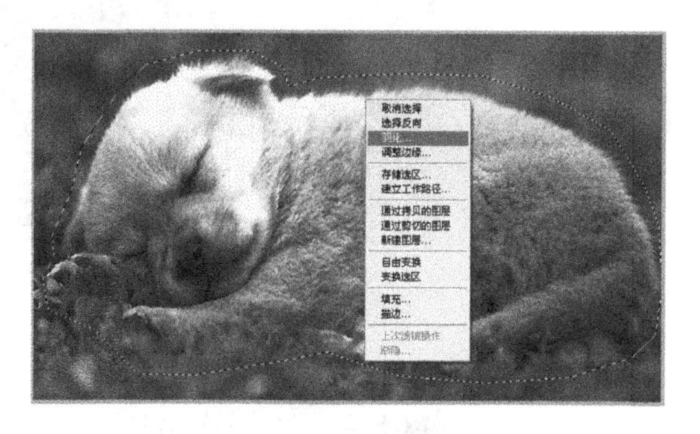

图 15-12　羽化选区

2) 运用选区抠图实例

在制作建筑效果图时,需要添加各种配景。虽然市面上的配景材质库很多,但仍然不能满足需求。这就需要运用选区去抠图,从其他图片中“抠”出所需要的配景,以便与建筑图像进行合成。具体步骤如下:

(1) 打开一张含有所需配景的图片,要从中“抠”出树木配景。

(2) 执行“选择/色彩范围”命令。由于图片上的树为黑色,所以将颜色容差值调至最大,吸管点取白色天空部分,按“确定”完成。如图 15-13 所示。

(3) 图片中所有的白色部分被选中,执行“选择/反向”命令,树木以及其他有黑色的区域被选中,如图 15-14 所示。

图 15-13　色彩范围对话框

图 15-14　反向选择效果

(4) 单击“多边形套索工具”,按住 Alt 键,将图像中除了树以外的不需要的区域从选区内去除。如图 15-15 所示。

(5) 选择移动工具,放置在树的选区上按住左键拖动至建筑效果图上,调整大小、位置。如图 15-16 所示。

图 15-15　去除不需要选区

图 15-16　调整树木位置后效果(见彩图 2)

15.3　常用工具和调色命令

15.3.1　查看类工具

查看类工具主要包括缩放工具 和抓手工具 。使用这两种工具可以用不同的缩放倍数查看图像的某个区域。这两种工具在效果图的后期处理中运用较多,因为建筑效果图作品的尺寸较大,在操作过程中要经常缩放或拖动,以观察图像的不同部位。

1) 缩放工具

使用 Photoshop CS6 缩放工具最大可以将图像放大 32 倍,即 3200%。

如果要放大图像,可以选择 工具在图像中点击要放大的区域;如果要缩小图像,可以选择工具并按住 Alt 键在图像中点击要缩小的区域。使用工具在要放大的图像上按住左键拖动鼠标，则缩放框内的区域将以最大倍数充满整个窗口。

2) 抓手工具

当图像被放大后，图像窗口中出现滚动条，如果要查看图像的某一部分，可以通过滚动条来查看，也可以使用抓手工具拖动图像查看。

15.3.2 绘图和修饰类工具

绘图工具包括画笔工具和铅笔工具，使用它们可以在图像上用前景色绘图。修饰工具包括仿制图章工具、修复画笔工具、污点修复画笔工具、减淡工具、加深工具、海绵工具，它们的主要作用是修饰效果图中微小缺陷或不足。

画笔工具除了具备日常生活中毛笔、水粉笔的功能外，还可以根据需要直接绘制简单的图案。使用画笔工具绘制图案时，默认情况下使用前景色，调整画笔的硬度，可以在图像窗口中绘制柔和或者清晰的边缘。在画笔属性栏中可以调整画笔的大小、硬度以及笔尖形状、模式等设置。

铅笔工具如同日常生活中所使用的铅笔，可以在图像窗口中绘制各种硬边线条。它可以根据需要在属性栏内自由调整大小和硬度。

仿制图章工具可以从图像中取样，然后将取样复制到其他图像或同一图像的不同部分上。

修复画笔工具通过从图像中取样或用图案来填充目标图像，与仿制图章工具很相似，不同的是修复画笔在填充取样时会将取样点的像素与目标图像像素进行混合，并使目标图像的色彩、色调、纹理保持不变，从而与周围图像完美融合。具体的使用方法与仿制图章工具的使用方法相同。

污点修复画笔工具会自动进行污点像素取样，用来修改图像中的瑕疵部分。设置大小、硬度、间距后只需要一个步骤即可校正污点，方便快捷。

减淡工具和加深工具都是色调调整工具。减淡工具的作用是局部加亮图像，可选择为高光、中间调或暗调区域加亮。加深工具的效果与减淡工具相反，是将图像局部变暗，也可以选择针对高光、中间调或暗调区域。在效果图后期处理中经常使用这两种工具来处理光影变化。比如，在室外效果图中一般利用加深工具来加深建筑的下部色调，利用减淡工具减淡建筑的上部色调，体现建筑随光线变化的过渡效果。

海绵工具的作用是改变局部的色彩饱和度，可选择降低饱和度(去色)或增加饱和度(加色)。海绵工具不会造成像素的重新分布，因此其“降低饱和度”和“饱和”方式可以作为互补来使用，过度降低饱和度后，可以切换到“饱和”方式增加色彩饱和度，但无法为已经完全为灰度的像素增加色彩。为了防止生硬的效果，一般在使用海绵工具时选择较低的流量。

15.3.3 清除与填充类工具

清除工具是对不同的图像进行清除，主要有橡皮擦工具、模糊工具。填充工具可以对选区快速填充颜色或图案，包括渐变工具、油漆桶工具。

橡皮擦工具相当于日常生活中的橡皮擦。Photoshop CS6 中的橡皮擦工具可以任意调整大小、不透明度等。当所擦去的图像所在图层为背景图层，被擦去的图像部分将被填充为背景色；当所擦去的图像所在图层为普通图层，被擦去的图像部分将显示透明像素。

模糊工具可以使图像的色彩变模糊，选中模糊工具涂抹图像，所涂区域变得模糊。模糊有时是一种表现手法，将画面中其余部分做模糊处理，就可以突出主体。模糊工具的操作是可持续作用，也就是说鼠标在一个地方停留时间越久，这个地方被模糊的程度就越大。

渐变工具在处理建筑效果图时运用较频繁，尤其是处理天空、草地和水面时，使用渐变工具可以制作出柔和的过渡效果，使画面产生微妙的变化。颜色渐变实质上就是在图像上或图像的某一区域内添加 2 种或多种具有不同过渡效果的颜色。

油漆桶工具一般用于选区或图像的填充和描边。当绘制好图像边缘后，可以使用油漆桶工具填充某种颜色，使画面更美观。需要注意的是，在图像中填充颜色时，填充区域必须是封闭的，否则会导致填充发生误差。

15.3.4 色彩调色命令

色彩的调整在效果图的后期制作中占重要位置。为了快速对图像的整体色调进行调整，达到色彩的和谐统一或者特殊的视觉效果，可以通过色彩调色命令来实现。

“色阶”命令可以精确调整图像的阴影、中间调和高光的强度级别，校正图像的色调范围和色彩平衡，主要用来修改太灰的图像。如果一张效果图太灰就表现不出景深，该亮的部分没有亮起来，该暗的部分没有暗下去，这样的效果图就要用“色阶”命令来调整。执行“图像/调整/色阶”命令，即可弹出对话框。可以根据需要通过对话框的各项参数调整暗部、中间调和亮部色调，最终实现画面和谐统一的效果。

“曲线”命令可以对图像整个范围的色调进行调整，也可以对个别颜色通道进行精确调整，经常运用于调整颜色过暗的图像。由于色调过暗会导致图像细节丢失，此时可以执行“图像/调整/曲线”命令，弹出对话框，在弹出的对话框中将阴影区曲线上扬，为了减少阴暗区，同时将中间色调曲线和高光区曲线也稍微上扬，这样调整后图像的各色地区按一定比例变亮，比直接将整体变亮显得有层次感。

“色彩平衡”命令可以修改图像整体的颜色混合效果，修正图像的色彩偏差。执行“图像/调整/色彩平衡”命令，弹出对话框，在对话框中选中“保持明度”复选框，可以在调整图像的色彩平衡时保持明度，否则图像明度随颜色的变化而变化。调整颜色时可以将滑块拖至需要的颜色，也可以将滑块拖离要在图像中减少的颜色。对话框中的“高光”、“中间调”和“阴影”选项可以分别对图像的高光、中间调和阴影进行色彩调整。

使用“色相/饱和度”命令可以调整图像的色相和饱和度值。执行“图像/调整/色相/饱和度”命令，弹出对话框，在对话框的下方有两条颜色条，这两条颜色条以各自的顺序表示色环中的颜色。其中上面的颜色条显示调整前的颜色，下面的颜色条显示调整后的颜色。从“全图”下拉列表中选择要调整的颜色，比如红色、黄色、绿色等，如果要整体调整就选择“全图”。拖动“色相”、“饱和度”、“明度”下方的滑块，或者在其右侧文本框中直接输入数值范围，直至出现需要的效果。

使用“匹配颜色”命令可以将图像中的颜色与另一图像中的颜色匹配，或者将一个图层的颜色与另一个图层的颜色相匹配。执行“图像/调整/匹配颜色”命令，弹出对话框，在图像选项栏中通过拖动滑块或输入数值调整图像的“明亮度”和“颜色强度”参数。对话框中的“源”与“图层”是指选择颜色取样的源图像文件和源文件图层。在源图像文件中建立选区后，若需要从该选区中进行颜色取样，可以在对话框中选择“使用源选区计算颜色”复选框，将选区中的颜色进行计算调整。在目标文件中建立选区后，选择“使用目标选区计算调整”复选框，可使用该选区中的颜色进行计算调整。

15.4 图层

在 Photoshop CS6 中图层是非常重要的概念，所有的图像文件的制作和编辑都会用到图层。图层的运用主要包括创建不同的图层和图层组、调整图层样式和混合模式等。在制作图像时，可以将图像中的不同图像部分存放在不同图层中，以便调整而不影响其他图层上的图像。

在对建筑效果图进行后期处理时，需要在建筑模型的基础上添加相关配景图像，从而形成一幅完整的建筑效果图。而这些相关配景图像在建筑效果图中有其特定的大小、位置和前后顺序，因此图层概念在建筑效果图后期处理中显得尤其重要。

15.4.1 图层的基本概念

通俗地讲，图层就像是含有文字或图形等元素的胶片，一张张按顺序叠放在一起，组合起来形成图像的最终效果。图层可以将图像上的元素精确定位。图层中可以加入文本、图片、表格等，也可以在里面再嵌套图层。

图层具有独立性、透明性和叠加性的特点。比如，在一张张透明的玻璃纸上作画，透过上面的玻璃纸可以看见下面纸上的内容，但是无论在上一层上如何涂画都不会影响到下面的玻璃纸，上面一层会遮挡住下面的图像。最后将玻璃纸叠加起来，通过移动各层玻璃纸的相对位置或者添加更多的玻璃纸即可改变最后的合成效果。这就是对图层特点的简单比喻。

图层面板是对图层进行编辑操作时必不可少的工具，几乎所有的图层操作都离不开它。执行“窗口/图层”，打开图层面板，一般 Photoshop CS6 的图层面板是默认打开的。如图 15-17 所示。

图层的种类有很多，主要有背景图层、普通图层、填充图层、调整图层、形状图层、文字图层。了解不同图层的区别，有助于我们灵活运用各种图层的特点编辑图像，制作出精美的效果图。

背景图层是指图层面板的最下方带锁的图层，该图层不能移动，也无法更改图层透明度。每个图像只能有一个背景图层，它可以与普通图层互换，但不可以与其他图层交换顺序。

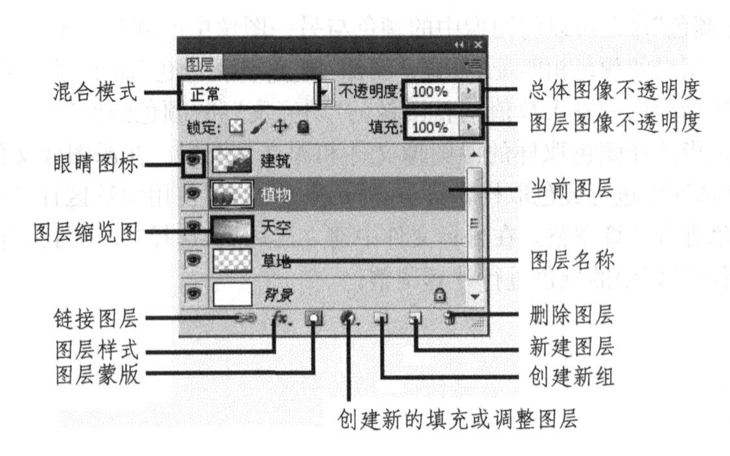

图 15-17 图层面板

如果需要对背景图层进行操作必须将其转换为普通图层，即先要对它解锁。执行菜单“图层/新建/背景图层”或者在图层面板中双击背景图层，在弹出的对话框中输入图层的名称，就将图层转换成普通图层了，此时背景图层中的锁定按钮就不见了，可以对该图层进行编辑。

普通图层，在对图像文件进行编辑时常用的就是普通图层，它用于存放图像的最基本图层。在这个图层中可以对图像的颜色、形状等进行调整，还可以为其添加蒙版来隐藏图像的显示区域。执行菜单“图层/新建/图层”或者在图层面板中单击新建按钮 ，弹出对话框设置普通图层的名称、颜色等。

填充图层是指对图像或选区进行填充的图层，填充图层分为纯色、渐变和图案填充图层。使用填充图层除了对单一的形状选区进行填色外，还可以为图像添加单色效果，可以结合图层的“不透明度”和混合模式进行设置。

调整图层可以保存对图像进行颜色调整的数据，以方便对该图像进行多次调整。在对图像进行调整时，可将调整参数保存为调整图层。

形状图层，使用钢笔工具组合自定义形状工具组时，在属性栏中单击“形状图层”按钮 ，然后在图像窗口中绘制形状，可以在图层面板中自动生成形状图层。

文字图层，使用文字工具在图像中输入文字后，会在图层面板中自动生成文字图层。在将该文字变形后，图层的缩览图会自动转换为“指示变形文字图层”缩览图。

15.4.2 图层的基本操作

1) 新建图层

在 Photoshop CS6 中新建图层的方法有很多种，包括在图层面板中新建、使用命令新建、编辑图像的过程中新建等。新建图层的方法有：

(1) 打开图层面板，单击面板中新建图层按钮 ，即可在当前图层上面新建一个图层，新建图层会自动生成为当前图层。如果要在当前图层的下面新建图层，可以按住“Ctrl”键单击 。但是背景图层下面不能新建图层。

(2) 如果要在新建图层的同时设置图层的属性,可以执行菜单“图层/新建/图层”命令,或者按住“Alt”键单击新建图层按钮 ,在“新建图层”的对话框中进行名称、颜色、混合模式的设置。

(3) 在图像中创建选区,执行菜单“图层/新建/通过拷贝的图层”命令,或者按“Ctrl+J”快捷键,可以将选区内的图像复制到一个新的图层,原图层保持不变。如果没有创建选区,执行该命令可以快速复制当前图层。

(4) 在图像中创建选区,执行菜单“图层/新建/通过剪切的图层”命令,或者按下“Shift+Ctrl+J”快捷键,即可将选区内的图像从原来图层剪切到一个新图层。

2) 复制图层

在同一图像中复制包括背景在内的任何图层,还可以将任何图层从一个图像复制到另一个图像,从而在图像中添加多个图层。复制图层的常用方法如下:

(1) 选择要复制的图层,执行菜单“图层/复制图层”命令,在弹出的对话框中设置图层名称,单击“确定”按钮完成图层的复制。

(2) 在图层面板上单击当前图层,按住鼠标左键拖动至图层面板底部的新建图层按钮 上,松开鼠标,即可在当前图层的上方复制一个副本图层。

(3) 选择要复制的图层,使用移动工具 ,按住“Alt”键的同时,单击并拖拽图像,即可得到该图层的副本图层。

(4) 在图层面板上,选择要复制的图层,右击出现快捷菜单,选择“复制图层”命令,即可复制该图层。

3) 删除图层

用 Photoshop CS6 处理图像时,当图层不需要了要将其删除,以减小工作文件的大小。删除图层的方法有:

(1) 执行菜单中“图层/删除/图层”命令 ,出现提示框,单击“是”按钮完成删除图层。

(2) 选择要删除的图层,单击图层面板中的“删除图层”按钮 ,或将图层拖拽至“删除图层”按钮 上,弹出提示框,单击“是”按钮完成删除图层。

(3) 在图层面板上,选择要删除的图层,右击出现快捷菜单,选择“删除图层”命令,即可删除该图层。

4) 调整图层顺序

在图层面板中,图层是按照创建的先后顺序堆叠在一起的。将一个图层拖动到另一个图层的上面或下面,即可调整图层的堆叠顺序。调整图层的顺序会影响图像的显示效果。如图 15-18 所示。

在图层面板中还可以执行菜单“图层/排列”命令来调整图层的顺序。如图 15-19 所示。

5) 锁定图层

锁定图层可以保护全部或部分图层属性不被编辑,比如图层的透明区域、图像的像素和位置等,可以根据需要锁定图层的不同属性,以免因编辑操作失误而对图层的内容造成修改。在 Photoshop CS6 中提供 4 种锁定方式,如图 15-20 所示。

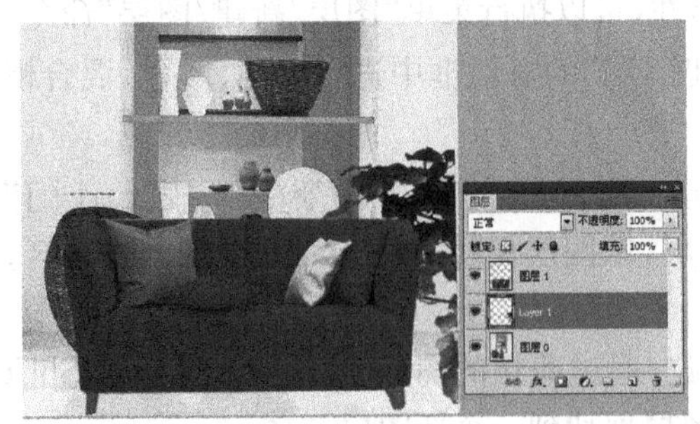
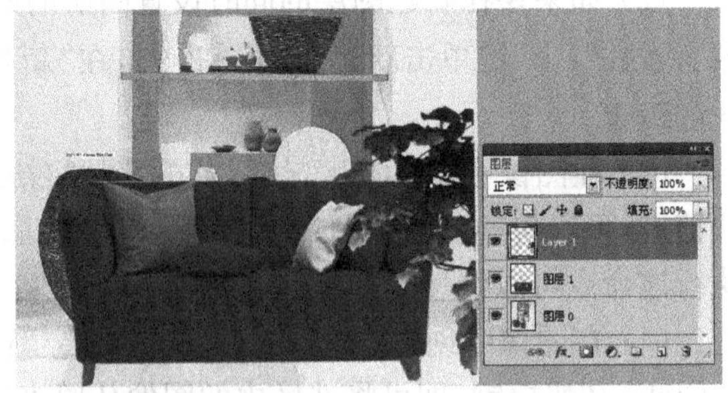

图 15-18 调整图层顺序

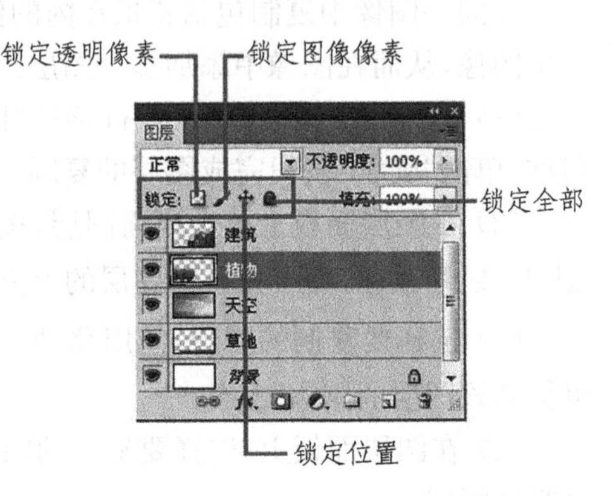

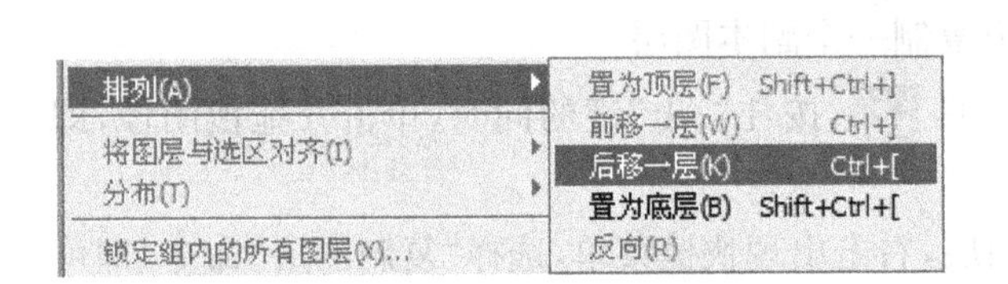

图 15-19 "图层/排列"命令

图 15-20 锁定图层

6) 合并图层

建筑效果图的后期处理往往都是复杂的多图层图像，图像文件比较大，对系统资源的占用也较多，也会导致计算机运行速度变慢。因此通常在确定图层内容后，会将一部分或全部图层合并成一个图层，以降低图像文件的大小，减少对系统资源的占用，便于管理并提高程序的运算速度。

在菜单"图层"中有 4 种合并图层的方式，分别是合并图层、向下合并图层、合并可见图层、拼合图像。

合并图层，在图层面板中选择 2 个或 2 个以上的多个图层，然后执行菜单"图层/合并图层"命令，合并后的图层使用上面图层的名称。

向下合并图层，如果要将一个图层与其下面的图层合并，选择该图层，执行菜单"图层/向下合并"命令，或者按"Ctrl＋E"快捷键，合并后的图层使用下面图层的名称。

合并可见图层，执行菜单"图层/合并可见图层"命令，或者按"Shift＋Ctrl＋E"快捷键，图层面板中可见的图层会合并到背景图层中去。

在合并图层中要注意的是，在保存合并文件后，将不能恢复到未合并时的状态，图层的合并是永久性的。另外，不能将调整图层或填充图层用作合并的目标图层。

拼合图像，执行菜单"图层/拼合图像"命令，可以缩小文件大小，将所有可见图层合并到背景图层中并弹出提示框询问是否扔到隐藏的图层。

7）图层蒙版

在建筑效果图的后期制作中，通常在普通图层上添加图层蒙版，然后通过调节蒙版的不同灰度来合成图像。当然，Photoshop CS6 也会自动为一些图层添加蒙版，如调整图层、填充图层等。

图层蒙版原理是将不同的灰度值转化为不同的透明度，并作用到它所在的图层，使图层不同部位的透明度产生相应的变化，从而控制图层中图像的隐藏和显示。蒙版中的纯白色区域可以遮盖下面图层中的图像，只显示当前图层中的图像；蒙版中的纯黑色区域可以遮盖当前图层中的图像，显示出下面图层中的内容；蒙版中的灰色区域会根据灰度值使当前图层中的图像呈现出不同层次的透明效果。

创建图层蒙版包括多种方法，最简单的方法即单击图层面板底部的“添加图层蒙版”按钮。如果图像中有选区，直接单击“添加图层蒙版”按钮，在图层蒙版中，选区内部呈白色，选区的外部呈黑色。此时黑色部分被隐藏。如图 15-21 所示。

图 15-21　创建图层蒙版

在效果图后期处理时，如果要隐藏当前图层中的图像，可以将蒙版涂抹成黑色，如图 15-22 所示。如果要显示当前图层中的图像，可以将蒙版涂抹成白色，如图 15-23 所示。

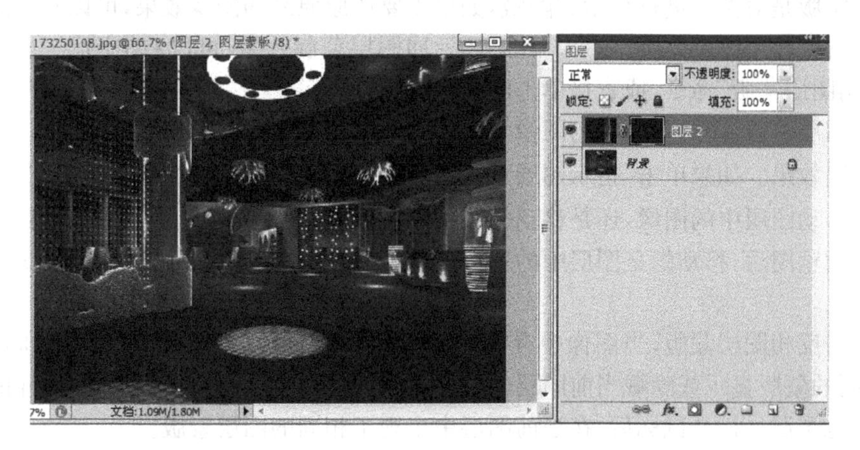

图 15-22　将蒙版涂抹成黑色

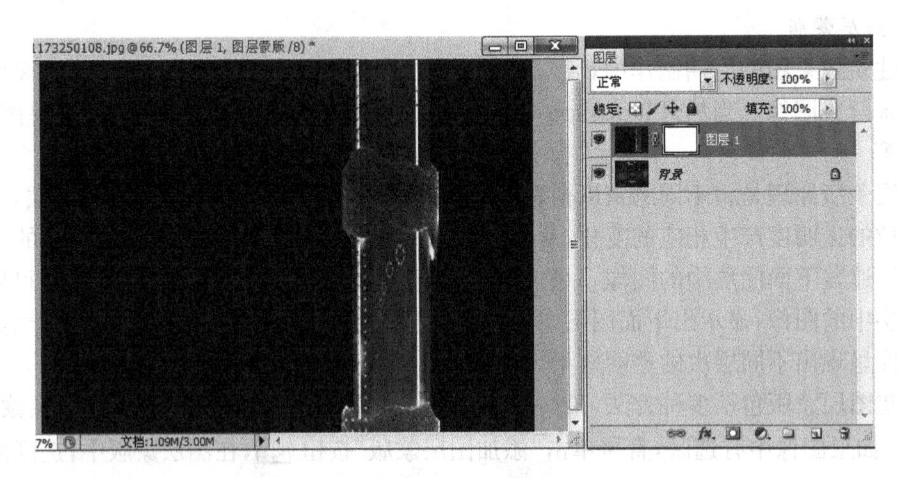

图 15-23　将蒙版涂抹成白色

如果要使当前图层中的图像呈半透明效果，则将蒙版涂抹成灰色，如图 15-24 所示。

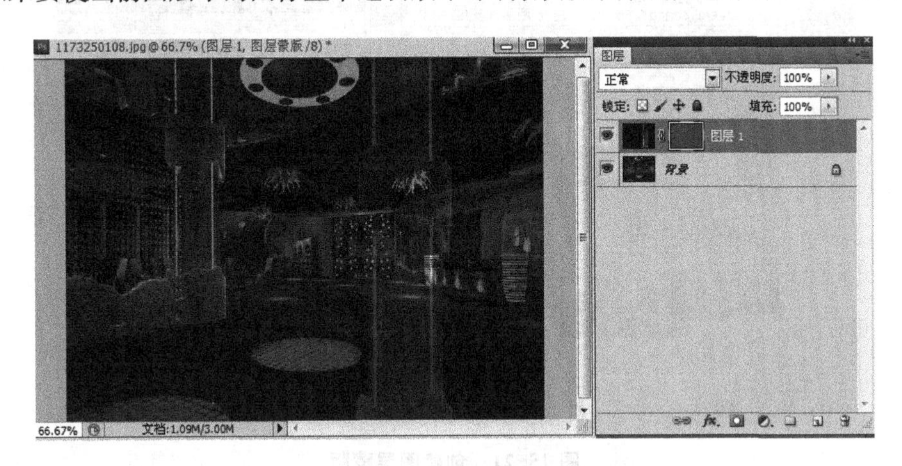

图 15-24　将蒙版涂抹成灰色

如果要使当前图层中的图像呈渐变透明效果，则将蒙版涂抹成渐变，见彩图 3。

图层蒙版是对图像进行显示和隐藏，如果需要还原原来的图像效果，可以右击图层蒙版缩览图，执行“停用图层蒙版”命令。如果要返回图层蒙版效果，可以右击图层蒙版缩览图，执行“启用图层蒙版”命令，或直接单击图层蒙版缩览图。

移动图层蒙版，图层蒙版中的图像与图层中的图像为链接关系，无论移动哪个图像，均会出现相同效果。如果单击“指示图层蒙版链接到图层”图标，使图层蒙版与图层分离，此时无论是移动图层中的图像，还是移动蒙版中的图像，均会使显示范围与图像错位（注：此时单击图层缩览图后，移动的是图层中的彩色图像，而单击图层蒙版缩览图后，移动的是蒙版中的图像）。

复制与反相图层蒙版，当图像中存在多个图层时，还可以将图层蒙版复制到其他图层中，以相同的蒙版显示或隐藏当前图层内容。操作方法是按住“Alt”键，单击并且拖动图层蒙版到其他图层。松开鼠标后，在当前图层中出现了相同的图层蒙版。

如果需要对当前图层执行蒙版的反相效果，按住“Shift＋Alt”键拖动图层蒙版到需要添加蒙版的图层，此时当前图层添加的是颜色相反的蒙版。

15.5 Photoshop CS6 在平面效果图中的运用

15.5.1 从 CAD 打印输出 EPS 文件

在 Photoshop CS6 中制作平面效果图，首先必须将建筑户型平面图从 AutoCAD 中导出为 Photoshop 可识别的格式，这是非常重要的步骤。从 AutoCAD 中导出文件到 Photoshop 中，可以输出为 TIF、BMP、JPG 等位图格式，但是文件量相对比较大。因此，这里我们主要学习输出为 EPS 矢量图形格式，因为它的文件量小，还可以设置精确的出图分辨率。具体方法为：

(1) 在 CAD 中添加 EPS 虚拟打印机。

(2) 将 CAD 文件输出为 EPS 文件格式。

具体步骤如下：

(1) 首先在 CAD 中打开需要打印输出的平面布置图，用矩形绘制一个比平面布置图略大的矩形框，用来确定打印范围。

(2) 在图层栏中关闭“尺寸标注”、“文字”、“轴线”等图层，只保留“墙体”、“门”、“窗”、“楼梯”这些图层。

(3) 执行菜单中“文件/打印”命令，弹出打印窗口，在“打印机/绘图仪”下拉列表中选择前面已经添加了的“EPS 绘图仪”作为虚拟打印输出设备。

(4) 在“图纸尺寸”下拉列表中选择“ISOA3(420.00 mm×297.00 mm)”图纸。

(5) 在“打印区域/打印范围”下拉列表中选择“窗口”后，在绘图界面上用十字光标分别捕捉矩形框的两个对角点，指定该矩形区域为打印范围。在“打印比例”选项中选择“布满图纸”项，自动调整图纸比例。在“打印偏移”选项内选择“居中打印”项。

(6) 在预览图纸打印范围无误后，单击“确定”按钮开始打印。此时，系统自动弹出“浏览打印文件”对话框，选择“封装 PS(*. eps)”文件格式，设定存储路径和文件名称，单击“保存”按钮，完成打印输出。

(7) 用上述同样的方法将 CAD 平面布置图中的地面、家具、文字、标注等图层部分分别打印输出为 EPS 文件。

15.5.2 制作墙线与墙体

1) 制作墙线

(1) 执行菜单“文件/ 打开”命令，在弹出的对话框中选择从 CAD 输出的“墙体. eps”文件，点击“打开”按钮。

(2) 在弹出的“栅格化 EPS 格式”对话框中根据平面图的需要设置图像大小、分辨率，将模式改为“RGB 颜色”，单击“确定”按钮。栅格后得到一个背景色为透明的，且只有一个图层的线条图像窗口，而且图层中的线条还不是很清晰。

(3) 在图层面板中双击“图层 1”，将图层重命名为“墙线”。

(4) 按住“Ctrl”键，单击图层面板上的新建图层按钮，在“墙线”图层下面新建一个图层，重命名为“背景”图层。设置前景色为白色，按住“Alt＋Delete”快捷键将“背景”图层填充为白色。效果如图 15-25 所示。

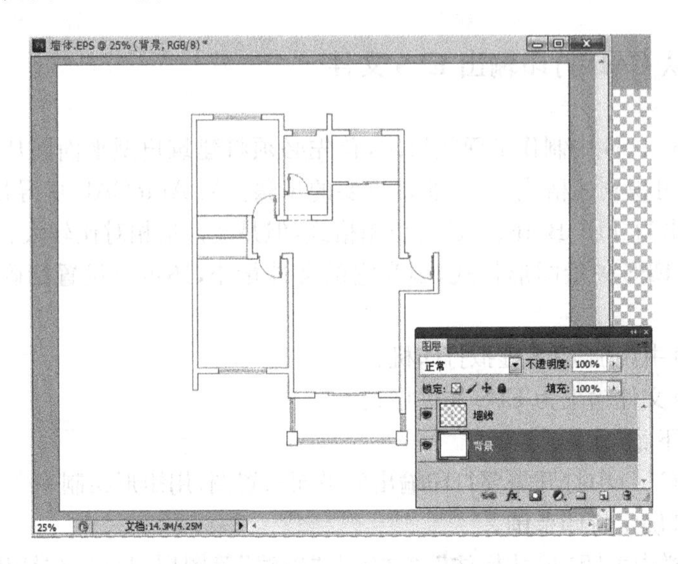

图 15-25　背景填充为白色的效果

(5) 为了使墙线更清晰，可以将图层面板中的“墙线”图层多复制几层，然后将它们合并图层。

(6) 选择“墙线”图层为当前图层，按住“Ctrl＋U”键打开“色相/饱和度”对话框，将明度值调整为－100，此时的墙体线更加清晰。

(7) 确定“墙线”图层为当前图层，单击图层面板上的锁定按钮，将图层保护起来避免操作失误。

(8) 同法可以将含有家具的 EPS 文件栅格化为 Photoshop 可以处理的位图图像，再进行修复，并按住“Shift”键移动至“墙线”图像窗口对齐。

2) 填充墙体

为了更好、更形象地表现出房间的结构，墙线制作完成后要填充墙体和阳台、窗户等，并要使用不同的色彩填充。

(1) 确定“墙线”图层为当前图层，选择魔棒工具，在图像中按住 Shift 键单击选中所有的墙体。

(2) 按住“Ctrl＋Shift＋N”键，新建“墙体”图层，并选择“墙体”图层为当前图层。

(3) 设置前景色为黑色，按住“Alt＋Delete”键完成墙体的填充。如图 15-26 所示。

(4) 选择“墙线”图层，按住“Ctrl”键单击图层面板上的新建按钮，在“墙线”图层下方建一个新图层，命名为“窗户玻璃”图层。

(5) 使用矩形选框工具 在窗户的区域创建选区。

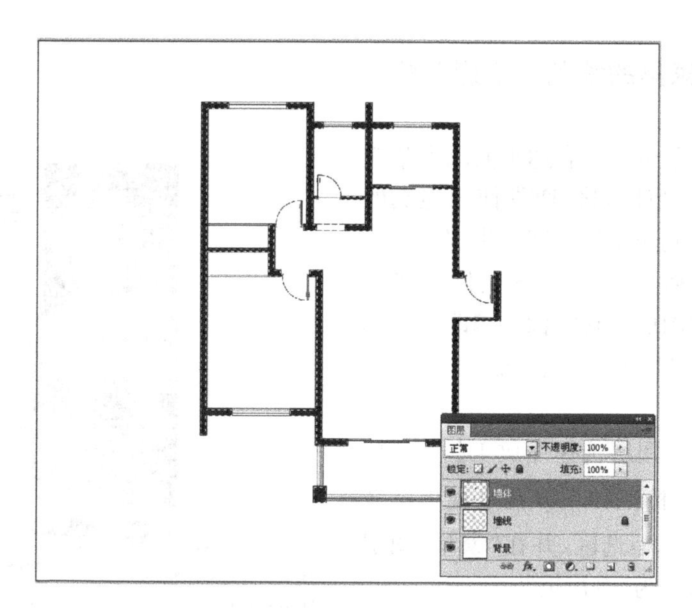

图 15-26 墙体填充效果

(6) 设置前景色为浅蓝色,使用渐变工具 对选区进行填充,并将"窗户玻璃"图层的不透明度设为 75%,用上述方法将所有的窗户进行填充。

15.5.3 制作地面材质

在平面效果图的制作中,地面起到主要的分隔空间的作用。每一空间区域地面的填充要根据设计的要求和风格,准确地使用填充材质。比如客厅需要明亮整洁,一般用玻化砖或大理石,色调相对偏冷色;而卧室需要私密温馨,一般用木地板或地毯,色调相对偏暖色。

在制作地面的材质填充时,首先选择地面区域要准确,对于封闭的区域一般采用魔棒选择工具,未封闭的区域先绘制线条封闭,或结合矩形选框工具 和多边形套索工具 。确定准确的地面选区后,可以通过"编辑/定义图案"后再使用"图层样式/图案叠加"命令来制作不同区域的地面材质。这种方法可以随意调节图案的缩放比例,而且可以方便在各图层之间复制,还可以将样式以单独的文件进行保存,以备调用。

(1) 打开一张玻化砖的贴图素材,执行"编辑/定义图案"命令,在弹出的对话框中将名称改为"玻化砖",预设缩放根据平面图比例调整,完成定义图案。

(2) 选择"墙线"图层,单击按钮 解锁,在客厅平面图上将未封闭的区域,使用铅笔工具 同时按住"Shift"键,绘制一条黑色封闭线将其封闭。

(3) 选择"墙线" 图层作为当前图层,使用魔棒选择工具 选择客厅地面,创建选区,并新建图层命名为"玻化砖地面"。设置任何一种颜色的前景色,按住"Alt+Delete"键填充选区(此步骤是关键,不能少)。

(4) 执行"图层/图层样式/图案叠加"命令,弹出对话框,在"图案"列表中选择前面定义的"玻化砖"图案,调整缩放比例为 23%,单击"确定"完成填充。

15.5.4 家具的填色与阴影制作

为了更加形象生动地表达平面图上各空间的功能与室内设计风格，通常使用逼真的装饰素材和色彩制作家具。制作步骤如下：

(1) 打开一张已经从 EPS 文件栅格化为 Photoshop 位图的家具图像。修改后移动至“墙体”图像窗口，调整好位置。如图 15-27 所示。

(2) 在“家具”图层选择缩放工具放大平面图，使用魔棒工具在电视柜区域单击创建全部电视柜选区，并在“家具”图层下方新建图层命名为“电视柜”。

(3) 打开一张大理石纹样的图片，按住“Ctrl＋A”键全选图像，再执行“编辑/定义图案”命令，在弹出的对话框中将名称改为“大理石”。

(4) 切换至平面图窗口，按住“Alt＋Delete”键用前景色填充选区。

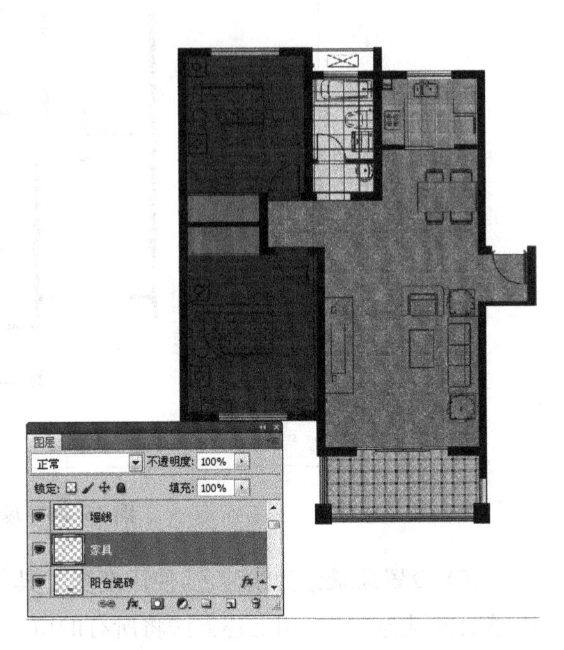

图 15-27 调入家具图像效果

(5) 执行“图层/图层样式/图案叠加”命令，弹出对话框，在“图案”列表中选择前面定义的“大理石”图案，调整缩放比例为 30%，如图 15-28 所示；同时勾选“投影”选项并设置好投影参数，最后单击“确定”完成电视柜的填充，如图 15-29 所示。

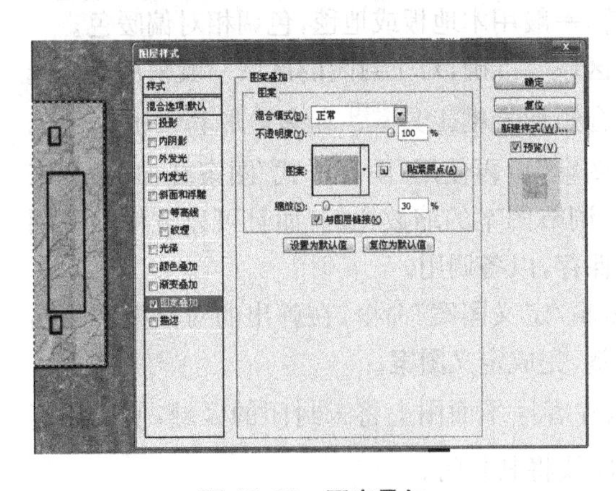

图 15-28 图案叠加

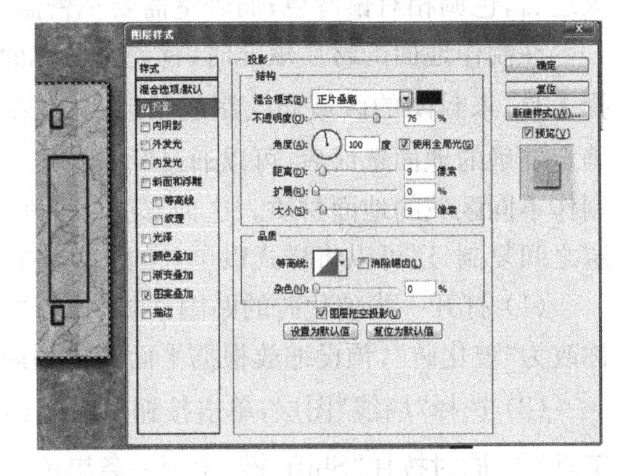

图 15-29 投影设置

(6) 通过“拷贝图层样式”命令，用同样方法制作其他家具材质，最终效果如图 15-30 所示。

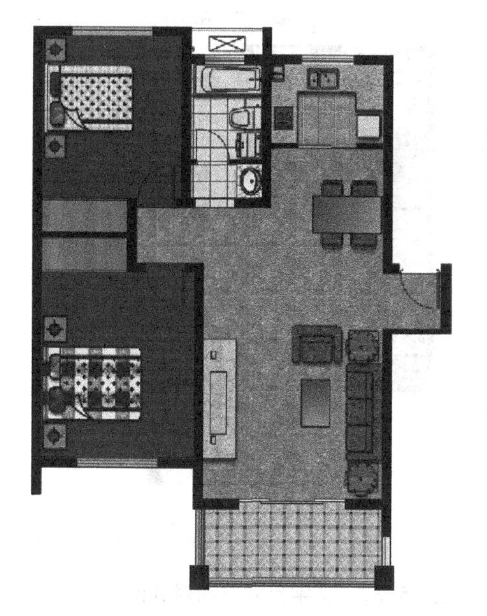

图 15-30 家具材质制作效果

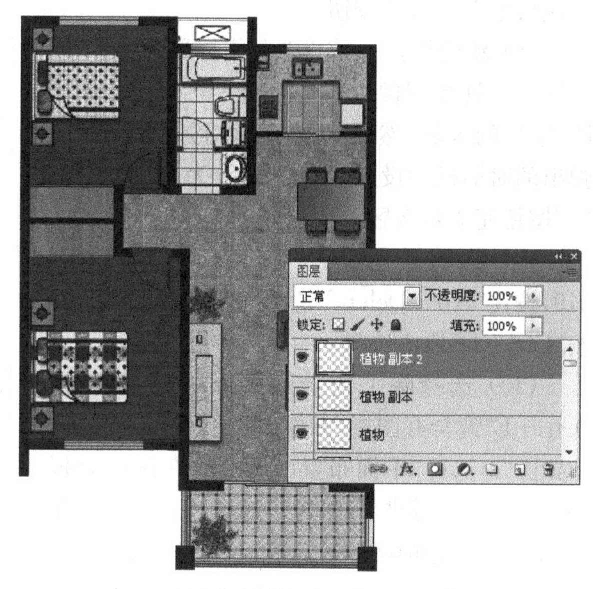

图 15-31 添加植物的效果

15.5.5 添加植物景观

添加植物景观是为了美化和充实画面的内容,使平面图更加生动。具体操作时只需要打开植物素材图片,使用移动工具将其拖动到平面图中合适的位置,用“Ctrl+T”键调整“植物”图层的大小,并将图层设置为最顶层。根据图面需要可以多复制几个图层移动到合适的位置。效果如图 15-31 所示。

15.5.6 调整图层与色调

在制作完成平面图的填充后,下面要进行添加文字、尺寸和后期整体效果处理,以达到更加完美的效果。具体步骤如下:

(1) 打开“文字和标注. eps”文件并将其栅格化。

(2) 将栅格化后的“文字标注”图层进行调色,打开“色相/饱和度”对话框,将明度值调整为-100,此时文字标注会更加清晰。

(3) 选择移动工具 ,按住“Shift”键将“文字标注”图层拖动至平面图窗口,两图像中心自动对齐,如图 15-32 所示。

(4) 按住“Ctrl +Shift+]”键将“文字标注” 图层置于图层面板的顶层,使该图层不被其他图层的图像遮挡。

(5) 选择“墙体”图层,执行“图层/图层样式/投影”命令,为“墙体”图层添加投影效果,增强平面图的整体立体感,投影方向同家具的投影方向一致。

(6) 选择背景图层为当前图层,按住“Alt+Delete”键将背景填充成浅灰色。

(7) 执行“滤镜/素描/水彩画纸”命令,在弹出的对话框中设置参数,一般采用默认值,完成后单击“确定”按钮。

(8) 新建图层命名为“羽化标题”图层，选择选框工具在图像窗口中框选“居室平面布置图”字样的区域，然后右击选择“羽化”命令，在弹出的对话框中设置“羽化半径”为 5，单击“确定”按钮完成对选区的羽化处理。

(9) 将前景色设置为 R：247/G：255/B：219，按住“Alt+Delete”键，用前景色填充选区。按“Ctrl+D”取消选择。

(10) 选择除了背景图层外所有图层，按“Ctrl+E”键合并图层，并修改图层名称为“平面布置图”。选择“平面布置图”图层，在图层面板的下方单击“创建新的填充或调整图层”按钮 ，在下拉菜单中选择“色相/饱和度”命令。在弹出的对话框中设置参数增加饱和度。再次在图层面板的下方单击“创建新的填充或调整图层”按钮 ，在下拉菜单中选择“亮度/对比度”命令。在弹出的对话框中设置参数，调整亮度与对比度。调整后效果如图 15-33 所示。

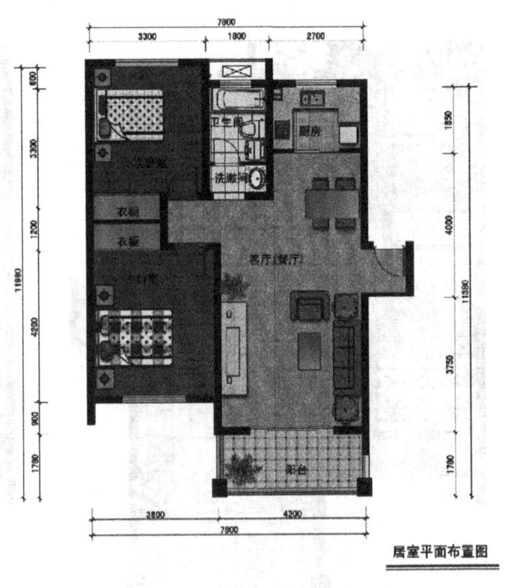

图 15-32　文字尺寸自动对齐的效果

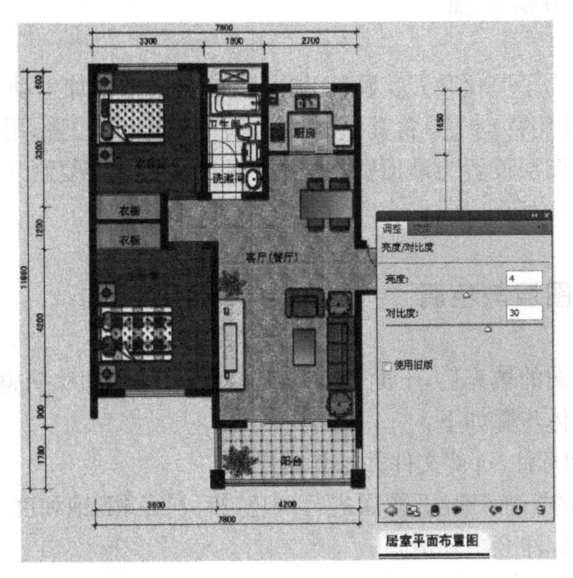

图 15-33　平面图的最终效果(见彩图 4)

15.6　Photoshop CS6 在建筑立面效果图中的运用

建筑立面效果图主要是在 Photoshop 中将 CAD 绘制的建筑立面线条图进行修饰，比如添加一些建筑材质和配景，表现出真实、逼真的彩色立面效果。下面介绍制作建筑立面效果图的方法。

15.6.1 输出建筑立面图形

（1）在CAD中打开一张别墅建筑立面图，如图15-34所示。

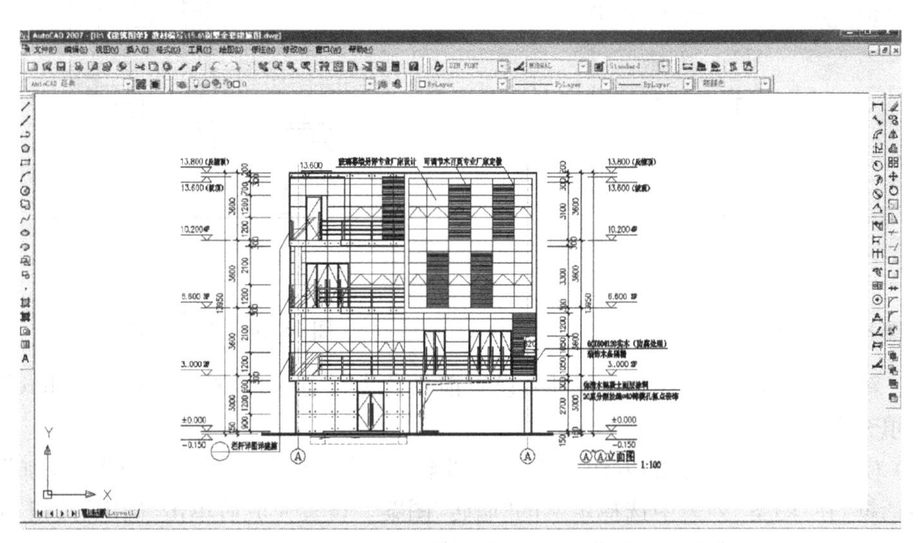

图15-34 别墅建筑立面CAD图

（2）关闭所有的轴线、尺寸标注、文字标注、填充等图层，隐藏无关内容。不能隐藏的图像直接删除。

（3）选择“文件/打印”命令，在对话框中选择“EPS绘图仪.pc3”虚拟打印机，设置图纸尺寸、打印范围、打印比例等选项。

（4）设置完成后，窗口框选打印范围后单击“确定”按钮，将文件名设为“别墅立面图.eps”并设置好存储路径，完成建筑立面图的EPS文件输出。

15.6.2 绘制墙体和门窗

（1）在Photoshop中打开前面的“别墅立面图.eps”文件，在弹出的“栅格化通用EPS格式”对话框中根据需要栅格化分辨率和模式。具体设置如图15-35所示。

（2）完成栅格化设置后单击“确定”按钮，得到一张透明背景位图图像，将该图层复制2次，并按“Ctrl+E”键合并图层，重命名为“别墅立面线框”图层。

（3）按住“Ctrl”键单击图层面板上的新建按钮，在“别墅立面线框”图层下方新建一图层，重命名为“背景”图层。

（4）将前景色设置为白色，按住“Alt+Delete”键填充“背景”图层。

（5）选择“别墅立面线框”图层为当前图层，使用选框工具和“多边形套索工具”，按住“Shift”键选择所有的墙体部分，如图15-36所示。

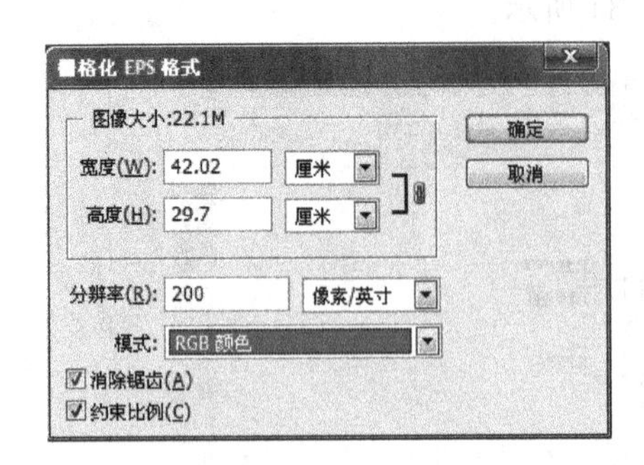

图 15-35　栅格化设置

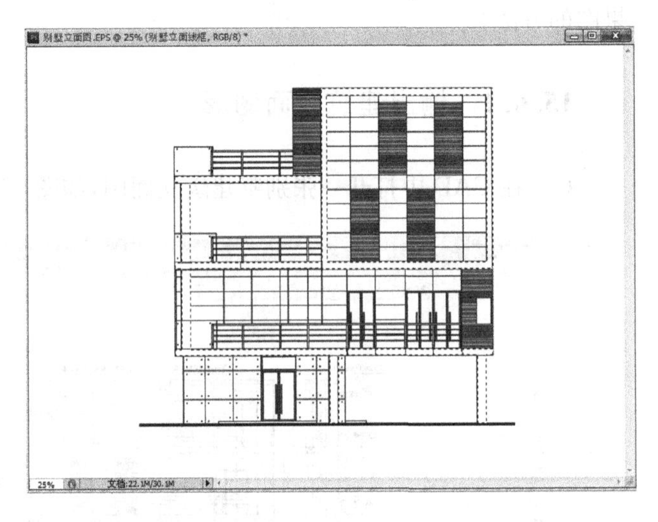

图 15-36　选择墙体

(6) 新建图层重命名为“墙砖”图层，设置前景色为任意颜色，按住“Alt+Delete”键，用前景色填充选区。

(7) 使用上一节中讲解的方法定义墙砖图案。执行“图层/图层样式/图案叠加”命令，弹出对话框，在“图案”列表中选择定义的“墙砖”图案。设置完成后单击“确定”按钮，完成墙体的填充，按住“Ctrl+D”键取消选择。效果如图 15-37 所示。

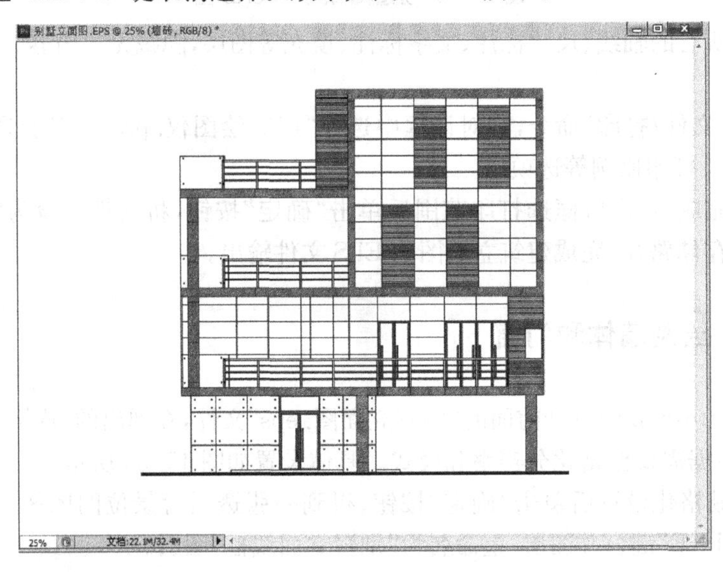

图 15-37　墙体填充效果

选择“别墅立面线框”图层为当前图层，使用选框工具 和“多边形套索工具”，按住“Shift”键选择所有的门窗框条。

(8) 新建图层重命名为“门窗框”，并调整到“墙砖”图层的下方，设置前景色为任意颜色，按住“Alt+Delete”键，用前景色填充选区。执行“图层/图层样式/图案叠加”命令，弹出对话框，在“图案”列表中选择已经定义的“不锈钢”图案进行填充。

(9) 设置完成后单击“确定”按钮,完成门窗框的填充,按住“Ctrl+D”键取消选择。效果如图 15-38 所示。

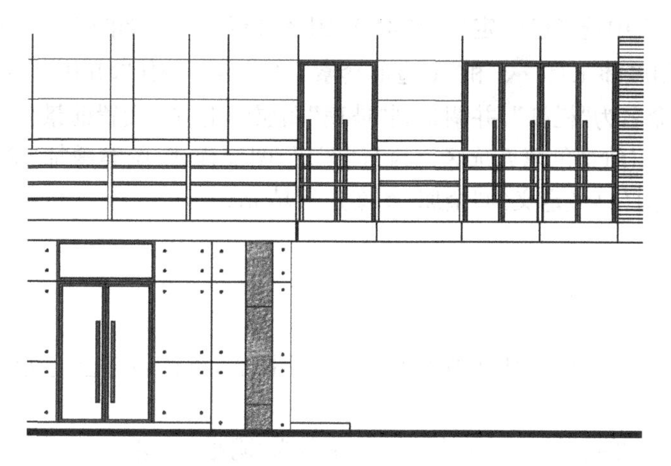

图 15-38　窗框填充效果

(10) 选择“别墅立面线框”图层为当前图层,使用魔棒工具 和选框工具 ,按住“Shift”键选择所有的玻璃。

(11) 新建图层重命名为“玻璃”,并调整到“门窗框”图层的下方,将前景色调成 R:78/G:111/B:167,背景色调成 R:215/G:209/B:116,使用渐变工具 倾斜 45°角从上至下拖动,填充后效果如图 15-39 所示。

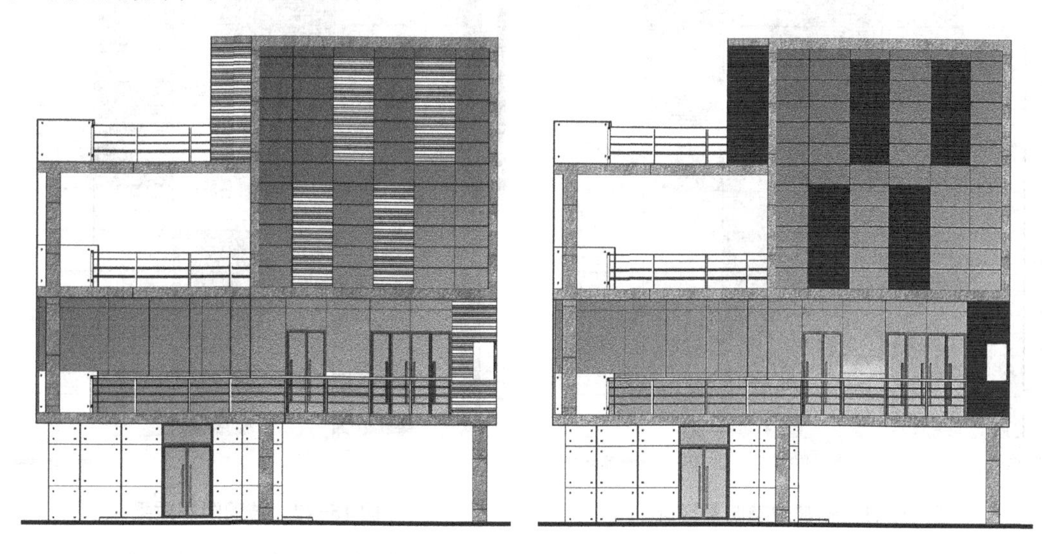

图 15-39　玻璃填充效果　　　　图 15-40　装饰百叶条填充效果

15.6.3　绘制外墙格栅和阳台栏杆

(1) 选择“别墅立面线框”图层为当前图层,使用魔棒工具 和“多边形套索工具” ,按住“Shift”键选择所有的外墙玻璃上的装饰百叶条。

(2) 新建图层重命名为“百叶”，并调整到“玻璃”图层的上方，设置前景色为任意颜色，按住“Alt+Delete”键，用前景色填充选区。执行“图层/图层样式/图案叠加”命令，弹出对话框，在“图案”列表中选择已经定义的“木纹”图案进行填充。如图 15-40 所示。

(3) 同样使用魔棒工具 和“多边形套索工具” ，按住“Shift”键选择所有的阳台栏杆。新建图层重命名为“栏杆”，并调整到“玻璃”图层的上方，设置前景色为任意颜色，按住“Alt+Delete”键，用前景色填充选区。执行“图层/图层样式/图案叠加”命令，弹出对话框，在“图案”列表中选择已经定义的“金属”图案进行填充。

15.6.4 绘制阴影及配景

外墙、门窗框等凸出的物体在玻璃上都会产生阴影，制作阴影会使立面效果图更加具有立体感和真实感。

(1) 在“门窗框”图层的上方新建一图层命名为“阴影”图层。

(2) 使用“多边形套索工具” ，在玻璃的上面和左面绘制一个阴影的区域，如图 15-41 所示。

(3) 将前景色设置为黑色，按住“Alt+Delete”键，用前景色填充选区，将“阴影”图层的不透明度设置为 70%，此时阴影效果出现，效果如图 15-42 所示。

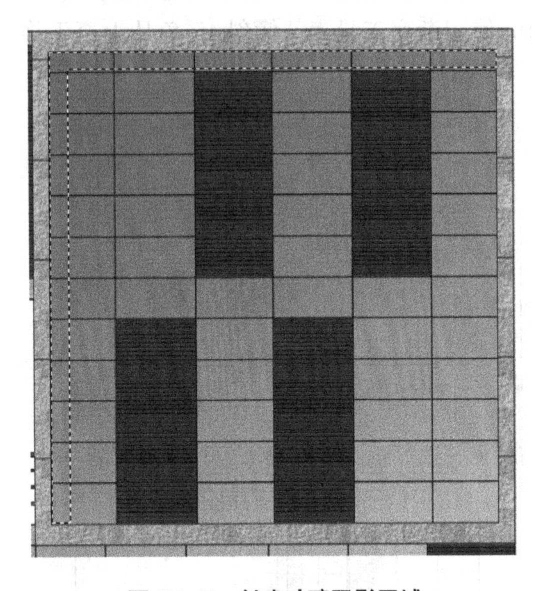

图 15-41 创建玻璃阴影区域

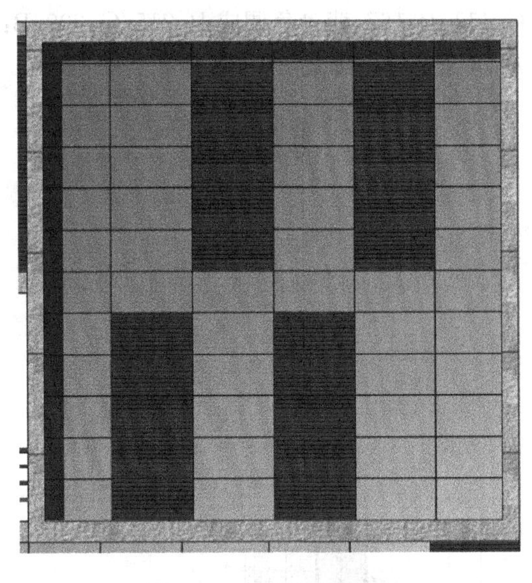

图 15-42 玻璃阴影效果

(4) 用同样的方法在一层和二层的檐口位置绘制阴影选区，填充阴影。如图 15-43 所示。

(5) 选择“门窗框”图层，单击图层面板下方的“图层样式”按钮 ，在下拉菜单中选择“投影”，单击“确定”给门窗框添加阴影。如图 15-44 所示。

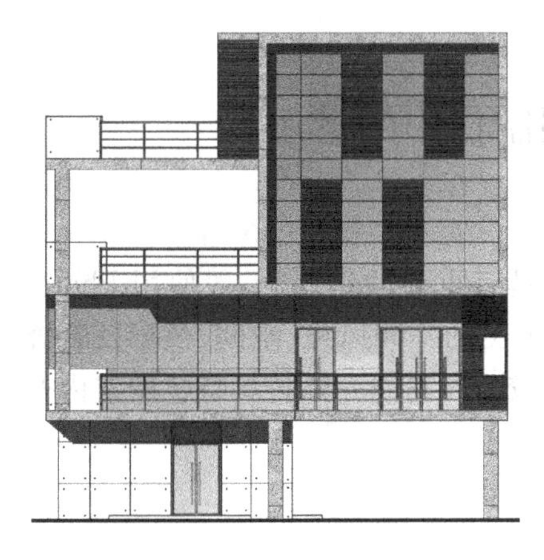

图 15-43 檐口阴影效果

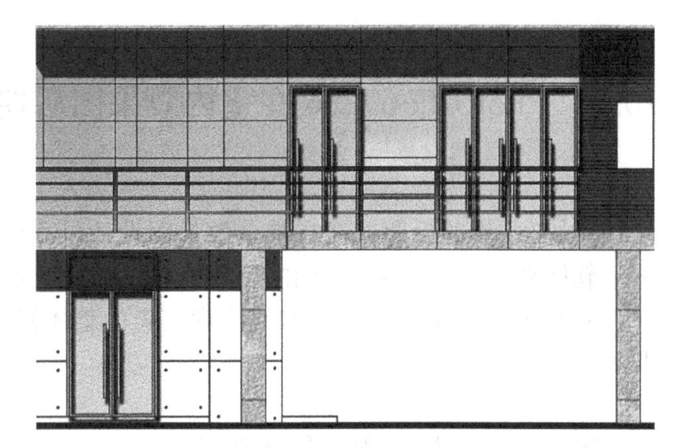

图 15-44 门窗框阴影效果

阴影制作完成后，需要为建筑加入配景，比如天空、树木、草地、人物等。

(1) 设置前景色为 R：40/G：47/B：56，背景色为 R：152/G：180/B：191。选择渐变工具，在工具箱选项栏渐变列表框中选择“前景到背景”渐变类型。

(2) 选择“背景”图层，移动鼠标从上至下拖动填充渐变色，出现天空效果，如图 15-45 所示。

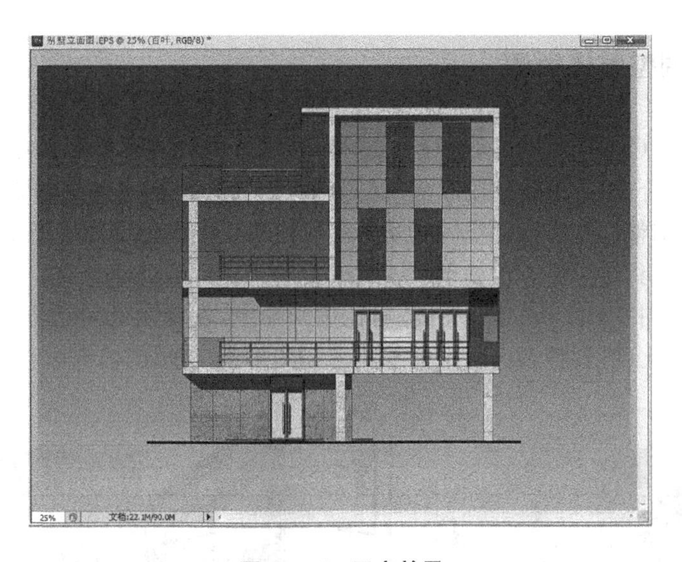

图 15-45 天空效果

(3) 打开一张“树木. psd”的素材图片，使用移动工具将其拖入到建筑立面的窗口中，将图层命名为“树木”，调至最顶层。

(4) 使用“Ctrl+T”键添加变换框，调整树木的大小，完成后按“Enter”键确认。使用移动工具，将“树木”移动到合适的位置。

(5) 同法打开“灌木. psd”、“草地. psd”、“人物. psd”和“汽车. psd”的素材图片，使用移动工具将其拖入到建筑立面的窗口中，将图层重命名。并使用“Ctrl+T”键添加变换框，调整大小，再移动到合适的位置。最终效果见彩图 5。

15.7 Photoshop CS6 在室内效果图后期制作中的运用

室内效果图的后期处理在整个效果图设计过程中具有重要的作用，一般使用 Photoshop 软件来完成。室内效果图的后期处理主要根据效果图的不同风格、空间、色彩及装饰材料来进行适当调整和修改，最终实现完美的整体视觉效果，完成一幅独具特色的室内效果图。

15.7.1 分析室内效果图渲染图

制作室内效果图先要通过三维软件建模再用渲染软件渲染才能完成。一幅渲染比较成功的室内效果图，只需要稍微对材质和灯光进行调整，加上配景就可以了。但是由于各种原因，有些渲染出来的效果图存在很多不足。比如整体画面灰暗，该亮的不亮，该暗的不暗；材质贴图的质感有问题，模糊或者比例失调；局部灯光失调，过暗或过亮，甚至该有的灯光没有；缺少植物、陈设没有生机、画面呆板等。

15.7.2 调整整体色调

在 Photoshop CS6 中打开一张渲染后的效果图，首先要观察效果图中存在的问题和缺陷，比如构图是否合适、有没有渲染缺失的部分等，因为必须将这些问题修复后才能对效果图进行整体色调调整。然后根据空间的功能和风格确定主体色调。确定主体色调后再对局部颜色进行调整。具体操作方法如下：

(1) 执行菜单中“图像/调整/(亮度/对比度)”命令，在弹出的对话框中设置参数，使效果图提亮、增加对比度，调整画面灰暗的缺陷。如图 15-46 所示。

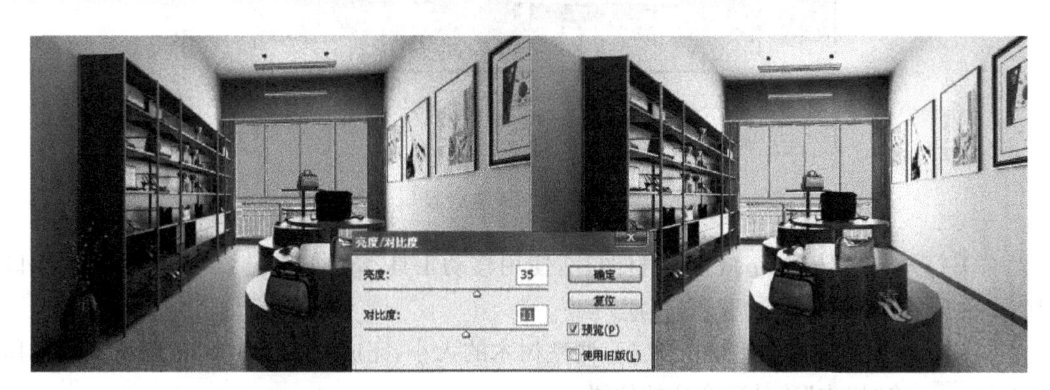

图 15-46 提亮画面

(2) 执行菜单中“图像/调整/色彩平衡”命令，在弹出的“色彩平衡”对话框中调整参数，将效果图中高光区域变成冷色调，阴影变成暖色调，加强色彩的对比。如图 15-47

所示。

(3) 执行菜单中“滤镜/锐化/USM 锐化”命令，在弹出的“USM 锐化”对话框中设置参数，使效果图中边缘更加清晰。如图 15-48 所示。

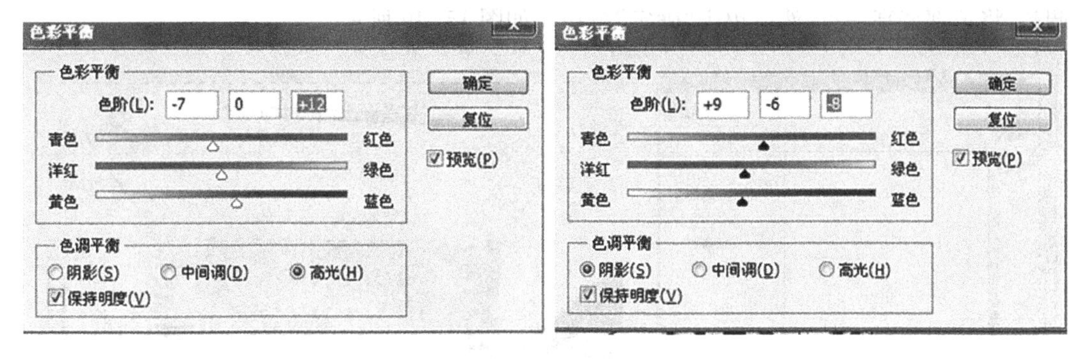

图 15-47 色彩平衡

图 15-48 调整色彩平衡前后效果

15.7.3 调整室内局部材质和灯光

制作材质和灯光是室内效果图设计的重要环节，一张出色的室内效果图离不开细腻的材质和优美的灯光照明，而两者之间又相互影响。灯光除了照明外，还可以烘托室内场景的氛围和材质的真实感，而材质的色彩、肌理都需要灯光的照明来体现。

通过三维软件制作并渲染后的效果图，在材质和灯光方面总是存在着或多或少的问题，比如材质灰暗、模糊、色彩偏差大、饱和度不够，灯光亮度不够、渲染时无光晕、局部灯光缺失等，这需要我们用 Photoshop 将效果图中的材质和灯光进行修整，以解决渲染的不足。具体操作方法如下：

1) 调整墙面材质

(1) 使用魔棒工具 在通道图层上选中所有红色墙面区域。

(2) 执行菜单中“图像/调整/曝光度”命令，在弹出的“曝光度”对话框中调整参数，使墙面的曝光趋于柔和，然后单击“确定”按钮。

(3) 执行菜单中“图像/调整/色彩平衡”命令，在弹出的“色彩平衡”对话框中调整参数，然后单击“确定”按钮。

2）调整顶面材质

（1）使用“多边形套索工具” 选择顶面。

（2）执行菜单中“图像/调整/曲线”命令，在弹出的“曲线”对话框中设置两个控制点并调整，将顶部变亮一点，然后单击“确定”按钮。如图 15-49 所示。

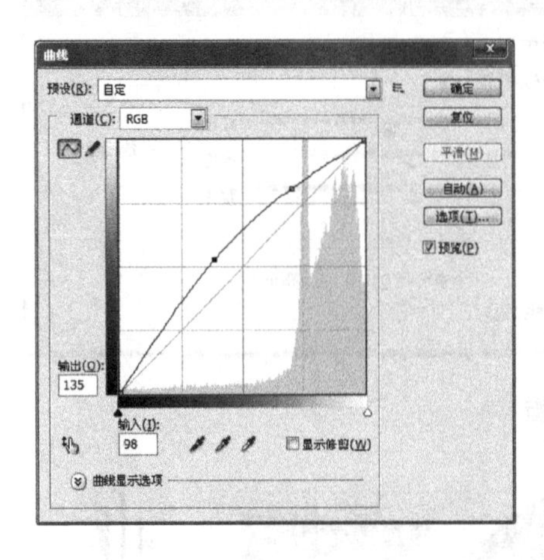

图 15-49　使用曲线调整顶部

3）调整地面材质

（1）使用魔棒工具 在通道图上选中所有的地面。

（2）执行菜单中“图像/调整/（色相/饱和度）”命令，在弹出的“色相/饱和度”对话框中设置参数。

（3）执行菜单中“图像/调整/色阶”命令，在弹出的“色阶”对话框中设置参数。

4）制作灯光

（1）使用椭圆选框工具 ，在吊顶上绘制一个椭圆，然后选择渐变工具 ，并设置选项栏中的渐变参数，如图 15-50 所示。从左至右拖动鼠标填充椭圆，如图 15-51 所示。

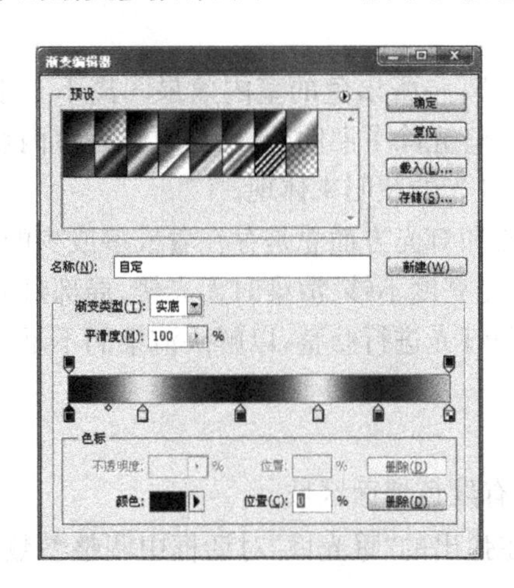

图 15-50　参数设置　　　　图 15-51　填充椭圆效果

（2）使用椭圆选框工具 绘制一个椭圆，并填充为白色。如图 15-52。

图 15-52 将椭圆填充为白色

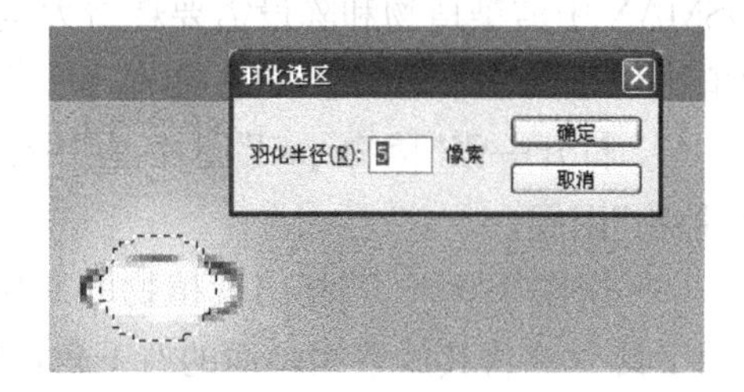

图 15-53 羽化效果

(3) 再使用椭圆选框工具 绘制一个椭圆，执行“选择/修改/羽化”，设置羽化半径为5，并填充颜色，完成后如图 15-53 所示。

(4) 执行“滤镜/消失点”命令，在弹出的页面上使用左上侧创建平面工具 ，在顶部设置筒灯的区域绘制一个透视平面。如图 15-54 所示。

(5) 使用页面左上侧矩形选框工具 在透视平面里的筒灯上绘制一个选区，设置相关参数，如图 15-55 所示。

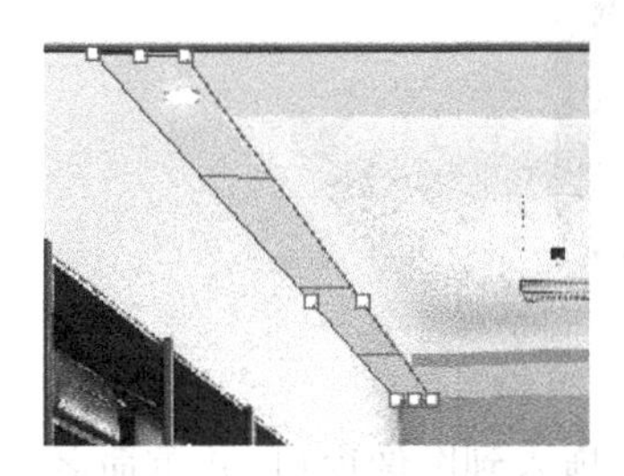

图 15-54 绘制透视平面

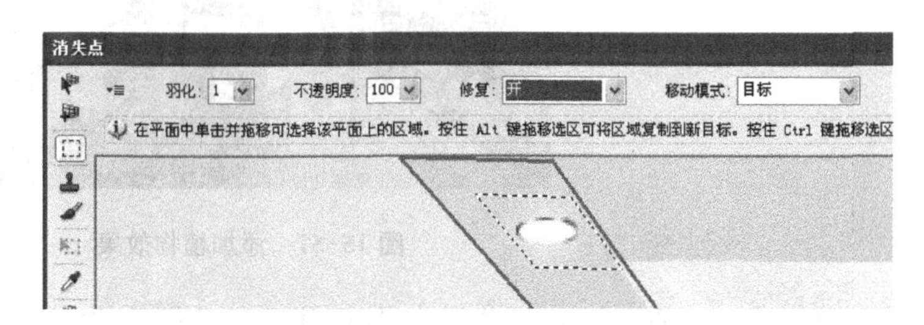

图 15-55 绘制选区

(6) 按住“Alt”键拖动选区复制筒灯，并调整位置，如图 15-56 所示。

图 15-56 复制筒灯效果

15.7.4 添加植物和陈设装饰

室内效果图中需要植物和一些室内的陈设装饰进行点缀，才能体现室内生机和灵动。

3DSMAX 中渲染植物和陈设需要耗费大量的时间和精力，因此在 Photoshop 后期处理时添加植物和陈设装饰更方便，也更能提高工作效率。

（1）打开一张“植物. psd”图片，使用移动工具 ▶✥ 将“植物”拖入到图像窗口，并重命名为“植物”图层。

（2）按住“Ctrl＋T”键出现植物的变化框，按住“Shift”键同时调整植物大小，回车后用移动工具 ▶✥ 将其放置在画面的右下角位置，如图 15-57 所示。

（3）执行菜单中“图像/调整/(亮度/对比度)”命令，再执行菜单中“图像/调整/色彩平衡”命令，在弹出的对话框中调整参数。

图 15-57　添加植物效果

（4）打开一张“窗帘. psd”图片，使用移动工具 ▶✥ 将“窗帘”拖入到图像窗口，并重命名为“窗帘”图层。

（5）按住“Ctrl＋T”键出现窗帘的变化框，执行“编辑/变换/扭曲”命令，调整窗帘的形态，并调整其位置，如图 15-58 所示。

（6）执行菜单中“图像/调整/(亮度/对比度)”命令，将窗帘调亮，并将“窗帘”图层的不透明度设置为 70%。复制图层移动至对面并修改形态，裁去多余部分。效果见图 15-59。

图 15-58　调整窗帘

图 15-59　窗帘效果

15.7.5 配景制作和最终色调调整

在室内效果图中配景的制作主要是为了烘托室内的环境和氛围，在 3DSMAX 中一般不渲染配景部分，主要还是在 Photoshop 后期处理时加入配景。配景制作后，室内效果图后期制作基本完成，这时需要合并图层，最终调整色调和艺术效果处理，作出所需要的画面效果。

(1) 打开一张“天空. psd”图片，使用移动工具将“天空”拖入到图像窗口，并重命名为“天空”图层。

(2) 将“天空”完全遮盖住窗户，选择“通道”图层为当前图层，点击眼睛图标显示“通道”图层，使用魔棒工具选择窗户区域。

(3) 点击眼睛图标先暂时关闭“通道”图层，选择“天空”图层为当前图层，点击图层面板上的“添加图层蒙版”按钮，遮挡多余的天空，效果如图 15-60 所示。

图 15-60 天空配景效果

图 15-61 添加照片滤镜

(4) 执行菜单中“图像/调整/(亮度/对比度)”命令，调整“天空”的亮度与对比度。

(5) 单击图层面板上的“创建新的填充或调整图层”按钮，在弹出的选项中选择“照片滤镜”，调整滤镜参数，通过“照片滤镜”调整色调，如图 15-61 所示。最终效果见彩图 6。

15.7.6 客厅效果图后期处理实例

客厅在人们的日常生活中使用最频繁，它具有放松、娱乐、会客、进餐等功能。现代客厅的设计有很多种风格，但大体可以概括为几种：现代简约风格、现代中式风格、东南亚风格、地中海风格、田园风格。其中现代简约风格比较常用，下面就以这种风格的客厅效果图为例，用 Photoshop 来进行后期处理。

(1) 打开一张用 3DSMAX 已经渲染好的“客厅. tif”效果图，如图 15-62 所示。

图 15-62　客厅渲染图

图 15-63　吊顶选区

(2) 将背景图层复制出背景副本图层，在彩色通道图层内用魔棒选择吊顶部分，如图15-63所示，再回到背景副本图层，按“Ctrl+J”键复制选区内容重命名为“吊顶”。

(3) 关闭“彩色通道”图层，分别执行“图像/调整/色彩平衡”命令和“图像/调整/色阶”命令，设置和效果如图 15-64 所示。

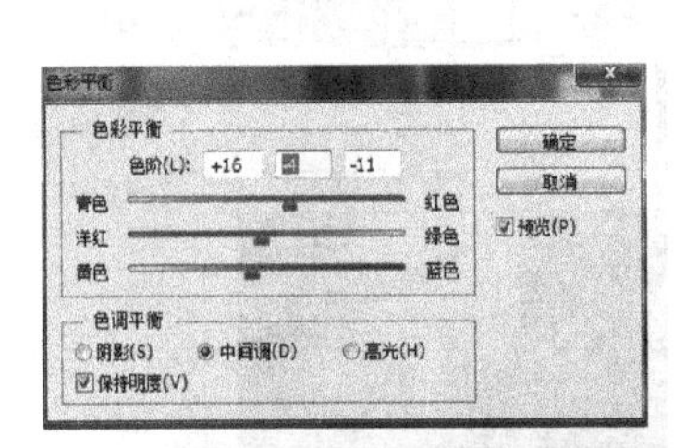

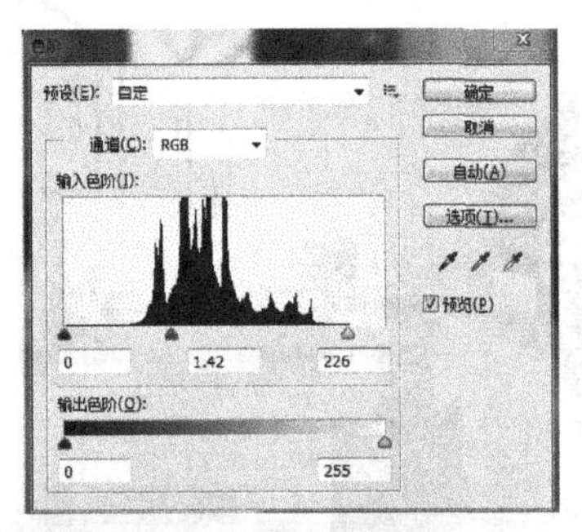

图 15-64　调整吊顶色调效果

(4) 打开彩色通道图层，用魔棒工具选择灯具金属杆部分，再回到背景副本图层，按“Ctrl+J”键复制选区内容重命名为“灯托”图层。分别执行“图像/调整/色阶”命令和“图像/调整/曲线”命令，设置和效果如图 15-65 所示。

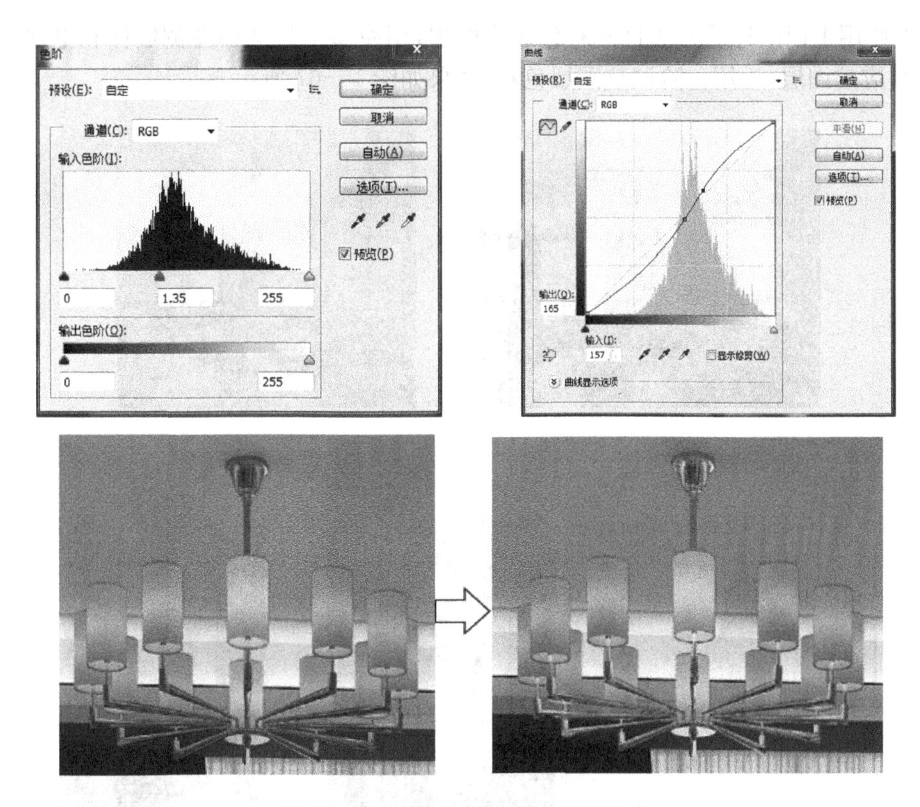

图 15-65　灯托调整设置和效果对比

(5) 同以上方法选择吊灯灯杯部分，再回到背景副本图层，按“Ctrl+J”键复制选区内容重命名为“吊灯”。分别执行“图像/调整/色彩平衡”命令和“图像/调整/色阶”命令，设置和效果如图 15-66 所示。

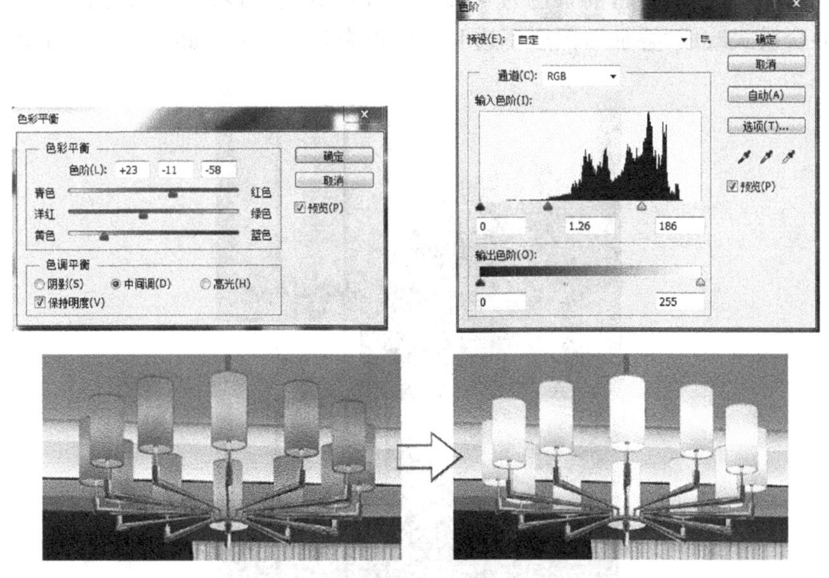

图 15-66　吊顶调整设置和效果对比

(6) 使用上面同样的方法打开彩色通道图层,用魔棒工具选择左侧墙体和电视背景墙并新建相应的图层,运用色阶调整图层色彩,效果如图 15-67 所示。

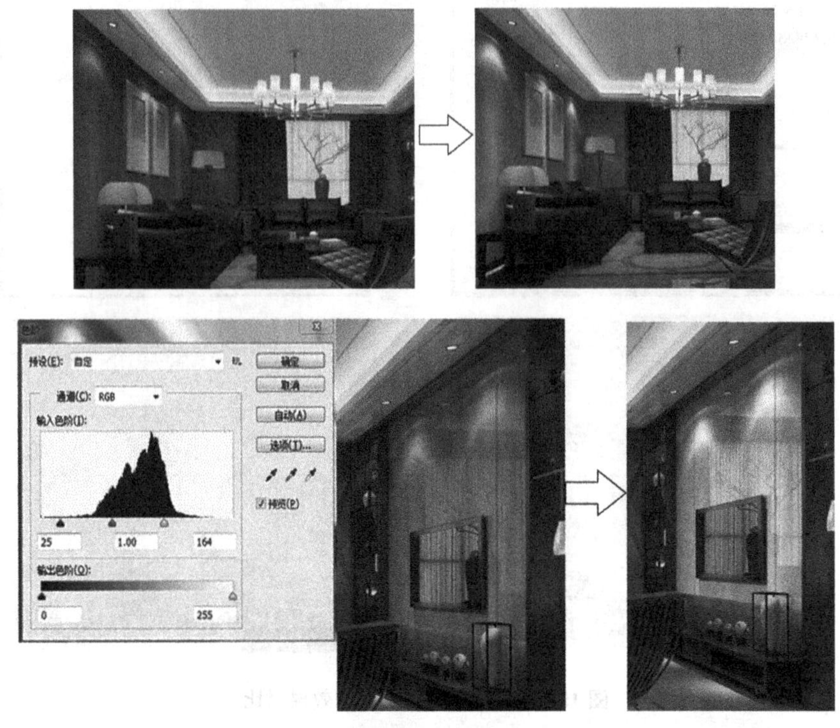

图 15-67　左侧墙体和电视墙调整色调效果

(7) 使用以上同样的方法制作沙发、地面和家具,增加对比度和亮度。

(8) 用魔棒工具选择电视背景墙下方灯带区域,新建图层重命名为“背景墙灯带”,选择柔边画笔设置大小 130 像素,前景色为＃eed1a8 浅黄颜色,沿着灯带边缘拖拉填充,然后将该图层的混合模式改成“叠加”,图层不透明度设置为 50%,效果如图 15-68 所示。

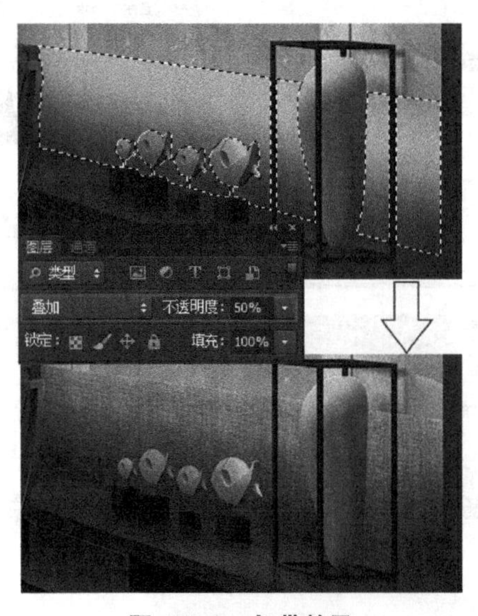

图 15-68　灯带效果

(9) 打开一张光域网灯光图片,执行"图像/调整/反相"命令,如图 15-69 所示。

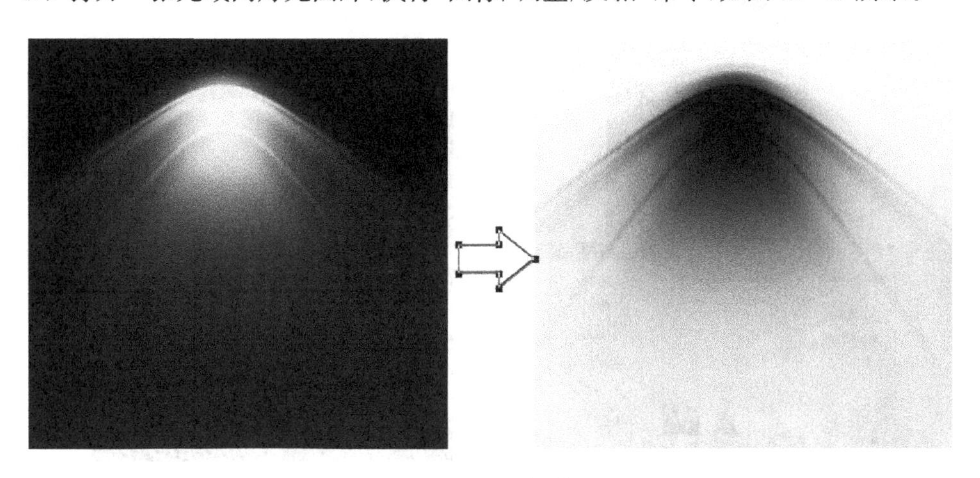

图 15-69 反相效果

(10) 执行"编辑/定义画笔预设"命令,将灯光效果设置为画笔笔刷。打开画笔工具找到刚刚定义的射灯画笔,调整颜色和大小以及不透明度,新建"射灯"图层,在图像中添加灯光效果,边缘用橡皮擦擦出柔和过渡,把图层模式改成"叠加",如图 15-70 所示。

图 15-70 射灯效果

(11) 选择椭圆选框工具,羽化值设置 10,在台灯灯罩中心创建选区,并新建图层重命名为"台灯",按"Ctrl+L"键打开色阶调整,效果如图 15-71 所示。

(12) 同样方法制作其他台灯灯光效果。按"Ctrl+Shift+Alt+E"键盖印图层,并执行"图像/调整/色彩平衡"调整画面色调,如图 15-72 所示。选择裁剪工具裁剪图像,如图 15-73 所示。客厅最终效果见彩图 7。

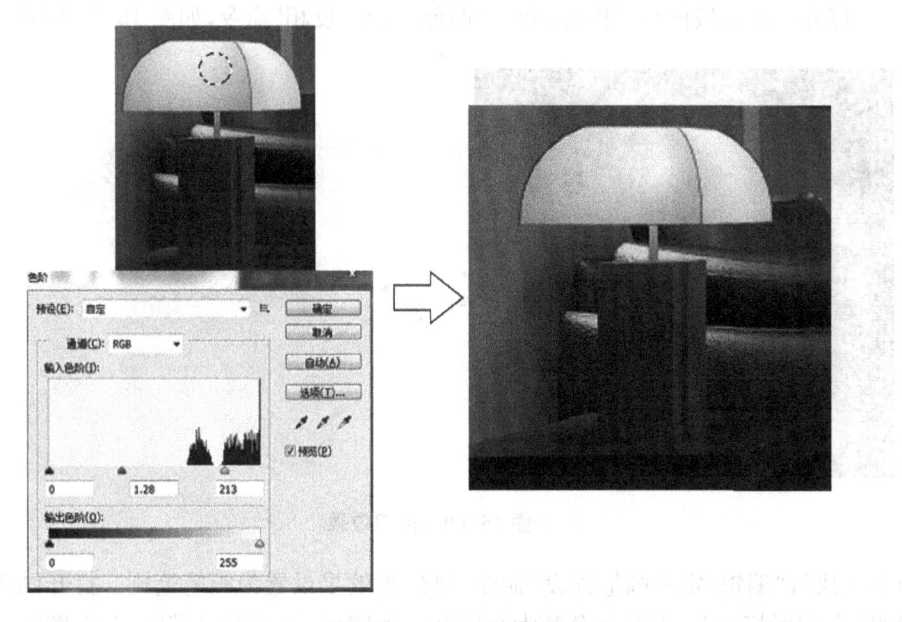

图 15-71　台灯效果

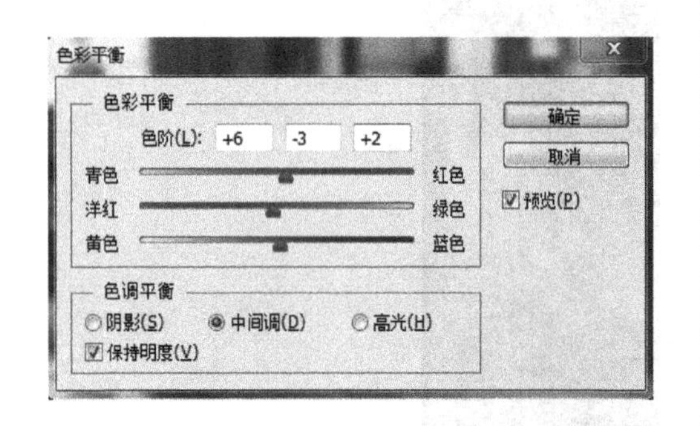

图 15-72　色彩平衡图

图 15-73　裁剪效果

15.8　Photoshop CS6 在室外效果图后期制作中的运用

15.8.1　室外效果图后期处理概述

用 Photoshop 制作室外效果图的后期处理与室内效果图没有太大差异，使用处理方法与基本命令完全相同。但是室外效果图中需要制作大量的环境配景，以模拟真实的环境来表达空间的艺术效果，这就决定了很大程度上要依赖后期处理。而这些工作都要在 Photoshop 中完成，因此学习用 Photoshop 对室外效果图进行后期处理显得尤为重要。

室外效果图的初期是通过常用的三维软件和渲染软件制作而成，如 AutoCAD、

3DSMAX、SketchUp、Lightscape 等。通过这些软件制作只能得到一个效果图的大致模型，接下来的工作就是后期处理，是对三维软件中渲染出来的效果图进行再加工，它需要以专业的美学知识为指导，以严谨的建筑、透视、环境等学科知识为基础进行工作，最大限度地将建筑的实用性与艺术性结合起来。

在后期处理的过程中具体的操作步骤和应用，大致可以分为以下方面：

(1) 修饰建筑主体。主要是针对渲染时出现的缺陷和错误，使用修复工具和颜色调整工具，修改模型或修饰灯光效果，使建筑主体各部分明暗关系和层次更加突出。

(2) 制作配景环境。从三维软件中输出的图像，往往只是效果图的一个简单的模型，场景单调、生硬，缺少层次和变化，只有当其加入天空、树木、人物、汽车等配景后，整个环境才能显得活泼有趣，富有生机。

(3) 制作特殊效果。制作特效主要分为两类：一类是为了表现特定的场景，如雨天、雪景等特殊天气的效果图；另一类是为了展示建筑物本身的特点，通过夸张的色彩、造型等内容来表现的效果图。这两类特效都是为了满足特殊视觉效果的需要。

上述 3 个方面中制作配景环境是非常重要的环节。在效果图场景中添加适当的建筑配景，能起到烘托主体建筑、营造气氛的作用。但也不可乱用滥用，应根据整体布局的需要精心选择、灵活运用，否则会喧宾夺主、适得其反。在添加配景时也要根据近景、中景和远景的透视原则统一把握整体，还要根据不同的建筑功能、环境气氛增添配景。

15.8.2 天空背景的制作

添加建筑效果图配景，首先是添加背景，以构建出效果图的整体布局和框架。添加的背景既要反映作品的环境特征，又要衬托效果图的整体气氛。一般背景采用天空的图片并结合一些与地面衔接的辅助建筑和植物图片。天空的图片分为很多种，有晴空万里，有乌云密布，要根据效果图的需要选择适合建筑功能和特点的天空背景来营造氛围。天空背景的制作方法有：

1) 直接使用成品的天空图片

打开几张不同的天空素材图像和已经渲染好的建筑效果图，选择分辨率高的天空图片。选择移动工具 将天空图片拖至建筑效果图窗口。如果天空图片比效果图大，可以使用“Ctrl+T”键缩小天空；反之，也可以放大天空图片。使用移动工具 移动天空图片，放置在合适的位置即可。

2) 绘制天空背景

在建筑效果图中，新建图层命名为“天空”，并将其置于底层。选择渐变工具 ，设置前景色为蓝色，背景色为白色。在图像中拖动鼠标，制作无云的蓝天。或者执行“编辑/填充”命令，用前景色填充背景。按住 X 键将前景色和背景色交换，选择渐变工具 ，在属性栏内将渐变类型设置为“前景到透明”，在图像中拖动鼠标即可。

15.8.3 草地和树木的制作

草地与树木配景可以使建筑与自然融为一体，因此，在室外效果图的后期处理时，必须为场景添加一些树木和草地配景。草地和树木的配置,尤其是树木,要根据树的种类、高矮、色彩进行搭配。树木配景可以分为近景树、中景树和远景树,分层处理好这3类树可以增强效果图场景的透视感。

1) 草地配景

草地的配景方法有3种:一是使用渐变工具填充,然后使用滤镜中的“添加杂色”来模拟草地的颜色;二是直接使用草地素材;三是使用几种草地素材合成。这3种方法中,前面2种较简单且效果不是很好,第三种方法较为实用且效果好。

2) 树木配景

打开素材“远景树.psd”图像文件,使用移动工具将其拖入到建筑效果图窗口,使用“Ctrl+T”键调整“远景树”大小和位置,使用同样方法调入“中景树”。使用橡皮擦工具,在属性栏内设置不透明度为20%,在树枝顶部与天空衔接的位置涂抹,使它们过渡自然。使用同样方法调入“近景树”,选择减淡工具,在画面中拖动鼠标,将近景树的受光面提亮,再利用加深工具将背光面调暗。在图层面板中复制“近景树”图层,并重命名为“近景树阴影”图层。执行菜单中“编辑/变换/扭曲”命令,制作阴影。

15.8.4 人物和汽车的配景

在室外效果图中添加人物和汽车配景要注意选择的形态和数量要与建筑风格相协调,透视关系以及比例要一致,制作的阴影要与建筑的阴影方向保持一致。下面介绍具体的制作方法。

1) 人物配景

打开人物图像素材,使用移动工具将其拖入到建筑效果图窗口,重命名为“人物”图层。使用“Ctrl+T”键调整大小和位置,对于需要调整方向的人物,单击右键在变换菜单中选择相关命令。按住“Ctrl+U”键打开“色相/饱和度”对话框,将明度和饱和度滑块调至左边,降低人物的亮度与饱和度,使其与场景和谐统一。选择“人物”图层为当前图层,按住“Ctrl+J”键复制图层重命名为“人物影子”,并调整至“人物”图层下方,制作人物的影子。

2) 汽车配景

打开汽车图像素材,使用移动工具将其拖入到建筑效果图窗口,重命名为“汽车”图层。如果是静态的汽车配景,制作方法同上面制作人物一样;如果是动态的汽车配景,需要在汽车的尾部创建选区,通过“选择/羽化”命令、“滤镜/模糊/动感模糊”命令和“滤镜/风格化/风”命令来完成。

15.8.5 别墅群效果图的制作实例

通过前面的学习,我们了解了室外效果图的后期制作过程和细节,下面以别墅群效果图的后期制作为例,连贯地讲解制作的方法与步骤,希望能对读者起到提高和巩固学习的帮助。

在别墅群效果图的后期处理中首先要注意构图，一般是以主体建筑为主，重点刻画其色彩和周边配景，其他的别墅可以复制主体建筑后将其缩小平行展开，这样的构图比较均衡稳定。另外，别墅群添加配景时要注意配景与别墅设计风格的协调性，还要注意体现优美、清净的氛围，让人产生视觉上的美感和身临其境的感觉。下面介绍别墅群效果图后期制作的方法和步骤：

(1) 在 Photoshop 中打开已经渲染输出的别墅群图像，如图 15-74 所示。按住“Ctrl”键单击通道面板上的“Alpha 1”，将别墅群载入选区。按住“Ctrl＋J”键复制别墅群，并且重命名为“别墅群”图层。

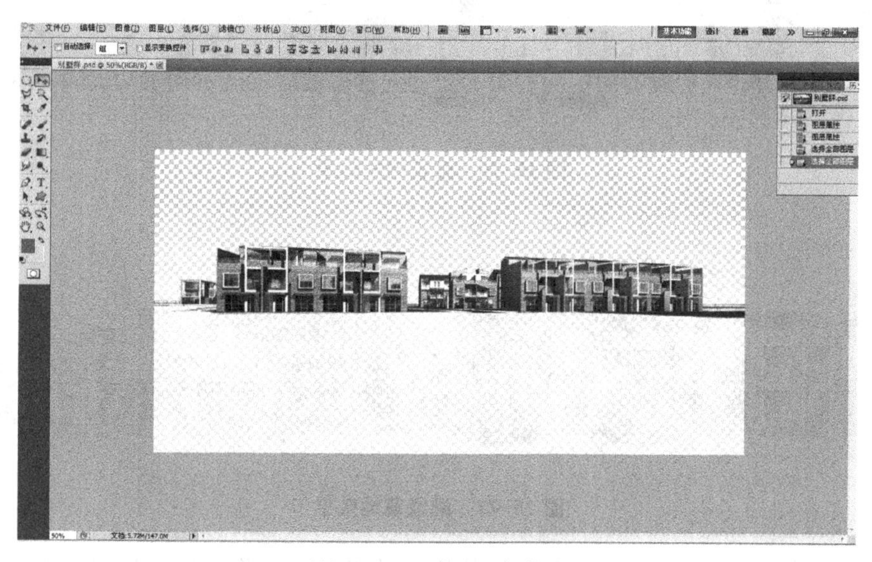

图 15-74　别墅群渲染图

(2) 打开一张天空的素材图片，选择移动工具 将天空图片拖至别墅群效果图窗口，使用“Ctrl＋T”键调整天空图片大小，并调整到合适的位置。为了增加天空的霞光效果，将前景色调成橙色，使用渐变工具 在画面上拖动出带点橙红色效果的天空。如图 15-75 所示。

(3) 打开素材“远景树”和“远景房子”图像文件，使用移动工具 将其拖入到建筑效果图窗口，使用“Ctrl＋T”键调整“远景树”大小和位置。使用橡皮擦工具 ，在属性栏内设置不透明度为 20%，在树枝顶部与天空衔接的位置涂抹，使它们过渡自然。使用同样方法添加“中景树”的配景，调整大小和位置至别墅的前面和周围，并打开“色彩平衡”调整色调使其符合整个环境。使用同样方法添加矮树和灌木的配景，效果如图 15-76 所示。

图 15-75　天空效果

(4) 打开素材“草地 1.jpg”图像文件，使用移动工具 将其拖入到别墅效果图窗口，将图层命名为“草地 1”。按回车后，移动“草地 1”至灌木丛下方。打开素材“草地 2.jpg”图像文件，使用移动工具 将其拖入到别墅效果图窗口，将图层命名为“草地 2”。按回车后，移动“草地 2”至“草地 1”下方，并将两图层合并。如图 15-77 所示。

图 15-76　配置树木效果

图 15-77　配置草地效果

(5) 打开素材“湖面 1.jpg”图像文件，使用移动工具 将其拖入到别墅效果图窗口，将图层命名为“湖面 1”。调整湖面的位置，并执行“亮度/对比度”命令，调整亮度与对比度，并将“湖面 1”图层调至“草地”图层下方。如图 15-78 所示。

图 15-78　制作湖面 1 效果

(6) 打开素材“湖面 2.jpg”图像文件，使用移动工具 将其拖入到别墅效果图窗口，将图层命名为“湖面 2”。如图 15-79 所示。

(7) 使用橡皮擦工具 ，在属性栏内设置不透明度为 20%，在“湖面 2”与“湖面 1”上部重叠的位置涂抹，使它们过渡自然。如图 15-80 所示。

图 15-79　制作湖面 2 效果

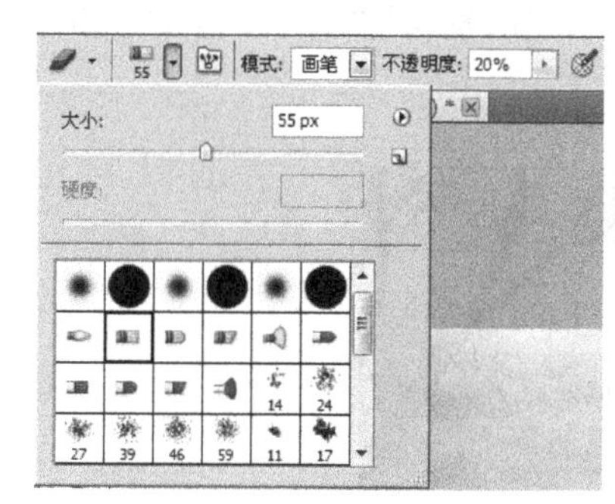

图 15-80　合成湖面效果

(8) 打开素材“石头水岸”图像文件，使用移动工具 将其拖入到别墅效果图窗口，将图层命名为“水沿”。如图 15-81 所示。

图 15-81　制作水沿效果

(9) 复制别墅群图层重命名为“别墅群倒影”图层，并将图层移动到“水沿”图层下方。执行“编辑/变换/垂直反转”命令，然后调整位置。设置“别墅群倒影”图层的不透明度为

70%,并执行“滤镜/模糊/动感模糊”命令,在弹出的对话框中设置参数。如图 15-82 所示。

图 15-82　别墅群倒影效果

使用同样的方法添加其他树木的倒影。

(10) 使用移动工具和“Ctrl+T”命令,调入“水鸟”和“前景树”图片,调整大小和位置。如图 15-83 所示。

图 15-83　水鸟与前景树效果

(11) 按住“Ctrl+J”复制右侧的前景树图层,执行菜单中“编辑/变换/扭曲”命令,并制作阴影形态。按住“Ctrl+U”键打开“色相/饱和度”对话框,将明度滑块调至“-100”,调整图像为黑色。如图 15-84 所示。

(12) 执行“滤镜/模糊/高斯模糊”命令,在弹出的对话框中设置参数,制作影子。最终效果图见彩图 8。

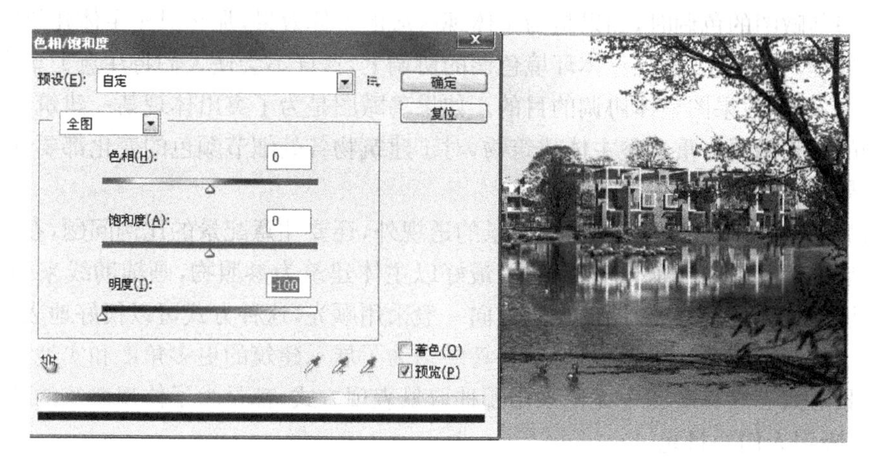

图 15-84 调整色相/饱和度

15.9 Photoshop CS6 在建筑规划鸟瞰图中的运用

作为一种重要的建筑效果图类型，鸟瞰效果图通过透视感极强的三维空间表现整个建筑的形态、风格、外观和周边的环境，使人们可以直观地感受整个建筑的风貌，真切体会到成型后的建筑效果。如图 15-85 所示。

对于初学者来说，制作鸟瞰效果图有一定的难度，而且工作量很大，其实只要把握 3 个原则就能厘清思路。①要把握好整体透视效果，因为鸟瞰图的角度是从空中俯视建筑和地面，草地、树木、人物、汽车等配景的透视关系要与建筑保持一致；②注意整体色调，所有的配景的色彩要符合环境氛围；③要合理组织配景，使配景安排合理有序，疏密有致，突出美感。

透视是鸟瞰图中最重要的原则，一定要把握准确，如果把握不准，可以在设计前添加标注辅助线作为透视参考。配景的透视要与建筑透视保持一致，根据建筑的透视来选择合适的配景素材很重要。从图 15-86 可以看出右图为俯视效果，比较适合鸟瞰图；而左图则是平视的效果。

图 15-85 建筑鸟瞰效果

图 15-86 不同透视的树木配景

在处理鸟瞰图的色调时，如果是为了体现区域的整体效果，那么对于主体建筑物的颜色不要过分处理，要把精力放在整体环境色调的协调上，这样不会使人们将注意力集中在某一个建筑物上，达到效果图整体协调的目的。如果鸟瞰图是为了突出体现某一建筑物，那么在设置色调的过程中要着重调整主体建筑物，对于建筑物各处细节颜色的变化都要处理到位，使整个效果图看起来非常生动。

在鸟瞰图中处理配景除了要注意配景的透视外，还要注意配景的比例问题，在将素材放入鸟瞰图后要对素材中的配景调整大小，最好以主体建筑为参照物，画辅助线来确定树木、花草、小品配景的比例。鸟瞰图的取景方向一般采用顺光，这种方式可以很好地表现出建筑物在光照下的视觉感受。当然，也有一些鸟瞰图为了展示建筑的更多角度和实地环境，采用逆光的取景方式。在鸟瞰图中无论采用哪种取景表现方式，都是为了体现建筑的新颖、独特效果，为了吸引人们的目光。

15.9.1 修饰地形与建筑图

使用魔棒工具 选择所有的道路区域，并按“Ctrl＋J”复制图层并重命名为“道路”图层。执行菜单中“图像/调整/去色”命令，使道路变成灰色。使用减淡工具 ，在属性栏内将大小设置为160，曝光度为50%，在选区内道路上拖动鼠标，让局部提亮。执行菜单中“滤色/杂色/添加杂色”命令，在弹出的对话框中设置参数，给道路添加杂点。再执行菜单中“滤色/模糊/动感模糊”命令，在弹出的对话框中设置参数，让道路产生一点模糊效果。修饰前后效果对比如图15-87所示。

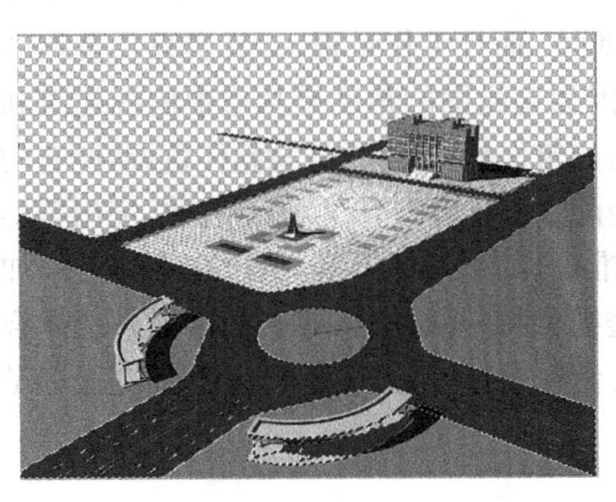

(a) 原图

(b) 修饰道路

图15-87　道路处理效果

15.9.2 制作植物与绿化

1) 制作草坪

在通道面板上按住“Ctrl”键同时单击“Alpha2”通道，选择草坪部分，切换至图层面板，新建图层重命名为“草坪”图层，并置于“鸟瞰图”图层上方。将设置任何一种颜色的前景色，按住“Alt＋Delete”键填充选区。执行“图层/图层样式/图案叠加”命令，弹出对话框，在“图案”列表中选择前面定义的“草地”图案，调整缩放比例为120%，单击“确定”完成填充。

2）树木配景

打开一张有草地和树木的空中俯视风景图片，使用移动工具 将其拖入到鸟瞰图的窗口中，重命名为“森林绿地”图层，使用“Ctrl＋T”键添加变换框，调整大小和位置，将其覆盖住草坪，按回车键确定。按住“Ctrl”键的同时单击图层面板上“草坪”图层的缩览图，载入草坪的选区。选择“森林绿地”图层为当前图层，单击图层面板上的“添加图层蒙版” 按钮，为“森林绿地”图层添加蒙版，隐藏多余的树木。如图 15-88 所示。

打开一张已经修饰好的树的图像文件，使用移动工具 将其拖入到鸟瞰图的窗口中，重命名为“行道树”图层，并将该图层拖动至“森林绿地”图层的上方。使用“Ctrl＋T”键添加变换框，调整大小和位置。回车后按住“Ctrl＋J”键复制图层重命名为“树影”，并调整至“行道树”图层下方并制作阴影。使用同样的方法制作建筑周围的树木，配置好所有的树木后效果如图 15-89 所示。

图 15-88　树木配景效果

图 15-89　行道树效果

15.9.3　制作环境小品与配景

1）制作水面

打开一张水的图片，使用移动工具 将其拖入到鸟瞰图的窗口中，重命名为“水面”图层。使用“Ctrl＋T”键添加变换框，右击选择“扭曲”调整变换框的控制点，变换图像，将其覆盖住如图 15-90 所示区域，按回车键确定。

使用魔棒工具 选择水池区域，执行“选择/反向”命令，回到“水面”图层按“Delete”键删除水池外的“水面”部分。执行菜单中“亮度/对比度”命令，调整水面的亮度对比度。如图 15-91 所示。

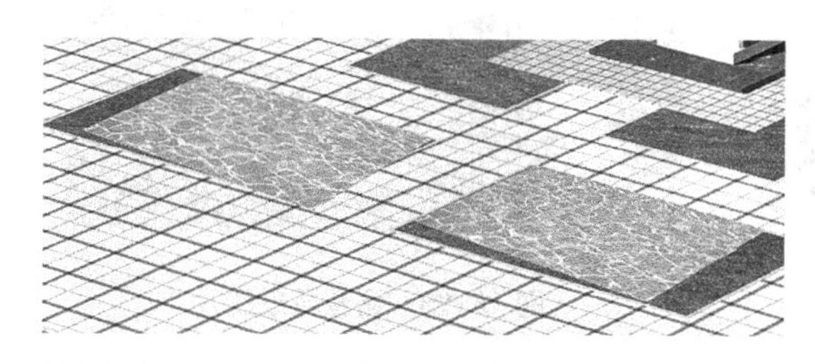

图 15-90　水面图片

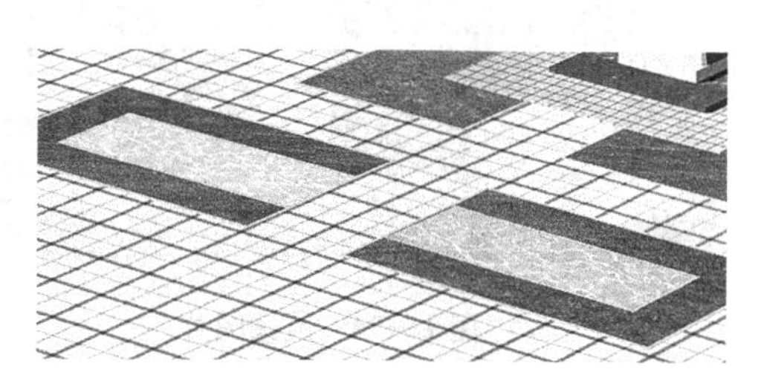

图 15-91　水面填充效果

2）制作喷泉

使用画笔工具，在属性栏内调整其设置，并绘制出模拟喷泉的效果。如图 15-92 所示。

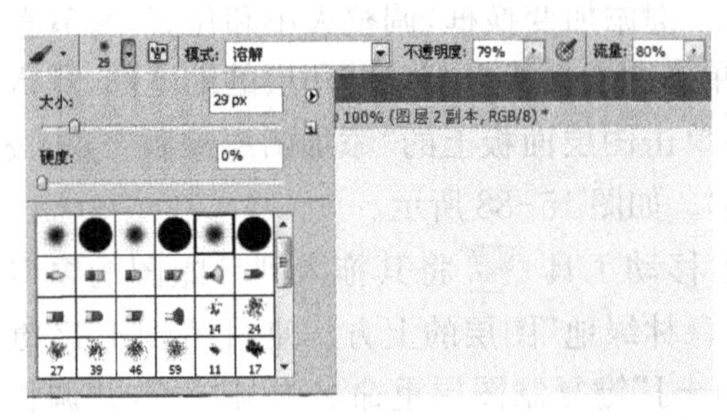

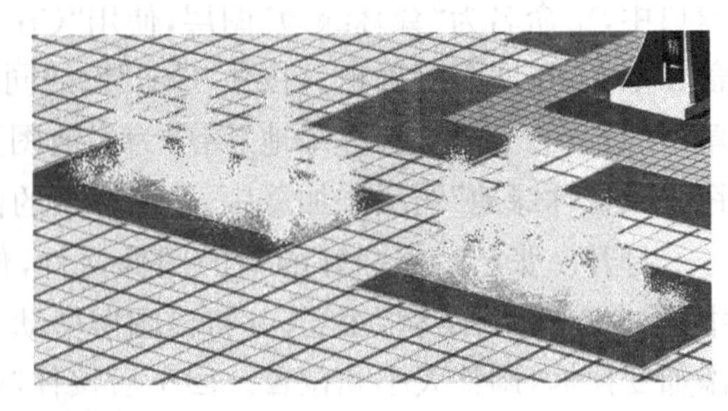

图 15-92　绘制喷泉

执行“滤镜/模糊/动感模糊”命令，在弹出的对话框中设置参数，效果如图 15-93 所示。

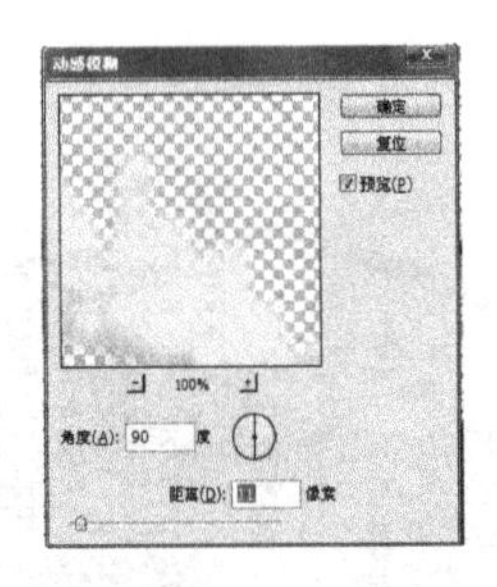

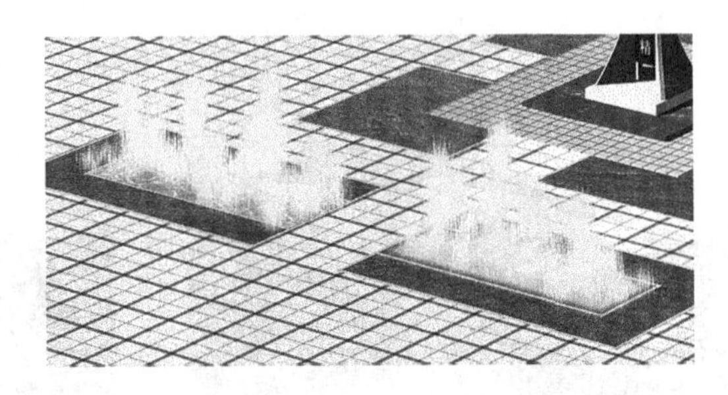

图 15-93　喷泉效果

15.9.4　制作周边地理环境

打开一张风景图片，如图 15-94 所示。使用移动工具将其拖入到鸟瞰图的窗口中，重命名为“环境”图层，并置于底层。使用“Ctrl＋T”键出现变换框，调整大小和位置，按回车键确定。合并所有图层，执行“图像/调整/色彩平衡”命令，在高光区域增加暖色调，在阴影区域增加冷色调。加强冷暖对比。如图 15-95 所示。

图 15-94　风景图片

图 15-95　调整风景图片

执行菜单中“亮度/对比度”命令，设置参数，增强图像的整体对比度。为了增加鸟瞰效果图的景深效果，使视觉焦点集中于画面中心，应该对远景和画面四周进行处理。使用画笔工具，设置前景色为白色，不透明度为30%，在画面周围涂抹绘制大气效果。最终效果见彩图9。

15.9.5 住宅小区规划鸟瞰图实例

(1) 打开一张住宅小区的鸟瞰图，观察发现这是一张通过3DSMAX渲染后的图，由于场景大，在建模时难免出现一些失误，在后期处理前要进行修补。原图如图15-96所示。

图 15-96 小区鸟瞰渲染图

(2) 将打开的鸟瞰图图层命名为"住宅模型"图层。观察发现每栋建筑之间缺少必要的道路以及路面填充。按住"Ctrl"键单击通道面板上的"Alpha1"，载入路面选区，在图层面板上新建图层命名为"铺砖路面"，并置于"住宅模型"图层上方。

(3) 将设置任何一种颜色的前景色，按住"Alt+Delete"键填充选区。

(4) 执行"图层/图层样式/图案叠加"命令，弹出对话框，在"图案"列表中选择已经定义好的"广场砖"图案，调整缩放比例为5%，单击"确定"完成填充。使用同样的方法填充其他的地面区域，效果如图15-97所示。

图 15-97 地面填充效果

(5) 打开素材"草地.jpg"图像文件，使用"多边形套索工具"在图片中建立选区。执行菜单中"选择/羽化"命令，在弹出的对话框中设置"羽化半径"为20，使用移动工具将其拖入到鸟瞰图窗口，重命名为"草地1"图层，并将图层拖至"住宅模型"图层下方。使用移

动工具 将“草地 1”调整到合适的位置。将图层设为底层。为了制作色彩变化更丰富的草地，需要合成图片。打开素材“草地 2. jpg”图像文件，使用与以上相同的方法将其拖入到鸟瞰图窗口，重命名图层为“草地 2”并拖至“草地 1”图层的上方。效果如图 15-98 所示。

图 15-98　合并草地

使用移动工具 将“草地 2”覆盖在“草地 1”上，再选择橡皮擦工具 ，在属性栏内设置不透明度为 20%，在两块草地衔接的位置涂抹，使它们过渡自然。

(6) 打开一张水面的图像，使用移动工具 将其拖入到鸟瞰图中，重命名为“水面”图层。使用“Ctrl＋T”键调整大小，使水面覆盖有水的区域。在通道面板上选择水材质通道，载入水面的选区，如图 15-99 所示。

单击图层面板上的“添加图层蒙版” 按钮为“水面”图层添加图层蒙版，隐藏多余的水面图像，如图 15-100 所示。

图 15-99　水面选区

图 15-100　水面效果

为了增加水面反射，按住“Ctrl”键单击“水面”图层缩览图，载入水面选区。选择画笔工具 ，设置前景色为黑色，不透明度为 10%，在水面有反射建筑的部位涂抹，使反射效果更加逼真。

(7) 新建一图层重命名为“喷泉”，置于“水面”图层上方。选择画笔工具 ，设置前景色为白色，调整合适的笔尖大小，绘制喷泉形状。执行“滤镜/模糊/动感模糊”命令，在弹出的对话框中设置参数，效果图如图 15-101 所示。

使用橡皮擦工具 ，在属性栏内设置不透明度为 10%，在喷泉的上方位置涂抹，使喷泉效果更加真实自然。使用同样的方法，制作鸟瞰图中其他区域的水面。

(8) 为了增强场景的空间感，活跃气氛，可以添加一些行道树、灌木、花草、人物和汽车等配景。添加时注意配景在阳光下和阴影里的明暗区别，色彩和整体画面的协调，阴影与建筑阴影方向一致。这里单个配景的添加方法和步骤就不再赘述，参照上一小节的内容。

(9) 在主干道上添加大的行道树，继续添加景观树和灌木配景，注意色彩和形状的合理搭配,使植物的种类和颜色既丰富又自然真实,布局合理。效果如图 15-102 所示。

(10) 继续添加人物、汽车等配景,效果如图 15-103 所示。

图 15-101 喷泉效果

图 15-102 行道树效果

图 15-103 人物、汽车配景效果

图 15-104 周围环境配景

(11) 完成鸟瞰图内部的配景后,下面要制作住宅群周围的环境。打开一张风景图片,使用移动工具 将其拖入到鸟瞰图的窗口中,重命名为“周围环境”图层,并置于底层。使用“Ctrl+T”键出现变换框,调整大小和位置,按回车键确定。如图 15-104 所示。

使用橡皮擦工具 ,在属性栏内设置不透明度为 10%,在背景图片与住宅建筑衔接的位置涂抹。观察发现衔接的位置还是不自然,需要再添加一些植物进行遮盖过渡。打开一张树木的图片,使用前面的方法,羽化选区后拖至鸟瞰图,遮盖如图 15-105 所示位置。

使用同样的方法将四周需要遮盖的部分进行处理,部分细节需要在画面上复制的可以按住“Alt”键使用仿制图章工具 ,使衔接区域更加柔和自然。如图 15-106 所示。

图 15-105 修改衔接区域效果

图 15-106 修改衔接区域效果

(12) 此时的鸟瞰图基本完成,但住宅建筑体的后方需要添加一些建筑群才能有更加逼真的效果。打开一张建筑群的图片,使用"多边形套索工具" 在图片选取建筑部分,执行菜单中"选择/羽化"命令,在弹出的对话框中设置"羽化半径"为 20,使用移动工具 将其拖入到鸟瞰图窗口,重命名为"建筑背景"图层,并将图层拖至"住宅模型"图层下方,"周围环境"图层上方。执行"亮度/对比度"命令,将图片的对比度调弱,调整到合适的位置后效果如图 15-107 所示。

(13) 使用矩形选框工具 创建如图 15-108 所示的选区。

新建图层命名为"白色"图层,并置于"建筑背景"图层上方。设置前景色为白色,选择渐变工具 ,在属性栏内将渐变类型设置为"前景到透明",在选区中拖动鼠标。新增"大气"图层,使用前面同样的方法在整个鸟瞰图上增加大气效果。

图 15-107 添加辅助建筑背景效果

图 15-108 创建选区

(14) 制作图框,鸟瞰效果图整体色调偏亮,使用画笔工具 ,设置前景色为深蓝灰色,不透明度为 50%,调整合适的笔尖大小,在鸟瞰图的下方喷涂。

(15) 合并所有图层,执行"图像/调整/色彩平衡"命令,在高光区域增加暖色调,在阴影区域增加冷色调,加强冷暖对比。执行菜单中"亮度/对比度"命令,设置参数,增强图像的整体对比度。住宅小区规划鸟瞰图后期处理最终完成效果见彩图 10。

15.10 建筑效果图后期文字及水印处理

效果图后期制作完成后可以添加文字和水印,下面介绍具体方法。

(1) 在 Photoshop CS6 中打开一张制作完成的效果图。

图 15-109　输入文字

(2) 单击图层面板上的新建图层按钮 ，新建图层命名为“水印”。

(3) 选择横排文字工具 T ，设置合适的大小，在图像中单击并输入文字。如图 15-109 所示。

(4) 在“水印”图层上右击，在快捷菜单中选择“栅格化文字”。如图 15-110 所示。

(5) 双击“水印”图层，在弹出的对话框中选择“斜面和浮雕”，并将“填充不透明度”调成 0%，如图 15-111 所示。

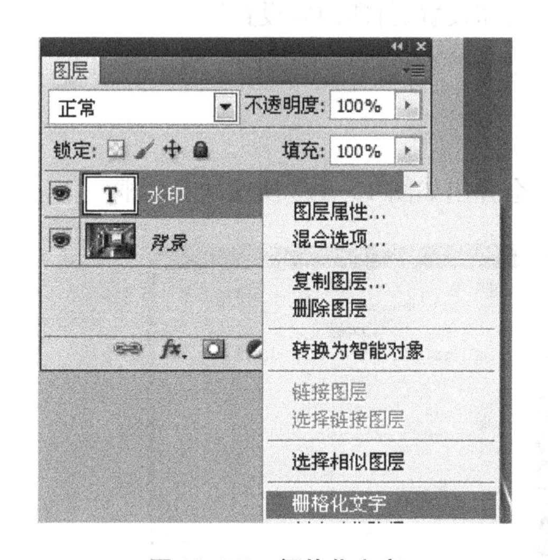

图 15-110　栅格化文字

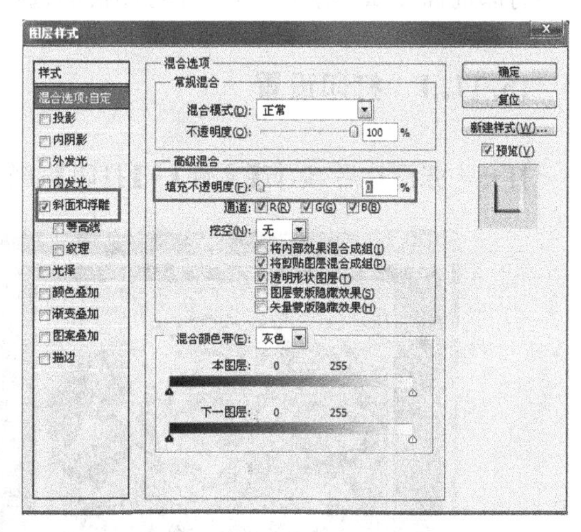

图 15-111　斜面和浮雕

(6) 完成设置单击“确定”，水印效果出现，将其调整到合适的位置。如图 15-112 所示。

图 15-112　水印效果(见彩图 11)

15.11　Photoshop CS6 打印输出

创作完成的作品或处理好的图片,可以通过打印机输出到纸张上,以便查看和修改。在最终打印前需要做些准备工作,如打印机的选择、打印设置、打印内容设置等。

15.11.1　打印设置

打开一张图片后,运行【文件】—【打印】命令,会弹出如图 15-113 所示的对话框。

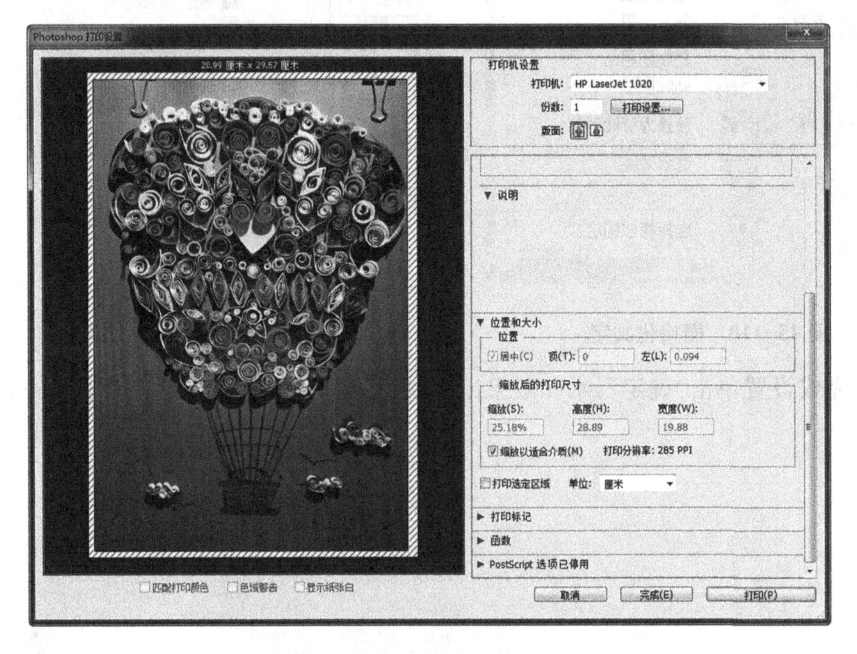

图 15-113　“打印设置”对话框

在这个对话框中,左边是打印图像范围,右边是各种参数区,这里面就包括最常用的打印机设置、位置和大小、打印标记、函数等。

1) 打印机设置

在此参数设置区域内,由打印机、份数、打印设置按钮和版面组成。其中,打印机、份数和版面较为容易理解。"打印机"就是要求我们要选择哪一种打印机作为打印出图的机器,如仅安装了一台打印机,则不用选择,直接默认设置即可,若安装了多台打印机,可以在下拉列表中进行选择;"份数"就是要选择同一张图片打印几张;"版面"就是要选择竖版或横版的形式来打印图片。

打印设置按钮较为复杂,现在重点讲解。点击打印设置按钮,会弹出如图 15-114 所示的对话框;点击"纸张/质量"选项组,可以看到我们常常要选择的"尺寸"、"来源"、"类型"等。

图 15-114　打印设置对话框

"尺寸"列表框列出了常用的各种规格的纸张,并在右边显示该规格纸张的尺寸。根据打印需要选择不同的图纸规格。不同型号的打印机,尺寸列表中显示的纸张规格数量不一样。

"来源"列表框中列出了打印机的各种进纸方式(如手动进纸、自动进纸等),可以根据需要选择不同的进纸方式。

"类型"列表框中列出了打印使用的纸张形式,其中包括普通纸、硫酸纸、再生纸、卡片纸等,根据打印图片的需要选择不同类型的纸张。

此外,在"效果"选项组中可以进行有无水印的选择,在"完成"选项组中有是否双面打印的选项,在"基本"选项组中有打印的方向和份数的选择,可以根据打印需要设置这些选项组的参数。

2) 位置和大小

位置和大小用来设置图像相对于打印纸张的位置,如图 15-115 所示。

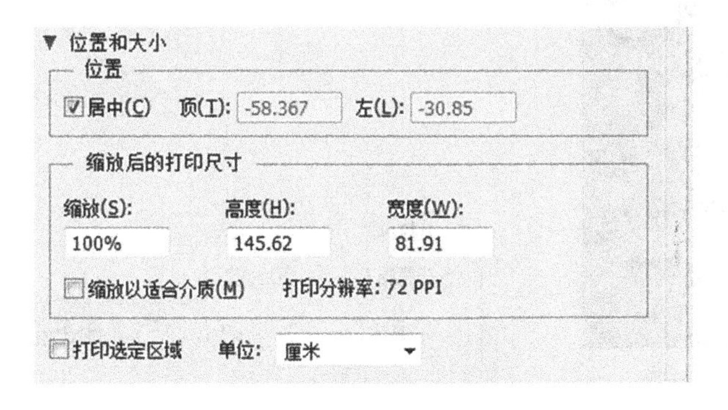

图 15-115　位置和大小

在"位置"选项组中选择"居中",复选框可以保证图像在水平和垂直方向上都位于纸张的中央。如果清除该复选框,可以在“顶”和“左”数值框中输入相关数据来确定图像的上边和纸张上边的距离以及图像的左边和纸张左边的距离。

Photoshop 可以实现缩放打印,在“缩放后的打印尺寸”选项组中,可以在“缩放”、“高度”和“宽度”3 个数值框中输入图像的缩放打印比例或打印尺寸的高度和宽度数值。需要注意这 3 个值是相互关联的,改变其中 1 个,另外 2 个将自动做相应的改变。在“缩放以适合介质”的复选框,具有将打印出来的图像尺寸正好符合纸张尺寸的作用,勾选该复选框,系统将缩放图像,使得图像完整地打印在纸张上。

“打印选定区域”复选框,用来打印选定图像的部分,勾选此复选框,可以选定要打印图像的某一部分。

3) 打印标记

打印标记可以选择是否打印角裁剪标志、中心裁剪标志、套准标记、标签以及文件简介中的说明等内容。如图 15-116 所示。

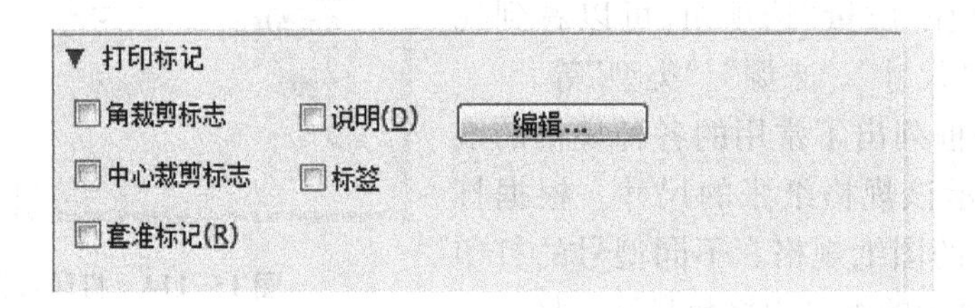

图 15-116　打印标记

“套准标记”在分色打印中是必需的,可以保证青、洋红、黄和黑色打印版的精确性。选中“套准标记”复选框可以打印套准标记,如图 15-117 所示的标记预览图。

选中“角裁剪标志”和“中心裁剪标志”可以打印这 2 种标记,如图 15-117 所示的标记预览图。

图 15-117　标记预览图

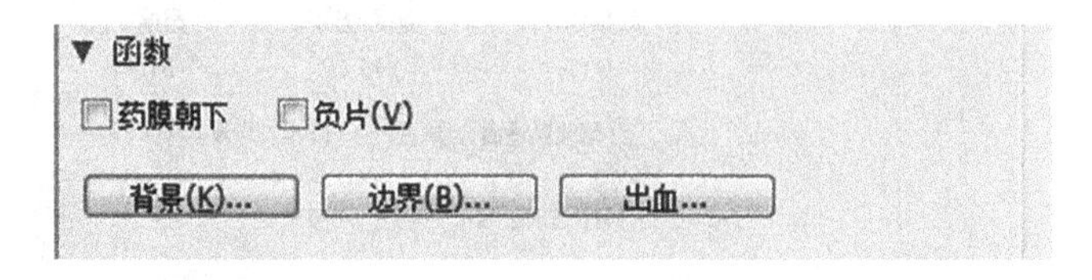

图 15-118　函数

勾选“标签”复选框可以在图像上方打印文件名。

“说明”是指在“编辑”对话框中输入的文件信息,勾选“说明”复选框可以将这些说明信息与图像一起打印出来。

需要注意的是，只有当纸张尺寸比打印图像尺寸大时，才可以打印出套准标记、中心裁剪标志、角裁剪标志和标签等内容。

4）函数

函数可以对打印背景、出血、图像边界等设置，如图 15-118 所示。

“背景”：用来选择在打印纸张上的空白区域打印某种颜色的背景，点击“背景”按钮可以打开“拾色器”对话框，在该对话框中可以选择某种颜色作为背景打印到图像以外的区域。

“出血”：在弹出的对话框中可以设置出血的宽度。

“边界”：可以用来为图像添加一个边框，点击“边界”按钮，在弹出的对话框中输入打印边框宽度及选择宽度的单位。

15.11.2 打印

当设置好各种打印参数后就可以打印了，此时，点击打印对话框中右下角的“打印”按钮即可进行图片的打印操作。

参考文献

[1] 唐人卫. 画法几何及土木工程制图[M]. 南京:东南大学出版社,2008
[2] 朱育万. 画法几何及土木工程制图[M]. 北京:高等教育出版社,2000
[3] 朱育万,卢传贤. 画法几何及土木工程制图[M]. 北京:高等教育出版社,2005
[4] 何铭新,谢步瀛. 画法几何及土木工程制图[M]. 武汉:武汉理工大学出版社,2003
[5] 郭南初. 土木工程制图. 郑州:黄河水利出版社,2007
[6] 王强,张小平. 建筑工程制图与识图. 北京:机械工业出版社,2004
[7] 丁宇明,黄小生. 土木工程制图. 北京:高等教育出版社,2007
[8] 刘志杰,张素敏. 土木工程制图. 北京:中国建材工业出版社,2006
[9] 何铭新. 画法几何及土木工程制图. 武汉:武汉理工大学出版社,2008
[10] 中华人民共和国国家标准. 房屋建筑制图统一标准(GB/T 50001—2010). 北京:中国计划出版社,2011
[11] 中华人民共和国国家标准. 技术制图字体(GB/T 14691—93). 北京:中国标准出版社,1994
[12] 于习法,周佶. 画法几何及土木工程制图. 南京:东南大学出版社,2010
[13] 许松照,等. 画法几何与阴影透视. 北京:中国建筑工业出版社,1989
[14] 于习法,等. 土木工程制图. 南京:东南大学出版社,2011
[15] 高旭,王红,窦春涛. 画法几何及土木工程制图[M]. 南京:河海大学出版社,2010
[16] 朱建国,叶晓芹. 建筑工程制图[M]. 北京:清华大学出版社,2007
[17] 金煜. 园林制图[M]. 北京:化学工业出版社,2004
[18] 刘磊. 园林设计初步[M]. 重庆:重庆大学出版社,2011
[19] 陈雷,李浩年. 园林景观设计详细图集 1[M]. 北京:中国建筑工业出版社,2001
[20] 陈雷,李浩年. 园林景观设计详细图集 2[M]. 北京:中国建筑工业出版社,2001
[21] 云杰漫步科技 CAX 设计室. 中文版 AutoCAD 2010 建筑设计. 北京:北京希望电子出版社,2010
[22] 李伟,等. 中文版 AutoCAD 2010 从入门到精通. 北京:清华大学出版社,2010
[23] 文杰书院. AutoCAD 2010 中文版从入门到精通. 北京:机械工业出版社,2010
[24] 彭国之,等. AutoCAD 2010 建筑制图. 北京:清华大学出版社,2011
[25] 王泽云,等. 中文 AutoCAD 2010 建筑设计精彩范例. 北京:机械工业出版社,2004
[26] 杨谆. 土木与建筑类 CAD 技能一级 AutoCAD 培训教程. 北京:清华大学出版社,2010
[27] 丁宇明,等. 土建工程制图(第二版). 北京:高等教育出版社,2007
[28] 张海潮. 中文版 AutoCAD 2004 短期培训教程. 北京:科学出版社,2003

[29] 李金明,李金荣. 中文版 Photoshop CS5 完全自学教程. 北京:人民邮电出版社,2010

[30] 新视角文化行. Photoshop CS5 实战图像处理从入门到精通. 北京:人民邮电出版社,2010

[31] 王健,方宁,等. Photoshop 建筑表现图专业技法. 北京:清华大学出版社,2007

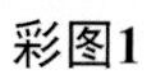

彩图1

彩图2

1173250108.jpg @ 66.7% (图层 1, 图层蒙版/8) *
66.67%
文档:1.09M/3.48M
图层
正常
不透明度: 100%
锁定:
填充: 100%
图层 1
背景

彩图3

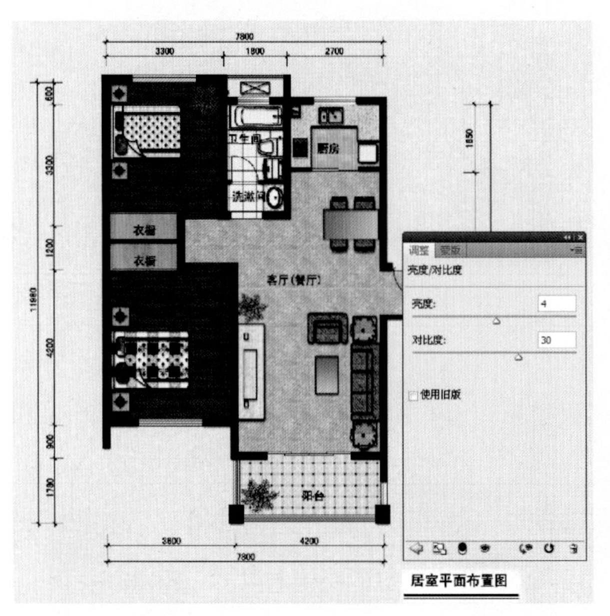

彩图4

彩图5

彩图6

彩图7

彩图8

彩图9

彩图10

彩图11